DR. CARL SACHS

UNTERSUCHUNGEN AM ZITTERAAL

GYMNOTUS ELECTRICUS

NACH SEINEM TODE BEARBEITET

VON

EMIL DU BOIS-REYMOND

MIT ZWEI ABHANDLUNGEN VON GUSTAV FRITSCH

49 ABBILDUNGEN IM TEXT UND VIII TAFELN

LEIPZIG

VERLAG VON VEIT & COMP.

1881

Druck von Metzger & Wittig in Leipzig.

Vorrede.

Die erste Entstehung des vorliegenden Werkes erläutert der aus der „*Deutschen Rundschau*“ unten abgedruckte Aufsatz: „‚*Aus den Llanos.*‘ *Anzeige und Nekrolog.*“ Ein Jahr verging, ehe ich im Drang anderer Aufgaben zur Ausführung des dort angekündigten Vorhabens kam, Dr. Sachs' Arbeit aus seinem Tagebuche nach Möglichkeit herzustellen.

Ursprünglich gedachte ich, seine Untersuchung rein protocollarisch mitzutheilen. Doch erwies sich dies bald als unthunlich. Dr. Sachs' Tagewerk in Calabozo wurde natürlich noch mehr, als es schon sonst im Laboratorium geschieht, durch äussere Umstände und Zufälligkeiten beeinflusst, so dass derselbe Gegenstand im Tagebuch wiederholt an die Reihe kommt, und die Angaben darüber erst stufenweise sich zu mittheilbarer Gestalt klären. Bei solcher Sachlage wäre es sinnlos pedantisch gewesen, nicht so zu verfahren, wie Dr. Sachs selber es gethan hätte, nämlich so, dass ich die verschiedenen Aussagen möglichst zutreffend und erschöpfend zu einem einheitlichen Ergebniss zusammenfasste.

Aber auch auf diese Abweichung von den Versuchsprotocollen konnte ich mich nicht beschränken, ohne die Wirkung dieses Buches, welches doch das vom Verstorbenen beabsichtigte einigermaassen ersetzen sollte, wesentlich zu beeinträchtigen. Wollte ich mich, oder vielmehr Dr. SACHS verständlich machen, so musste ich den Sinn mancher Versuche erklären, neue Vorrichtungen und Versuchsweisen beschreiben, zweideutige Angaben erörtern. Hier und da fand ich nöthig, Lücken aufzudecken, Kritik zu üben, Thatsachen anders auszulegen und Zahlen richtiger zu verwerthen als das Tagebuch. Auch hierin that ich nur, was Dr. SACHS nicht unterlassen hätte, und wozu ich ein Recht empfand, insofern ich mit ihm seinen Versuchsplan entworfen hatte.

Da ich nun seit vierzig Jahren theoretisch und literarisch, und eine Zeit lang experimentell mich mit elektrischen Fischen beschäftigte, so drängte sich mir, je mehr ich mich in den Gegenstand vertiefte, eine um so grössere Fülle von thatsächlichen Bemerkungen und von Betrachtungen zu, die zu verschweigen ich keinen Grund sah, sobald ich es einmal aufgab, mich an Dr. SACHS' Worte zu halten. Aus einer Chronik seiner Beobachtungen ward so dies Werk schliesslich zu einer am Faden seiner Untersuchung hinlaufenden Monographie über den Zitteraal, und zu einer Studie über Zitterfische überhaupt.

Ich glaube, dass es in dieser Gestalt eine Lücke der wissenschaftlichen Literatur wenn auch nicht ausfüllt, doch minder empfindlich macht. Es fehlt an einer zusammenhängenden Darstellung der Physiologie der Zitterfische, wie sie, bei aller Beschränktheit unserer Kenntnisse, heut immer schon mit Nutzen sich schreiben liesse. Wenn nun auch naturgemäss der Zitteraal hier im Vordergrund bleibt, so ist der Ausblick auf die anderen elektrischen Fische doch stets gewahrt, und von der einst durch mich erkannten unvollkommenen Säulenbildung in den elektrischen Organen, bis zu der durch Hrn. BABUCHIN neuerweckten Lehre von der Präformation der elektrischen Elemente, treten überall die grundlegenden Sätze zu Tage, auf welchen der Bau jener Physiologie sich erheben soll.

Nichts wäre erwünschter in diesem Gebiet, als dass Dr. SACHS bald einen Nachfolger fände, der seine Erfahrungen benutzend sein Werk an Ort und Stelle fortsetzte. Ich wollte deshalb, dass meine Arbeit einen Forscher befähige, mit möglichst geringem Aufwand an Zeit und Kraft den von unserem Reisenden gebahnten Wegen nachzugehen und den Faden überall da aufzunehmen, wo Dr. SACHS ihn liegen liess. Deshalb verwob ich die zwar nicht sehr ausgedehnte, zum Theil aber schwer zugängliche Zitteraal-Literatur, ich darf wohl sagen, vollständig in dies Buch. Deshalb behandelte ich umfänglich äussere Beschaffenheit, Vorkommen und Naturgeschichte des Thieres, wie auch, weit hinaus über das unmittelbar die elektrische Function Betreffende, seinen anatomischen Bau. Deshalb beschrieb ich bis in Kleinigkeiten, die doch gelegentlich von entscheidender Bedeutung werden, ein elektrophysiologisches Reise-Laboratorium, und schilderte ich die Zitteraal-Fischerei unter Anführung der landesüblichen, nicht immer rein castilianischen Kunstausdrücke so, dass ein an die Caños der Steppe versetzter Naturforscher sich alsbald mit den Llaneros würde technisch verständigen können. Am Schluss der meisten Versuchsreihen aber gab ich an, was etwa Dr. SACHS noch zu thun übrig liess.

Die Art, wie Dr. SACHS' anatomischer Nachlass verwerthet wurde, verdient besondere Besprechung. Ausser den Aufzeichnungen im Tagebuche bestand dieser Nachlass aus Präparaten und Vorräthen, welche zum Theil von den lebend mitgebrachten, leider gleich gestorbenen Zitteraalen stammend ein zur Zeit einziges Material darstellten.

Die Versuchung für mich war gross, mittels dieses Materiales Dr. SACHS' Beobachtungen eindringlich zu prüfen und mit fortlaufenden Bemerkungen zu versehen. Doch erkannte ich bald das Missliche dieses Unternehmens, welches mich aus meinem Gebiete, wo ich schon alle Hände voll zu thun hatte, abseits in eins der schwierigsten Capitel der Histologie gelockt hätte. Abgesehen von geschichtlichen Einleitungen beschränkte ich mich also darauf, möglichst treu und sachlich über Dr. SACHS' Beobachtungen zu berichten. Nur an einer Stelle schien mir solche Enthaltung zu weit zu gehen. Bekanntlich glaubte Dr. SACHS beim Zitteraal ein neues Paar elektrischer Organe entdeckt zu haben. Die Thatsachen, welche ihn zu dieser Meinung führten, sind im Allgemeinen richtig, und man wird sehen, wie ich selber noch dazu beitrug. Unmöglich aber war mir, ihm in deren Deutung zu folgen: an Stelle seines neuen Organs setzte ich ein eigenthümliches, von mir das Sachs'sche genanntes Säulenbündel.

Unter Dr. Sachs' Präparaten-Reihen war eine, worüber er sich eingehend noch nicht geäussert und deren Bearbeitung er sich zur nächsten Aufgabe gestellt hatte, als ihn der Tod abrief: die der Präparate vom Rückenmark des Zitteraales, von welchem man bisher so gut wie nichts wusste. Das Missgeschick, welches unsere auf die Erforschung des Zitteraales gerichteten Untersuchungen in der letzten Zeit heimsuchte, liess diesmal von der Verfolgung ab. Der Vorsteher der mikroskopischen Abtheilung des physiologischen Institutes, Hr. Prof. Gustav Fritsch, fand sich durch die Richtung seiner Arbeiten vorzüglich befähigt, diese Untersuchung aufzunehmen. Hr. Fritsch blieb nicht beim Rückenmark stehen, sondern dehnte seine Forschungen auf das Zitteraal-Gehirn aus, dessen Kenntniss seit geraumer Zeit stockte. So entstand der erste der beiden am Schluss des Werkes befindlichen Anhänge.

Einmal für den Gegenstand gewonnen, schritt Hr. Fritsch zur Lösung einer Frage, auf welche jetzt Hrn. Babuchin's bahnbrechende Entdeckungen hier hinwiesen: der Frage nach den beim Zitteraal in elektrisches Gewebe verwandelten Muskeln. Sowohl diese Ermittelung wie die vergleichende Betrachtung des Zitteraal-Gehirnes führten merkwürdigerweise zu einer bisher nicht genug beachteten Verwandtschaft unseres Fisches mit den Welsen.

Endlich auch auf den feineren Bau des elektrischen Organes richtete Hr. Fritsch seine Aufmerksamkeit, und an mehreren wichtigen Punkten gelang es ihm über Dr. Sachs hinauszugehen.

Diese Untersuchungen bilden den Inhalt des zweiten Anhanges. Was das Organ betrifft, so bietet also dies Buch die Sonderbarkeit, dass es darin zweimal beschrieben wird: einmal von mir unter urkundlich genauer Benutzung des Sachs'schen Tagebuches, dann sehr viel besser von Hrn. Fritsch auf Grund eigener Nachuntersuchung. Doch dürfte es sich nicht empfehlen, an Hrn. Fritsch's Darstellung anders hinanzutreten, als durch die Sachs'sche Schilderung, zu der wieder meine Darlegung der Ansichten Max Schultze's und Hrn. Pacini's den richtigen Weg abgiebt; da sonst Sinn und Bezug mancher Angaben kaum verstanden würde.

Aehnliches gilt für das Rückenmark; man wird wohl daran thun, zuerst Dr. Sachs' Bemerkungen über dessen Bau zu lesen, obschon hier ein noch ungleich grösserer Abstand Hrn. Fritsch's Bearbeitung von der Sachs'schen trennt.

Dr. Sachs' Reisebeschreibung und seine mir von der Reise geschriebenen, im neuen *„Archiv für Physiologie“*, 1877, S. 68—95 abgedruckten Briefe haben Vieles vorweggenommen, was hier wiederholt werden musste. Die Reisebeschreibung wird stets nur als *„Llanos“*, die Briefe werden als *„Reisebriefe“* angeführt. Auch meine *„Gesammelten Abhandlungen zur allgemeinen Muskel- und Nervenphysik“* (Leipzig, Veit & Comp., Bd. I. 1875, Bd. II. 1877) sind sehr oft als *„Ges. Abh.“*, erwähnt. Von den übrigen Citaten ist jedes, bei welchem nicht das Gegentheil steht, und deren sind nur drei oder vier, von mir nachgesehen.

Ausgenommen die den *„Llanos“* entlehnten Holzschnitte 1, 10, 35, 37 und das von Hrn. Prof. Kiepert mit liebenswürdigster Dienstfertigkeit hergestellte Kärtchen von Venezuela (36), sind alle in den Text gedruckten Figuren von mir auf den Stock gezeichnet. Bei den als Tagebuchskizzen bezeichneten anatomischen und histologischen Abbildungen erwäge man, dass meist das Vorbild nur eine halbschematische, nicht zur Veröffentlichung bestimmte Federzeichnung, für mich aber Treue die erste Pflicht war. Bei den Versuchsanordnungen auf Taf. I und III band mich keine solche Rücksicht, und ich entwarf sie neu. Die Titelvignette ist dieselbe, welche ich vor Jahren für den zweiten Band meiner *„Untersuchungen über thierische Elektricität“* zeichnete.

Trotz der scheinbaren Beschränktheit des Gegenstandes beanspruchte dies Werk sehr mannigfaltige Kenntnisse und Hülfsmittel. Den HH. Auwers, Bunsen, Christiani, Dohrn, Hartnack, Heynsius, Kiepert, Peters, P. Riess, Tyndall, und noch manchen Anderen, sage ich für den mir bereitwilligst geleisteten Beistand innigen Dank.

Die Königliche Akademie der Wissenschaften hat aus den Mitteln der *Humboldt-Stiftung*, mit denen Dr. SACHS gereist war, für die Ausstattung des den wissenschaftlichen Ergebnissen seiner Reise gewidmeten Buches eine namhafte Unterstützung gewährt.

Berlin, vom physiologischen Institut der Universität,
im April 1881.

E. DU BOIS-REYMOND.

„Aus den Llanos."[1]

Anzeige und Nekrolog.[2]

Von

E. du Bois-Reymond.

Goethe's Wort, dass in der Gestalt, wie ein Mensch die Erde verlässt, er unter den Schatten wandelt, hat sich an Alexander von Humboldt verhängnissvoll bewährt. Den Meisten des heutigen Geschlechtes steigt bei seinem Namen das Bild des Verfassers des Kosmos, des Correspondenten Varnhagen's auf, wie Alfred Dove es treffend zeichnete. Die Bildhauer, welche Entwürfe zu den vor der Universität zu errichtenden Standbildern der Gebrüder von Humboldt einsandten, stellten meist Alexander im Lehnsessel und in weite Falten gehüllt vor, und um den grossen Naturkundigen und Reisenden zu bezeichnen, wussten sie nichts Besseres, als ihm eine Erdkugel beizugeben.

Nur Harzer hatte den wahren Humboldt erfasst. Der wahre Humboldt ist nicht der wunderbare, darum aber nicht minder verfallene Greis gewesen, zu dem wir ehrfürchtig emporsahen. Der wahre Humboldt war der kühne, schöpferische, von den edelsten Strebungen durchglühte dreissigjährige Mann, der am 16. Juli 1799 den Fuss auf den südamerikanischen Continent setzte, dessen zweiten Entdecker die Wissenschaft ihn nennt; der, ein Meister in jeder Beobachtungs- und Versuchsweise, in den Wildnissen des Orinoco's, auf den Höhen der Andes, rastlos Wissensschätze sammelte, während vor seinem inneren Sinn die „Ansichten der Natur" sich künstlerisch gestalteten.

Er hatte Europa verlassen inmitten eines Streites, der besonders Italien und Deutschland mit seinem Lärm erfüllte. Wir meinen nicht den politischen Hader, der damals Europa zerriss, sondern den Streit über die Bedeutung der von Galvani entdeckten Zuckungen beim Anlegen leitender Bögen an Nerven und Muskeln überlebender Froschgliedmaassen. Galvani glaubte bewiesen zu haben, dass allen Thieren Etwas von der

Gabe jener Fische innewohne, welche, freilich aus besonderen Organen. elektrische Schläge entsenden. Volta dagegen hatte gezeigt, dass ein Theil der von Galvani beobachteten Wirkungen auf gemeiner Elektricität beruhe, die bei Berührung ungleichartiger Stoffe entstehe, und er dehnte diese Erklärung auf alle Versuche Galvani's aus, auch auf die. bei welchen kein Metall im Spiele war. Ihm gegenüber stand eine Partei, welche nur schwer die Hoffnung wieder aufgeben mochte, in der thierischen Elektricität dem Urquell aller Lebenserscheinungen, ja der Lebenskraft selber, auf die Spur gekommen zu sein. An die Spitze dieser Partei stellte sich diesseit der Alpen Humboldt durch sein Werk „Ueber die gereizte Muskel- und Nervenfaser“. Hier häufte er Versuche zum Beweise, dass es unter den von Galvani entdeckten Zuckungen einige gebe, auf die Volta's Erklärung nicht passe, und denen doch wohl eine besondere elektrische Wirkung der Nerven und Muskeln zu Grunde liege. Dies war auch noch der Stand der Frage, als, mit der wirklichen, Europa's geistige Küste auf Jahre hinter Humboldt versank.

Die sogenannten Zitterfische hatten jederzeit das höchste Erstaunen der Culturmenschheit erregt. Man versuchte ihre räthselhaften Wirkungen durch betäubende Dünste oder mechanische Erschütterung zu erklären, bis 1751 ein am Senegal reisender französischer Botaniker, Michel Adanson, einfach bemerkte, dass zwischen den Schlägen des dortigen Zitterwelses (Malopterurus electricus) und dem kurz vor seiner Abreise von Europa bekannt gewordenen Schläge der Leydener Flasche kein merklicher Unterschied sei.[3] Aber erst 1772 erhob der Engländer Walsh in der alten Hugenottenveste La Rochelle am atlantischen Ocean die elektrische Natur des Zitterrochen-Schlages zur Gewissheit. Durch Galvani's Entdeckung, was auch ihr Sinn sein mochte, waren die elektrischen Fische noch ungleich wichtiger geworden. Galvani selber nahm die Untersuchung des im Mittelmeere häufigen Zitterrochen (Torpedo) wieder auf; und in den Steppen Venezuela's, den sogenannten Llanos, fand jetzt Humboldt die ersehnte Gelegenheit, das mächtigste dieser Thiere, den Zitteraal (Gymnotus electricus), lebend zu beobachten. Die Flüsschen und Teiche in der Umgebung der Stadt Calabozo wimmelten buchstäblich von Gymnoten, und es handelte sich nur darum, ihrer habhaft zu werden; keine leichte Aufgabe bei dem Schrecken, welchen ihre geheimnissvolle Kraft allen Llaneros einflösst.

Bei vielen Völkerschaften, auch bei uns, werden Fische gefangen, indem man das Wasser durch narkotische Pflanzen vergiftet. *Embarbascar*, wörtlich betäuben, nannten die Llaneros dies Verfahren, und gaben Humboldt ihre Absicht kund, die Gymnoten mit Pferden zu betäuben. Ehe er ihre Meinung begriff, hatten sie sich über die Steppe zerstreut, und waren sie, einen Trupp wilder Rosse vor sich hertreibend, wieder da.

Nun folgte jene Scene, deren Schilderung in den „Ansichten der Natur" stets für den Gipfel HUMBOLDT'scher Naturbeschreibung galt, in jedes deutsche Lesebuch überging, und in alle Sprachen übersetzt wurde. Die Pferde, in's Wasser gejagt, werden mit elektrischen Breitseiten empfangen. Anfangs ertrinken ihrer mehrere, indem sie stürzen, und im Gedränge nicht wieder aufstehen können. Bald aber ermatten die Fische, flüchten sich an's Ufer und lassen sich leicht fangen. „Dies ist der wunderbare Kampf der Pferde und Fische." Sein Bild hatte sich unserer Phantasie um so mehr bemächtigt, als der Zitteraal seitdem zwar lebend nach Europa gebracht, nie jedoch wieder in seiner Heimath beobachtet wurde.

Während jenseit des Weltmeeres HUMBOLDT die thierische Elektricität in ihrer grossartigsten Kundgebung studirte, gelang VOLTA, in seiner Villa am Comer See, die Entdeckung der Säule. Damit war das Schicksal der thierischen Elektricität für lange entschieden. Als HUMBOLDT wiederkam, fand er die wissenschaftliche Welt erfüllt von den handgreiflichen Wundern des neuen Apparates. Niemand kümmerte sich mehr um die unscheinbaren und zweideutigen Zuckungen ohne Metalle. VOLTA hatte für die Richtigkeit seiner Lehre in der Hauptsache einen so schlagenden Beweis erbracht, dass man ihm nun gern auch das Uebrige glaubte, und während das Feld der Zuckungsversuche durch zehnjährige Arbeit abgesucht war, eröffnete die Säule nach den verschiedensten Richtungen neue und fruchtbare Forschungsgebiete. So nachhaltig war diese Folge von VOLTA's Entdeckung, dass erst nach einem Menschenalter die Theilnahme für die thierisch-elektrischen Versuche an Nerven und Muskeln wieder erwachte.

Abermals ging die Bewegung von Italien aus, als hätte ein dort liegengebliebenes Saatkorn des Frühlings geharrt, um der Keim einer neuen Entwickelung zu werden. NOBILI, MARIANINI, SANTI-LINARI, MATTEUCCI wiederholten und erweiterten GALVANI's Versuche am Frosch und Zitterrochen. Aber vom Anfang der vierziger Jahre ab bemächtigte sich die deutsche Forschung dieses Gegenstandes. Durch HUMBOLDT und JOHANNES MÜLLER angeregt, übernahm ich selber mit Jugendfeuer die Führung im Gebiete der thierischen Elektricität, und aus den uns überkommenen rohen und unsicheren Anfängen entwickelte sich, bei den Kenntnissen und Hülfsmitteln der Neuzeit, schnell einer der schönsten Zweige der Physiologie. An Stelle der Zuckungsversuche traten mit Spiegel, Scale und Fernrohr an der Bussole angestellte Messungen der elektromotorischen Kraft. Alle Muskeln und Nerven aller Thiere, auch des

Menschen, wurden als Sitz unablässig darin kreisender elektrischer Ströme erkannt, welche bei Zusammenziehung des Muskels, bei leitender Thätigkeit des Nerven verschwinden, und so ihren Zusammenhang mit jenen Lebenserscheinungen bekunden. Vieles sprach dafür, dass diese allen Thieren gemeinsame Eigenschaft und das besondere Vermögen der elektrischen Fische einerlei Ursprunges seien. Zwar bestätigte sich die von Humboldt aufgestellte,[4] in unserer Zeit erneuerte, von mir so genannte „Entladungshypothese" nicht, wonach die Nerven den Muskeln kleine elektrische Schläge, Zitterfisch-Schlägen vergleichbar, ertheilen, um sie zur Zusammenziehung zu bringen. Um so besser bewährte sich Johann Wilhelm Ritter's Vorhersage, dass Reizung der Nerven der elektrischen Organe den Schlag erzeugen würde, wie Reizung der Muskelnerven die Zuckung; und immer bestimmter ward die Aussicht, durch Erforschung der Zitterfische sich dem Problem der Muskeln und Nerven zu nähern.[5]

Glückliche Umstände hatten uns mittlerweile auch den dritten elektrischen Fisch, den schon erwähnten afrikanischen Zitterwels, genauer kennen gelehrt. Der zu früh verstorbene Bilharz benutzte seine Stellung als Professor der Anatomie in Kairo zur Ausarbeitung einer Monographie über die Anatomie dieses Fisches, wobei er zuerst zum Begriff der elektrischen Platte als des Elementes der elektrischen Organe gelangte. Durch Goodsir's und Bence Jones' Güte besass ich selber längere Zeit lebende Zitterwelse aus Westafrika. Ein ausgezeichneter russischer Forscher, Hr. Professor Babuchin aus Moskau, unterzog sich wiederholt den Beschwerden eines Aufenthaltes in Oberaegypten, um Bilharz' Arbeit fortzusetzen und zu ergänzen. Er zeigte auch, dass die elektrischen Organe des Zitterrochen und die sogenannten pseudoëlektrischen Organe einiger anderen Fische verwandelte Muskeln sind. Dadurch wurden die Beziehungen zwischen Zitterfisch-Schlag und Muskelzusammenziehung abermals inniger, und die Schwierigkeiten vermindert, welche die elektrischen Organe der Darwin'schen Lehre bereiten.

Nun fehlte es vor Allem noch an besserer Kenntniss des Gymnotus electricus. Denn obschon an einem 1838 lebend nach London gelangten Zitteraale der grösste Experimentator aller Zeiten, Faraday selber, eine meisterliche Versuchsreihe angestellt hatte, war diese Untersuchung doch mehr geeignet, den Physiker als den Physiologen zu befriedigen. Auch durfte Faraday den ihm anvertrauten Gymnotus keinen schädlichen Versuchen unterwerfen; ohne einige Fische zu opfern, lässt sich aber hier nichts Ordentliches herausbringen. Nicht einmal frisch mikroskopirt war bis dahin das elektrische Organ des Zitteraales, da doch bei wenig Geweben Untersuchung im frischesten Zustande so wichtig sich erwies, wie beim elektrischen Organ.

Die Nothwendigkeit, einen Forscher nach der Heimath der Gymnoten zu entsenden, stand mir daher längst vor Augen. Um die Geldmittel war ich nicht verlegen: für diese am meisten HUMBOLDT'sche aller denkbaren Reiseunternehmungen durfte ich mit einiger Sicherheit auf die Mittel der *Humboldt-Stiftung für Naturforschung und Reisen* zählen, doch musste ich besondere Conjuncturen abwarten. Zu einer Zeit, wo die Stiftungsmittel nicht anderweitig vergeben waren, musste sich eine zur Untersuchung der Gymnoten befähigte Persönlichkeit zu solcher Reise bereit finden.

CARL SACHS, als Sohn eines wenig vermögenden Kaufmannes zu Neisse in Schlesien am 19. September 1853 geboren, besuchte folgweise in Breslau das Magdalenen-, in Berlin das Friedrich-Wilhelms- und das Friedrich-Werder'sche Gymnasium. Ostern 1871 in Berlin als Mediciner immatriculirt, beendete er schon im October 1872 eine Arbeit über den Bau der quergestreiften Muskelfaser,[6] welche, wenn auch nicht ersten Ranges, doch von der wunderbaren Schnelle und Sicherheit der Auffassung bei dem kaum neunzehnjährigen Jüngling zeugt.

Die medicinische Facultät hatte damals eine auf meine Veranlassung schon einmal gestellte, unbeantwortet gebliebene Preisfrage über die sensibeln Nerven der Muskeln erneuert. Dies führte zu meiner Bekanntschaft mit SACHS, indem er mit der Bitte zu mir kam, die zur Beantwortung der Frage nöthigen Versuche im (alten) physiologischen Laboratorium anstellen zu dürfen. Bald wusste ich, dass ich einmal wieder ein Talent vor mir habe, und aus voller Überzeugung durfte ich im Sommer 1873 der Facultät die Krönung der SACHS'schen Preisschrift mit den Worten empfehlen, ich würde glücklich sein, meinen Namen unter seine Arbeit, als die meine, setzen zu können. Er fuhr nun fort, bei mir physiologisch zu arbeiten, und war mir besonders bei der Experimentalkritik der Entladungshypothese durch selbständige Beantwortung wichtiger Vorfragen behülflich.[7] Am 27. Februar 1875 promovirte er mit einem Theile seiner Preisschrift als Dissertation.[8] Im Sommer 1875 hörte er noch in Heidelberg bei GEGENBAUR vergleichende Anatomie, und beschrieb in KÜHNE's Institut die Nerven der Sehnen[9]: ein Gegenstand, der durch das von ERB und WESTPHAL entdeckte „Kniephänomen" damals sehr in den Vordergrund trat. Bei alledem hatte Dr. SACHS die praktischen Studien nicht vernachlässigt, sondern bestand im Winter 1875—76 in Berlin rühmlich die medicinischen Staatsprüfungen.

Um diese Zeit schlug ich ihm vor, zur zeitgemässen Erneuerung von HUMBOLDT's Versuchen am Zitteraale nach Calabozo in den Llanos von Venezuela zu gehen. Mein Plan beruhte auf der Ueberlegung, dass, wo es vor fünfundsiebzig Jahren von Gymnoten wimmelte, es auch jetzt noch welche geben müsse; dass Venezuela heute leichter erreichbar sei, als, abgesehen von den Kriegsläuften, zu Humboldt's Zeit etwa Aegypten; und dass Calabozo zwar jenseit der Cordillere, aber doch nur wenig Tagereisen von Hauptstadt und Küste entfernt, und folglich auch in bequemer Reichweite liege. Dr. Sachs aber schien durch das seltene Gleichmaass seiner Ausbildung in Histologie und Physiologie für dies Unternehmen wie geschaffen.

Nach kurzem Bedenken nahm der junge Mann mein Anerbieten an. Die geschäftlichen Einleitungen bei der Königlichen Akademie der Wissenschaften, welche über die Mittel der *Humboldt-Stiftung* verfügt, wurden getroffen, der Plan zu den mit den Gymnoten anzustellenden Versuchen ausgearbeitet, und eine vollständige instrumentale Ausrüstung für alle irgend zu erwartenden Fälle besorgt. Es war keine Kleinigkeit, sich in Stand zu setzen, die feinsten mikroskopischen Beobachtungen und physiologischen Versuche in der Steppe annähernd so sicher auszuführen, wie im physiologischen Institut einer deutschen Universität. Inzwischen lernte Dr. Sachs Spanisch und setzte sich mit dem in Carácas lebenden deutschen Botaniker, Hrn. Dr. Adolph Ernst, in Verbindung, um sich über die richtige Jahreszeit für seinen dortigen Aufenthalt und allerlei andere Umstände zu unterrichten. Die Zeit zu diesen Vorbereitungen wurde dadurch knapper, dass Dr. Sachs sich verpflichtet hatte, auf eine Reihe von Wochen die Praxis eines Freundes in Wusterhausen an der Dosse, einem Städtchen der Mark Brandenburg, zu versehen; doch gewann er dabei an Sicherheit im ärztlichen Handeln, was ihm auf der Reise sehr zu statten kam. Endlich, am 27. September 1876, schiffte sich Dr. Sachs an Bord eines der von Hamburg nach Panamá fahrenden Dampfer ein, welche in St. Thomas durch Intercolonial-Dampfer mit La Guayra correspondiren.

Der Leser ist jetzt soweit geführt, dass er das Buch „Aus den Llanos“ mit genügendem Verständniss der Sachlage aufnehmen kann, der es entsprang. Dr. Sachs hat in diesem Buche die Schilderung seiner Reiseerlebnisse und seine nicht den eigentlichen, wissenschaftlichen Zweck der Reise betreffenden Wahrnehmungen mitgetheilt. Durch einen besonderen Umstand erhielt seine Reise grössere Mannigfaltigkeit, als ursprünglich zu erwarten war. Dr. Sachs betrachtete als wesentlichen Theil seiner Aufgabe, lebende Gymnoten nach Berlin zu bringen. In Calabozo erkannte er die Unmöglichkeit, Gymnoten über die Cordillere nach La Guayra zu schaffen. Er fasste den Plan, sie durch die Steppe an den nächsten schiffbaren Zufluss des Orinoco's, den Rio Portugueza, zu befördern, von wo sie zu Wasser verhältnissmässig leicht sich weiter bringen liessen. Dieser Plan bot noch den Vortheil, dass auf dem Wege vom Portugueza bis zur Orinoco-Mündung es an Gelegenheit nicht fehlte, neue Gymnoten zu erlangen, wenn die von Calabozo mitgenommenen zu Schaden kommen sollten. Auch bewährte sich Dr. SACHS' Berechnung vollkommen; fünf lebende Zitteraale erreichten Bremerhaven unversehrt, und erst die Eisenbahnfahrt nach Berlin ward ihnen verderblich.

Dr. SACHS' Reise beginnt natürlich mit der alten, doch ewig neuen Geschichte von Sturm und Seekrankheit auf dem atlantischen Ocean. Nach Wechsel des Dampfers in St. Thomas werfen wir Anker auf der heissen unsicheren Rhede von La Guayra an der Küste der Caribensee.[10] Nicht ohne patriotisches Behagen sehen wir alsbald ein Regierungsboot mit der blau-roth-gelben venezolanischen Flagge vom Lande stossen und den Director des Hafenzollhauses an Bord bringen, der im Namen Seiner Excellenz des Präsidenten der Vereinigten Staaten von Venezuela, Don GUZMAN BLANCO, den jungen deutschen Naturforscher bewillkommnet und ihm mit ausgesuchter Höflichkeit erklärt, dass sein Gepäck von jeder Zollbesichtigung befreit sei. Nur ein Physiker, der mit seinen Instrumenten reiste, vermag ganz die hierin liegende Wohlthat zu würdigen. Dr. SACHS verdankte sie der Fürsorge des Kaiserlich deutschen Minister-Residenten in Carácas, Hrn. Dr. ERWIN STAMMAN,[11] dem er vom Auswärtigen Amte des Deutschen Reiches empfohlen war. Bei dieser wie bei jeder ähnlichen Gelegenheit hat unser Auswärtiges Amt durch grösste Thatkraft und liebenswürdigste Zuvorkommenheit in Förderung gelehrter Zwecke sich den wärmsten Dank aller Freunde der Wissenschaft erworben.

Noch am selben Abend erreichte Dr. SACHS Carácas, wo er, allerseits bestens aufgenommen, einige Zeit verweilte, um sich für das Innere mit Empfehlungen zu versehen und passend auszurüsten. Nach etwa drei Wochen verliess Don CARLOS, so hiess er jetzt nach Landessitte um so mehr, als sein Vatername spanisch gelesen sich schwer ausspricht, die Hauptstadt auf einem hellen Maulthierhengste, mit dem blauen, rothgefütterten Poncho behangen, in Reitstiefeln mit mächtigen Radspornen, die Hängematte aufgeschnallt und den Revolver zur Hand. Sein Gepäck mit dem tragbaren elektrophysiologischen Laboratorium sollte ihm in wenig Tagen, gewiss eine seltene Fracht, auch auf Mauleselrücken folgen. Anfangs ging der Weg noch in guter Gesellschaft durch den von allen Herrlichkeiten tropischen Pflanzenwuchses strotzenden Garten Südamerika's. Zuletzt musste der Reisende, nach manchem kleinen Abenteuer, einsam im braunen Grasmeer der Steppe zum Compass greifen, um seinen Weg nach dem Dorfe Rastro de Arriba zu finden, in dessen Nähe vor drei Vierteljahrhunderten der Kampf der Pferde und Fische stattfand. Dort hatte ein reicher und angesehener Mann, Don CARLOS

Palacios, *el Rey de los Llanos* genannt, ihm ein Haus zur Verfügung gestellt.

Die erste Entdeckung, die seiner wartete, war unliebsamer Art. Hielt man ihn schon für nicht ganz gescheit, wenn er erklärte, der Gymnoten wegen über den Ocean nach der Steppe gekommen zu sein, so erregte seine Erzählung des Kampfes der Pferde und Fische allemal das unbändigste Gelächter der Llaneros. Zweierlei war klar. Erstens hatte eine Seuche den zu Humboldt's Zeit nach Hunderttausenden von Köpfen zählenden Pferdebestand der Llanos so aufgerieben, dass solche Fangweise jetzt unerschwinglich theuer wäre. Schon der dem Reisenden für seine Mula abgeforderte Preis hatte ihn stutzig gemacht. Zweitens war jene Fangweise nie üblich gewesen; Humboldt hatte den Vorgang missverstanden oder ungenau dargestellt.[12] Die Llaneros empfanden nie das Bedürfniss, Gymnoten zu fangen, die nicht gut zu essen sind, und vor denen sie sich grauen. Sie besassen daher auch kein hergebrachtes Verfahren zu ihrem Fange. Wie Dr. Sachs später erfuhr, pflegt man am Rio Apure beim Ueberschreiten eines Gewässers, in welchem man Gymnoten fürchtet, Heerdenthiere vorauf zu treiben, um die Fische zu verscheuchen. Wahrscheinlich war diese Sitte Humboldt's indianischem Gefolge bekannt, und man bediente sich desselben Mittels, um die Thiere aus der Tiefe der Lagune aufzustöbern und in den Bereich der Harpunen zu bringen.

Wie dem auch sei, um sich Gymnoten zu verschaffen, musste Dr. Sachs auf andere Mittel sinnen, als auf das *Embarbascar con caballos*. Wir folgen ihm nicht weiter in's Einzelne. Es genüge, anzudeuten, wie er zunächst von Rastro de Arriba nach dem nahen Calabozo sein Hauptquartier verlegte, wo er zu seiner Freude eine so civilisirte Stadt fand, dass es sogar an Berliner Tivoli-Actien-Bier nicht fehlte; wie er hier einen durch Muth, Körperkraft und Intelligenz gleich ausgezeichneten Llanero kennen lernte, Don Guancho Rodriguez, der ihm endlich zu Gymnoten verhalf; wie er nun sein Laboratorium aufschlug, und des vollen Glückes genoss, vor einer Welt von Thatsachen zu stehen, die sein eigen sein sollte, in die er nur zu greifen brauchte, um Dinge von hinreissendem Interesse zu berichten. Ja, ihm musste zu Muth sein, wie dem Helden im Märchen, dem der Berg sich aufthut, der vor Haufen von Gold, Perlen und Edelsteinen steht und nur nicht weiss, was er mitnehmen und wie er seine Schätze bergen soll.

Mit Dr. Sachs' Versuchen und Beobachtungen wird aber der nicht physiologische Leser, dem sie trotz obigen Erläuterungen schwer verständlich bleiben möchten, im gegenwärtigen Buche, wie gesagt, nicht behelligt. Die Gymnoten spielen darin eine Rolle nur insofern an deren Fang, Untersuchung, Transport die Erzählung sich knüpft. Bei seiner seltenen

Leistungsfähigkeit, seinem frischen, allen Eindrücken offenen Wesen, welches aber nie aus einem gewissen vornehmen Gleichgewichte kam, bei seinen mannigfaltigen Kenntnissen, endlich seinem Sinn für Humor gelang es Dr. Sachs während einer Arbeit, die wohl fast jeden Anderen gänzlich beansprucht hätte, eine Fülle pikanter Wahrnehmungen und farbiger Bilder auf den verschiedensten Gebieten des Natur- und Menschenlebens zu sammeln. Geographie, physikalische Geographie und Meteorologie; Zoologie und Botanik; Pharmakologie und Medicin; Anthropologie und Ethnographie; Politik, Statistik und Volkswirthschaft werden nach Gelegenheit berücksichtigt. Die Schilderung des Weihnachtsfestes in Calabozo und der Fiesta in Guarda Tinájas führt uns in die Volkssitten der von einem bunten Rassengemisch bewohnten Llanos ein, und fesselt durch ihre lebendige Anschaulichkeit und durch manchen feinen Zug auch Den, welchem diese Scenen schon aus früherer Lectüre, etwa des Paez'schen Buches,[13] einigermaassen bekannt sind. Ein wahres Cabinetsstück ist die elektrische Soirée, welche Dr. Sachs den Calaboceños gibt, um ihre Neugier ein für alle Mal zu stillen, sowie die Geschichte des ersten nach Calabozo gelangten Pianino's, und der vergeblichen Bemühungen des Reisenden, die Llaneros für die Wagner'sche Muse zu gewinnen.

Der Winter verstrich; das lichtere Blau des Himmels verkündete die nahende Regenzeit, und Dr. Sachs schickte sich an, mit einer Ladung lebender Gymnoten die Steppe nach Camaguan am Rio Portugueza zu kreuzen. Der mühselige Ritt durch die Steppe im Schritt hinter dem Gymnotus-Karren, die Fahrt im leichten Kahn nach San Fernando am Apure, im offenen Flussfahrzeug nach der ansehnlichen Handelsstadt Ciudad Bolivar am Orinoco, der Aufenthalt dort, die Dampfschifffahrt nach Trinidad und endlich zurück nach St. Thomas füllen den Rest des Buches. Auf sandigem Ufer des Urwaldes, von Krokodilen umdrängt, von Mosquitos verzehrt, verbringt der Reisende eine ängstliche Nacht, während welcher das Gebrüll des Jaguars aus nächster Nähe ertönt; meerähnlich öffnet sich der Blick auf den Orinoco; wunderlich ist das Treiben in Ciudad Bolivar, in dessen glänzenden Kaufläden die modisch gekleidete junge deutsche Kaufmannsfrau und die nackten rothhäutigen Töchter der nahen Wildniss sich begegnen und vom blonden Hamburger Commis gleich höflich bedient werden; zu rasch tragen uns zuletzt Dampf und Strömung durch die Blüthenpracht des Orinoco-Delta's.

Dr. Sachs' Buch ist mit ungemeinem Geschick geschrieben. Hinter anmuthiger Nachlässigkeit, welche immerhin manchen Fehler durchlässt, birgt sich jene halb unbewusste tiefe Kunst der Darstellung, wie sie das Ergebniss vollkommener Gegenständlichkeit und Unbefangenheit bei genügender Cultur und vorzüglich bei grossem Talent ist. Dr. Sachs'

Naturschilderung muss man nicht mit der HUMBOLDT'schen vergleichen, welche, wie die BERNARDIN DE ST. PIERRE's und CHATEAUBRIAND's, von erhabenem, stellenweise schwermüthigem Ernst durchweht ist, der sich auf JEAN-JACQUES ROUSSEAU's und MACPHERSON's Einfluss zurückführen lässt. Diese zur Manier neigende Naturbeschreibung ist eigentlich eine Gattung der Poësie. Als höchster Meister der nicht auf aesthetische Nebenziele gerichteten Naturschilderung erscheint mir DARWIN in seiner „Reise um die Welt". Ich weiss Niemand, ausser vielleicht Graf MOLTKE, der so wie DARWIN die Kunst besitzt, in zwei Zeilen, ohne ein einziges malerisches Beiwort, rein durch treffende Wahl jeden Ausdruckes, ein Naturgemälde zu entwerfen, das sich einprägt, als hätten wir es gesehen. Ohne DARWIN zu erreichen, gibt Dr. SACHS eine Reihe vorzüglicher Landschaftsbilder, deren Reiz die gelungene Staffage oft noch sehr erhöht.

Ueber Dr. SACHS' Heimkehr am 1. Juli 1877 warf der Tod seiner mit so viel Mühsal hergebrachten Gymnoten einen Schatten. Er aber, mit jugendlicher Schnellkraft, ging sogleich an die Bearbeitung des mächtig vor ihm angehäuften Stoffes. Ich war so glücklich, im neuen physiologischen Institut der Berliner Universität ihm eine Assistenten-Stelle bieten zu können, welche ihm vorläufig genügte und hinlängliche Musse zum Arbeiten liess. Seine Absicht war natürlich, ein monumentales Werk über Gymnotus herauszugeben. Einige in PETERMANN's „Geographischen Mittheilungen" erschienene Briefe[14] ähnlichen Inhaltes und Tones wie vorliegendes Buch veranlassten die Aufforderung an Dr. SACHS, so seine ganze Reise zu beschreiben. Nicht nur ging er darauf ein, sondern da er zu bemerken glaubte, dass seine Erinnerungen rasch erblassten, verwendete er auch leider seine freie Zeit fast ausschliesslich auf dies Buch.[15]

„So halt' ich's endlich denn in meinen Händen, und nenn' es in gewissem Sinne mein!" — durfte ich wohl mit Alphonso sagen, als er im vorigen Sommer es mir überreichte. Ach, als ich dann dem Verleger gern eine Anzeige aus meiner Feder an dieser hervorragenden Stelle zusagte, dachte ich nicht, dass diese Anzeige zugleich ein Nekrolog werden würde.

Am Sonntag dem 18. August 1878 in der Frühe unternahm Dr. SACHS mit zwei Freunden, Hrn. Dr. GEORG SALOMON, Assistenten an der medicinischen Klinik der Berliner Universität, und dem Kaufmann Hrn. PAUL HEINITZ aus Luckenwalde, die für ungefährlich geltende Besteigung des Monte Cevedale in Tirol. Sie hatten einen Führer und einen Träger bei sich, und bewegten sich, angeseilt, auf dem Cevedale-Gletscher dem Bergschrund entlang, welcher den Firn des Gletschers vom Felsrücken des nahen Gipfels trennt. Der Führer ging voran, dann kamen Dr. Salomon, Hr. Heinitz und Dr. Sachs, zuletzt der schwerbeladene Träger. Ueber den Bergschrund führte eine steile Schneebrücke, die zu dessen Ueberschreitung benutzt wurde. Hier hieb der Führer Stufen, und die Wanderer, welche den Schrund zur Linken hatten, folgten dem Führer, nach links sich wendend, auf die Brücke. Dabei scheint Dr. Sachs ausgeglitten zu sein.[16] Er fiel auf das Gesicht, und fuhr den Abhang hinab. Wie stets bei ähnlicher Sachlage riss er seine Seilgenossen unaufhaltsam mit in die Tiefe. Eine der verunglückten Gesellschaft auf dem Fuss folgende andere Gesellschaft war Augenzeuge des Unfalls, und rettete später den einzig Ueberlebenden, Dr. Salomon. Mit Grausen sah sie die fünf Männer über eine steile Eiswand verschwinden und tief unten wieder erscheinen, aber nur zu vieren, denn beim Sturz über die Eiswand hatte der Träger sich losgerissen und den Tod gefunden. Die vier Uebrigen schossen weiter zu Thal, bis das Seil abermals riss, diesmal zwischen Dr. Salomon und Hrn. Heinitz, indem Dr. Salomon's rechtes Bein sich in einer Spalte fing. Dr. Salomon, der nach den ersten Secunden des Sturzes bewusstlos geworden war, fand sich einige Zeit nachher mit doppelt gebrochenem Bein auf dem Rand der Spalte sitzend, noch durch das Seil mit dem todten Führer verbunden. Dr. Sachs und Hr. Heinitz flogen noch immer abwärts, über Schründe und Zacken fort, und stürzten endlich in eine tiefe, zum Theil mit Wasser gefüllte Eiskluft, aus der ihre Leichen erst nach mehreren Tagen herausgeholt wurden.

So endete, noch nicht volle fünfundzwanzig Jahre alt, unser Freund Carl Sachs. Er, den die mörderische Fieberluft von Rastro de Arriba, den Cayman und Jaguar, Caribenfisch und Stachelroche, den die aufgeregte Atlantik und die gesetzlose mordbrennerische Bande, in deren Hände er einst fiel, verschonten, er musste auf einer Erholungsreise durch Unzulänglichkeit eines Bergführers zu Grunde gehen, der übrigens seine Fahrlässigkeit mit dem eigenen Tode büsste. Denn eine Strecke, wo ein Unglück geschehen kann, wie es seit der Matterhorn-Katastrophe nicht da war, mag einem Unkundigen nicht gefährlich scheinen, ein Führer musste ihre Gefährlichkeit durchschauen. Er durfte nicht auf solchen Weg sich allein mit drei Reisenden begeben, von denen der eine, Dr. Sachs, so ungeübt war, dass er, wie die nachfolgende Gesellschaft bemerkte, nicht einmal den Bergstock richtig gebrauchte. Ein guter Führer hätte nach den ersten Schritten den Anfänger erkannt, und ihn, wenn kein zweiter Führer mehr zu haben war, unter seine besondere Obhut genommen. Sollte das Anseilen der Gefahr dieses Weges vorbeugen, so war das ein weiterer Fehler, dem freilich zur Entschuldigung dient, dass ihn zur Zeit noch viele sonst sehr tüchtige Führer begehen. Das Anseilen ist unentbehrlich, um einen verschneiten Gletscher zu überschreiten, wozu es ja ursprünglich erfunden ist. Dagegen halte ich es für sinnlos, das Anseilen auf den Fall zu übertragen, wo Reisende sich auf einem glatten Abhang bewegen, vollends wenn nicht einmal eine Klippe vorspringt, um im Nothfall das Seil festzuschlingen. Der Nutzen, den das Anseilen dabei vielleicht dem Einzelnen dadurch bringt, dass es ihm eine leichte Stütze gewährt, wird für das Ganze weit überwogen durch den Nachtheil, dass nun alle Reisenden derselben Gefahr ausgesetzt sind, wie der Ungeschickteste unter ihnen. Hätte der Cevedale-Führer die Reisenden einzeln über die gefährliche Stelle fortgebracht, oder das zwischen sich und dem Träger ausgespannte Seil den Reisenden als Geländer dargeboten, so wäre kein Unglück geschehen.

Es ist hier nicht der Ort, diese Fragen ausführlicher zu erörtern, welche der ernsten Aufmerksamkeit der Alpenclubs kaum länger entgehen dürften. Ich habe darüber mit einem der erfahrensten Bergsteiger, meinem Freunde Professor TYNDALL, gleich nach dem SACHS'schen Unglück Briefe gewechselt, die in den „*Times*" abgedruckt sind. Professor TYNDALL theilt im Allgemeinen die oben von mir ausgesprochenen Ansichten, und fürchtet nur, dass bei dem wachsenden Andrang ungeübter Reisenden es schwer sein werde, trotz allen Mahnungen, die Wiederkehr ähnlicher Unfälle zu verhüten.

Mit Dr. SACHS' Tod ist leider die wissenschaftliche Frucht seiner Reise grossentheils verloren. Zu dem beabsichtigten Werk über Gymnotus fand sich unter seinen Papieren kein Manuscript vor. Glücklicherweise hatte er mir von der Reise Briefe geschrieben, welche die wichtigsten Ergebnisse seiner Beobachtungen und Versuche enthielten. Ich habe diese Briefe damals im ersten Heft des neuen „Archivs für Physiologie" abgedruckt. Durch Vergleichung ihres Inhaltes mit dem von Dr. SACHS in Calabozo geführten Tagebuche wird sich seine Arbeit einigermaassen herstellen lassen; immer wird dies spärlicher Ersatz für das bleiben, was er selber gegeben hätte.

Aber nur wer Dr. SACHS näher stand, und sein Werden übersah, vermag ganz zu ermessen, welchen Verlust in ihm, neben jenem besonderen, die Wissenschaft im Allgemeinen erlitt, wie viel Können, Wissen, Streben mit dem zerschellten Gebein in das traurige Grab bei San Nicolo gesenkt ward.[17] Das Staunen über das, was er so jung vollbracht, wächst, wenn man erfährt, dass, ehe er sich zum Studium der Medicin entschloss, er das Gymnasium zwei Jahre verlassen hatte, um sich der Musik zu widmen, mit deren Unterricht er nach dem frühen Tod seiner Eltern eine Zeit lang seinen Unterhalt verdiente. Er beherrschte vollständig die Theorie der Musik, war ein geschickter Geigenspieler, auf dem Clavier aber geradezu Concertist. Niemand, der ihn die schwierigsten Bravourstücke aus dem Gedächtniss endlos aneinander reihen hörte, wollte glauben, dass er nicht Musiker von Fach, sondern angesehener Naturforscher sei. Er hatte den Eingeborenen am Apure mehrere in ihrer Einfachheit ergreifende Weisen abgelauscht, welche sie auf der Panflöte spielen. Schade, dass er sie nicht seinem Buche beifügte.

Wozu eine so merkwürdig begabte Persönlichkeit sich entwickelt hätte, zu welchem Baum dieser schlanke saftreiche Schoss erstarkt wäre, wer kann es sagen? Nun bleibt sein Andenken in der deutschen Wissenschaft als des Jünglings, den sie zur Erforschung des Zauberfisches auf den Spuren des Alten vom Berge aussandte, und den ein herbes Geschick ihr zu früh entriss: denn in der Gestalt, wie ein Mensch die Erde verlässt, wandelt er unter den Schatten.

Anmerkungen.

[1] (S. IX) Der vollständige Titel lautet: „Aus den Llanos. — Schilderung einer naturwissenschaftlichen Reise nach Venezuela, von CARL SACHS, Med. Dr. Mit Abbildungen. Leipzig, Verlag von Veit & Comp. 1879."

[2] (S. IX) Dieser Aufsatz wurde kurz nach dem Erscheinen des Buches: „Aus den Llanos" und nach dem Tode des Dr. SACHS für die „Deutsche Rundschau" geschrieben (s. dort, März 1879. Bd. XVIII. S. 390—399).

[3] (S. X) Vergl. jedoch unten S. 127. Anm. 2; — S. 409.

[4] (S. XII) „On trouvera peut-être que, dans la plupart des animaux, chaque contraction de la fibre musculaire est précédée par une décharge du nerf dans le muscle". (Voyage aux Régions équinoxiales du Nouveau Continent etc. Relation historique. Paris 1819. 4^{0}. t. II. p. 190; — Annales de Chimie et de Physique. 1819. t. XI. p. 437).

[5] (S. XII) Beiträge zur Kenntniss des Galvanismus und der Resultate seiner Untersuchung. Jena 1802. Bd. II. S. 247. 248. Anm.

[6] (S. XIII) REICHERT's und DU BOIS-REYMOND's Archiv für Anatomie, Physiologie u. s. w. 1872. S. 607—648. Mit zwei Kupfertafeln.

[7] (S. XIII) Untersuchungen über Quer- und Längsdurchströmung des Froschmuskels, nebst Beiträgen zur Physiologie der motorischen Endplatten. Archiv u. s. w. 1874. S. 57—95. — Vergl. Centralblatt für die medicinischen Wissenschaften, 1873. S. 578.

[8] (S. XIII) Archiv u. s. w. 1874. S. 175—195; 491—509; 645—678. Der letzte Abschnitt ist als Dissertation erschienen unter dem Titel: „Physiologische und anatomische Untersuchungen über die sensibeln Nerven der Muskeln. Inaugural-Dissertation u. s. w." Berlin 1875. Mit zwei Kupfertafeln.

[9] (S. XIII) Die Nerven der Sehnen. Archiv u. s. w. 1875. S. 402.

[10] (S. XV) S. die Kärtchen unten S. 79. 81.

[11] (S. XV) Dr. STAMMAN ist leider am 9. November 1880 in Maracaybo dem klimatischen Fieber erlegen.

[12] (S. XVI) Vergl. jedoch unten S. 88 ff.

[13] (S. XVII) Don RAMON PAEZ, Wild Scenes in South America. New York. 1862. — Eine zweite Bearbeitung erschien in New York 1868 unter dem Titel: „Travels and Adventures in South and Central America. First Series: Life in the Llanos of Venezuela."

[14] (S. XVIII) A. a. O. 1877. Bd. XXIII. S. 182. 293.

[15] (S. XVIII) Dr. SACHS hat nach seiner Rückkehr ausser den „Llanos" meines Wissens nichts veröffentlicht. Die im Archiv für Physiologie abgedruckten Verhandlungen der Berliner physiologischen Gesellschaft enthalten nur einen kurzen Bericht über seine Ergebnisse am Zitteraal (a. a. O. 1878. S. 624), und eine vorläufige Mittheilung über das gelbe Mark und die Markhaut (a. a. O. S. 340).

[16] (S. XIX) In frischen Schneestufen, bei 0^{0} Temperatur des Schnees, steht man im ersten Augenblicke sicher, bald aber wird unter dem Druck der Füsse, nach dem JAMES THOMSON'schen Princip, der körnige Schnee zu schlüpfrigem Eise, und man gleitet leicht aus in derselben Stellung, in der man festen Fuss gefasst zu haben glaubte. Die Zeit, während welcher der Führer eine neue Stufe haut, genügt zu dieser Wandlung. Fast hätte ich selber einmal auf diese Art am Mont Pers in der Berninagruppe das Leben verloren.

[17] (S. XX) Die Ueberreste der beiden auf dem Monte Cevedale verunglückten Reisenden wurden seitdem nach den Nuovi Bagni bei Bormio übergeführt. Dr. SACHS' Grab schmückt, durch seine Freunde gesetzt, ein Marmordenkmal von LUERSSEN's Meisterhand.

Inhalt.

Erster Abschnitt.

Zoologisch-Anatomisches.

Zweiter Abschnitt.
Naturgeschichtliches und Physiologisches überhaupt.

Dritter Abschnitt.
Elektrophysiologisches.

Anhang I.

Das Gehirn und Rückenmark des Gymnotus electricus. Von G. Fritsch.

Anhang II.

Vergleichend-anatomische Betrachtung der elektrischen Organe von Gymnotus electricus. Von G. Fritsch.

Anhang III.

Zusätze und Berichtigungen. Von E. du Bois-Reymond.

ERSTER ABSCHNITT.

ZOOLOGISCH-ANATOMISCHES.

§ I. Aeussere Beschreibung des Zitteraales.

1. Färbung und muthmaassliche Varietäten des Zitteraales.

Dr. SACHS hat der äusseren Beschreibung des Zitteraales einige Sorgfalt gewidmet, was dankenswerth erscheint, wenn man erwägt, wie sehr Fische durch Weingeist entstellt werden, und welche Bedeutung die Varietäten neuerlich in der Zoologie erlangten.

Der Zitteraal ist seit der Mitte des vorigen Jahrhunderts sehr oft schwarz[1] und colorirt[2] dargestellt worden. Mit Dr. SACHS' Beschreibung verglichen erscheinen die besten dieser Abbildungen sehr fehlerhaft. Von

[1] In Schwarz-, auch Buntdruck findet sich der Zitteraal abgebildet bei GRONOVIUS, HUNTER, FAHLBERG, LACÉPÈDE, RUDOLPHI, DELLE CHIAIE, welche im Folgenden angeführt werden; — bei JOBERT (DE LAMBALLE), Des Appareils électriques des Poissons électriques. Paris 1858. — Atlas. pl. VII–XI; — und in BREHM's Thierleben u. s. w. Grosse Ausg. 2. Aufl. 3. Abth. 2. Bd. (Auch 8. Bd. des ganzen Werkes) S. 320. — Der Stich in der Encyclopédie méthodique, ou par ordre de matières etc. Tableau encyclopédique et méthodique des trois Règnes de la Nature etc. Ichthyologie. Par M. l'Abbé BONNATERRE. A Padoue 1791. 4°. Pl. 25. Fig. 84 ist eine schwache Copie der SEBA'schen Figur (s. folgende Anm.). — ROZIER's Observations sur la Physique, l'Histoire naturelle etc. Septembre 1772. t. II. 4°. Paris 1777 enthalten eine elende Abbildung unbekannter Herkunft.

[2] Die Reihe der colorirten Abbildungen unseres Fisches eröffnet ALBERTUS SEBA, Locupletissimi Rerum naturalium Thesauri accurata Descriptio et Iconibus artificiosissimis Expressio etc. Fol. t. III. Amstelodami 1758. p. 108. Tab. XXXIV. Fig. 6. — Dies ist meines Wissens überhaupt die erste bildliche Darstellung des Zitteraales. Er heisst hier noch nicht Gymnotus electricus, welchen Speciesnamen erst LINNÉ ihm beilegte, sondern Gymnotus nigricans (virtute Torpedo). Beschreibung und Abbildung sind von GAUBIUS. Der Fisch war von s'GRAVESANDE (s. unten § IX. 1, XVII. 1) an ALLAMAND geschickt (Verhandelingen uitgegeeven door de Hollandse Maatschappy der Weetenschappen, te Haarlem. D. II. 1755. p. 373. — Vergl. GARN, Diss. inaug. med. de Torpedine recentiorum genere Anguilla etc. Praeside G. A. LANGGUTH. Wittenbergae 1778. 4°. p. 4 sqq.) — Den Namen Gymnotus schuf ARTEDI für MARCGRAV's Brasilianischen Gymnotinen *Carapo*. (PETRI ARTEDI etc. Ichthyologia sive Opera omnia de Piscibus etc. Ed. CAR. LINNAEUS. Lugduni Batavorum 1738. p. 25. 43.)

den colorirten lässt beispielsweise nur die von ROBERT SCHOMBURGK die so auffallende und ganz beständige rothe Färbung der Unterseite des Kopfes und des Bauches erkennen; in Bezug auf die sehr veränderliche Färbung des Rückens und Schwanzes (s. unten) ist ihnen also vollends nicht zu trauen.

Fig. 1.

Obschon die Fig. 1—4 die Farben des Fisches nur durch dunkel und hell wiedergeben, helfen sie doch folgende Schilderung verständlich

— Auf SEBA folgen in weitem Abstande: BLOCH, Naturgeschichte der ausländischen Fische u. s. w. Berlin 1786. 4°. 2. Th. S. 43. Taf. 156 (die Titelvignette stellt sehr hübsch am tropischen Gestade mit dem Zitteraal experimentirende Englische oder Holländische Herren vor); — HIPP. CLOQUET, Faune des Médecins etc. Paris 1822 et ann. suiv. pl. XXIII. 1 (War mir nicht zugänglich); — GUÉRIN-MÉNEVILLE, Iconographie du Règne animal de G. CUVIER ou Représentation d'après nature de l'une des Espèces les plus remarquables et souvent non encore figurées de chaque Genre d'Animaux etc. Paris 1829—1844. t. I. pl. LXIII. Fig. 2; — G. CUVIER, Le Règne animal distribué d'après son organisation etc. Édition accompagnée de planches gravées etc. Paris 1836—49. — Les Poissons, avec un Atlas, par M. A. VALENCIENNES. Pl. 110 (d'après nature); — ROBERT SCHOMBURGK, in: The Naturalist's Library. Conducted by Sir WILLIAM JARDINE etc. Ichthyology. vol. V. Fishes of Guiana. Part II. Edinburgh 1843. pl. 18. p. 173. — Was hier der Herausgeber sagt: „We are not aware of a good coloured figure of this species" — gilt noch heute, wie vor siebenunddreissig Jahren.

machen. Fig. 1 ist den „Llanos"[1] entlehnt, Fig. 2—4 habe ich nach dem Tagebuch, wo sie dem Anschein nach lebensgross sind, verkleinert, und in einigen Punkten nach Weingeistexemplaren ergänzt.

Die Oberseite des Kopfes und der Anfang des Rückens des Zitteraales von Calabozo sind, abgesehen von den schwarzen Mündungen der Schleimcanäle, rein dunkelolivengrün, die Unterseite des Kopfes und der Bauch orange. Letztere Färbung rührt nicht bloss von Pigment her, sondern auch von durchschimmerndem Blut, da sie an geschwächten Thieren auf Druck erblasst (s. unten § XXVII. 5).

Die Grenze zwischen Grün und Orange entspricht vorn genau der Lippenspalte, und zieht sich dann vom Mundwinkel im Bogen nach hinten, an mittelgrossen, d. h. wohl 1^{m} langen Thieren etwa eine Handbreit hinter der Brustflosse, gerade zum Anfang der Afterflosse hin, so dass Kiemendeckel, Kiemenspalte und Brustflosse noch im Orange liegen. In der Querebene, in der die orange Färbung endet und die Afterflosse beginnt, enden nach vorn auch die elektrischen Organe. Während am Rücken die Färbung vergleichsweise dieselbe bleibt, nimmt über den etwas unter der Seitenlinie gelegenen grossen Organen die Haut ein anderes Ansehen an. Sie ist dunkelgrün mit gelben, kirschengrossen, matt begrenzten Tüpfeln, wie wenn auf grün bemaltem Grunde die grüne Farbe durch Tupfen mit der Fingerspitze entfernt wäre. Diese Tüpfel werden nach hinten kleiner und seltener, aber schärfer begrenzt. Auf dem Rücken finden sich ähnliche, jedoch minder helle Flecke. Ausserdem kommen sowohl auf dem Rücken wie über den grossen Organen gelbe „Kritzel" vor.[2]

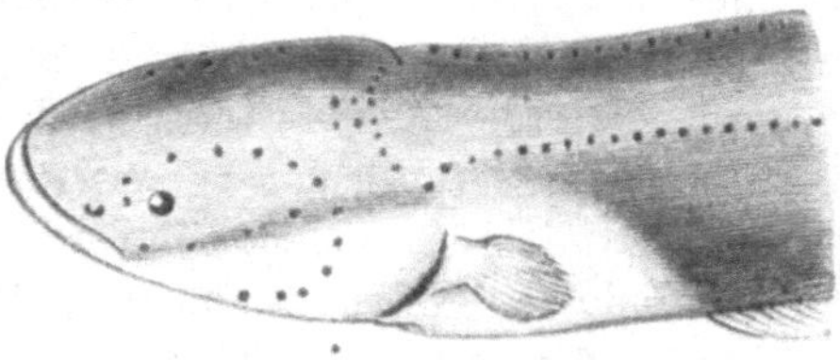
Fig. 2.

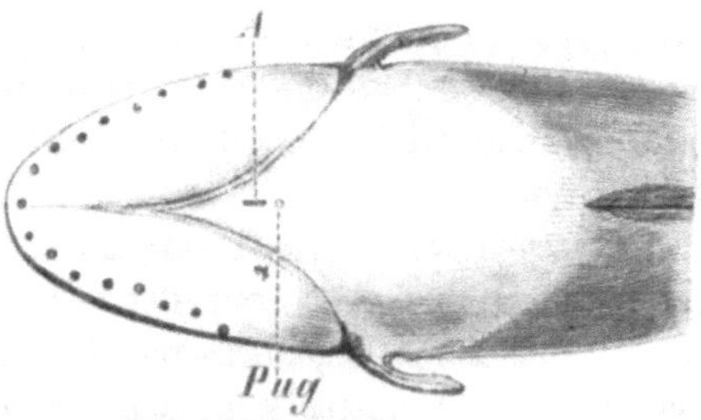
Fig. 3.

Fig. 4.

[1] A. a. O. S. 149.

[2] Nach Alex. v. Humboldt hätten die gelben Flecken eine ganz bestimmte Stellung, deren Dr. Sachs nicht gedenkt. Humboldt sagt: „Le dessous de la tête du Gymnote est d'un beau jaune mêlé de rouge. De cette même teinte jaunâtre sont

Die Gesammtfärbung wird nach unten heller und gelber, über dem kleinen Organ, bis zur Flosse hin, aber streifig. Man unterscheidet die streifige Gegend deutlich im Gesammtbild des Zitteraales Fig. 1 und in der Skizze der Schwanzspitze Fig. 4.[1] Die Grenze zwischen glatter und streifiger Gegend ist scharf, und entspricht ungefähr der Grenze zwischen grossem und kleinem Organ. Das Grün der streifigen Gegend erscheint schmutzig von unzähligen, mit blossem Auge kaum unterscheidbaren schwarzen Pigmentkörpern. Die diese Gegend der Länge nach durchziehenden Linien machen sich weniger durch verschiedene Färbung, einen leichten Wechsel zwischen Grün und Gelb, bemerkbar, als durch eine völlig mit ihnen zusammenfallende Faltenbildung. Auf einer quer über das kleine Organ gezogenen Linie zählt man 10—12 solcher Längslinien oder -falten. Diese Zahl stimmt ungefähr mit der der Längsscheidewände des kleinen Organs (s. unten S. 31), doch haben die vielfach spitzwinklig in einander übergehenden Längsfalten nichts gemein mit den in der Regel (s. unten § IV. 3, V. 1. 3) gesondert und parallel verlaufenden Scheidewänden, und ihr Ursprung wird unten, in dem von Hrn. Prof. Fritsch verfassten zweiten Anhang, ganz anders erklärt. Nach hinten beruhen die Linien nur noch auf Faltenbildung, die streifige Gegend wird bis auf hier auftretende kleine gelbe Tüpfel gleichmässig grün.

Die Längsscheidewände scheinen nicht durch die Haut hindurch.[2] Auch lassen sich, abgesehen von den eben beschriebenen Falten der streifigen Gegend, keine regelmässigen Längsfalten erzeugen. Dagegen bilden sich bei der geringsten seitlichen Krümmung auf der hohlen Seite Querfalten von etwa 2^{mm} Breite, auf deren Höhe die Haut etwas gelblich erscheint. Diese Falten gehören allein der Haut an. Wie man in Osmiumpräparaten an Durchschnitten der Haut über dem Organ erkennt, ist die Haut von dessen Fascie durch einen wahren Panniculus adiposus getrennt und hat keinerlei feste Verbindung mit ihm. Die Quer-

---

aussi les deux taches rondes, qui, *placées symmétriquement en deux rangées, vont depuis la tête jusqu'au bout de la queue. Ces taches, examinées soigneusement, sont autant d'ouvertures excrétoires*, qui paraissent plus profondes sur la tête que vers la queue.“ (Recueil d'Observations de Zoologie et d'Anatomie comparée. Paris 1811. 4°. Vol. I. p. 60. 61. [Im Folgenden als „Recueil etc. L. c.“ angeführt.])

[1] In Lacépède's sonst sehr dürftiger Abbildung des Zitteraales ist die streifige Gegend ziemlich gut zu erkennen. (Histoire naturelle des Poissons. Paris, l'an VIII etc. (1800). T. II. p. 146 et suiv. Pl. 6.)

[2] Humboldt sagt im Gegentheil: „La peau du Gymnote a assez de transparence pour que, dans l'animal vivant, l'on puisse distinguer les lames ou feuillets aponévrotiques qui forment l'organe électrique“ (Recueil etc. L. c. p. 61). Ob ihn die Längslinien der streifigen Gegend getäuscht haben?

falten gleichen also nur äusserlich den von mir am Zitterwelse beschriebenen schönen und merkwürdigen Querfalten, welche das Organ selber bildet.[1] Im Gedanken an letztere hat wohl Dr. SACHS diesem Punkt Aufmerksamkeit zugewendet.

Selbst bei einem und demselben Thier ist die Farbe bis zu einem gewissen Grade veränderlich.[2] Schmutzig braune Färbung fürchtete Dr. SACHS als Krankheitszeichen. Seine sterbend hier angelangten Thiere waren fast schwarz. Weingeistexemplare sehen dunkelgrau aus, und lassen von dem gelben Pigment keine Spur mehr erkennen. Auf Beobachtung kranker oder todter Exemplare sind gewiss manche Angaben zurückzuführen, welche den Zitteraal braun oder schwärzlich beschreiben.

Ausser den der Gefangenschaft zuzuschreibenden Farbenänderungen des Zitteraales, wie sie auch andere Fische, z. B. gerade die Zitterwelse, vor Allem die Frösche zeigen, kommen nun aber auch Abweichungen vor, welche, wenigstens zum Theil, als Varietäten zu deuten sind.

Unter sonst scheinbar gleichen Bedingungen traf Dr. SACHS bei einigen Thieren dunkleres, bei anderen lichteres Olivengrün; so schwache gelbe Flecke auf dem Rücken, dass dieser dunkelgrün erschien wie der Kopf, oder im Gegentheil sehr starke gelbe Flecke, oder, in der streifigen Gegend, weisse in einander verlaufende Adern auf grünem schwarzgesprenkeltem Grund. Die beiden letzteren Formen bezeichnet das Tagebuch gelegentlich als hellere Varietät. Stets jedoch war die Grundfarbe Olivengrün. Dem entsprechend sagt auch HUMBOLDT von den Zitteraalen von Calabozo: „Tous ceux que j'ai observés étaient d'un beau vert d'olive un peu foncé".[3]

Dagegen beschreibt BAJON, ein französischer Militärarzt, der von 1763 bis ungefähr 1775 in Cayenne lebte, den Zitteraal schieferfarben, ausgenommen Bauch und Unterseite des Kopfes, welche blassroth seien.[4] GUISAN, der nach zwanzigjährigem Aufenthalt in Cayenne 1789 seine Beobachtungen niederschrieb, nennt den Zitteraal schwärzlich, bis auf das Roth an den erwähnten Stellen.[5] VAN DER LOTT schreibt 1761 von Rio Essequibo,

---

[1] Ges. Abh. Bd. II. S. 607. [2] Llanos, S. 152.

[3] Recueil etc. L. c. p. 60; — Voyage aux Régions équinoxiales du Nouveau Continent etc. Relation historique. Paris 1819. 4°. t. II. p. 177 (wird künftig stets nur als „Relation etc. L. c." angeführt); — Reise in die Aequinoctialgegenden des neuen Continents u. s. w. Stuttgart und Tübingen 1820. Bd. III. S. 301. — Der auf den Zitteraal bezügliche Abschnitt der „Relation" ist auch abgedruckt in den Annales de Chimie et de Physique. 1819. t. XI. p. 408 et suiv.

[4] ROZIER, Observations sur la Physique, l'Histoire naturelle etc. 1774. 4°. t. III. p. 55; — Mémoires pour servir à l'Histoire de Cayenne, et de la Guiane françoise etc. Paris 1777. t. II. p. 317.

[5] GUISAN's Beobachtungen wurden 1819 nach seinen Papieren von seinem Sohn

dass es zwei Arten Zitteraal gebe, eine stärker schlagende schwarze, und eine schwächere rothe.[1] Der Englische Beschreiber Guayana's, Edward Bancroft, weiss nichts von diesen beiden Arten, sondern schildert den Zitteraal von Essequibo als von bläulicher Bleifarbe, den Bleiplatten ähnlich die dem Wetter lange ausgesetzt waren.[2] Diese Männer hatten offenbar unzähligemal den Fisch im frischesten Zustande lebendig gesehen; an Täuschung durch Krankheit oder Leichenveränderung ist nicht zu denken. Bei den Zoologen vor Humboldt's Zeit, welche ihre Nachrichten vom Zitteraal fast nur aus Guayana, jedenfalls nicht aus den Llanos von Carácas erhielten, ist denn auch von keiner anderen Farbe des Zitteraales die Rede, als von einer schwärzlichen. So beschreiben ihn Gaubius (Seba, s. oben S. 3. Anm.), Linné nach ihm[3], Gronovius, Bloch, die *Encyclopédie méthodique*[4], Lacépède[5]. Auch noch nach Humboldt und bis in die neueren Lehrbücher blieb es dabei; nur der im *Règne animal* nach einem mir unbekannten Exemplar *d'après nature* colorirte Fisch zeigt einen grünlichen Anflug.

Um diese Angaben mit denen Humboldt's und des Dr. Sachs zu versöhnen, könnte man an verschiedene Farbe des Fisches zu verschiedenen Jahreszeiten, etwa im Zusammenhang mit dem Fortpflanzungsgeschäft, denken. Dann müsste man aber die unwahrscheinliche Voraussetzung machen, dass die Beobachter in Guayana, welche Jahr aus Jahr ein Erfahrungen sammelten, den Fisch immer nur in seinem einen Kleide zu sehen bekommen hätten. Viel natürlicher scheint es, zwei Varietäten unseres Fisches anzunehmen, eine grüne zunächst in den Llanos von Carácas, eine schwärzliche zunächst in Guayana heimische.

Fernere Beobachtungen müssen diesen Punkt aufklären, und, falls das Dasein der beiden Varietäten sich bestätigt, deren geographische Verbreitung besser kennen lehren[6]. Die Indianer erzählten Humboldt

---

in Tübingen zur medicinischen Inaugural-Dissertation benutzt. De Gymnoto electrico. Commentatio etc. 4°. p. 6.

[1] „Men vind twee soorten, ..., niet gelyk in kracht, drillende de zwarten sterker, dan die rosser zyn." Verhandelingen uitgegeven door de Hollandsche Maatschappye der Weetenschappen, te Haarlem. D. VI. St. II. 1762. Berichten. p. 88.

[2] (Natural History of Guiana . . .) Naturgeschichte von Guiana in Südamerika u. s. w. In 4 Briefen. Aus dem Englischen. Frankfurt und Leipzig 1769. S. 116.

[3] Caroli a Linné etc. Systema Naturae per Regna tria Naturae etc. Ed. XII[a]. Holmiae 1766. Tom. I. p. 428.

[4] Article „Anguille électrique" in der Nouvelle Édition enrichie de Remarques etc. A Padoue 1787. 4°. p. 22[b].

[5] L. c. p. 153.

[6] Ueber die geographische Verbreitung des Zitteraales überhaupt s. unten § IX. 1.

von einem schwärzlichen Zitteraal in den Llanos des Rio Apure, der nur 60^{cm} lang werde, aber an Gewalt der Entladungen den grossen grünen Zitteraal übertreffe.[1] Dr. SACHS scheint hiervon nichts wieder vernommen zu haben. Ist die Nachricht richtig, so käme also die schwärzliche Varietät auch ausserhalb Guayana's vor. Auf der anderen Seite veranlassten die Zitteraale, welche Dr. SACHS in San Fernando de Apure und in Ciudad Bolivar am Orinoco erhielt, ihn zu keiner Bemerkung über ihre Farbe, müssen also olivengrün gewesen sein.[2] Dunkelolivengrün nennt auch der Reisende CARL FERD. APPUN, den wir noch öfter über unseren Fisch vernehmen werden, den Zitteraal des Orinoco-Delta's.[3] Danach ist zu vermuthen, dass die grüne Varietät auch im Apure und Orinoco lebt, und bis zu des letzteren Mündung vordringt.

Vielleicht wird die Zukunft uns mit noch anderen Färbungen des Zitteraales bekannt machen. ROBERT SCHOMBURGK's Original-Farbenskizze des Zitteraales vom Rio negro stellte ihn „of a deep bluish green" vor.[4] In dem von mir benutzten Exemplar der *Fishes of Guiana* sieht man nichts vom Grün. Diese Angabe liesse sich noch mit der schieferblauen Färbung einerseits, der olivengrünen andererseits vereinigen. Dagegen bleibt auffällig die Angabe VAN DER LOTT's, dass es eine rothe Varietät gebe[5], in Verbindung mit der Thatsache, dass der 1844 von Rio Janeiro nach Neapel gelangte, von DELLE CHIAIE beschriebene Zitteraal, welcher drei Jahre am Leben blieb, also für gesund gelten konnte, gelbbraun (giallo-fosco) aussah, und erst todt schwarzbraun oder dunkelolivenfarben (nero-fosco o meglio olivaceoscuro) ward.[6]

Auf Altersunterschiede ist, abgesehen von Grösse und Gewicht (s. den folgenden Paragraphen), noch nicht gehörig geachtet.

---

[1] Recueil etc. L. c. p. 60; — Relation etc. L. c. p. 177. Note 1.

[2] Llanos, S. 278. 280. 341; — Reisebriefe, a. a. O. S. 90. 93; — Vergl. unten § X. 3. XV. XVI.

[3] Unter den Tropen. Wanderungen durch Venezuela, am Orinoco, durch Britisch Guyana und am Amazonenstrom in den Jahren 1849—1868. Jena 1871. Bd. I. Venezuela. S. 480.

[4] S. oben S. 4. Anm.

[5] S. oben S. 7. 8. — HUMBOLDT (Recueil etc. L. c. p. 80) und DELLE CHIAIE (s. die folgende Anm.) lassen BLOCH versichern, dass es eine rothe, stärker schlagende Varietät gebe. Allein BLOCH citirt nur falsch die Angabe VAN DER LOTT's, wonach gerade die schwarze Varietät die stärkere wäre (A. a. O. [s. oben S. 4 Anm.] S. 44). — Der rothe Zitteraal auf Taf. XII der von v. SCHUBERT bevorworteten Schreiber'schen Naturgeschichte u. s. w. Zum Anschauungsunterricht u. s. w. (Esslingen 1872. Fol.) ist wohl nicht ernst zu nehmen.

[6] Descrizione, Anatomia e potere elettrico del Gimnoto della Real Casa, in: Miscellanea anatomico-patologica di S. DELLE CHIAIE. Napoli 1847. Fol. t. I. p. 92.

2. Sonstige äusserliche Besonderheiten des Zitteraales.

An der breiten Mundöffnung ragt der Unterkiefer etwas vor, was dem Gesichtsausdruck, sagt Dr. Sachs, etwas Wildes und Unheimliches giebt.[1] Vorspringen des Unterkiefers ist bei Fischen nicht ungewöhnlich (man denke an das Os Tincae der Anthropotomie), und meinem Gefühl nach giebt es deren viel, auf welche Dr. Sachs' Bemerkung besser passt als auf den Zitteraal. Mir sieht er in den verschiedensten Abbildungen, ja bei Dr. Sachs selber (Fig. 1), nicht sehr charaktervoll und eher milde aus. Der Ausdruck in Fig. 2, der mit dem in Dr. Sachs' Figur freilich contrastirt, ist der eines guten Weingeistexemplares.

Vor der einfachen Zahnreihe befindet sich eine 1 cm breite knorpelig anzufühlende Lippenfläche, die dunkelgrün, in den Mundwinkeln gelb gefärbt ist. Die Zähne sind sehr klein und ragen äusserst wenig hervor. Einen bis anderthalb Centimeter hinter den Zähnen fangen korallenartige, verzweigte, rothe, fast centimeterhohe Papillen an, welche den Boden und namentlich die Decke der Mundhöhle einnehmen, während die Seitenwände davon frei bleiben; doch sind auch die Kiemenbögen, mit Ausnahme des Kiemenblättchen tragenden Theiles, damit besetzt. Man wird beim ersten Blick versucht, diesen bisher wenig beachteten[2] merkwürdigen Gebilden eine Verrichtung zuzuschreiben ähnlich der der Walthierbarten, nur dass die Speiseröhre des Zitteraales gerade auffallend weit, und das Thier keineswegs auf kleine Beute beschränkt ist. Wir kommen auf die Papillen noch zurück (s. unten § III. XI. XVI. 2).

Fig. 5.

(Tagebuchskizze.)

Etwa in der Querebene des Afters (s. unten) springen im Schlunde vier, paarweise hintereinander stehende zahntragende Knochenplatten vor. S. Fig. 5, deren Orientirung aber aus dem Tagebuch nicht erhellt.[3]

---

[1] Llanos, S. 152.

[2] Die erste mir bekannte Nachricht davon findet sich bei Bajon (s. oben S. 7. Anm. 4: — Rozier, Observations etc. L. c. 56; — Mémoires etc. L. c. p. 320). Dann folgt Samuel Fahlberg, der 1797 in Stockholm einen Zitteraal lebend beobachtete (Kongl. Vetenskaps Academiens Nya Handlingar. Tom. XXII. För År 1801. p. 130. — Fahlberg's in mancher Beziehung wichtige Abhandlung ist ausgezogen in Gilbert's Annalen der Physik. 1803. Bd. XIV. S. 416, jedoch mit Weglassung des anatomischen Theils. Viele Autoren nennen Fahlberg fälschlich Fahlenberg, indem sie ihn mit dem Schwedischen Botaniker Wahlenberg verwechseln). Die Papillen sind ferner erwähnt bei Humboldt (Recueil etc. L. c. p. 61), Lacépède (L. c. p. 153) und Guisan (L. c. p. 5). Abgebildet hat sie delle Chiaie, jedoch Dr. Sachs' Beschreibung wenig entsprechend (Descrizione, Anatomia e potere elettrico del Gimnoto della Real Casa. L. c. p. 93. 103. Tav. XLIX. 1, 2).

[3] In Kaup's Uebersicht der Gymnotidae in Troschel's (Wiegmann-Erichson's) Archiv für Naturgeschichte. XXII. Jahrgang. 1856. Bd. I. S. 86 heisst es vom

Die etwa „guldengrosse“ Brustflosse ist grün und gelb radiär gestreift, mit rothem Saum.

Die Afterflosse ist schieferblau mit einem 2—3 mm breiten rothen Saum. Vorn steigt sie sanft an zur Höhe von 2 cm, hinten greift sie bis zur Höhe der streifigen Gegend, manchmal bis fast zur Seitenlinie sichelförmig hinauf (s. Fig. 4). In der Flosse zeigen sich zwei bis drei hellere Streifen. Bei einigen Thieren sind diese Streifen orange bis blutroth. Das Volk unterscheidet solche Thiere als *Tembladores rayados*, gestreifte Zitteraale, und schreibt ihnen grössere Kraft zu.[1]

Es kommt sehr häufig vor, dass die Afterflosse durch einen oder mehrere, mehr oder minder tiefe Einschnitte unterbrochen ist (Fig. 6). Solchen Einschnitt in der Flosse hatte auch der schon oben S. 9 erwähnte 1844 aus Rio Janeiro nach Neapel gelangte, dort im Königlichen Schloss gehaltene Zitteraal. DELLE CHIAIE gründete hierauf eine neue Species Gymnotus regius (*Gimnoto reale*).[2] Auch Hrn. KUPFFER's und KEFERSTEIN's eines Exemplar hatte in der Flosse einen Einschnitt von 2 cm, den diese Forscher als die After- von der Schwanzflosse trennend ansahen.[3] Bald nach DELLE CHIAIE's Bekanntmachung sprach ich die Vermuthung aus, dass jener Einschnitt vielleicht nur von einer Verletzung herrühre.[4] Bei dem Material, über welches Dr. SACHS gebot, überzeugte er sich leicht, dass die Einschnitte von unbeständiger Lage und Tiefe sind, und oft erkannte er daran deutliche Narbenbildung. In einem Fall war sogar mit der Lücke in der Flosse ein grosser Defect der Leibessubstanz verbunden, der entschieden den Eindruck einer Bisswunde machte. Unzweifelhaft rühren diese Verletzungen von Bissen der Caribenfische[5] her,

Fig. 6.

(Tagebuchskizze.)

Zitteraal: „Oben mit etwa 50, unten mit gegen 60 spitzen Zähnen; oben eine zweite „Reihe von etwa 6 Zähnen hinter den mittleren. An der Symphyse des Unterkiefers „2 kleine Reihen nach innen.“ Dies ist die genaueste mir bekannte Beschreibung des Gebisses des Zitteraales. Ich weiss Dr. SACHS' Angaben damit nur durch die Annahme zu vereinigen, dass er die zweiten Zahnreihen, KAUP die Schlundzähne übersah.

[1] Vergl. Llanos, S. 152, wo, im Widerspruch mit den dem Text zu Grunde gelegten Angaben des Tagebuches, gesagt ist, dass bei den *Tembladores rayados* der sonst weisse Saum der Afterflosse blutroth ist.

[2] „1) *Gymnotus electricus*: Pinna anali cauda tenus protensa. 2) *Gymnotus regius*: Anali pinna minima caudali majore distincta“ Notizia su due Gimnoti elettrici dall' America, recati vivi in Napoli, scritta a' 10 Marzo 1847. Raccolta fisicochimica italiana ec. vol. III. (fasc. 26) p. 63; — Descrizione, Anatomia ec. del Gimnoto della Real Casa. L. c. p. 91. Tav. XLV.

[3] HENLE und PFEUFFER, Zeitschr. f. ration. Medicin. 3. R. 1858. Bd. II. S. 345.

[4] Die Fortschritte der Physik im Jahre 1848 u. s. w. Berlin 1852. S. 309.

[5] Serrasalmo Spec. Vergl. Llanos, S. 147.

vor denen bekanntlich nichts sicher ist. Es bleibt vor der Hand dabei, dass es nur einen elektrischen Gymnotinen, wenn auch von verschiedener Farbe, giebt (s. oben S. 8), den altbekannten Gymnotus electricus LINNÉ; wie auch die Aufstellung einer zweiten Species Malopterurus auf ähnliche schwache Indicien hin sich als hinfällig erwies.[1]

Von einem Zitteraale mit auffallend abgerundetem Schwanze meinte der Fänger, er verdanke diese Besonderheit wohl dem Biss eines Cayman's.

Die Schleimporen in der Haut des Zitteraales haben früh und oft die Aufmerksamkeit der Forscher auf sich gelenkt. Weil auch der Zitterroche ein sehr entwickeltes System solcher Hautdrüsen besitzt[2], vermuthete man eine Beziehung der Schleimabsonderung zur elektrischen Function; doch findet sich beim Zitterwelse nichts Aehnliches. Die Schleimporen unseres Fisches, wie schon oben S. 5 bemerkt, durch schwarzes Pigment kenntlich, stehen in der Seitenlinie durchschnittlich 1 cm von einander ab, und bilden am Kopfe die aus Fig. 2 und 3 ersichtliche Figur: eine Brücke über den Hinterkopf, einen Kranz um jedes Auge, ein Hufeisen um den Unterkiefer.[3] Weingeistexemplare lassen diese Figur oft nur schlecht erkennen. Die Schleimporen am Kopfe münden in „endermatische" Röhren mit zum Theil starken, ja verknöcherten Wänden. An der Seitenlinie ist noch kein solcher Canal aufgefunden (vergl. unten S. 29).

Das Auge ist sehr klein, durch eine durchsichtige Fortsetzung der Haut geschützt. Mitten zwischen Auge und Kieferrand liegt die Nasengrube.

Die etwa drittehalb Centimeter lange Kiemenspalte liegt, von oben und von unten her sichtbar, dicht vor der Brustflosse. In der Fortsetzung der beiden Spalten nach unten ziehen zwei convergirende Falten nach vorn und fliessen zu einer einzigen zusammen, welche median nach dem Unterkieferrande zieht, so dass die Gestalt eines Y's entsteht. Zwischen den Schenkeln des Y's, in unmittelbarer Nähe des Mundes, liegt der After, dicht dahinter der feine Porus urogenitalis (Fig. 3).

Die Leibeshöhle nimmt bekanntlich nur einen sehr kleinen Theil, mit dem Kopfe zusammen nicht ganz ein Fünftel, der Körperlänge ein. An einem 115 cm langen Fisch reichte sie nur bis 22 cm von der Schnauzenspitze nach hinten. Die Nieren setzten sich extraperitonaeal noch

---

[1] Ges. Abh. Bd. II. S. 607.

[2] SAVI's *Follicules mucifères*, so genannt im Gegensatz zu den *Follicules nerveux* (SAVI in MATTEUCCI's Traité des Phénomènes électro-physiologiques des Animaux. Paris 1844. p. 329. 332), in welchen ein Sinnesorgan vermuthet wird. Vergl. BOLL in REICHERT's und DU BOIS-REYMOND's Archiv für Anatomie, Physiologie u. s. w. 1875. S. 456.

[3] Nach GUISAN sind 24 Schleimporen am Ober-, 12 am Unterkiefer, 5 an jeder Seite des Kopfes (L. c. p. 5. 6).

2^{cm} weiter fort. Die hintere Schwimmblase ist das einzige Eingeweide, welches sich nach hinten durch die ganze Länge des Thieres erstreckt.

Es liegt nahe, sagt Dr. SACHS, diese Einrichtung als Folge der Ausbildung der elektrischen Organe anzusehen, welche hier den sonst der Bauchhöhle zukommenden Raum einnehmen.[1]

Umgekehrt fasste JOHN HUNTER das Verhältniss auf. Nach ihm zerfällt der Leib des Zitteraales in zwei Theile, einen allgemein thierischen Theil und einen besonders hinzutretenden Theil, das elektrische Organ, von welchen der erste weit über das für seinen eigenen Bestand nöthige Maass ausgedehnt sei. Eigentlich sei der Zitteraal ein ganz kurzer Fisch und nur so verlängert, um für das elektrische Organ Raum zu bieten.[2]

Allein alle solche Betrachtungen werden, wie Dr. SACHS selber in Bezug auf die seinige bemerkt, durch den Umstand entwerthet, dass auch die nicht elektrischen Gymnotinen, die Gattungen Carapus, Sternopygus, Rhamphichthys, Sternarchus[3] die nämliche Eigenthümlichkeit zeigen. Bei einer von Dr. SACHS zuerst mitgebrachten Art, dem Sternarchus Sachsi PETERS, beträgt die Entfernung zwischen Mund und After nur $^1/_{40}$ der Körperlänge, während sie bei Gymnotus $^1/_{15}$ ausmacht.[4]

Man könnte, würde ich hinzufügen, also höchstens sagen, diese den Gymnotinen gemeinsame Einrichtung habe bei deren einem die Entwickelung elektrischer Organe dadurch ermöglicht, dass eine so ansehnliche Muskelmasse zur Umwandlung in elektrisches Gewebe verfügbar war.

Alle Gymnotinen führen bei den spanischen Creolen wegen ihrer Gestalt den Namen *Cuchillo* oder *Cuchilla*, d. h. Messer.[5] Der Vergleich findet sich schon bei MARCGRAV auf den Carapo angewandt.[6] Es ist aber sehr bemerkenswerth, dass SEBA's *Thesaurus* auch dem Gymnotus electricus, seinem G. nigricans (s. oben S. 3), Messergestalt

---

[1] Llanos, S. 153.

[2] An Account of the Gymnotus electricus. Philosophical Transactions etc. For the Year 1775. p. 395. 396.

[3] JOH. MÜLLER und TROSCHEL, Horae ichthyologicae. Beschreibung und Abbildung neuer Fische. 3. Heft. Berlin 1849. S. 13; — KAUP, Uebersicht der Gymotidae. In TROSCHEL's Archiv für Naturgeschichte u. s. w. XXII. Jahrgang. 1856. Bd. I. S. 79.

[4] Llanos, S. 153. 279 (Abbildung des Sternarchus Sachsi). — Vergl. W. PETERS in den Monatsberichten der Akademie u. s. w. 1877. S. 473.

[5] Llanos, S. 279.

[6] (G. PISONIS, etc. de Medicina Brasiliensi L. IV etc. et) G. MARCGRAVI DE LIEBSTAD, etc., Historiae Rerum naturalium Brasiliae L. VIII. Jo. DE LAET etc. in ordinem digessit etc. Ludg. Bat. et Amstelod. 1648. Fol. p. 170.

zuschreibt,[1] wozu nur zu bemerken wäre, dass die hinten spitz zulaufenden Gymnotinen mehr einem Dolchmesser, der Zitteraal wegen seines abgerundeten Schwanzes (s. oben Fig. 4) mehr einem Tischmesser gleichen. Bei der hergebrachten Art, Fische von der Seite abzubilden, wurde dieser Umstand zu wenig beachtet. Wenigstens ward ich erst in FARADAY's im Wesentlichen ganz richtiger Skizze[2] (Fig. 7) darauf aufmerksam, welche den Zitteraal in seinem Becken von oben darstellt: als theoretisches Bedürfniss mich trieb, nach dem Querschnitt der Organe in verschiedenen Strecken des Fisches zu fragen (s. unten § XXI. 3). Dieser Ansicht unseres Fisches von oben entsprechen übrigens die Durchschnitte Fig. 30 *A*, *B*, *C* aus dem hinteren Drittel seiner Länge (s. unten § V. 2).

Fig. 7.

(Nach FARADAY.)

§ II. Länge und Gewicht einiger Zitteraale. Wachsthumsgesetz dieses Fisches.

Im Vergleich mit den anderen Zitterfischen erreicht der Zitteraal eine bedeutende Grösse. Der längste von Dr. SACHS gemessene war 155 cm lang. HUMBOLDT mass am Caño de Bera 170 cm lange Zitteraale.[3] RICHARD SCHOMBURGK giebt an, dass zwei im Barima, der sich in die Hauptmündung des Orinoco's, die Boca de Navios, ergiesst, gefangene Zitteraale sieben Fuss Länge und anderthalb Fuss Umfang hatten.[4] Dieselben

---

[1] L. c.; — GRONOVIUS, Acta Helvetica, Physico- etc. medica etc. vol. IV. Basileae 1760. 4°. p. 28; — GARN, Diss. inaug. med. de Torpedine recentiorum genere Anguilla. Praeside G. A. LANGGUTH. Wittenbergae 1778. 4°. p. 6. 7. — VAN DER HOEVEN ist daher nicht zu billigen, wenn er dem Zitteraal ein „corpus teres" beilegt (Handbuch der Zoologie. Nach der zweiten Holländischen Ausgabe). Bd. II. Leipzig 1852—1856. S. 127.

[2] Experimental Researches in Electricity. Reprinted from the Philosophical Transactions etc. London 1844. p. 10.

[3] Recueil etc. L. c. p. 59.

[4] Reisen in Britisch-Guiana in den Jahren 1840—1844. U. s. w. 1. Th. Leipzig 1847. S. 139; — 3. Th. Versuch einer Fauna und Flora von Britisch-Guiana. Nach Vorlagen von JOH. MÜLLER u. s. w. Leipzig 1848. S. 639. — SCHOMBURGK

Maasse giebt APPUN für die grössten Zitteraale des Orinoco's und der Flüsse Guayana's an.[1] Selbst wenn nur englisches Maass gemeint ist, wäre das 213 cm Länge, 46 cm Umfang. Die von ALEXANDER GARDEN wiederholte Erzählung, dass im Surinam zwanzig Fuss (über 6 m) lange Zitteraale vorkommen[2], beruht wohl auf Verwechselung mit Schlangen.

Interessanter als die Frage nach der grössten Länge, welche Zitteraale gelegentlich erreichen, ist die nach dem vergleichsweisen Gewicht verschieden langer Zitteraale. Von fünf der von Dr. SACHS in Calabozo verarbeiteten Fische findet sich neben der Länge auch das Gewicht angegeben. Ferner berichtet er, nach Hörensagen, dass das Gewicht sechs Fuss langer Exemplare an 25 Pfund betrage.[3] Zu diesen Bestimmungen des Dr. SACHS gesellt sich glücklicherweise noch eine von HUMBOLDT.[4] Sie ist in der untenstehenden Tabelle mit IV bezeichnet.

Die Gewichte sind von Dr. SACHS und von HUMBOLDT in spanischen Pfunden angegeben. Das spanische Pfund (Handelsgewicht = 16 ℥, welches hier allein gemeint sein kann) ist = 460·2931 gr.[5] Wo Dr. SACHS die Länge in Fussen angiebt, wie in den Fällen II und VI, habe ich Rheinische Fuss angenommen, um sie in Metermaass zu übersetzen. So entstand folgende Tabelle:

		I	I*	II[6]	III	IV	V	VI
Länge =	Cm	89	92	3′ = 94	115	126	155	6′ = 189
Gewicht =	Span. Pfunde	7½	6	8	9½	12	15½	25
	Kilogramm	3·45	2·76	3·68	4·37	5·52	7·13	11·50

Das Gewicht des Fisches I* fällt aus der Reihe und ist sichtlich zu klein.

Die Volumina ähnlicher Körper verhalten sich wie die Cuben ihrer linearen Dimensionen, und so verhalten sich auch, bei ähnlicher Vertheilung von Stoffen verschiedenen specifischen Gewichtes im Inneren der ähnlichen Körper, deren absolute Gewichte. Die Gewichte ungleich langer Zitteraale geben also ein Mittel zu erkennen, ob diese Fische beim Wachsen sich ähnlich bleiben oder nicht, letzteren Falls ob sie vergleichsweise stärker in

---

sagt Stärke statt Umfang, was nicht richtig sein kann, da der Zitteraal, von der Seite gesehen, zehn- bis zwölfmal so lang wie hoch erscheint (SEBA l. c. und LACÉPÈDE l. c. p. 152). — APPUN sagt richtig Umfang (s. folgende Anm.).

[1] Unter den Tropen u. s. w. Bd. I. Venezuela. Jena 1871. S. 304.

[2] Philosophical Transactions etc. For the Year 1775. Vol. LXV. p. 110.

[3] Llanos, S. 154. [4] Recueil etc. L. c. p. 60.

[5] BENJ. SCHOLZ, Anfangsgründe der Physik als Vorbereitung zum Studium der Chemie. 3. Aufl. Wien 1827. S. 725. — HUMBOLDT setzt 12 castilische Pfunde = 5·3 ki, das Pfund also nur = 441·6666 gr. Wahrscheinlich ist 5·3 ein Druckfehler für 5·5, denn 12 × 460·2931 = 5523·5172.

[6] Die Länge steht im Tagebuch, das Gewicht in den Reisebriefen, a. a. O. S. 77.

der Länge oder in der Dicke wachsen. Dicken- oder Umfangsmessungen, deren es übrigens am Zitteraale nur wenig giebt, würden dasselbe nur leisten, wenn sie immer an derselben, die Gesammtlänge nach einem bestimmten Verhältniss theilenden Stelle vorgenommen würden, und wenn der Querschnitt dieser Stelle sich ähnlich bliebe.

Bezeichnet man, mit Auslassung des Fisches 1*, die Längen mit L_I, L_{II}, ... L_{VI}, die zugehörigen Gewichte mit P_I, P_{II}, ... P_{VI}, so würde, falls die Fische beim Wachsen sich ähnlich bleiben, in den Gleichungen

$$L_I^3 = c_I P_I,\ L_{II}^3 = c_{II} P_{II},\ \ldots\ L_{VI}^3 = c_{VI} P_{VI}$$

die Constante c stets denselben Werth haben; c wäre der Parameter der cubischen Parabel

$$L^3 = cP,$$

von welcher P_I, L_I; P_{II}, L_{II}; ... P_{VI}, L_{VI} zusammengehörige Ordinaten und Abscissen vorstellen.

Berechnet man aber aus obigen sechs Messungen und Wägungen die Grössen

$$c_I = \frac{L_I^3}{P_I},\ c_{II} = \frac{L_{II}^3}{P_{II}},\ \ldots\ c_{VI} = \frac{L_{VI}^3}{P_{VI}},$$

so erhält man statt einer Reihe, deren Glieder innerhalb der Grenzen der Beobachtungsfehler schwanken, folgende rasch wachsende Reihe:

$$c_I = 94,\ c_{II} = 104,\ c_{III} = 160,\ c_{IV} = 167,\ c_V = 240,\ c_{VI} = 270.$$

Dies Wachsen von c ist viel zu auffällig und regelmässig, um auf Täuschung zu beruhen. Dabei ist zu bemerken, dass zwar die Wägungen nur roh, auf etwa 7—3 Procent genau sind, dafür aber ihre Fehler auch nur mit der ersten Potenz in die Bestimmung von c eingehen, während die mit der dritten Potenz darin eingehenden Längenfehler naturgemäss ungleich kleiner waren. Ist λ der Fehler bei der Länge L, π der beim Gewicht P, so wird *log* c davon annähernd mit $\frac{3\lambda}{L}$, aber nur mit $\frac{\pi}{P}$ afficirt.

Die sechs Paar Messungen und Wägungen gehören also nicht derselben cubischen Parabel an, sondern die Gewichte wachsen langsamer, als nach cubisch parabolischem Gesetze. Daraus folgt, dass die Zitteraale beim Wachsen sich nicht ähnlich bleiben, sondern in der Länge stärker wachsen als in der Dicke. Mit anderen Worten, je länger sie werden, um so kleiner wird vergleichsweise ihr Querschnitt; und was von den ganzen Aalen gilt, darf wohl auch von den elektrischen Organen angenommen werden.

Dies Ergebniss ist nicht unwichtig. Der Zitteraal-Schlag wächst mit der Länge des Fisches: es fragt sich, ob wegen Widerstandsabnahme, Kraftzunahme oder beider Ursachen zugleich? Der Widerstand ähnlicher, der Axe nach durchströmter Prismen ist umgekehrt proportional ihrer Länge. Denken wir uns die Zitteraal-Organe der Länge nach durchströmt, was zwar nicht strenge richtig (s. unten § XXI. 1) hier hingehen mag, so sinkt wegen des rascheren Wachsens der Organe in der Länge ihr Widerstand also langsamer, als wenn sie sich ähnlich blieben. Vielleicht sinkt er nur wenig oder wächst er sogar. Danach ist jedenfalls sehr unwahrscheinlich, dass die grössere Stärke längerer Fische allein oder vorzüglich auf Widerstandsabnahme beruhe. Wäre dies der Fall, so erheischte die organische Zweckmässigkeit, dass beim Wachsen die Fische mindestens sich ähnlich blieben, ja noch rascher an Querschnitt zunähmen als sich ähnlich bleibende Prismen. Wenn längere Fische trotz geringer oder gar zweifelhafter Widerstandszunahme stärker schlagen, so kann dies nur auf grösserer Kraft beruhen, und folglich wächst die Kraft der Organe mit ihrer Länge.

Dies stimmt mit meiner Lehre von der Anpassung der verschiedenen elektrischen Organe an das Mittel, worin sie wirken sollen. Die auf Seewasser berechneten Zitterrochen-Organe durften keinen grossen inneren Widerstand haben, konnten aber mit geringerer Kraft auskommen: sie sind bei grossem Querschnitt kurz. Die auf Süsswasser berechneten Organe des Zitterwelses und Zitteraales durften grösseren inneren Widerstand haben, brauchten aber auch grössere Kraft: sie sind bei kleinem Querschnitt lang. Es würde dem Zitteraal nichts helfen, und erschiene als Verschwendung elektrischen Gewebes, sänke beim Wachsen der Widerstand seiner Organe.

Die Organe des 92^{cm} langen, 6 Pfund schweren Fisches I* wogen „einschliesslich kleiner Zwischenmuskeln" (vergl. unten § IV. 2, § XIII) $2^1/_4$ Pfund. Die Organe betrugen also gegen $\frac{1}{2 \cdot 66}$, über ein Drittel des Körpergewichtes, wie schon HUNTER geschätzt hatte.[2] Nach Hrn. STEINER[3] betragen die Organe der Torpedo marmorata im Mittel aus

[1] Ges. Abh. Bd. II. S. 696.

[2] L. c. p. 396. — Leider hat Dr. SACHS diese Bestimmung gerade an dem für seine Länge zu leichten Fisch vorgenommen.

[3] REICHERT's und DU BOIS-REYMOND's Archiv für Anatomie, Physiologie u. s. w. 1874. S. 687. — Hr. STEINER hat seine 22 Wägungen an den beiden Arten zusammengeworfen und daraus ein gemeinschaftliches Mittel $\frac{1}{3 \cdot 85}$ gezogen. Bei Betrachtung seiner Zahlen fällt aber auf, dass bei T. marmorata die Organe einen

5 Wägungen $\frac{1}{3 \cdot 46}$, die der T. oculata im Mittel aus 17 Wägungen $\frac{1}{3 \cdot 96}$, nach Bilharz[1] das Organ des Zitterwelses, „beide Ueberzüge eingerechnet“, $\frac{1}{3 \cdot 55}$ des Körpergewichtes. Das im Vergleich zum übrigen Körper schwerste Organ hat danach der Zitteraal, dann folgen T. marmorata, Zitterwels, T. oculata.

§ III. Nicht den elektrischen Apparat betreffende anatomische und histologische Bemerkungen.

Dr. Sachs hat in seinem Tagebuche mancherlei über die gröbere Anatomie, besonders die Splanchnologie des Zitteraales angemerkt. Da diese Dinge sich auch an Weingeistexemplaren ermitteln lassen, und ihm zunächst wohl nur daran lag, sich an seinem Versuchsthiere zurechtzufinden, erklärt es sich, dass seine derartigen Notizen spärlich sind, zum Theil hinter dem namentlich durch Hrn. Valentin[2] und durch delle Chiaie Bekannten zurückbleiben, und nur in wenig Punkten darüber hinausgehen. Wäre Dr. Sachs vergönnt gewesen, selber diese Notizen auszuarbeiten, er hätte sicher eine abschliessende Darstellung der Zitteraal-Anatomie erstrebt. Mit Hülfe des von ihm mitgebrachten Materiales hier an seine Stelle zu treten, oder auch nur seine Angaben zu controliren, fühle ich mich nicht berufen, und begnüge mich damit, seine zerstreuten Bemerkungen zusammengeordnet wiederzugeben.

Er fand das Herz der Bauchwand dicht anliegend, dunkelroth, einer grossen Pflaume vergleichbar, in einem dicken Herzbeutel.[3]

---

grösseren Bruchtheil des Körpergewichtes ausmachen als bei T. oculata, daher ich die dem Text zu Grunde gelegte Umrechnung für gerechtfertigt hielt. Hrn. Steiner's Wägungen waren erwünscht, denn die beiden von John Davy an unbestimmten Species von Torpedo gemachten stimmen, ohne dass er es merkt, so wenig unter einander, dass sie kein Vertrauen erwecken: Davy fand das eine Mal die Organe $= \frac{1}{6 \cdot 84}$, das andere Mal $= \frac{1}{2 \cdot 73}$ des Körpergewichtes (Researches, physiological and anatomical. London 1839. vol. I. p. 29. 48).

[1] Das electrische Organ des Zitterwelses anatomisch beschrieben u. s. w. Leipzig 1857. Fol. S. 29.

[2] Beiträge zur Anatomie des Zitteraales (Gymnotus electricus). Neuchâtel 1841. 4°. [Aus dem VI. Bde der Neuen Denkschriften der Allgemeinen Schweizerischen Gesellschaft für Naturwissenschaft.]

[3] Nach accessorischen Herzen, die der Zitteraal wie andere sehr gestreckte Fische, Aal und Muräne, vielleicht besitzt, ist meines Wissens bei ihm noch nicht gesucht.

Jederseits sind vier **Kiemenbögen** mit einer doppelten Kiemenblättchenreihe vorhanden. Der von Kiemenblättchen freie Theil ist, wie schon oben S. 10 bemerkt, gleich der Mundschleimhaut mit korallenartigen Papillen besetzt.

Um die Anordnung des Verdauungsrohres[1] aufzufassen, muss man sich die absonderliche Lage des Afters, dem Munde nah, vergegenwärtigen (s. oben Fig. 3 und S. 13). Das Rectum geht demgemäss vom After *A* nach hinten (Fig. 8). In der Richtung vom After nach dem Magen *M* verfolgt bildet der kurze und einfach gebaute Darm bis zum Magen hin etwa anderthalb Umgänge. An der Verbindungsstelle mit dem Magen fallen zwei grosse Klumpen von Pförtneranhängen (*ap*), durch je eine Membran vereinigt, in die Augen. Die Speiseröhre *Oe* ist, wie schon oben S. 10 erwähnt, sehr weit und nimmt bei *L* den Luftgang der Schwimmblasen auf (s. unten). Unter dem Magen liegt die Milz *mm'*, in der Form der des Menschen ähnlich.[2]

Fig. 8.

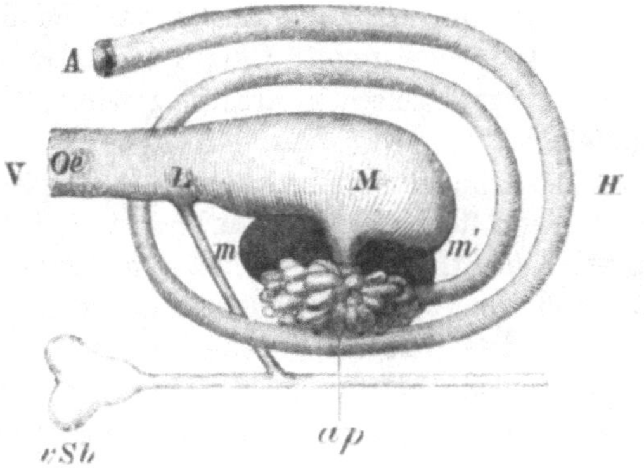

(Tagebuchskizze.)

Die weiche, in Lappen getrennte Leber umfasst hufeisenförmig Gallenblase, Magen und Pförtneranhänge. Die grosse oberflächliche Vene der Leber geht geradesweges zum Sinus communis des Herzens. In einem Fall enthielt die stark ausgedehnte Gallenblase gegen 20^{Ccm} röthlicher, in dünnen Schichten grüner Galle, welche die Gmelin'sche Biliphäinreaction prächtig gab.

Unter der Wirbelsäule liegt die doppelseitige Niere,[3] lang, breit

[1] Das Verdauungsrohr des Zitteraales findet man ausser bei Hrn. Valentin und bei delle Chiaie beschrieben von T. Rymer Jones, im Artikel: „*Pisces*" in Todd's Cyclopaedia of Anatomy and Physiology. Vol. III. London 1839 – 1847. p. 982.

[2] Das Pankreas haben Fahlberg (L. c. p. 137. 139. Tab. II. Fig. IV. *d*) und delle Chiaie (L. c. p. 93. 103. tav. XLVI. *l*) beschrieben und abgebildet, doch scheint mir Fahlberg die Pförtneranhänge dafür genommen zu haben.

[3] Ueber Niere und Harnblase des Zitteraales vergl. Hyrtl, Das uropoëtische System der Knochenfische. Denkschriften der Kais. Akademie der Wissenschaften. Mathematisch-naturwissenschaftliche Classe. Wien 1851. Bd. II. S. 86. 87. — Fahlberg beschreibt sonderbarerweise die Niere als Lunge (lungan) des Fisches. (L. c. p. 143.) Die Nieren (njurar) kommen p. 139 besonders vor.

und mit Commissuren versehen. Wir sahen schon oben S. 12. 13, dass sie sich, wie dies bei Knochenfischen vorkommt, noch ein Stück jenseit der Bauchhöhle nach hinten in den Canal der unteren Wirbelbogenschenkel fortsetzt. Ihren Hilus hat sie hinten. Ihr Ausführungsgang strebt sogleich nach vorn zur Bauchwand, läuft dort rechts vom Rectum nach vorn und mündet dicht am After.

Die Erweiterung des Nierenausführungsganges zu einer sogenannten Harnblase, welche beim Zitteraal sehr entwickelt ist, lässt Dr. Sachs unerwähnt, vielleicht aus morphologischem Purismus, weil dies Organ der wahren Harnblase nicht homolog ist. Es findet sich bei Hrn. Hyrtl beschrieben,[1] bei delle Chiaie sehr klar abgebildet.[2] Hr. Valentin konnte wegen schlechter Erhaltung seines Exemplares nichts darüber ermitteln.[3]

Die Hoden beginnen hinten dünn spindelförmig vor dem vorderen Ende der Afterflosse, und laufen, etwa 4 ^{cm} lang, beiderseits von der Urethra (der Harnblase), rechts vom Rectum, nach vorn. Sie münden in einen zum Porus urogenitalis führenden geräumigen Gang.

Bei den Weibchen scheinen die Eierstöcke die Stelle der Hoden einzunehmen. Im Tagebuch fehlt es darüber an sicherer Auskunft; die von Eiern strotzenden Ovarien sind aber von delle Chiaie *in situ* abgebildet.[4]

Eileiter, beziehlich Samengang, verschmelzen mit der Harnröhre unmittelbar über dem Porus urogenitalis, welcher dicht hinter dem After liegt (Fig. 3).

Auf den Zustand, in welchem Dr. Sachs den Geschlechtsapparat seiner Fische antraf, kommen wir im § XVI zurück.

Ueber den Schwimmblasenapparat des Zitteraales herrschte bekanntlich lange Dunkel. Hunter bildete 1775 die hintere grosse Schwimmblase *in situ* ab.[5] Um so unverständlicher ist es, dass Bloch, welcher zuerst die Splanchnologie des Zitteraales berücksichtigte, 1785 ohne Weiteres berichtet: „Eine Schwimmblase war nicht vorhanden.“[6] Fahlberg sah zwar die vordere Schwimmblase, erkannte sie aber nicht als solche.[7]

Da entdeckte Humboldt bei seinem Gymnotus aequilabiatus vom Magdalenenstrom die vordere Schwimmblase, übersah nun aber wieder bei diesem Fisch die der bekannten Schwimmblase des Zitteraales, welche er freipräparirt abbildete, entsprechende hintere Schwimmblase. Indem

---

[1] A. a. O. S. 87. [2] L. c. tav. XLVI. [3] A. a. O. S. 35.

[4] L. c. tav. XLVI. [5] L. c. p. 396. 407.

[6] Naturgeschichte der ausländischen Fische. 4°. Berlin 1785. Th. I. S. 56; — 8°. Berlin 1786. Bd. I. S. 242.

[7] L. c. p. 143. 144. 149. tab. II. Fig. 7—9.

er umgekehrt bei letzterem Fisch die vordere, der des G. aequilabiatus entsprechende Blase übersah, schrieb er, obschon selber erstaunt über solchen Unterschied im Baue nah verwandter Thiere, ausdrücklich dem Zitteraale nur die hintere, dem G. aequilabiatus nur die vordere Schwimmblase zu.[1]

In Bezug auf den Zitteraal wurde diese Angabe 1817 im *Règne animal* berichtigt. CUVIER scheint dessen beide Schwimmblasen in der That vollkommen gekannt zu haben.[2] Dagegen bezweifelte er auf HUMBOLDT's Zeugniss hin die hintere Schwimmblase bei G. aequilabiatus, und diese Meinung kehrt noch in späteren Auflagen des *Règne animal* wieder.[3] Auch an der vorderen Schwimmblase des Zitteraales durfte man wieder irre werden, als 1841 Hr. VALENTIN in seiner unter AGASSIZ' Augen gedruckten Monographie zwar ein blasiges Gebilde an der richtigen Stelle beschrieb, dessen Natur aber, wie einst FAHLBERG, verkannte, und davon als von einem eigenthümlichen, ihm räthselhaft gebliebenen Organe sprach.[4]

Ich übergehe den bald diese Verwirrung fortsetzenden, bald deren Lösung vorbereitenden Antheil anderer Forscher. Was den Zitteraal betrifft, so kam schliesslich das Licht von mehreren, von einander ganz unabhängigen Seiten.

Nachdem JOH. MÜLLER und Hr. TROSCHEL 1849 die Familie der Gymnotinen nach anderen Merkmalen begrenzt und deren oben S. 13 genannte Gattungen aufgestellt hatten, wies 1852 Hr. REINHARDT[5] in Kopen-

---

[1] Recueil etc. L. c. p. 47. 48. 62—66. Pl. X. Fig. 3. — Auffallend ist in Dr. SACHS' Tagebuch in Bezug auf zwei nicht näher bestimmte Gymnotinen die Bemerkung, „dass bei beiden Arten eine Gymnotus ähnliche Architektur des Durchschnittes, aber „nur bei der grossen Art eine Schwimmblase wie bei Gymnotus sich finde."

[2] Vgl. HUMBOLDT, Relation etc. L. c. p. 178. Note 2; — Reise in die Aequinoctial-Gegenden des neuen Continents u. s. w. Stuttgart und Tübingen 1820. Th. III. S. 303. Anm. 2.

[3] Édition de 1817. t. II. p. 236; — de 1836—49. Les Poissons. Texte, p. 323.

[4] A. a. O. S. 35. — JOH. MÜLLER bemerkte sogleich in seinem Jahresbericht, dass Hrn. VALENTIN's „blasiges Organ" wohl die vordere Schwimmblase sei. Archiv u. s. w. 1842. S. CCXXVIII.

[5] Om Svömmeblaeren hos Familien Gymnotini. Videnskabelige Meddelelser fra den naturhistoriske Forening i Kjöbenhavn, for Aaret 1852. Kjöbenhavn 1853. p. 135. — Uebersetzt von TROSCHEL in seinem Archiv für Naturgeschichte. XX. Jahrgang. 1854. Bd. I. S. 169. — Hier findet sich die Literatur des Gegenstandes bis auf die im Text erwähnte Lücke sehr vollständig mitgetheilt. Jener Familien-Charakter der Gymnotini ist seitdem in die systematischen Lehrbücher aufgenommen (vergl. TROSCHEL und RUTHE, Handbuch der Zoologie. 5. Aufl. Berlin 1859. S. 230). Doch machte noch 1866 Hr. RICH. OWEN eine Angabe, aus der zu folgen scheint, dass ihm die REINHARDT'sche Aufstellung entging (On the Anatomy of Vertebrates. London. vol. I. p. 491).

hagen bei allen ihm zugänglichen Gymnotinen eine hintere und eine vordere Schwimmblase, verbunden durch einen mit der Speiseröhre communicirenden Gang, als Familienmerkmal nach; die vordere Blase hängt durch sogenannte Gehörknöchelchen mit dem Ohre zusammen. Am Zitteraal konnte Hr. Reinhardt die vordere Schwimmblase und ihren Gang nur aus Fahlberg's Beschreibung und Abbildung erweisen. Allein Hr. Troschel überzeugte sich an einem $20^1/_2$″ ($54 \cdot 4^{\text{cm}}$) langen Zitteraale der Bonner Sammlung von dem typischen Verhalten, ohne jedoch, wie es scheint, im Gange der vorderen Blase eine Lichtung sicher zu erkennen; denn er sagt: „Der von ihr abgehende Faden ist sehr dünn, aber haltbar.“[1]

Hr. Reinhardt und Hr. Troschel haben aber übersehen, dass, von Cuvier selber (s. oben) zu schweigen, delle Chiaie schon 1848 die beiden Schwimmblasen des Gymnotus electricus mit ihren Luftgängen und den Zusammenhang der vorderen Schwimmblase mit dem Gehörorgan beschrieben und mit allen Einzelheiten in scheinbar grösster Vollendung abgebildet hatte. Nach ihm ist der Gang der vorderen Blase ein Canal; denn er sagt von dem der hinteren Blase, dem er die Dicke der Federspule von einem Huhn beilegt: „Prima di giungervi (alla faringe) ne caccia altro (canaletto), analogo alla tromba di Eustachio, piccino e corto, sboccante nella seconda vescichetta notatoria o timpanica.“[2] Auch Hr. Hyrtl hat schon 1851 die beiden Schwimmblasen des Zitteraales richtig gesehen, wenn er auch nicht so umständlich davon handelt.[3]

Im Rückblick auf diese verwickelte Geschichte eines im Grunde sehr einfachen Gegenstandes hat es noch einiges Interesse, dass Dr. Sachs, der in Fülle über ungleich grössere, ganz frische Zitteraale gebot, die vordere Schwimmblase und die beiden sich vereinigenden Gänge in Fig. 8 nebenher abbildet, ohne irgend ein Bedenken zu äussern oder eine ihm dabei aufgestossene Schwierigkeit zu erwähnen. Die vordere Blase ist nach ihm kleeblattförmig, wie sie Humboldt bei G. aequilabiatus fand, und liegt vor den Nieren. Der Luftgang der hinteren Blase läuft in der Medianfurche der Nieren gebettet nach vorn, nimmt den nach hinten gehenden Luftgang der vorderen Blase auf, und mündet in den hinteren Umfang[4] der Speiseröhre dicht am Magen.

Den Zusammenhang der vorderen Blase mit dem Gehörorgan hat Dr. Sachs nicht beachtet. Im Gegensatz zur hinteren, einfach fibrösen

---

[1] Archiv für Naturgeschichte. XXII. Jahrgang. 1856. Bd. I. S. 91.

[2] L. c. p. 93. tav. XLVII. XLIX. 7 (die Kette der Gehörknöchelchen).

[3] A. a. O.

[4] Hr. Hyrtl sagt: in den linken Rand des Oesophagus. A. a. O.

und glatten Blase, besitzt sie einen auffallenden, schon von Hrn. Valentin[1] und Hrn. Reinhardt[2] bemerkten, genauer von delle Chiaie[3] und Kaup[4] beschriebenen Bau, indem sie in eine dicke, sehr gefässreiche Hülle eingebettet ist, aus der sie sich leicht löst. Kaup hält sie für das häutige Labyrinth, wie wir es bei den höheren Mollusken wahrnehmen. Ehe man hierbei sich beruhigte, müsste man die Sache mit Rücksicht auf die respiratorischen Verrichtungen der Schwimmblase untersuchen, zu deren Kenntniss Armand Moreau[5] so wesentlich beigetragen hat. Es wäre beispielsweise denkbar, dass die vordere Schwimmblase mehr respiratorischen, die hintere mehr statischen Zwecken diente (vergl. unten § XII).

Das Nervensystem des Zitteraales, soweit es nicht an der elektrischen Function unmittelbar betheiligt ist, findet sich im Tagebuche wenig berücksichtigt. Die Präparation des Gehirnes zum Zweck von Versuchen wird als schwierig geschildert. Erwähnung verdient der aus dem N. trigeminus und dem N. vagus hervorgehende Seitennerv, dessen Mächtigkeit und tiefe Lage beim Zitteraale schon Hunter in Erstaunen setzten.[6] Der Nerv ist, wie Dr. Sachs bemerkt, vorn dicker als das Rückenmark. Er verläuft in der Rinne der Wirbelsäule, etwa an der Grenze zwischen den Körpern und Bögen der Wirbel. Man sieht ihn im Durchschnitt rechts und links von der Wirbelsäule in Fig. 10. Hebt man den Nerven auf, nachdem man ihn von der Seite her blossgelegt hat, so erkennt man die in den Zwischenräumen der Querfortsätze verlaufenden Nn. electrici. Er wird dadurch wichtig bei Herstellung von Nerv-Organ-Präparaten (s. unten § XXVI. 1).

Dr. Sachs hat gelegentlich über die functionelle Bedeutung des Seitennerven experimentirt. Dem Zitteraal waren die ableitenden Sättel (s. unten § XXII. 1, Fig. 43) aufgesetzt und mit der Bussole verbunden, welche anzeigte, ob der Fisch schlug. Der Seitennerv war frei präparirt; dem Zusammenhang nach scheint es, dass er undurchschnitten blieb, und dass ihm Elektroden irgendwo in seinem Verlauf untergeschoben wurden. Als mit starken Strömen gereizt wurde, zeigte sich an der Bussole kein reflectorisch ausgelöster Schlag. Anfangs sah Dr. Sachs auch keine Zuckung; die Rückenmusculatur schien ganz ruhig zu bleiben. Später bewegte sich die Musculatur der Afterflosse, und zwar soweit nach hinten von der gereizten Stelle, dass der Verdacht auf Stromschleifen ausge-

---

[1] A. a. O. S. 35. [2] A. a. O. S. 173. [3] L. c. p. 93.

[4] Troschel's Archiv für Naturgeschichte u. s. w. XXII. Jahrgang. 1856. Bd. I. S. 78. 79.

[5] Mémoires de Physiologie ... par François-Armand Moreau etc. Paris 1877. p. 3 et suiv.

[6] L. c. p. 402. 403.

schlossen schien. Nach Durchschneiden des Nerven und Wiederzusammenkleben seiner Enden blieb aber die Bewegung aus und somit unentschieden, ob der Seitennerv Bewegungsfasern berge oder nicht.

Das Rückenmark als Centralorgan für den elektrischen Apparat rechnen wir billig zu diesem, und übergehen es hier.

Seit TRINCHESE 1866 die ungemeine Entwickelung der motorischen Nervenendigung beim Zitterrochen entdeckte, schwebt die Frage, ob bei den anderen elektrischen Fischen Aehnliches vorkomme.[1] Im Tagebuche findet sich die Spur, dass Dr. SACHS angefangen hat, sich hiermit zu beschäftigen; doch misslangen die ersten Präparate, und im Drange anderer Geschäfte scheint er nicht wieder darauf zurückgekommen zu sein.

Die Blutkörperchen des Zitteraales sind elliptisch; die grosse Axe fand Dr. SACHS zu 36, die kleine zu 20 Theilen seines Ocularmikrometers bei Anwendung seines Immersions-Systemes No. IX von SEIBERT und KRAFFT, woraus sich für jene 14·4, für diese 8 μ ergeben (s. unten S. 27). Die Blutkörperchen des Zitteraales wurden schon einmal gemessen. GULLIVER giebt im Verzeichniss der von ihm selber gemessenen Blutkörperchen die Länge der Zitteraal-Blutkörperchen zu $\frac{1}{1745}$ Engl. Zoll = 14·6 μ, ihre Breite zu $\frac{1}{2599}$ Engl. Zoll = 9·8 μ, das Verhältniss der grossen zur kleinen Axe also wie 36:24 an, was mit Dr. SACHS' Messung nahe stimmt. Die Blutkörperchen des gemeinen Aales sind gerade so lang wie die des Zitteraales, aber schmäler.[2]

Eine histologische Sonderbarkeit, welche nach Dr. SACHS der Zitteraal bietet, die aber doch verwandten Fischen zukommen mag, besteht in Lagen von Schleimgewebe mit einzelnen fibrösen Bündeln (siehe Fig. 9), welche frisch unter dem Mikroskop gelblich aussehen. Ein solches Polster findet sich mitten auf dem Kopf; ein anderes, sehr dickes, jederseits aussen auf dem Kiemendeckel.

Fig. 9.

(Tagebuchskizze.)

[1] Ges. Abh. Bd. II. S. 704.

[2] The Works of WILLIAM HEWSON, edited with an Introduction and Notes by GEORGE GULLIVER etc. London. Printed for the Sydenham Society. 1846. p. 243. — Trotz der Hülfe Londoner Freunde konnte ich nicht ermitteln, wie GULLIVER zu frischem Zitteraal-Blut kam. Es mochte von dem Fisch der *Adelaide Gallery* stammen, an welchem 1838 FARADAY experimentirte (s. oben S. 14, unten § XII), und den JOHN QUEKETT injicirte (vergl. LETHEBY in Proceedings of the London Electrical Society. August 16th, 1842; — January 17th, 1843 [Nicht von mir selber eingesehen]).

§ IV. Zur Anatomie und Histologie der elektrischen Organe des Zitteraales.

1. Vorbemerkungen.

Nirgend sahen Dr. Sachs mehr Erwartungen entgegen, als in der Histologie der elektrischen Organe des Zitteraales. Gerade wie ungleich mehr Forscher für den Bau der Muskeln und Nerven sich interessiren, als für die Physik dieser Gewebe, so erweckt auch die histologische Untersuchung der elektrischen Organe in weiteren Kreisen Antheil als die physikalisch-physiologische des Schlages selber, der man nicht folgen kann, ohne sich mit der Elektricitätslehre in einer Art vertraut zu machen, die nicht Jedermanns Sache ist. Nun sollte zum ersten Mal das Zitteraal-Organ frisch mikroskopirt werden. Seit Max Schultze's Arbeit,[1] also seit fast zwanzig Jahren, war die Histologie dieses Organs nicht gefördert worden, während die des Zitterwels- und Zitterrochen-Organs und die des pseudoëlektrischen Organs des gemeinen Rochen wichtige Fortschritte machten. Max Schultze's Ergebnisse, so schön an sich, vermochte man mit denen seines Vorgängers, Hrn. Filippo Pacini's,[2] nur zu vereinigen, indem man Dinge für nicht vorhanden erklärte, die ein Beobachter wie Hr. Pacini doch nicht ganz aus der Luft gegriffen haben konnte.

An keinem Punkt ist mehr zu beklagen, dass nicht Dr. Sachs selber die Feder führt. In der Auffassung mikroskopischer Bilder liegt mehr Subjectives als in der von Versuchsergebnissen. Wie gewissenhaft auch ein Anderer in die hinterlassenen, am Mikroskop hingeworfenen Skizzen und Notizen sich vertiefe, er wird leicht deren Sinn missdeuten, deren verhältnissmässigen Werth irrig schätzen. Aber ein wie schwaches, und stellenweise vielleicht unzutreffendes Abbild dessen, was Dr. Sachs gegeben hätte, die folgenden Seiten auch sind, in der Histologie des Zitteraal-Organs machen sie gleichwohl Epoche, auch wenn Dr. Sachs auf das von ihm unterschiedene neue Organ zuviel Gewicht gelegt haben sollte. Hinsichtlich mehrerer wichtigen Fragen ist der Reisende seinem eigenen Geständniss nach unverrichteter Sache heimgekehrt. Doch versetze man sich in seine Lage: unter einem heissen Himmelsstrich, in fremdartiger, mit gewaltigen Eindrücken auf ihn einstürmender Umgebung, vor sich

[1] Zur Kenntniss der electrischen Organe der Fische. Erste Abtheilung: Malapterurus. Gymnotus. Halle 1858. 4°.

[2] Sulla Struttura intima dell' Organo elettrico del Gimnoto e di altri Pesci elettrici. Aus der Gazetta medica italiana federativa. Firenze 1852; — Archives des Sciences physiques et naturelles. 1853. t. XXIV. p. 313.

eine gegebene kurze Frist bis zur Regenzeit, und dazu umdrängt von einer Fülle anderer gleich fesselnder und gebieterischer, und gleich schwieriger Aufgaben. Hoffentlich wird ihm nicht zum Vorwurf gemacht werden, dass er unter diesen Umständen Räthsel nicht löste, an deren ungleich leichterem Seitenstück im Zitterrochen die wetteifernden Kräfte der besten Histologen unter den günstigsten Bedingungen Jahrzehnte lang sich vergeblich abmühten.

Man hat getadelt, dass Dr. SACHS nicht in Calabozo Stücke des Organs in conservirende Flüssigkeiten legte, da doch an den von mir conservirten Organen von Zitterwelsen noch wichtige Beobachtungen glückten, beispielsweise BOLL daran noch die von ihm an der elektrischen Platte des Zitterrochen entdeckte Strichelung erkannte. Diese Unterlassungssünde des Reisenden erklärt sich aus seiner Ueberzeugung, dass nur das ganz frische Organ seinen Bau richtig enthülle, verbunden mit seinen zu sanguinischen Hoffnungen in Betreff der von ihm beabsichtigten Ueberführung und der künftigen Erlangung lebender Zitteraale. Auf letzteren Umstand ist wohl auch zurückzuführen, dass er keine, irgend höheren Ansprüchen genügende Zeichnungen hinterlassen hat, so dass leichte, im Tagebuch mit der Feder hingeworfene halbschematische Skizzen, meist ohne Angabe der Vergrösserung, fast Alles sind, was wir zur Veranschaulichung seiner Beschreibungen besitzen.

In Dr. SACHS' Nachlass fanden sich zahlreiche mikroskopische Präparate, grösstentheils aus Calabozo, zum Theil vielleicht auch von den lebend mitgebrachten, hier nach wenig Tagen gestorbenen Zitteraalen stammend. Viele davon sind dadurch entwerthet, dass sie unbezeichnet sind. Andere erwecken grosse Erwartungen, indem sie Notizen des Tagebuches zu entsprechen scheinen. Wenig Fälle ausgenommen, hat indess die Durchmusterung dieser Sammlung zur Bearbeitung von Dr. SACHS' Aufzeichnungen keine grosse Hülfe gewährt. Obschon die Präparate, beim Beginn meiner Arbeit, im Allgemeinen gut erhalten schienen, wäre es gewagt gewesen, an einer schriftlichen oder bildlichen Angabe des Verstorbenen etwas ändern oder gar ihr entgegentreten zu wollen, weil man sich von deren Richtigkeit an den Präparaten in ihrem damaligen Zustand, und ohne seine Erläuterungen, nicht überzeugen konnte.

Dr. SACHS war mit vorzüglichen, ihm wohl vertrauten optischen Hülfsmitteln versehen, nur dass ihm freilich eins der erst seitdem zugänglich gewordenen Oel-Immersions-Systeme fehlte. Er hatte bei sich sein Mikroskop von SEIBERT und KRAFFT mit den Objectiv-Systemen II, V und IX. Das System IX ist ein Immersions-System etwa gleich dem jetzigen System VIII derselben Künstler. Die Reihe der Systeme zu vervollständigen, diente ein HARTNACK'sches System VII.

Hr. Dr. Hartnack in Potsdam hat auf meine Bitte die Güte gehabt, die Vergrösserungen dieses Mikroskopes durchzumessen und den Werth der Theile des Ocularmikrometers beim Gebrauch der verschiedenen Systeme zu bestimmen. Er hat dabei das System IX von Seibert und Krafft ein wenig stärker gefunden als sein Immersions-System XII. Durch Hrn. Hartnack's Bestimmungen wurden an Dr. Sachs' Angaben kleine Berichtigungen nöthig, die im Folgenden stets angebracht sind. Unter μ (Mikre) verstehen wir, wie ich kaum zu sagen brauche, $0 \cdot 001^{\text{mm}}$.

2. Zur Topographie der elektrischen Organe. Die „Zwischenmuskelschicht" zwischen grossem und kleinem Organ.

Seit Hunter wurden dem Zitteraale zwei Paar elektrischer Organe zugeschrieben, ein grosses und ein kleines. Ueber die Topographie dieser Organe hat schon Hunter wenig zu sagen übrig gelassen,[1] und das Tagebuch bemerkt darüber nur: „Die beiden Organe jeder Seite beginnen „vorn genau oberhalb des Anfangs der Afterflosse (vergl. oben S. 5), das „kleine sehr zugespitzt, das grosse bald mächtig entfaltet. Hinten stossen „die Organe an die Haut der Schwanzspitze, oben nur von Fett bedeckt." Doch scheint dies nicht beständig, denn einmal heisst es: „Die Schwanz„spitze ist fettreich, die Organe reichen nicht bis an die Haut;" ein andermal: „Die Organe enden 1^{cm} vor der Schwanzspitze innerhalb „der Muskelsubstanz."

Wir verdanken aber Dr. Sachs einen Durchschnitt des Zitteraales, welcher den von Humboldt, vollends den von Hunter an Genauigkeit weit übertrifft. Dieser Durchschnitt, welchen man, der Reisebeschreibung entlehnt,[2] in Fig. 10 erblickt, entspricht etwa der Grenze zwischen drittem und viertem Fünftel der Länge des Fisches, also der Mitte der Organe; denn da die Organe vorn an die Leibeshöhle grenzen, nehmen sie ungefähr die hinteren vier Fünftel der Körperlänge ein (s. oben S. 12). Dr. Sachs sagt, die Figur sei die Ansicht der Schnittfläche des vorderen Stückes; doch sind wohl die Seiten verwechselt, da die weitere Caudalvene rechts, die engere Caudalarterie links erscheint, während nach Dr. Sachs' eigener Notiz die Vene links, die Arterie rechts verläuft. Man erkennt alsbald die Haut *h*, *h*, die hintere Schwimmblase *s*, die Wirbelsäule *w* mit dem Rückenmark; *m*, *m*.. sind von Fettmasse eingeschlossene Muskelpakete, *E*, *E* und *e*, *e* die grossen und kleinen Organe, *n*, *n* die elektrischen Nerven. Die grossen Organe stossen aussen an die Haut;

---

[1] L. c. p. 396 sqq. [2] Llanos, S. 154.

das kleine Organ, unter der ganzen Länge des grossen an der Bauchseite gelegen, wird nach aussen von den zur Bewegung der Flosse dienenden Muskeln bedeckt[1], und vom grossen Organ durch eine Schicht getrennt, über deren Natur eine gewisse Unsicherheit herrscht.

Fig. 10.

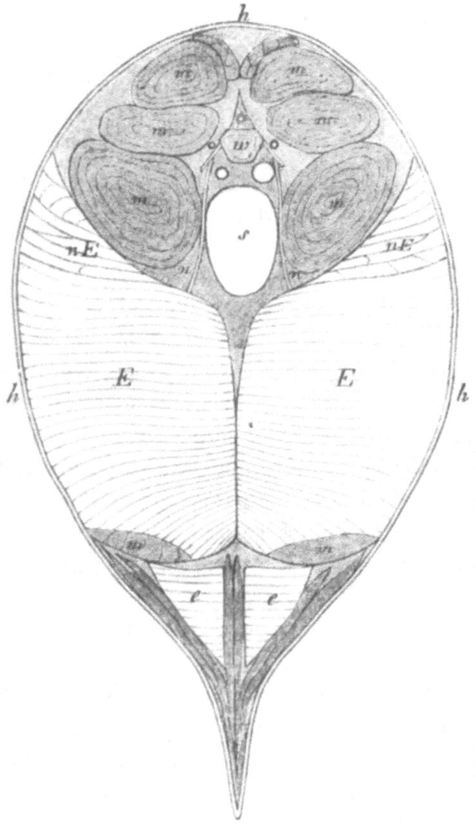

Hunter erklärte sie für Fett: „A fatty membrane, which divides the large organ from the small".[2] Anderswo spricht er, als wäre er seiner Sache nicht ganz gewiss, von „the *substance* which divides the large organs from the small".[3] Fahlberg schweigt ganz davon. Lacépède sagt nur: „membrane".[4] Humboldt nennt die Substanz: „Deux petits muscles".[5] Knox sagt wie Hunter: „The fatty matter separating the greater from the smaller electric organs".[6] Rudolphi ist nicht ganz klar. Er lässt das kleine Organ, wo es an das grosse grenzt, „nur „durch eine etwas dickere „Horizontalwand getheilt sein, „während hingegen an den „äusseren Seiten des Fisches die „Organe auseinanderweichen, „um einer Muskellage Raum „zu geben."[7] Hr. Valentin bildet zwar einen „nach innen und oben" vom kleinen Organ gelegenen „Muskelapparat" ab, „den wir mit dem Namen der Zwischenmuskeln be-

[1] Llanos, S. 155. Anm.; — vergl. unten § XIII.

[2] L. c. p. 407. Pl. IV. Fig. 4, *P*.

[3] L. c. p. 397. 398. 406. Pl. II. Fig. 1, *MMMM*. [4] L. c. p. 163. 164.

[5] L. c. p. 92. — Delle Chiaie, l. c. p. 96, irrt, wenn er Humboldt weiter sagen lässt: „composés de couches concentriques." Diese Worte Humboldt's beziehen sich auf die grossen Muskelpakete zunächst der Wirbelsäule.

[6] L. c. p. 99.

[7] Aus den Abhandlungen der Berliner Akademie. 1820—21. Physikalische Klasse. S. 229. 232.

„zeichnen wollen“,[1] doch verstehe ich seine Figur nicht. DELLE CHIAIE endlich beschreibt an dieser Stelle gleichfalls mit unverständlichen Abbildungen einen Secretionsapparat, der aus einer Reihe fächerförmiger, dachziegelartig einander deckender drüsiger Säckchen, mit gezähnten Rändern, in Gestalt von Muscheln (Pecten Jacobaeus), bestehen soll; alle diese Säckchen hängen mit einem Canal zusammen, der die Organe in ihrer ganzen Länge begleitet, von dessen Anfang und Ende man aber nichts erfährt.[2]

Unter diesen Umständen ist zu bedauern, dass Dr. SACHS diesen Punkt nicht eindringlicher behandelt hat. Er spricht nur im Tagebuch von Muskeln zwischen grossem und kleinem Organ, „deren Faserrichtung „noch festzustellen ist.“ Ohne erneute Untersuchung wird es nicht möglich sein, diese Aussage mit der DELLE CHIAIE's zu vermitteln. Sicher ist, nach meinen eigenen Beobachtungen an einem Weingeistexemplar, dass, wo man auch ein Stückchen der fraglichen Schicht ausschneidet und zerzupft unter das Mikroskop bringt, man quergestreifte Muskelbündel haufenweise erblickt; wie denn undenkbar war, dass, mit den neueren Hülfsmitteln, Hr. VALENTIN und Dr. SACHS hierin sich hätten irren können. Vielleicht hat DELLE CHIAIE Fleischbündel für tubulöse Drüsenbälge genommen, doch erklärt das nicht seinen Canal. Zur Seitenlinie kann dieser nicht gehören, denn er ist davon mindestens durch die Breite der grossen Organe getrennt. (Vergl. oben S. 5. 12.)

Wie dem auch sei, wir wollen die fragliche Schicht, immerhin mit einigem Vorbehalt, die Zwischenmuskelschicht nennen.

3. Makroskopisches vom Zitteraal-Organ. DELLE CHIAIE's und Hrn. BABUCHIN's Satz an den Säulen des Zitteraal-Organs.

Als bekannt vorausgesetzt wird hier der Aufbau der Zitteraal-Organe aus derberen, im Allgemeinen der Axe des Thieres parallel verlaufenden, nicht mit einander verschmelzenden Längsscheidewänden, zwischen denen zartere, dichtgedrängte Querscheidewände sehr enge Fächer bilden, in welchen die elektrischen Platten senkrecht aufgehängt sind. Die Gestalt dieser Fächer wird durch den Verlauf der beiden Längsscheidewände bestimmt, die mit zwei Querscheidewänden das Fach begrenzen. Man kann diese Gestalt im Allgemeinen als gestreckt rechteckig, medianwärts mehr oder weniger sich verschmälernd, beschreiben (s. Fig. 10). Der

[1] A. a. O. S. 37. Fig. 50 *b*.

[2] L. c. p. 96. 103. Tav. XLVII. *K*, *P*; — XLVIII, Fig. 7, *o*; — XLIX. Fig. 4. 8.

Gestalt der Fächer entspricht die der in ihnen schwebenden Platte, welche also bandförmig ist.

Unter „Querscheidewand" schlechthin verstehe ich die aus fibrillärem Bindegewebe bestehende Membran, welche ein Fach, mit der darin eingeschlossenen Platte, vom Nachbarfache trennt. Die Gesammtheit der zwischen zwei Längsscheidewänden begriffenen Fächer mit ihren Platten heisst eine Säule, und ist analog den Säulen des Zitterrochen-Organs.

Bei den verworrenen Vorstellungen, welche bis zu meinen Arbeiten über das Zustandekommen des Zitterfisch-Schlages herrschten, glaubte man, dass auch mit der Zahl der nebeneinander liegenden Säulen die Kraft der Organe wachse. Dies ist unrichtig, und die Mühe, die man aus diesem Grunde sich gab, die Säulen des Zitterrochen- und des Zitteraal-Organes zu zählen, war umsonst. Dagegen ward jetzt diese Zählung in anderem Sinne von Bedeutung.

Aus der Beobachtung an den beiden riesigen Zitterrochen von Torbay (siehe die Anmerkung am Schluss dieser Nummer) schloss HUNTER, dass die Zahl der Säulen im Zitterrochen-Organ mit der Grösse des Thieres zunehme.[1] Aber schon 1839 behauptete DELLE CHIAIE, „dass die Säulen „des Zitterrochen durch Intussusception wachsen, indem sich davon die- „selbe Anzahl entwickelt, welche im Embryo in Miniatur existirt, bloss „durch deren allmähliche Zunahme an Masse und Grösse."[2] RUD. WAGNER vertheidigte 1847 diesen Satz gegen Hrn. VALENTIN.[3] Neuerlich bestätigte Hr. BABUCHIN ihn beim Zitterrochen, dehnte ihn auf die Zahl der elektrischen Platten in den Säulen aus und führte ihn auf seinen entwickelungsgeschichtlichen Grund zurück; denselben Satz fand er für die elektrischen Fächer und Platten des Zitterwelses gültig.[4] Endlich

---

[1] Philosophical Transactions etc. 1773. p. 484. „But the number varies according to the size of the fish. These columns increase, not only in size, but in number, during the growth of the animal, new ones forming perhaps every year on the exterior edges, as there they are much the smallest. This process may be similar to the formation of new teeth, in the human jaw, as it increases." Es ist sehr merkwürdig, HUNTER einen so unglücklichen Vergleich wählen zu sehen.

[2] Anatomiche Disamine sulle Torpedini (Memoria stampata nel vol. VI degli Atti del R. Istituto d' Incoraggiamento. Napoli 1839). In den Miscellanea anatomico-patologica ec. Napoli 1847. Fol. t. I. p. 86.

[3] Ueber den feineren Bau des elektrischen Organs im Zitterrochen. Aus dem 3. Bande der Abhandlungen der Königl. Gesellschaft der Wissenschaften zu Göttingen 1847. 4°. S. 22.

[4] Centralblatt für die medicinischen Wissenschaften. 1875. S. 164. — Danach muss Hrn. DE SANCTIS' Angabe berichtigt werden, der in frühen Entwickelungsstadien nur eine sehr kleine Zahl von Säulen abbildet (Embriogenia degli Organi elettrici delle Torpedini ec. Napoli 1872. 4°. Tav. III. Fig. 23).

zeigte Boll sogar, dass auch die Zahl der Ganglienzellen im Lobus electricus des Zitterrochen sich stets gleich bleibt.[1]

Wir wollen diesen Satz nach dem, der ihn zuerst aufstellte, und nach dem, der ihn in neuerer Zeit mit dem grössten Nachdruck zur Geltung brachte, delle Chiaie's und Hrn. Babuchin's Satz von der Praeformation der elektrischen Elemente nennen.

Nach diesem Satz ist zu erwarten, dass bei verschiedenen Individuen derselben Species elektrischer Fische, also auch bei verschiedenen Zitteraalen, die Zahl der Säulen und Platten innerhalb enger Grenzen die gleiche sein werde, mögen die Thiere ganz jung und demgemäss klein, oder so alt und gross sein, wie sie von Natur werden.

An einem 2′ 4″ engl. (71^{cm}) langen Zitteraal zählte Hunter in der Mitte des grossen Organs 34, im kleinen Organ 14 Längsscheidewände.[2] Fahlberg's 27″ engl. (68·5^{cm}) langes Exemplar bot ihm 31 Längsscheidewände im grossen, 12 im kleinen Organ.[3] An Humboldt's Durchschnitt des Zitteraales, dessen Naturtreue dem Hunter'schen gegenüber er hervorhebt, lässt das grosse Organ 38, das kleine 19 Längsscheidewände erkennen;[4] die Länge des Fisches fehlt. Robert Knox fand an seinem 19·1″ engl. (48·5^{cm}) langen Fisch entsprechend die Zahlen 31 und 16.[5] Hrn. Valentin's Bestimmungen verstehe ich nicht.[6] Hr. Kupffer und Keferstein schreiben dem grossen Organ ihres 120^{cm} langen Fisches an der dicksten Stelle nur 30 Längsscheidewände zu.[7]

Dr. Sachs zählte am Durchschnitt des grossen Organs eines seiner Zitteraale 42, an dem des kleinen 13, mehr nach hinten 18 Längsscheidewände. Damit stimmt hinlänglich genau seine Figur in den „Llanos“ (unsere Fig. 10). Leider fehlt gerade in diesem Fall die Länge des Fisches im Tagebuch. Anderswo heisst es: „die Zahl der Aponeurosen“ — Längsscheidewände — „ist in zwei Exemplaren fast die nämliche,“ wieder ohne Angabe der Längen. Dagegen hat Dr. Sachs glücklicherweise noch an einem nur 31^{cm} langen Zitteraale die Längsscheidewände gezählt und die gewohnte Zahl gefunden (vergl. unten § V. 4).

Zu diesen Zahlen ist zweierlei zu bemerken. Erstens hat es keinen rechten Sinn, dass man die Zahl der Längsscheidewände angiebt, statt der um die Einheit höheren der Säulen, welche eigentlich interessirt.

---

[1] Monatsberichte der Berliner Akademie. 1875. S. 711. 3.

[2] L. c. p. 401. [3] L. c. p. 149. 151. [4] Recueil etc. L. c. p. 81. Pl. X.

[5] The Edinburgh Journal of Science etc. 1824. vol. I. p. 98.

[6] Beiträge zur Anatomie des Zitteraales. A. a. O. S. 39. — Artikel: „Elektricität der Thiere in Rud. Wagner's Handwörterbuch der Physiologie u. s. w. Bd. I. 1842. S. 268.

[7] Henle und Pfeuffer, Zeitschr. f. ration. Medicin. 3. R. 1858. Bd. II. S. 345.

Zweitens sind die von Dr. SACHS am wirklichen Durchschnitt, von uns an HUMBOLDT's Abbildung eines solchen vorgenommenen Zählungen nicht unmittelbar zu vergleichen mit HUNTER's, FAHLBERG's,[1] KNOX' und Hrn. KUPFFER's und KEFERSTEIN's Zählungen an der Aussenfläche der Organe, wobei die Säulen nicht mitgezählt wurden, die aussen und unten an die Zwischenmuskelschicht grenzen (s. Fig. 10). Um diese und jene Zahlen vergleichbar zu machen, muss man von letzteren die Zahl der so begrenzten Säulen abziehen, bei HUMBOLDT 3,[2] bei Dr. SACHS (nach Fig. 10) 13.

Da nun HUMBOLDT's und, mit Ausnahme des nur 31 ^{cm} langen, Dr. SACHS' Fische sicher zu den grösseren gehörten, so entsteht folgende Tabelle:

Beobachter	S	Kx	F	HNT	K u. K	HMB	S
Länge der Fische in Cm	31	48·5	68·5	71	120	—	—
Aussen sichtbare Säulen im grossen Organ	30	32	32	35	31	36	30
Säulen im kleinen Organ	14—19	17	13	15	—	20	14—19

Die Zahl der Säulen bleibt also bei verschieden grossen Fischen merklich dieselbe, und für die Säulen kann DELLE CHIAIE's und Hrn. BABUCHIN's Satz auch am Zitteraal als bewiesen gelten. Es bliebe übrig, ihn auch für die Platten durchzuführen. Hierauf, wie auch auf die Anordnung der Säulen im Zitteraal-Organ und die daraus sich ergebenden Vorschriften bei deren Zählung, kommen wir unten § V. 2 zurück.[3]

Von den gröberen Nerven und Gefässen des Organs steht nichts im Tagebuch.

---

[1] Es ist nicht ganz sicher, dass nicht FAHLBERG doch auch am Durchschnitt gezählt hat. Dann wäre seine Zahl auffallend klein. Allein wir werden unten § V. 2 noch andere Umstände kennen lernen, welche hier ein zu kleines Ergebniss herbeiführen können.

[2] HUMBOLDT lässt nur auf einer Seite und wahrscheinlich in zu kleiner Zahl Säulen an die Zwischenmuskelschicht grenzen.

[3] Mit Rücksicht auf den Satz von DELLE CHIAIE und Hrn. BABUCHIN wird jetzt das System der Torpedineen zu revidiren, die Mittelzahl der Säulen für jede Species festzustellen und in deren Diagnose aufzunehmen sein. Natürlich können zwei Species gleiche Säulenzahl haben, weicht aber bei einer Torpedinee, welche sonst einer bestimmten Species anzugehören scheint, die Säulenzahl zu weit vom Mittel ab, so wird man schliessen dürfen, dass man es mit einer anderen Form zu thun habe. Dies passt sofort auf HUNTER's oben erwähnte, berühmte Beobachtung, aus der so lange gefolgert wurde, dass die Säulen des Zitterrochen sich beim Wachsen vermehren. An Zitterrochen gewöhnlicher Grösse, von etwa 18″ engl. (46 ^{cm}) Länge, zählte nämlich HUNTER jederseits etwa 470 Säulen, an einem der beiden 4 Fuss engl. (122 ^{cm}) langen, 53 Pfd. Avoirdupois (24 ^{ki}) schweren, 1773 an der Küste von Devonshire gefangenen Zitterrochen jederseits 1182 Säulen (Philosophical Transactions etc. L. c.; — 1774. p. 466).

4. Vom feineren Baue des Zitteraal-Organs. Hrn. PACINI's und MAX SCHULTZE's Ansichten.

Im frischen Zustande stellt das Organ eine gelbliche Gallerte mit einem Stich in's Röthliche dar, welche sich bald milchglasartig trübt. Die Schnittfläche erscheint glatt. Wird das Organ bei bestehendem Kreislauf angeschnitten, so ist sie mit Blut überströmt; sobald der Kreislauf aufgehört hat, ist sie völlig rein und zeigt auch keine Blutpunkte. Mit dem Rasirmesser lassen sich leicht Platten ablösen, die man am Besten ohne Zusatz untersucht. Sofort erkennt man die von der Oberfläche sich erhebenden Papillen mit den secundären Papillen SCHULTZE's.[1]

Die Untersuchung richtet sich nun auf den Bau der Platte, ihre Aufhängung im Fach des bindegewebigen Gerüstes, und ihren Zusammen-

Der Unterschied von 470 und 1182 ist viel zu gross, um durch einen Beobachtungsfehler, oder für individuelle Schwankung erklärt zu werden. Die einzige Art, diese Thatsache mit DELLE CHIAIE's und Hrn. BABUCHIN's Satz zu versöhnen, ist anzunehmen, dass die beiden ungewöhnlich grossen Zitterrochen einer anderen Species angehörten. Nach WALSH war auch ihre Färbung verschieden von der der Zitterrochen von Livorno und La Rochelle. So grosse Zitterrochen wurden vor- und seitdem nie gesehen. Der schwerste von REDI in Livorno gewogene wog nur 18 Pfd. Avoirdupois (8·16 ^{ki}), der grösste von SAUNIER in La Rochelle gemessene war nur $2^1/_4$' (73 ^{cm}) lang.

Gehörten jene beiden Riesen vielleicht der sonst ausgestorbenen, im Abdruck 133 ^{cm} langen Art Torpedo gigantea an, deren Reste in den Monte-Bolca-Schichten zeigen, dass schon in eocäner Zeit Natur das elektrische Organ erfunden hatte? (SERAFINO VOLTA, Ittiolitologia Veronese ec. Verona 1796. Fol. p. CCLI. Tav. LXI.) SER. VOLTA selber und nach ihm v. OLFERS (Die Gattung Torpedo in ihren naturhistorischen und antiquarischen Beziehungen erläutert. 4°. Berlin 1831. S. 17) meinen zwar, aus der Grösse der T. gigantea folge nicht, dass sie eine besondere Species gewesen sei, denn eben so grosse Zitterrochen würden lebend gefunden. Allein die Encyclopédie méthodique, auf welche SER. VOLTA zur Begründung letzterer Angabe verweist, spricht gerade von jenen beiden an der Englischen Küste gefangenen Exemplaren, die, wenn DELLE CHIAIE's Satz richtig ist, einer anderen Species angehörten (Encyclopédie méthodique, ou par ordre de matières etc. par une Société de gens de lettres etc. Tableau encyclopédique et méthodique des trois Règnes de la Nature etc. Ichthyologie. Par M. l'Abbé BONNATERRE. A Padoue 1791. 4°. p. 2; — und: Encyclopédie méthodique. Nouvelle Édition enrichie de Remarques etc. Histoire naturelle des Animaux. t. III. A Padoue 1787. 4°. p. 395.) Uebrigens hat die neuere Palaeontologie SER. VOLTA's Erklärung nicht angenommen. Vergl. PICTET, Traité élémentaire de Paléontologie ou Histoire naturelle des Animaux fossiles etc. Genève 1845. t. II. p. 298.

[1] SCHULTZE (a. a. O. S. 24) nennt Zotten was Dr. SACHS Papillen nennt. Letzterer Ausdruck scheint mir auf die verhältnissmässig dicken, strotzenden Gebilde besser zu passen als ersterer.

hang mit den Nerven. Einsicht in diese Verhältnisse gewinnt man durch Betrachtung von Längs- und von Querschnitten des Organs. Unter Längsschnitten verstehe ich hier der Axe des Organs parallel, senkrecht auf die Längsscheidewände geführte Schnitte; unter Querschnitten den Querscheidewänden oder den Platten parallele Schnitte, welche Flächenansichten der Platten gewähren.

Fig. 11.

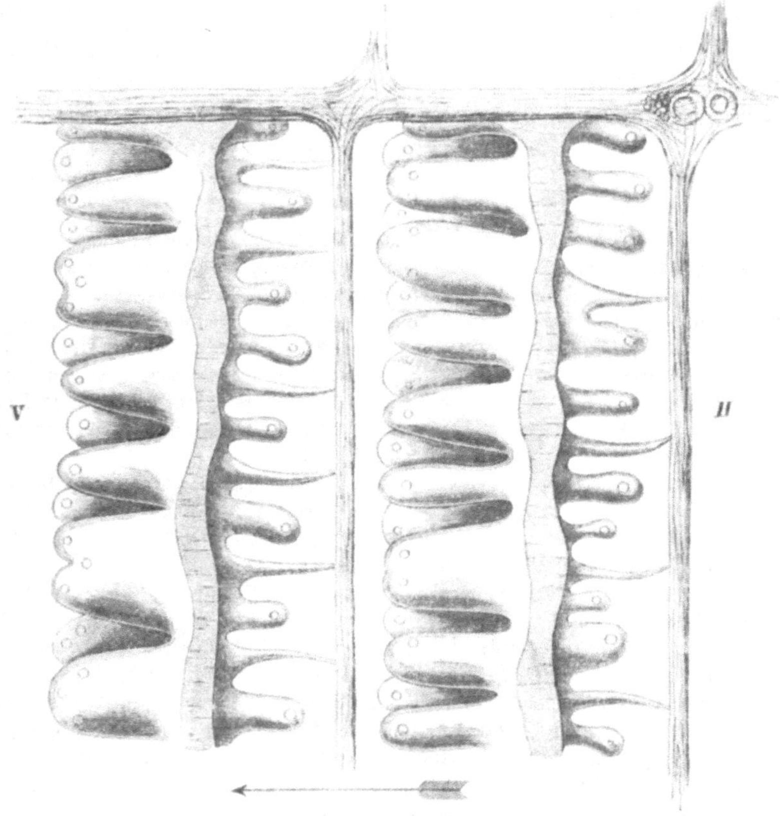

300 : 1.
(Nach Hrn. PACINI [150 : 1] im Verhältniss von 1 : 2 vergrössert.)

Um klar zu machen, worum es sich hier handelt, wird das Beste sein, uns die, wie bemerkt, einander widerstreitenden Angaben Hrn. PACINI's und MAX SCHULTZE's zu vergegenwärtigen. Dazu habe ich in den Fig. 11 und 12 Hrn. PACINI's und SCHULTZE's Abbildungen eines Längsschnittes auf gleiches Maass (300 : 1) gebracht und die PACINI'sche so um 90° gedreht, dass auch in ihr die vordere (positive) Fläche der Platten nach links sieht. So sind im Folgenden alle Längsschnittsbilder orientirt; der Pfeil zeigt die Stromrichtung im Organ an.

Trotz der Zurückführung auf denselben Maassstab erscheint bei Hrn. PACINI die Fachweite, d. h. der Abstand von Hinterfläche zu Hinterfläche zweier benachbarten Querscheidewände, etwa im Verhältniss von

Fig. 12.

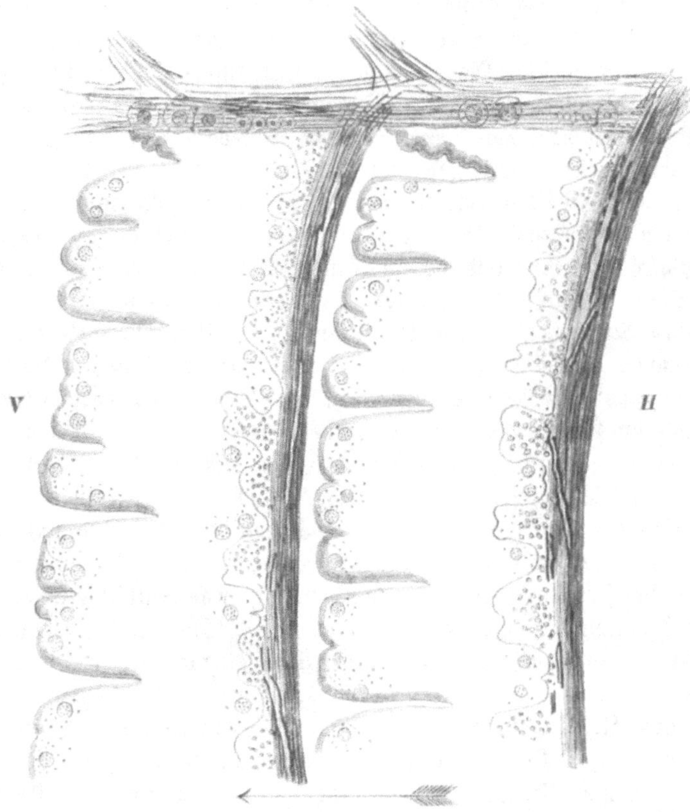

300 : 1.
(Nach MAX SCHULTZE [350 : 1] im Verhältniss von 7 : 6 verkleinert.)

1 : 0·85 grösser als bei SCHULTZE. Abgesehen von Fehlern beim Schätzen der Vergrösserungen wird sich zeigen, dass die Fachweite anschnlichen Schwankungen unterworfen ist, und überdies ein besonderer Grund sich ergeben, weshalb sie gerade an Hrn. PACINI's Präparat eine grössere sein mochte (vergl. unten S. 61).

Wie man sieht, lässt Hr. PACINI die Platte, bis auf ihre Anheftung an den Längsscheidewänden, frei in ihrem Fache schweben, so dass vor und hinter ihr Spalte bleiben, die mit Flüssigkeit gefüllt zu denken sind. Diese Spalte bezeichnete Hr. PACINI als *Spazio sopra-* und *sotto-cellulare*, indem er oben nannte, was uns vorn heisst. Der Ausdruck „*cellulare*“ bezog sich darauf, dass er die Papillen mit ihren sogenannten Kernen als Zellen auffasste, mit welchen die vordere und hintere Fläche einer Grundmembran, *parte fondamentale*, besetzt seien. Diese Grundmembran spalte sich häufig in zwei Blätter, so dass jedem Blatt die zugehörigen Papillen anhängen. Hrn. PACINI's eigene Figur zeigt beiläufig diese Spaltung nicht. Die hinteren Papillen sind weniger dicht gestellt und hoch als die vorderen; es kommen zwischen ihnen dornähnliche Fortsätze, *prolungamenti spiniformi*, vor, welche bis zur hinteren Querscheidewand reichen und sich dort anheften.

In seinen Briefen sagt Dr. SACHS, „er suche noch immer vergebens „nach einem hübschen bezeichnenden Ausdruck für die *prolungamenti* „*spiniformi*“.[1] Ohne mit diesem Namen sehr zufrieden zu sein, schlage ich vor, sie bis auf Weiteres Dornpapillen zu nennen.

MAX SCHULTZE's Anschauung weicht von Hrn. PACINI's vorzüglich in folgenden Punkten ab. Erstens läugnet er den hinteren Spalt und lässt die aus fibrillärem Bindegewebe bestehende Querscheidewand sich der hinteren Oberfläche der elektrischen Platte mit ihren Unebenheiten eng anschmiegen. Zweitens läugnet er die Dornpapillen. Drittens behauptet er die völlige Gleichartigkeit der Platte, abgesehen von den Kernen in der Rinde der Papillen. Die Spaltbarkeit der Platte in zwei Hälften ist ihm nur ein Merkmal vorgeschrittener Maceration. Das besterhaltene, festeste und zur Anfertigung von Schnitten geeignetste seiner Exemplare zeigte davon keine Spur. Die vierte Meinungsverschiedenheit zwischen SCHULTZE und Hrn. PACINI betrifft die Nervenendigung.

Schon Hr. PACINI bildete auf der Querscheidewand sich theilende Nervenfasern ab. Der Begriff der elektrischen Platte wurde erst später von BILHARZ aufgestellt, und in der Elektrophysiologie war Hr. PACINI so unbewandert, dass er meine Entdeckung der negativen Schwankung des Muskelstromes bei der Zusammenziehung „*una pura illusione*“ nannte.[2] So ward es ihm nicht schwer, über die Entstehung des Zitteraal-Schlages eine Hypothese zu erfinden, bei der die räumliche Trennung der auf der Querscheidewand verlaufenden Nerven von der elektrischen Platte ihm nicht weiter hinderlich war.

---

[1] A. a. O. S. 84. [2] L. c. p. 32 Nota.

Wenige Jahre nach Hrn. PACINI's Arbeit entzifferte BILHARZ, im Anschluss an seine Anatomie des Zitterwelses, den typischen Bau der elektrischen Organe. Da, seiner Deutung nach, beim Zitterwelse die Nerven in die elektrische Platte sich versenken,[1] so suchte er nach einer ähnlichen Anordnung auch beim Zitteraale, wobei er, in Ermangelung von Material zu eigenen Untersuchungen, auf Hrn. PACINI's Beschreibung sich angewiesen sah. Er gelangte zum Schluss: „Sehr wahrscheinlich sind PACINI's „*processi*" — *prolungamenti* — „*spiniformi* nichts anderes als die End„zweiglein des electrischen Nerven."[2]

Von dieser Anschauung konnte bei MAX SCHULTZE die Rede nicht mehr sein. Er war aber überhaupt jeder solchen Vermuthung überhoben, da nach ihm die mit Nervenverzweigungen überstrickte Querscheidewand sich den hinteren Papillen eng anschmiegt. Ohne über die letzte Nervenendigung etwas Bestimmtes auszusagen, nahm er an, dass marklose Endzweige schliesslich in der elektrischen Platte sich verlieren.[3]

Noch zu zwei Bemerkungen veranlasst der Vergleich von Hrn. PACINI's mit SCHULTZE's Abbildung.

Die eine betrifft die verschiedene Art, wie beide Forscher die Platte darstellen. Bei Hrn. PACINI springt der schraffirte Durchschnitt der von ihm sogenannten *parte fondamentale* klar hervor; plastisch erheben sich auf deren beiden Flächen mehrere Papillen hintereinander. Bei SCHULTZE sind zwar die oberen Papillen auch körperlich abschattirt, aber von den Umrissen des Plattendurchschnittes ist nichts zu sehen. Geometrisch erscheint dies unrichtig, doch ist kein Zweifel, dass es mehr dem wirklichen mikroskopischen Bild entspricht, während Hrn. PACINI's Figur mehr schematisch gehalten ist. Weder im optischen Durchschnitt, noch bei der Aufsicht auf den wirklichen Längsschnitt können wohl je die Begrenzungen der Platte so scharf hervortreten, wie Hr. PACINI sie abbildet. Dr. SACHS' Bilder der Platte sind ebenso aufgefasst wie das von SCHULTZE, und schon der Gleichmässigkeit halber bin ich selber ihm bei der seinen Figuren angereihten Fig. 28 gefolgt.

Die zweite Bemerkung ist, dass Hr. PACINI die Querscheidewände eben, SCHULTZE sie leicht nach vorn gewölbt vorstellt. Auch in der mehr schematischen Fig. 1 auf Taf. II der SCHULTZE'schen Abhandlung erscheinen die Platten so gewölbt. Mit Worten erwähnt SCHULTZE diesen

---

[1] Nach Hrn. BABUCHIN endet der Nerv schon früher, und legt sich dem Plattenstiel nur an. Centralblatt für die medicinischen Wissenschaften. 1875. S. 131. 132. 146 ff.; — Archiv für Physiologie. 1877. S. 257 ff.

[2] Das electrische Organ des Zitterwelses anatomisch beschrieben u. s. w. Leipzig 1857. Fol. S. 39.

[3] A. a. O. S. 32.

Umstand nicht, dessen auch Dr. SACHS nicht gedenkt. Es muss dem aber etwas nicht ganz Zufälliges zu Grunde liegen, denn an dem Präparat, nach welchem Fig. 26 gezeichnet ist, und anderen ähnlichen, sieht man mit blossem Auge die Wölbung der Platten nach vorn, und auch Hr. PACINI hat ihnen in der in unserer Fig. 27 wiedergegebenen Zeichnung eine Convexität nach vorn ertheilt. Ob im lebenden Thier

Fig. 13.

V 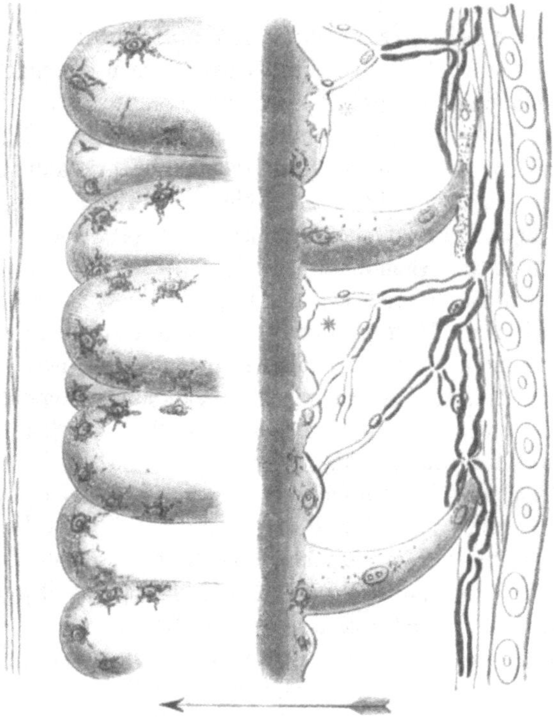 H

Etwa 570 : 1.

und im natürlichen Zusammenhang des Organs solche Wölbung bestehe, bleibt zu entscheiden.

5. Dr. SACHS' Beschreibung der elektrischen Platten des Zitteraales.

Die beiden Fig. 13 und 14 zeigen nunmehr, in welchem Sinne die zwischen Hrn. PACINI und SCHULTZE obschwebenden Fragen durch Dr. SACHS erledigt wurden. Die im Wesentlichen den Briefen[1] entlehnte Fig. 13 ist mehr schematisch; Fig. 14 ist dem Tagebuch entnommen und scheint unmittelbar nach dem frischen Präparate gezeichnet zu sein. Die Vergrösserung giebt Dr. SACHS auf 1000 an; nach Hrn. HARTNACK war sie nur 970fach (s. oben S. 27). Das optische Bild ist aber ausserdem beim Zeichnen etwa auf die Hälfte verkleinert; denn die über 14 μ langen

Fig. 14.

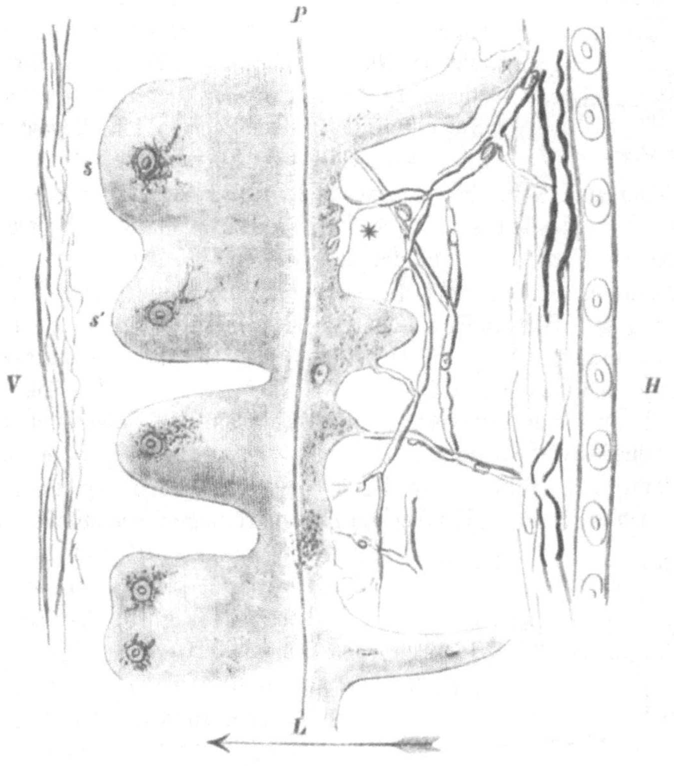

Etwa 570 : 1.

Blutkörperchen (s. oben S. 24) erscheinen in der Figur nur 6—7 ^{mm} lang. Nimmt man den Abstand der Querscheidewände bei Dr. SACHS und MAX SCHULTZE als gleich an, so ergiebt sich für Dr. SACHS' Figuren etwa 570 fache Vergrösserung.

Beim ersten Blick erkennt man, dass Dr. SACHS in den meisten Stücken Hrn. PACINI Recht giebt. Nach Dr. SACHS ist die elektrische Platte

---

[1] A. a. O. Taf. II. Fig. 1. — Hier ist die Vergrösserung der **Figur** irrthümlich als tausendfach angegeben.

wirklich in ihrem Fache frei aufgehängt. Von der hinteren Querscheidewand trennt sie sogar ein grösserer Zwischenraum oder Spalt als von der vorderen. Die Dornpapillen sind vorhanden. Mit der Nervenendigung freilich, wie BILHARZ vermuthete, haben sie nichts zu schaffen. Schwerer zu sagen ist was auf der Querscheidewand aus ihnen wird. An Goldpräparaten sah sie Dr. SACHS häufig an der „Basis"[1] sich verbreitern und seitliche Fortsätze ausschicken. An Pikrocarminstücken verzeichnete er sichere Fälle von Schleifenbildungen der Dornpapillen. Auf Flächenansichten kamen „aber auch Bilder vor, welche dringend „für ein Netz sprachen (Fig. 15). Kerne mit granu„lirter Substanz umgeben liegen in diesem Netz. „Darunter, nach dem Septum hin, liegen die wirr „sich verflechtenden Nervenfäden. Ueber deren „Beziehung zum Netz lässt sich vorläufig nichts Sicheres aussagen."

Fig. 15.

(Tagebuchskizze.)

Die Dornpapillen sind nach Dr. SACHS vermuthlich Stützgebilde.[2] Man begreift dann nicht gut den Nutzen von Schleifen, geschweige eines Terminalnetzes. Sollten nicht die Dornpapillen zugleich die Substanz der Platte mit den Blutcapillaren der Scheidewand in Verkehr setzen?

Flächenansichten, sagt Dr. SACHS, zeigen, dass SCHULTZE's Behauptung, die Papillen ständen in Reihen,[3] irrig ist. Bei solchen Ansichten kann man durch Auf- und Abbewegen des Tubus sich bequem die verschiedenen Schichten eines Faches zur Anschauung bringen. Man sieht dann nicht selten beim Blick auf die Papillen von oben (vorn, links in den Figuren) die Papillen durch eine spinngewebeähnliche Substanz getrennt, die aus zarten maschenbildenden Fäden mit kleinen kernartigen Gebilden besteht (Fig. 16). Bei Einstellung oberhalb der Papillen zeigt sich eine zart granulirte Lage mit regelmässig eingestreuten runden Kernen (Fig. 17). Jene spinngewebeähnliche Substanz, wohl eine besondere Art Schleimgewebe, ist auch auf Längsschnitten sichtbar, aber von Dr. SACHS nicht abgebildet. In seinen Briefen erwähnt er sie als dünne Lage Schleimgewebe mit Sternzellen.[4]

Fig. 16.

Fig. 17.

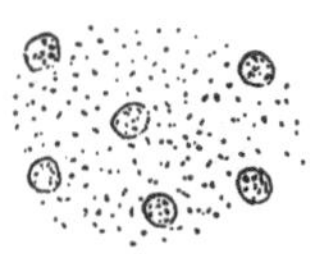

(Tagebuchskizzen.)

Während er so von der Füllung des vorderen Spaltes Rechenschaft giebt, lassen für den hinteren Spalt seine Aufzeichnungen diese Frage

[1] Dem Zusammenhang nach meint Dr. SACHS vielmehr die Spitze der als gekrümmte Kegel gedachten Dornpapillen. Das Wort „Basis" bezieht sich auf die Querscheidewand, der die Spitzen aufstehen.

[2] Reisebriefe, a. a. O. S. 74. [3] A. a. O. S. 25. [4] A. a. S. 84.

unbeantwortet. Dies ist um so mehr zu bedauern, als, wie wir sehen werden, durch diesen Spalt die Endzweige der Nerven von der Querscheidewand frei zur hinteren Fläche der Platte übertreten.

6. Näheres vom Baue der elektrischen Platte.

Die ganz frische Platte ist glasartig homogen. In der Rindenschicht der Papillen liegen protoplasmatische oder amoebenartige Zellen mit körnigem Leib, elliptischem Kern und grossem dunklem Kernkörperchen (Fig. 18). Der Zellleib sendet strahlenförmig körnige Fortsätze aus, welche die Substanz der Papille durchziehen. Was in den früheren Beschreibungen des Organs „Kerne“ genannt wurde, waren die Reste dieser Zellen. Eckige, polygonale Gestalt der Kerne ist Folge von Quetschung.

Fig. 18.

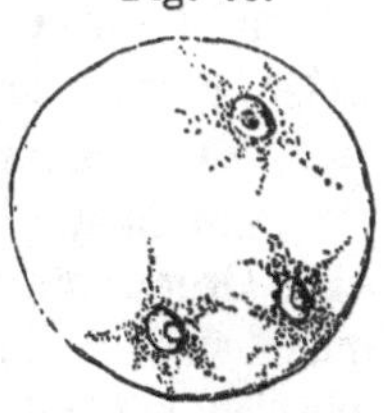

(Tagebuchskizze.)

Die sogenannten Kerne in den Platten des Zitterwels-Organes hatte Hr. Babuchin früher auch schon als Reste von Sternzellen erkannt.[1] Es ist aber, wie ich schon anderswo sagte, nicht wenig bemerkenswerth, dass zur selben Zeit, wo Dr. Sachs in den Llanos von Venezuela beim Zitteraal die Aehnlichkeit der Sternzellen mit Amoeben hervorhob, Hr. Babuchin in Oberaegypten denselben Vergleich in Bezug auf die Sternzellen beim Zitterwels anstellte.[2]

Von Schultze's Eintheilung der Papillen in primäre und secundäre ist im Tagebuch nicht weiter die Rede. Fig. 13 zeigt nichts davon; in Fig. 14 sind offenbar *s*, *s'* secundäre Papillen.

Von vorn nach hinten folgt auf die vorderen Papillen mit ihren Zellen und deren Ausläufern, oder auf die Papillarschicht (*Stratum papillare anterius*), eine helle, völlig structurlose Schicht, welche Dr. Sachs die Intermediärschicht (*Stratum intermedium*) nennt, und die wesentlich Hrn. Pacini's *parte fondamentale* entspricht. Dann kommt eine, abgesehen von den sie durchziehenden Ausläufern der hinteren Amoebenzellen, homogen grau getonte Schicht, die Nervenschicht (*Stratum nerveum*). Von der Nervenschicht gehen die hinteren Papillen und die Dornpapillen aus, deren Gesammtheit man nach Analogie des *Stratum papillare anterius* das *Stratum papillare posterius* wird nennen müssen. An der Nervenschicht endigen die elektrischen Nerven, wie wir dies noch genauer betrachten werden.

---

[1] Centralblatt für die medicinischen Wissenschaften. 1875. S. 131.

[2] Archiv für Physiologie. 1877. S. 258.

Die Dornpapillen wenden sich in Dr. SACHS' Abbildungen von der hinteren Fläche der Platte seitwärts, so dass ihre gekrümmte Spitze die vordere Fläche der Querscheidewand tangirend erreicht. In welcher Richtung sie sich biegen, oder ob vielleicht diese Biegung nur künstlich erzeugt ist, erörtert das Tagebuch nicht.

Noch eine Lücke bemerkt man bei weiterem Nachdenken. Es fehlt an Auskunft, wie die elektrischen Platten, welche ihrem Fach entsprechend einem langen schmalen Bande gleichen (s. oben S. 29. 30), dessen Webesäume an die Längsscheidewände stossen, an diese befestigt sind. Es scheint dem Continuitätsgesetz der Histologie zu widersprechen, dass die eiweissartige, einer hohen specifischen Function dienende elektrische Platte mit dem leimgebenden Stützgebilde der Längsscheidewände so verschmelze, wie Hr. PACINI es beschreibt und abbildet.[1] SCHULTZE lässt die Schwierigkeit unerwähnt, welche doch beim Zitterrochen-Organ für ihn in erhöhtem Maasse vorhanden war, wo er nicht einmal eine fibrilläre Grundlage der elektrischen Platten gelten liess.[2] Neuerlich hat sich Hr. RANVIER mit dieser Frage am Zitterrochen beschäftigt.[3] Es ist abzuwarten, ob die Histologen seine Lehre einer napfförmigen mit der Wand der Säule verlötheten Platte, welche in seiner Theorie des Zitterrochen-Schlages eine grosse Rolle spielt (s. unten § XXXVII), und welche er auch auf den Zitteraal überträgt, gutheissen werden. Beim Zitterwelse fällt die Schwierigkeit fort. Hier werden die elektrischen Platten von ihren linsenförmigen oder vielmehr stumpf doppelpyramidalen Bindegewebefächern eng umschlossen, scheinen aber sonst bis auf den Hilus frei darin zu liegen.

Die Substanz der gesammten Platte, einschliesslich der Dornpapillen, ist einfachbrechend. Das Gesichtsfeld erscheint dunkel bei gekreuzten Nicols.[4] Vielleicht besteht in der Intermediärschicht schwache Anisotropie. Vereinzelte schwach leuchtende Partien, die man mehr nach hinten wahrnimmt, scheinen dem Neurilemm der grösseren Stämme anzugehören.

7. Veränderungen an der absterbenden Platte.

Ihr homogenes Ansehen behält die Platte unter allen Umständen nur sehr kurze Zeit nach ihrer Entfernung aus dem lebenden Thiere. Schon nach 1—2 Minuten trüben sich die Papillen körnig. Die grau

---

[1] L. c. p. 22. 23. Fig. IV. E. Fig. V e VI. BC.

[2] Zur Kenntniss der electrischen Organe der Fische. Zweite Abtheilung. Torpedo. 4°. Halle 1859. S. 7.

[3] Leçons sur l'Histologie du Système nerveux. Paris 1878. t. II. p. 166. 205.

[4] Reisebriefe, a. a. O. S. 74.

getonte Nervenschicht wird ebenfalls granulirt. Am ehesten scheint die Intermediärschicht homogen zu bleiben; dafür wird sie der Sitz einer anderen Leichenveränderung.

Schon eine halbe Minute nach Anfertigung des Schnittes erscheint nämlich in der Intermediärschicht die in Fig. 14 sichtbare scharfe Grenzlinie *PL*, durch welche die Schicht in zwei etwa gleiche Hälften geschieden wird.[1] In dieser Linie spaltet sich gelegentlich die Platte. Dr. Sachs nennt sie die Pacini'sche Linie. In der That behält nach Dr. Sachs Hr. Pacini auch in diesem Punkte Recht gegen Schultze, insofern an ungleich frischeren Objecten, als Schultze sie besass, die Intermediärschicht zur Spaltung neigt.

In der seinem ersten Briefe beigegebenen Zeichnung, welche der Figur im *Archiv* und unserer Fig. 13 zu Grunde liegt, hatte Dr. Sachs die Nervenschicht schon körnig getrübt dargestellt. In einem späteren Briefe machte er selber auf diesen Irrthum aufmerksam,[2] den ich daher jetzt berichtigt habe. Fig. 13 stellt somit die möglichst unveränderte Platte vor. In Fig. 14 ist schon die Pacini'sche Linie entstanden.

8. Anwendung von Reagentien auf das Organ.

Im Allgemeinen sieht, wie gesagt, die Platte in allen Zuständen, ausgenommen dem ganz frischen, körnig aus. Dieselbe gleichmässige grobe Granulirung, welche schliesslich als Leichenveränderung sich einstellt, entsteht auch, meist sofort, auf Zusatz aller Reagentien. Es scheint nicht, als hätte Dr. Sachs beim Mikroskopiren des Organs grossen Nutzen von den Erhärtungs- und Färbungsmethoden der neueren Histologie verspürt. Nur um die Boll'sche Strichelung darzustellen konnte er Reagentien nicht entbehren (s. die folgende Nummer). So viel ich weiss, hat auch Hr. Babuchin beim Studium des Zitterwels- und des Zitterrochen-Organs schliesslich alle derartigen Hülfsmittel bei Seite gelassen, oder wenigstens nur noch zur Aufbewahrung von Präparaten angewandt, und sich an das ganz frische Organ gehalten.

Der Eiweisskörper der elektrischen Platte im Zitteraal-Organ[3] nimmt alle bisher versuchten Farbstoffe, wie essigsaure Carminlösung, Pikrocarmin, Haematoxylin, Fuchsin, leicht auf, so dass man meist diffuse Färbung bekommt.

Pikrocarmin giebt schöne Präparate mit Carminfärbung der Kerne.

---

[1] In seinem ersten Briefe nennt Dr. Sachs die Linie „eigenthümlich hell". (A. a. O. S. 74.) Sie scheint nach Umständen bald hell, bald dunkel sich darzustellen. S. auf der folgenden Seite.

[2] A. a. O. S. 84.

[3] Vergl. M. Schultze, a. a. O. S. 23.

An einem Object, das 24 Stunden in concentrirter Pikrinsäurelösung mit wenig Carmin gelegen hatte, gelang es scheinbar, eine Hülle an den Papillen sich abheben zu sehen; sie war nicht doppelt contourirt, also unmessbar fein und auch nur an wenigen Stellen sichtbar (Fig. 19).

Fig. 19.

Fig. 20.

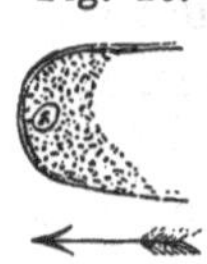

(Tagebuchskizzen.)

Osmiumstücke (eine Stunde Aufenthalt in einprocentiger Lösung) bleiben weich, lassen sich aber gut schneiden. Das Vorhandensein einer feinen Hülle der Papillen schien sich auch hier zu bestätigen, nicht bloss durch mehrfache Abhebungsbilder, sondern vor Allem dadurch, dass sich an einem Querschnitt Stücke von Papillen vorfanden, an welchen durch den Schnitt ein Theil des Inhaltes herausgestreift war, so dass die leere Hülle, in diesem Falle doppelt contourirt und etwa 0·5 μ dick, zurück blieb (Fig. 20). Die Pacini'sche Linie zeigen Osmiumpräparate als scharfen dunklen Streif in einer breiten hellen Partie (Fig. 21).[1]

Auf Gold reagiren ganze Stücke schlecht. Isolirte Platten färben sich in anderthalb Stunden in $^{1}/_{500}$ Goldchloridkalium zu stark; zehn Minuten dürften das Richtige sein. An den meisten Goldpräparaten bleibt der massive Theil der Platte (die Intermediärschicht) homogen und ungefärbt glänzend, und die Pacini'sche Linie stellt sich als glänzende helle Grenze dar.

Fig. 21.

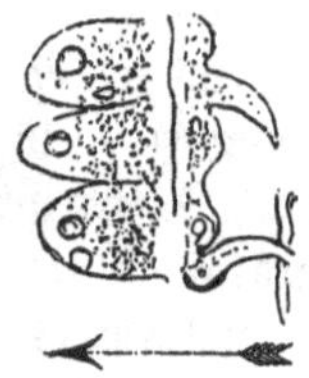

(Tagebuchskizze.)

Durch Kochen trübt sich die Papillarschicht körnig. Zwei Minuten langes Kochen macht das Organ härter durch Gerinnung der darin befindlichen Eiweisskörper. Fünf Minuten langes Kochen genügt nicht, um das Bindegewebe aufzulösen, aber die Isolation von Platten ist in diesem Zustande nicht

[1] Eine Notiz im Tagebuch lautet: „An den letzten Osmiumpräparaten (48 St.), „die man nicht gerade als sehr gelungen bezeichnen kann, ist auf Flächenansichten „das Netz der Stützbalken sehr discret (*sic*) mit seinen Kernen. Auf einem Schräg„schnitt (von vorn oben nach hinten) ist das Verhältniss vollständig zu übersehen.“ Weiterhin heisst es: „Es gelingt leicht die Lamina fibrillaris zu isoliren, mit schön „gefärbten Nervenverzweigungen (darunter auch marklose, sehr feine) und wohl ge„färbten (braunen) Insertionen der Stützbalken.“ Da Dr. Sachs kurz vorher mir geschrieben hatte: „Die *Prolungamenti spiniformi* halte ich für Stützgebilde“ (A. a. O. S. 74), so glaube ich, dass in den beiden obigen Stellen mit den Stützbalken die Dornpapillen gemeint seien, für welche er lange nach einem passenden Namen suchte (s. oben S. 36), und sie also vorübergehend Stützbalken genannt haben mag. An Präparaten seiner Sammlung, die sich ihrer Bezeichnung nach auf diesen Punkt beziehen, kann ich mich nicht sicher zurechtfinden.

schwer. An Schnitten sieht man bei leichter Zerrung die Platten in der Pacini'schen Linie sich spalten (Fig. 22). Durch halbstündiges Kochen zerfällt das Organ wie Fischfleisch in feine Blätter und Blättchen. Die als dann leicht isolirbaren Platten zeigen die Papillen und gröberen Nerven noch sehr schön.

Fig. 22.

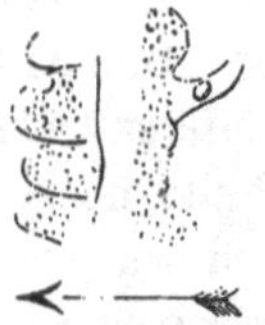

(Tagebuchskizze.)

Ein Stück des Organs trübt sich stark durch dünne Essigsäure. $\bar{A} : H_2O = 1 : 3$ macht die Platte rasch durchsichtig, die Kerne[1] treten scharf hervor, die Körnchen der Zellen lösen sich nicht vollständig auf, ebensowenig die Fibrillen der Querscheidewände. Die Intermediärschicht erscheint stark glänzend.

Salpetersäure bewirkt sofort gewaltige starkkörnige Trübung der Platte, ähnlich wie Kochen.

Fünfprocentige Kalilauge lässt die Platte rasch aufquellen, und ihre Umrisse, selbst die der Kerne, verschwinden. Ausser dem Myelin der Nervenfasern treten dann nur noch die *Basement membranes* der Querscheidewände hervor, vier oder mehr geradlinig sich hinstreckende Züge, die auch der Essigsäure widerstehen.

9. Nervenendigung und Boll'sche Strichelung an den elektrischen Platten des Zitteraales.

Es versteht sich, dass Dr. Sachs es nicht an Fleiss und Eifer fehlen liess, um den wichtigsten und interessantesten Punkt in der Histologie des Organs, die Endigung der elektrischen Nerven, aufzuklären: und schon oben S. 41 wurde der wichtige Fortschritt angedeutet, den er auch hier gemacht hat.

Flächenansichten lassen in der aus lockeren Fibrillen in dünner Lage bestehenden Querscheidewand leicht zahlreiche Nervenfasern erkennen (s. oben S. 40), überwiegend häufig einzeln, nur selten zu zweien und dreien verlaufend. Ranvier'sche Schnürringe sind am ganz frischen Object in den gewöhnlichen Abständen da.[2] Der Typus der Verästelung

[1] D. h. unstreitig die Reste der Amoebenzellen. S. oben S. 41.

[2] In den elektrischen Nerven des Zitterrochen ist nach Hrn. Ranvier der Abstand der nach ihm genannten Ringe halb so gross wie in den gemischten Nerven des Thieres, wie er glaubt, weil die trägen Rochen ihre Muskeln im Vergleich zu ihren elektrischen Organen wenig anstrengen. Da nämlich nach ihm der Stoffwechsel des Nervenrohres allein durch die Unterbrechungen der Markscheide in den Schnürringen vor sich geht, müssen an den elektrischen Nerven, um ihren lebhafteren Stoffwechsel zu ermöglichen, die Schnürringe sich in kleineren Abständen folgen, als an den gemischten Nerven (Leçons sur l'Histologie du Système nerveux. Paris 1878. t. II. p. 170. 173. 182). – Vergl. über die Schnürringe an

ist dichotom. Doch kommen auch mehrfache Theilungen vor, nicht aber jene gewaltigen von Rud. Wagner beim Zitterrochen entdeckten Büschel.

Weder nun also bleiben die Nervenfasern auf der Querscheidewand, wie Hr. Pacini wollte; noch sind sie einerlei mit den Dornpapillen, wie sich Bilharz dachte; noch endlich gehen sie von der, unmittelbar der hinteren Oberfläche der Platte sich anschmiegenden Querscheidewand zur Platte über, was Schultze's Meinung war. Sondern, wie schon gesagt und wie unsere Figuren zeigen, die Endzweige der elektrischen Nerven verlassen nach Dr. Sachs die Querscheidewand zwischen den Dornpapillen unter verschiedenem Winkel, und gehen durch den verhältnissmässig weiten, diese Wand von der Nervenschicht der Platte trennenden Spalt frei über in die hintere Begrenzung der Platte. Womit dieser Spalt erfüllt sei, ist leider nicht bekannt (s. oben S. 40. 41), da man sich doch nur schwer vorstellt, dass eine Verzweigung von Nervenfasern, wenn auch an zwei Seiten befestigt, in einer Flüssigkeit flottire, wie die Hautnerven des Frosches in seinen Lymphräumen. Wie dem auch sei, die Nervenfasern bleiben fast durchweg bis kurz vor der Endigung markhaltig, mit reichlichen Kernen und einem immer zarter werdenden, in Fig. 14 stellenweise sichtbaren Perineurium versehen. Beim Eintritt in die Platte sind die Nervenfasern durchschnittlich nur noch 1 μ stark.

Es wird zweckmässig sein, jetzt hier zunächst von der Boll'schen Punktirung oder, wie Dr. Sachs sie stets nennt, Strichelung an der elektrischen Platte des Zitteraales zu reden. Im frischen Zustand ist nichts davon zu sehen. Allein an Osmiumpräparaten fand Dr. Sachs „unverkennbare Spuren eines jener Strichelung analogen Verhaltens am hinteren Rande des Plattendurchschnittes. Die Skizze (Fig. 23) stellt die Sache freilich viel schärfer dar, als sie in den bisherigen Fällen erschien. „Charakteristisch sind namentlich die stecknadelknopfartigen Endigungen der Stäbchen". Die Strichelung fand sich nicht nur an Osmium-, sondern, freilich nur spurweise, auch an Gold- und Pikrocarminpräparaten. Bei seinen mikrometrischen Angaben über die Platte spricht Dr. Sachs von der Stäbchenschicht als *Stratum bacillare* (s. unten).

Fig. 23.

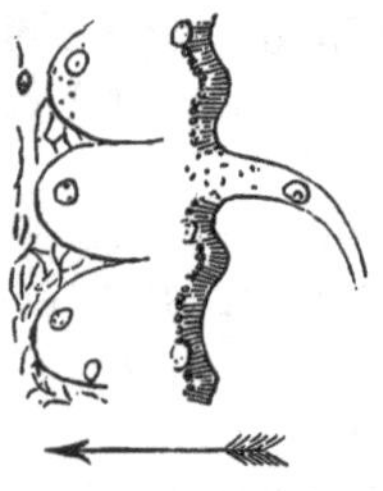

(Tagebuchskizze.)

Die elektrischen Platten des Zitterwelses besitzen nach Boll[1] und

---

den letzten Endzweigen des elektrischen Nerven von Malopterurus Hrn. Babuchin im Centralblatt für die medicinischen Wissenschaften u. s. w. 1875. S. 130 (4).

[1] M. Schultze's Archiv für mikroskopische Anatomie. 1873. Bd. X. S. 120. Anm. 2; — S. 242.

Hrn. BABUCHIN[1] die Strichelung auch an der vorderen, dem Nerveneintritt abgewendeten Fläche. Ich setze es in Beziehung dazu, dass in Dr. SACHS Sammlung sich ein Osmiumpräparat findet mit der Aufschrift: „BOLL'sche Strichelung an der vorderen Fläche?", an welchem aber, wie ich kaum zu sagen brauche, jetzt vollends nichts Sicheres mehr zu erkennen ist.

Flächenansichten der Strichelung, wo sie als Punktirung sich darstellt, erwähnt Dr. SACHS nicht.

Vom Eintritt der Nerven in die Platte heisst es dann im Tagebuch: „Es ist immer eine Art Hügel vorhanden. Das Bild ist ein wechselndes, „bald mehr an die KÜHNE'sche Platte, bald wieder mehr an das „SCHULTZE'sche Netz erinnernd. Ein Continuum der Art scheint mir „nicht zu bestehen. Gute Flächenbilder für die Nervenendigung sind „trotz aller Mühe nicht zu gewinnen."

Fig. 24.

(Tagebuchskizze.)

Fig. 24 ist eines der Bilder, welche Dr. SACHS an die „motorische Nervenendplatte" erinnerten, und besonders nach Behandlung mit starker Salpetersäure gesehen wurden. Es stammt aus seinen ersten Arbeitstagen in Calabozo. Da auch Fig. 13 und 14 bei * Aehnliches zeigen, mag ich es nicht unterdrücken, obschon, nach Tagebuch und Briefen[2] zu urtheilen, Dr. SACHS später mehr zur Ansicht geneigt zu haben scheint, es sei ein terminales (Trug-)Netz aus 0.5 μ dicken Endzweigen vorhanden. Da das Netz die BOLL'sche Punktirung überziehen würde, so entsteht, wie beim Zitterrochen, die Frage nach der gegenseitigen Beziehung beider Bildungen. Dr. SACHS hat darüber keine schriftliche Aeusserung hinterlassen, sondern nur wiederholt die unüberwindlichen Schwierigkeiten beklagt, die sich ihm hier entgegenstellten, und die in den Worten eines seiner Briefe zusammengefasst sind: „Die dicke höckerige Platte des Gymnotus „ist in dieser Beziehung kein so elegantes Object, wie die dünne mem„branöse Platte der Torpedo."[3]

10. Zur Mikrometrie der elektrischen Fächer und Platten des Zitteraales.

Dr. SACHS hat an zwei Gold- und zwei Osmiumpräparaten Messungen der verschiedenen Abtheilungen eines Faches und der verschiedenen Bestandtheile der Platte, wie sie im Längsschnitt sich darbieten, mittels des

[1] Centralblatt für die medicinischen Wissenschaften. 1875. S. 132. 624.
[2] A. a. O. S. 84. [3] A. a. O. S. 84.

Mikrometers im Ocular 1 angestellt, welche nachfolgende von mir ausgearbeitete Tabelle, nach Hrn. Hartnack's Bestimmungen (s. oben S. 27) auf Mikren reducirt, wiedergiebt. In der letzten Spalte habe ich Hrn. Pacini's Messungen hinzugefügt, welche sich denen an Dr. Sachs' zweitem Osmiumpräparat ziemlich gut anschliessen.

	Gold-Präparate.		Osmium-Präparate.		Nach Pacini.
Obj.	IX	V	V	V	
Vergr.	970	320	320	320	
	μ	μ	μ	μ	μ
1. Vorderer Spalt von der hinteren Wand der vorderen Querscheidewand des Faches bis zum Scheitel der vorderen Papillen	2·0	2·6	2·6	5·2	15 [1]
2. Vom Scheitel der vorderen Papillen zu ihrer Basis: Höhe der vorderen Papillen oder Dicke des *Stratum papillare anterius*	—	36·4	42·9	71·5	60 [1]
3. Von der Basis der vorderen Papillen bis zur Pacini'schen Linie. .	32·0	9·1	19·5	7·8	
4. Von der Pacini'schen Linie bis zur hinteren Fläche der Platte: Hinterer Theil der Intermediärschicht + *Stratum nerveum* + *Stratum bacillare* . . .	8·0	11·7	19·5	26·0	
5. Von der hinteren Fläche der Platte bis zur vorderen Fläche der hinteren Querscheidewand: hinterer Spalt .	14·0	20·8	15·6	45·5	58 [2]
6. Dicke der hinteren Querscheidewand	7·2	13·0	13·0	15·6	10 [3]
Gesammtbetrag { Aus der Summe obiger Einzelwerthe berechnet	(*a*) 63·2	93·6	113·1	(*g*) 171·6	
Gesammtbetrag { unmittelbar gemessen . . .	—	(*d*) 91·0	(*e*) 110·5	—	

In einem Falle wurde die Höhe der hinteren Papillen zu 39·0 μ bestimmt. Hr. Pacini giebt sie zu 15—50 μ an.[4] Die Boll'schen Striche oder Stäbchen sind etwa 4 μ lang.

Zweimal wurde bei 80maliger Vergrösserung (Obj. II, Oc. 1) der von mehreren Fächern eingenommene Raum gemessen, um einen Mittelwerth für die Weite eines Faches zu erhalten (*b*, *f*), einmal noch ebenso ein Fach im Ganzen gemessen (*c*). Ich stelle die so gewonnenen Maasse der Fachweite in Mikren zusammen, indem ich die vier obigen Bestim-

[1] L. c. p. 19. [2] L. c. p. 21. [3] L. c. p. 23. [4] L. c. p. 21.

mungen hinzufüge, und unter dem Maass die Zahl der Fächer vermerke, aus deren Gesammtmessung der Mittelwerth hervorging. Die Buchstaben zeigen die Herkunft der Zahlen.

(*a*)	(*b*)	(*c*)	(*d*)	(*e*)	(*f*)	(*g*)	Mittel
63·2;	72·0;	77·5;	91·0;	110·5;	130·0;	171·6:	102·3
(1)	(5)	(1)	(1)	(1)	(3)	(1).	

Ganz ähnliche Zahlen giebt Hr. PACINI an (72, 153, 177 μ). Er bemerkt dazu noch zweierlei. Erstens, dass innerhalb derselben Säule die Fächer im Allgemeinen gleich weit sind, dass also jene verschiedenen Zahlen auf Fächer verschiedener Säulen sich beziehen; zweitens, dass es Säulen mit abnorm weiten, im Durchschnitt zehnmal weiteren Fächern giebt, welche unmittelbar an Säulen normaler Fächer grenzen.[1] MAX SCHULTZE konnte auch dies Verhalten an seinen Exemplaren nicht bestätigen; doch hatte auch hier Hr. PACINI Recht, und sogleich werden wir uns mit seinen weitfächerigen Säulen ausführlich zu beschäftigen haben.

Bei Betrachtung der SACHS'schen Messungen fällt die Enge des vorderen Spaltes sehr auf. Er ergiebt sich als im Mittel nur wenig über 3 μ weit, während der hintere Spalt nach denselben Messungen fast 25 μ oder achtmal so weit klafft. Nun befremdet erstens, dass in Dr. SACHS' Figuren (13 und 14) das Verhältniss der beiden Spalte sich wie 1 : 4 bis 5 stellt. Zweitens ist räthselhaft, dass, wer unbefangen die SACHS'sche Sammlung durchsähe, von dem durch wiederholte Messung möglichst guter Präparate verbürgten Verhalten keine Ahnung haben, sondern unfehlbar eine der SCHULTZE'schen ähnliche Anschauung sich bilden würde. Die meisten Präparate zeigen einen weiten vorderen, und so gut wie keinen hinteren Spalt. Es scheint also unter den Einflüssen, welche conservirte Organstücke treffen, regelmässig der vordere Spalt auf Kosten des hinteren sich zu erweitern. An Hrn. PACINI's auch sonst vorzüglich erhaltenem Exemplare war dies durch einen für ihn sehr günstigen Zufall ausgeblieben. Dr. SACHS selber erwähnt nirgend die so regelmässig sich einstellende Veränderung im Höhenverhältniss beider Spalte, und seinen Nachfolgern wird in erster Linie obliegen, diesen Punkt aufzuklären.

Messungen des queren Durchmessers der Papillen in Flächenansichten, wie Hr. PACINI sie vorgenommen hat,[2] finden sich bei Dr. SACHS nicht.

Die Breite der Platten ist durch den Abstand der Längsscheidewände bestimmt, und also nicht bloss im selben Thiere von der Haut nach der Sagittalebene hin (s. oben S. 29. 30), und noch sonst, sondern auch mit der Grösse des Thieres veränderlich. Am grossen Organ von

---

[1] L. c. p. 14. 16. 17.

[2] L. c. p. 19. 21.

HUNTER's Fisch betrug der Abstand der Scheidewände $^1/_{27}$ Engl. Zoll (0·74 ^{mm}).[1] Dr. SACHS hat darüber nichts angemerkt.

11. DELLE CHIAIE's und Hrn. BABUCHIN's Satz an den Platten des Zitteraal-Organs.

Als Mittelwerth für die normale Fachweite im Zitteraal-Organ ergab sich oben ein Zehntel Millimeter.[2] Beim Zitterrochen beträgt der Mittelwerth etwa ein Fünfzigstel Millimeter.[3] Der entsprechende Werth beim Zitterwels wäre die Einheit dividirt durch die Zahl der im Millimeter enthaltenen doppelpyramidalen Fächer, deren stumpfe Spitzen aneinander stossen. Es können kaum zwanzig sein, da nach BILHARZ bei mittelgrossen Exemplaren eine Platte in der Mitte $^1/_{50}$—$^1/_{40}$''' (Rh.?) dick ist.[4]

Handelt es sich darum, den Bau der Organe bei den drei elektrischen Fischen zu vergleichen, so erscheinen diese Bestimmungen als werthvoll und sie reichen bis zu einem gewissen Grade aus. Nach einer anderen Richtung aber sind sie nur als erster Anfang der hier nöthigen Ermittelungen anzusehen. Ist DELLE CHIAIE's und Hrn. BABUCHIN's Satz richtig, wie kaum zu bezweifeln, so muss bei jedem der drei Zitterfische die Längeneinheit des Organs (da man beim Zitterwelse von Säulen nicht reden kann) durchschnittlich um so weniger Fächer enthalten, je grösser der Fisch. Der Nachweis hiervon ist die nothwendige Ergänzung der entwickelungsgeschichtlichen Forschungen, auf denen jener Satz fusst; ja er vertritt sie, wo sie noch nicht möglich waren.

Es fehlt meines Wissens noch ganz an planmässigen Beobachtungen, welche dies leisten. HUNTER begann dergleichen am Zitterrochen, gelangte aber, wie für die Säulen (s. oben S. 30), zum entgegengesetzten Ergebniss von dem, welches wir erwarten.[5] Hr. VALENTIN theilt eine scheinbar unserem Satze günstige Beobachtung mit, doch wird man irre daran, da er selber den umgekehrten Schluss daraus zieht.[6] Die sinnlosen Oberflächenberechnungen, in denen sich die früheren Erforscher der elektrischen Organe mit so grosser Vorliebe ergingen, lenkten von den einfachsten sich hier aufdrängenden Fragen ab. Wie gross ihrer Meinung nach die Gesammtoberfläche der Fächer im Zitterrochen-Organ,

---

[1] L. c. p. 401.

[2] Schon HUNTER (l. c. p. 402) zählte ungefähr 240 Querscheidewände auf den Englischen Zoll, was etwa 0·1058 ^{mm} Fachweite entspricht.

[3] PACINI, l. c. p. 7. 30. [4] A. a. O. S. 34. [5] L. c. p. 485.

[6] Artikel: „Elektricität der Thiere" in RUD. WAGNER's Handwörterbuch u. s. w. A. a. O. S. 254; — vergl. RUD. WAGNER, Ueber den feineren Bau des elektrischen Organs im Zitterrochen u. s. w. Göttingen 1847. 4°. S. 23.

erfährt man auf's Haar; vergebens fragt man, ob bei grösseren Fischen die Fächer höher sind.

Für den Zitterwels geht aus gelegentlichen Bemerkungen bei Bilharz[1] und Hrn. Babuchin[2] hervor, dass mit der Grösse des Fisches auch die Platten wachsen, numerische Angaben wären aber doch erwünscht.

Am Zitteraal endlich ist hier noch Alles zu thun. Dr. Sachs äussert einmal im Tagebuche die Vermuthung, dass bei jungen Thieren die Fachweite kleiner sei als bei älteren (vergl. unten S. 64); ob dies auf eigener, noch unsicherer Wahrnehmung beruhe, oder nur aus dem Satz von delle Chiaje und Hrn. Babuchin gefolgert sei, bleibt dunkel. Inzwischen hat Dr. Sachs künftigen Erforschern des Gegenstandes dadurch vorgearbeitet, dass er, wie schon Hr. Pacini vor ihm, aber viel eingehender, Umstände aufdeckte, welche bei Plattenzählungen künftig zu beachten sein werden, und den Erweis des oft genannten Satzes bei unserem Fisch sehr zu erschweren geeignet sind.

Schon die obigen Messungen der Fachweite lehren, dass diese unter möglichst normalen Verhältnissen, wie sie dabei gewiss aufgesucht wurden, fast um das Doppelte (wie von 1 bis zu 3) schwankt. Die Länge der Fische ist nicht angegeben; vermuthlich waren sie mittlerer Grösse. Aus dieser Unbeständigkeit der normalen Fachweite folgt, dass man, um zwei verschieden lange Fische auf die Weite ihrer Fächer zu prüfen, erst an jedem der Fische den ihm zukommenden Mittelwerth der Fachweite durch eine angemessene Zahl von Messungen an verschiedenen Punkten des Organs wird feststellen müssen. Ausserdem aber sind wir durch Dr. Sachs mit den schon von Hrn. Pacini wahrgenommenen Säulen abnorm weiter Fächer näher bekannt geworden, welche hier gleichfalls genaue Berücksichtigung verdienen. Von diesen Säulen muss nun vor allen Dingen die Rede sein.

§ V. Von Dr. Sachs' sogenanntem neuen elektrischen Organ beim Zitteraal.[3]

1. Erste Unterscheidung des sogenannten neuen Organs. Es zeigt Verschmelzungen von Längsscheidewänden, abnorm weite Fächer und entsprechend entwickelte vordere Papillen.

Dr. Sachs arbeitete schon seit sechs Wochen in Calabozo mit dem Zitteraal, als ihm auffiel, dass ein Theil des grossen Organs eine schon äusserlich erkennbare, besondere Beschaffenheit zeigt. Dieser Theil ist

[1] A. a. O. S. 34. [2] Centralblatt u. s. w. A. a. O. S. 162.

[3] Vergl. über das „neue Organ" die Reisebriefe, a. a. O. S. 80. 84—86. 94.

durchsichtiger und dunkler, und sieht statt milchglasartig gelbgrauröthlich aus. Bei genauerer Untersuchung bemerkt man daran zunächst zwei Eigenthümlichkeiten.

Erstens verschmelzen die Längsscheidewände vielfach miteinander, sowohl in der Länge, wie in der Quere. Die Säulen enden dann also hinten und vorn scharf keilförmig (s. Fig. 26 oberhalb *ab*); ihr Querschnitt ist spindel- oder gestreckt rautenförmig, wie Fig. 10 bei *nE* zeigt.

Zweitens sind die Fächer jenes Theiles zehn- bis zwanzigmal weiter als gewöhnlich. Sie werden, statt im Mittel $0 \cdot 1^{mm}$, $1-2^{mm}$ weit. Daraus erklärt sich, wie mir scheint, die grössere Durchsichtigkeit und das dunklere Ansehen des Theiles. Diese geräumigen Fächer, welche kaum noch mikroskopische Objecte sind, enthalten vorn eine starke, von starken Blutgefässen durchzogene Lage von Schleimgewebe mit prächtigen Sternzellen. Darauf folgt eine elektrische Platte, deren vordere Fläche mit riesigen, bizarr geformten, sehr spitzen, nun wirklich zottenähnlichen Papillen besetzt ist (s. oben S. 33. Anm.). Diese Papillen sind häufig sehr kernreich (Fig. 25), d. h. wohl reich an den Amoebenzellen, deren Reste als Kerne beschrieben werden. An ihrer hinteren Fläche ist die Platte mit Nerven reichlich versehen.

Fig. 25.

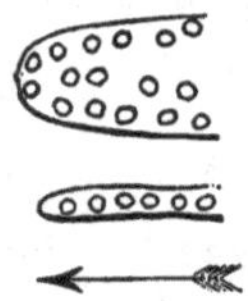

(Tagebuchskizze.)

Fig. 26.

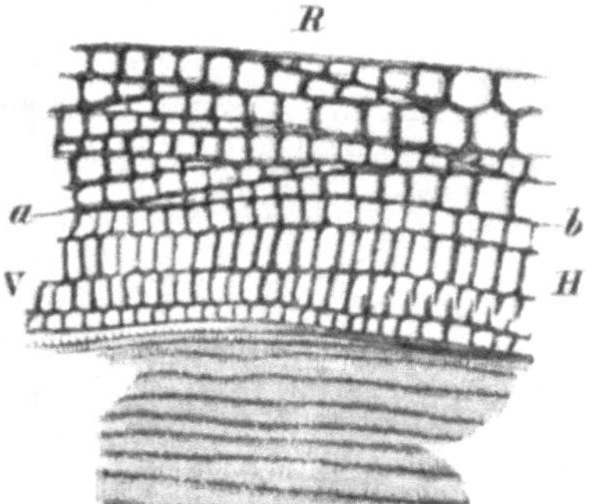

Fig. 27.

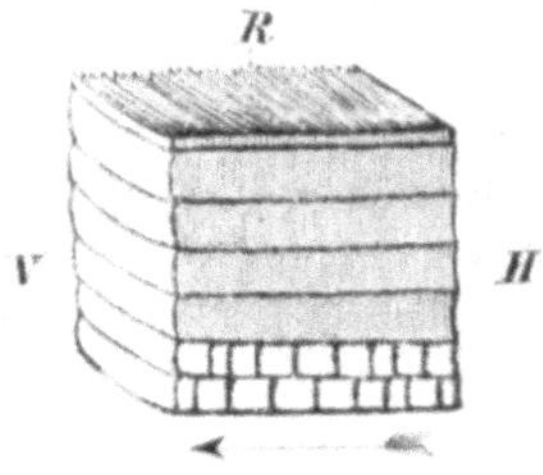

2 : 1.

(Nach Hrn. Pacini.)

Leider giebt Dr. Sachs nirgend eine Skizze vom Längsschnitt eines abnormen Faches. Ausser den Tagebuchskizzen Fig. 25, 29 und 32 hinterliess er keine andere auf sein neues Organ bezügliche Abbildung, als die im *Archiv*[1] enthaltene Skizze, welche bei etwa zweimaliger Ver-

[1] Reisebriefe, a. a. O. Taf. II. Fig. 7. — Hier ist irrthümlich angegeben, dass die Figur natürliche Grössehabe.

grösserung ein Stück Längsschnitt des Organs zeigt, worin Säulen der einen und der anderen Art an einander grenzen. Die weitfächerigen Säulen zeigen mannigfache Verschmelzungen der Längsscheidewände.

An Stelle dieser Skizze tritt hier Fig. 26, welche folgendermaassen entstand. Der Theil der Figur unterhalb der Linie *a b* ist möglichst treu nach einer Photographie copirt, welche ein besonders gelungenes Osmiumpräparat aus Dr. SACHS' Sammlung zweimal vergrössert vorstellt. Da aber gerade an diesem Präparat die für das neue Organ charakteristischen Verschmelzungen von Längsscheidewänden fehlen, habe ich oberhalb der Linie *a b* solche Verschmelzungen nach Dr. SACHS' Figur im *Archiv* hinzugefügt. An der vorderen Fläche der Querscheidewände zwischen den weiten Fächern erkennt man schon bei dieser Vergrösserung, ja mit blossem Auge, die gewaltigen Papillen als zottigen Anflug.

Fig. 28.

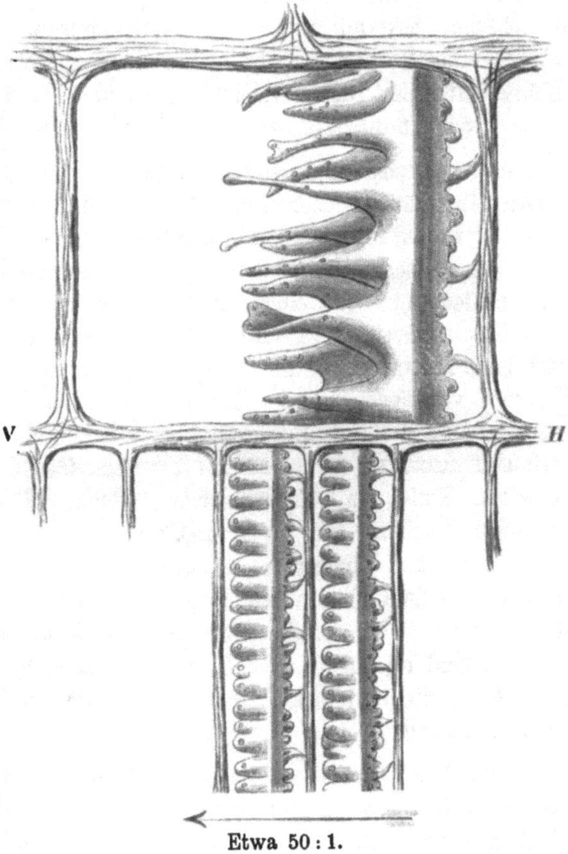

Etwa 50 : 1.

Ich habe sodann nach einem der jetzt sehr verdorbenen SACHS'schen Osmiumpräparate in Glycerin die halbschematische Fig. 28 entworfen, welche, wie gering auch ihre Genauigkeit sei, doch eine Vorstellung von dem merkwürdigen hier stattfindenden Verhalten giebt. Sie ist bei 100maliger Vergrösserung gezeichnet, jedoch um etwa die Hälfte verkleinert, da sie sonst, auch bei dieser mässigen Vergrösserung, für das geringe Détail zu gross ausgefallen wäre. Die vorderen Papillen des abnormen Faches sind naturgetreu, soweit der Zustand des Präparates es erlaubte; man sieht ihre ungemeine Länge und ihre abenteuerlichen Formen. Die hinteren Papillen und die Dornpapillen, die sich in den abnormen Fächern wesentlich wie in den normalen zu verhalten scheinen, sind demgemäss ergänzt, da am Präparate selber, der Bemerkung S. 49 entsprechend, vom hinteren Spalte nichts mehr zu sehen ist. Aus der normalen Beschaffenheit der hinteren Fläche der Platte in den abnormen Fächern folgt übrigens, dass, abgesehen von der Verlängerung der vorderen Papillen, die grössere Weite dieser Fächer auf einer schon im frischen Zustande vorhandenen Erweiterung des vorderen Spaltes beruht. Das Verhältniss der Weite der abnormen und der normalen Fächer entspricht der Wirklichkeit. Unten S. 61 wird sich erklären, warum es nicht so gross ist, wie nach dem bisher Gesagten zu erwarten.

Man versteht nun, was Hr. PACINI von solchen ungewöhnlich weiten Fächern berichtete (s. oben S. 49), und seine in Fig. 27 getreu wiedergegebene Abbildung, an der freilich die Perspective der weitfächerigen Säulen zu wünschen übrig lässt. Durch einen glücklichen Zufall umfassten seine beiden, nur etwa einen Cubikcentimeter grossen Organstücke gerade auch diese merkwürdige Bildung, welche SCHULTZE entging. Wir können nach Hrn. PACINI sogar die Beschreibung der abnormen Fächer in einigen Punkten vervollständigen. Erstens sind nach ihm diese Fächer etwas schmäler, als die normalen, d. h. die sie begrenzenden Längsscheidewände verlaufen einander etwas näher. Zweitens sind die abnormen Fächer in derselben Säule von sehr ungleicher Weite. Während drittens in den normalen Fächern die vorderen Papillen sehr gleichmässig lang sind, sind sie in den abnormen Fächern an Gestalt und Grösse sehr verschieden, so dass man neben einer 15 μ langen eine 180 μ lange Papille sich erheben sieht, welche dann gewöhnlich die Form einer Keule hat. Viertens sind an der hinteren Fläche der Platte die Dornpapillen seltener.[1] Nur der zweite und dritte Punkt lassen sich an Dr. SACHS' Präparaten noch bestätigen.

Eine Vorstellung von der räumlichen Anordnung und Begrenzung des eigenthümlichen Organtheiles zu geben, war Hrn. PACINI natürlich nicht möglich, und dies blieb Dr. SACHS vorbehalten. Er gelangte zur Ueberzeugung, dass es überhaupt um ein neues, drittes, selbständiges Organpaar sich handele, welches fortan neben den alten Organen, dem grossen und kleinen, für sich zu beschreiben sei.

---

[1] L. c. p. 20. 21.

2. Zur Topographie des sogenannten neuen Organs.

Das neue Organ, um uns zunächst der Sachs'schen Redeweise zu bedienen, liegt im Allgemeinen über der hinteren Hälfte des grossen Organs. Es fängt vorn mit einer feinen Spitze an, die ohne grosse Besonderheiten im Fettgewebe sich verliert (Fig. 29). Bei drei 89; 123; 155 cm langen Thieren lag diese Spitze 28; 49; 60 cm von der Schwanzspitze. Nennt man die Längen der Fische L_I, L_{II} und L_{III}, die zugehörigen Abstände der Spitze des neuen Organs von der Schwanzspitze A_I, A_{II}, A_{III} so hat man:

Fig. 29.

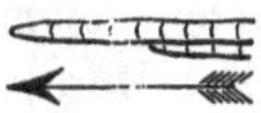

(Tagebuchskizze.)

$$L_I = 3 \cdot 18\ A_I, \qquad L_{II} = 2 \cdot 51\ A_{II}, \qquad L_{III} = 2 \cdot 58\ A_{III}.$$

Die beiden letzteren Abstände sind den Längen, wie man sieht, nahe proportional; der erste ist erheblich kleiner als danach zu erwarten. Der Mittelwerth des constanten Factors ist 2·76; das neue Organ lässt im Mittel etwa die vorderen 0·64 der Körperlänge frei. Verlegen wir den Anfang der alten Organe mit dem Ende der Leibeshöhle an die Grenze des ersten und zweiten Fünftels der Körperlänge (s. oben S. 12. 27), so bleibt also etwa die vordere Hälfte des grossen Organs vom neuen Organe frei.

Fig. 10 *bis.*

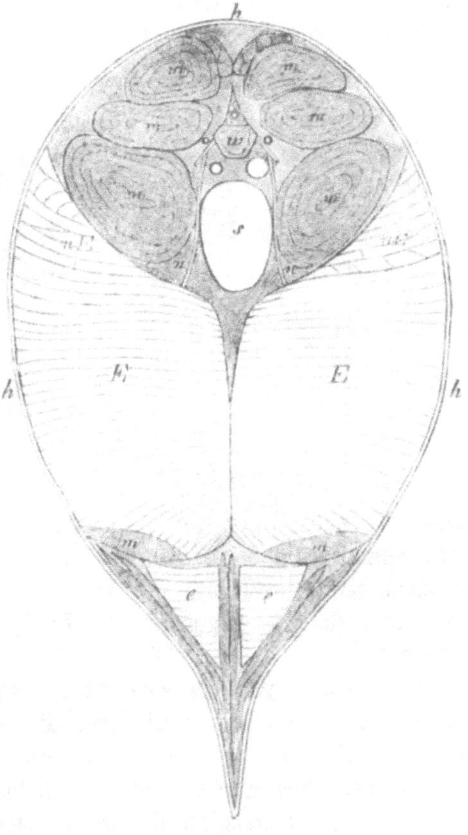

Das neue Organ schwillt dann nach hinten zu stetig an, so dass es bald die obere Hälfte des Gesammtdurchschnittes der Organe einnimmt; schliesslich verdrängt es das grosse Organ ganz und gar. Bei dem 155 cm langen Thiere geschah dies 20 cm, bei zwei vermuthlich kleineren Thieren, deren Länge sich aber nicht angegeben findet, beziehlich 16 und 12 cm von der Schwanzspitze.

Andere Mal ist das neue Organ minder stark entwickelt. An dem 89 cm langen Fisch, wo es in 28 cm Entfernung von der Schwanzspitze begann, erreichte es die Medianebene erst 14 cm von dieser Spitze, und nahm weiterhin nur die kleinere Hälfte des Durchschnittes ein. Das grosse Organ ward hier nicht verdrängt, sondern reichte bis hinten, während das neue schon etwas früher zugespitzt endigte. Ein solches Verhalten kommt unter vier Fällen einmal vor.

Der Durchschnitt des Zitteraales Fig. 10 zeigt bei *nE* die neuen Organe, nahe ihrem vorderen Ende, das in diesem Falle weiter vorn liegen musste, als in den drei obigen, da in diesen ein an der Grenze des dritten und vierten Fünftels gemachter Durchschnitt die neuen Organe noch nicht getroffen hätte.

Das Tagebuch enthält noch mehrere Entwürfe zu Durchschnittsbildern an etwas anderen Stellen, doch sind sie nicht ausgeführt genug, um sicher wiedergegeben zu werden, und sie stammen aus der Zeit, wo Dr. Sachs sein neues Organ noch nicht erkannt hatte. Glücklicherweise hat aber Dr. Sachs in seinen Briefen noch die drei kleineren Skizzen von Durchschnitten durch die Organe mitgetheilt,[1] welche in Fig. 30 *A*, *B*, *C* in vollkommnerer Weise wiederholt sind. Die dunkel gehaltenen Abschnitte *N*......*O* stellen das neue Organ vor. Fig. 30 *A* zeigt dessen vorderes Ende noch nicht einmal so in die Breite entwickelt, wie Fig. 10. In Fig. 30 *B* hat es schon etwa die Hälfte des früher dem alten grossen Organ zugeschriebenen Raumes eingenommen. In Fig. 30 *C* hat es dies Organ völlig verdrängt.

Fig. 30.

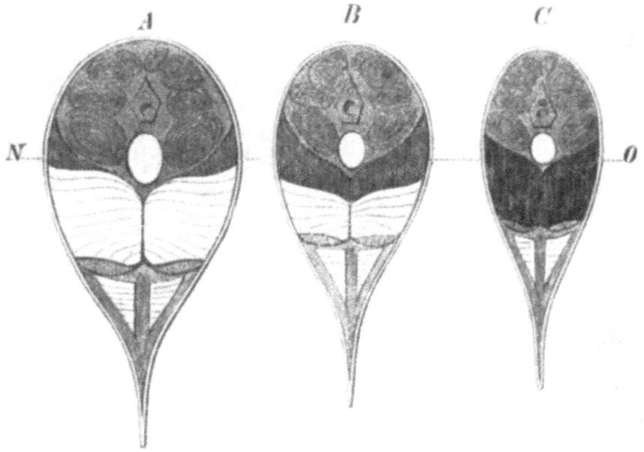

Das neue Organ ist vom alten vorn anfangs durch eine scharfe weisse Bindegewebslage geschieden, die sich nach hinten mehr und mehr verdünnt, so dass sie zuletzt nicht stärker erscheint als eine der gewöhnlichen Längsscheidewände. Doch bleibt die Grenze des neuen und des alten Organs stets an der verschiedenen Farbe erkennbar. Macht

[1] A. a. O. Taf. II. Fig. 6 *a*, *b*, *c*.

man in dieser Gegend einen Längsschnitt durch beide Organe, so bietet sich der in Fig. 26 dargestellte Anblick: weitfächerige Säulen des neuen stossen an engfächerige des alten Organs.

Leider fehlt von Dr. SACHS' Hand jede, auch die flüchtigste Skizze einer Seitenansicht der Grenze zwischen neuem und altem Organ. Nach seinen Angaben muss diese Grenze etwa in der Mitte des grossen Organs an dessen oberem Rande sichtbar werden, schräg nach unten und hinten ziehen, die Zwischenmuskelschicht unweit der Schwanzspitze treffen, und mit dieser Schicht einen nach vorn offenen, spitzen Winkel einschliessen, in welchem das keilförmig verjüngte alte grosse Organ endet. Um diesen Sachverhalt zu verstehen, muss man den Verlauf der Längsscheidewände, oder, was auf dasselbe hinausläuft, der Säulen, näher berücksichtigen, als bisher für uns nöthig war, ja überhaupt auch von anderen Autoren geschah. Dazu kann HUNTER's classische Abbildung und Beschreibung dienen.[1]

Fig. 31.

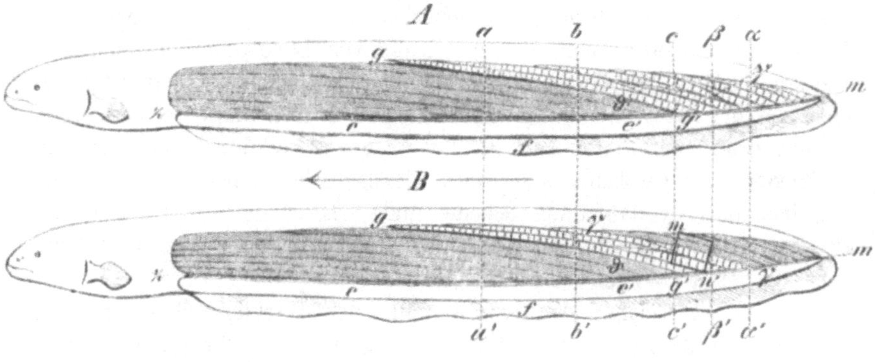

Ich habe danach in Fig. 31 *A* und *B* jenen Verlauf schematisirt. Man sieht, dass sämmtliche Säulen des grossen Organs (im kleinen Organ *ee'* sind die Scheidewände fortgelassen) hinten und unten von der Zwischenmuskelschicht *zm* entspringen und unter spitzem Winkel ϑ nach vorn und oben steigen. Der Winkel ϑ beträgt bei HUNTER etwa $9^1/_2{}^0$. Die weiter nach vorn entsprungenen Säulen biegen wagerecht um und verlaufen der Axe des Fisches parallel nach vorn. Die hinteren dagegen treffen oben die untere Fläche der Rumpfmusculatur schematisch gesprochen unter demselben spitzen Winkel ϑ, unter welchem sie die

[1] L. c. p. 399. — DELLE CHIAIE's elegante, in drei Farben kostbar gedruckte Abbildung auf Tav. XLVII seines Werkes erweist sich in diesem Punkt als werthlos, indem sie bloss schematisch einige Säulen wiedergiebt und sich beliebig endigen lässt, dagegen man bei HUNTER sogar eine Andeutung des dunkleren Aussehens des sogenannten neuen Organs zu erkennen glaubt.

Zwischenmuskelschicht verliessen. Die vorderste von diesen reicht an HUNTER's 71 cm langem Fisch bis zu 44 cm von der Schwanzspitze, lässt also vorn nur 0·38 der Körperlänge übrig.

Beim Zählen der Säulen wird dieser Verlauf künftig wohl zu berücksichtigen sein. Soll die Zählung sämmtliche Säulen umfassen, was man sich doch schliesslich vorsetzt, so ist sogar ohne weitere Untersuchungen nicht zu sagen, wie sie anzustellen sei. Auf alle Fälle liefert sie zu weit nach vorn ein zu kleines Ergebniss. Vielleicht erklärt dies FAHLBERG's zu niedrige Zahl (s. oben S. 32. Anm. 1). Aber auch senkrecht auf die Axe des Fisches, wie stets bisher, darf sie nicht geschehen. Selbst HUNTER giebt so ein paar Längsscheidewände weniger an, als seine Tafel aufweist. Endlich die Verschmelzungen von Längsscheidewänden dürfen fortan bei solchen Zählungen nicht ausser Acht gelassen werden.

Dr. SACHS' Aussagen über sein neues Organ werden im Wesentlichen klar bei der Annahme, dass den oben und vorn schräg endenden Säulen in ihrer Gesammtheit, oder (von hinten gerechnet) von einem gewissen Punkt an, die beiden von ihm dem neuen Organ zugeschriebenen Besonderheiten zukommen, Verschmelzung von Längsscheidewänden und weitere Fächer. Die Grenze zwischen altem und neuem Organ ist dann entweder die letzte von hinten und unten nach vorn und oben gerichtete, an der Rumpfmusculatur endende, nicht zum Parallelismus mit der Axe umbiegende Längsscheidewand, oder, wie das Schema bei *g g'* zeigt, eine der letzten so verlaufenden Scheidewände. Diese Annahme ist vorzuziehen, weil im ersten Fall die Spitze des neuen Organs zu weit nach vorn reichen würde (s. oben S. 55).

Gleichviel welcher der beiden Fälle der Wirklichkeit entspreche, nach Dr. SACHS ist die Scheidewand, welche die engfächerigen Säulen von den weitfächerigen des neuen trennt, oben und vorn stärker entwickelt als die übrigen Längsscheidewände, wie dies im Schema angedeutet ist. Ueber dieses stärker entwickelte Stück der Scheidewand lässt er bei *g* ein freies oberes vorderes Ende des neuen Organs, in Gestalt einer feinen Spitze, im Fettgewebe auslaufen (s. oben Fig. 29), ohne anzugeben, ob die Spitze eine zarte, den gewöhnlichen Längsscheidewänden ähnliche Hülle habe, oder in einer derben Fascie, als Fortsetzung des stärkeren Stückes der Scheidewand, stecke; doch scheint Ersteres der Fall zu sein.

Ueberhaupt bleibt hier Einiges dunkel. Nach unserem Schema sollte das neue Organ oben und vorn vielmehr keilförmig enden, gerade wie unten und hinten das alte grosse Organ. Wie der Keil zur Spitze werde, lässt sich ohne neue Untersuchungen nicht sagen, ja diese müssen auf zahlreiche Exemplare ausgedehnt werden, denn es heisst einmal, in einem bestimmten Fall habe das neue Organ die Medianebene später als sonst erreicht. In Uebereinstimmung mit Fig. 10 und 30 *A* folgt daraus, dass jene vordere Spitze des neuen Organs nicht median, sondern lateralwärts liege, so dass das von ihr aus rückwärts sich verbreiternde Organ das eine Mal früher, das andere Mal später an die mediane Scheidewand zwischen den Organen stösst. Den Fig. 10 und 30 *A* entspricht also etwa die Durchschnittsebene *a a'* in Fig. 31. Sicher ist sodann nach Dr. Sachs' Worten und seiner eigenen Figur (30 *B*), dass rückwärts gehend von einem bestimmten Punkt an das neue Organ über dem alten grossen in der ganzen Breite zwischen Medianebene und Seitenfläche angetroffen wird. Dies würde beispielsweise in der Durchschnittsebene *b b'* in Fig. 31 der Fall sein. Endlich in der Durchschnittsebene *c c'*, welche Fig. 30 *C* entspricht, hat in Fig. 31 *A* das neue Organ das alte völlig verdrängt.

In einem Falle von je vieren ereignet es sich aber nach Dr. Sachs, dass das neue Organ auf der weiter nach hinten verlegten Durchschnittsebene wieder abschwillt, ja der Schwanzspitze nahe gänz verschwindet. Leider fehlt ein dies Verhalten vorstellender Durchschnitt, und wir wissen daher nicht, ob beim Abschwellen des neuen Organs das alte Organ oberhalb oder unterhalb wieder zum Vorschein kommt. Beides wäre leicht erklärbar. Im ersteren Falle, zu dessen Erläuterung Fig. 31 *A* dient, brauchte man nur anzunehmen, dass die hinteren und unteren Strecken der Säulen des neuen Organs, etwa unterhalb der Linie *g' γ*, die gewöhnliche engfächerige Beschaffenheit haben. Dann wird beispielsweise in der Durchschnittsebene *β β'* das neue Organ von unten her wieder halb verdrängt, in der *α α'* von der Durchschnittsfigur verschwunden sein. Im zweiten Falle, den Fig. 31 *B* vorstellt, würden etwa von *γ γ'* ab die hintersten Säulen wieder in ganzer Länge engfächerig, da denn in der Durchschnittsebene *β β'* engfächeriges Gewebe wieder über weitfächerigem so erschiene wie in der Ebene *b b'* darunter, in der *α α'* letzteres auch wieder verschwunden wäre. Diese Vorstellung hat den Vorzug, dass dabei Hrn. Pacini's Angabe verständlich würde, wonach in Fig. 27 *R* die Rückenfläche ist. Sein Präparat wäre dann etwa wie *m n* in Fig. 31 *B* ausgeschnitten gewesen. In Dr. Sachs' Sinne müsste man dann freilich die Gesammtheit der engfächerigen Säulen hinter *γ γ'* als viertes Organ ansprechen. Wir werden gleich sehen, dass hierin keine Schwierigkeit liegt.

Damit nicht ein wichtiger Theil von Dr. Sachs' anatomischen Beobachtungen, auf welche er selber, wie schon bemerkt, grosses Gewicht legte, im Dunkel verkomme, habe ich mich an dieser Stelle tiefer als sonst in Auslegung seiner Notizen eingelassen. Ich bemerke aber ausdrücklich, dass ich für die Richtigkeit meiner Construction keine andere Gewähr übernehme, als dass sie mit HUNTER's Abbildung und Dr. SACHS' Aufzeichnungen geometrisch und anatomisch stimmt.

3. Bedenken wider den Begriff des neuen Organs. Es wird besser „das SACHS'sche Säulenbündel" genannt.

Gegen Dr. SACHS' Aufstellung eines neuen, dritten elektrischen Organpaares lassen sich, wie nicht verschwiegen werden soll, Einwände erheben. Damit man im hergebrachten Sinn hier von einem neuen Organ reden könne, müsste der gemeinte Theil wie die alten Organe rings durch eigene Fascien umgrenzt sein. Das Gewebe zwischen den grossen Organen ist, wie Dr. SACHS bemerkt, sogar „sehr fest, weicht nur dem Messer.[1] „Da, wo die Organe nur durch eine weisse Linie getrennt sind, kann man „mit einem kräftigen Zuge sie von einander trennen, jedes mit eigener „Begrenzung." Der vordere Theil des neuen Organes, soweit die scharfe weisse Bindegewebslage herrscht, liesse sich vielleicht auch mit kräftigem Zuge vom grossen Organe trennen, von dem seine vorderste Spitze ja sogar schon natürlich abgelöst zu sein scheint. Doch ist nicht gesagt, dass solche Trennung wirklich ausführbar sei, und wo die Bindegewebslage zu einer gewöhnlichen Längsscheidewand zwischen zwei Säulen wird, würde die Spaltung in altes und neues Organ sicher nicht gelingen.

Es fehlt also dem neuen Organ an einer festen anatomischen Umgrenzung, wie denn auch von eigenen Gefässen und Nerven desselben nicht die Rede ist. Dr. SACHS hat aber seine Aufstellung auch noch dadurch untergraben, dass er in den alten Organen stellenweise ähnliche Bildungen schildert, wie im neuen.

Verschmelzungen von Längsscheidewänden sowohl in der Quere wie in der Länge haben schon HUNTER,[2] neuerlich Hr. KUPFFER und KEFERSTEIN[3] beschrieben. MAX SCHULTZE hat sie geläugnet, ist aber auch hier im Irrthum gewesen.[4] Indess ist auf jene früheren Angaben hier nichts zu geben, da sie möglicherweise auf Beobachtung im Bereiche des neuen Organs beruhen.

Allein nach Dr. SACHS selber kommen Verschmelzungen von Längsscheidewänden im vorderen Ende des grossen Organs und in der hinteren Hälfte des kleinen Organs vor, und sie setzen also keinen unbedingten Unterschied zwischen alten und neuen Organen. Ebenso wenig ist dies der Fall mit der Fachweite. Während diese in den Säulen des neuen

[1] Vergl. HUNTER, l. c. p. 398. [2] L. c. p. 400. 401.

[3] HENLE's und PFEUFFER's Zeitschrift für rationelle Medicin. 3. R. Bd. II. S. 344.

[4] A. a. O. S. 20. 21.

Organs an der Grenze oft kaum 1 mm erreicht, kommt das alte Organ dem neuen mit fast 0·4 mm weiten Fächern gleichsam entgegen, welche entsprechend grosse Papillen und eine starke Lage Schleimgewebe enthalten. Zwar bleibt ein Sprung von etwa 0·4 auf etwa 1·0 mm Fachweite übrig, er wird aber doch von beiden Seiten her, durch stetige Zunahme der Fachweite hier, Abnahme dort, vorbereitet. Dies ist der Umstand, aus dem sich erklärt, dass auch nach Zurückführung auf gleiches Maass die Fachweite in Hrn. PACINI's Figur (11) die in der SCHULTZE'schen (12) übertrifft, weil nämlich Hrn. PACINI's Organstück weitfächerige Säulen enthielt (s. oben S. 54, Fig. 27); wie auch dass in Fig. 28 das abnorme Fach nur etwa fünfmal weiter erscheint als die normalen. Wenn ich eine Notiz im Tagebuche richtig verstehe, giebt es auch Fälle, oder Stellen, wo jeder Sprung in der Fachweite fehlt, und ganz allmählicher Uebergang stattfindet. Sehr allmählich stellt er sich schon in Fig. 26 dar. Selbst innerhalb des grossen alten Organs schwankt die Fachweite, wie wir oben S. 51 sahen, fast um das Doppelte. Endlich das kleine Organ zeigt in seinem hinteren Drittel, wie es scheint, regelmässig den Charakter des neuen Organs mit 0·5 mm weiten oder noch weiteren Fächern, „so wie das neue Organ an der Grenze".

Zu dem Allen kommt, um die anatomische Selbständigkeit des sogenannten neuen Organes zu verdächtigen, die Unbeständigkeit seiner Ausbildung. Das pseudoëlektrische Organ der Mormyri ist nach Hrn. PETERS freilich auch grossen Schwankungen unterworfen.[1] Nur die Entwickelungsgeschichte könnte hier das letzte Wort sprechen. Bis dahin dürfte rathsam sein, den Begriff eines neuen Organes wieder fallen zu lassen. Dagegen wird es sich empfehlen, fortan bei Beschreibung der Zitteraal-Organe sogleich das Dasein zweier Arten von Säulen, solcher mit engen und solcher mit weiten Fächern zu betonen, und indem man die Beschreibung des grossen Organes statt, wie bisher üblich, von vorn, von hinten anfängt, das Schema Fig. 31 zu Grunde zu legen. Statt von einem „neuen Organ" würde dann in der Folge besser von dem zuerst von Dr. SACHS sicher unterschiedenen weitfächerigen Säulenbündel des grossen Organes, kurz vom „SACHS'schen Säulenbündel", die Rede sein, welches dessen hinteren oberen Theil ausmacht.

4. Querstreifung und Doppelbrechung in den Papillen des SACHS'schen Säulenbündels.

Dr. SACHS' Verdienst, das Interesse seines Fundes werden durch diese Auffassung nicht geschmälert. Dies Interesse knüpft sich weniger

[1] Ges. Abh. Bd. II. S. 621. Anm. 3.

an die Frage, ob beim Zitteraal ein Paar elektrischer Organe mehr vorhanden sei oder nicht, als an den merkwürdigen Unterschied im Bau der gewöhnlichen und der Sachs'schen Säulen. Von der etwaigen physiologischen Bedeutung dieses Unterschiedes wird unten gehandelt § XXI. 3, XXXVII.). Hier ist noch von gewissen Erscheinungen an den Papillen der weiten Fächer zu reden, welche in Dr. Sachs die Hoffnung erweckten, der Entstehung der elektrischen Platten, zunächst der Papillen, aus Muskelgewebe auf die Spur gekommen zu sein.

Die geringere Feinheit und Regelmässigkeit des Baues der weitfächerigen Säulen liessen ihn vermuthen, dass das elektrische Gewebe hier auf vergleichsweise niederer Stufe der Entwickelung stehe, etwa wie im pseudoëlektrischen Organ des gemeinen Rochen. Die von Schultze in den elektrischen Platten dieses Organs entdeckten Maeander[1] hat bekanntlich Hr. Babuchin[2] als anisotrop erkannt und ihre Entstehung aus den Querstreifen entwickelter Muskeln bewiesen. Die elektrischen Platten des Zitterrochen dagegen sah Hr. Babuchin aus embryonalen Muskeln entstehen. Fertige in elektrische Platten sich umwandelnde Muskelfasern liefern also pseudoëlektrische Platten; noch im Werden begriffene Muskelfasern können zu ächten elektrischen Platten sich umwandeln;[3] denn „was ein guter Haken werden will, muss früh sich biegen".

Diese grundlegende Entdeckung des unermüdlichen russischen Forschers schwebte unstreitig Dr. Sachs vor, als er nun in den Papillen der weitfächerigen Säulen die Spuren ihres Ursprunges aus Muskelgewebe zu erkennen suchte. Bis zu einem gewissen Grade, glaubt er, sei ihm dies geglückt. Die langen cylindrischen Papillen der weiten Fächer, an der Grenze zwischen weit- und engfächerigen Säulen, zeigten ihm im frischen Zustand an der Axe oder am Rande mehrfach breite matte Querstreifung (Fig. 32) und ebenfalls Spuren von Doppelbrechung, die im Vergleich zum Leuchten des frischen Muskels freilich nur „Schimmern" genannt werden kann. Dagegen an einem Alkohol-Glycerin-Object sah er wirkliches Leuchten. An den Osmium-Präparaten erschien keine besonders deutliche Querstreifung.

Fig. 32.

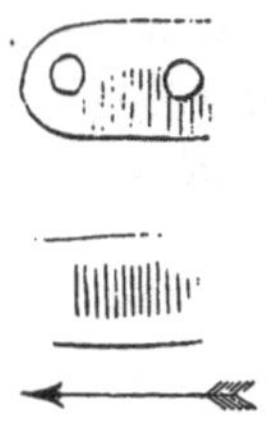

(Tagebuchskizze.)

Später heisst es einmal im Tagebuch: „Querstreifung konnte am „frischen Object diesmal gar nicht, Doppelbrechung nur in unsicheren „Spuren gesehen werden. Doch wurde nur eine Stelle untersucht." Hier in Berlin suchte Dr. Sachs mir und mehreren anderen Personen an frischen Präparaten aus den hier verstorbenen Zitteraalen Querstreifung

[1] Archiv für Anatomie, Physiologie u. s. w. 1858. S. 193.
[2] Ebenda. 1876. S. 534 ff. [3] A. a. O. S. 516.

und Doppelbrechung in den Papillen seiner weitfächerigen Säulen zu zeigen; doch waren die Bilder nicht sehr überzeugend. In seiner Sammlung findet sich ein Osmium-Präparat, in welchem man der Axe der Papillen entlang noch scheinbar die Körnchen regelmässig angeordnet sieht, zu denen die Querstreifen zerfielen. Danach würden die Platten des SACHS'schen Säulenbündels zwischen elektrischen und pseudoëlektrischen Platten gleichsam in der Mitte stehen.

Mit besonderem Eifer durchsuchte Dr. SACHS die Stellen, wo die weitfächerigen Säulen an Muskeln stossen, in der Hoffnung, hier vielleicht Uebergangsbildungen zu ertappen. „Sehr bemerkenswerth," sagt er, „ist „das Verhalten des vorderen Endes, wo die Muskelfasern innerhalb des „Fettgewebes bis dicht an das aus sehr ungleichmässigen Fächern be„stehende Organ heranreichen. Eine Continuität der Gewebe ist nirgend „nachweisbar. Man kann Organ und Muskel auseinanderziehen, so dass „ersteres noch weissliche Umhüllung zeigt. Die Muskeln zeigen an der „Grenze die von DU BOIS-REYMOND sogenannte kegelförmige Endigung „der Primitivbündel.[1] Das Gewebe der Inscription" — zwischen Muskel und Organ — „besteht aus grossen Fettzellen mit Gefässen. Die eigent„liche Grenze ist ebenfalls Fettgewebe, in welches sich die Septa des „neuen Organs häufig fortsetzen." Diese Stelle aus Dr. SACHS' Tagebuch und die folgende aus seinen Briefen erläutern sich wechselseitig: „Ich nahm an, es liege hier eine Uebergangsbildung vor, vielleicht auf „das Wachsthum der elektrischen Organe abzielend; darauf bauend, be„schloss ich die Stelle zu suchen, wo, wie der Nagel und das Haar aus „ihrer Matrix, das elektrische Organ aus Muskelsubstanz heraus entsteht. „Man wird zugestehen, dass dies kein übler Fund gewesen wäre. Vier„zehn Tage lang habe ich auf Hunderten von Schnitten alle die kritischen „Stellen mikroskopisch durchgesehen, um dies Eldorado meiner Wünsche „aufzufinden. Vergeblich! Manche Bilder schienen jene Vermuthung zu „bestätigen; aber ein endgültiger Beweis war nicht zu erbringen. Fast „grollend mit der Natur wegen eines so unvollständigen, halben Ge„schenkes nahm ich Abschied von dem Gegenstand."[2]

Später, in San Fernando, hat Dr. SACHS aber noch versucht, sich über den Zustand seines „neuen Organes" bei jungen Thieren zu unterrichten. An einem nur 31 ^{cm} langen Zitteraale fing es schon etwas vor der Körpermitte an, also viel früher, als bei grösseren Thieren,[3] reichte

---

[1] Ges. Abh. Bd. II. S. 40. [2] A. a. O. S. 85. 86. 94.

[3] Die oben S. 55 gegebenen Zahlen über den Anfang des „neuen Organes" bei drei Thieren, deren Längen sich verhielten wie 100:138:174, stimmen nicht zu dem Schluss, zu welchem man sich jetzt berechtigt glauben könnte, dass bei jüngeren oder kleineren Thieren das „neue Organ" weiter nach vorn reicht.

immer stärker werdend bis nach hinten, verdrängte jedoch das „alte Organ" nicht ganz. Durch seine Farbe stach es überall sehr deutlich vom Muskel und vom „alten Organ" ab. Die Fächer des „neuen Organes" waren hier nur wenig über $0 \cdot 5^{mm}$ weit; allein wahrscheinlich, sagt Dr. Sachs, sind im jugendlichen Zustand auch die Fächer des „alten Organes" weniger weit. Bei dieser Gelegenheit war es, wo er sich überzeugte, dass die Säulenzahl des grossen Organs an einem so kleinen Fisch dieselbe ist wie an den grössten (s. oben S. 31). Dies ist die einzige im Tagebuch enthaltene Anspielung auf den Satz von delle Chiaie und Hrn. Babuchin. Der Erweis dieses Satzes am Zitteraal durch Plattenzählungen gestaltet sich, wie man sieht, noch umständlicher, als er schon oben S. 51 erschien, insofern er auch auf die unregelmässigen Fächer des Sachs'schen Säulenbündels auszudehnen sein wird.

Eine Abhandlung von Hrn. Prof. Fritsch über die Homologie der elektrischen Organe des Zitteraales und der Musculatur der verwandten Fische findet sich im Anhang (II).

§ VI. Vom Rückenmark des Zitteraales.

Hr. Valentin hatte sich grosse Mühe mit Untersuchung und Beschreibung des Gehirnes vom Zitteraal gegeben, und ein eigenthümliches, haubenförmig nach vorn umgeklapptes Gebilde daran für das Analogon des durch Humboldt am Zitterrochen-Gehirn beschriebenen Lobus electricus angesehen.[1] Da die elektrischen Organe des Zitteraales durch Intercostalnerven versehen werden, deren ungemeine Zahl seit Hunter die Aufmerksamkeit aller Erforscher des Gegenstandes auf sich gelenkt hatte, war es indess ziemlich klar, dass das Centralorgan für die Organe im Rückenmark, nicht im Gehirn, zu suchen sei. Auch zeigte Joh. Müller sehr bald, dass jener eigenthümliche Hirntheil des Zitteraales den nicht elektrischen Gymnotinen gleichfalls zukomme, und das Homologon des kleinen Gehirnes bei diesen Fischen sei.[2] Nachdem dann Bilharz im Halsmark des Zitterwelses die wunderbare Riesenganglienzelle entdeckt hatte, aus welcher bei diesem Fisch der nicht minder wunderbare elektrische Nerv entspringt, lag die Vermuthung nahe, dass auch beim Zitteraale die elektrischen Nerven die Deiters'schen Fortsätze von eben so viel Riesenganglienzellen seien.[3] Allein Max Schultze sah

---

[1] A. a. O. S. 5—21.

[2] Archiv für Anatomie, Physiologie u. s. w. 1842. Jahresbericht, S. CCXXVII.

[3] Ges. Abh. Bd. II. S. 611. Anm. 2.

schon in den elektrischen Nerven gewöhnliche Nervenröhren, und in der vorderen Hälfte des Rückenmarkes auffallend viel grosse Ganglienzellen, doppelt so viel etwa wie im Rückenmark eines anderen Fisches von gleichem Umfang.[1] Ich schloss daraus, dass im Rückenmark des Zitteraales sich ein Bau finden werde ähnlich dem des Lobus electricus des Zitterrochen.[2]

Diese Vermuthung hat sich bestätigt. Der Querschnitt des Rückenmarkes erscheint im frischen Zustande weiss mit graurothem Centrum. Dies Centrum giebt sich unter dem Mikroskop als ein dem Lobus electricus des Zitterrochen vergleichbares Gebilde zu erkennen. Nach Dr. SACHS beginnt es zugespitzt etwa zwischen dem 15. und 16. Wirbel, wird dann massiger und stellt auf dem Querschnitt eine V- oder hufeisenförmige Gestalt dar, deren Convexität nach oben (hinten) sieht; in der Concavität liegt der Centralcanal.[3]

„Gebildet wird diese Masse," sagt Dr. SACHS im Tagebuch, „von „prächtigen Ganglienzellen, die durch Zerzupfen von Schnitten leicht zu „isoliren sind (Fig. 33). Ihr Zellleib ist dicht und fein granulirt, von „leicht gelblicher Färbung. „Die Kernblase ist völlig hya- „lin, der Nucleolus von grün- „lichem, fettartigem Glanz. „Die Ganglienzelle ist ringsum „mit zum Theil verästelten „Fortsätzen bedeckt, deren „Substanz gleichmässig grau „und scharf gegen die körnige „der Zellen sich abzeichnet. „Fibrilläres Ausstrahlen in den „Zellleib schien einmal vor- „handen, nach zufälligem „Quetschen der Zelle sah man „in der Zelle ein paar Fäden. Die Zellen sind einfach brechend (Myelin „ist nach VALENTIN anisotrop). An den feineren Fortsätzen sah man „zum Theil elliptische Anschwellungen (Kerne)." — Und in den Reisebriefen heisst es: „Die ganz frische Untersuchung der Ganglienzellen hat

Fig. 33.

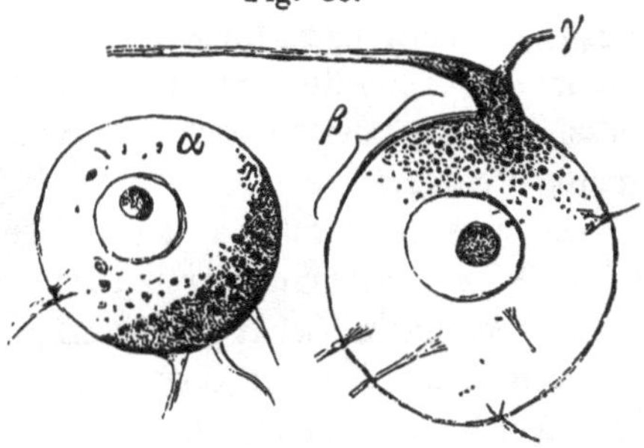

(Tagebuchskizze.)
α: homogenes Segment in zwei Fällen. — β: isotrop. — γ: Centrum.
[Zur Skizze hinzugeschriebene Notizen.]

---

[1] A. a. O. S. 30. 32. 33. [2] A. a. O.

[3] Die in Dr. SACHS' drittem Brief enthaltene Skizze, welche ich im Archiv veröffentlichte (a. a. O. S. 79. 80. 84. Taf. II. Fig. 3), liess diesen Umstand nicht erkennen, sondern zeigte den Centralcanal ringsum von einer gleich dicken Masse von Ganglienzellen umgeben. Dr. SACHS hat diesen Fehler schon in den *Verhandlungen der physiologischen Gesellschaft zu Berlin* berichtigt. Vergl. Archiv u.s.w. 1878. S. 624.

„nichts Besonderes ergeben; ich stimme mit Boll darin überein, dass „die Ganglienzelle frisch keinerlei fibrilläre Structur zeigt.“[1]

In Dr. Sachs' Sammlung findet sich eine reichhaltige und sehr vollständige Reihe von Querschnitten des Rückenmarkes des Zitteraales, meist von tadelloser Erhaltung, welche zum Theil aus Calabozo, zum Theil auch von den hier verstorbenen Zitteraalen stammt. Hr. Prof. Fritsch, durch seine Studien hier ungleich mehr berufen als ich, hat die Mühe übernommen, mit Hülfe dieses Materials eine Ausarbeitung über das Rückenmark des Zitteraales zu liefern, welche man im Anhang (I) findet.

§ VII. Pseudoëlektrisches Organ bei einem Gymnotinen?

1. Von den beiden Schwierigkeiten, welche die elektrischen Organe der Darwin'schen Lehre bereiten, hat Hr. Babuchin die eine beseitigt.

Wie Hr. Darwin selber sogleich bemerkte,[2] bieten die elektrischen Organe seiner Lehre eine der grössten Schwierigkeiten dar. Doch will mir scheinen, als herrschten über die Natur dieser Schwierigkeit bei einigen Forschern nicht hinlänglich klare Begriffe. Sie ist, oder vielmehr sie war eine doppelte, entsprechend den beiden Hauptsätzen der Darwin'schen Lehre, welche freilich auch nicht stets hinreichend auseinander gehalten werden.[3]

Der eine Darwin'sche Satz ist die Abstammung der heutigen organischen Wesen von einfacheren Urformen; dies ist die reine Descendenztheorie, über deren Richtigkeit im Allgemeinen wohl kein Zweifel besteht, wie sie denn schon vor Darwin einige laute Bekenner und so manchen stillen Anhänger zählte.

Der Descendenztheorie schien das unvermittelte Auftreten der elektrischen Organe bei einigen Fischen zu widersprechen, da man nicht begriff, woher diese scheinbar der Homologie entbehrenden Gebilde stammten. Die Vorstellung, dass die Progenitoren der heutigen Fischwelt alle mit elektrischen Organen versehen waren, und dass die jetzt noch vorhandenen elektrischen Organe Reste dieser einst allgemeinen, der unermesslichen Mehrzahl der Fische abhanden gekommenen Einrichtung seien, ist unhaltbar, weil dann verkümmerte Formen der elektrischen

---

[1] A. a. O. S. 84.

[2] On the Origin of Species by means of Natural Selection etc. London 1859. p. 192. — Vergl. Babuchin, in Reichert's und du Bois-Reymond's Archiv für Anatomie, Physiologie u. s. w. 1876. S. 501.

[3] Vergl. Darwin *versus* Galiani. Monatsberichte der Akademie. 1876. S. 385ff.; — Besonders erschienen bei Hirschwald. Berlin 1876.

Organe weit häufiger sein müssten.[1] Indem aber Hr. BABUCHIN die Entstehung der elektrischen Organe aus umgewandeltem Muskel nachwies (s. oben S. 62), beseitigte er diesen Stein des Anstosses.

Allein der zweite Hauptsatz der DARWIN'schen Lehre setzt sich ungleich Höheres vor. Er geht darauf aus, die Endursachen aus der Welt zu schaffen, und zu erklären, wie aus jenen Urformen durch mechanische Nothwendigkeit scheinbar zu einem bestimmten Zweck gebaute Organismen werden konnten, welche überdies, gleichfalls rein mechanisch, auf immer weitere Vervollkommnung ihrer Nachkommen hinarbeiten. Die organische Natur ist gleichsam eine Selbstvervollkommnungsmaschine. Dies Räthsel sucht die DARWIN'sche Lehre durch die natürliche Zuchtwahl zu lösen.

Die Selectionstheorie setzt voraus, dass im Kampf um's Dasein bevorzugte Formen siegen und auf ihre Nachkommen die Waffe vererben, durch welche sie siegten. Eine der ernstesten dieser Hypothese entgegenstehenden Schwierigkeiten ist die, dass man oft nicht einsieht, wie auf hoher Stufe der Ausbildung nützliche Organe, beispielsweise die elektrischen, schon in ihrer ersten Anlage dem Einzelwesen nützen und zum Sieg in jenem Kampf verhelfen konnten. Dann konnten sie sich auch nicht durch natürliche Zuchtwahl vervollkommnen.[2] Was half es einem Fisch, wenn eine beschränkte Muskelpartie sich halb und halb in elektrisches Gewebe verwandelte? Konnte er damit Feinde abwehren, Beute erjagen? Man sieht es nicht ein. Um aber mit einem Sprunge zu einem hoch entwickelten elektrischen Organ zu gelangen, müssten zweckmässig wirkende Bildungsgesetze zu Hülfe gerufen werden, und solche sind für uns, die wir supernaturalistische Erklärungen für keine halten, wissenschaftlich nicht vorhanden.

Diese Schwierigkeit würde verringert, wenn man niedere Entwickelungsstufen elektrischer Organe entdeckte, welche gleichwohl dem Träger schon gewisse Vortheile sicherten, so dass zufällig vorkommende höhere Entwickelung dieser Organe sich vererben könnte. Von solchen Organen wäre dann anzunehmen, dass sie im Lauf der Geschlechter, unter den Augen der Zoologen kommender Jahrtausende, zu so vollkommenen elektrischen Organen sich entwickeln würden, wie die Zitterfische sie uns zeigen; man könnte weiterhin schliessen, dass in entlegener Vorzeit (s. oben S. 33) die jetzt bekannten Zitterfisch-Organe aus solchen Organen sich hervorgebildet haben.

[1] S. ausser DARWIN selber l. c., BOLL, Ueber elektrische Fische. In VIRCHOW's und v. HOLTZENDORF's Sammlung gemeinverständlicher wissenschaftlicher Vorträge. IX. Serie. Hft. 210. Berlin 1874. S. 30. 31.

[2] DARWIN *versus* GALIANI. Monatsber. u. s. w. S. 396; — Sonderabdruck S. 18.

Die vor dreissig Jahren von mir[1] als pseudoëlektrisch bezeichneten Organe der gemeinen Rochen und einiger Nilfische erscheinen histologisch als Vorstufen der elektrischen Organe. Nachdem man sich oft vergeblich bemüht hatte, ihnen elektrische Wirkungen zu entlocken, scheint dies jetzt beim gemeinen Rochen Hrn. Charles Robin[2] und Hrn. Babuchin,[3] bei den Mormyri letzterem Forscher gelungen zu sein. Hr. Babuchin verlangt deshalb, dass man den Namen der pseudoëlektrischen Organe aufgebe, und diese Organe unter die übrigen elektrischen Organe als gleichberechtigt einreihe.[4]

Sobald festgestellt ist, dass die pseudoëlektrischen Organe elektrisch wirken, ohne dass, wie bei Nerven und Muskeln, eine andere Leistung als die vorzüglichere erscheint, werden ja wohl jene Organe elektrische heissen müssen. Da sie aber den Organen der wahren Zitterfische an Stärke unvergleichlich nachstehen, und sich davon nach Hrn. Babuchin auch durch ihre Entwickelung unterscheiden (s. oben S. 62), dürfte es angemessen sein, sie bis auf Weiteres statt pseudoëlektrische, unvollkommene elektrische Organe zu nennen.

Die Schwierigkeit, welche die vollkommenen elektrischen Organe der Selectionstheorie bieten, wird durch die unvollkommenen nicht verringert. Die Wirkungen der letzteren sind der Art, dass sie dem Thier als Schutz- und Angriffswaffe von keinem Nutzen sein können; sie können sich also auch nicht durch Zuchtwahl zu vollkommenen elektrischen Organen hinaufarbeiten. Wären sie aber im Stande, dem Thiere Nutzen zu bringen, so fände für sie dieselbe Schwierigkeit statt, wie für die vollkommenen elektrischen Organe. In der phylogenetischen Reihe rückwärts gehend träfe man schliesslich auf so wenig entwickelte Stufen, dass die Organe noch von keinem Nutzen wären, also auch nicht durch Zuchtwahl sich vervollkommnen könnten.

Man hört wohl die Vermuthung, die unvollkommenen elektrischen Organe seien elektrische Sinnesorgane; aber Niemand weiss zu sagen, was solche Organe dem Thiere sollen, und aus Muskeln sich entwickelnde Sinnesorgane sind ein Unding, man müsste denn annehmen, dass die sensiblen Nerven der Muskeln die unbekannte specifische Empfindungsweise vermitteln.

Von dieser Seite betrachtet, bleibt also auch nach Hrn. Babuchin's Entdeckungen die Entstehung der elektrischen Organe gleich räthselhaft. Dies raubt den unvollkommenen elektrischen Organen nichts von

[1] Die Fortschritte der Physik im Jahre 1848 u. s. w. Berlin 1852. Bd. IV. S. 309.
[2] Vergl. Ges. Abh. Bd. II. S. 621.
[3] Archiv für Physiologie u. s. w. 1877. S. 272.
[4] A. a. O. S. 273.

dem ungemeinen Interesse, welches ihnen als Uebergangsform zwischen Muskeln und vollkommenen elektrischen Organen, und als anderen Erscheinungsweisen elektrischen Gewebes gebührt; und das Aufsuchen solcher Organe bei den Verwandten des Zitteraales nahm deshalb in Dr. SACHS' Programm einen hervorragenden Platz ein.

2. Dr. SACHS' Beobachtung an Sternopygus virescens VAL.

Als in San Fernando de Apure, bei einer unten (§ XI) zu erzählenden Gelegenheit, vier verschiedene Gymnotinen in Dr. SACHS' Hände fielen, unterliess er nicht, nachzusehen, ob sich bei ihnen etwas einem pseudoëlektrischen Organ Aehnliches finde. Bei dreien überzeugte er sich, dass nichts der Art vorhanden war; bei dem vierten, dem völlig weissen Sternopygus virescens VAL., scheint seine Bemühung nicht ganz fruchtlos geblieben zu sein. Er sagt im Tagebuch, mit Bezugnahme auf die Skizzen Fig. 34 *a*, *b*, *c*, *d*: „Die „weisse Art von *Cuchillo* „(s. oben S. 13), die ich „neulich todt erhielt, ging „mir heut lebend in mehreren Exemplaren zu. Sie „hat in der That ein „weisses durchscheinendes „Ansehen, ist kleinschuppig, und hat einen rund„lichen zugespitzten (Ratten-) Schwanz. Der dem elektrischen Organ von Gymnotus entsprechende „Theil zeichnet sich durch regelmässige Streifung in Zwischenräumen „von 1 mm aus. Der Durchschnitt hat ein entschieden an Gymnotus erinnerndes Verhalten. Die betreffende Stelle (*α*) ist durchscheinend und von „horizontalen Septis durchzogen. Die mikroskopische Untersuchung fällt „wegen der Schwierigkeit des Gegenstandes ungenügend aus. Es werden „jedoch Formelemente, etwa ähnlich dem Durchschnitt der Platten von „Malopterurus, mit runden Kernen und einfach brechend, nachgewiesen. „Andererseits finden sich gewaltige Mengen dicker markhaltiger Nerven„fasern mit reichen büschelförmigen Verzweigungen. Den Zusammen„hang der (etwaigen) beiden Elemente aufzuklären gelingt aber nicht „in befriedigender Weise."

Fig. 34.

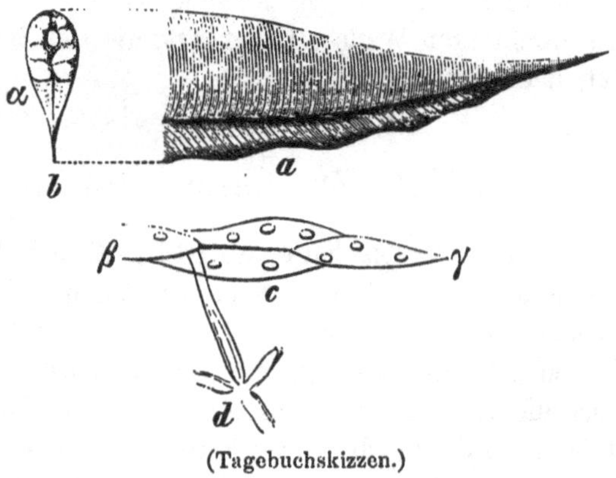

(Tagebuchskizzen.)

Fig. *c* stellt die „Formelemente" vor, Fig. *d* die Nervenbüschel. Es ist aus der getreu copirten Skizze nicht zu entnehmen, ob die Nervenverzweigung in Bezug auf die Formelemente *in situ* dargestellt ist, oder ob die beiden Zeichnungen nur unabsichtlich in einander gelaufen sind. Auch ist nicht klar, wie man sich die Figur im Fisch orientirt zu denken habe. Nach der Zeichnung sollte man meinen, dass die Längsaxe $\beta\gamma$ der Formelemente parallel der Axe des Fisches liege, da sie dann Homologa von Zitteraal-Säulen mit verschmelzenden Längsscheidewänden wären. Nach dem Vergleich mit Zitterwels-Platten müsste die Längsaxe dagegen senkrecht auf der Axe des Fisches stehen. In seinen Briefen fügt Dr. Sachs der Erwähnung dieser Beobachtungen die Bemerkung hinzu: „Es ist abzuwarten, ob die erhaltenen Bilder durch die Unter-„suchung am gehärteten Thierchen bestätigt werden können.“ Dies ist einer der Fälle, wo nur er selber seine Aufzeichnungen sicher deuten konnte.

Auch einen Stachelrochen, Trygon Hystrix Müll. Henle, hat Dr. Sachs in San Fernando auf ein pseudoëlektrisches Organ untersucht, und sich von der Abwesenheit eines solchen überzeugt, was bei der furchtbaren Waffe anderer Art, die sich bei diesem Thier ausgebildet hat, kaum Wunder nimmt.[1]

§ VIII. Zur Chemie des Zitteraal-Organs.

Max Schultze hatte das frische Zitterrochen-Organ sauer reagirend gefunden, während ich selber am frischen Zitterwels-Organ amphotere Reaction wie am lebenden Muskel nachwies. Erst später, etwa vom dritten Tag an, sah ich das Organ sich säuern. Da meine Versuche über die Reaction der Muskeln Schultze zur Zeit seiner Beobachtung unbekannt waren, durfte vermuthet werden, dass er nicht alle Rücksichten genommen habe, auf welche erst meine Ergebnisse hinwiesen. Besonders nahe lag der Verdacht, dass das Zitterrochen-Organ sich wie die Muskeln durch Anstrengung säure, und dass Schultze's Thiere vor dem Tode viel geschlagen hätten.

Gleiches Verhalten der elektrischen Organe und der Muskeln in dieser Beziehung war um so wahrscheinlicher, als ich gezeigt hatte, dass das Zitterwels-Organ gleich dem Muskel auch durch die Temperatur von 40—50° sauer wird. Freilich fand ich zugleich, dass das Organ durch plötzlich einwirkende Siedehitze nicht, wie der Muskel, alkalisch, sondern ebenfalls sauer wird. Doch erklärte sich dieser Unterschied leicht unter der Voraussetzung, dass das Organ schon durch kürzeren Aufenthalt in den „säuernden Temperaturen“ sauer wird, als der Muskel.

[1] Llanos, S. 146.

Armand Moreau fand nun zwar seitdem das Zitterrochen-Organ neutral, und Boll, der mit der amphoteren Reaction der Muskeln wohl vertraut war, fand es alkalisch, so dass in Betreff der Reaction des frischen ruhenden Organs Max Schultze jedenfalls sich geirrt hatte. Erst nach 6—10 Stunden sah Boll das Zitterrochen-Organ sich säuern. Dagegen wird es nach ihm nicht, wie die Muskeln, durch Anstrengung sauer. In diesem unbefriedigenden Zustand befand sich, bis zu Dr. Sachs, die Untersuchung über die Reaction der elektrischen Organe.[1]

Dr. Sachs fand die Reaction des frischen Zitteraal-Organs in der Regel deutlich alkalisch. In anderen Fällen war sie neutral, nur stellenweise alkalisch. Auf amphotere Reaction ward, wie es scheint, nicht geachtet.

Eine der Luft ausgesetzte Fläche nimmt bald intensiv saure Reaction an. Lässt man das Organ unversehrt oder in grösseren Stücken liegen, so tritt im Inneren die Säuerung langsamer ein, so dass noch nach mehreren Stunden, z. B. Mittags, nachdem das Thier früh getödtet wurde, alkalische Reaction gefunden wird. Aus dem gesäuerten Organ lässt sich eine klare Flüssigkeit pressen, welche die Schnittfläche spiegeln macht; diese Flüssigkeit reagirt sauer. Am zweiten Tage wird das Organ durchweg intensiv sauer und elektrisch wirkungslos gefunden. Durch Berührung mit dem nicht ganz frischen Organ angefeuchtetes blaues Lakmuspapier röthet sich zuweilen nachträglich schnell an der Luft, und ebenso gebläutes rothes Papier nimmt die ursprüngliche Farbe wieder an.

Soweit stimmen Dr. Sachs' Ermittelungen am Zitteraal im Wesentlichen mit den meinigen am Zitterwels und mit denen Boll's am Zitterrochen. Ueber den Einfluss erhöhter Temperatur auf die Reaction hat Dr. Sachs nichts notirt. Die Natur der Säure, welche sich im absterbenden Zitterfisch-Organ bildet, ist unbekannt; es ist nur durch mich beim Zitterwels festgestellt, dass sie durch Siedehitze nicht verflüchtigt wird, durch Schultze und Hrn. Heintz beim Zitterrochen höchst wahrscheinlich gemacht, dass es Milchsäure (Fleischmilchsäure?) sei.[2]

Sehr erwünscht ist nun aber, dass Dr. Sachs die Säuerung des Zitteraal-Organs durch Anstrengung ziemlich sicher beobachtet hat. Das Nähere hiervon findet besser weiter unten (§ XXXV. 3) Platz, wo von Ermüdungserscheinungen des Organs zusammenhängend gehandelt wird: da die von Dr. Sachs gebrauchte Versuchsweise hier noch nicht verständlich wäre.

---

[1] Vergl. Ges. Abh. Bd. II. S. 646. 647, wo sich die Literatur findet. — Dass die Zitterrochen stets mit ermüdetem Organ von den Fischern abgeliefert werden, bestätigt Hr. Marey in: Physiologie expérimentale. Travaux du Laboratoire de M. Marey. III. Année 1877. Paris 1877. p. 53.

[2] A. a. O. 2. Abth. S. 31. 35.

MAX SCHULTZE hat die eiweissartige Natur der elektrischen Platten beim Zitteraal und Zitterrochen durch das Eintreffen aller damals bekannten wichtigen Reactionen der Eiweisskörper der Gewissheit nahe gebracht.[1] In dieser Richtung hat Dr. SACHS dem durch MATTEUCCI,[2] SCHLOSSBERGER,[3] PAYEN,[4] vorzüglich aber durch SCHULTZE und Hrn. HEINTZ[5] Bekannten kaum Etwas hinzugefügt.

Das Verhalten des Organs beim Kochen wurde schon S. 44. 45 erwähnt. Das Organ trübte sich stark durch verdünnte Essigsäure, färbte sich mit Salpetersäure nach einigen Stunden schön gelb, mit Zucker und Schwefelsäure gelbbraun, wobei vielleicht, wegen zu hoher Temperatur, statt der PETTENKOFER'schen Reaction, welche SCHULTZE beim Zitterrochen erhielt, Caramel entstanden war. Auch SCHLOSSBERGER erhielt nur eine braunröthliche Reaction, statt des von SCHULTZE beobachteten „lebhaften Rosenroths", „lebhaften Roths". Concentrirte Chlorwasserstoffsäure erzeugte eine gelbliche Lösung, welche durch Blutlaugensalz nicht gefällt wurde; SCHULTZE erhielt einen Niederschlag.[6]

Nach meinen Erfahrungen giebt es Fische, wie der Barsch (Perca fluviatilis), deren frisch alkalisch reagirendes Fleisch weder durch Liegen an der Luft, noch durch Wasser von 45° sauer wird; höchstens kommt es zu amphoterer Reaction.[7] Mit Rücksicht hierauf sei bemerkt, dass nach Dr. SACHS die rothen Muskeln vom Rücken des Zitteraales frisch neutral oder schwach alkalisch reagiren und sich rasch säuern.

Bei den hier vorkommenden Zeitangaben darf man nicht übersehen, dass die Versuche bei Temperaturen angestellt wurden, deren Mittel mindestens immer schon unseren höchsten Sommertemperaturen gleichkam (s. unten S. 76. 77).

---

[1] A. a. O. 1. Abth. S. 23. 24. — 2. Abth. S. 20. 21. 22. 27 ff.

[2] Essai sur les Phénomènes électriques des Animaux. Paris 1840. p. 72.

[3] Die Chemie der Gewebe des gesammten Thierreichs. Leipzig und Heidelberg 1856. S. 132.

[4] Bei JOBERT (DE LAMBALLE), Des Appareils électriques etc. Paris 1852. p. 72.

[5] A. a. O.

[6] Ganz neuerlich verglich Hr. KRUKENBERG die in den wässrigen Extracten der Muskeln und der elektrischen Organe des Zitterrochen bei steigenden Temperaturen auftretenden Gerinnungen (Sonderabdruck aus den Untersuchungen des physiologischen Instituts der Universität Heidelberg. Bd. III. Heft 3/4. S. 16. Anm.). Das Muskelextract zeigte drei Gerinnungen, bei 40—45°, bei 56° und bei 68—70°. Das Organextract zeigte nur die beiden ersten Gerinnungen, die dritte blieb fast ganz aus. Vielleicht hängt es damit zusammen, dass das Organ durch plötzliche Siedehitze nicht alkalische Reaction annimmt, wie der Muskel, sondern sich säuert (s. oben S. 70).

[7] Ges. Abh. Bd. II. S. 23.

ZWEITER ABSCHNITT.

NATURGESCHICHTLICHES
UND
PHYSIOLOGISCHES
ÜBERHAUPT.

§ IX. Vorkommen des Zitteraales.

1. Geographische Verbreitung.

Der Zitteraal, *Temblador* der Spanischen Creolen, bewohnt bekanntlich die süssen Gewässer des tropischen Südamerika's östlich von der Cordillere. Er ist also nicht so verbreitet in Südamerika, wie in Afrika der Zitterwels, der im Zambeze heimisch ist wie im Nil und Senegal. Doch liegt in dieser Beschränkung nichts dem Zitteraal Eigenthümliches. Die Cordillere scheidet überhaupt zwei Faunen.

Uebrigens ist der Verbreitungsbezirk des Zitteraales noch nicht so genau festgestellt, wie zu wünschen wäre. Sicher lebt er überall im Stromnetz des Orinoco, Cassiquiare, Rio Negro und Amazonas, und in dessen zahllosen Zuflüssen, sowie in vielen von den Strömen, welche zwischen Orinoco und Amazonas in den Ocean sich ergiessen, insbesondere dem Rio Essequibo,[1] Demerara,[2] Berbice[3] und Surinam.[4] Nordwestlich bildet die Küstencordillere von Carácas die Wohngrenze des Zitteraales. Im Magdalenenstrom, in welchem HUMBOLDT seinen Gymnotus aequilabiatus entdeckte (s. oben S. 20. 21), ist nach ihm der G. electricus unbekannt,[5] und nach anderen Nachrichten fehlt er in den Flüssen bei Puerto Cabello.[6] Dagegen hält HUMBOLDT das Vorkommen des

[1] s'GRAVESANDE, Verhandelingen uitgegeeven door de Hollandse Maatschappy der Weetenschappen, te Haarlem 1755. D. II. p. 372 (Brief an ALLAMAND — s. oben S. 3); — VAN DER LOTT, ibid. 1762. D. VI. St. II. Berichten p. 87.

[2] BANCROFT, Naturgeschichte von Guiana u. s. w. Aus dem Englischen. Frankfurt und Leipzig 1769. S. 116.

[3] VAN BERKEL, Reise nach Rio de Berbice in: Sammlung seltener und merkwürdiger Reisegeschichten. 1. Th. Memmingen 1789. S. 220. [Nicht von mir selber eingesehen.]

[4] PHIL. FERMIN's ausführliche historisch-physikalische Beschreibung der Kolonie Surinam . . . Aus dem Französischen . . . Berlin 1775. Bd. II. S. 241; — ALEX. GARDEN, Philosophical Transactions etc. 1775. Vol. LXV. P. I. p. 102; — JOHN SAMO, The Transactions and Proceedings of the London Electrical Society, from 1837 to 1840. London 1841. 4°. p. 163.

[5] Recueil etc. L. c. p. 46. 58.

[6] Vergl. LETHEBY in den Proceedings of the London Electrical Society. August 18th, 1842. (Nicht von mir selber eingesehen.)

Zitteraales im Guarapiche, einem kleineren Strome, der sich in den Golfo de Paria ergiesst, im Rio Colorado und im Rio Areo, Zuflüssen des Guarapiche, für gewiss.[1] Doch hat er ihn nicht selber beobachtet, und da nach seiner Angabe der Zitterroche des Cariben-Meeres (Narcine brasiliensis v. Olf.) in den Manzanares bei Cumaná emporsteigt, wo er ihm als Temblador gebracht wurde, so könnte die Aussage der Eingeborenen über Tembladores im Guarapiche sich auch auf Rochen beziehen. Westlich geht der Zitteraal nach Humboldt im Marañon bis zum Pongo de Manseriche,[2] einem stundenlangen felsigen Engpass voll Stromschnellen, und nähert sich also bis auf etwa 45 geographische Meilen dem Golf von Guayaquil.

Woher die aus Rio Janeiro nach Europa verschifften Zitteraale kamen (s. oben S. 9. 11), ist unbekannt. Hauptsächlich aber fehlt es meines Wissens an Auskunft darüber, ob der Zitteraal auch in den Zuflüssen des La Plata vorkommt, welche zum Theil nah genug dem Aequator entspringen, um hinreichend laues Wasser zu bieten. Der Paraná scheint Gymnotinen zu beherbergen;[3] nach dem Beispiel des Magdalenenstromes folgt daraus nicht, dass auch Zitteraale in ihm leben. Die nördlichen Zuflüsse des La Plata einerseits, die südlichen des Amazonas, die Quellen des in den Pará sich ergiessenden Araguay andererseits könnten einander sehr nahe entspringen, ohne dass daraus Einerleiheit der Faunen folgte: wie Rhein und Donau manche Unterschiede ihrer Faunen aufweisen, obschon nur wenig Stunden Donau- und Neckarquell trennen.

2. Temperatur der Wohngewässer des Zitteraales.

Als Temperatur der Gewässer, worin die Zitteraale zu Hause sind, werden nach Humboldt gewöhnlich 26—27° C. angegeben.[4] Zweifellos

[1] Recueil etc. L. c. p. 53. — Relation etc. L. c. p. 174. — Der Rio Colorado soll nach Humboldt wie der Guarapiche in den Bergen von Cocollar entsprungen mit ihm vereint nach Osten strömen (Relation etc. T. I. p. 402). Humboldt's eigene Karte (Carte générale de Colombie, dressée par A. H. Brué d'après . . . Mr. Adre de Humboldt. 1825) zeigt aber nur den Rio Areo als Zufluss des Guarapiche und zwar von Norden her. Hrn. Kiepert's „Karte des nördlichen tropischen America" (Berlin 1858) benennt überhaupt keinen Zufluss des Guarapiche, und der Name Areo kommt darin nur als der einer südwestlich vom Guarapiche, an einem Nebenfluss eines anderen Stromes, des Rio Amada, gelegenen Stadt vor. Humboldt lässt auch den Guarapiche sich in den Golfo triste ergiessen (Relation etc. t. I. p. 405). So heisst auf den heutigen Karten nur der westlich von Puerto Cabello gelegene Golf.

[2] Recueil etc. L. c. p. 59.

[3] Alfred R. Wallace, The Geographical Distribution of Animals with a study of the Relations of living and extinct Faunas etc. London 1876. vol. II. p. 455.

[4] Recueil etc. L. c. p. 59; — Relation etc. L. c. p. 176.

steigt aber in den vom Zitteraal bewohnten Gewässern der Llanos die Temperatur oft viel höher, als sie HUMBOLDT am 19. März 1800, bei 31° der Luft,[1] zufällig fand. Denn in den an Zitteraalen reichen Flüssen Guayana's beträgt die Temperatur 30—33·75°,[2] und bei einer am 5. Mai 1877 an Bord eines Stromfahrzeuges angestellten Messung des in einem Eimer frisch geschöpften Orinocowassers erhielt Dr. SACHS 30·1°, während das Thermometer im Schatten eines weissen Segels 35·5, in der Sonne 38·0 zeigte.[3]

In Dr. SACHS' Fischbehälter (der Canoa, s. unten § XII) herrschte am 21. December — andere Aufzeichnungen finde ich nicht — eine Temperatur von 25·2.

HUMBOLDT ist der Meinung, die Zitteraale seien in der Gefangenschaft oft an der zu niedrigen Temperatur zu Grunde gegangen, in der man sie hielt,[4] und DELLE CHIAIE schreibt den Tod des im Königlichen Schlosse zu Neapel gehaltenen Zitteraales (s. oben S. 9. 11) dem im Februar eingetretenen Schneewetter zu, wobei die Luft im Zimmer auf 15·3°, das Wasser im Troge auf 20·9° sank.[5] Ich halte dies für übertrieben, wenigstens machte ich an den Zitterwelsen vom Old-Calabar-Strome scheinbar die entgegengesetzte Erfahrung. GOODSIR hatte mir gesagt, dass 70° FAHR. = 21·1° C. die passende Temperatur für die Fische sei. Ich entdeckte aber zufällig, dass sie ohne bemerkbaren Nachtheil eine Temperatur von nur 15° ertrugen, ja dass einer von ihnen beharrlich gerade die Stelle im Troge aufsuchte, wo nur 11° warmes Brunnenwasser zufloss. Ich habe anderswo ausgeführt, dass mir dies auf einem richtigen Instinct der Fische zu beruhen scheine. Fastende wechselwarme Thiere können nichts Besseres thun, als zur Schonung ihres Vorraths an Brennmaterial ihre Temperatur herabsetzen: was homöotherme Thiere ohne Lebensgefahr vergleichsweise nur in engen Grenzen vermögen.[6]

3. Calabozo in den Llanos von Carácas, beste bekannte Zitteraal-Station.

Nach HUMBOLDT's Urtheil giebt es wenig Süsswasserfische, die so zahlreich sind, wie der Zitteraal. Man reist nicht im tropischen Südamerika, beispielsweise in Guayana, ohne fortwährend, oft in gar nicht angenehmer Form, auf ihn zu stossen. Mit Cayman, Stachelroche und

---

[1] Recueil etc. L. c. p. 73.

[2] LE ROY in ROZIER's Observations sur la Physique, sur l'Histoire naturelle etc. t. VIII. Paris 1776. 4°. p. 333.

[3] Llanos, S. 324. [4] Recueil etc. L. c. p. 59. [5] L. c. p. 92.

[6] Ges. Abh. Bd. II. S. 605. 606.

Caribenfisch ist er die Geissel der dortigen Gewässer; er vorzüglich verbietet in Guayana das ersehnte Baden.[1]

In den grossen Strömen, dem Orinoco, dem Amazonas und deren mächtigen Zuflüssen, ist der Zitteraal indess nicht so auffallend häufig, wie in den *Caños*[2] und Lagunen der sogenannten Llanos. Hier lebt er in einer für einen so grossen Fisch wahrhaft erstaunlichen Menge. Jede Quadrat-Lieue (= 20 Quadratkilometer) dieser unermesslichen Ebenen, sagt Humboldt, enthält mindestens zwei bis drei Teiche, welche von Zitteraalen wimmeln.[3] Die Schwankungen der Wasserläufe und -Becken der Llanos aber in Folge der Dürre des Winters und der Niederschläge

---

[1] J. J. Hartsinks Beschreibung von Guiana oder der wilden Küste von Südamerika. Aus dem Holländischen von Fabri. Berlin 1784. 1. Th. S. 144. — Appun, Unter den Tropen u. s. w. Jena 1871. Bd. II. Britisch Guyana. S. 146. 147. 534.

[2] Caño bedeutet im Spanischen ursprünglich Röhre, wohl vom Lateinischen canna, und dem Worte *caña*, Schilf, Rohr, verwandt; in abgeleitetem Sinne Leitungsröhre, Rinne, Rinnsal, Wasserlauf. „Der Begriff Caño," schreibt Dr. Sachs, „ist „in Venezuela ein ziemlich vager, da man ebenso den unbedeutendsten Bach wie „z. B. die gewaltigen Arme des Orinoco-Delta mit dieser Bezeichnung belegt. Auch „Verbindungsarme zwischen benachbarten Flüssen werden als Caños bezeichnet." (Llanos, S. 76. Anm.; S. 307. 348. 349. 353). Appun sagt von den Caños der Llanos, die im Folgenden eine grosse Rolle spielen: „Caños nennen die Llaneros sowohl die „kleinen Nebenflüsse anderer grösserer Nebenflüsse, als auch die natürlichen vielfach „sich verzweigenden, durch die Gewalt des Wassers, zur Zeit der Ueberschwemmun- „gen in den Llanos, nach und nach gebildeten, oft sehr tiefen und breiten Gräben, „welche einen Fluss mit dem andern verbinden, die Llanos netzartig durchziehen und „für die in diesen ungeheuren Ebenen Wohnenden eine grosse Wohlthat sind. Zur „Regenzeit mit Wasser überfüllt und mit ihrem Ueberflusse die Savane weithin über- „schwemmend, bergen sie in der trockenen Zeit meist nur einzelne grössere Lachen „eines lehmigen, schlechten Wassers, selten dass ihr Bett in seiner ganzen Aus- „dehnung einige Fuss hoch mit demselben angefüllt ist." (Unter den Tropen u. s. w. Bd. I. S. 303). Von diesem theilweisen Austrocknen der Caños wird sogleich im Texte noch weiter die Rede sein. — In Californien, Colorado u. s. w. ist die gesteigerte Form *Cañon* üblich und bedeutet ein Seitenthal der Sierra, eine Gebirgsschlucht.

[3] Recueil etc. L. c. p. 58; — s. auch Atlas géographique et physique pour accompagner la Relation historique du Voyage de MM. de Humboldt et Bonpland. 18. Carte de la partie orientale de la Province de Varinas comprise entre l'Orénoque, l'Apure et le Rio Meta etc. „Les mares nombreuses qu'offre cette contrée, sont remplies de Gymnotes électriques qui tuent souvent les Chevaux et les Mulets." — Appun sagt a. a. O. in Bezug auf die Häufigkeit des Zitteraales das Gegentheil von dem im Text Angegebenen, dass nämlich die Zitteraale in den Gewässern der Llanos seltener vorkommen, und darin nicht so gross werden, wie im Orinoco und den Flüssen Guayana's (A. a. O. S. 304). Doch las ich nirgend von Anhäufungen von Zitteraalen im Orinoco oder sonstwo, wie sie Dr. Sachs in den Caños des Rio Orituco beschreibt. Wohl aber mag es richtig sein, dass die grössten Zitteraale in den grossen Strömen leben. Aehnliches gilt von unseren Flussfischen.

des Sommers machen, dass die Zitteraale, auch bei im Allgemeinen sich gleichbleibender Häufigkeit, doch vielfach ihren Standort wechseln.

Die Lagune des Caño de Bera, an deren Ufer Humboldt und Bonpland experimentirten (s. das Kärtchen, Fig. 35), fand Dr. Sachs ausgetrocknet, und seit dem Gedenken der jetzigen Anwohner des Caño hatte kein Zitteraal darin sich blicken lassen.[1] Ebensowenig ergiebig an

Fig. 35.

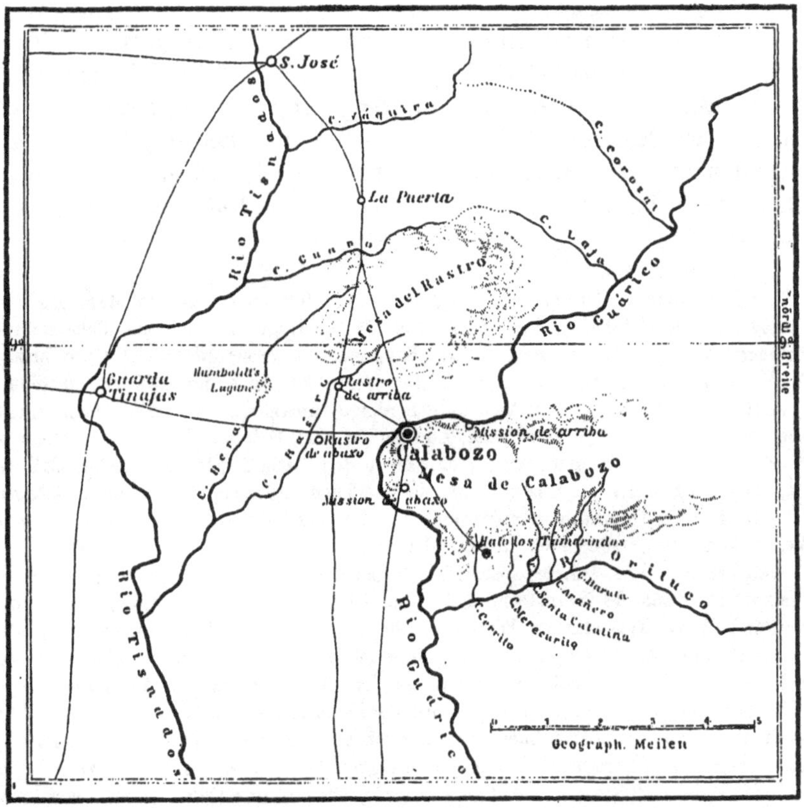

Zitteraalen waren andere Gewässer derselben Gegend, in denen man nach Humboldt's Beschreibung darauf rechnen durfte, so dass es anfangs fast so aussah, als sei mein Reiseplan verfehlt gewesen. Allein es ergab sich, dass die kleinen Zuflüsse zum Rio Orituco,[2] der schon zu Humboldt's Zeit wegen seiner Zitteraale verrufen war, noch heute von diesen Thieren

[1] Llanos, S. 203.

[2] Humboldt und Dr. Sachs schreiben Orituc*u*. Die neuere spanische Schreibung ist indess die auch auf den Karten Fig. 35. 36 befolgte, Orituc*o*. Dasselbe gilt für Dr. Sachs' Caño Merecurit*u*.

buchstäblich wimmeln, und der weitere Erfolg hat gelehrt, dass, um Dr. SACHS' Arbeit fortzusetzen, ein Forscher doch nichts Besseres thun könnte, als HUMBOLDT's und seinen Spuren nach Calabozo zu folgen, welches bestimmt scheint, in der Elektrophysiologie ein classischer Name zu werden, wie La Rochelle oder Viareggio. Das umstehende, Dr. SACHS' Reisebeschreibung[1] entlehnte Kärtchen der Umgegend von Calabozo (Fig. 35) wird nützlich sein, um sich von seinem Arbeitsfeld eine klare Vorstellung zu machen.[2]

Calabozo liegt nach HUMBOLDT's von JABBO OLTMANNS reducirten Beobachtungen[3] unter 8° 56′ 8½″ N. Br., 70° 10′ 40″·5 W. von Paris[3] und in etwa 150 m Meereshöhe.[4] Die Temperatur ist demgemäss hoch. In den kühlsten Monaten, für welche December und Januar gelten, betrug das Minimum der Tagestemperatur, kurz vor Sonnenaufgang, anfangs 22·5—23·5° C., und wurde schon dermaassen als Kälte empfunden, dass

---

[1] Llanos, S. 202.

[2] Zur weiteren Orientirung des Lesers füge ich zu Dr. SACHS' Kärtchen der Umgegend von Calabozo, das unsere Fig. 35 wiedergiebt, noch ein Uebersichtskärtchen (Fig. 36) hinzu, welches Hr. KIEPERT die ausserordentliche Güte hatte, für diesen Zweck zeichnen zu lassen. Hier sieht man, wie der Guárico, nachdem er unterhalb Calabozo den Orituco aufgenommen, unterhalb San Fernando in einen Arm des Apure, den Apurito, der Apurito in den Orinoco fliesst, an welchem dann für uns nur noch das viel tiefer und weiter östlich gelegene Ciudad Bolivar (das alte Angostura, sogenannt von der dortigen Stromenge) von unmittelbarer Bedeutung ist. Oberhalb der Verbindung mit dem Guárico fliesst in den von West nach Ost strömenden Apure der von Nordwest kommende Portugueza, in welchen der dem Guárico parallele Tisnados sich ergiesst, der unter anderen HUMBOLDT's Caño de Bera, von der Mesa del Rastro herabkommend, aufnimmt. Während der Guárico sich im Winter in Charcos und Playas theilt (s. unten S. 83), ist der Portugueza stets schiffbar, und deshalb von Camaguan offene Wasserstrasse nach Europa. Daher suchte Dr. SACHS die für Berlin bestimmten Zitteraale zuerst nach Camaguan zu schaffen, wobei er mit dem Maulthierkarren den punktirten Weg durch die Steppe, zunächst über das Guáricobett, einschlug. HUMBOLDT und BONPLAND zogen 77 Jahre früher, um dieselbe Zeit des Jahres, desselben Weges von Calabozo durch die Steppe nach San Fernando, jedoch ohne Camaguan zu berühren (Relation historique etc. L. c. p. 190 et suiv.). HUMBOLDT schildert lebhaft die Beschwerden dieser Reise, welche auch Dr. SACHS' jugendliche Spannkraft auf das Höchste anstrengte und seinen Fischen verderblich ward (Reisebriefe a. a. O. S. 90; — Llanos, S. 238; — s. unten § XV).

[3] Recueil d'Observations astronomiques, d'Opérations trigonométriques etc. Paris 1810. 4°. vol. I. p. 212.

[4] D. h. ungefähr 470 Rh. Fuss nach den combinirten Barometerbeobachtungen von Dr. SACHS in Calabozo und Dr. BERGHOLZ in Puerto Cabello. HUMBOLDT hatte 53 Toisen (104·9 m) angegeben (Recueil d'Observations astronomiques etc. Ibidem et p. 298; — vergl. Relation etc. L. c. p. 190. Note 2, wo ein an der zuletzt angeführten Stelle begangener Irrthum berichtigt ist).

man, in der Hängematte schlafend, vom Frostgefühl erwachte;[1] später im Jahre hob sich das Minimum auf etwa 25°. Das Maximum pflegte gegen 1 bis 2 Uhr Nachmittags einzutreten und betrug im Mittel 34—35°; nur einmal erreichte es 37·0° im Schatten, 44·6° in der Sonne (natürlich mit ungeschwärzter Kugel).[2] Humboldt, der im März in Calabozo war (s. oben S. 77), giebt als Tagestemperatur 33—34, als Nachttemperatur 30—31° an.[3] Diese hohe Temperatur wird aber

Fig. 36.

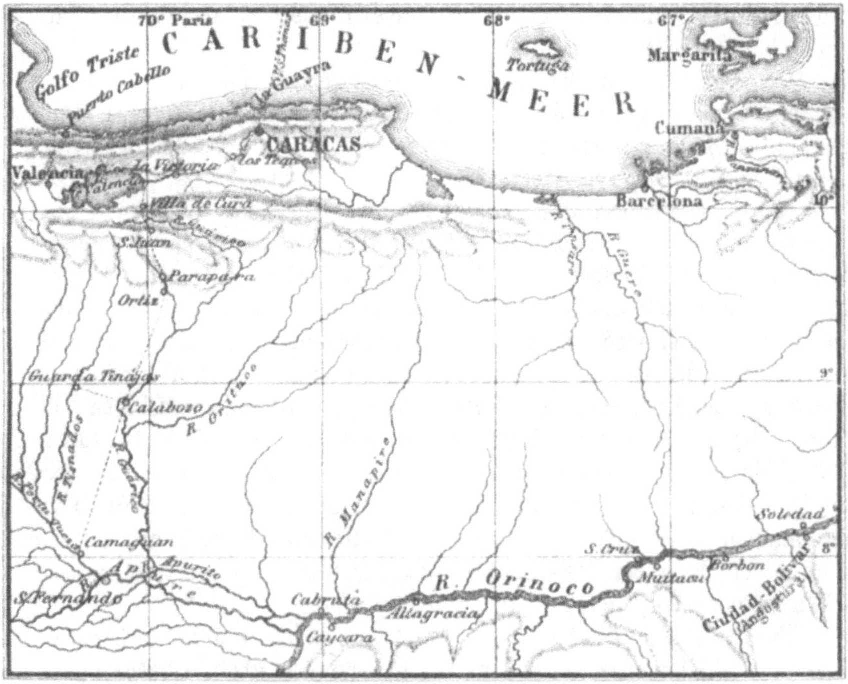

1 : 5 000 000.

in den Wintermonaten durch die von Dr. Sachs beobachtete ausserordentliche Trockenheit der Luft,[4] und den von Sonnenaufgang bis Mittag stetig und heftig wehenden Nordost-Passat[5] erträglich gemacht, daher Dr. Sachs erheblich niedrigere Temperaturen in Ciudad Bolivar am Orinoco, nach begonnener Regenzeit, viel lästiger empfand.[6]

---

[1] Llanos, S. 101. [2] Llanos, S. 173. 357. 358.

[3] Recueil d'Observations astronomiques etc. Ibidem, p. 299.

[4] Llanos, S. 173. 212. 362.

[5] Llanos, S. 161. [6] Llanos, S. 332.

Nimmt man dazu die gesunde Lage des Ortes 13—16 m über dem Guárico-Flusse,[1] die fast völlige Freiheit von tropischen Insectenplagen,[2] die wohlthätige Nähe von Bädern ohne Cayman, Caribenfisch, Stachelrochen und Zitteraal,[3] die leichte Zugänglichkeit Calabozo's vom Caribenmeer aus, die mässige Entfernung der Hauptstadt, endlich den nicht geringen Grad von Wohlstand und Bildung, und die daraus entspringende aufgeklärte Denkweise der gastfreundlichen Calaboceños, so ist wohl kein Zweifel, dass für Calabozo das Product aus der Leichtigkeit, sich Zitteraale zu verschaffen, in die übrigen Vortheile, welche man von solchem Aufenthalte verlangen kann, grösser ausfällt, als für jeden anderen bekannten Ort.

Dr. Sachs rühmt die ganz auf europäischem Fuss eingerichteten Apotheken der Stadt,[4] welche einem Naturforscher unschätzbare Hülfe gewähren können; während, wie wir in § XIX sehen werden, die Umgegend in einer grossen Krötenart reichlichen Ersatz für das unentbehrliche Versuchsthier des Physiologen, unseren Wasserfrosch, bietet.

Die politischen Zeitläufte lasse ich hier natürlich ausser Acht. Dr. Sachs hat gerade eine Periode von Ruhe und Sicherheit getroffen, wie sie in den Vereinigten Staaten von Venezuela leider selten und meist nur von kurzer Dauer sind. Er schildert sehr anschaulich, wie beim Ausbruch eines Aufstandes der reisende Naturforscher zwar vor den streitenden Parteien ziemlich sicher sein, aber abgesehen von den zufälligen Gefahren, die in einem der Kriegsfurie preisgegebenen halbcivilisirten Lande Jedem drohen, in seiner Thätigkeit dadurch gelähmt werden würde, dass bei Annäherung von Truppen alle waffenfähigen Männer eines Ortes davonlaufen oder sich verbergen, um nicht zum Dienste gepresst zu werden; da dann der Reisende für Jagd, Fischfang u. d. m. sich auf sich selber angewiesen sähe.[5]

Nur in Einem Punkte stände Calabozo den an schiffbaren Strömen gelegenen Städten, wie Bolivar, nach: in der Leichtigkeit, lebende Zitteraale nach Europa zu bringen. Da nämlich diese Thiere Landreisen schlecht vertragen, ist es wichtig, sie womöglich am Ort des Fanges nach Europa einschiffen zu können (vergl. unten § XV). Wie ich schon anderswo sagte und unten wieder ausführen werde, lege ich auf Ueberführung lebender Zitteraale nach Europa vergleichsweise geringes Gewicht.

---

[1] Llanos, S. 116. — Humboldt giebt 40′ an. Recueil d'Observations astronomiques etc. Ibidem. Dazu passt nicht, dass er (noch in der dritten letzten Ausgabe der „Ansichten der Natur" (Stuttgart und Tübingen 1849), Bd. I. S. 48 die Höhe der Llanos bei Calabozo zu kaum 30 Toisen bestimmt.

[2] Llanos, S. 173. [3] Llanos, S. 127. 236.

[4] Llanos, S. 122. [5] Llanos, S. 130.

Jedenfalls ist diese Ueberführung eine Aufgabe für sich, und dass Calabozo nicht auch dafür der geeignetste Platz ist, kann mich in meiner Meinung von dieser Stadt als der besten bisher aufgefundenen Zitteraal-Station nicht irren.

Auch in Guayana scheint der Zitteraal in Fülle vorzukommen, allein das berüchtigte Klima dieses Theiles von Südamerika dürfte ihn wenig zur Zitteraal-Station empfehlen. Dagegen wäre möglich, dass in Brasilien, dessen Culturzustand und Klima auch grosse Vorzüge bieten würden, sich ein noch besserer Platz als Calabozo fände.

4. Einfluss verschiedener Umstände auf das Vorkommen des Zitteraales.

Bei einem auf Erforschung des Zitteraales gerichteten Reiseunternehmen spielt natürlich die Jahreszeit eine Hauptrolle, und zwar ganz abgesehen von Gesundheit und Behaglichkeit des Reisenden. Während der in den Llanos von Venezuela von April bis October dauernden Regenzeit, welche dort, obschon nördlich von der Linie, *Invierno* heisst,[1] sind die Flüsse geschwellt, die Ebenen weithin überschwemmt, der Fischfang sehr erschwert, ja unmöglich. Dr. Sachs' erste Bemühungen, Zitteraale

Fig. 37.

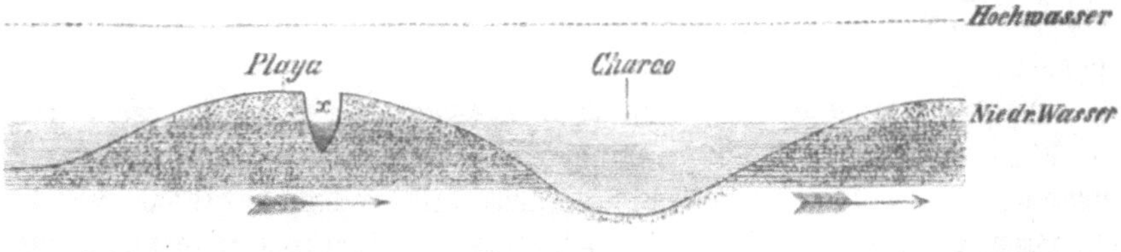

zu erlangen, scheiterten wesentlich daran, dass sogar Ende November die Caños noch zu wasserreich waren.[2] Die in den Llanos für den Fischfang günstigsten Monate sind Februar und März; dann hören in Folge der langen Dürre die Caños und zuletzt auch die kleineren Flüsse, wie der Guárico, zu strömen auf, und hinterlassen eine Reihe völlig getrennter, stagnirender Wasserstrecken, in welchen zahllose Fische den Llaneros zu leichter Beute sich zusammendrängen.[3]

[1] Llanos, S. 115. [2] Llanos, S. 134.

[3] Llanos, S. 134. 213. 222. — Ganz ähnlichen Drangsalen ist die Fischwelt natürlich auch in anderen tropischen Ländern ausgesetzt, wo sündfluthartige Regengüsse mit langer Dürre sich in das Jahr theilen. Vergl. beispielsweise Sir James Emerson Tennent, Sketches of the Natural History of Ceylon etc. London 1861. p. 335 sqq.

Diese Wasserstrecken heissen *Charcos*, die sie trennenden trockenen Strecken des Flussbettes *Playas* (s. Fig. 37[1]), das Sichtheilen eines Wasserlaufes in Charcos und Playas heisst *Partirse.* Die Unterbrechung ist nach Dr. SACHS nur scheinbar; ein in der Playa gegrabenes Loch (*x* in der Figur) füllt sich sofort mit Wasser bis zur Höhe der angrenzenden Charcos. Das auch in diese hineinsickernde Wasser schützt sie länger als sonst möglich wäre vor völligem Austrocknen.[2]

Zitteraale in einem Charco bleiben bald fast allein übrig, weil das meiste Lebendige ihren Schlägen erliegt. Am 19. Februar 1877 liess Dr. SACHS einen etwa tausend Schritt langen, durchschnittlich etwa fünfzehn Schritt breiten Charco des Caño de Santa Catalina ausfischen. Man fing vierzig bis fünfzig grössere Zitteraale, darunter zwanzig von über vier Fuss Länge; unzählige kleinere entschlüpften durch die Maschen des Sperrnetzes (s. unten § X. 3). Von anderen Thieren fanden sich nur zahlreiche Schildkröten, aber fast gar kein Fisch, namentlich nicht ein einziger Caribe, obschon diese sonst in dem Caño sehr häufig sind.

Es ist die Frage, und wäre an hiesigen Schildkröten zu versuchen, ob nicht den Schildkröten ihr Hautskelet und Schildpattüberzug relative Immunität gegen elektrische Schläge verleihen. Doch sah HUMBOLDT eine kleine Schildkröte, welche zu einem Zitteraal in den Trog gethan wurde, durch einen Schlag verscheucht werden und fortan dessen Nähe meiden.[3] Wie grössere Saurier sich gegen den Schlag verhalten, ist auch unbekannt. Junge Krokodile, mit Zitteraalen in demselben Netze gefangen, werden, wie die Indianer HUMBOLDT erzählten, sogleich gelähmt und unschädlich gemacht.[4]

Natürlich müssen die Zitteraale, nachdem sie Alles um sich her erschlugen, bis zur Regenzeit hungern. Gegen ihresgleichen, wenn sie einander verspeisen wollten, hilft ihnen ihre elektrische Waffe nichts (s. unten § XXXVI). Nach Versicherung der Llaneros überstehen sie diese Fastenzeit gut; wie denn auch sonst Zeugnisse über ihr Vermögen, in der Gefangenschaft den Hunger zu ertragen, vorliegen, und Dr. SACHS selber sie lange scheinbar ungefährdet ohne Nahrung ausdauern sah (s. unten § XIV).

Meist verlassen die Zitteraale mit richtigem Instinct bei Zeiten Stellen, welche später gänzlich austrocknen, und gehen stromabwärts.[5] Doch werden sie auch nicht selten an solchen Stellen abgesperrt und erliegen der Trockniss. Denn sie theilen nicht das unseren gemeinen

---

[1] Fig. 37 ist den Llanos, S. 213, entlehnt.
[2] Llanos, S. 115. 116. 212. 213.
[3] Recueil etc. p. 69. 70; — Relation etc. p. 181.
[4] L. c. p. 68. [5] Llanos, S. 191.

Aalen nachgerühmte Vermögen, einige Zeit im Trocknen auszuhalten, ja Wanderungen über Land anzutreten (s. unten § XI).

Noch andere Umstände beeinflussen die Zitteraal-Fischerei in den Llanos. Auch in jenen den Orituco speisenden Caños, dem Caño el Baruta, de Santa Catalina, Merecurito, welche im Winter Zitteraale in unerschöpflicher Fülle für alle Forscherzwecke beherbergen, waren die Thiere nicht jeden Tag bei der Hand. Sonst von ihnen bevorzugte Stellen, wie die Mündung (*Boca*) der Caños, wo sie den aus dem Bach in den Fluss wechselnden Fischchen (*Sardinitas*) auflauern,[1] waren andere Male von ihnen verlassen, und die Thiere fanden sich dann zu mehreren Hunderten an Einem Punkt höher oben beisammen. So traf es sich bei Dr. Sachs' Fischzug im Caño el Baruta am 2. und 3. Januar 1877. Seltsamerweise ergaben sich die so angehäuften Thiere, soviel ihrer gefangen wurden, alle als Männchen, während die am 19. Februar im Charco des Caño de Santa Catalina gefangenen Thiere sämmtlich Weibchen waren. Dr. Sachs vermuthet, dass diese Neigung der Zitteraale, sich unter Umständen in Banden bestimmten Geschlechtes zu vereinigen, in irgend einer Beziehung zum Fortpflanzungsgeschäft steht.[2]

Aus dem Allen erhellt, dass, um sich in Calabozo der Erforschung des Zitteraales zu widmen, die beste Zeit in der That die dem Dr. Sachs von Hrn. Dr. Adolph Ernst in Carácas angerathene von Anfang December bis Ende März, der *Verano* (Sommer) der Venezolaner, ist. Wenn aber die Ueberschwemmung der Savannen den Zitteraal-Fang nicht mehr zulässt, giebt es an den grossen Strömen, dem Apure und Orinoco, allerdings noch Orte und Zeiten, wo die Thiere verhältnissmässig leicht zu haben sind, wenn auch nicht entfernt in solcher Menge wie in den Charcos der Steppe. In San Fernando de Apure sind Zitteraale häufig in den ersten Wochen des April, zu welcher Zeit der Fluss steigt. Doch ist man, wie wir sehen werden, dabei auf eine besondere, wenig zuverlässige Fangart angewiesen, so dass wer darauf hin um die genannte Zeit nach San Fernando ginge, um Zitteraale zu beobachten, leicht in den April geschickt sein könnte. Sicherer scheint man in Ciudad Bolivar am Orinoco im August und September, wo der Strom am höchsten,[3] auf Zitteraale rechnen zu dürfen. An ganz bestimmten Stellen, in kleinen Buchten mit ruhigem Wasser, erblickt man dort alljährlich um diese Zeit die

---

[1] Llanos, S. 145. — Irgendwelche kleine Fische scheinen den Llaneros *Sardinitas* zu heissen (vergl. Llanos, S. 127). Im Schriftspanischen ist *Sardineta* die Sardelle.

[2] Llanos, S. 196; — s. unten § XVI.

[3] Llanos, S. 330.

Fische in Menge. Das ganze übrige Jahr aber sind sie auch in Bolivar sehr selten, und Niemand giebt sich mit ihrem Fange ab.[1]

Die Kürze der Frist, während welcher die Zitteraale an jedem der genannten Orte zu haben sind, bleibt für eine ihnen gewidmete Forschungsreise eine grosse Schwierigkeit. Am längsten ist, wie man sah, diese Frist wieder in Calabozo. Allein auch hier ist kaum darauf zu rechnen, dass man im Lauf von höchstens vier Monaten die dem Histologen und Physiologen am Zitteraale noch entgegenstarrenden Aufgaben abschliessend bewältige. Nur die histologischen Arbeiten könnte man am Apure und Orinoco fortsetzen. An Herumziehen mit dem elektrophysiologischen Laboratorium ist nicht zu denken. Will also der Reisende, der den Winter in Calabozo zubrachte, das Werk nicht halb gethan lassen, so hat er Anfangs April nur die Wahl, entweder drüben zu bleiben und bis November einen besseren Aufenthalt aufzusuchen als die Steppenstadt in der Regenzeit, oder für den Sommer nach Europa zurückzukehren. Da er seinen Apparat in Calabozo zurücklassen und über La Guayra und St. Thomas möglichst geraden Weges reisen würde, so scheint, abgesehen vom Geldpunkt, letztere Alternative als die weitaus klügere. Sie gäbe Gelegenheit, die gewonnenen Ergebnisse zu besprechen, neue Beobachtungs- und Versuchspläne zu entwerfen, und sich mit neuen wissenschaftlichen Hülfsmitteln auszurüsten. Es ist in gewisser Hinsicht zu bedauern, dass nicht schon das Sachs'sche Unternehmen in dieser Weise geleitet wurde. Allein wir haben erst durch Dr. Sachs, und zum Theil gerade durch seine Orinoco-Fahrt, die Einsichten gewonnen, auf welchen obige Rathschläge fussen.

§ X. Fang des Zitteraales.

1. Tembladores und Llaneros.

Die Zitteraale richten arge Verwüstungen im Fischbestand der Llanosgewässer an, indem sie für einen Fisch, den sie als Beute tödten oder den sie von sich abwehren, ihrer soviel umbringen oder wenigstens gefährden, wie sich im Bereich ihrer dichteren Stromcurven befinden.[2] Wegen

---

[1] Llanos, S. 341. — Appun sagt, die Zitteraale seien bei Bolivar besonders häufig, doch konnte er keinen erhalten, da das Volk sich vor ihnen fürchtete, wie vor dem Jaguar. Er scheint aber nicht zu der von Dr. Sachs bezeichneten Jahreszeit dort gewesen zu sein. Unter den Tropen u. s. w. Bd. I. S. 481.

[2] „In den Buchten, in welchen der Zitteraal sich aufhält, wird man wenig oder „gar keine Fische finden.“ J. J. Hartsinks Beschreibung von Guiana u. s. w. Aus dem Holländischen von Fabri. Berlin 1784. I. Th. S. 144.

dieser Verwüstungen nicht minder, als wegen ihrer grauenerweckenden, geheimnissvollen Kraft, werden sie von den Llaneros gefürchtet und gehasst und, wo sich Gelegenheit bietet, getödtet.[1]

Die Zitteraale machen den Schaden, den sie stiften, nicht einmal dadurch gut, dass etwa sie selber eine willkommene Beute wären. Das Organ, welches weit über ein Drittel vom essbaren Theile des Thieres bildet (s. oben S. 17), wird als widrig schmeckend weggeworfen.[2] Das rothe Muskelfleisch des Rückens wird zwar in allen von Dr. SACHS bereisten Gegenden genossen, jedoch bei seinem schon von VAN DER LOTT[3] angemerkten ganz ausserordentlichen Grätenreichthum nicht eben mit Vorliebe.[4] Es kommt auf den Tisch der deutschen Kaufherren in Bolivar.[5] In Guayana essen es aber nur Indianer und Neger,[6] und nach APPUN verschmähen selbst die Eingeborenen des Orinoco-Delta's, die durch ihr angebliches Baumleben bekannten Guaraunos,[7] den Zitteraal als Speise.[8]

Doch schreiben die Llaneros dem Zitteraal eine Eigenschaft zu, welche in ihren Augen seine Missethaten zum Theil sühnen sollte. Unter den über das Thier verbreiteten Fabeln — dass Tabak im Munde gegen den Schlag schütze;[9] dass ein Mann von dem Schlag eine zwei Jahre

[1] Relation etc. L. c. p. 188; — Llanos, S. 196.

[2] Relation etc. L. c. p. 188. 189. — Dasselbe gilt vom elektrischen Organ des Zitterrochen. „Quand la Torpille est morte, nos Pêcheurs ne la craignent plus, ils la mangent comme un autre Poisson; sa chair n'est pourtant pas d'un goût fort agréable, et ils en retirent peu; ils jettent les deux beaux muscles, dont nous avons tant parlé; ils ne contiennent presque qu'une matiere molle d'un goût fade." RÉAUMUR, Histoire (et Mémoires) de l'Académie Royale des Sciences. Année 1714. p. 359. — Vergl. auch WALSH in der Philosophical Transactions etc. For the Year 1774. vol. LXIV. P. II. p. 466: „The electrical organs, which make one half of the animal, are, though wholesome to be eaten, an insipid mucilage." — Wenn bei älteren Schriftstellern öfter ausdrücklich gesagt wird, dass Zitterfische gut zu essen seien, bezieht sich dies darauf, dass man ihnen früher giftige Eigenschaften und Ausdünstungen zur Erklärung ihrer betäubenden Kraft zuschrieb.

[3] Verhandelingen uitgegeeven door de Hollandsche Maatschappye der Weetenschappen, te Haarlem. D. VI. St. II. 1762. Berichten p. 88.

[4] Llanos, S. 155. [5] Llanos, S. 340.

[6] Vergl. s'GRAVESANDE, Verhandelingen ... te Haarlem 1755. D. II. p. 376; — HENRY COLLINS FLAGG, Transactions of the American Philosophical Society, held at Philadelphia etc. Philadelphia 1786. 4°. vol. II. p. 172; — JOHN SAMO, The Transactions and Procedings of the London Electrical Society etc. 1841. p. 189; — RICHARD SCHOMBURGK, Reisen in Britisch-Guiana in den Jahren 1840—1844. Leipzig 1847. Th. I. S. 139; — Th. III. (Versuch einer Fauna und Flora von Britisch-Guiana u. s. w.) Leipzig 1848. S. 639.

[7] Llanos, S. 352. 353.

[8] Unter den Tropen u. s. w. Jena 1871. Bd. I. S. 481.

[9] Llanos, S. 87. 150. — In Guayana gelten auch die Blätter des Caladium arboreum als Schutzmittel gegen den Zitteraal-Schlag (RICH. SCHOMBURGK, Reisen u. s. w.

anhaltende Lähmung davontrug;[1] dass ein vom Zitteraal getroffener Hahn eine Zeit lang auch Schläge ertheilte[2] — findet sich auch die durch ganz Venezuela geglaubte, dass die Wirbelsäule des Zitteraales als Pulver genommen die Geburt befördert. Dr. Sachs sah selber zu diesem Zweck die Wirbelsäule eines seiner Fische höchst reinlich herauspräpariren und zum Trocknen aufhängen.[3]

2. Humboldt's Beschreibung des Zitteraal-Fanges.

Bei der guten Natur der Llaneras wird eine Zitteraal-Wirbelsäule wohl viel Dosen Secale ersetzen, und die Llaneros haben also im Ganzen wenig Veranlassung sich mit dem Fang von Zitteraalen abzugeben. Es konnte daher auch in den Llanos nie Sitte sein, Zitteraale durch Steppenrosse aus den Tiefen der Gewässer zum Fange aufzuscheuchen, wie es Humboldt in den „Ansichten der Natur“ beschreibt. Für die Menge derer, welche es lieben, das Strahlende zu schwärzen, war es ein rechtes Fest, als es nach Dr. Sachs' Berichten mehr und mehr den Anschein gewann, dass der „Kampf der Pferde und Fische“ im Grunde nur ein Phantasiestück sei, um nicht einen hässlicheren Ausdruck zu gebrauchen.

Einige Unsicherheit herrschte schon länger über diesen Punkt. Der Herausgeber von Robert Schomburgk's Naturgeschichte der Fische von Guayana schmückte noch einen Band des Werkes mit einer jenen Kampf vorstellenden Vignette, bemerkte aber im Text, dass des Reisenden Notizen weder einer Abneigung der Eingeborenen, Zitteraale zu fangen, noch irgend einer besonderen Art dieses Fanges gedächten.[4] Erst Appun erklärte Humboldt's Erzählung schlechthin für Fabel, da er von solcher Fangweise weder in den Llanos Venezuela's, noch in den Savannen Guayana's etwas gesehen oder gehört habe.[5] Unter dem Eindruck der Enttäuschung,

---

Th. II. S. 511). Ich habe schon in meiner Inaugural-Dissertation (Quae apud Veteres de Piscibus electricis exstant Argumenta. Berolini 1843. p. 26) auf den merkwürdigen Umstand hingewiesen, dass auch bei der antiken Uferbevölkerung des Mittelmeeres ein ähnlicher Aberglaube sich finde. „Εἰ κατέχοι τις ὀπὸν κυρηναῖον, καὶ λάβοιτο τῆς νάρκης, ἐνταῦθα δήπου τὸ ἐξ αὐτῆς πάθος ἐκπέφευγεν.“ Aeliani de Natura Animalium libri XVII. Ed. Jacobs. Jenae 1832. Tom. I. L. V. c. xxxvii. p. 113.

[1] Llanos, S. 87. — Vergl. Flagg, l. c. p. 172. — Da nach Blitzschlägen Lähmungen hinterbleiben, ist die Möglichkeit einer ähnlichen Wirkung des Zitteraal-Schlages doch nicht schlechthin zu läugnen.

[2] Llanos, S. 87. [3] Llanos, S. 155.

[4] The Naturalist's Library l. c. — Vergl. oben S. 4. Anm.

[5] Unter den Tropen u. s. w. Bd. I. S. 121. 304. — Humboldt erzählt bekanntlich, dass Wasserschlangen und Krokodile die dürre Zeit im Schlamm eingewühlt zubringen und, durch die ersten Regengüsse geweckt, aus ihrem Grabe hervorbrechen. (Relation etc. L. c. p. 191. 192; — Ansichten der Natur u. s. w. 3. Aufl.

die trotzdem noch Dr. SACHS in dieser Beziehung erfuhr, sagte ich selber in dessen Nekrolog, HUMBOLDT habe den Vorgang missverstanden oder ungenau dargestellt (s. oben). Diese Worte erscheinen mir nicht mehr zutreffend, seit ich HUMBOLDT's Darstellung in ihrer ursprünglichen Form wiederlas, und ich nehme sie ausdrücklich zurück. Die Fassung in den „Ansichten der Natur" kann freilich die Meinung erwecken, als fingen die Llaneros gewohnheitsmässig Zitteraale mit Pferden. Doch ist zu bedenken, dass die „Ansichten der Natur" ein halb aesthetisches Product sind, welches, beim Krystallisiren in HUMBOLDT's Geiste, gewisse prosaische Beimengungen nothwendig ausschloss. Man kann diese Art der Naturschilderung überhaupt verwerfen; lässt man sie zu, so muss man auch bei ihrer Beurtheilung den Bedingungen ihres Zwitterdaseins Rechnung tragen.

Dass HUMBOLDT den Vorgang nicht missverstanden, und, wo es am Orte war, genau dargestellt hat, zeigt sich klar in der ausführlichen Erzählung desselben Vorganges im *Recueil d'Observations de Zoologie et d'Anatomie comparée*[1] oder in der *Relation historique*[2]. Hier erfährt man, wie zuerst die zu Pferde ausgesandten Indianer nur todte Zitteraale bringen; wie sie trotz dem Schutz, den nach ihrer Angabe Tabak im Munde gegen den Zitteraal gewährt (s. oben S. 87), auch durch das Angebot von zwei Piastern (zehn Franken) für jeden lebenden Zitteraal nicht dazu zu bewegen sind, solche zu verschaffen; wie nach dreitägigem vergeblichem Warten in Calabozo die Reisenden mit ihrem Wirthe, Don MIGUEL COUSIN,[3] nach der Lagune aufbrechen; wie nun die Schwierigkeit erwogen wird, den geschmeidigen Aalen mit Netzen beizukommen; wie das Betäuben mit giftigen, in's Wasser geworfenen Kräutern — *Embarbascar* — verworfen wird, aus Furcht die elektrische Kraft zu schwächen;[4]

Stuttgart und Tübingen 1849. Bd. I. S. 30.) Auch dies ist nach APPUN eine dem wissbegierigen Reisenden durch lügenhafte Eingeborene aufgebundene Fabel. Dr. SACHS nimmt aber HUMBOLDT in Schutz, da ihm das Gleiche unaufgefordert von zahlreichen urtheilsfähigen Personen berichtet wurde (Llanos, S. 189), und Sir J. EMERSON TENNENT erzählt genau dasselbe von den Krokodilen auf Ceylon (Sketches etc. p. 286). Dass Fische und Lurchfische in der Trockniss so ihr Leben fristen, ist ohnehin ausser Zweifel (vergl. unten § XI).

[1] L. c. p. 54 et suiv. [2] L. c. p. 174 et suiv.

[3] Vergl. Llanos, S. 184.

[4] Dass die Anwendung des „Barbasco" überhaupt zum Fangen von Zitteraalen nicht etwas Unerhörtes und nur einmal Dagewesenes war, erhellt schlagend aus FERMIN's Angabe: „Dieser Zitteraal . . . hält sich an sumpfigten Orten auf, aus „welchen man ihn nicht anders herausbringen kann, als dass man ihn zu berauschen „suche". PHIL. FERMIN's ausführliche historisch-physikalische Beschreibung der Kolonie Surinam . . . Aus dem Französischen übersetzt u. s. w. Berlin 1775. Bd. II. S. 241.

und wie endlich, um die Fische aufzustöbern und sie in den Bereich der Harpunen zu bringen, von den Eingeborenen das *Embarbascar con caballos* beschlossen wird; immerhin, wie Dr. SACHS vermuthet, durch einen erfinderischen Kopf, der die am Apure herrschende Sitte kannte, beim Ueberschreiten der Flüsse Heerdenthiere vorauf zu treiben, um die Aale aufzuscheuchen und zu verjagen.

Danach bleibt man keinen Augenblick im Zweifel, dass es um ein einmaliges, durch besondere Umstände herbeigeführtes Ereigniss sich handelte. HUMBOLDT selber sagt in den Anmerkungen zur Schilderung in den „Ansichten der Natur": „Ich habe diesen Fang der Gymnoten „an einem anderen Orte umständlich beschrieben,"[1] und deutet dadurch an, dass jene Schilderung als poëtisch verklärt anzusehen sei. Als irrthümlich erscheint, nach neueren Erfahrungen (s. unten § XXXV. 1), nur noch seine Angabe, dass die Zitteraale, durch die den Pferden ertheilten Schläge ermüdet, noch anderen Tages vergleichsweise harmlos seien, und langer Ruhe und reichlicher Nahrung bedürfen, um wieder zu sammeln, was sie an galvanischer Kraft verschwendet haben. Doch fällt selbstverständlich diese Angabe, welche an sich ja nichts Unglaubliches enthält, und in einzelnen Fällen zutreffen mag, HUMBOLDT's indianischen Gewährsmännern zur Last.[2]

3. Dr. SACHS' Fischzüge.

Wie dem auch sei, Dr. SACHS hatte auf das *Embarbascar con caballos*, anstatt dessen er wegen der jetzigen Pferdepreise ein solches mit Eseln zu veranstalten gedachte,[3] zu verzichten, und es fanden sich diesmal andere Arten, der Zitteraale habhaft zu werden. In den Caños besteht das Verfahren darin, zunächst eine Strecke des vielleicht 10—13 ^{m} breiten Flussbettes mit Axt und Waldmesser (*Machete*)[4] von den zahlreichen überhängenden Aesten und unter dem Wasserspiegel vorragenden Wurzeln der Uferbäume zu befreien, welche der Handhabung von Netzen ein als *Carramero*[5] bezeichnetes Hinderniss bereiten. Dann

[1] A. a. O. 3. Ausg. Bd. I. S. 226.

[2] In der Sonntags-Beilage zur „Norddeutschen Allgemeinen Zeitung", vom 14. Dec. 1879 (No. 50, S. 199), findet sich ein „—s—" unterzeichneter Artikel unter dem Titel: „HUMBOLDT und Dr. med. CARL SACHS", welcher auch schon HUMBOLDT gegen den ihm von APPUN und Dr. SACHS gemachten Vorwurf in Schutz nimmt, jedoch ohne das Missverständniss auf seinen wahren Ursprung, die poëtische Haltung der „Ansichten der Natur", zurückzuführen.

[3] Llanos, S. 111. [4] Llanos, S. 66.

[5] Llanos, S. 193. — Das Wort steht nicht in NEWMAN's und BARETTI's spanisch-englischem Wörterbuche (Fourth Edition. London 1823).

schreitet man dazu, die gesäuberte Stelle mit zwei Netzen quer abzusperren, zwischen welchen die Fische gefangen sind. Als Sperrgarn kann natürlich jedes hinreichend grosse Netz dienen, wie denn bei Dr. SACHS' erstem erfolgreichen Fischzuge im Caño Merecurito zwei der gleich zu beschreibenden Wurfgarne als Sperrgarne verwendet wurden. Später waren es Theile eines sogenannten *Chinchorro*'s, [1] eines sehr grossen Netzes in Form eines sehr länglichen Rechteckes, dessen eine lange Seite Holzklötze schwimmend erhalten, während die andere mit Blei beschwert auf dem Grunde schleift. [2] Ein Chinchorro bildet eine volle Last für einen Esel, und ist ein kostspieliger Gegenstand. Dr. SACHS bekam eins geliehen durch die gefälligen Bemühungen des damaligen Präfecten von Calabozo, Generals BOLIVAR. [3] Die Schwierigkeit, im Dickicht und Gestrüpp des Urwaldes das Chinchorro zu entfalten und zu regieren, war nicht klein, und Dr. SACHS gerieth nachmals in Unannehmlichkeiten wegen der dem Netze zugefügten Beschädigungen. Indem man nun mit dem einen Sperrgarn dem anderen sich nähert, engt man die Thiere mehr und mehr ein, welche gewaltige, und bei ihrer schlangenartigen Behendigkeit nicht immer vergebliche Anstrengungen machen, über den Rand des Garnes zu entkommen.

Man treibt auch wohl, ehe man ein zweites Sperrgarn einhängt, oder überhaupt ohne eins anzuwenden, die Fische auf ein Sperrgarn zu, indem eine Reihe Männer mit Stockschlägen in's Wasser und viel Geschrei in der Breite des Caño's vorwärtsschreitet. Nach Dr. SACHS nennt man solches Treibjagen *coger en tendereque*. [4] Bei seichtem und schmalem Wasser kann auch das eine Sperrgarn durch einen sogenannten Fischzaun oder einen Verhau ersetzt werden, wozu es an Material in der Nähe der Caños nie fehlt.

Wenn zuletzt, auf die eine oder andere Art, die Fische so eingeengt sind, dass das Wasser von ihnen wimmelt, und ihrer viele an die Oberfläche kommen, ist es freilich am leichtesten, sich ihrer mit der Harpune, *Anzuelo*, [5] zu bemächtigen, wie dies die Indianer bei HUMBOLDT's Fischzug thaten. Die Harpunen sind bekanntlich Wurfspiesse, deren mit Widerhaken und einer Schnur versehene Spitze sich leicht ablöst und im getroffenen Thiere sitzen bleibt. An der Schnur zieht man die Beute auf's Trockene. Ganz

[1] Nach NEWMAN und BARETTI bedeutet *Chinchorro* 1. ein in Amerika übliches Fischerboot; 2. ein Fischnetz. In Venezuela bedeutet es nach Dr. SACHS 3. die Hängematte; 4. eine Art sehr verflochtenen Steppengrases (Llanos, S. 61. 270).

[2] Llanos, S. 187. 190. 222. 223.

[3] Llanos, S. 118. 187.

[4] *Coger* bedeutet Fangen. Das Wort *tendereque* steht nicht im Wörterbuche.

[5] *Anzuelo* ist das Schriftspanische für Angelhaken.

wie Dr. SACHS sie beschreibt, werden Harpunen in Guayana angewendet, und findet man sie bei ROBERT SCHOMBURGK abgebildet.[1] Auch mit Pfeil und Bogen werden Fische erlegt.[2] So verwundete Zitteraale sind für physiologische Zwecke wenig brauchbar. Daher Dr. SACHS, nachdem

Fig. 38.

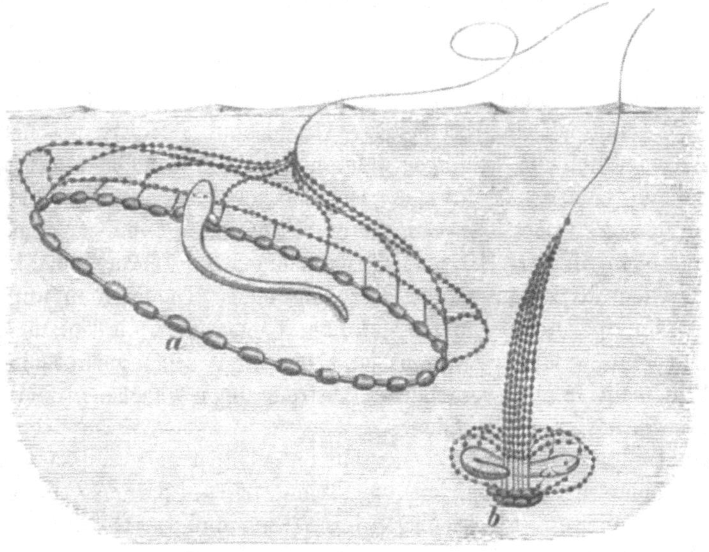

er den ersten Zitteraal, der in seine Hände fiel, hatte harpuniren sehen, auf einer Fangweise bestand, bei der die Thiere unverletzt blieben.

Dies gelang mit der *Taraya*,[3] zu deutsch dem Wurfnetz, auch Wurfgarn, Wurfhaube und Stülpe genannt. Die Taraya ist ein kreisförmiges

---

[1] Fishes of Guyana. Part I. Edinburgh 1841. p. 103. 104. Pl. 30 *bis* (In: The Naturalist's Library etc. Ichthyology. vol. III.). — APPUN beschreibt, wie zwei Indianer am unteren Orinoco Zitteraale dadurch fingen, dass der eine mit einem Stock in's Wasser schlug, der andere den neugierig herbeikommenden Aal mit einem spitzen Stecken harpunirte (a. a. O. Bd. I. S. 481).

[2] Llanos, S. 224. — Die Titelvignette zu ROB. SCHOMBURGK's „Fishes of Guyana" (P. I) zeigt mit Bogen und Pfeil fischende Indianer. Der erste je von einem wissenschaftlichen Manne, dem Pariser Astronomen RICHER, in Cayenne beobachtete Zitteraal war von den Wilden, die ihn noch lebend bei sich hatten, mit dem Pfeil erlegt worden (Mémoires de l'Académie Royale des Sciences. Depuis 1666 jusqu'à 1699. t. VII. 1re Partie. Paris 1729. 4°. — Observations … faites en l'Isle de Cayenne. p. 93).

[3] Das spanische Wörterbuch hat ein wohl nur scheinbar ähnliches Wort *Tarraja*, von so verschiedenem Sinn, dass kein Zusammenhang erhellt. Dagegen heisst im Portugiesischen (FRANC. SOL. CONSTANCIO Novo Diccionario critico et etymologico da lingua Portugueza. Paris 1858. 4°) und demgemäss in Brasilien (Offizieller Ka-

Netz von 2—$2^1/_2$ m Halbmesser mit rhombischen Maschen von etwa 35 mm Seite, am Umfange mit Blei in Gestalt einer Perlenschnur oder eines Rosenkranzes beschwert, und im Mittelpunkt mit einem langen Seil versehen. Durch die Centrifugalkraft der Bleie entfaltet taucht das kunstgemäss geworfene Wurfnetz in mehr oder weniger wagerechter Ebene radförmig kreisend in's Wasser, wo es fallschirmähnlich um die darunter befindlichen Fische sich schliesst.[1] Es wird dann mittels des in der Linken festgehaltenen Seiles behutsam mit seinem Inhalt gelandet.

Nach dieser Beschreibung begriff ich nicht, warum beim Herausziehen des Netzes nicht der grösste Theil der Gefangenen wieder aus der unteren Oeffnung entwischt. An einer von Dr. SACHS mitgebrachten Taraya sieht man aber, wie dem vorgebeugt ist. Ueber dem bleibeschwertem Rand erweitert sich das Netz zuerst beutelförmig; der Rand ist in regelmässigen Abständen durch kurze Schnüre nach innen gegen Punkte eines ihm concentrischen Kreises aufgenommen, wie die schematische Fig. 38*a* zeigt. In der so beim Aneinanderschliessen der Bleie entstehenden Ausbuchtung verirren sich die Fische und kämpfen vergeblich gegen deren Wandung an (Fig. 38 *b*), statt sich zwischen den Bleien hindurchzudrängen, was ihnen noch die Schnüre erschweren. Das Wurfnetz wirkt so zuletzt als Reuse. Uebrigens ist nächst den Caribenfischen, welche nicht selten die Taraya ganz zerbeissen, gerade der Zitteraal am schlechtesten damit zu fangen, da keine Stacheln und harte Flossen ihn am Entschlüpfen verhindern.

Die von Dr. SACHS mitgebrachte Taraya wiegt trocken 3·9 kil, nass natürlich viel mehr. Sie zu werfen erfordert also einen kräftigen Arm. Uebrigens ist das Wurfnetz über die ganze Welt verbreitet, und gehört wahrscheinlich zu den an vielen Orten unabhängig von einander gemachten Erfindungen. Auf der internationalen Fischerei-Ausstellung zu Berlin im Frühjahr 1880 gab es Wurfnetze aus verschiedenen Gegenden Deutschlands, aus Holland, Nordamerika, Brasilien, von den Samoa-Inseln, aus Japan, Niederländisch Ost-Indien, dem Königreich Annam, den Nordwestprovinzen Ostindiens, und vermuthlich noch, ohne einzeln aufgeführt zu sein, in den Collectiv-Ausstellungen anderer Länder.[2] Auch in Grönland ist das Wurfnetz in Gebrauch. Sehr beliebt ist es in Frankreich, wo es

---

talog der Internationalen Fischerei-Ausstellung zu Berlin 1880) das Wurfnetz *Tarrafa*, was sichtlich dasselbe ist, wie unser von Dr. SACHS aus dem Munde der Llaneros vielleicht nur unrichtig aufgefasstes Wort.

[1] Llanos, S. 114.

[2] Offizieller Katalog der Internationalen Fischerei-Ausstellung zu Berlin 1880. — Katalog der aus Niederländisch-Ostindien eingesandten Gegenstände. Berlin 1880.

Épervier heisst, unstreitig weil es über die an die Oberfläche geköderten Fische herfällt, wie über ein Volk Hühner der Sperber.[1]

Sperr- und Wurfnetz dienen auch die Charcos auszufischen.[2] Sind diese sehr stark ausgetrocknet, so kann man noch eine dritte Art des Fischens, die mit der *Rastra*, einem Blättergeflecht, anwenden. Dem Namen nach scheint es ein Schleppnetz zu sein. Dr. Sachs hat diese Fangweise nicht geübt. Sie hat den Vorzug, dass man mit ihr auch kleinerer Thiere habhaft wird, während durch die Maschen des Chinchorro's junge Zitteraale entkommen.

In den regengeschwellten reissenden Wasserläufen der Steppe versagen aber auch Sperr- und Wurfnetz ihre Dienste, und vollends ist dies der Fall in den gewaltigen Fluthen des den Rhein bei Cöln übertreffenden Apure,[3] des Rio Meta und des meerähnlich sich ausbreitenden und wogenden, über hundert Fuss tiefen[4] Orinoco's. Die Art, wie Dr. Sachs in San Fernando de Apure dennoch zu Zitteraalen gelangte, ist merkwürdig genug. Ein alter lecker *Bongo*[5] — so heisst ein durch Aushöhlen eines Baumstammes mit Axt und Feuer gewonnenes sehr langes und schmales Fahrzeug, also ein Einbaum, — wird am Ufer so aufgestellt, dass der Rand grösstentheils unter Wasser liegt. Nach einigen Tagen zieht man das Boot vorsichtig an's Land, schöpft das Wasser aus, und bemächtigt sich mittels grosser Calabassen der selten fehlenden Fische.[6] Unter diesen finden sich häufig Zitteraale. Man stürzt auch wohl eine *Canoa*, d. h. einen kleinen Bongo, um, lässt sie einige Zeit liegen, und richtet sie plötzlich wieder auf. Wie schon oben S. 85 bemerkt wurde, kann dies wohl keine zuverlässige Fangweise abgeben, und wenn sie auch Dr. Sachs

---

[1] [L'Abbé Pluche,] le Spectacle de la Nature ou Entretiens sur les Particularités de l'Histoire naturelle etc. t. III. 1re Partie. A Utrecht 1736. p. 87. Planche en regard. — Genau beschrieben und abgebildet ist das Wurfnetz, mit zwei Abänderungen des Kunstgriffes, der die Fische am Entwischen hindert, in: Traité général des Pesches et Histoire des Poissons etc. Par M. Duhamel du Monceau et M. De la Marre. Paris 1769. Fol. Seconde Section. p. 26 et suiv. Pl. VII; — deutsch von Schreber unter dem Titel: Allgemeine Abhandlung von den Fischereyen und Geschichte der Fische u. s. w. Leipzig und Königsberg 1773. 4°. 2. Abschn. S. 60 ff. Kupfer VII. — Duhamel's Beschreibung findet sich im Auszuge in der Encyclopédie méthodique. Nouvelle Édition etc. Histoire naturelle des Animaux. t. III. 4°. A Padoue 1789. p. XXIV. XXV. — Oppian's *ἀμφίβληστρα*, retia-jacula, von *ἀμφιβάλλω*, waren vermuthlich Wurfnetze, welche ja auch in den Römischen Schaukämpfen von den Retiarii gebraucht wurden (*ΟΠΠΙΑΝΟΥ ΚΙΛΙΚΟΣ ἉΛΙΕΥΤΙΚΩΝ Γ.* v. 80. Poëtae bucolici et didactici. Parisiis Ed. Firmin Didot. MDCCCXLVI. p. 70.)

[2] Llanos, S. 222.

[3] Llanos, S. 263; — Reisebriefe, a. a. O. S. 90.

[4] Llanos, S. 310. 324. 325. [5] Llanos, S. 255. Anm.

[6] Llanos, S. 278. 279. 342.

gute Dienste leistete (s. unten § XV), würden schon wegen der Kürze der Zeit, während welcher man sie mit Erfolg übt, keine grossen Hoffnungen auf sie zu setzen sein.

Seltsamerweise wurden, als Dr. SACHS diese Fangweise in's Werk setzte, ausser zwei niedlichen, 1—2 Fuss langen Zitteraalen und mehreren *Coronchos* (Plecostomus pardalis CASTELNAU) in demselben Bongo noch fünf andere Gymnotinen gefangen, darunter die bezichlich oben S. 13 und 69 erwähnten Sternarchus Sachsi und virescens. Dr. SACHS' erster Gedanke, den er in den Reisebriefen aussprach, war, dass die Fische so zusammenkämen, weil sie sich als Verwandte fühlten.[1] In seiner Reisebeschreibung urtheilt er unstreitig richtiger: „Es scheint, dass alle diese Fische einen schattigen „und geschützten Aufenthaltsort lieben, was ich vom Zitteraal in der Ge„fangenschaft direct beobachten konnte, und dass sie deswegen gern in das „Innere von Böten hineinschlüpfen.“[2]

Diese Gewohnheit der Gymnotinen erinnert an die des Seeaals (Conger marinus) und der Muräne (Muraena Helena), welche frei im Golf von Neapel Klüfte und Höhlungen der Küste, in den Aquarien der zoologischen Station aber die dazu hineingelegten Töpfe, Urnen u. d. m. aufsuchen, und oft, Aal und Muräne zusammen, zu mehreren in Einem solchen Schlupfwinkel hausen.[3]

Die vom Zitteraal bevorzugten Caños der Steppe muss man sich denn auch nicht, wie wenigstens ich selber es früher that, als durch einen Wiesengrund, immerhin von tropischer Ueppigkeit des Graswuchses, maeandernd vorstellen, gleich den „Fliessen“ unserer Niederungen, sondern als vom dichten Wald beschattet, welcher auch die unbedeutendsten Wasserläufe begleitet,[4] und oft mit steilen, lehmigen Ufern tief eingeschnitten in die kleinen Bodenerhebungen, die unter dem Namen *Mesas* und *Bancos*[5] aus der meerähnlichen Fläche der Llanos hervorragen (s. das Kärtchen oben S. 79). In der That schildert ja auch HUMBOLDT seine Lagune als umgeben mit schönen Bäumen, von deren weithin über das Wasser sich ausbreitenden Aesten aus die Indianer mit ihren Bambusstäben den Pferden den Rückzug wehrten.[6] Wenn ich jetzt mir die Dinge richtig

[1] A. a. O. S. 93. [2] Llanos, S. 279.

[3] R. SCHMIDTLEIN, Beobachtung über die Lebensweise einiger Seethiere innerhalb der Aquarien der zoologischen Station. In: Mittheilungen aus der zoologischen Station zu Neapel, zugleich ein Repertorium für Mittelmeerkunde. Bd. I. Heft IV. Leipzig 1879. S. 490. 491. 495.

[4] Llanos, S. 116. 128.

[5] Llanos, S. 103; — HUMBOLDT, Ansichten der Natur u. s. w. A. a. O. S. 4. 47.

[6] Auch JOHN SAMO (*Her Majesty's Judge at Surinam*), welcher um den Anfang der vierziger Jahre, zum ersten Mal seit HUMBOLDT, Nachricht vom Zitteraal aus seiner Heimath gab, sagt: „The fish is found in shallow rivulets of fresh water

ausmale, müssen die Caños als Scenerie nicht unähnlich sein den von PIAGGIA und von Hrn. SCHWEINFURTH so anziehend beschriebenen „Gallerien“ im Njam-Njam-Lande.[1]

Für den Transport von Zitteraalen ergiebt sich aus ihrer Lichtscheu und Liebe zur Ruhe die auch für die Zitterwelse gültige Regel, sie vor dem Tageslicht, besonders vor der Sonne, zu schützen, und möglichst vor unnützer Aufregung zu bewahren.

§ XI. Athmung des Zitteraales.

Der hervorragendste Zug in der Lebensweise des Zitteraales, der schon den Beobachtern im vorigen Jahrhundert auffiel, ist seine Art zu athmen. Der Zitteraal athmet nicht, wie fast alle anderen Fische, indem er Wasser durch das Maul aufnimmt und durch die Kiemenspalten austreibt; diese normale Athmungsweise der Fische findet bei ihm nach Dr. SACHS sogar nie statt.[2] Sondern durchschnittlich jede halbe Minute[3] steigt er an die Oberfläche, hebt den Kopf aus dem Wasser, und schluckt Luft, welche durch die Kiemenspalten entweicht. Das wiederkehrende gluckende Geräusch, das er dabei macht, ist so eigenthümlich und auffällig, dass man schon allein daran die Gegenwart von Zitteraalen erkennt.[4] Auf dieser Gewohnheit der Zitteraale beruht es, dass man aus einem von ihnen bevölkerten Gewässer „überall die wohlbekannten grünen „und rothen Köpfe auftauchen sieht.“[5] Ein Zitteraal, welcher verhindert ist, an die Luft zu kommen, stirbt nach kurzer Zeit, wie sonst ein aus dem Wasser genommener Fisch.[6]

Das Flusswasser als Mittel, worin Thiere athmen, ist einem Gasgemenge vergleichbar, das höchstens 0·006—0·009 Sauerstoff enthält. Alles

---

with a rocky uneven bottom; and always in those parts which are shaded by high trees.“ The Transactions ... of the London Electrical Society etc. 1841. p. 163.

[1] The Heart of Africa. Three Years Travels and Adventures in the unexplored Regions of Central Africa from 1868 to 1871. London 1873. Vol. I. p. 504 sq.

[2] Llanos, S. 145. 164. 279. — Reisebriefe, a. a. O. S. 71.

[3] Die älteren Beobachter, von welchen ich schon anderswo eine Uebersicht gab (Ges. Abh. Bd. II. S. 610. Anm.), lassen den Zitteraal nur alle vier bis fünf Minuten Luft schlucken. — Das Luftathmen des Zitteraales erwähnen auch BAJON (s. unten), WILLIAM BRYANT und HENRY COLLINS FLAGG (Transactions of the American Philosophical Society etc. Philadelphia 1786. 4°. Vol. II. p. 167. 173).

[4] Llanos, S. 164. 229.

[5] Llanos, S. 193. 194. — Reisebriefe, a. a. O. S. 76.

[6] Schon BAJON hatte dies 1771 bemerkt. Mémoires pour servir à l'histoire de Cayenne etc. Paris 1777. t. I. p. 325.

Uebrige gleichgesetzt, bringt also ein seine Kiemen als Lungen gebrauchender Fisch mit deren Oberfläche in der Zeiteinheit die 25- bis 33fache Menge Sauerstoff in Berührung von der, welche ihm die Wasserathmung liefert.[1]

[1] HUMBOLDT und GAY-LUSSAC erhielten aus Seinewasser etwa $^1/_{25}$ seines Volums an Gas, und fanden in diesem Gase 31·9 % Sauerstoff, was einem Gehalt des Wassers von 0·013 an Sauerstoff entspricht. Die Temperatur ist nicht angegeben (GILBERT's Annalen der Physik. 1805. Bd. XX. S. 132. 136). In ihrer classischen Arbeit über die Athmung der Fische setzten PROVENÇAL und HUMBOLDT diese Untersuchung fort. Sie erhielten im Mittel aus 10 Versuchen bei 10° aus Seinewasser 0·0275 seines Volums an Gas, und fanden in diesem Gas im Mittel 0·3105 Sauerstoff, was einem Gehalt des Wassers von nur 0·00854 an Sauerstoff entspricht (Mémoires de Physique et de Chimie, de la Société d'Arcueil. Paris 1809. t. II. p. 367 et suiv.; — übersetzt von SIGWART in SCHWEIGGER's Neuem Journal der Physik. 1811. Bd. I. S. 93). Diese Ermittelungen blieben lange die einzigen über einen für die allgemeine Physiologie so wichtigen Gegenstand. Sieht man von MORREN's Versuchen ab, der sich mehr mit der Veränderung des Gasgehaltes des Wassers durch Algen und Infusorien unter dem Einfluss des Lichtes befasste (Annales de Chimie et de Physique. 3me Série. 1841. t. I. p. 456; — 1844. t. XII. p. 5), so hat erst 1852 BAUMERT, bei Gelegenheit seiner Untersuchung über die Athmung von Cobitis fossilis, die Bestimmung des Sauerstoffgehaltes des Wassers planmässig wieder aufgenommen (Chemische Untersuchungen über die Respiration des Schlammpeitzgers (Cobitis fossilis). Heidelberg 1852. 4°. Allgemeiner Theil. S. 4—23). Er bediente sich schon der BUNSEN'schen Methoden, doch arbeitete er meist bei niedrigeren Temperaturen als denen, welche uns hier interessiren. In seinen Leçons sur la Physiologie comparée de la Respiration etc. Paris 1870. p. 155 giebt Hr. PAUL BERT nach HENRI DEVILLE den Gasgehalt des Seinewassers und des Leitungswassers von Arcueil ohne Temperatur an. Neuerlich veröffentlichten die HH. TIEMANN und PREUSSE eine mehr hygienische Zwecke verfolgende Untersuchung „Ueber die quantitative Bestimmung des in Wasser gelösten Sauerstoffs" in den *Berichten der Deutschen chemischen Gesellschaft* (Berlin 1879. Jahrgang XII. Heft 14. S. 1768).

Folgende, mir von Hrn. BUNSEN selber freundlichst gemachte Mittheilungen füllen eine wesentliche Lücke aus und sind für die Kenntniss des Wasserathmens von grundlegender Bedeutung: „Für die von mir festgestellten Absorptionscoëfficienten „für Stickstoff, Sauerstoff und Kohlensäure ergiebt sich, dass 10 000 Ccm reines mit „atmosphärischer Luft geschütteltes Wasser folgende auf 0° C. und 0·76 m Queck„silberdruck reducirten Gasvolumina in Cubikcentimetern enthalten:

Bei	0°	5°	10°	15°	20°	25°
N	159·2	140·3	125·7	115·6	109·8	108·3
O	85·4	75·2	67·4	62·0	58·9	58·1
CO_2	7·4	6·0	4·9	4·2	3·7	3·5
Im Ganzen	252·0	221·5	198·0	181·8	172·4	169·9

„Ich habe mich durch Versuche überzeugt, dass diese berechneten Zahlenwerthe „überraschend genau mit der Wirklichkeit übereinstimmen.

„Da die Abnahme der Absorptionscoëfficienten mit der Temperatur für Stick„stoff und Sauerstoff durch Curven dargestellt wird, deren Ordinaten einander nahezu „proportional sind, athmen die Wasserthiere in Wasser der verschiedensten Tempera-

Daher auf sauerstoffarme oder zu geringe Wassermassen beschränkte Fische an der Oberfläche Luft schnappen,[1] und auch kranke Fische, die sichtlich oft dyspnoëtisch sind, sich so zu helfen suchen. Den Oberkiefer über Wasser, schlucken sie Luft, und stossen sie wieder aus, so dass sie bald mit einem Kranze grossblasigen Schaumes umgeben sind, wie ich dies nur zu oft bei meinen Zitterwelsen sah.[2] Freilich entweicht hier die Luft grossentheils wieder durch das Maul; ein Theil aber doch auch, wie beim Zitteraal, durch die Kiemen. Auch kranke Zitteraale zeigen, nach Dr. SACHS, veränderte Athmung, welche mit der oben S. 7 erwähnten schmutzig braunen Färbung ihren Zustand verräth. Fast senkrecht im Wasser halten sie sich mit dem Kopfe beständig an der Oberfläche, und machen keine Athempausen mehr, sondern holen unaufhörlich Luft mit mühseligen, saugenden oder schnappenden, auffallend lauten Athemzügen. Sie übertreiben also dann ihre gewöhnliche Athmungsweise,

---

„turen eine sehr sauerstoffreiche, stets ganz gleich zusammengesetzte Luft, welche „in 100 Volumentheilen, wenn man von dem Kohlensäuregehalt absieht, besteht aus

N	65·1
O	34·9
	100·0

„Die von den Landthieren geathmete Luft ist

N	79·04
O	20·96
	100·00

„Für schäumende Waldbäche, Gletscherströme, rasch über steinigen Boden „fliessende Gewässer sind, wie ich mich durch Versuche überzeugt habe, diese Be„trachtungen gültig. Bei Gewässern dagegen, welche träge in Torfboden fliessen „oder mit verwesenden Pflanzentheilen in Berührung kommen, verhält sich die Sache „ganz anders. In diesen kann sich der absorbirte Sauerstoff bis zum gänzlichen Ver„schwinden verringern."

Hierfür enthalten die früher angeführten Arbeiten zahlreiche Belege. Pflanzenwuchs unter dem Einfluss des Lichtes erhöht nach MORREN umgekehrt den Sauerstoffgehalt des im Wasser enthaltenen Luftgemenges bis zu etwa 60 %.

Da 10 000 ^{Ccm} reines Wasser bei 0° 85·4, bei 25° 58·1 ^{Ccm} O von 0° enthalten, ist abgesehen von MORREN's Fall das Mittel, worin Wasserthiere athmen, bestenfalls einer Atmosphäre vergleichbar, die bei 0° 0·00854, bei 25° 0·00581 (1 + 25 × 0·00366) = 0·00634 O, also beziehlich 24·66 und 32·51 Mal weniger O enthielte, als gleich warme atmosphärische Luft; so dass PROVENÇAL und HUMBOLDT es für eine erste Annäherung ganz gut getroffen hatten, als sie sagten, dass Flussfische wie Thiere in einem weniger als 1 % O enthaltenden Gasgemenge athmen (L. c. p. 379).

[1] SILVESTRE, Bulletin des Sciences, par la Société philomatique de Paris. 1791. 4°. T. I. p. 17; — PROVENÇAL et HUMBOLDT, l. c. p. 394.

[2] Ges. Abh. Bd. II. S. 610.

während andere kranke Fische zu einer der normalen Zitteraal-Athmung ähnlichen übergehen. Solche Zitteraale sterben unfehlbar.

Dr. SACHS hat sich an den von ihm in San Fernando längere Zeit lebend beobachteten anderen Gymnotinen (Sternopygus-, Sternarchus- und Rhamphichthys-Arten, s. oben S. 95) überzeugt, dass sie unter Wasser bleiben und wie andere Fische athmen.[1]

Es fragt sich, wie die Zitteraale zu ihrer auf gesteigertes Athmungsbedürfniss deutenden Athmungsweise gekommen sind. Ich halte es nicht für unwahrscheinlich, dass sie dazu durch die Athemnoth gezwungen wurden, der sie periodisch ausgesetzt waren, wenn in einem Charco ihrer viele auf eine immer kleinere Wassermenge sich angewiesen sahen. Im Kampf um's Dasein siegten dann die Thiere, welche am besten ihre Kiemen als Lungen zu gebrauchen verstanden. Da das Eingeengtsein in den Charcos alljährlich dem Fortpflanzungsgeschäft voraufgeht, ward die Gewohnheit des Luftschnappens um so sicherer vererbt und im Lauf der Geschlechter den Zitteraalen zur zweiten Natur. Dabei verlernten sie die gewöhnliche Wasserathmung der Fische; vielleicht wurden ihre Kiemen sogar dafür insufficient, so dass die jetzigen Zitteraale sterben, wenn sie nicht an die Luft können.

Die Frage liegt nah, weshalb andere in den Charcos eingeengte Fische nicht auch durch natürliche Zuchtwahl zur nämlichen Athmungsweise kamen, wie die Zitteraale. Die Antwort ist leicht: die meisten, unter ihnen vielleicht die nicht elektrischen Gymnotinen, wurden von den Zitteraalen alljährlich erschlagen, und dadurch von jeder Athemnoth befreit. Der Rest, durch die Zitteraale gescheucht, fand einen noch besseren Ausweg als diese, nämlich über Land in ein anderes Gewässer. Die Doraden, die Panzerwelse überhaupt, dauern in erstaunlicher Weise im Trockenen aus, wie Dr. SACHS selber an Doras armatulus CUV. VAL., Rhinodoras niger VAL., Plecostomus pardalis CASTELNAU, Loricaria cataphracta LINNÉ und rostrata AGASS. sah.[2] Ein anderer Panzerwels, Callichthys thoracatus CUV. VAL., der *Curito* der Eingeborenen, wühlt sich in den Schlamm der Charcos, und harrt dort der Regenzeit, die er nicht immer erlebt, sei's dass er doch eintrockene, sei's dass er von den Eingeborenen ausgegraben in den Kochtopf wandere,[3] wie es, nach einer auf Jugenderinnerungen beruhenden mündlichen Mittheilung des Hrn. Prof. MÖBIUS in Kiel, auch unserem Schlammpitzger, Cobitis fossilis, zuweilen ergeht.

---

[1] Llanos, S. 279. 280.

[2] Llanos, S. 272. 273. — Vergl. W. PETERS, „Ueber die von Hrn. Dr. C. SACHS in Venezuela gesammelten Fische“ in den Monatsberichten u. s. w. 1877. S. 470. 471.

[3] Llanos, S. 273. 274. — Vergl. W. PETERS a. a. O. S. 471.

Noch ein anderer Panzerwels des tropischen Südamerika's, Callichthys asper Cuv. Val., hat sich, wie Hr. Jobert in Rio de Janeiro kürzlich entdeckte,[1] dieselbe Athmungsweise angewöhnt, wie Cobitis fossilis und Taenia;[2] er verschluckt Luft und entlässt sie in Blasen durch den After, indem ihm sein Darm als Lunge dient. Es müsste darauf geachtet werden, ob nicht der Zitteraal es mit einem Theil der von ihm geschluckten Luft ähnlich hält. Bei der Lage des Afters zwischen Kiemen und Maul würde es einem Beobachter, der nicht genau hinsieht, leicht entgehen, wenn von Zeit zu Zeit auch aus dem After Luftblasen entwichen.

Auffallend ist, dass nicht auch die Zitteraale ausser Wasser aushalten. Wenn sie aus dem Wasser heraus Luft athmen, müssten sie es an der Luft erst recht können.

Nach Flourens[3] sterben Fische an der Luft, nicht weil ihre Kiemen austrocknen, sondern weil deren Blättchen sich nicht mehr entfalten. Da hierzu Feuchtigkeit gehört, beruht die Fähigkeit einiger Fische, an der Luft auszudauern, zum Theil[4] auf Einrichtungen, welche die Kiemen feucht halten; wie man denn andere Fische dadurch länger an der Luft lebend erhält, dass man ihre Kiemen auszutrocknen verhindert, beispielsweise Karpfen durch feuchtes Moos davor schützt.[5] Den Labyrinthfischen dient das Fachwerk ihrer oberen Schlundknochen Wasser zum Anfeuchten ihrer Kiemen aufzubewahren. Man sollte meinen, dass auch die Zitteraale solche Einrichtungen an den korallenartigen Auswüchsen besitzen, mit welchen ihre Mundhöhle und sogar ihre Kiemenbögen besetzt sind (s. oben S. 10). Eine ähnliche Bildung zeigen der Beschreibung nach die Kiemen der Nilwelse Heterobranchus, welche, wie der eben erwähnte südamerikanische Panzerwels Callichthys armatulus, beim Austrocknen der Gewässer in den Schlamm sich einwühlen.[6]

Enge der Kiemenspalten ist eine andere Einrichtung, welche über Land gehende Fische, beispielsweise unseren gemeinen Aal, auszeichnet;[7] aber auch die Kiemenspalten des Zitteraales sind eher eng als weit.

---

[1] Annales des Sciences naturelles. VIme Série. Zoologie etc. 1877. t. V. p. 19.

[2] P. Erman in Gilbert's Annalen der Physik. 1808. Bd. XXX. S. 140; — Baumert, Chemische Untersuchungen über die Respiration des Schlammpeitzgers (Cobitis fossilis). Heidelberg 1852. 4°; — v. Siebold daselbst, S. 71 (Ueber die Athmung von Cobitis Taenia).

[3] Annales des Sciences naturelles etc. 1830. T. XX. p. 21.

[4] Vergl. P. Bert, Leçons sur ... la Respiration etc. p. 255 et suiv.

[5] Vergl. Provençal und Humboldt, Mémoires de Physique et de Chimie, de la Société d'Arcueil etc. L. c. p. 397; — Humboldt, Relation etc. L. c. p. 177.

[6] Milne Edwards, Leçons sur la Physiologie et l'Anatomie comparée de l'Homme et des Animaux. t. II. Paris 1857. p. 260. 261.

[7] Milne Edwards, l. c. p. 261. 262.

Dann könnte man glauben, dass die Zitteraale an der Luft zuviel Wasser durch die grosse Oberfläche ihres schuppenlosen, schleimigen Körpers verlieren, wie denn unsere Frösche im Zimmer unter Hausgeräth verirrt eintrocknen. Aber das Beispiel unserer Aale scheint zu zeigen, dass auch dies die Todesursache für die an die Luft versetzten Zitteraale kaum sein kann. Freilich ist die Luft in den Llanos ausserhalb der Regenzeit so trocken, wie an wenig Punkten der Erde (s. oben S. 81).

Ich muss mich begnügen, diese Probleme anzudeuten, zu deren gründlicher Erörterung es noch an Material gebricht. Unhaltbar erschiene meine phylogenetische Erklärung der Athmungsweise unseres Fisches erst, wenn diese auch bei Zitteraalen vorkäme, von denen ungezählte Generationen nachweislich keiner periodischen Athemnoth in Charcos ausgesetzt waren.

Mit Rücksicht auf die besondere Athmungsweise des Zitteraales wäre bei unserer heutigen Einsicht in die Function der Schwimmblase (s. oben S. 23) die Analyse des Schwimmblasengases jetzt wohl von Interesse, welche wunderbarerweise schon HUMBOLDT's allumfassende Energie unternahm. Bei einem 124^{cm} langen Zitteraal hatte nach ihm die hintere Schwimmblase (s. oben S. 20) 77^{cm} Länge, vorn 2^{cm}, hinten 6^{mm} Durchmesser.[1] Eine 80^{cm} lange Blase lieferte ihm 278^{Ccm} Gas, worin keine Kohlensäure, 96 % Stickstoff, 4 % Sauerstoff. Bei der Veränderlichkeit des Schwimmblasengases ist mit solcher vereinzelten Bestimmung nichts anzufangen; auch müsste die Untersuchung sich auf den Inhalt der vorderen Schwimmblase erstrecken. Für Dr. SACHS hätte sie sich keinenfalls der Mühe verlohnt.

§ XII. Der Zitteraal in der Gefangenschaft.

Aus der Athmungsweise des Zitteraales folgt die Nothwendigkeit, ihm in der Gefangenschaft die Möglichkeit zu gewähren, an die Oberfläche des Wassers zu gelangen. Anderenfalls ersticken die Fische, wie wir schon oben S. 97 sahen, und wie Dr. SACHS dies zu seinem Schaden erfuhr, als er die gefangenen Zitteraale zuerst in einem engen runden Fasse (*tina* oder *barril*[2]) von der Fangstelle nach Calabozo zu bringen

[1] L. c. p. 63. — HUMBOLDT theilt seine Beobachtungen in Fuss- und Metermaass mit. Diese Zahlenangaben stimmen aber nicht mit einander. Die ersteren sind, auch wenn nicht darunter, wie sonst bei HUMBOLDT, Pariser Maass verstanden ist, sämmtlich nicht unerheblich grösser als die letzteren.

[2] Schriftspanische Wörter für Tiene und Fass. Es fällt nicht wenig auf, dass der märkische Bauer und der venezolanische Llanero ein offenes rundes Fass mit demselben Worte: *tina* = Tiene bezeichnen. In der That scheint dies Wort eine der

versuchte.[1] Später geschah daher die Ueberführung in einer mit einem Blätterdach versehenen Badewanne (*baño*) aus Zink. Gefüllt erforderte diese, um sie zu tragen, vier Männer, welche bei längerem Marsch ausruhen oder mit anderen abwechseln mussten.[2]

Als Aquarium, um die Fische darin zu halten, benutzte Dr. SACHS eine alte Canoa, einen aus dem Stamm einer Acaciee, Calliandra Saman GRIS.,[3] geschnitzten 2·5 m langen, 1 m breiten Einbaum (s. oben S. 94), der als Futtertrog für Schweine und Hühner gedient hatte. Auf dem Boden befand sich Kiessand. Zu Versuchen wurden die Fische mit einem Kesser in einen Waschtrog (*batea*) übertragen. Dieser im Tagebuch erwähnte Trog ist wohl einerlei mit der in der Reisebeschreibung genannten hölzernen Wanne von 1 m Länge, $^1/_2$ m Breite;[4] er wird in der Folge als Versuchstrog bezeichnet.

Das Wasser, worin Zitteraale gehalten werden, wird von ihrem Schleim, in Verbindung mit ihrer Athmungsweise, schaumig, und es ist dann hohe Zeit, es zu wechseln.[5]

Das Aufbewahren lebender Zitteraale wird sehr erleichtert durch ihre schon von BAJON[6] und von HUMBOLDT[7] gepriesene Ruhe und Fügsamkeit. Gefangen und auf das Trockene befördert wälzt sich der Zitteraal zuerst lebhaft schlängelnd umher und sucht nach dem Wasser zu entkommen. In ein enges Gefäss gebracht, schwimmt er unruhig im Kreise, und macht Versuche über den Rand zu entschlüpfen, was ihm nicht selten gelingt, aber zum Verderben gereicht, da er ausserhalb des Wassers stirbt.[8] Sobald er in einen hinreichend weiten Behälter versetzt ist, ergiebt er sich in sein Schicksal, streckt sich geradlinig aus, und verharrt in der Regel während des ganzen Tages unthätig am Boden des Gefässes, den Kopf auf den sandigen Grund gebettet, den Rücken schwimmend, nach oben gewölbt, so dass in seichtem Wasser ein wenig vom Rücken daraus

---

verbreitetsten Wurzeln zu enthalten, da es ausser im Deutschen und Spanischen nach HEYSE (Handwörterbuch der deutschen Sprache u. s. w. Zweiter Theil. Achte Lieferung. Magdeburg 1843. S. 1230) auch im Schwedischen, Italienischen und Lateinischen vorkommt. Die slavischen Sprachen besitzen, nach der Auskunft, die mir Hr. Prof. VRATOSLAW v. JAGIĆ freundlichst gab, das Wort nicht. Da es sich dem Lautverschiebungsgesetz entzog, ist wohl das Wahrscheinlichste, dass es auch in germanischen Sprachen romanischen Ursprunges ist.

[1] Llanos, S. 152. 159. 169. 195. [2] Llanos, S. 196. 197.

[3] Llanos, S. 157. — Sie heisst jetzt Pithecolobium Saman BENTHAM.

[4] Llanos, ebenda. [5] BANCROFT, a. a. O. S. 122.

[6] ROZIER, Observations sur la Physique etc. 4°. t. III. 1774. p. 58; — Mémoires pour servir à l'histoire de Cayenne etc. Paris 1777. t. I. p. 326.

[7] Recueil etc. L. c. 68.

[8] S. oben S. 96; — vergl. HUMBOLDT, Relation etc. L. c. p. 177.

hervorsieht. Kommt der Rücken sehr hoch, der Kopf auffallend tief zu liegen, so erkennt man schon von Weitem, dass das Thier todt ist.[1]

Einzelne Zitterwelse verhalten sich auch sehr ruhig nach meinen und nach Hrn. BABUCHIN's Beobachtungen; sind ihrer mehrere, so bekämpfen sie sich in der Regel auf das Wüthendste, so dass man sie einzeln halten muss, damit sie sich nicht erschöpfen.[2] Mehrere Zitteraale in demselben Behälter bekümmern sich dagegen nicht im Geringsten um einander, sondern liegen ruhig nebeneinander ausgestreckt. Und doch waren die Zitteraale, welchen Dr. SACHS dies Zeugniss der Friedfertigkeit giebt, lauter Männchen, bei denen man am ehsten feindselige Regungen vermuthen sollte, während meine streitsüchtigen Zitterwelse meist Weibchen waren.

In anderen Punkten stimmten die Gewohnheiten der Zitteraale mit denen der Zitterwelse überein. Wie einer meiner Zitterwelse[3] hatte einer von Dr. SACHS' Zitteraalen einen Hass auf die Elektroden des Froschweckers geworfen, und suchte sie durch Schläge zu vertreiben. Gleich den Zitterwelsen sind auch die Zitteraale lichtscheu, und sie suchten stets die dunkelsten Stellen auf um sich versteckt zu halten. Erst wenn die Nacht hereinbrach, geriethen sie in lebhaftere Bewegung.[4] Einmal geschah es, dass bei zu vollem Behälter nächtlicher Weile ein Zitteraal über den Rand entkam und zu Grunde ging.[5] Dasselbe hatte sich in Creek-Town (am Old-Calabar-Strom) mit Zitterwelsen ereignet, die zur Einschiffung bereit standen.[6]

JOHN SAMO erzählt, dass ein gefangener Zitteraal in seinem Behälter von Wasserratten überfallen und fast aufgefressen wurde, und schliesst daraus auf Immunität der Ratten gegen den Schlag.[7] Dies

---

[1] Der grosse Zitteraal der *Polytechnic Institution*, an welchem ich 1852 das Glück hatte, mit FARADAY zu experimentiren, pflegte in seinem Becken in einem bestimmten Kreise zu schwimmen, etwa wie wilde Thiere in ihrem Käfig hin- und herlaufen (Ges. Abh. Bd. II. S. 681). Auch der Zitteraal der *Adelaide Gallery*, an dem FARADAY 1838 seine classischen Versuche anstellte, hatte die Gewohnheit, im Kreise zu schwimmen ([SCHÖNBEIN,] Mittheilungen aus dem Reisetagebuche eines deutschen Naturforschers. England. Basel 1842. S. 314). — Hr. TYNDALL hatte die Güte, auf meine Bitte einige Erkundigungen über diese Fische einzuziehen. Der Zitteraal der *Adelaide Gallery* starb vor 1842 (s. oben S. 25. Anm.). Die *Polytechnic Institution* liess zweimal einen lebenden Zitteraal kommen. Der erste starb, der zweite, in Spanien gekaufte, war es, der 1852 in der *Institution* lebte. Er starb bald darauf an Ueberheizung des Wassers in seinem Behälter.

[2] Ges. Abh. Bd. II. S. 606; — BABUCHIN im Archiv für Physiologie. 1877. S. 251. 252. Anm. S. 266.

[3] Ges. Abh. Bd. II. S. 608.

[4] Vergl. RICH. SCHOMBURGK, Reisen in Britisch-Guiana u. s. w. 2. Th. S. 510.

[5] Llanos, S. 197. [6] Ges. Abh. Bd. II. S. 608.

[7] Transactions ... of the London Electrical Society etc. 1841. p. 164.

erinnert an Hrn. Babuchin's nach Aussage ihres Wärters durch die Katzen des Khedive gefressenen Zitterwelse.[1]

Die Zitteraale haben ein wachsames Gehör. Im Freien gehen sie, neugierig wie viele Fische, gewissen Geräuschen nach. Man lockt sie aufwärts im Caño, indem man, hinter Bäumen versteckt, Steinchen in's Wasser wirft.[2] Leises Klopfen an die Canoa, auch schon Betreten des Zimmers machte oft sämmtliche Thiere erschreckt auffahren, doch, wie es scheint, ohne dass sie schlugen. Als Dr. Sachs einmal Nachts mit Licht an die Canoa trat, entstand solcher Tumult, dass er das Licht schleunigst entfernte, aus Furcht den Thieren zu schaden.[3]

Auch ohne bemerkbaren Grund bemächtigte sich der zehn Fische, die gleichzeitig die Canoa bewohnten, manchmal eine vorübergehende Aufregung. „Drei oder vier machen ein paar graziöse Touren, wobei sie „nicht selten einander begegnen und gleichsam höflich ausweichen.“ Dann versinkt wieder Alles in die nur durch das gluckende Athmungsgeräusch periodisch unterbrochene Ruhe.

§ XIII. Bewegungen des Zitteraales.

Die Zitteraale, sagt Dr. Sachs, sind ausnehmend gewandte Schwimmer, und zwar schwimmen sie gewöhnlich nicht durch Schlängeln des Schwanzes, „wie Lacépède annimmt, sondern einzig und allein unter Anwendung „der weichhäutigen, dem Kiel eines Schiffes gleichenden Afterflosse, welche „durch die Brustflossen in geringem Grade unterstützt wird. Die Be„wegung der Afterflosse besteht in einer wellenförmigen Schlängelung; „läuft die Welle von vorn nach hinten, so wird der Fisch vorwärts be„wegt, läuft sie umgekehrt, so schwimmt er rückwärts; die Bewegung „ist geradlinig oder bogenförmig, je nachdem der Körper des Fisches aus„gestreckt oder gekrümmt ist.“[4] Man sieht die Schlängelung der Flosse in Dr. Sachs' Abbildung des Zitteraales Fig. 1, oben S. 4. Diese Bewegungsart wurde übrigens schon 1774 von Alexander Garden richtig beschrieben, der in Charles-Town (Charleston) in Südcarolina fünf von Surinam dorthin gebrachte Zitteraale zum Theil recht gut beobachtete.[5] Lacépède, welchen Dr. Sachs berichtigt, hat einfach Garden, auf den

[1] Archiv für Physiologie u. s. w. 1877. S. 253. Anm.
[2] Llanos, S. 149; — Reisebriefe, a. a. O. S. 70.
[3] Llanos, S. 164. 165.
[4] Llanos, S. 152. 197.
[5] Philosophical Transactions etc. 1775. P. I. p. 106. 107.

er sich beruft, missverstanden, und auf den ganzen Fisch das bezogen, was GARDEN von der Flosse sagt.[1]

Man kann sich, wie ich hinzufügen will, von der Bewegungsart des Zitteraales eine Vorstellung verschaffen, wenn man sich im Frühjahr reife Spermatozoïden aus den Hoden eines Tritons ansieht. Der lange Schwanz solchen Samenfadens trägt bekanntlich eine trapezförmige Krause, deren Erscheinungsweisen, so mannigfaltig und lange räthselhaft wie die der Saturnsringe, von POUCHET[2] und CZERMAK[3] zergliedert und gedeutet wurden. Die Krause ist ein vollkommenes Analogon der Afterflosse des Zitteraales, und die Bewegungen der Samenfäden der Tritonen geschehen ganz nach demselben Princip wie die unseres Fisches, nur dass jene stets vorwärts schwimmen.

Dr. SACHS hat leider anzumerken vergessen, ob auch die anderen lebend von ihm beobachteten Gymnotinen (s. oben S. 99) ähnlich schwimmen, wie der Zitteraal. Ausser diesen giebt es noch andere Fische mit langen kielförmigen Flossen; doch kann man aus dem Vorkommen solcher Flossen nicht ohne Weiteres auf gleichen Gebrauch schliessen. Einer der bekanntesten damit versehenen Fische ist Muraena Helena, nur dass die Muräne die Flosse dem Rücken statt dem Bauch entlang trägt. Auf meine briefliche Anfrage über die Schwimmbewegungen der Muräne, welche ein steter Gast in den Aquarien der zoologischen Station zu Neapel ist (vergl. oben S. 95), antwortete Hr. Prof. DOHRN: „dass „Muraena ebenso wie wohl die meisten Fische hauptsächlich durch Be-„wegungen der Körpermusculatur schwimmt, dass die Flosse wohl secun-„dären Antheil daran nimmt, aber keine Spur von Aehnlichkeit mit der „undulirenden Bewegung der Gymnotusflosse zeigt, wie mein Brief sie „beschreibe.“ Prof. DOHRN kennt keinen Fisch, der mit solcher Wellenbewegung einer krausenartigen Flosse auskäme. Ein Grund, weshalb vielleicht die Muräne ihre Flosse nicht so braucht wie der Zitteraal, wird sich uns ergeben, wenn wir jetzt die Bewegungen des Zitteraales etwas genauer zergliedern, und auf ihre Ursache zurückführen.

Jeder unendlich schmale senkrechte Streif der wagerecht gedachten Zitteraal-Flosse pendelt um seine Anheftung, aber die verschiedenen

---

[1] Histoire naturelle des Poissons. Paris, l'an VIII etc. (1800). T. II. p. 154. 155. 168.

[2] Comptes rendus etc. 1845. t. XX. p. 1341.

[3] JOH. NEP. CZERMAK, Gesammelte Schriften. Bd. I. Abth. I. Leipzig 1879. S. 17. — Auch an den Spermatozoïden der Cypriden oder Süsswasser-Ostrakoden hat Hr. W. ZENKER eine ähnliche Bildung und Bewegungsart beschrieben (Anatomisch-systematische Studien über die Krebsthiere [Crustacea]. Berlin 1854. S. 51 ff. Taf. II. B.)

Streife befinden sich zur selben Zeit in verschiedenen Phasen. Die Phase ändert sich stetig der Flosse entlang.[1] Der Abstand zweier in gleichen Phasen befindlichen Streife, oder die Wellenlänge λ der Flosse, ist um so grösser, je langsamer die Streife pendeln. Ist τ die Dauer einer einfachen Schwingung eines pendelnden Streifes, so besteht zwischen λ und der Geschwindigkeit v, mit welcher die Welle der Flosse entlang läuft, die bekannte Relation $\lambda = 2\tau . v$. Weder v noch λ sind bisher näher beobachtet.

Man stelle sich einen Cylindermantel mit der Anheftungslinie der Flosse zur Axe vor. Der Durchschnitt solchen Cylindermantels mit der undulirenden Flosse ist éine Curve doppelter Krümmung, welche beispielsweise, wenn die Streife als Pendel schwängen und verschwindend kleine Ausschläge machten, sich einer ebenen Sinuscurve nähern würde. Die Wellenberge und Thäler der Curve verschieben sich nach hinten oder nach vorn, je nachdem von drei benachbarten Streifen der hintere oder der vordere dem mittleren in der Phase folgt.

Nun ist sichtlich gleichgültig, ob die Verschiebung der Berge und Thäler durch den Phasenunterschied der pendelnden Streife geschieht, oder indem man sich die Flosse in der Gestalt, welche ihr in einem gegebenen Augenblick zukommt, erstarrt und der Axe mit der Geschwindigkeit v entlang geführt denkt. Die Bewegung der in Wellenform erstarrten Flosse kann man dann noch durch die entgegengesetzte des Wassers ersetzen.

So sieht man am leichtesten, wie die nach hinten laufenden Wellen den Zitteraal vorwärts treiben, da die aus der Schräge der nach hinten drückenden Flächen hervorgehenden auf die Axe senkrechten Componenten auf der einen und der anderen Seite sich aufheben, wenn die Wellenlänge in die Länge der Flosse aufgeht, anderenfalls eine um so kleinere seitliche Componente übrig bleibt, je kleiner die Wellenlänge im Vergleich zur Länge der Flosse.

Bei Anwendung dieser Theorie auf den Zitteraal ist zu bemerken, dass die Flossenstrahlen den pendelnden Streifen nicht völlig entsprechen, insofern sie nach hinten abwärts steigen (Fig. 4 und 6). Dadurch wird eine unwesentliche Verwickelung herbeigeführt, welche ohne gleichzeitige Beobachtungen zu erläutern der Mühe nicht lohnt.

Die Muskelaction durch welche das Unduliren der Flosse zu Stande kommt, dürfte in Folgendem bestehen. Ueber dem kleinen Organ, und unter der streifigen Hautgegend, liegt jederseits eine doppelte Muskel-

[1] Dr. Sachs sagt nicht, wie sich die undulirende Bewegung an Flossen mit einem oder mehreren Einschnitten (s. oben S. 11) gestaltet. Wahrscheinlich läuft die Welle ungestört über die Lücke fort.

schicht, deren Bündel von oben und vorn nach unten und hinten verlaufen, so dass die Flossenstrahlen mehr oder minder in ihrer Fortsetzung liegen.[1] Bei ihrer Zusammenziehung werden diese Bündel die Flossenstrahlen, an welche sie sich ansetzen, seitwärts bewegen, so dass sie die oben als Pendeln bezeichnete Ausweichung erzeugen. Denkt man sich, dass auf beiden Seiten des Fisches Contractionswellen diesen Muskelschichten mit gleicher Geschwindigkeit entlang laufen, so dass zusammengezogene Strecken mit erschlafften abwechseln, dass aber einer zusammengezogenen Strecke rechts eine erschlaffte links entspricht und umgekehrt, so wird die Flosse in der beschriebenen Art unduliren.

Eine ähnlich angeordnete Musculatur ist denn auch Bedingung dafür, dass ein mit langer, kielförmiger Flosse versehener Fisch so schwimmen könne, wie der Zitteraal. Vermuthlich fehlt es der Muräne an solcher Muskelschicht, und ihr dient die Flosse nur als Kiel, d. h. zur Vergrösserung der Seitenfläche. Wahrscheinlich ist die Muränenflosse dann auch nicht trapezförmig. In der zoologischen Station zu Neapel wird es leicht sein, sich über diese Punkte Gewissheit zu verschaffen.

Die Bedeutung der Zwischenmuskelschicht beim Zitteraal (s. oben S. 28) bleibt vorläufig unaufgeklärt. Dagegen die zwischen den kleinen Organen in der Sagittalebene des Zitteraales gelegenen Muskeln[2] richten wohl die Flossenstrahlen auf. Für den Fall, dass die Flosse undulirt, wird dadurch ihre Wirkung verstärkt; für den Fall, dass die Flosse, wie es von der Muränenflosse angenommen wurde, als ein die Seitenfläche vergrössernder Kiel gebraucht werden soll, erhält sie durch jene Muskeln, in Verbindung mit der gleichzeitigen Wirkung der sonst das Pendeln bewirkenden Muskeln beider Seiten, die hinlängliche Steifigkeit. Denn dass bei lebhafteren Schwimmbewegungen, energischer Flucht oder Verfolgung, die Zitteraale auch Schlängelung des ganzen Schwanzes zu Hülfe nehmen, ist wohl nicht zweifelhaft; anderenfalls wäre die mächtige Schwanzmusculatur so gut wie überflüssig, und müsste verkümmern. Auf dem Trocknen schlängeln sich die Zitteraale nach Art gemeiner Aale, und in den Händen sind sie, abgesehen von den Schlägen, also auch mit Kautschukhandschuhen (s. unten § XVII. 3), gleich Aalen schwer zu halten.

Garden bemerkt, was seitdem nicht wieder beobachtet wurde und sehr sonderbar klingt, dass der Zitteraal wie ein Wurm seine Länge ansehnlich verändert. Der längste der von ihm untersuchten Fische verkürzte sich von 3′ 8″ (engl.) = 112^{cm} auf 3′ 2″ = 97^{cm}, fast um ein Siebentel.[3]

---

[1] S. oben S. 28, Fig. 10; — vergl. Hunter, l. c. p. 406. DD. pl. II. L; — III. DD.

[2] S. oben Fig. 10. [3] Philosophical Transactions etc. 1775. P. I. p. 106.

§ XIV. Nahrungsaufnahme des Zitteraales.

Die Frage nach der Nahrungsaufnahme des Zitteraales tritt natürlich sehr in den Vordergrund, wenn es sich darum handelt, ihn in der Gefangenschaft längere Zeit am Leben und bei Kräften zu erhalten.

Im Freien scheinen die Zitteraale ausser Fischen besonders Süsswasser-Crustaceen zu fressen; und dasselbe Futter reichte ihnen Dr. Sachs. Es sah sie begierig lebende kleine Fische, Krebse und Krabben,[1] sowie mancherlei Insecten, namentlich Heuschrecken, verschlingen. Sie verfolgten das Opfer, lähmten es durch elektrische Schläge, und verschluckten es mit einer heftigen Saugbewegung, wobei ein knallendes, weithin hörbares Geräusch entstand;[2] ein Schnalzen also, denn so nennen wir einen durch Saugen mit der Zunge erzeugten Knall. Schon Bancroft sagt a. a. O.: „Schlürfen ist die gewöhnliche Art, wie er seine Speise zu sich „nimmt.“ Als „rasche Saugbewegung“ habe auch ich die Art beschrieben, wie die Zitterwelse ihre Beute verschlingen,[3] und desselben Ausdruckes bedient sich Hr. Babuchin.[4] Möglicherweise schlucken so auch andere Fische, nur dass man sie minder genau beobachtete. Doch wäre auch denkbar, dass, da Zitterfische ihre Beute vor dem Verschlingen betäuben, und sie nicht mehr mit den Zähnen zu packen brauchen, sondern gemächlich verschlingen können, sie sich diese besondere Art des Schluckens angewöhnt haben.

Als Dr. Sachs zu zehn Zitteraalen in der Canoa (s. oben S. 104) fünfzehn lebende Fischchen warf, erfolgte ein Auftritt wie in meinem Versuche mit den Zitterwelsen, Schleien und Schlammpitzgern,[5] nur dass die Zitteraale schneller als die Welse unter ihren unfreiwilligen Gästen aufräumten. In Zeit von vier Minuten waren sämmtliche Fische todt, einige verschluckt. Der erste Schlag schien zur Tödtung nicht hinzureichen. Uebrigens schlugen die Aale meist nur zur Abwehr, durch die Berührung der zappelnden Fische gereizt, und schwerlich thaten sie ihr Aeusserstes. Anderen Tages trieben noch sieben todte Fische umher, und mussten entfernt werden.

---

[1] s'Gravesande nennt „Kleine Krabbetjes“ das gewohnte Futter des Zitteraales (L. c. p. 375), Bancroft auch Erdwürmer und Schaben (Blatta) (A. a. O. S. 122). — Henry Collins Flagg schreibt aus Essequibo: „Its common food is shrimps or any small fish.“ (Transactions of the American Philosophical Society held at Philadelphia etc. vol. II. 1786. 4°. p. 172.)

[2] Llanos, S. 165. 280.

[3] Ges. Abh. Bd. II. S. 606. [4] Archiv u. s. w. 1877. S. 251.

[5] Ges. Abh. Bd. II. S. 608.

In San Fernando und Bolivar fütterte Dr. SACHS seine Zitteraale ausser mit kleinen Fischen mit einer durchsichtigen kleinen Garnele, Palaemon amazonicus HELLER, *Camaron* (Gammarus) der Creolen, die im Orinoco und seinen Nebenflüssen in ungeheurer Menge vorkommt, und zu einer gewissen Zeit des Jahres eine beliebte Speise abgiebt. Knaben fingen diese Thiere, indem sie grosse aus Blättern geflochtene Kränze am sandigen Ufer schnell in seichtes Wasser senkten und sofort wieder herauszogen. Fast stets blieben daran einige Krebse hängen. Warf man Krebse in den Behälter, so begannen die Zitteraale sofort Jagd auf sie zu machen. Meist reichte ein elektrischer Schlag aus, ihnen das Opfer zu überliefern. Manchmal gelang es diesem, sich im Sprung über die Wasserfläche zu erheben. Dann schwang sich nicht selten auch der Zitteraal aus dem Wasser und erhaschte seine Beute in der Luft.[1]

Auch die in Edinburgh geöffneten Zitterwelse vom Old-Calabar-Strom enthielten Reste kleiner Süsswasser-Crustaceen.[2] Dass Dr. SACHS den Schlag der Zitteraale Krebse und Krabben lähmen sah, interessirt wegen der im vorigen Jahrhundert verbreiteten, übrigens schon von mir durch Versuche an Krebsen widerlegten Fabel, dass diese Thiere gegen den Schlag immun seien.[3]

Wie schon oben S. 84 berichtet wurde, halten die Zitteraale viele Wochen ohne jede Nahrung aus. Unbegrenzt gefüttert, sind sie dafür auch unersättlich.[4] Lange ohne Nahrung gebliebene Thiere fressen sich, wenn die Gelegenheit kommt, so voll, dass ihre Leibeshöhle eine halbkugelförmige Geschwulst bildet,[5] und der Miniaturbauch zu platzen droht.[6] Nach GARDEN kann ein Zitteraal von 3′ (engl. = 91 ^{cm}) Länge und darüber keinen Fisch von über 3″, höchstens $3^1/_2$″ (7.6—8.9 ^{cm}) Länge verzehren.[7] Doch erbrachen frisch gefangene Zitteraale einmal auf dem Wege nach Calabozo grosse Stücke Fisch, welche von 15 ^{cm} langen *Coporos*

---

[1] Llanos, S. 280. 337.

[2] Ges. Abh. Bd. II. S. 606.

[3] Ges. Abh. Bd. II. S. 641. — Den Quell dieser Fabel habe ich seitdem bei GRONOVIUS gefunden, in dessen ich weiss nicht von wem beantwortetem Fragebogen es heisst, dass, während alle anderen Thiere ihm erliegen, die Squilla, also eine Art Krabbe, dem Zitteraal tödtlich werde (Acta Helvetica, Physico- etc. medica etc. vol. IV. Basileae 1760. 4°. p. 34). — Von dort ist diese sonderbare Angabe übergegangen in MUSCHENBROEK's Introductio ad Philosophiam naturalem. t. I. Lugduni Batavorum 1762. 4°. p. 290, in GARN's (LANGGUTH's) Abhandlung De Torpedine Recentiorum Genere Anguilla etc. Wittenbergae 1778. 4°. p. 20, und in andere Schriften jener wenig kritischen Zeit.

[4] Llanos, S. 280.

[5] Llanos, S. 338.

[6] Reisebriefe, a. a. O. S. 93.

[7] Philosophical Transactions etc. For the Year 1775. P. I. p. 110.

(Prochilodus brama VAL.) herzurühren schienen. Die Excremente des Zitteraales sind nach GARDEN nicht dicker als die Federspule eines Haushuhns.[1]

Eine andere Frage ist, wie man die Zitteraale füttern könne, wenn es, beispielsweise auf hoher See, unmöglich ist, ihnen ihre natürliche Kost zu schaffen. Die Rathschläge darüber lauten verschieden. Dr. SACHS' Zitteraale verzehrten nie Fleisch oder Brod; das einzige nicht Lebendige, was sie gelegentlich frassen, waren todte Fische.[2] Daher er seine Fische auf der Reise von Bolivar hierher hungern lassen musste (s. den folgenden Paragraphen). Dagegen sagt schon der Beantworter von GRONOVIUS' Fragebogen: „Omnigenos devorat pisces, vermes, *intestina animalium*, *imo et panem*."[3] GARDEN nennt ausser Fischen und Würmern „any animal food, if it is cut small, so that they can swallow it."[4] HUMBOLDT, welcher FARADAY brieflich Anleitung zum Transportiren und Halten der Zitteraale gab, räth ebenfalls, sie ausser mit kleinen Fischen, mit gekochtem Fleisch und Brod zu füttern, und warnt nur ausdrücklich vor gesalzenem Fleisch.[5] Endlich JOHN SAMO, der auch solche Anleitung verfasste, empfiehlt sogar die Fische mit aufgeweichtem gut gewässertem Holländischem Stockfisch zu füttern, der zerzupft in das Wasser ihres Behälters zu werfen sei. Auch er warnt gegen Gesalzenes.[6]

Mir, oder vielmehr unserem verstorbenen vortrefflichen Wärter GRAFF gelang es, die Zitterwelse, deren natürliche Kost sichtlich dieselbe ist wie die der Zitteraale, mit Streifen Rindfleisch zu füttern, welche nach Farbe, Grösse und Gestalt Regenwürmern (Lumbricus terrestris) glichen.[7] Frei-

[1] L. c. p. 105. [2] Llanos, S. 280.

[3] Acta Helvetica, physico- etc. medica etc. vol. IV. Basileae 1760. 4°. p. 34.

[4] L. c. p. 109.

[5] FARADAY, Experimental Researches etc. L. c. p. 3. § 1753.

[6] Vergl. oben S. 95. Anm. 6; — The Transactions and the Proceedings of the London Electrical Society, from 1837—1840. London 1841. 4°. p. 163. 164. 189. 197.

[7] Ges. Abh. Bd. II. S. 606. — Neuerlich hat Hr. A. B. STIRLING in Edinburgh eine sonderbare Gewohnheit eines Zitterwelses beschrieben, welcher im Juli 1864 mit drei anderen Fischen aus Westafrika in Prof. GOODSIR's Hände gelangte. Diese Fische waren aus Old-Calabar (wohl aus Creek-Town am Old-Calabar-Strome) von dem dortigen Missionar Hrn. BAILLIE, nach Schottland geschickt worden, und also gleichen Ursprunges mit den von GOODSIR mir übergebenen Zitterwelsen (Ges. Abh. Bd. II. S. 604). Bei näherer Untersuchung ergab sich, dass der eine Fisch kein Malopterurus war, sondern ein nicht elektrischer Siluroïde, Clarias Xenodon. Von den drei Zitterwelsen starben die beiden grösseren im Herbst oder Winter darauf im botanischen Garten von Edinburgh. Der in Rede stehende Fisch dagegen, welcher nur fünf Zoll lang war, lebte unter Hrn. STIRLING's Pflege fort, merkwürdigerweise in Einem Behälter mit dem Clarias, während sonst die Zitterwelse unverträglich sind (s. oben S. 103).

lich hatten die Thiere monatelang gehungert. Ich bin danach geneigt zu glauben, dass Dr. SACHS' Zitteraale noch nicht hungrig genug waren, um sich zu künstlicher Ernährung zu bequemen; und künftig dürfte es, wie auch HUMBOLDT empfiehlt, rathsam sein, nur solche Zitteraale zu verschiffen, die sich schon in der Gefangenschaft an eine auf See leicht fortzusetzende Fütterung gewöhnt haben.

Der Zitteraal der *Adelaide Gallery* lebte vom März 1838, wo er gefangen worden war, bis zum 19. October, wo er vier kleine Fische erschlug und frass, ohne Nahrung. Der Vorsteher der Anstalt BRADLEY liess, um dem Fisch Nahrung zuzuführen, Nachts etwas Blut in seinen Behälter thun, dessen Wasser morgens erneuert wurde. Ob diese Maassregel etwas nützte, ist unbekannt.[1]

§ XV. Transport von Zitteraalen.

Da die Zitteraale sich so gut in die Gefangenschaft schicken, nicht allzugrosse Kostverächter sind, und, als luftathmend, einer geringen Wassermasse bedürfen, so scheint es als müssten sie auch leicht zu transportiren sein, und doch stösst man dabei auf eine grosse Schwierigkeit. Bei ihrer schuppenlosen, weichen Haut erleiden die Thiere äusserst leicht Abschürfungen, an welchen sie, auch wenn sie den Transport überleben, fast unfehlbar bald zu Grunde gehen. Solche Hautstellen nehmen ein weisses Aussehen an, und bedecken sich mit einer Pseudomembran, welche, wie das Mikroskop lehrt, aus Fadenpilzen, Saprolegnien PRINGSHEIM, besteht.

Der Clarias fing gegen Ende August an in den Behälter geworfene Würmer zu fressen, ja er lernte sie (wie einer meiner Zitterwelse [Ges. Abh. Bd. II. S. 606]) aus Hrn. STIRLING's Hand nehmen. Den Zitterwels sah man nicht fressen. Eines Tages aber bemerkte Hr. STIRLING, dass beide Fische schnell im Kreise schwammen, der Zitterfisch um etwa seine Länge hinter dem Clarias her. Plötzlich fuhr der Malopterurus dicht am Clarias vorbei; dieser hielt in seiner Bewegung inne und entleerte seinen Mageninhalt, den der Zitterwels verschlang. Derselbe Vorgang wurde noch öfter, auch von GOODSIR, beobachtet. Die beiden Fische lebten so neun Monate zusammen, bis der Clarias eines Morgens todt auf dem Fussboden gefunden wurde. Seines „Vorkauers" beraubt, nahm nun der Zitterwels keine Nahrung mehr zu sich; er ging etwa vier Monate später durch einen Fehler des Thermoregulators zu Grunde (The Journal of Anatomy and Physiology, Normal and Pathological. Conducted by HUMPHRY, TURNER, M'KENDRICK and CREIGHTON. London and Cambridge, April 1879. Vol. XIII. P. III. p. 350). Hr. STIRLING scheint als gewiss anzusehen, dass der Zitterwels den Clarias durch einen elektrischen Schlag zum Erbrechen zwang. Schade, dass er keinen Froschwecker aufstellte.

[1] FARADAY, Experimental Researches etc. L. c. p. 4. § 1755.

Thiere in diesem Zustande zeigen die oben S. 98 beschriebene mühselige, schnappende Athmung, halten sich mit dem Kopf beständig an der Wasseroberfläche,[1] und werden am besten geopfert, so lange sie noch zu etwas gut sind, und ehe man sie todt findet. Bei der oft zur Schwere der Erkrankung in gar keinem Verhältniss stehenden Kleinheit der Verletzungen wird man an diphtheritische Vergiftung erinnert. Uebrigens ist dies keinesweges ein die Zitteraale allein bedrohender Zufall, sondern die unsere Süsswasseraquarien bewohnenden Fische überhaupt sind einer solchen Infection ausgesetzt, welche, wie ich höre, die Seefische verschont.

Auf diese Weise büsste Dr. Sachs die acht Zitteraale ein, die er von Calabozo bis nach Camaguan am Rio Portugueza durch die Steppe zu bringen versuchte, von wo er bis Bremerhafen Wasserstrasse vor sich sah. Er hatte zu diesem Zweck mit grossen Kosten eine hölzerne Kiste von $4^1/_2$ Fuss (141^{cm}) Länge, $2^1/_2$ Fuss (78^{cm}) Breite und $1^1/_2$ Fuss (46^{cm}) Höhe anfertigen lassen, welche mittels eines durchlöcherten Deckels wohl verschliessbar und an den vier Ecken mit Handhaben zum Tragen versehen war. An den vier senkrechten Wänden der Kiste war in 1″ (25^{mm}) Entfernung vom Holze Leinwand ausgespannt, deren Elasticität die Stösse mildern sollte.[2] Vergebens; die viertägige Fahrt auf einem zweirädrigen, federlosen Karren durch die verbrannte, von Hitze klaffende Steppe auf heillosen Wegen tödtete seine Zitteraale.[3] Sie zeigten sämmtlich an Kopf und Schwanz die bekannte weisse Färbung.

Dagegen ertrugen sechs kleine, im Bongo (s. oben S. 94) gefangene Zitteraale, durch welche es Dr. Sachs in San Fernando gelang, die gestorbenen zu ersetzen,[4] sehr gut die durch die gewaltigen Wellen des Orinoco's verursachten Schwankungen eines kleinen Stromfahrzeuges auf der Fahrt von San Fernando nach Bolivar, und ebenso alle Fährlichkeiten der weiteren Stromreise und der Seereise von Bolivar bis Bremerhafen, einschliesslich des dreimaligen Dampferwechsels in Port of Spain auf Trinidad, in St. Thomas und in Southampton. Nur etwa alle vier Tage wurde das Wasser, welches durch den Aufenthalt der Thiere schleimig wird (s. oben S. 102), erneuert, jedesmal im Betrage von acht Schiffseimern; und dies schien vollkommen zu genügen. Erst wenige Tage vor der Ankunft in Southampton starb der kleinste Fisch, wie Dr. Sachs vermuthet, vielleicht doch in Folge des vierwöchentlichen Fastens. Die übrigen schienen unversehrt; als einige Goldfische in die Kiste geworfen wurden, schwammen sie ihnen mit sichtlichem Interesse nach, schienen aber durch

[1] Llanos, S. 252.
[2] Llanos, S. 229. 253; — Reisebriefe, a. a. O. S. 89. 90.
[3] Vergl. oben S. 80. Anm.; — Llanos, S. 252. — Reisebriefe, a. a. O. S. 90.
[4] Llanos, S. 280. 296; — Reisebriefe, a. a. O. S. 90. 93.

ihr fremdartiges Ansehen von näherer Bekanntschaft abgeschreckt zu werden. Nur ein Goldfisch wurde schliesslich verzehrt. Auf ihr elektrisches Vermögen prüfte Dr. Sachs die Fische nicht, um sie nicht unnütz zu ermüden.[1]

Die Reise von Bremerhafen nach Berlin war es, welche binnen wenigen Stunden Dr. Sachs um die Frucht monatelanger Mühen brachte. In bester Absicht handelnd trug ich vielleicht zu diesem schlimmen Ausgang bei. Ich hatte die Bremer Zollbehörde ersucht, Dr. Sachs nach Möglichkeit Erleichterungen zu gewähren. Die Behörde entsprach meinem Wunsche mit der dankenswerthesten Bereitwilligkeit, und so kam es, dass Dr. Sachs, ohne sich viel zu besinnen, vom Dampfer fast unmittelbar auf die Eisenbahn überging. Die Eisenbahnfahrt während einer Nacht wurde den Zitteraalen so verderblich wie die viertägige Steppenreise im Maulthierkarren.

Nach der Ankunft in Berlin, wo sie in meinem alten Zitterwels-Aquarium[2] untergebracht wurden, lebten die Thiere zwar noch, waren aber mit Wunden und Abschürfungen bedeckt. Sie athmeten in der oben S. 98 geschilderten Weise mühsam und saugend, indem sie, auf den Schwanz gestützt, fast senkrecht im Wasser standen, und starben sämmtlich im Lauf von drei Tagen.[3]

Als das Unglück geschehen war, konnte man sich freilich sagen, was man besser gethan und gelassen hätte. Es wäre vorsichtiger gewesen, zunächst nur mit Einem Thiere den Versuch der Ueberführung nach Berlin zu machen, und wenn er schlecht ausfiel, mit den übrigen die Wasserstrasse über Hamburg die Elbe, Havel und Spree hinauf einzuschlagen. Der Rath von Vorstehern öffentlicher Aquarien, welche fortwährend ähnliche und schwierigere Aufgaben lösen, hätte zuerst gehört werden sollen. Auf alle Fälle musste die Kiste mit den Fischen im Eisenbahnwagen hängen statt zu stehen. Im hängenden Goldfischbecken haben wiederholt Zitterwelse, welche auch schuppenlos sind, längere Eisenbahnfahrten ohne Schaden überstanden.[4] Hr. Babuchin hat wiederholt glücklich Zitterwelse aus Aegypten nach Moskau gebracht.

Das Jahr 1878, welches uns Dr. Sachs selber entriss, zeigte sich auch sonst der Erforschung der Zitteraale durch deutsche Gelehrte nicht hold. Dr. Sachs hatte in Bolivar Verbindungen angeknüpft, um die Sendung lebender Zitteraale hierher zu vermitteln.[5] Kurz nach Dr. Sachs'

[1] Llanos, S. 338.
[2] Ges. Abh. Bd. II. S. 605.
[3] Llanos, S. 339.
[4] Ges. Abh Bd. II. S. 606. 607.
[5] Llanos, S. 339. 340.

Tode traf aus Bolivar die Nachricht ein, dass bei einem Speicherbrande die zur Einschiffung nach Berlin bereitstehenden Zitteraale in den Flammen umgekommen seien, und dass, bei veränderter Geschäftslage, vorläufig auf keine Sendung zu hoffen sei.[1]

Man empfindet einige Beschämung, dass schon im vorigen Jahrhundert und in der ersten Hälfte des jetzigen bei viel unvollkommeneren Verkehrsmitteln die Ueberführung des Zitteraales nach Europa und nach Nordamerika mehrmals glückte, und dass sie in unserem Falle misslang. Doch wurden damals die Zitteraale nur nach Seeplätzen, London, Charleston, Philadelphia, Stockholm, Neapel gebracht, während vorzüglich der Landtransport es ist, der Schwierigkeiten macht. 1822 erreichte allerdings ein Zitteraal lebend den *Jardin des Plantes*, starb aber bald.[2] Kurz nach Dr. SACHS' verunglücktem Versuch wurde, wie er erzählt, in Frankreich eine ähnliche Erfahrung gemacht. Man hatte eine Sendung Zitteraale glücklich in Bordeaux gelandet, auf der Eisenbahnfahrt nach Paris gingen sie zu Grunde.[3] Neuerlich ist indess Hr. MAREY in den Besitz zweier Zitteraale nach einander gelangt, welche aus dem Pará-Strome stammten. Wie sie von der See nach Paris geschafft wurden, ward nicht bekannt.[4]

Auf einen eigenthümlichen Unfall, der sich beim Transport von Zitteraalen ereignen kann, ist es vielleicht nicht unnütz, aufmerksam zu machen. Es kann kommen, dass die den Behälter tragende Mannschaft durch dessen Wände hindurch Schläge erhält, so dass sie den Behälter

---

[1] Monatsberichte der Berliner Akademie. 1879. S. 112.

[2] Vergl. DELLE CHIAIE, l. c. p. 90. — HUMBOLDT spricht von diesem Zitteraal in den Anmerkungen zu den „Ansichten der Natur", 3. Aufl. 1849. Bd. I. S. 226, und in dem Brief an FARADAY über Transport von Zitteraalen (Experimental Researches. L. c. p. 3. § 1753). Seiner Meinung nach ging der Fisch an Ueberanstrengung zu Grunde, doch war HUMBOLDT geneigt, die erschöpfende Wirkung der elektrischen Thätigkeit zu übertreiben (s. oben S. 90, unten § XXXV. 1). Ich habe vergeblich nach anderen Notizen über diesen Zitteraal gesucht. Möglicherweise wurde nach ihm die Abbildung im Atlas des *Règne animal* (s. oben S. 4. Anm. S. 8) angefertigt.

In seinem Brief an FARADAY sagt HUMBOLDT: „MM. NORDERLING and FAHLBERG retained them alive at Paris above four months." Dies ist nicht richtig. Der von FAHLBERG beobachtete Zitteraal wurde von einem Schiffscapitän aus Surinam dem Justiziarius NORDERLING nach Stockholm, nicht nach Paris, gebracht, und lebte dort vierzehn, nicht vier Monate, wie fälschlich in GILBERT's Annalen u. s. w. Bd. XIV. S. 416 steht, und vermuthlich von dort an viele andere Stellen übergegangen ist (s. oben S. 10).

[3] Llanos, S. 339. Anm. — Ich habe den Quell dieser Nachricht nicht auffinden können.

[4] Comptes rendus etc. 17 Février 1879. t. LXXXVIII. p. 318; — 13 Octobre 1879. t. LXXXIX. p. 630.

fallen lässt. Auf diese Art verlor ROBERT SCHOMBURGK beim Landen in Southampton einen glücklich bis dahin gelangten Zitteraal.[1]

Was den von einzelnen hier in Gefangenschaft gehaltenen Fischen zu erwartenden Nutzen betrifft, so habe ich mich immer schon dahin ausgesprochen, dass man ihn sich grösser denkt, als er meist sein kann.[2] „Man stelle sich vor", sagte ich, „es handele sich um Untersuchung von „Nerv und Muskel, und man sei auf Ermittelung dessen beschränkt, was „an zwei, drei unversehrten Fröschen sich herausbringen liesse." Wenn es aber, als GOODSIR mir vor dreiundzwanzig Jahren die westafrikanischen Zitterwelse anvertraute, noch zahlreiche Fragen gab, welche im Laboratorium an wenigen, möglichst zu schonenden Fischen beantwortet werden konnten, so ist der Kreis solcher Fragen seitdem sehr eingeengt. Nach langer Gefangenschaft getödtete, vollends gestorbene Fische taugen nicht einmal sicher zur histologischen Untersuchung, geschweige dass man an wenigen herabgekommenen Thieren entwickelungsgeschichtliche Aufschlüsse sich versprechen dürfte. Natürlich wird es stets vom höchsten Interesse sein, diese wunderbaren Geschöpfe in unseren Aquarien zu beherbergen. Allein der fernere Fortschritt unseres Wissens von den Zitterfischen ist vorzugsweise an deren Untersuchung in der Heimath geknüpft. Nicht auf das Herschaffen lebender Zitteraale müssen deshalb unsere Wünsche in erster Linie gerichtet sein, sondern darauf, dass bald ein Physiologe so allgemeiner Bildung wie Dr. SACHS dessen Werk in Calabozo fortsetze.

Findet sich aber die Gelegenheit, lebende Zitteraale herzubringen, so muss man zunächst suchen, eine möglichst grosse Zahl kleiner, etwa 40 ^{cm} langer Thiere zu erhalten, damit man einen Theil davon sofort rücksichtslos opfern dürfe. Zwar wird man an solchen Exemplaren keine Versuche über Reizung des Organs von den Nerven aus anstellen können, für Entscheidung einer ungemein wichtigen Klasse von Fragen, welche noch in der Schwebe geblieben sind, würden sie aber nicht bloss ausreichen, sondern sogar grossen Thieren vorzuziehen sein.

---

[1] RICH. SCHOMBURGK, Reisen in Britisch-Guiana u. s. w. 2. Th. S. 511. — Vergl. WILLIAM BRYANT, Transactions of the American Philosophical Society etc. L. c. p. 168, und JOHN SAMO, l. c. p. 188.

[2] Monatsberichte der Berliner Akademie. 1858. S. 94; — Ges. Abh. Bd. II. S. 612; — Archiv u. s. w. 1877. S. 86. — S. oben S. 82.

§ XVI. Fortpflanzung des Zitteraales.

1. Dr. SACHS' Untersuchungen am Geschlechtsapparat seiner Zitteraale.

Von den nicht auf die elektrische Function sich beziehenden Fragen über den Zitteraal giebt es keine interessantere, als die nach seiner Fortpflanzung, denn mit ihrer Beantwortung unmittelbar verknüpft ist die Möglichkeit, etwas über die Entwickelung der elektrischen Organe, und so vielleicht auch über deren Phylogonie, zu erfahren. In diesem Sinne hat Hr. BABUCHIN seine mühevollen Expeditionen nach Oberaegypten ausgeführt, um etwas über die Fortpflanzung des Zitterwelses herauszubringen. Nur die Einsicht in die fast unüberwindlichen Schwierigkeiten des Unternehmens ist bisher sein Lohn gewesen; und nicht besser ist es Dr. SACHS bei seinen auf das Fortpflanzungsgeschäft des Zitteraales gerichteten Bestrebungen ergangen.

„Der allgemeinen Ansicht zufolge", schrieb er mir am 6. Febr. 1877 aus Calabozo, „laichen die Gymnoten, wie alle anderen Fische hier „in der ersten Hälfte der Regenzeit, Mai-Juni.[1] Ein Fischer behauptete „positiv, um diese Zeit Eier in dem Leibe eines Tembladors gefunden „zu haben. Gegenwärtig sind die Geschlechtsorgane, der mikroskopischen „Analyse zufolge (unter zehn nach einander untersuchten Thieren „befand sich Ein Weibchen), im Zustande völliger Unreife; daher kann „an künstliche Befruchtung nicht gedacht werden. Sie werden fragen, „weshalb ich nicht meinen Aufenthalt bis zu jener Zeit ausdehne. Aber „aus verschiedenen Gründen ist dies nicht möglich. Das Land ist zu „jener Zeit schon weit überschwemmt, die Wege unpassirbar. Das würde „mich nicht abschrecken, wenn die Aussichten auf Erlangung von Embryonen günstig wären. Aber in den angeschwollenen Gewässern ist „der Fischfang ungeheuer erschwert, und die kleinen Embryonen, wo „soll man sie suchen? Stagnirende Sümpfe, wo die Gymnoten sicher zu „finden sind, existiren nur gegen das Ende der trockenen Zeit, wenn die „Caños zu fliessen aufhören, und Reste des Wassers an den tiefgelegenen „Stellen verbleiben. Mit dem Eintritt der Regenzeit communiciren sofort alle diese Lagunen mit den Strömen (Orituco, Guárico), und wer

[1] GUISAN's Angabe aus Cayenne, dass der Zitteraal im Januar laiche, ist danach eben so unwahrscheinlich, wie die, dass man das Männchen mit dem um ein Drittel kleineren Weibchen oft in solchem Verkehr sehe, „ut ova putes jam in ovariis fecundari" (L. c. p. 8).

„wird in diesen Strömen, die dann meilenweit die Savanne bedecken, die „kleinen Thierchen suchen wollen?“[1]

Von dem Zustand der Llanos während der Regenzeit hat HUMBOLDT in den „Ansichten der Natur“ ein grossartiges, aber für den Naturforscher, der dort arbeiten möchte, in der That nicht ermuthigendes Bild entworfen.[2]

Die einzige Aussicht, Embryonen zu erlangen, bot der Versuch einer künstlichen Befruchtung, die ja in neuerer Zeit bei der künstlichen Fischzucht in grösstem Maassstabe betrieben wird:[3] wie gering auch die Hoffnung war, die Entwickelung bis zu einem für die Entstehung der elektrischen Organe lehrreichen Stadium zu verfolgen. Dr. SACHS hat solchen Versuch gemacht. Die im December untersuchten Weibchen hatten Eierstöcke von durchaus unreifer, reducirter Beschaffenheit. Die am 19. Februar gefangenen Thiere dagegen hatten ein so aufgetriebenes Abdomen, dass Dr. SACHS' creolischer Begleiter sie für *preñados*, trächtig, erklärte. Wirklich zeigten sich die Eierstöcke bedeutend vergrössert, 15^{cm} lang und entsprechend dick. Aus einem Einstich quollen Eier hervor, welche zum Theil völlig reif aussahen. Auch am unverletzten Thiere liess leiser Druck auf den Bauch die Eier aus dem sehr deutlichen, mit wallartigen Rändern umgebenen Geschlechtsporus hervortreten, was bekanntlich bei Fischen ein wesentliches Kriterium der Eireife ist.[4] Sofort legte Dr. SACHS Eierstöcke und Eier in eine Tortuma-Schale[5] mit Wasser, und ordnete den Fang weiterer Thiere an, um wo möglich eines Männchens habhaft zu werden. Er schnitt wohl noch acht Fische auf, aber wie durch ein Verhängniss fanden sich nur Ovarien.[6] Dies war der oben S. 85 erwähnte Fall der Trennung der Zitteraale in Banden von einerlei Geschlecht.

Bei einem der weiblichen Zitteraale zeigten sich die Eierstöcke auffällig hart. Die Rinde bestand aus normalen Eiern, im Inneren fand sich ein grosser, ellipsoïdischer, harter Klumpen, der aus concentrischen ver-

---

[1] A. a. O. S. 86.

[2] A. a. O. S. 30 ff.

[3] Llanos, S. 253.

[4] Llanos, S. 230. 231; — Vergl. Reisebriefe. a. a. O. S. 89.

[5] Die holzige Schale der Frucht des Tortumabaumes, Crescentia Cujete LINN. Llanos, S. 98. 137.

[6] Puella quaedam ex indigenis, adstans in piscatorum turba et cl^{mi} viri experimenta attendens, ova dum e poro genitali Gymnotorum levi pressione emicare studiose observat, cum forte ex eorum uno ovorum loco liquor quidam viscosus albidus proflueret, clara voce exclamavit: *Este es macho!* (Iste mas est!) Ingens virorum risus cum exortus esset, misella divulgatae scientiae pudore correpta in vicinae silvae recessus aufugit: quominus erubesceret, nativus color obstitit.

schiedengefärbten Lagen einer völlig trockenen Substanz wachsähnlicher Consistenz bestand. Dr. Sachs vermuthet, dass dieser Tumor ein alter metamorphosirter Bluterguss war; mit dem Nachweis von Haematoïdin hielt er sich natürlich nicht auf.

Die zu Hause vorgenommene genauere Untersuchung der Eier, die durch ein Maschenwerk von losem Bindegewebe verbunden sind, ergab Folgendes: Sie hatten verschiedene Grösse, von $^1/_2$ bis 2^{mm}, was wohl auf nicht gleiche Reife zu beziehen ist. „Die Gestalt ist kugelförmig, „nur wenige erschienen etwas abgeflacht. Der Inhalt ist glashell, enthält „aber einen gelben Theil, der der Wand anliegt, wo ein „Pol zu vermuthen ist, mitunter nur als kleiner Fleck, bei „anderen fast das ganze Ei einnehmend, in der Regel je- „doch etwa so wie die Figur (39 *a*) zeigt. Dieser gelbe „Theil scheint ellipsoïdisch zu sein. Er besteht aus kugel- „förmigen, fettglänzenden durchschnittlich $6 \cdot 3\,\mu$ grossen „Dotterelementen. Im glashellen Theile des Ei-Inhaltes sind keine Form- „elemente sicher nachweisbar. Die Hülle, durch leichten Druck auf das „Deckglas gesprengt, ist äusserst zierlich granulirt (Obj. V, Oc. 1[1]); bei „einer gewissen Einstellung entsteht das an Pleurosigma erinnernde Netz „von Sechsecken, die jedoch nicht eine bestimmte gleichmässige Orien- „tirung haben, so dass das Netz gleichsam verzogen erscheint.“[2]

Fig. 39.

(Tagebuchskizze.)

Diese Beobachtungen lassen keinen Zweifel, dass die Zitteraal-Eier das von Johannes Müller[3] bei dem Barsch (Perca fluviatilis) entdeckte, von Hrn. Reichert[4] bei mehreren anderen Flussfischen verfolgte Verhalten zeigen, dass nämlich die secundäre Eihülle von Porencanälen durchbohrt ist, deren trichterförmige Mündungen in sechseckigen Facetten liegen. Diese Facetten betrachtet Hr. Reichert als Abdrücke der Zellen der Membrana granulosa des Eifollikels.

Anderen Tages hatten sich die Eier zum Theil verändert, aber nirgend im Sinne der Furchung, wie es bei sehr reifen Eiern auch ohne Befruchtung wohl zuweilen geschieht. „An Stelle des Dotterellipsoïds ist „bei einem Theile der Eier eine Scheibe, bald mehr weisslich, bald opak „gelb, getreten (Fig. 39 *b*). Andere hingegen zeigen noch das ursprüng- „liche Bild. Das Keimbläschen in der Dottermasse ist nicht nachweisbar,

[1] Vergrösserung 320.

[2] Der in Neapel am 28. Februar 1847 nach dreijähriger Gefangenschaft (er war am 19. März 1844 zu Rio Janeiro eingeschifft worden) gestorbene Zitteraal (s. oben S. 77) war weiblichen Geschlechtes, und seine Eier boten delle Chiaie „sommo incremento, non esclusa la vescichetta di Purkinje e la macchia proligera.“ L. c. p. 93.

[3] Müller's Archiv für Anatomie, Physiologie u. s. w. 1854. S. 186.

[4] Ebendas. 1856. S. 97.

„weder am intacten noch am gesprengten Ei. Es existirt wohl unzweifel-„haft. Weitere Veränderungen treten nicht ein.“

Am 2. März 1877 starb ein von einem früheren Fange herrührender Fisch, der schon zwei Tage unter den oben S. 98 geschilderten Zeichen gekränkelt hatte. Es war ein Männchen, „die Hoden aber noch so dünn, „schmächtig und derb anzufühlen, wie bei den zuerst beobachteten Thieren. „Die Schnittfläche des Hodens ist glatt, gelbröthlich, und lässt nur so „viel Flüssigkeit austreten, dass sie eben spiegelt. Ein mit der Rasir-„messerklinge abgeschabtes Tröpfchen weist unter dem Immersions-System „No. IX zahlreiche Blutkörperchen, zellige Gebilde von sehr „mannigfachen Formen und Dimensionen und viele, völlig „entwickelte Spermatozoïden auf, deren Kopf birnförmig „und etwa 1·0 bis 2·0 μ lang ist“ (Fig. 40). Spermatozoïden mit birnförmigem Kopfe waren meines Wissens bisher erst bei Cobitis bekannt.[1] Leider musste Dr. Sachs „das Fehlen jeder Bewegung, trotz der Flüssigkeit des „Mediums, constatiren. Auch nicht ein einziges von den zahllosen Ele-„menten bewegte sich.“ Unter diesen Umständen war die Aussicht auf das Gelingen künstlicher Befruchtung zu gering, um ihr eins oder mehrere der zur Ueberführung nach Berlin bestimmten Thiere zu opfern, da Dr. Sachs seine Abreise auf den 6. März festgesetzt hatte, und bis dahin nicht sicher auf Erlangung neuer Zitteraale zu rechnen war.

Fig. 40.

(Tagebuchskizze.)

Dieser Rücksicht wurde er nur zu bald durch den Tod der meisten seiner Zitteraale überhoben, die, wie wir oben S. 112 sahen, der Steppenreise erlagen. In Camaguan, am 10. März, schritt er zum Versuch.[2] Von den sechs Cadavern waren vier Weibchen, bei deren drei fand er die Eierstöcke strotzend von Eiern im beschriebenen Zustand. Bei dem vierten war der Eierstock dünner und enthielt nur gläsige Eier ohne den gelben Dotter. Zwei der Thiere waren Männchen, aber die Hoden noch im nämlichen Zustand wie der des am 2. März gestorbenen Fisches. Wie unter diesen Umständen zu erwarten, gab die künstliche Befruchtung nicht den geringsten Erfolg.

Ueber elf Wochen später, am 29. Mai, als der Regen schon täglich herabströmte, fand Dr. Sachs in Bolivar die Hoden eines frischgefangenen mittelgrossen Zitteraales scheinbar noch immer in demselben ruhenden Zustand. Aber auch an zwei männlichen Zitteraalen, und einem weiblichen, welche im August 1877 in Bolivar gefangen und nach Dr. Sachs

[1] Vergl. E. Leuckart, Artikel „Zeugung“ in Rud. Wagner's Handwörterbuch der Physiologie u. s. w. Bd. IV. Braunschweig 1853. S. 833.

[2] Llanos, S. 253; — Reisebriefe, a. a. O. S. 89.

Anweisung conservirt hieher geschickt wurden, waren die Geschlechtsorgane nicht im Zustand der für das Laichen nothwendigen Reife.

Dr. SACHS gelangt zum Schluss: „Ich bin daher genöthigt, bezüglich „der Zeit, in welche das jährliche Fortpflanzungsgeschäft der Zitteraale „fällt, auf meine ursprüngliche Annahme zurückzugreifen, wonach das Frühjahr, d. h. der Beginn der Regenmonate, die kritische Zeit ist. Ich er„wähnte bereits früher, dass ich im Februar die Gymnoten in Banden von „einerlei Geschlecht gesondert angetroffen habe und in den Ovarien der „weiblichen Thiere reife Eier fand. Es fehlt also nicht an einer that„sächlichen Grundlage für die obige Annahme.“[1]

Danach würden die Hoden des am 29. Mai in Bolivar geöffneten Fisches sich also schon in dem, auf das Fortpflanzungsgeschäft folgenden Involutionsstadium befunden haben. Anderenfalls müsste man dies Geschäft in die Zeit zwischen Ende Mai und Mitte August verlegen, was weder zu Dr. SACHS' sonstigen Wahrnehmungen, noch zu der übereinstimmenden Aussage der Llaneros passt, wonach die Laichzeit aller Fische der Llanosgewässer in den Anfang der Regenzeit fällt.

2. Gründe für und wider das Lebendiggebären des Zitteraales.

Natürlich unterliess Dr. SACHS nicht, überall Erkundigungen über die Fortpflanzung des Zitteraales einzuziehen. Er erhielt aber darüber ebensowenig befriedigende Auskunft, wie Hr. BABUCHIN in Oberaegypten über die des Zitterwelses,[2] oder wie man sie in Europa bekommt, wenn man Landleute und Fischer nach der Fortpflanzung eines Fisches fragt.

„Ein Indianer in Bolivar, der sich auf seine genaue Kenntniss des „Tembladors viel zu Gute that, behauptete mit grosser Bestimmtheit, dass „das Thier in der Nähe des Ufers eine Grube in dem Grund des seichten „Wassers mache, dort seine Eier ablege und mit seinem Körper einen „schützenden Ring um sie bilde, um die sich entwickelnden Jungen gegen „alle Feinde zu vertheidigen.

„Die Mehrzahl der befragten Personen äusserte sich jedoch mit ebenso „grosser Bestimmtheit dahin, dass der Zitteraal nicht Eier lege, sondern „lebendige Junge zur Welt bringe. Sie wollten im Bauch aufgeschnittener „Tembladoren eine grosse Anzahl „*Tembladorcitos*“ von Fingerlänge ge„funden haben, welche bereits kleine Schläge ertheilten. Befragt, an „welcher Stelle des Körpers die Jungen herausschlüpften, gaben sie die „Lage der Geschlechtsöffnung richtig an. Als die Zeit, in welcher dieser „Vorgang stattfinde, bezeichnete man die Monate Juli und August,

[1] Llanos, S. 342. [2] Archiv u. s. w. 1877. S. 252.

„während deren der Strom aus seinen Ufern tretend die Savannen über-„schwemmt.“[1]

In den Reisebriefen bemerkt Dr. SACHS hierzu: „Die Aussicht, die „mit dieser Nachricht sich öffnete, machte mich förmlich schwindeln, „denn ich hatte auf Embryonen schon ganz verzichtet. Zwar kam mir „die Sache in hohem Grade unwahrscheinlich vor, denn der Gymnotus „ist getrennt-geschlechtig und das Männchen besitzt keine Begattungs-„organe. Aber es wäre höchst kurzsichtig, deswegen jene Nachricht für „erlogen zu halten.“[2]

Soweit Dr. SACHS. Dem letzten Satze kann man nur beipflichten. In der That giebt es zahlreiche lebendig gebärende Fische, die weder Zwitter sind, noch für gewöhnlich bemerkbare Begattungsorgane haben. Zwitterbildung bei Fischen ist überhaupt problematisch, auch besteht kein nothwendiger Zusammenhang zwischen ihr und Lebendiggebären. Was Begattungsorgane betrifft, so haben freilich bei den Aalmuttern oder Schleimfischen unserer Meere (Zoarces [Blennius] viviparus) beide Geschlechter eine Warze hinter dem After. Bei den männlichen Anableps ist der vordere Rand der Afterflosse mit einem beschuppten und von einem Ausführungsgange durchbohrten Fortsatz verwachsen. Bei den männlichen Clinus CUV. und Cirrhibarbis CUV. VAL. ist eine förmliche Ruthe vorhanden.[3] Bei den lebendig gebärenden Haien und Rochen besitzen die Männchen ausser einer Ruthe besondere sehr merkwürdige Anhänge, die man seit ARISTOTELES zur Begattung in Beziehung setzt, ohne ihren eigentlichen Nutzen zu verstehen.[4]

Dagegen von den Poecilien, den Cristiceps,[5] dem blinden Fisch aus der Mammuthhöhle in Kentucky, Amblyopsis spelaeus, und von AGASSIZ's Embiotokiden findet sich nichts der Art angegeben. Um so bemerkenswerther erscheint es, dass bei den meisten anderen Gymnotinen die Männchen ein Zäpfchen hinter dem After haben.[6] Aehnliches kommt auch bei sicher nur Eier legenden Fischen vor,[7] doch haben diese dann lebendiggebärende Verwandte. Beim Zitteraal könnten sich solche Organe zur Begattungszeit so gut entwickeln, wie die Warzen am Daumenballen unserer männlichen Frösche. Auch die Geschlechtswarzen der Aalmuttern

[1] Llanos, S. 340. [2] A. a. O. S. 94.

[3] CUVIER et VALENCIENNES, Histoire naturelle des Poissons etc. t. XI. Paris 1836. p. 267. pl. 331. 332; — p. 299. pl. 337.

[4] Vergl. JOHN DAVY, Researches physiological and anatomical. London 1839. vol. II. p. 458; — DELLE CHIAIE, l. c. p. 87. tav. XLII. Fig. 20.

[5] Cristiceps australis CUV. VAL. L. c. t. XI. p. 297. pl. 336.

[6] KAUP, Uebersicht der Gymnotidae. TROSCHEL's Archiv für Naturgeschichte u. s. w. XXII. Jahrgang. 1856. Bd. I. S. 79.

[7] Bei Blennien, nach CUVIER et VALENCIENNES, l. c. t. XI. p. 147. 333.

schwellen zu dieser Zeit an. Die wallartige Erhebung, welche Dr. SACHS um den Geschlechtsporus der schon reife Eier tragenden Weibchen bemerkte (s. oben S. 117), war vielleicht der Anfang solcher Schwellung. In seiner Reisebeschreibung sagt Dr. SACHS, es gebe äusserliche Merkmale, um das Geschlecht der Zitteraale zu unterscheiden, doch führt er sie nirgend an.[1]

Wie dem auch sei, die Abwesenheit gewöhnlich bemerkbarer Begattungsorgane bei den männlichen Zitteraalen würde gegen das Lebendiggebären unseres Fisches also noch nichts beweisen. Dagegen der Befund der Geschlechtswerkzeuge bei den Weibchen scheint allerdings dem Lebendiggebären wenig günstig. Es liegt in der Natur der Dinge, dass die Leibeshöhle lebendig gebärender Fische einer gewissen Geräumigkeit bedarf; dass die Eier in beschränkter Zahl, dafür aber um so grösser gefunden werden. So bringt nach JOHN DAVY der Zitterroche höchstens 17,[2] nach Hrn. DE SANCTIS höchstens 18 Fötus zur Reife.[3] Bei Embiotoka zählte JACKSON 19 Fötus,[4] den blinden Fisch sah THOMSON gegen 20 Junge gebären.[5] Bei den Carcharias erreicht die Zahl 50,[6] bei Anableps nach Hrn. LEUCKART 60,[7] bei den Poecilien steigt sie nach DUVERNOY auf 80.[8] Endlich bei Zoarces kann sie 300 übersteigen,[9] hält sich aber gewöhnlich zwischen 100 und 200.[10] Die reifen Eier von Zoarces schwanken dabei nach RATHKE zwischen $1^1/_4$ und $1^3/_4$ Par. Linien (2·82 und 3·95^{mm}) Durchmesser.[11]

Keiner jener drei Umstände trifft am Zitteraale zu. Im Vergleich zur Grösse des Fisches ist seine Leibeshöhle die kleinste denkbare, und schon bei einer tüchtigen Mahlzeit erscheint sie gleichsam unzureichend

---

[1] Llanos, S. 230. [2] Researches etc. vol. I. p. 57.

[3] Embriogenia degli Organi elettrici delle Torpedini e degli Organi Pseudoelettrici delle Raje. Napoli 1872. 4°. p. 16.

[4] TROSCHEL's Archiv u. s. w. XX. Jahrgang. 1854. Bd. I. S. 151.

[5] TELLKAMPF in MÜLLER's Archiv u. s. w. 1844. S. 390.

[6] BREHM's Thierleben u. s. w. Bd. VIII. S. 368.

[7] Artikel „Zeugung" in RUD. WAGNER's Handwörterbuch der Physiologie u. s. w. Bd. IV. Braunschweig 1853. S. 713. — Bei CUVIER und VALENCIENNES (l. c. t. XVIII. Paris 1846. p. 193. 194) finden sich nur 7—8 Junge angegeben, was schwer mit Hrn. LEUCKART's auf eigener Beobachtung beruhender Angabe zu vereinigen ist.

[8] CUVIER et VALENCIENNES, l. c. t. XVIII. 1846. p. 95.

[9] CUVIER et VALENCIENNES, l. c. t. XI. 1836. p. 342.

[10] LEUCKART, a. a. O.; — J. VAN DER HOEVEN, Handbuch derZoologie, nach der zweiten holländischen Ausgabe. Bd. II. Leipzig 1852—56. S. 153.

[11] RATHKE, Bildungs- und Entwickelungsgeschichte des Blennius viviparus oder des Schleimfisches, in: Abhandlungen zur Bildungs- und Entwickelungsgeschichte des Menschen und der Thiere. Leipzig 1833. 4°. Th. II. S. 3.

(s. oben S. 12. 109).[1] DELLE CHIAIE's Abbildung der Eierstöcke des Zitteraales lässt auf viele Hunderte, ja auf Tausende von Eiern schliessen,[2] und nach Dr. SACHS' Messungen sind die grössten Zitteraal-Eier um fast die Hälfte kleiner als die kleinsten Zoarces-Eier (s. oben S. 118).

Inzwischen walten hier Hrn. LEUCKART's Gesetze der Fruchtbarkeit der Thiere. Bei gleichem mütterlichem Nahrungsüberschuss werden um so mehr Junge zur Reife gebracht, je geringer die für ihr selbständiges Dasein erforderliche Reife, und darüber lässt sich *a priori* in unserem Falle nichts sagen.[3] Wie viel junge Fischchen zur Noth sogar in einen ursprünglich nicht dafür bestimmten Raum gehen, lehrt das Beispiel der Syngnathen, vor Allem das des Chromis paterfamilias aus dem See von Tiberias, der nach Hrn. LORTET die vom Weibchen in den Sand gelegten Eier einschlürft, und sie, zweihundert an der Zahl, freilich unter entstellender Backengeschwulst, in seinen Kiemen ausbrütet, um sie, gereift, aus dem Maule zu entlassen.[4]

Ueber dies Alles würde man sich somit noch hinwegsetzen können. Aber weit stärker sprechen gegen das Lebendiggebären des Zitteraales der schon bei der Eireife aufgetriebene Leib der Weibchen, und das Hervorquellen der unbefruchteten Eier aus ihrer Geschlechtsöffnung auf leisen Druck. Diese Thatsachen scheint es fast unmöglich mit der Vorstellung zu versöhnen, dass die Befruchtung und die Entwickelung der Zitteraal-Eier bis zur Selbständigkeit im mütterlichen Organismus stattfinde.

Solchen Gründen wider das Lebendiggebären des Zitteraales stehen nun doch wieder schwer wiegende Betrachtungen anderer Art gegenüber. Hr. Dr. ERNST schrieb mir aus Carácas am 5. März 1880: „Hier habe „ich aus dem Munde vieler Personen einstimmig gehört, dass der Gym„notus lebende Junge zur Welt bringt, so dass die Sache vielleicht doch „so sein kann." Das Lebendiggebären ist bei Fischen so selten, dass man nicht begreift, wie die Meinung vom Lebendiggebären des Zitteraales entstehen konnte, wenn ihr nicht etwas Wirkliches zu Grunde liegt. Es ist höchst unwahrscheinlich, dass Jemand aus dem Volke von selber auf die Erfindung der schon kleine Schläge ertheilenden Zitterälchen gekommen sei, welche man im Bauch aufgeschnittener trächtiger Zitteraale finde; noch unwahrscheinlicher aber, dass er etwa die Kunde von der

---

[1] FAHLBERG schloss umgekehrt gerade aus anatomischen Gründen, dass der Zitteraal lebendig gebäre („Det är mycken anledning att tro, att denna Ål är Vivipara i anseende till Uteri storlek och längd." L. c. p. 140).

[2] L. c. tav. XLVI.

[3] Artikel „Zeugung" in RUD. WAGNER's Handwörterbuch der Physiologie u. s. w. Bd. IV. Braunschweig 1853. S. 709 ff.

[4] Comptes rendus etc. 1875. t. LXXXI. p. 1196.

schon kleine Schläge ertheilenden Zitterrochen-Brut von der See her vernommen und auf den Zitteraal übertragen habe.

Wie Hr. Lortet sogleich bemerkte, steht sein Fall nicht ganz allein. Am *Acará* des Amazonas, Geophagus Heckel, auch einem Chromiden, beschrieb schon Agassiz dieselbe Art der Brutpflege, nur dass eine eigene Bruttasche da ist.[1] Aehnliches wurde ihm von anderen Chromiden, und Hrn. Babuchin von Nilfischen, merkwürdigerweise auch vom Zitterwelse erzählt.[2]

Beherbergen von Eiern zum Ausbrüten wäre ein dritter denkbarer Zweck der korallenartigen Auswüchse in Maul und Kiemen des Zitteraales (s. oben S. 10. 100), doch müssten dann beide Geschlechter an der Brutpflege sich betheiligen. Diese Art des Lebendiggebärens könnte mit jeder Anzahl von Eiern im Eierstock, mit jeder Grösse und mit jedem Grad der Reife der ausgestossenen Eier sich verbinden. Der Zustand, in welchem Dr. Sachs die unmittelbar vor dem Fortpflanzungsgeschäft stehenden Zitteraal-Weibchen antraf, würde dabei erklärlich. Da der Zitteraal nicht beisst, geschweige kaut, nur schlürft (s. oben S. 108), ist diese Vorstellung nicht so widersinnig, wie sie auf den ersten Blick erscheinen mag. Nur passt sie nicht zur Erzählung der Eingeborenen von den durch Kaiserschnitt geborenen Tembladorcitos, auch nicht dazu, dass Dr. Sachs' Gewährsmänner ihm die für Laien nicht ganz leicht erkennbare Geschlechtsöffnung der Zitteraale richtig als Geburtspforte bezeichneten.

Bei dieser Sachlage ist es unmöglich, schon jetzt im einen oder anderen Sinne zu entscheiden. Wir wissen von der Fortpflanzung der Fische so wenig, und dies Wenige hat des Ungeahnten so viel offenbart, dass wir, um mit Johannes Müller bei ähnlicher Gelegenheit zu reden, noch auf starke Stücke gefasst sein dürfen.[3] Nichts bleibt übrig, als sich zu gedulden, bis eine neue Expedition, vom Glück begünstigt, diese wichtige Frage thatsächlich löst. Vergl. übrigens unten § XXXVI. 5., wo von einer möglichen teleologischen Bedeutung des Lebendiggebärens bei den Zitterfischen überhaupt gehandelt wird.

---

[1] A Journey in Brazil. London 1868. p. 217. 222. 238. — Die nach Rob. Schomburgk sich vor Gefahren in's Maul der Mutter flüchtenden Fischchen wurden vielleicht darin ausgebrütet (Fishes of Guiana etc. vol. II. p. 114. 194. 201). — Carbonnier's Brutpflege eines chinesischen Fisches (Comptes rendus etc. 1869. t. LXIX. p. 489), an welche Hr. Lortet auch erinnert, hat mit seinem Falle nichts gemein. — Das Uebertreten von Eiern und Samen in die Kiemenhöhle bei Amphioxus nach Hrn. Kowalevsky (Archiv für mikroskopische Anatomie u. s. w. 1877. Bd. XIII. S. 194) gehört ebenso wenig hierher.

[2] Archiv für Physiologie u. s. w. 1877. S. 251.

[3] Archiv für Anatomie, Physiologie u. s. w. 1852. S. 27.

DRITTER ABSCHNITT.

ELEKTROPHYSIOLOGISCHES.

§ XVII. Physiologische Wirkung des Zitteraal-Schlages, insbesondere bei subjectiver Prüfung.

1. Vorbemerkungen.

Da der Zitteraal-Schlag (*golpe* der Spanischen Creolen)[1] jederzeit subjectiv geprüft werden konnte,[2] so war hierüber von Dr. SACHS viel Neues nicht zu erwarten. Nach den 1842 von mir gegebenen Aufklärungen versteht sich ohnehin hier Vieles von selber, was früher unbegreiflich, und deshalb wichtig erschien. Mit Hülfe der in meiner Abhandlung „*Ueber die räumliche Ausbreitung des Schlages der Zitterfische*“[3] dargelegten

[1] Llanos, S. 66.

[2] Den Ruhm, die Einerleiheit des Zitterfisch-Schlages mit dem der Leydener Flasche erkannt zu haben, schrieb ich bisher ausschliesslich ADANSON zu (Monatsberichte u. s. w. 1858. S. 87; — Ges. Abh. Bd. II. S. 622. 669; — vergl. oben im Nekrolog). Erst jetzt ward ich aufmerksam darauf, dass der Holländische Gouverneur von Essequibo, LAURENS STORM VAN S'GRAVESANDE, nicht zu verwechseln mit dem Erfinder des Heliostats, dem 1742 zu Leyden verstorbenen Physiker und Mathematiker WILLEM JACOB STORM VAN S'GRAVESANDE, jenen Ruhm theilt. In dem oben S. 75. Anm. 2 angeführten Brief an ALLAMAND sagt S'GRAVESANDE: „Zy brengt het zelfde uitwerkzel voort, als de Electriciteit, dewelke ik by u gevoeld heb etc.“ (p. 374). Dieser Brief ist vom 22. November 1754 und wurde 1755 gedruckt. Nach ADANSON's Journal hat dieser denselben Vergleich für den Zitterwels des Senegals schon im September 1751 angestellt, doch wurde das Journal erst 1757 gedruckt. Bald entspann sich über die beiderseitigen Ansprüche ein Prioritätsstreit: s. JOHN PRINGLE, A Discourse on the Torpedo delivered at the Anniversary Meeting of the Royal Society, November 30, 1774. London 1775. 4°. p. 16., bei Ueberreichung der COPLEY Medal an WALSH (für S'GRAVESANDE); — DE MONTELIMART in ROZIER, Observations sur la Physique, l'Histoire naturelle etc. t. V. 1775. p. 444; — HUMBOLDT, Recueil etc. L. c. p. 59; — CUVIER, Recueil des Éloges historiques lus dans les Séances publiques de l'Institut Royal de France. Paris 1819. t. I. p. 296 (alle drei für ADANSON); — PFAFF, Artikel: „Fische, Elektrische“ in GEHLER's Physikalischem Wörterbuche, neu bearbeitet u. s. w. Bd. IV. Abth. I. Leipzig 1827. S. 279 (für S'GRAVESANDE). Nach ARAGO's Codex der Prioritätsstreitigkeiten liegt die Sache so, dass S'GRAVESANDE in der Priorität ist, dass aber ADANSON unzweifelhaft selbständig denselben Gedanken gehabt hat.

[3] Ges. Abh. Bd. II. S. 667.

Grundsätze kann man bei gegebener elektromotorischer Kraft der Organe und gegebenen räumlichen und stofflichen Leitbedingungen in jedem einzelnen Fall hinreichend genau vorhersagen, ob und in welcher Stärke und Ausdehnung der Schlag eines Zitterfisches den menschlichen Körper treffen werde. Alle jene zahllosen, vorzüglich auch von HUMBOLDT angestellten Versuche, in welchen Zitterfische oder die sie beherbergende Wassermasse, oder Zitterfische an der Luft, von isolirten oder nicht isolirten Personen, an einem oder mehreren Punkten, unmittelbar oder mittels verschiedener Stoffe berührt wurden, haben jetzt kaum noch Interesse.

Dahin zählen auch Hrn. STEINER's neuere Versuche über den Erfolg bei verschiedenartiger Berührung eines an der Luft befindlichen Zitterrochen.[1] Da die Polflächen der Zitterrochen-Organe an Rücken und Bauch nur mit Haut überzogen sind, so kann dann nur ein sehr kleiner Theil des Stromes durch den Leib des Fisches gehen, und Hrn. STEINER's gesperrt gedruckter Satz: „dass während einer Entladung einer (an der „Luft befindlichen) Torpedo von keiner Stelle ihrer Körperoberfläche, unter „der nicht elektrisches Organ liegt, ein fühlbarer Schlag zu erhalten ist," hätte auch dann nichts Ueberraschendes, wenn die Thatsache, soweit sie richtig ist, nicht längst bekannt wäre.[2] MATTEUCCI sagt aber ausdrücklich, dass man jenes Verhalten nur bei geschwächten Thieren antreffe.[3]

In dasselbe Gebiet gehören Curiositäten, wie VAN DER LOTT's Bemerkung, dass man einen Schlag durch die Luftblasen erhalten kann, welche der Zitteraal beim Luftholen aufwirft,[4] sowie die von Dr. SACHS zufällig erneuerte Beobachtung, dass der Wasserstrahl aus dem Spundloch eines Zitteraale enthaltenden Fasses den Schlag zuleitet.[5]

---

[1] Archiv für Anatomie, Physiologie u. s. w. 1874. S. 688.

[2] Von den zahlreichen Stellen, welche ich anführen könnte, greife ich nur zwei heraus. Schon der alte BORELLI sagt 1680: „Eodem ipso tempore, quo piscis concutitur, si extrema ejus pars lateralis digitis contrapositis stringatur, manus nil laeditur" (De Motu Animalium. Ed. Neapolitana, 1734. 4°. p. 401). — HUMBOLDT und GAY-LUSSAC berichten 1805: „Der Zitterrochen erschüttert nur dann, wenn man „die elektrischen zelligen Organe unmittelbar berührt" (GILBERT's Annalen u. s. w. 1806. Bd. XXII. S. 7; — Recueil etc. L. c. p. 70).

[3] Essai sur les Phénomènes électriques des Animaux. Paris 1840. p. 46; — Traité des Phénomènes électro-physiologiques des Animaux. Paris 1844. p. 147.

[4] Verhandelingen uitgegeeven door de Hollandsche Maatschappye der Weetenschappen etc. Haarlem 1762. D. VI. St. II. Berichten, p. 92.

[5] Vergl. HUGH WILLIAMSON in den Philosophical Transactions. 1775. vol. LXV. P. I. p. 95. — Die Fischer erhalten Schläge vom Zitterrochen durch das Netz, in welchem sie ihn aus der See ziehen, und durch das Seewasser, womit sie die gefangenen Fische abspülen (PLUTARCHI Opera ed. HUTTEN. vol. XIII. Tubing. 1801.

Nur dann sind solche Nachrichten noch erwähnenswerth, wenn daraus die besondere Stärke, oder sonstige Eigenthümlichkeiten der Entladung erhellen.

Will man systematisiren, so kann man mit Dr. SACHS zuvörderst zwei Arten unterscheiden, den Schlag eines Zitterfisches zu nehmen: 1. Durch sogenannte Stromschleifen, 2. durch Bildung eines Kreises.[1]

2. (1.) Zitterfisch-Schlag durch Stromschleifen.

Man berührt isolirt den Fisch mit Einer Hand, unmittelbar oder indem man zwischen Hand und Fisch eine leitende Schicht einschaltet von einem Widerstande gleicher Ordnung mit dem thierischer Gewebe: Wasser, feuchtes Holz oder Leder, d. m. Dann biegen sich Stromcurven in die berührende Hand hinein, und werden mehr oder minder erschütternd und schmerzhaft, in Wunden brennend, empfunden.

Metall als Zwischenschicht, dessen Widerstand gegen den des Wassers und thierischer Gewebe verschwindet, schützt vor Stromschleifen wegen des KIRCHHOFF'schen Brechungsgesetzes für den elektrischen Strom, und auch durch Polarisation. So hemmt Blattgold oder Stanniol zwischen dem primär zuckenden Muskel und dem Nerven des stromprüfenden Schenkels die secundäre Zuckung.[2]

Die Wirkung bleibt bei dieser Art der Ableitung naturgemäss stets nur klein. „Ein mässig kräftiger auf Stromschleifen beruhender Schlag „durch die Fingerspitze," sagt Dr. SACHS, „hat grosse Aehnlichkeit mit „kurzer Einwirkung des Schlitteninductoriums bei Anwendung sogenannter „Vagus-Elektroden. Man hat die untrügliche Empfindung der Dauer, „der oscillirenden Natur des Schlages."[3]

3. (2.) Zitterfisch-Schlag durch Bildung eines Kreises.

Erst wenn der menschliche Körper in einem wahren Kreise sich befindet, durch welchen ein grösserer Theil des Zitterfisch-Schlages geht, entfaltet dieser Schlag seine volle Wirkung: um so gewaltiger, je weiter auseinandergelegene Punkte des Fisches berührt werden, und je bessere Leitung dem Schlag geboten wird. Ein grundsätzlicher Unterschied

De Solertia Animalium c. XXVII. p. 186; — CAVENDISH, Philosophical Transactions. 1776. vol. LXVI. P. I. p. 215. — MATTEUCCI, Essai etc. p. 45; — Traité etc. p. 145).

[1] Reisebriefe, a. a. O. S. 72.

[2] Untersuchungen über thierische Elektricität. Bd. II. Berlin 1849. S. 15. 105 ff.; — Ges. Abh. Bd. II. S. 380.

[3] Vergl. Reisebriefe, a. a. O.

zwischen dieser Art der Ableitung und der vorigen findet nicht Statt, und hier wie dort nimmt immer nur ein Theil der Stromcurven seinen Weg durch den menschlichen Leib. Auch wenn man den Fisch in der Luft an Kopf und Schwanz hielte, bliebe immer noch die Nebenschliessung durch seinen Körper übrig. Jeder Schlag eines Zitterfisches, und überhaupt jede Wirkung eines der bekannten thierischen Elektromotore, ist, wie ich dies vor achtunddreissig Jahren schrieb, immer nur durch Nebenschliessung gewonnen.[1]

Von der Elektricitätsmenge, welche ein grosser Zitteraal in Bewegung setzt, erhält man schon einen sehr ansehnlichen Begriff durch die anderswo von mir erzählte gemeinschaftlich mit FARADAY gemachte Erfahrung am Zitteraal der *Polytechnic Institution*, dem wir mit unseren elektromotorischen Vorrichtungen nichts anhaben konnten in derselben Wassermasse, welche er bis in die äussersten Winkel mit furchtbaren Stromcurven erfüllte.[2] Abgesehen von einer älteren Bestimmung der Art,[3] verglich FARADAY einen mittelstarken Schlag des 1838 von ihm beobachteten, 40″ engl. = 101·6^{cm} langen Zitteraales der *Adelaide Gallery* der Entladung einer auf's Höchste geladenen Leydener Batterie von fünfzehn Flaschen mit einer doppelt belegten Glasoberfläche von 3500 Quadratzoll (2·258 Quadratmeter).[4]

Dr. SACHS hat natürlich von der Gewalt der Entladungen seiner frisch gefangenen grossen Fische mancherlei zu berichten. Auf meinen Rath war er mit Kautschuck-Stulphandschuhen versehen, die mir am Zitterwels nützlich gewesen waren.[5] Es fand sich, dass sie ihn zwar meist in Stand setzten, zum Erstaunen der Llaneros die Zitteraale ungefährdet

---

[1] Vorläufiger Abriss einer Untersuchung über den Muskelstrom und über die elektromotorischen Fische. POGGENDORFF's Annalen u. s. w. Jan. 1843. Bd. LVIII. S. 30. § 76.

[2] Ges. Abh. Bd. II. S. 681. Anm.

[3] FAHLBERG, l. c. p. 127, verglich den Schlag seines Zitteraales dem einer Leydener Flasche von nur 72 Quadratzoll, welche bis zu 10—15° des ADAMS'schen Quadrantelektrometers geladen wäre. GILBERT bemerkt dazu: „Nicht Ladungen so „kleiner belegter Glasflächen, sondern grosser Batterien entsprechen den Wirkungen des „Zitteraals.“ Annalen u. s. w. Bd. XIV. S. 418. Anm. — Vergl. unten § XXII. 4.

[4] Experimental Researches etc. l. c. p. 8. § 1770. — Vergl. über die beiden Zitteraale oben S. 103. Anm. 1.

[5] Ges. Abh. Bd. II. S. 639. — Auch Hr. ECKHARD hatte sich, gleichzeitig mit mir, bei seinen Versuchen am Zitterrochen isolirender Handschuhe bedient (Beiträge zur Anatomie und Physiologie. Giessen 1858. 4°. Bd. I. S. 160). — Schon bei GRONOVIUS heisst es: „Q. Si manu chyrotheca coriacea, gossypina vel et lanea obducta tractatur piscis, an tum ejus motus tremulus observatur? R. Omnes hac de re interrogati illud affirmant.“ (Acta Helvetica, Physico- etc. medica etc. vol. IV. Basileae 1760. 4°. p. 33).

zu handhaben, dass ihm aber ein sehr kräftiger, 123 ^{cm} langer Zitteraal noch durch die Handschuhe hindurch höchst empfindliche Schläge gab.[1] Die Handschuhe waren nass, jedoch nicht bis oben hinauf. Unter diesen Umständen begreift man, dass sein Tuchrock, dessen er sich das erstemal anstatt der noch nicht angelangten Handschuhe bediente, um einen Zitteraal zu ergreifen, ihm nur kümmerlichen Schutz gewährte.[2]

Humboldt und Dr. Sachs sind die einzigen Beobachter, welche den Schlag eines an der Luft befindlichen Zitteraales in ganzer Stärke empfunden haben. Beiden ging er durch die Beine.

Humboldt setzte beide Füsse auf einen eben aus dem Wasser gezogenen Zitteraal. Er erinnerte sich nicht, je von einer grossen Leydener Flasche einen so furchtbaren Schlag erhalten zu haben, und den ganzen Tag über empfand er noch Schmerz in den Knien und fast in allen Gelenken.[3] Es muss dazu bemerkt werden, dass Humboldt damals keine anderen elektrischen Erschütterungen kannte, als die durch die Flaschenentladung, die er deshalb auch zum Vergleich heranzieht. Er war nie tetanisirt worden, und konnte also die ungewohnte Dauer der Empfindung mit Stärke verwechseln.

Dr. Sachs hat sehr hübsch erzählt, wie er dazu kam, die ungeschwächte Wirkung des Zitteraal-Schlages, der er sich absichtlich auszusetzen keine Lust verspürte, bei einem seiner Fischzüge zufällig zu empfinden. Er war in's Wasser gefallen, und mit völlig durchnässten, anklebenden Kleidern eben herausgekommen, als er, durch seine Kautschuk-Handschuhe geschützt, sich bemühte, einen frisch gefangenen, über fünf Fuss langen, heftig sich sträubenden Zitteraal in die oben S. 102 erwähnte Badewanne zu werfen. Das Thier entschlüpfte, fiel ihm auf beide Füsse, so dass es mit dem Kopf das eine, mit dem Schwanz das andere Bein berührte, und verweilte so einige Secunden. In dieser Lage, wo Dr. Sachs' Beine gerade einen leitenden Bogen zwischen den Polen der Zitteraal-Säulen bildeten, erhielt er eine dichtgedrängte Reihe von Schlägen, die durch keine in Betracht kommende Nebenschliessung geschwächt, bei guter Leitung durch die nassen Kleider, ihn mit unbeschreiblicher Stärke trafen. Laut aufschreiend vor Schmerz stand er wie versteinert durch den Schreck, ohne sich des Thieres entledigen zu können, welches seinerseits die Umstände gut benutzte, und glücklich in das nicht mit Netzen umstellte Wasser entkam. Dr. Sachs verspürte übrigens keinerlei Folgen; auch war er nicht einmal hingefallen.[4]

---

[1] Llanos, S. 159.

[2] Llanos, S. 150; — Reisebriefe, a. a. O. S. 71.

[3] Recueil etc. L. c. p. 67; — Relation etc. L. c. p. 178. 179.

[4] Llanos, S. 195; — Reisebriefe, a. a. O. S. 76.

4. (3.) Zitterfisch-Schlag durch Eintauchen in die elektrische Strömung.

In letzterer Beziehung schlimmer erging es bei derselben Gelegenheit dem beherzten und vorurtheilsfreien Llanero General GUANCHO RODRIGUEZ, dem wir für die Art, wie er sich des SACHS'schen Unternehmens hülfreich annahm, den grössten Dank schulden.[1] Nackt und bis an die Achsel im Wasser stehend empfing Don GUANCHO von einem vorbeischwimmenden Thier einen Schlag durch den Bauch, der ihn zu Boden warf. Sein Bewusstsein war, wie er versicherte, in diesem Augenblick nicht getrübt, auch empfand er keine nachtheiligen Folgen.[2] Im Tagebuche meint Dr. SACHS, der Sturz sei wohl nur durch die Schlüpfrigkeit des lehmigen Bodens verursacht worden. Doch ist in älteren Berichten mehrfach von Hinstürzen durch den Schlag des Zitteraales die Rede, beispielsweise gleich in RICHER's erster Nachricht,[3] bei LACONDAMINE,[4] s'GRAVESANDE[5] und HARTSINK.[6] Im Begriff aus seichtem Wasser in ein Boot zu steigen, erhielt APPUN einen so heftigen Schlag durch den noch im Wasser befindlichen linken Fuss, dass er hingestürzt wäre, hätte er sich nicht an das Boot klammern können.[7] Der bekannte Captain BASIL HALL wurde sogar durch den Zitteraal der *Adelaide Gallery* zu Boden geworfen.[8] Wer nackten Fusses auf einen im Ufersand vergrabenen Zitterrochen tritt, stürzt hin.[9] Auch ist Thatsache, dass von Zitteraalen geschlagene Reitthiere jedesmal stürzen, daher man beim Ueberschreiten der Caños seichte Stellen aufsucht, und der vorderste

---

[1] Llanos, S. 69. 135; — Reisebriefe, a. a. O. S. 70.

[2] Llanos, S. 195.

[3] Mémoires de l'Académie Royale des Sciences. Depuis 1666 jusqu'à 1699. t. VII. 1re Partie. Paris 1779. 4°. Observations astronomiques et physiques faites en l'Isle de Cayenne. p. 93. — S. oben S. 92. Anm. 2.

[4] Relation abrégée d'un Voyage fait dans l'Intérieur de l'Amérique méridionale etc. Paris 1745. p. 158.

[5] Verhandelingen uitgegeeven door de Hollandse Maatschappy..., te Haarlem. 1755. D. II. p. 376; — vergl. GRONOVIUS in den Acta Helvetica l. c. p. 30.

[6] Beschreibung von Guiana u. s. w. Deutsch von FABRI. Berlin 1784. Th. I. S. 144.

[7] Unter den Tropen u. s. w. Jena 1871. Bd. II. Britisch Guyana. S. 146. 147.

[8] [SCHÖNBEIN,] Mittheilungen aus dem Reisetagebuche eines deutschen Naturforschers. Basel 1842. S. 315.

[9] RÉAUMUR, Histoire (et Mémoires) de l'Académie Royale des Sciences. Année 1714. p. 357; — CAVENDISH in den Philosophical Transactions etc. 1776. vol. LXVI. p. 214.

Reiter vor sich mit einem Stock in's Wasser stösst.[1] Wenn so aufgejagte Zitteraale das Wasser weithin mit ihren Stromcurven erfüllen, erscheinen sogleich todte Fische und Frösche an der Oberfläche.[2] Geht ein Theil des Schlages durch den Kopf eines Menschen, so sieht dieser einen gewaltigen Blitz.[3]

Solche Art, getroffen zu werden, kann man zu den beiden vorigen als dritte zählen und als die durch Eintauchen in die elektrische Strömung bezeichnen. Es ist die seit CAVENDISH erst wieder von FARADAY richtig verstandene, wobei der zu treffende Körper gänzlich in das leitende, mit den vom Fisch ausgehenden Stromcurven oder Kraftlinien erfüllte Mittel versenkt ist, und also diejenige, für welche, teleologisch zu reden, die elektrischen Organe eingerichtet sind. Wie FARADAY sinnreich bemerkt, erhält bei dieser Wirkungsart des Schlages jeder getroffene Fisch (oder thierische Körper) einen seiner Grösse ungefähr proportionalen Theil der Entladung.[4]

Wir können hinzufügen, dass je nach dem Verhältniss der Leitungsfähigkeiten des leitenden Mittels und des zu treffenden Körpers die Curven oder Kraftlinien in letzterem sich verdichten oder verdünnen.[5] Es ist deshalb von Bedeutung, dass bei den durch den Zitterrochen-Schlag zu treffenden Seethieren die Säfte vermuthlich im Allgemeinen salzhaltiger sind und besser leiten, als bei Luft- und Süsswasserthieren. Ein Mensch wird unter sonst gleichen Umständen in Seewasser schwächer als ein Seethier getroffen.[6]

5. (4.) Zitterfisch-Schlag durch Seitenentladung.

Eine vierte Art, einen Schlag von einem Zitterfisch zu erhalten, wäre durch Seitenentladung. In früherer Zeit sind sehr häufig die Schläge, die man beim Berühren der Zitterfische mit einer Hand durch sich

---

[1] Llanos, S. 97. — APPUN, Unter den Tropen u. s. w. Bd. I. S. 303.

[2] Llanos, S. 149. — Reisebriefe, a. a. O. S. 71. [3] Llanos, S. 66.

[4] Experimental Researches etc. vol. II. London 1844. p. 13. § 1787.

[5] Ges. Abh. Bd. II. S. 371. 386.

[6] BOLL fand, dass die Gewebe des Zitterrochen sich zu einer 2·5procentigen Chlornatriumlösung verhalten, wie die des Frosches zu einer 0·6procentigen (Monatsberichte der Akademie. 1875. S. 710; — REICHERT's und DU BOIS-REYMOND's Archiv u. s. w. 1875. S. 463. Anm. 1). Das Blut des Octopus vulgaris enthält nach Hrn. LÉON FREDERICQ drei- bis viermal mehr Salze als das von Säugern (Recherches sur la Physiologie du Poulpe commun. Archives de Zoologie expérimentale et générale. t. VII. 1878. p. 546). — Aehnliches gilt nach Hrn. FREDERICQ vom Blut des Hummers (Astacus marinus). (Bulletins de l'Académie Royale de Belgique. 2me Sér. t. XLVII. no 4. Avril 1879; — Archiv für Physiologie. 1880. S. 71.)

hineinbiegende Stromschleifen erhält, für Seitenentladungen genommen worden. Das Merkmal ächter Seitenentladung besteht darin, dass sie in einer beliebig langen Reihe von Leitern wahrgenommen wird, welche nur mit dem einen Ende den Fisch oder die ihn enthaltende Wassermasse berührt, sonst aber völlig vom Fisch isolirt ist; und dass diese Leiter eine gewisse Capacität haben müssen, damit die Erscheinung deutlich hervortrete.[1] Wo nicht letzteres Merkmal beobachtet wurde, ist Verdacht auf mangelhafte Isolirung. Ich habe vermuthlich zuerst ächte Seitenentladung an dem grössten meiner Zitterwelse mit dem stromprüfenden Schenkel nachgewiesen.[2]

In Strümpfen und Pantoffeln mit dünnen Ledersohlen auf dem Ziegelfussboden seines Zimmers stehend, empfing Dr. Sachs beim Berühren eines im Versuchstroge (s. oben S. 102) befindlichen Zitteraales mit einem Bohrer Schläge, welche ausblieben, wenn er Schuhe mit dicken Ledersohlen anhatte oder sich auf Guttaperchaplatten oder ein Stück Quarzgestein stellte. Durch ein Stück Ziegel erhielt er einen starken Schlag: das dicke trockene Holz des Troges leitete dagegen so schlecht, dass er keine Spur von Schlag empfand, wenn er den Polen des Thieres nahe die nassen Hände dem Trog anlegte. Er war daher geneigt, hier an unipolare Wirkung, an Seitenentladung zu denken.[3]

Isolirung des menschlichen Körpers konnte solcher Wirkung ein Ende machen, indem dann hinter dem Körper der Leiter unendlicher Capacität, die Erde, abgeschnitten wurde. Erschütterungen des menschlichen Körpers durch Seitenentladung sind mit Hülfe unserer Batterien noch nicht beobachtet. Dass sie nicht unmöglich, folgt daraus, dass unter passenden Verhältnissen der Rückschlag am Conductor einer Elektrisirmaschine den menschlichen Körper erschüttert, und dass Personen in der Nähe des einschlagenden Blitzes die elektrische Erschütterung empfanden.[4]

Um aber hier Seitenentladung annehmen zu dürfen, müsste freilich feststehen, dass die Wand des Troges überall so isolirte, wie an den geprüften Stellen, besonders unterhalb, wo sie, etwa durch Böcke, Klötze

[1] Ges. Abh. Bd. II. S. 661. Anm. 1.

[2] Ges. Abh. Bd. II. S. 661. Anm. — Von dem 1822 lebend nach Paris gelangten Zitteraale sagt Humboldt, ihm sei daran mit Gay-Lussac der Versuch ohne Kette vollkommen gelungen (Ansichten der Natur u. s. w. A. a. O., vergl. oben S. 114). Es bleibt unklar, was mit dem Versuch ohne Kette gemeint sei, doch handelte es sich in Wirklichkeit gewiss nur um Stromschleifen oder um mangelhafte Isolirung.

[3] Reisebriefe, a. a. O. S. 72.

[4] P. Riess, Die Lehre von der Reibungselektricität. Bd. II. Berlin 1853. S. 245. §. 782; — S. 551. §. 1075.

u. d. m. mit dem Erdboden verbunden war. Eine einzige leitende Stelle, dem einen Pole nah, genügte, um den Schlag fortzupflanzen; ja Eine Stelle war unter denkbaren Bedingungen dazu mehr geeignet als deren zwei, oder als weit ausgedehnte Ableitung. Denn der Theorie nach erhielte man keinen Schlag, wenn der Zitteraal das Wasser eines leitenden und zum Boden abgeleiteten Troges mit einem System symmetrischer Stromcurven erfüllte, und man, in der die Symmetrieaxe hälftenden Ebene auf leitendem Boden stehend, in dieser Ebene das Wasser, oder den Fisch selber, leitend berührte. In diesem Falle befände man sich in der Lage wie die Bussole in meinem Versuch am Zitterwelse, wo ihr eines Ende zum Aequator des Fisches, ihr sich gabelndes anderes Ende zu seinen beiden Polen führten.[1] Dann subtrahiren sich in der ungegabelten Leitung, der Bussole am Zitterwelse, dem menschlichen Körper im theoretischen Versuch am Zitteraal, die Ströme zwischen Aequator und Kopf und zwischen Aequator und Schwanz von einander, und unter den angegebenen idealen Umständen wäre der Unterschied Null. In der Wirklichkeit wäre dies schon deshalb unmöglich, weil wegen der grösseren Schwäche der Wirkungen von der hinteren Hälfte des Zitteraales aus das Stromcurvensystem in Bezug auf vorn und hinten asymmetrisch ist (s. unten § XXI. 3).

§ XVIII. Dr. Sachs' instrumentale Ausrüstung.

1. Vorbemerkungen.

Ich halte es nicht für unnütz, ehe wir zu Dr. Sachs' eigentlichen Versuchen übergehen, die instrumentale Ausrüstung des Reisenden zu beschreiben, theils um mich im Folgenden auf das hier Gesagte beziehen zu können, theils um für spätere Ausrüstungen zu gleichem Zweck einen Zeit und Mühe sparenden Anhalt zu geben. Dr. Sachs war mit allen den Mitteln zur Untersuchung des Zitterfisch-Schlages versehen, welche ich gelegentlich meiner Versuche am Zitterwelse schuf, und theils in der „Beschreibung einiger Vorrichtungen u. s. w.“, theils in dem den „Gesammelten Abhandlungen“ einverleibten Aufsatz schilderte.[2] Ein Theil dieser Apparate gehört dem physiologischen Institut der Berliner Universität, und war dem Reisenden mit Einwilligung des vorgeordneten

[1] Ges. Abh. Bd. II. S. 634. — Es bedarf nicht der Bemerkung, dass der Ausdruck Aequator hier in anderem Sinne gebraucht wird, als in der Lehre vom Muskelstrom.

[2] S. dort, Bd. I. S. 213; — Bd. II. S. 601.

Königlichen Ministeriums geliehen. Ein anderer grösserer Theil war für Dr. Sachs auf Kosten der *Humboldt-Stiftung für Naturforschung und Reisen* angeschafft oder angefertigt worden, und befindet sich noch in deren Besitz. An letzteren Apparaten hatte ich, gemäss einem mir früher von einem anderen Reisenden nach Venezuela, Hrn. Prof. Hermann Karsten, ertheilten Rath, alles Messing schwärzen lassen, damit es minder Diebsgelüste erwecke. Kunstgemäss verpackt und von Zollvisitationen verschont,[1] haben die vielen zerbrechlichen Instrumente die bedeutende Reise, von der sie einen Theil auf Maulthierrücken zurücklegten,[2] ohne Unfall überstanden, und Dr. Sachs hat eine Freude gehabt, welche bisher fast nur Astronomen kosteten. Inmitten einer wilden, jungfräulich herben Natur, welche durch die endlose Weite ihrer öden Savannen, durch die undurchdringliche Dichte ihrer Urwälder, durch die Schreckgestalten eines ungebändigten Thierlebens der schwachen Spuren zu spotten scheint, die menschlicher Culturdrang ihr aufzudrücken strebt, ward ihm vergönnt, die feinsten Hülfsmittel der modernen Physik und Physiologie zu handhaben, wie sie sonst nur wohleingerichteten Universitätslaboratorien zu Gebote stehen, und, „unter Larven die einzige fühlende Seele,“ in jenem entlegenen Weltwinkel die Lösung eines der merkwürdigsten dem Menschengeist aufgegebenen Räthsel durch planmässige Forschung vorzubereiten.[3]

2. Stromprüfende Vorrichtungen.

Ich erinnere zuerst daran, dass ich in Zitterfisch-Versuchen nach früherer Uebereinkunft[4] Versuchskreis die irgendwie beschaffene, auch unterbrochene Leitung nenne, in welche der Schlag des Fisches zur Prüfung irgend einer seiner Wirkungen abgeleitet wird.

Bei derselben Gelegenheit setzte ich auseinander, warum bei solchen Versuchen noch mehr als sonst die Bussole mit Spiegel, Scale und Fernrohr dem Multiplicator, namentlich dem mit astatischer Doppelnadel, voransteht. Die Bequemlichkeit und Sicherheit der Zitterfisch-Versuche an der Bussole musste aber noch sehr erhöht werden durch die Aperiodicität des Magnetspiegels, deren Vortheile in diesem Gebiet Dr. Sachs zuerst erprobte und genoss. Die mit dem schwingungslosen Zustande naturgemäss verknüpfte hohe Beweglichkeit des Magnetspiegels widerspricht nicht dem

---

[1] Llanos, S. 15; — Reisebriefe, a. a. O. S. 68; — oben im Nekrolog.
[2] Sie bildeten fünf Maulthierlasten: Llanos, S. 158.
[3] Llanos, S. 172.
[4] Ges. Abh. Bd. II. S. 612.

Zweck, die starken Entladungen des Zitteraales zu erforschen; denn durch passende Wahl der Rollen und ihres Abstandes vom Magnetspiegel lässt sich in jedem Augenblick jeder gewünschte Grad von Unempfindlichkeit herstellen. Es ist bei Zitterfisch-Versuchen meist sogar nothwendig, die Empfindlichkeit ziemlich niedrig zu wählen, da es sich um Ausschläge handelt, welche, wegen

$$t_{max} = \frac{1}{\varepsilon} \text{ für } \varepsilon = n,$$ [1]

um so schwerer ablesbar werden, je grösser sie sind.

Dr. Sachs führte eine Wiedemann'sche Bussole aus der Plath'schen (Sauerwald'schen) Werkstatt mit sich. Jede der beiden Hydrorollen dieser Bussole hat zwei Gewinde von 4000 Windungen, jede der beiden Thermorollen zwei Gewinde von 50 Windungen. In Ermangelung eines Consols stand die Bussole, wie es scheint, einfach auf einem Tisch,[2] doch war in Calabozo, wo wenig gefahren wird, in einem Zimmer zu ebener Erde mit Ziegelboden[3] von Erschütterungen nichts zu fürchten. Unstreitig befand sie sich nach meinen Vorschriften isolirt auf den üblichen Unterlegescheiben aus Messing, welche auf Stücken Spiegelglas aufgekittet sind.[4] Zum Astasiren diente der nach meiner Angabe mittels einer Schnurscheibe auf einer Zwinge aus der Ferne regierte Haüy'sche Stab.

Zwei Magnetspiegel wurden angewendet: I. Ein Ringspiegel, d. h. ein Ringmagnet mit leichtem um die senkrechte Axe drehbarem Glasspiegel; das System wiegt $2 \cdot 85^{gr}$. Das logarithmische Decrement findet sich nicht angegeben; die Beruhigungszeit[5] beim Fall von 200^{sc} (Winkelwerth etwa $5^0\,45'$; s. unten) betrug $6 \cdot 3''$. — II. Ein Vollspiegel, d. h. ein magnetisirter Stahlspiegel, $5 \cdot 4^{gr}$ schwer. Das logarithmische Decrement findet sich nicht angegeben; die Beruhigungszeit beim Fall aus nicht angegebener Ablenkung betrug $12''$.

Einen anderen, $10 \cdot 5^{gr}$ schweren Vollspiegel scheint Dr. Sachs nicht in Gebrauch genommen zu haben.

Die Ablesungen geschahen mit einem Scalenfernrohr von Hrn. Edelmann in München von 10 Par. Lin. = $22 \cdot 6^{mm}$ Objectivöffnung.[6] Die Entfernung der Scale vom Spiegel, bei welcher Dr. Sachs arbeitete, findet sich nicht angegeben, so dass der Winkelwerth der 2^{mm} langen

---

[1] Ges. Abh. Bd. I. S. 302.

[2] Llanos, S. 198.

[3] Llanos, S. 161, und oben S. 134.

[4] Untersuchungen über thierische Elektricität. Bd. II. Abth. I. Berlin 1849. S. 505; — Ges. Abh. Bd. I. S. 146. [5] Ges. Abh. Bd. I. S. 308.

[6] In seinem Katalog von 1879 mit O. 85 bezeichnet. — Die Scale ist nach meiner Angabe in ihrer Ebene horizontal verschiebbar.

Scalentheile sich nur danach schätzen lässt, dass das Fernrohr nur etwa 2 m Abstand gestattet, wobei der Winkelwerth der Scalentheile ungefähr 1′ 44″, der Umfang der Scale jederseits vom Nullpunkt etwas über 7° beträgt.

In Calabozo empfand Dr. SACHS das Bedürfniss, neben der Bussole noch ein Galvanoskop für gröbere Versuche zur Hand zu haben. Er richtete sich ein solches aus einem Feldcompass und der einen Hydrorolle der Bussole her, welches sich als empfindlich genug erwies.[1] Dies Bedürfniss wird künftig von Haus aus zu berücksichtigen sein.

Es konnte geschehen, dass durch einen sie in falschem Sinn abgelenkt treffenden Schlag die Magnetspiegel demagnetisirt würden. Für diesen Fall hatte Dr. SACHS einen kleinen Elektromagnet von SIEMENS & HALSKE als Streichmagnet bei sich. Er besteht aus zwei durch eine 136 mm lange, 39 mm breite, 13 mm dicke Eisenplatte (*pp′*, Fig. 41) verbundenen cylindrischen Schenkeln von 100 mm Länge, 20 mm Dicke und 30 mm lichtem Abstand, deren jeder 1300 Windungen eines 1 mm dicken Kupferdrahtes trägt. Die Figur zeigt die Einrichtung der Füsse des Elektromagnetes zur Aufnahme der Vollspiegel oder Ringe. Aus der oberen Fläche der Schenkel ragen 10 mm dicke Zapfen 5 mm hervor; die von *s* zu *n′*, *n* zu *s′* 26 mm langen, 23 mm breiten, 9 mm dicken Füsse haben einen 16 mm langen Schlitz, in welchem die Zapfen sich verschieben. Die Ausschnitte der Füsse, zwischen denen der Spiegel *ns* magnetisirt wird, stellen jeder einen Kreisbogen von 60° und 10 mm Halbmesser vor. Dies ist auch der Halbmesser der Bohrung des Dämpfers der WIEDEMANN'schen Bussole, in welcher die Spiegel oder Ringe gerade frei spielen,[2] daher die einander bis zur Berührung des Spiegels *ns* genäherten Füsse diesen nur an seinem Nord- und Südpunkt berühren, wie die Figur zeigt. In dieser Stellung werden die Füsse durch Schrauben in den

Fig. 41.

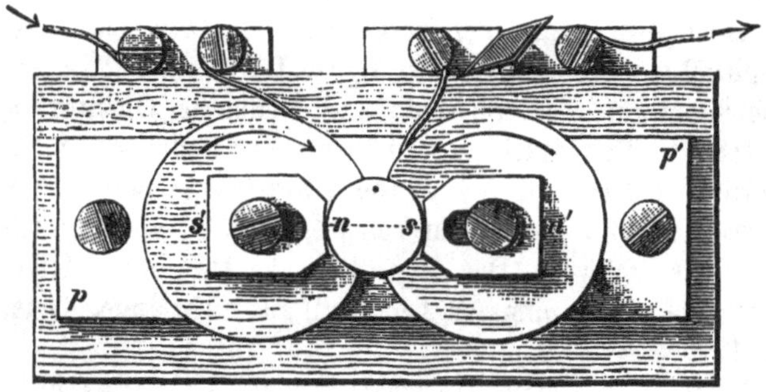

1 : 2.

[1] Reisebriefe, A. a. O. S. 72 (2). [2] Ges. Abh. Bd. I. S. 307. Anm.

Zapfen befestigt. Bei Anwendung zweier der gleich zu erwähnenden Daniell gehen die Spiegel oder Ringe übersättigt aus dem magnetischen Felde hervor, so dass man einige Zeit warten muss, bis das logarithmische Decrement constant wird. Dem Gesammtwiderstand der Windungen nach, der 11·5 *S. E.* beträgt, würde man aber mit Vortheil noch mehr DANIELL'sche Elemente in den Kreis nehmen.

Dass Dr. SACHS mit Coconfäden und Reservehäkchen zum Aufhängen der Spiegel versehen war, bedarf kaum der Erwähnung.

Von den von ihm angewendeten Nerv-Muskel-Präparaten, und von anderen nur gelegentlich in Gebrauch gezogenen stromprüfenden Mitteln wird später die Rede sein.

2. Elektromotorische Vorrichtungen.

1. Zwanzig GROVE'sche Elemente der bekannten kleinen Art,[1] mit zwei Paar Endgliedern. Wir werden sehen, dass für gewisse Zwecke dies nicht Elemente genug waren. Ueberdies kamen drei davon zerbrochen an, fast der einzige Verlust der Art, den Dr. SACHS auf der Hinreise erlitt. Hätte ich nochmals solche Ausrüstung zu besorgen, so würde ich nicht unter fünfzig kleine Grove mitgeben.

2. Sechs DANIELL'sche Elemente in cylindrischen Gläsern von 12·5 ^{cm} Höhe und 8·5 ^{cm} Durchmesser mit verdicktem Rande; die Thonzellen von 11·5 ^{cm} Höhe und 5·3 ^{cm} Durchmesser; die Kupfer mit angelöthetem Kupferstreif und Schraubenklemmen; Durchschnitt der gegossenen Zinke, aus denen ein starker Kupferdraht emporragt, ein vierstrahliger Stern.

3. Eine NOË'sche Sternsäule mit Messinglampe und mit Dochten im Vorrath. Die elektromotorische Kraft solcher Säule wird von Hrn. v. WALTENHOFEN[2] zu 0·96—97 von der der BUNSEN'schen, von Hrn. CHRISTIANI[3] zu 0·70 von der der GROVE'schen Kette angegeben; der Widerstand ist nach Hrn. v. WALTENHOFEN 1·12 *S. E.* Ihrer Beständigkeit halber eignet sie sich trefflich zum Compensiren, ihrer Schlagfertigkeit halber auch ganz besonders zum Treiben des Schlitteninductoriums. Da diesen Säulen leicht etwas zustossen kann und sie schwer auszubessern sind, hätten ihrer mindestens zwei sein müssen.

4. Ein Schlitteninductorium neuester Construction, aus der KRÜGER'schen Werkstatt hier,[4] mit HELMHOLTZ'scher Vorrichtung, von

---

[1] Untersuchungen über thierische Elektricität. Bd. I. Berlin 1848. S. 446.
[2] POGGENDORFF's Annalen u. s. w. 1872. Bd. CXLVI. S. 617.
[3] POGGENDORFF's Annalen u. s. w. Ergänzungsband VIII. 1878. S. 579. 580.
[4] Vergl. CHRISTIANI, a. a. O. S. 574.

hinten zugänglicher primärer, vorn und hinten offener secundärer Rolle, und fertigen Drahtbündeln von geeigneter Stärke zum Einlegen in die primäre Rolle. Diese hat 222 Windungen, die secundäre Rolle 5252 Windungen und 248 *S. E.* Widerstand; bei 72 ^{mm} Rollenabstand verlässt die secundäre die primäre Rolle.

4. Leitungsdrähte[1] und feste Verbindungen.

1. Etwa 30 ^{m} 1 ^{mm} dicken mit Guttapercha überzogenen Kupferdrahtes, wie er zu gut isolirten Hausleitungen angewendet wird.

2. 250 ^{gr} (etwa 100 ^{m}) 0·6 ^{mm} dicken Kupferdrahtes, mit wachsgetränkter Baumwollbespinnung, für primäre Inductionskreise.

3. 250 ^{gr} (etwa 200 ^{m}) 0·4 ^{mm} dicken, ebenso isolirten Drahtes für secundäre Inductionskreise und solche Fälle, wo thierische Theile im Kreise sind.

4. Etwa 20 ^{m} 0·15 ^{mm} dicken, mit Seide besponnenen (feinen Multiplicator-) Drahtes für sehr bewegliche Verbindungen.

Noch dünnerer Gold- und Silberdraht könnte gelegentlich schwer entbehrt werden.

5. Ein Dutzend POGGENDORFF'scher Schraubenklemmen; die einen schwer aus Kupfer für besser leitende Kreise, die anderen leicht aus Messing für Kreise grossen Widerstandes; zwei Paar auf Holzschrauben als Standklemmen zu gebrauchen.

5. Stromschlüssel und Wippen.

1. Drei Vorreiberschlüssel.[2]

2. Zwei Quecksilberschlüssel.[3]

3. Vier POHL'sche Wippen mit Schraubenklemmen, auszunehmendem Kreuz, Schnitt und Flügelschraube zur Befestigung; auch einer Kuppelung zur Herstellung der Doppelwippe.[4]

4. Eine HELMHOLTZ'sche Wippe zum Oeffnen eines Kreises im Augenblick der Schliessung eines anderen Kreises in der von mir angegebenen Gestalt. Sie findet sich unten, § XXIX, beschrieben und abgebildet.

6. Compensationsvorrichtung.

Als Compensator, um elektrische Kräfte zu messen oder Ströme im Bussolkreis aufzuheben, hatte Dr. SACHS nicht den runden Compensator bei sich, von dem wir mit Unrecht (s. unten § XXIII. 2) fürchteten,

[1] Vergl. Ges. Abh. Bd. I. S. 174. Anm.

[2] Ges. Abh. Bd. I. S. 171. [3] Ebenda, S. 266. [4] Ebenda, S. 267.

dass sein Umfang nicht reichen würde, sondern ein nach Art des sogenannten langen Compensators[1] eigens für seine Zwecke gebautes Instrument. Es besteht aus einer in der Mitte zusammenzuklappenden eichenen Schiene, auf welche eine 1^m lange Millimetertheilung geklebt ist. Längs der Theilung ist ein 0·2^{mm} dicker Platindraht gespannt, welcher an beiden Enden unter starke Messingblöcke (Kupfer wäre besser) geklemmt ist, und dem an der abzuleitenden Stelle ein KIRCHHOFF'scher Läufer mit Platinschneide aufgesetzt wird. Beim Verpacken des Instrumentes wird der Platindraht am einen Ende gelöst und auf eine passend angebrachte Rolle gewickelt.

Zum Graduiren seines Compensators nahm Dr. SACHS eines der oben beschriebenen DANIELL'schen Elemente, dessen frisch verquicktes Zink er in verdünnte Schwefelsäure ($SO_4H_2 : H_2O = 1:20$, Dichte 1·055 bei 27°) tauchte. Die Zinkzelle meiner Maassketten pflegte ich sonst mit $SO_4H_2 : H_2O = 1:3$, Dichte 1·171 bei 25°, zu füllen.[2] Neuerlich bediene ich mich des RAOULT'schen Normal-Daniells mit gesättigter Zinksulphatlösung als zweiter Flüssigkeit.[3] Dieser Fortschritt der Methode war Dr. SACHS entgangen; doch kommt auf die kleine Abweichung seiner Bestimmungen von der neuen empirischen Krafteinheit um so weniger etwas an, als man im Nothfall seine Zahlen leicht reduciren könnte.

Dr. SACHS hatte seinen Compensator in Calabozo so aufgestellt, dass das Verhältniss m der Ablenkungen mit und ohne Nebenschliessdraht $= \frac{275}{63} = 4·365$ war. Daraus ergiebt sich die Graduationsconstante zu 0·000 771 seines Daniells.[4] In seinem Tagebuche finden sich die gemessenen elektromotorischen Kräfte in Compensatorgraden angegeben; im Folgenden sind sie auf Grund obiger Constantenbestimmung in Bruchtheilen der Kraft D seiner Maasskette ausgedrückt.

7. Zuleitungsgefässe u. d. m.

1. Ein Paar meiner aus Zink gegossenen Zuleitungsgefässe auf einem Fuss aus Kammmasse, mit einem durch einen Kautschukring gegen den Bausch angepressten Schild aus derselben Masse.[5]

2. Ein Paar meiner älteren Zuleitungsgefässe mit viereckigem Por-

---

[1] Ges. Abh. Bd. II. S. 238—240.

[2] Ges. Abh. Bd. II. S. 237.

[3] Annales de Chimie et de Physique etc. 4me Série. 1864. t. II. p. 334; — Vergl. WIEDEMANN, Die Lehre vom Galvanismus u. s. w. Bd. I. 2. Aufl. Braunschweig 1872. S. 341. §. 227.

[4] Ges. Abh. Bd. I. S. 261; — Bd. II. S. 235.

[5] Ges. Abh. Bd. I. S. 157. Taf. I. Fig. 1.

zellantroge, Porzellancarnies, und, statt der Platinplatten, mit verquickten Zinkplatten.[1]

3. Drei Paar unpolarisirbarer Zuleitungsröhren (sogenannter Thonstiefelelektroden).[2]

In einigen Fällen, wenn es sich um Ableitung vom ganzen Fisch handelte, erwiesen sich diese für Froschnerven und -Muskeln bestimmten Vorrichtungen unnütz klein und zart. Dr. SACHS verfertigte sich für solche Gelegenheiten nach demselben Princip unpolarisirbare Zuleitungsröhren aus weiten Röhren mit einer Würgung über der unteren Mündung, die mit einem Kochsalzthonpfropf verstopft und mit einem Leinwandlappen überbunden war. Hrn. HITZIG's unpolarisirbare Elektroden zu elektrotherapeutischen Zwecken wären hier am Platze gewesen.[3]

4. Die feuchte Reizungsröhre.[4]

5. Ein Paar sogenannter Vaguselektroden, d. h. isolirter hakenförmig gebogener Drähte, wie sie dienen, um in der Tiefe einer Wunde einem Nerven den Strom zuzuführen. Sie haben sich nicht erhalten und es ist nicht gesagt, aus welchem Metall sie bestanden. Vermuthlich waren sie aus Zink.

6. Der allgemeine Träger mit dreieckiger auf und ab verschiebbarer Glasplatte zur Aufstellung von Präparaten zwischen den Bäuschen, und mit viereckiger Glasplatte an einem Kugelgelenke zur Aufstellung des stromprüfenden Froschschenkels.[5]

Dr. SACHS führte keine feuchte Kammer fertig bei sich, die schwer zu verpacken ist. Ich vermuthe, dass er sich an Ort und Stelle eine herstellte. Bei der ausnehmenden Trockenheit der Luft in den Llanos zur Winterzeit (s. oben S. 101) wäre wohl gerathen, wenn der Fall wiederkehrte, wenigstens das Material zu einer feuchten Kammer von Europa mitzunehmen.

8. Besondere zu Zitterfisch-Versuchen dienliche Vorrichtungen.

1. Froschwecker. Dr. SACHS hatte den Froschwecker bei sich, den ich zu den Versuchen an den Zitterwelsen hatte machen lassen.[6] Obschon er schon schematisch abgebildet ist,[7] auch seine Einrichtung

[1] Ebenda, S. 158. [2] Ebenda, S. 163. Taf. III. Fig. 2.

[3] Berliner klinische Wochenschrift, 1867. Nr. 39.

[4] Ges. Abh. Bd. I. S. 211. Taf. II. Fig. 11.

[5] Untersuchungen über thierische Elektricität. Bd. I. Berlin 1848. S. 449. 450. Taf. III. Fig. 19.

[6] Ges. Abh. Bd. I. S. 213.

[7] Ebenda, S. 218; — Bd. II. S. 658.

sich von selber versteht, mag er doch hier in mehr naturgetreuer Zeichnung Platz finden (Fig. 42), da ohne seine Hülfe sichere Versuche an Zitterfischen nicht wohl ausführbar sind, und unser Modell sich hinreichend bewährt hat. Der Froschwecker unterscheidet sich vom Zuckungstelegraphen[1] nur dadurch, dass an Stelle der Glimmerfahne ein federnder Hammer *h* tritt, der an eine Glocke *g* schlägt. Am Faden *f* muss man sich den Froschgastroknemius ziehend denken, dessen Femur wie gewöhnlich in die Muskelklemme des Zuckungstelegraphen eingespannt ist, während die Reizungsröhre seinem Ischiadicus einen Theil des Schlages zuführt, wie ihn gerade das in den Versuchstrog versenkte Elektrodenpaar aufnimmt. Am Faden *f'* hängt der bekannte Eimer aus dünnem Messingblech zur Aufnahme von Vogeldunst.

Fig. 42.

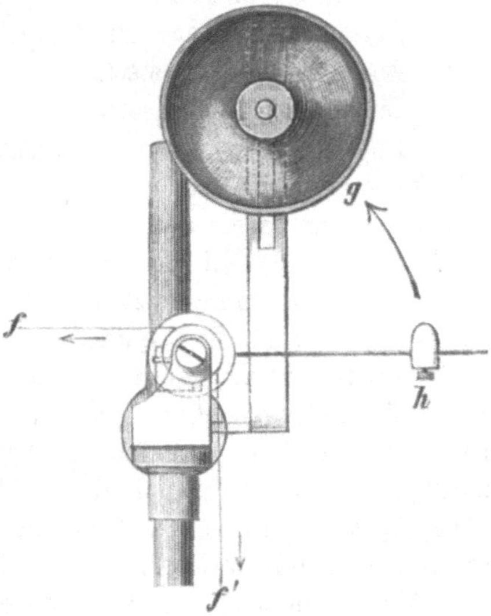

1 : 2.

2. Froschunterbrecher. Wie ich schon früher auseinandersetzte, ist der Froschunterbrecher grundsätzlich einerlei mit der Helmholtz'schen Vorrichtung zur Messung der Fortpflanzungsgeschwindigkeit der Reizung im Nerven nach der Pouillet'schen Methode. Er bietet sehr günstige Gelegenheit, belastete oder überlastete Muskeln einen Kreis öffnen zu lassen, und darauf beruht die häufige Anwendung, welche dieser Apparat in der Muskel- und Nervenphysik gefunden hat, obschon er, gleich dem Froschwecker, seinen Ursprung zunächst einem Bedürfniss bei den Zitterwelsversuchen verdankt.[2] Um so weniger durfte er in Dr. Sachs' Ausrüstung fehlen.

3. Pendelrheotom.

Endlich hatten wir, zum Zweck besonderer Versuche, einen Apparat construirt, der erst mit diesen Versuchen beschrieben werden kann (s. unten § XXVIII. 2).

---

[1] Ges. Abh. Bd. I. S. 207. Taf. I. Fig. 9.

[2] Ges. Abh. Bd. I. S. 219. 227; — Bd. II. S. 519. 618. Anm. 2.

9. Allgemeine physikalische Apparate und sonstiges wissenschaftliches Reisegeräth.

An allgemeinen physikalischen Apparaten, welche Dr. SACHS ausser Compass, Fernrohr u. d. m. mit sich führte, seien erwähnt:

1. Eine Dispensirwage mit Gewichten.
2. Ein Araeometer-Besteck.
3. Ein Aneroïd-Barometer.
4. Physiologische und meteorologische Thermometer, trocken und feucht zu gebrauchen.
5. Ein Circularniveau.

Eine neue Expedition könnte einen Chronographen, ein Federmyographion, ein LIPPMANN'sches Capillar-Elektrometer und Telephone nebst Telephondraht nicht entbehren (s. unten § XXX. 2).

Natürlich war Dr. SACHS wohl versehen mit den vielen kleineren und doch kaum minder wichtigen Bedürfnissen eines Laboratoriums, besonders denen eines elektrophysiologischen: Quecksilber, Kupfer- und Zinkblech, Blattkupfer, Platinblech und -draht, Neusilberdraht und Stanniol; Löthkolben, Loth, Löthwasser und Kohle; Sand- und Schmirgelpapier; BERJOT'sche Amalgamirflüssigkeit; Thon und den geeigneten Gefässen zu dessen Aufbewahrung in plastischem Zustande; Reibschale und Pistill zum Ankneten des Thones; Guttapercha und Kautschuk in Platten verschiedener Dicke; Glimmer; Kork und Korkbohrer; Locheisen; Rindsleder, um mit dem Rasirmesser Querschnitte darauf zu machen;[1] Fliesspapier, Messer und Schmirgelfeile zur Anfertigung von Bäuschen;[2] Stopfnadeln um sie zu nähen, Nähnadeln zum Magnetisiren, Insectennadeln zum Feststecken von Nerven; Stellstiften, Spillbaumholz, Putzleder, Baumwolle, alter Leinwand, Talg und Uhrmacheröl zum Instandsetzen der Apparate; Leim und arabischem Gummi; Wachs und Kolophoniumkitt; Asphalt- und Bernsteinlack und Schellackfirniss; Leinöl und Terpentinöl; Russ und Siegellack; Pinseln; Porzellanringen zum Aufhängen von Leitungen; Lampen, Schalen, Näpfchen, Uhr-, Becher- und Reagirgläsern; Glasstäben und -röhren; Kautschukröhren verschiedenen Calibers; Eudiometern, Büretten, Hähnen und Quetschhähnen; Trichtern, Reibschalen und Mörsern; Schreib- und Schneidediamant; Stativen, Zwingen, Flügelschrauben; endlich Kautschukringen, Bindedraht, Garn, Seide, Etiquetten, Sätzen von Pappkästen u. d. m.

Ich rede nicht vom Handwerkzeug mit Zubehör an Nägeln, Stiften, Schrauben u. d. m.; von den nöthigen mikroskopischen Hülfsmitteln an

[1] Ges. Abh. Bd. II. S. 93. [2] Ebenda, Bd. I. S. 160.

Objectträgern, Deckgläschen und Materialien zum Härten, Einbetten und Conserviren von Präparaten. Dass Dr. Sachs für anatomische Zwecke, von den gröbsten bis zu den feinsten, gut ausgerüstet war, braucht nicht gesagt zu werden; auch an jenen künstlichen Giftzähnen, den Pravaz'schen Spritzen, fehlte es nicht.

Der chemische Kasten des Reisenden war zugleich seine Feldapotheke und enthielt in zwei Stockwerken gegen hundert grössere und kleinere Flaschen mit den nöthigsten Reagentien, Arzeneimitteln und den in der Experimentalphysiologie unentbehrlichen Giften; natürlich mit einem ansehnlichen Vorrath von Zink- und Kupfersulphat in Krystallen, wie auch von Schwefelsäure. Zwei Flaschen waren mit rauchender Salpetersäure für die Grove'sche Säule gefüllt. Trotz allen Vorsichtsmaassregeln bewährte sich diese Einrichtung nicht; in der Nachbarschaft fanden sich Polster und Wände stark angegriffen, ja zerstört, und bei künftiger Gelegenheit wird dieser gefährliche Gast anders gepackt und für sich untergebracht werden müssen, wenn man aus Scheu vor ihm nicht überhaupt einer anderen Kette den Vorzug giebt.

Ein Wasserbad, einige Kolben und Retorten sollten einfachere chemische Operationen ermöglichen. Lakmuspapier ist schon oben S. 71 erwähnt, Liebreich'sche Täfelchen waren wohl vergessen.

An Alkohol scheint es in Calabozo nicht gefehlt zu haben, wenn er auch keinesweges billig war.[1]

§ XIX. Dr. Sachs ermittelt in Calabozo einen Ersatz für den stromprüfenden Schenkel unseres Wasserfrosches.

Bei der Fülle und dem Formenreichthum der Amphibienwelt unter den Tropen rechneten wir etwas leichtsinnig darauf, dass sich in Calabozo ein Ersatz für unseren Wasserfrosch finden würde, von welchem ja der nordamerikanische *Bullfrog* (Rana mugiens, auch Catesbyana) ein vergrössertes Abbild darstellt, welches vielleicht noch berufen ist, der Physiologie wichtige Dienste zu leisten. Die Laubfrösche der Llanos, namentlich Hyla crepitans Wied., mit denen Dr. Sachs es zuerst versuchte, erwiesen sich aber als viel zu winzig für den Gebrauch im Froschwecker und Froschunterbrecher; und in Ermangelung eines passenden Frosches gab Dr. Sachs Auftrag Kröten zu fangen, Thiere, deren Muskeln und Nerven sich bei uns in dem Maasse weniger als die der Frösche zu Reizversuchen eignen, wie ihre kriechenden Bewegungen träger sind als die

[1] Reisebriefe, a. a. O., S. 90.

ihrer hüpfenden Anverwandten.[1] Die Kröten, *Sapos* der Spanischen Creolen, welche Dr. Sachs gebracht wurden, gehörten der Species Bufo marinus Linné an, der grössten bekannten Krötenart, welche ohne die Beine 30 cm lang wird, und zeichneten sich vor unseren hiesigen Kröten vortheilhaft dadurch aus, dass sie sich in gewaltigen Sätzen bewegten. Demgemäss entfalteten ihre Nerven und Muskeln auch im Froschwecker und Froschunterbrecher die nöthige Leistungsfähigkeit. Die Beine von Kröten sind verhältnissmässig kürzer als die von Fröschen, so dass es scheint, dass trotz der Grösse der Thiere ihre Muskeln für die auf die Muskeln des Wasserfrosches berechneten Vorrichtungen nicht zu gross waren.

Auf alle Fälle fand Dr. Sachs in diesen Krötenfröschen, wie er sie nennt, einen brauchbaren Ersatz für unseren Frosch. Dabei waren die Thiere leicht zu erlangen, wiewohl sie die trockene Jahreszeit in torpidem Zustand in Erdlöchern zubringen. Wenn im Folgenden von stromprüfenden Schenkeln oder Nervmuskelpräparaten die Rede ist, hat man darunter Präparate vom Sapo zu verstehen.[2]

Dr. Sachs klagt, dass die Krötenpräparate oft sehr zur Unzeit in spontane Zuckungen verfallen.[3] Vielleicht war dies nur die Folge der ungemeinen von ihm während des Winters in Calabozo beobachteten Trockenheit der Luft (s. oben S. 80. 101).

Ob es auch in Bolivar Bufo marinus oder einen anderen Ersatz für den Wasserfrosch gebe, sagt Dr. Sachs nicht. Bei der Wahl eines Ortes, wo über den Zitteraal gearbeitet werden soll, wird die Frage nach solchem Ersatz stets mit in erster Linie stehen (s. oben S. 82).

§ XX. Untersuchung des Zitteraal-Schlages mit dem Nervmuskelpräparat im Froschwecker.

Im Versuchstroge (s. oben S. 102) lagen bei Dr. Sachs' Versuchen am lebenden Zitteraale stets zwei durch isolirte Drähte mit den Ringelektroden der Reizungsröhre verbundene Kupferplatten, so dass der

[1] Humboldt, Versuche über die gereizte Muskel- und Nervenfaser u. s. w. Posen und Berlin 1797. Bd. I. S. 303.

[2] Reisebriefe, a. a. O. S. 72. 77. — Hier ist der Sapo Bufo Agua (Daudin et alior.; — vergl. J. van der Hoeven, Handbuch der Zoologie. Nach der 2. Holl. Ausg. Leipzig 1852—1856. Bd. II. S. 266) genannt. Hr. W. Peters bestimmte ihn als Bufo marinus Linné (Ueber die von Hrn. Dr. Sachs in Venezuela gesammelten Amphibien, in den Monatsberichten u. s. w. 1877. S. 460). — Llanos, S. 160. 161. — Dr. Sachs bezahlte das Stück mit nur 1 Cent. — Auch Hr. Babuchin behalf sich in Oberaegypten mit Krötenschenkeln (Archiv für Physiologie. 1877. S. 260).

[3] Vergl. Reisebriefe, a. a. O. S. 88.

Froschwecker jede Entladung anzeigte. Es fand sich übrigens, dass unter allen Umständen die Verbindung Eines Ringes mit Einer Platte genügte, damit Zuckung erfolge; es war unmöglich, ein Präparat so zu isoliren, dass es nicht beim Schlage zuckte, sobald der Nerv mit dem Wasser des Troges leitend verbunden war; wie ich es einst unmöglich fand, auch bei sorgfältigster Isolirung keine unipolaren Inductionszuckungen durch den Nebenstrom der Flaschenentladung erfolgen zu sehen.[1] Volta-elektrische unipolare Zuckungen hören auf, wenn man das Präparat umkehrt, so dass der Nerv das freie Ende der Zweigleitung bildet, weil der Nerv zu kleine Capacität bietet. Dr. Sachs sagt nicht, ob dies auch für die unipolaren Zitteraal-Zuckungen gelte, und ich habe dasselbe in Bezug auf die unipolaren reibungselektrischen Zuckungen anzumerken versäumt.

Ableiten des Präparates zur Erde verstärkte die Zuckung, sei's dass dann geschlossene Stromcurven ihren Weg durch das Präparat nahmen, sei's dass Anhängen des Leiters unendlicher Capacität, der Erde, die Seitenentladung verstärkte. Wurden aber beide Kupferplatten unmittelbar mit dem Muskel verbunden, so erfolgte auch oft Zuckung; nicht zu verwundern, wenn man sich die Bedingungen vergegenwärtigt, unter denen ich vom Zitteraal der *Polytechnic Institution* noch einen heftigen Schlag erhielt.[2]

Der Froschwecker lehrt, dass, ganz wie der Zitterwels, der Zitteraal nicht auf jede Berührung schlägt. Mitunter antwortet er auf das zarteste Tippen mit dem Finger; anderemal erst auf kräftiges „Picken" mit einem spitzen Körper. Am empfindlichsten fand Humboldt die Umgebung der Kiemenspalte.[3] Dort pflegte auch Dr. Sachs den Fisch zu berühren, wenn er ihn besonders heftig reizen wollte. Er sagt nicht, ob er darin Humboldt's Rath befolgte, oder ob er selber darauf geführt worden war.

Wie am Zitterwels, lehrt auch ferner am Zitteraal der Froschwecker, dass der Fisch manchmal ungereizt schlägt; wie dort, verrieth auch hier der Froschwecker die gegen seine Elektroden von dem einen Zitteraal gerichteten Schläge (s. oben S. 103).

Ist der Fisch heftig gereizt, so wird der Hammer gegen die Glocke gepresst gehalten, wie ich es auch vom Zitterwels beschrieb.[4]

---

[1] Untersuchungen über thierische Elektricität. Bd. I. S. 434.
[2] Ges. Abh. Bd. II. S. 681. Anm.
[3] Recueil etc. L. c. p. 68. 71; — Relation etc. L. c. p. 182.
[4] Monatsberichte u. s. w. 1858. S. 100; — Ges. Abh. Bd. II. S. 609.

§ XXI. Vertheilung der elektrischen Spannungen am schlagenden Zitteraale.

1. Vorbemerkungen.

Faraday hat schon am Zitteraal gezeigt, 1. dass jeder Punkt des im Wasser befindlichen Fisches oder seiner nächsten Umgebung sich negativ verhält gegen jeden am Fisch davor, und positiv gegen jeden dahinter gelegenen; 2. dass die Wirkungen um so stärker sind, je weiter auseinandergelegene Punkte man berührt; 3. dass sie verschwinden, wenn die abgeleiteten Punkte symmetrisch zur Sagittalebene des Fisches liegen.[1]

Diese Ergebnisse lassen sich aus der Annahme herleiten, dass im Augenblick des Schlages die vorderen Flächen aller elektrischen Platten positiv, die hinteren negativ sich verhalten, wie ich zum Ueberfluss an einer nicht isolirten, untergetauchten Säule aus zusammengelötheten Platinzinkelementen bewies.[2] Die Zitteraal-Säulen haben also ihren positiven Pol am Kopf-, ihren negativen Pol am Schwanzende, und sie sind im Augenblick des Schlages als im Allgemeinen aufsteigend durchströmt anzusehen. In Wirklichkeit wird die Strömung von dieser Richtung aus zwei Gründen abweichen. Selbst wenn man die vier Zitteraal-Organe als Cylinder schematisirt denkt, würde, weil die Säulen seitlich nicht isolirt sind, die resultirende innere Strömung nicht überall senkrecht auf den elektrischen Platten stehen; der Mantel des Cylinders wäre keine Strömungsfläche, sondern würde von Stromcurven geschnitten. Demgemäss wären die Endflächen der elektrischen Organe auch keine Polflächen im Sinne zweier Flächen verschiedenen, aber für jede constanten Potentials, sondern nur in dem Sinne, wie dieser Ausdruck auch am Magnet gebraucht wird.[3] Schreibt man, um sich der Wirklichkeit schrittweise zu nähern, dem Organ eine hinten zugespitzte, aber noch drehrunde Gestalt zu, so wird dort die Oberfläche vollends aufhören, isoëlektrische Fläche zu sein. Ausserdem aber kommt in Betracht die besondere Anordnung der hinteren Säulen der grossen Organe, welche Dr. Sachs zur Aufstellung seines neuen Organs führte. Ohne erneute anatomische Untersuchung wäre es müssig, die Folgen genauer angeben zu wollen, welche diese Anordnung für die Vertheilung der Spannungen haben muss. Soviel lässt sich indess sagen, dass das Sachs'sche Säulenbündel, welches wir an Stelle des neuen Or-

---

[1] Experimental Researches etc. London 1844. vol. II. p. 6—11. § 1764. 1773—1781.

[2] Ges. Abh. Bd. II. S. 683.

[3] Ges. Abh. Bd. II. S. 629. 682.

gans setzten, bei gleicher elektromotorischer Kraft etwas schwächer in der Richtung der geometrischen Axe des Organs wirken muss, weil seine Platten damit nach der HUNTER'schen Abbildung einen Winkel von etwa $90^{\circ} - \vartheta = 80\frac{1}{2}^{\circ}$ machen (s. oben S. 57); und aus demselben Grunde kann der Umfang eines senkrechten Durchschnittes des Fisches in dieser Gegend keine isoëlektrische Curve sein, sondern ein Punkt des Rückens muss sich schwach positiv verhalten gegen den senkrecht darunter gelegenen Punkt der Bauchfläche.

Uebrigens soll im Folgenden die aufsteigende Richtung eines Stromes im Zitteraal-Organ, oder die Richtung vom Schwanz zum Kopfe, die positive heissen, gleichviel ob es sich um Entladung des Organes selber oder um einen fremden das Organ durchfliessenden Strom handelt; und zwar nennen wir diese Richtung die absolut positive und die entgegengesetzte die absolut negative, im Gegensatz zur relativ positiven und negativen Richtung, die ein Strom im Organ in Bezug auf einen absolut positiv oder negativ gerichteten Strom haben kann. Es kehren hier ähnliche Beziehungen wieder, wie in der Lehre vom Muskelstrom und seinen Schwankungen.[1]

2. Streckenentladungen der Zitteraal-Organe.

Obschon nach FARADAY hier nur auf spärliche Nachlese zu zählen war, fehlte es doch nicht ganz an wichtigen, von Dr. SACHS zu beantwortenden Fragen.

In den Berichten über den Zitteraal kehrt die Angabe wieder, dass der Fisch den Schlag nach Belieben in dieser oder jener Richtung entsende. HUMBOLDT sagt: „En général, lorsque deux personnes touchent ensemble l'organe électrique du Gymnote, en y appliquant leur doigt à cinq centimètres de distance l'une de l'autre, rarement toutes deux sentiront l'explosion électrique à la fois. Il dépend tellement de la volonté du poisson, soit de diriger son fluide vers tel ou tel côté, soit de ne décharger qu'une partie de ses organes, qu'en l'irritant par deux baguettes métalliques .... la commotion se propage, tantôt par l'une, tantôt par l'autre de ces baguettes, quoique leurs extrémités, appuyées sur le ventre humide du Gymnote, soient rapprochées jusqu'à dix à douze millimètres. Ce phénomène devient très-frappant lorsque les baguettes sont tenues par deux personnes différentes qui s'avertissent chaque fois que l'une d'elles éprouve la commotion."[2]

Später kommt HUMBOLDT folgendermaassen auf diese Frage zurück:

---

[1] Ges. Abh. Bd. II. S. 407. [2] Recueil etc. L. c. p. 72.

„Plusieurs des expériences que j'ai décrites paraissent aussi prouver qu'il dépend de la volonté du poisson de ne charger ou décharger qu'une partie de son organe à la fois. Je crois que c'est dans cette propriété que consiste tout le mystère de ces phénomènes curieux dans lesquels le Gymnote, en contact avec deux tiges métalliques très-rapprochées, paraît diriger son coup tantôt vers l'une, tantôt vers l'autre de ces tiges. Les deux conducteurs n'irriteront sans doute pas également. Le poisson décharge les feuillets de l'organe électrique dans lesquels il se sent le plus incommodé par la pression extérieure. C'est pour cela que deux personnes isolées, qui tiennent le poisson par la tête et par la queue, sentiront rarement des commotions simultanées. L'idée de l'action *partielle de l'organe électrique*.... explique nombre de phénomènes qui, sans cette hypothèse, paraîtraient tenir du merveilleux."[1]

Seltsamerweise hat Humboldt später diese, wie wir sehen werden, unstreitig richtige Vermuthung zurückgenommen. In der *Relation* etc. sagt er: „Il dépend du Gymnote de n'agir que vers le point dans lequel il se croit le plus fortement irrité. La décharge se fait alors par un seul point, et non par le point voisin..... Cet effet indique moins une décharge partielle de l'organe,.... que la faculté qu'a l'animal (peut-être par la secrétion instantanée d'un fluide qui se répand dans le tissu cellulaire), de n'établir la communication de ses organes avec la peau que dans un espace très-limité."[2]

Auch Faraday hat hier nicht so richtig geurtheilt, wie wohl sonst. „It is not at all impossible," sagt er, „that the fish may have the power of throwing each of its four electric organs separately into action, and so to a certain degree direct the shock, i. e. he may have the capability of causing the electric current to emanate from one side, and at the same time bring the other side of his body into such a condition, that it shall be as a non-conductor in that direction. But I think the appearances and results are such as to forbid the supposition, that he has any control over the direction of the currents after they have entered the fluid and substances around him."[3]

Letzteres ist klar. Unstreitig ist sodann physiologisch denkbar, dass der Fisch von seinen vier Organen nur eins bethätige, wenn sie auch in der Regel sich wie associirte symmetrische Muskeln verhalten mögen. Faraday scheint sich aber hinsichtlich des Erfolges solcher vereinzelten Thätigkeit eines der vier Organe zu irren. Selbst bei der ganz willkürlichen und physiologisch unzulässigen Annahme, dass die Organe der anderen Körperseite isolirend wirkten, würde die Vertheilung der Span-

---

[1] Ibidem. p. 87. 88. [2] L. c. p. 180. 188. [3] L. c. p. 11. 12. § 1782.

nungen an und um den Fisch dabei im Wesentlichen die nämliche bleiben; nur würde der Potentialunterschied zweier gegebenen Punkte seiner Oberfläche oder des umgebenden Wassers im Allgemeinen abnehmen.

Offenbar hat hier HUMBOLDT, in seiner ersten Aeusserung, das Rechte getroffen. Das Zitterwels-Organ muss stets in einem Stücke schlagen. Das Zitterrochen-Organ mag schon durch Innervation nicht aller seiner Nerven nur theilweise wirken können. Vollends bei der Art, wie das elektrische Organ des Zitteraales mit Nerven versorgt ist, steht nichts der Vorstellung entgegen, dass nur eine Strecke seiner Länge in Thätigkeit gerathe. Es lässt sich nun nicht gerade behaupten, dass der besondere von HUMBOLDT angeführte Fall, in welchem von zwei, dem Organ in nur 10—12^{mm} Abstand aufgesetzten Metallstäben der eine den Schlag aufnahm, der andere nicht, dadurch völlig verständlich werde. Inzwischen ist so doch ein Weg gezeigt, auf dem ähnliche, minder extreme Erscheinungen sich ungezwungen erklären. Es handelt sich aber noch um einen bestimmteren, experimentellen Nachweis, dass es Streckenentladungen des Organs gebe. So schlage ich vor, Entladungen zu nennen, welche nur von einem Theil der Länge eines oder mehrerer Organe ausgehen, da wir des natürlicher scheinenden Ausdruckes „Theilentladungen" anderswo dringender bedürfen werden (s. unten § XXXI. 2).

MATTEUCCI hat berichtet, dass der Zitteraal im Königlichen Schlosse zu Neapel sein Organ beliebig ganz oder theilweise entlade, jedoch ohne irgend eine nähere Angabe, wie dies beobachtet wurde.[1]

Dr. SACHS legte vier verschiedenen Punkten der Länge eines aus dem Wasser genommenen, ruhig daliegenden Zitteraales vier Krötenschenkel an. Bei starken Schlägen, auf Berührung der Kiemengegend, zuckten alle vier. Erzeugte man schwache Schläge durch „Picken" der Haut des Schwanzes, so zuckten nur die hinteren Präparate. An einem anderen Fisch wurde dasselbe subjectiv beobachtet.[2] Was bei schwacher Reizung vom Kopf aus geschah, ob dann nur die vorderen Präparate oder ob vom Kopf aus stets alle Präparate zuckten, ist nicht gesagt. Indessen ist doch hier zum ersten Mal HUMBOLDT's Vermuthung bestätigt, dass der Fisch gelegentlich nur eine Strecke seiner Organe bethätigt.

3. Verhältnissmässige Stärke der vorderen und der hinteren Hälfte der Zitteraal-Organe.

Ein anderer, die Vertheilung der Spannungen am Zitteraal betreffender Punkt, über den von Dr. SACHS Aufschluss erwartet wurde,

[1] Comptes rendus etc. 1846. t. XXIII. p. 358.

[2] Vergl. Reisebriefe, a. a. O. S. 74.

ist die verhältnissmässige Stärke des Schlages von verschiedenen Strecken des Organes aus, bei maximaler, oder allgemein bei gleich starker Bethätigung aller elektrischen Platten. FARADAY hatte darüber nichts gesagt, DE LA RIVE vom Zitteraal im Königlichen Schloss zu Neapel ausdrücklich angegeben, dass die vordere und die hintere Hälfte des Zitteraal-Organes genau gleich stark schlagen.[1]

Bei den Versuchen am Zitterwelse fand ich sehr bald, dass die vordere Hälfte des Organs erheblich stärkere Ablenkung an der im Versuchskreise befindlichen Bussole erzeugte, als die hintere. Die Ausschläge verhielten sich zu einander sehr beständig wie 11:6. Durch ein Elektrodenpaar von beständigem Abstande folgweise abgeleitet, gaben das vordere, mittlere und hintere Drittel des Fisches im Mittel mehrerer Versuche beziehlich 26, 29, 13[sc] Ausschlag. Ich zeigte dasselbe auch indem ich die Schläge des vorderen und des hinteren Abschnittes des Organs im umgekehrten Sinne durch die Bussole leitete. Um annähernd Gleichgewicht zu erlangen, musste die Länge des vorderen sich zu der des hinteren Abschnittes verhalten wie 45:80.

Ich glaubte zuerst, dass dies auf grösserer elektromotorischer Kraft der vorderen Hälfte beruhe, und da ich keinen Unterschied des Baues zwischen vorn und hinten erkannte, dass der Unterschied der Kräfte vielleicht von abnehmender Stärke der Innervation durch die Eine immer weiter sich zertheilende Nervenröhre herrühre. Allein ehe ich bei einer so anziehenden Meinung stehen blieb, musste erst eine andere Möglichkeit geprüft werden, nämlich die, dass die Unterlegenheit der hinteren Hälfte des Organs von dessen nach dem Schwanz zu abnehmendem Querschnitt, also einfach von grösserem Widerstand, herrührte. Ein theoretischer Ueberschlag schien zwar zu zeigen, dass die Querschnittsabnahme nicht genüge, um die grössere Schwäche der hinteren Hälfte ganz zu erklären. Der Versuch lehrte aber, dass der Unterschied in der Wirkung beider Hälften mit wachsendem Widerstand des Versuchskreises verschwindet; daher, wenn auch einige Dunkelheiten zurückblieben, das schliessliche Ergebniss war, dass vor der Hand kein Grund sei, verschiedene elektromotorische Kraft beider Hälften anzunehmen.[2]

Unter diesen Umständen, und gegenüber DE LA RIVE's Behauptung, war es an sich von Interesse, zu erfahren, wie die Stärke des Schlages

[1] Ges. Abh. Bd. II. S. 630. 684.

[2] Ges. Abh. Bd. II. S. 630—636. — Ich habe hier geirrt, als ich sagte, dass am rings isolirten Organ auch bei verschiedenem Widerstand seiner Hälften bei gleicher Kraft derselben der Aequator in der Mitte bleiben würde. Der äusserste Fall unendlichen Widerstandes der einen Hälfte zeigt sogleich den Fehler, der übrigens ohne Einfluss auf die Richtigkeit des Uebrigen ist.

an beiden Hälften des Zitteraales sich denn wirklich verhält. Wie zu erwarten war, fand Dr. Sachs einen auffallenden Unterschied, und zwar im gleichen Sinne, wie ich am Zitterwelse.[1] Leider ist er auf diese Angelegenheit nicht weiter eingegangen, welche doch für ihn noch eine besondere Bedeutung hatte.

Unstreitig nämlich rührt die Unterlegenheit der hinteren Hälfte am Zitteraal wie am Zitterwelse zum Theil vom geringeren Querschnitt des Organes her. Hier wird die, wie schon oben S. 13. 14 bemerkt wurde, seit Gaubius (Seba) und Gronovius zu wenig beachtete und nur von Faraday abgebildete, messerförmige oder nach hinten seitlich abgeplattete Gestalt unseres Fisches von Wichtigkeit. Es kann nicht zweifelhaft sein, dass der Widerstand der hinteren Hälfte der Organe den der vorderen weit übertrifft. Man würde dies an den ausgeschnittenen Zitteraal-Organen gewiss leicht bestätigen, und am lebenden Zitteraal vielleicht noch deutlicher als am Zitterwels nachweisen, dass bei schlecht leitendem Versuchskreise der Unterschied zwischen den Wirkungen beider Hälften abnimmt.

Dann aber ist hier wieder der eigenthümliche Bau der hinteren Organhälfte zu berücksichtigen. Wir sahen schon (S. 149), dass das Sachs'sche Säulenbündel bei gleicher Kraft etwas schwächer in der Richtung der Axe des Organes wirken müsse. Doch ist ferner sehr wahrscheinlich, dass die weitfächerigen Sachs'schen Bündel anders elektromotorisch wirken als die engfächerigen. Die Frage kann nur sein, ob schwächer oder stärker. Wenn, wie Dr. Sachs sich dachte, ihre elektrischen Platten auf niederer Entwickelungsstufe blieben (s. oben S. 62), ist zu vermuthen, dass sie schwächer wirken. Zweckmässig wäre es, dass sie stärker wirkten, um nämlich den grösseren inneren Widerstand an dieser Stelle und ihre schräge Richtung zu compensiren. Wir kommen unten (§ XXXVII. 3) hierauf zurück.

§ XXII. Von einigen physikalischen Wirkungen des Zitteraal-Schlages.

1. Vorbemerkungen. Die ableitenden Sättel für den Zitteraal.

Aus der Vertheilung der Spannungen an einem Zitterfisch folgt sogleich die Art, den Schlag so abzuleiten, dass er möglichst starke Wirkung im Versuchskreise hervorbringt. Es müssen den Polen des

[1] Reisebriefe, a. a. O. S. 77 (4).

Organs (s. oben S. 148) Elektroden angelegt werden, während er zugleich vom umgebenden Wasser möglichst vollkommen isolirt wird.

Darf er nicht aus dem Wasser gehoben werden, so ist letztere Bedingung schwer zu erfüllen. Zunächst wird man dem Fisch nur so viel Wasser lassen, dass es ihn eben bedeckt. Dann wird man ihm eine isolirende, ebene Unterlage, in Gestalt einer Spiegelscheibe, geben. Um ihn auch von oben und seitlich zu isoliren, setzt man ihm einen seiner Gestalt möglichst angepassten Deckel, am besten von Guttapercha, auf, der unten mit ebenen Rändern sich der Spiegelscheibe anschliesst. Den Deckel füttert man an den Stellen, wo man dem Fisch die Elektroden anzulegen wünscht, mit Stanniol, von dem ein Streif sich nach aussen verlängert und zum Versuchskreise führt.

So entstanden die Ableitungsdeckel, deren ich mich bei meinen Versuchen an den Zitterwelsen bediente. Im Augenblick, wo solch ein Deckel dem Fisch aufgesetzt wurde, schlug dieser, und ich habe bewiesen, dass die seitliche Isolirung durch den Deckel die Ablenkung des Bussolspiegels verdoppelte.[1]

Bei der langgestreckten Gestalt, der schlängelnden Bewegungen des Zitteraales wäre es unthunlich, ihm einen ähnlichen Deckel aufzusetzen. Bei der grossen Stärke der Schläge kommt es aber auch nicht wie am Zitterwelse darauf an, dem Schlag im Versuchskreise die grösstmögliche Stärke zu geben. Daher Faraday bei seinen Versuchen mit sattelförmigen Elektroden auskam, welche aus Kupfer gebogen aussen mit Kautschuk überzogen waren.

Fig. 43.

Vollends Dr. Sachs bedurfte keiner das Thier rings isolirenden Deckel, da er, soviel ihm beliebte, die Zitteraale an die Luft heben konnte. Nicht einmal nach aussen brauchten seine Elektroden zu isoliren, sondern einfach dem Umriss des Thieres angepasste Metallplatten hätten genügt. Indessen hatte er, um dieselben Elektroden im Wasser und an der Luft gebrauchen zu können, ein Paar Sättel aus Guttapercha angefertigt, mit Stanniol gefüttert, und mit isolirenden Handhaben versehen. Er hat diese Sättel mitgebracht; ich bilde deren einen in Fig. 43 ab, und gebe ihre Maasse, damit künftige Erforscher des Zitteraales solche Sättel gleich aus Europa mitnehmen können. Die Sättel sind aus

[1] Ges. Abh. Bd. II. S. 615.

einer 200 mm langen und 75 mm breiten Platte gebogen, und schwach hufeisenförmig; 85 mm hoch, unten 45, an der weitesten Stelle 50 mm weit.

Auch FARADAY beschreibt seine Sättel hufeisenförmig. „The ends were made to converge so as to fit in some degree the body of the fish“.[1] Es war mir unklar, wie man solche Sättel dem Fisch aufsetzen könne, ohne ihn mit den unteren Rändern zu klemmen, zu scheuern, und heftig zu reizen, da er dann vor gehörig aufgesetzten Sätteln schlagen würde. Seit ich auf die stark nach hinten verjüngte Gestalt des Fisches achten lernte (s. oben S. 14), zweifle ich nicht, dass man ihm die Sättel weit genug nach hinten aufsetzt, damit er ohne Reibung zwischen den unteren Rändern hindurchgehe, und dann die Sättel nach vorn schiebt, bis sie passen. Der Zitterwels wird durch den ihm überall anschliessenden Deckel so geängstigt, dass man gleich nach erklungenem Froschweckersignal den Deckel wieder abheben muss, dessen Aufsetzen, wie bemerkt, also auch stets zugleich den Reiz abgiebt. Der Zitteraal bleibt wohl während der ganzen Dauer eines Versuches gesattelt, und man reizt ihn auf sonst irgend eine Art jedesmal dass er schlagen soll. Genau genommen müssten die beiden Sättel verschieden weit sein, um dem Fisch an zwei weit auseinander gelegenen Stellen zu passen. Das von Dr. SACHS mitgebrachte Sättelpaar lässt solchen Unterschied nicht erkennen.

Bemerkt zu werden verdient, dass, wenn man rücksichtslos mit dem an die Luft gehobenen Fisch umgehen darf, man die Sättel, um das Maximum der Stromstärke im Versuchskreise zu erhalten, besser dem Bauch als dem Rücken des Thieres anlegen wird.

Im Allgemeinen war ich mit Dr. SACHS übereingekommen, dass er keine Zeit und Mühe daran wenden solle, die physikalischen Wirkungen des Zitteraal-Schlages der Reihe nach wieder zu beobachten, da dies, abgesehen von älteren Versuchen, am Londoner und Neapolitaner Fisch durch FARADAY, GASSIOT, SCHÖNBEIN, DE LA RIVE und Andere hinlänglich geschehen sei. Nur solche physikalische Wirkungen sollte Dr. SACHS studiren, die noch zu neuen und lehrreichen Wahrnehmungen Gelegenheit bieten konnten.

2. Beobachtung des Zitteraal-Schlages an der Bussole mit aperiodischem Magnete.

Dr. SACHS hat, wie gesagt, zuerst die Bussole mit aperiodischem Magnete zur Prüfung von Zitterfisch-Schlägen überhaupt angewendet (s. oben S. 136. 137).

---

[1] L. c. p. 5. § 1758.

Bei angemessener Empfindlichkeit, mit einer Thermorolle in nicht verzeichnetem Abstande, sah er den Vollspiegel (II, oben S. 137) wie durch einen Inductionsschlag abgelenkt werden, aber langsam zurückkehren. Doch scheint letzteres nicht beständig zu sein, denn in den Reisebriefen steht, der Faden kehre zurück mit der Geschwindigkeit, als habe man den Spiegel aus seiner Maximal-Ablenkung fallen lassen.[1] Von wiederholtem Schlagen des Fisches rührt die langsamere Rückkehr nicht her; unter dem Einfluss von Doppelschlägen bewegt sich der Faden absatzweise.

Wurde der Compensator als Nebenschliessung zur Bussole angebracht, so vergrösserte sich die übrigbleibende Ablenkung nicht sonderlich, wenn man statt der Thermo- eine Hydrorolle nahm. Die Schwächung des Stromzweiges im Bussolkreise durch des letzteren erhöhten Widerstand hob also die Vervierzigfachung der Wirkung auf den Spiegel fast ganz auf, wovon uns der Grund später klar werden wird. War die Hydrorolle im Versuchskreise ohne den Compensator, so wurde der Spiegel so weit geschleudert, dass der Faden beim Zurückkehren den Nullpunkt überschritt, ja im negativen Sinn über die Scale hinausging. Unstreitig befand sich dabei die Rolle im Abstand Null vom Spiegel, und ε war $= n$.

3. Der Funken durch den Zitteraal-Schlag.

Wenn es sich darum handelt, einen Funken durch den elektrischen Strom zu erhalten, sind bekanntlich zwei Fälle zu unterscheiden. In dem einen Fall ist zwischen feststehenden, oder einander sich nähernden metallischen Spitzen eine Lücke da, welche der Strom bei seiner Entstehung überspringt: solche Funken heissen Entladungs- und Schliessungsfunken, je nachdem ein schnell vorübergehender oder ein dauernder Strom im Funken sich herstellt. Die Entfernung der Spitzen, bei welcher der Funken erscheint, ist die Schlagweite. Im anderen Falle, dem des Trennungsfunkens, wird ein Kreis, in welchem ein Strom fliesst, unterbrochen. Da in diesem Fall die Spitzen einander ursprünglich berühren, so dass sie im ersten Augenblick der Trennung eine kleinere Lücke zwischen sich lassen, als man sie dauernd herstellen kann, und da stets, auch ohne besondere Veranstaltung, ein gewisses Maass von Induction den Potentialunterschied erhöht, erscheint dabei der Funken unter Umständen, unter welchen zwischen feststehenden Spitzen kein Funken erhalten wird. Eine einfache Kette, in deren Kreis eine Spirale mit Eisenkern sich befindet,

---

[1] A. a. O. S. 77 (5). — Dr. Sachs giebt nach der von mir eingeführten Redeweise immer die Bewegung des Fadens auf der Theilung, statt die der Theilung gegen den Faden an. Vergl. Ges. Abh. Bd. II. S. 407.

wird durch die kleinste herstellbare Lücke unterbrochen, sie giebt beim Schliessen in Quecksilber keinen, dagegen beim Oeffnen einen laut klatschenden, glänzenden Funken.

Dem entsprechend ist auch an den Zitterfischen zwischen dem Entladungs- und dem Trennungsfunken zu unterscheiden. Letzterer ist leicht zu erlangen, wenn man nur Mittel besitzt, den Schlag ungefähr auf seiner Höhe zu unterbrechen. In allen bisherigen Versuchen der Art, von Santi Linari und Matteucci am Zitterrochen, von Faraday am Zitteraal, von mir am Zitterwelse, war der Augenblick der Unterbrechung dem Zufall überlassen. Es wurde, während ein Gehülfe den Fisch reizte, entweder Quecksilber gegen eine Platinspitze geschwenkt, oder eine Feile über eine andere geschleift, oder ein Zahnrad an einer Feder vorbei gedreht. Dabei bekommt man oft nichts zu sehen, weil der Augenblick des Schlages nicht mit dem der Unterbrechung gehörig zusammenfällt. Ich habe eine Art angegeben sich von diesen Zufälligkeiten zu befreien und den Trennungsfunken der Theorie nach unfehlbar jedesmal zu erhalten, nämlich indem man den Hebel des Froschunterbrechers mit seinen beiden Contacten in den Versuchskreis aufnimmt. Man wird es durch passende Ueberlastung stets dahin bringen, dass die Zuckung den Kreis ungefähr auf der Höhe des Schlages öffnet, da denn zwischen Stützstift und Platte der Funken sich zeigen muss. Ich habe einige Versuche der Art am Zitterwels angestellt, die aber aus äusseren Gründen fehlschlugen. Dr. Sachs hat nicht daran gedacht, den Versuch am Zitteraal zu wiederholen; und in der That hatte er Dringenderes vor.

Während es so keine Schwierigkeit hat, Trennungsfunken durch den Zitterfisch-Schlag zu erhalten, ist es bisher nur selten gelungen, Entladungsfunken durch diesen Schlag zu beobachten. Weder am Zitterrochen noch am Zitterwels ist dies je geglückt. Gardini's[1] einmalige Erfahrung am Zitterrochen unter Umständen, wo gewiss kein Funken erscheinen konnte, erklärt sich vermuthlich so, dass dem Thier anhaftendes Meerwasser leuchtete. John Davy sah solches Leuchten beim Berühren des Zitterrochen, und glaubte anfangs auch, er habe es mit Entladungsfunken zu thun.[2] Dem die Arme bis in die Schultern erschütternden Zitterwelsschlage bot ich Stanniolspalte von nur 3—5 μ Breite dar, die ein Inductionsstrom in mikroskopischen Funken übersprang, welcher weder ver-

[1] Jos. Gardini, Dissertatio de electrici ignis natura Academiae Regiae Scientiarum et Litterarum Mantuanae exhibita; edidit et praefatus est Dr. Joannes Mayer etc. Dresdae 1793 (Mantuae 1792. 4°), p. 87. — Jos. Gardini's Abhandlung von der Natur des elektrischen Feuers, aus dem Lateinischen nach der Ausgabe des … Joh. Mayer übersetzt von Geissler. Dresden 1793. S. 114.

[2] Researches physiological and anatomical. London 1839. vol. I. p. 8.

mochte, bei unmittelbarer Reizung einen Gastroknemius zum Zucken zu bringen, noch sich auf der Zunge fühlbar zu machen: für den Zitterwels-Schlag stellten sie ein absolutes Hinderniss dar.[1]

Dagegen ist dieser Versuch mehrmals am Zitteraal gelungen. HUGH WILLIAMSON in Philadelphia erhielt 1773 den Schlag durch eine Lücke im Kreise, deren Weite er gleich der Dicke von *double-post paper* setzt, doch sah er nicht den Funken.[2] WALSH dagegen konnte dem 1775 aus Guayana nach London gebrachten, nicht näher beschriebenen Zitteraal den Entladungsfunken in einem Stanniolspalt so sicher entlocken, dass er ihn mehr als vierzig Mitgliedern der *Royal Society* zehn bis zwölfmal nacheinander zeigte.[3] Bei WALSH sah INGENHOUSZ den Funken im Sommer 1778 an dem Fisch, den WALSH aus Surinam durch einen eigens dazu hingesandten Mann hatte kommen lassen.[4] Auch FAHLBERG giebt an, von seinem Zitteraal, ausser Wasser, den Funken im Stanniolspalt erhalten zu haben; die Stanniolstreife wurden mit dem Fisch „durch die „Hände der Umstehenden oder andere Leiter der Elektricität in Ver„bindung gesetzt.“[5] Endlich berichtet FARADAY: „At a later meeting, at which attempts were made to cause the attraction of gold leaves, the spark was obtained directly between fixed surfaces.“[6]

FARADAY sagt nicht, dass er selber den Funken sah, doch scheint nach dem Allen an der Thatsache kein Zweifel zu sein. Dr. SACHS' Bemühungen, den Entladungsfunken zu sehen, blieben merkwürdigerweise erfolglos. Sein Spalt war allerdings sehr viel gröber als die von mir hergestellten, indem die Spitzen zweier auf Glas geklebten Stannioldreiecke, deren Winkel an der Spitze etwa 65° betrug, $0 \cdot 1^{mm}$ zwischen sich liessen. Ich würde diesen Versuch kaum erwähnen, hätte sich nicht dabei eine

[1] Ges. Abh. Bd. II. S. 624.

[2] Philosophical Transactions etc. For the Year 1775. P. I. p. 100.

[3] WALSH, reicher Dilettant und M. P., der sich nur vorübergehend, wenn auch sehr erfolgreich, mit den Zitterfischen beschäftigte, hat nicht selber diesen Erfolg bekannt gemacht. Der Bericht darüber findet sich bei LE ROY in ROZIER's Observations sur la Physique etc. t. VIII. Paris 1776. p. 331.

[4] JOHANN INGEN-HOUSZ vermischte Schriften phisisch-medicinischen Inhalts. Uibersetzt u. s. w. von MOLITOR u. s. w. Wien 1782. S. 272. Anm.

[5] „Det var under dessa försök som det electriska ljuset var synligt i mörkret, när ledningen afbröts förmedelst en afsöndring i staniolen, fästad på ett glas, och hvilkas tvänne halfvor sattes i förening med Fisken genom de kringståendes händer eller andra Electriciteten ledande ämnen.“ (Kongl. Vetenskaps Akademiens nya Handlingar. 1801. t. XXII. p. 128. 129.) — Möglicherweise hat auch GUISAN Entladungsfunken beobachtet. Was er von weithin strahlenden Lichtbüscheln und klatschenden Funken erzählt, ist aber so übertrieben, dass seine Angaben dadurch das Recht auf Berücksichtigung verwirkt haben (L. c. p. 20 – 22).

[6] L. c. p. 7. Note 2.

eigene Erscheinung gezeigt, zu der mir kein Seitenstück in der Literatur bekannt ist. Es wurde nämlich jedesmal, dass der Froschwecker eine Entladung anzeigte, Staub von der einen zur anderen Spitze hinübergeführt; in welcher Richtung, steht nicht im Tagebuch.

4. CAVENDISH's Problem.

Die geringe Schlagweite der Zitterfisch-Entladung ist nur ein besonderer Fall einer allgemeinen Thatsache. Diese Entladung erweist sich überhaupt wunderbar ohnmächtig gegenüber jeder Art ihr in den Weg gelegter Hindernisse. Unter geeigneten Umständen von niederschmetternder Stärke geht sie nicht oder nur schwer durch eine lose hängende Kette, theilt sich nicht mit durch trockene metallische Handhaben, und von FARADAY's acht Wahrzeichen elektrischer Entladung: physiologische Wirkung, Ablenkung der Magnetnadel, Magnetisirung, Funken, Wärmeerzeugung, Elektrolyse, Anziehung und Abstossung und Leitung durch heisse Luft, ist der Zitterfisch-Schlag das letzte bis heute, auch in meinen Versuchen am Zitterwelse,[1] schuldig geblieben, und wird es schwerlich je nachliefern.

Natürlich war dies Verhalten den Beobachtern früh aufgefallen, um so mehr, als man damals noch nicht aus anderen Gründen von der Einerleiheit der verschiedenen Arten Elektricität überzeugt war. Die Meinung von der elektrischen Natur des Zitterfisch-Schlages beruhte wesentlich auf der Einerleiheit der Leiter und Nichtleiter für Elektricität und Schlag; da es denn sehr störend war, dass letzterer durchaus nicht durch die Flamme gehen wollte.

CAVENDISH war es besonders, dem dieser Widerspruch auffiel, und man kann das Problem, welches sich darin darbietet, CAVENDISH's Problem nennen. CAVENDISH versuchte sich dessen Lösung durch den Nachweis zu nähern, dass der Schlag einer schwachgeladenen Leydener Batterie grosser Capacität sich gegen Widerstände ähnlich verhalte wie der Zitterfisch-Schlag.[2] Aehnliche Betrachtungen und Berechnungen stellte

---

[1] Da ich nie Versuche am lebenden Zitterrochen bekannt machte, irrt sich Hr. RANVIER doppelt, wenn er sagt: „M. DU BOIS-REYMOND a réussi à compléter, en opérant avec la décharge de la torpille, la série des huit effets des courants électriques signalés par FARADAY" (Leçons sur l'Histologie du Système nerveux. Paris 1878. t. II. p. 191).

[2] Philosophical Transactions etc. 1776. vol. LXVI. P. I. p. 203. — CAVENDISH's Abhandlung über den Zitterrochen ist neuerlich wieder mit interessanten Zusätzen abgedruckt worden in der von CLERK MAXWELL kurz vor seinem Tode beendeten Ausgabe von CAVENDISH's elektrischen Untersuchungen (The Electrical Researches

NICHOLSON an, welcher das elektrische Organ mit einem Condensator aus Russischem Glimmer verglich[1]. Es braucht nicht gesagt zu werden, dass die Theorie so unhaltbar wie der Vergleich unzutreffend ist.

FARADAY glaubte bekanntlich an die beiden Qualitäten des galvanischen Stromes, welche die Anhänger der chemischen Hypothese über den Ursprung dieses Stromes, im Anschluss an die Terminologie der Reibungselektricität, Intensität und Quantität nannten. Er blieb auch noch bei diesem Glauben, nachdem ich auf Veranlassung unseres gemeinsamen Freundes BENCE JONES in einer ursprünglich nur für FARADAY bestimmten, später im *Philosophical Magazine* anonym[2] abgedruckten kleinen Denkschrift ihm begreiflich zu machen versucht hatte, wie alle Umstände, zu deren Erklärung er jener beiden Qualitäten bedurfte, aus dem verschiedenen wesentlichen Widerstand und aus der verschiedenen elektromotorischen Kraft der verschiedenen elektromotorischen Apparate folgen. Seiner Anschauung gemäss legte er sich die Erscheinungen des Zitterfisch-Schlages dahin aus, dass dieser Schlag von grosser Quantität, aber geringer Intensität sei. Uebersetzen wir dies in die Sprache der OHM'schen Theorie, so heisst es so viel, wie dass dem Schlag geringe elektromotorische Kraft zu Grunde liege, dass er aber, in einem gutleitenden elektromotorischen Apparat erzeugt, in einem gleichfalls gutleitenden Kreise dennoch ansehnlicher Wirkungen fähig sei. So springt das Verfehlte dieser Auffassung in die Augen, denn es bedarf nicht des Beweises, dass das elektrische Organ, besonders des Zitterwelses und Zitteraales, bei seinen Dimensionen und seiner stofflichen Beschaffenheit, gerade einen elektromotorischen Apparat von ausserordentlich grossem wesentlichem Widerstand darstellt.

Hier ist der Knoten. Wie ist es möglich, dass die Zitterfisch-Entladung, obschon einem Elektromotor dieser Art entsprungen, gegenüber einem mässigen äusseren Widerstande, wie dem trockener metallischer Handhaben oder einer lose hängenden Kette, sich machtlos erweist, geschweige dass sie zwischen Spitzen überspränge oder die Flamme durchdränge? Dem wesentlichen Widerstand des Stromquells entsprechend sollte gerade der Zitterfisch-Schlag die Eigenschaften eines intensiven Stromes im alten Sinne vollauf zeigen. Warum verhält er sich, so lange kein allzugrosser Widerstand zu bewältigen ist, wie der Strom einer vielgliederigen

---

of the Honourable HENRY CAVENDISH, F. R. S., written between 1771 and 1781. Edited ... by J. CLERK MAXWELL. Cambridge 1879. p. XXIV—XXVIII. Articles 395—437. 596—615. Note 29, p. 433).

[1] GILBERT's Annalen der Physik. 1806. Bd. XXIII. S. 276.

[2] L. c. Fourth Series, May 1853. vol. V. p. 363.

Säule, sobald es darauf ankommt, höhere Spannkraft zu bekunden, wie der Strom eines HARE'schen Calorimotors oder eines thermoëlektrischen Elements? Mit anderen Worten, warum gilt für ihn nicht das Gesetz der einfachen Summation der Widerstände, oder warum nimmt seine Stärke schneller ab, als diese Summe wächst?

Ich habe den Schlüssel zu diesem Räthsel in der grundlegenden Eigenthümlichkeit gefunden, die ich schon 1842 als allen thierischen Elektromotoren gemeinsam zukommend erkannte, dass ihre Ströme durch Nebenschliessung gewonnen sind (s. oben S. 130). Wie ich es 1858 zuerst kurz aussprach, 1877 in den „Gesammelten Abhandlungen" weiter ausführte,[1] wird von zwei gleich starken Strömen *A* und *B*, welche in zwei gleich widerstehenden Leitern fliessen, von denen aber *A* einem unverzweigten Kreise angehört, *B* durch Nebenschliessung gewonnen ist, durch Hinzufügen eines gleichen Widerstandes zum Widerstande der Leiter, *B* mehr geschwächt als *A*, und zwar in um so höherem Grade, je grösser der Widerstand der übrigen Leitung ist.

Den Beweis für diesen Satz führte ich zwar nur für stationäre Ströme in linearen Leitern. Man könnte wünschen, ihn auch für Entladungen in körperlichen Leitern geliefert zu sehen. Durch die alsdann zu berücksichtigende Induction wird diese Aufgabe so verwickelt, dass ich mich nicht entschliessen kann, ihre Behandlung in dieser Form zu unternehmen. Möge es thun, wer an der Zulässigkeit des Analogieschlusses von den linearen auf die körperlichen Verhältnisse, und von dem stationären Zustand auf den der schwankenden Stromstärke zweifeln zu sollen glaubt.

Bietet man also dem Zitterfisch-Schlag eine gute metallische Leitung, so entwickelt sich darin ein gewaltiger Strom, der, rechtzeitig unterbrochen, im ersten Augenblick eine Lücke antrifft, kleiner als man sie zwischen feststehenden Metallen herstellen kann, und, vollends unterstützt durch Induction, diese Lücke leicht in Funken überspringt. Ist dagegen schon eine Lücke im Versuchskreise da, wie klein man sie auch mache, so begiebt sich gar kein Stromzweig in den Kreis, welcher sie zu überspringen vermöchte. Es ist also täuschender Anschein, dass der gewaltige Zitterfisch-Schlag unfähig ist, die Lücke zu überspringen, denn in Wahrheit verhindert vielmehr die Lücke die Entwickelung des Stromzweiges, der nur bei guter Leitung als gewaltiger Schlag erscheint; der gewaltige Schlag, von dem man das Ueberspringen der Lücke erwartet, ist im Fall der Lücke gar nicht vorhanden. Natürlich hat die Sache Grenzen, und bei hinreichender Enge des Spaltes und Stärke des Schlages,

[1] A. a. O. S. 625.

kann, wie WALSH, FAHLBERG und FARADAY oder seine Gewährsmänner sahen, dennoch ein Funke zwischen feststehenden Metallen sichtbar werden.

Aus diesem Princip erklärt sich nebenher auch der scheinbar paradoxe Erfolg mit der Thermo- und mit der Hydrorolle im Versuchskreise des Zitteraales, von welchem oben S. 156 die Rede war. Ohne die Nebenschliessung durch den Compensator übertrifft die Hydrorolle die Thermorolle sehr an ablenkender Kraft; der Schlag des Zitteraales wird zwar durch die Hydrorolle in grösserem Verhältniss geschwächt, als die Widerstandszunahme in einem unverzweigten Kreis es mit sich bringen würde, doch nicht in dem Maasse, dass nicht noch immer die Vervierzigfachung der Windungszahl mehr in's Gewicht fiele. Mit der Nebenschliessung durch den Compensatordraht wird der Unterschied zwischen Hydro- und Thermorolle fast unmerklich, obschon nun der Schlag im Versuchskreise stets nahezu dieselbe Stärke hat, weil bei Gegenwart der Nebenschliessung der grössere Widerstand den Strom unverhältnissmässig schwächt.

Für die Praxis der Zitterfisch-Versuche ergeben sich aus Obigem zwei Folgerungen. Erstens fliesst daraus für solche Versuche, bei denen es auf Stärke der Wirkung ankommt und nicht das Organ bis zur völligen seitlichen Isolirung herausgeschält werden kann, was kaum je der Fall ist, die wichtige Regel, sich nicht durch den bedeutenden wesentlichen Widerstand der Organe täuschen zu lassen, sondern stets den Widerstand des Versuchskreises möglichst zu verkleinern.[1] Die zweite Bemerkung ist, dass der Schlag der Zitterfische, trotz seiner scheinbar überwältigenden Stärke, verhältnissmässig leicht zu isoliren ist, wodurch Zitterfisch-Versuche im Allgemeinen erleichtert werden.

5. GEISSLER'sche Röhre im Versuchskreise des Zitteraales.

Nach dem Allen hatte es kein grosses Interesse mehr, auf's Neue zu versuchen, ob der Zitteraal-Schlag die Flamme durchdringe. Aus einem besonderen Grunde, welcher später erhellen wird, schien es indess der Mühe werth, den noch nicht angestellten, im Wesentlichen gleichbedeutenden Versuch zu machen, ob vielleicht der Zitteraal-Schlag durch verdünnte Luft gehe, und eine GEISSLER'sche Röhre zum Leuchten bringe.

Da die Röhre auf der Rückreise zerbrach, kann ich sie nicht beschreiben. In der Erinnerung schätze ich sie 12—15 ^{cm} lang; sie war so leicht durchgängig, dass die Schläge des durch die NOË'sche Stern-

---

[1] Ges. Abh. Bd. II. S. 623 ff.

säule getriebenen Inductoriums sie schon bei 5—6 cm Rollenabstand leuchten machten; auch einen einzelnen Oeffnungsschlag verrieth sie, doch durfte er nicht mit dem Quecksilberschlüssel im Hauptkreise erzeugt sein, wobei vermuthlich das Oeffnen zu langsam geschieht.

Ein meterlanger, äusserst kräftiger Zitteraal wurde auf zwei Stühle gelegt, und es wurden ihm die mit der GEISSLER'schen Röhre verbundenen Sättel im günstigsten Abstand aufgesetzt. Es findet sich nicht gesagt, wie die Leitungsdrähte der Sättel mit der Röhre verbunden waren; sie hätten in diesem Falle nicht bloss, wie sonst üblich, den eingeschmelzten Platinösen angehängt werden sollen. Wie dem auch sei, selbst im völlig verdunkelten Zimmer erschien keine Spur von Licht. Derselbe Versuch wurde noch mit sechs anderen Fischen angestellt. Der Froschwecker zeigte jedesmal an, dass der Fisch wirklich schlug.[1]

Vom Zitterwels erhielt ich einen die Lücke zwischen den Platinspitzen eines Funkenmikrometers überspringenden Strom, indem ich den Schlag des Fisches durch die Hauptrolle eines RUHMKORFF'schen Inductoriums sandte, in dessen Nebenrolle das Mikrometer eingeschaltet war.[2] Danach wäre zu erwarten gewesen, dass der durch den Zitteraal-Schlag inducirte Strom die GEISSLER'sche Röhre zum Leuchten bringen werde. Dr. SACHS stellte den Versuch mit Haupt- und Nebenrolle seines Schlitteninductoriums (s. oben S. 139. 140) an. Er misslang aber, vermuthlich nur wegen nicht ausreichender Windungszahl des Inductoriums.

6. Jodkalium-Elektrolyse durch den Zitteraal-Schlag.

Mit Hülfe der Jodkalium-Elektrolyse bestimmte FARADAY die Vertheilung der Spannungen am Zitteraal. Man sollte danach glauben, dass diese Wirkung des Schlages zu keiner bedeutenden Wahrnehmung mehr Gelegenheit bieten könne. Allein durch gewisse von mir am Zitterwelse gemachte Beobachtungen war hier eine Frage entstanden, deren Beantwortung ich nicht ohne Spannung entgegensah.

Nachdem ich nämlich am Galvanometer die Richtung des Zitterwels-Schlages als der des Zitteraal-Schlages entgegengesetzt, im Organ vom Kopf zum Schwanz, erkannt hatte, wollte ich diese Richtung auch mittels der Jodkalium-Elektrolyse feststellen. Dabei erhielt ich stets einen doppelten Jodfleck, einen stärkeren an der dem Schwanzende des Organs verbundenen positiven, einen schwächeren an der dem Kopfende verbundenen negativen Spitze. Der erste Gedanke bei diesem Anblick war,

[1] Vergl. Reisebriefe, a. a. O. S. 77 (7). S. 82 (5).
[2] Ges. Abh. Bd. II. S. 627.

dass der Zitterwels-Schlag hin- und hergehe. Teleologisch erschien dies sehr annehmbar, und aus dem Erfolg an der Bussole liess sich nichts dawider entnehmen. Allein es gab noch eine andere Deutung der Erscheinung. Ich selber hatte viel früher darauf aufmerksam gemacht, dass man in Inductionskreisen, durch welche ganz unzweifelhaft ein Schlag nur in der einen Richtung geht, gleichfalls unter beiden Platinspitzen des Jodkalium-Elektrolysators Flecke erhält. Der Fleck unter der ursprünglich negativen Spitze, den ich den secundären nenne, verdankt seinen Ursprung dem Strom der Ladungen, welche die Platinspitzen in der Jodkaliumlösung unter dem Einfluss des Inductionsstromes annehmen, und welche sich durch den naturgemäss geschlossen bleibenden Kreis abgleichen. Aehnlich hier: wie schnell nach dem Anschlagen des Froschweckers man auch die Sättel vom Fisch wieder abhebe, der Polarisationsstrom hat Zeit, einen secundären Fleck zu entwickeln.

Gelegentlich der Erfahrung am Zitterwelse untersuchte ich zunächst genauer die Bildung des secundären Jodfleckes in Kreisen, welche nach Aufhören des Stromes geschlossen bleiben. Ausser an Inductionsvorrichtungen verschafft man sich solche Kreise, indem man den Elektrolysator in eine von zwei Zweigleitungen einschaltet; beim Oeffnen der Hauptleitung bilden die Zweigleitungen den geschlossen bleibenden Kreis. Ich fand so, dass der secundäre Fleck vermisst wird, wenn die Elektricitätsmenge, welche in der Zeiteinheit durch den Elektrolysator geht, eine gewisse Grösse übersteigt. Doch sieht man den secundären Fleck auch dann noch erscheinen, wenn man die negative Spitze entweder abwischt, oder dem Jodkaliumpapier an einer neuen Stelle aufsetzt, während die positive Spitze unberührt und unverrückt bleibt. Bringt man in den Kreis ausser den Platinspitzen auf Jodkaliumpapier noch ein Platinelektrodenpaar in verdünnter Schwefelsäure, so wird dagegen der secundäre Fleck grösser als der primäre, oder er erscheint unter Umständen, unter welchen er mit den Platinspitzen allein ausgeblieben wäre.

Das Ausbleiben des Fleckes nach längerer und stärkerer Elektrolyse beruht auf dem der Kathode anhaftenden Kali. Doch will ich hier nicht weiter in das Einzelne dieser Versuche eingehen, aus denen sich schliesslich ergab, dass dabei secundäre Elektrolyse des Jodkaliums durch Ozon eine Hauptrolle spielt, so dass beispielsweise auf einer siedeheissen Glasplatte, auf welcher keine Ozonbildung stattfindet, der secundäre Fleck auch nicht erscheint, während der primäre Fleck unverändert bleibt.

Nachdem ich dann mit dem Froschunterbrecher die Polarisation von Platinelektroden durch den Zitterwels-Schlag nachgewiesen hatte, bewies ich auf jede mögliche Art, wieder mit dem Froschunterbrecher, dass der durch diesen Schlag an der negativen Spitze erzeugte Jodfleck nichts weiter ist, als der secundäre Jodfleck durch die Polarisation der Platinspitzen allein, oder der Spitzen und der ableitenden Elektroden, je nach dem Metall der letzteren. War dies auch Platin, so konnte ich durch Schwächung des Schlages, indem ich die Platinsättel dem Fisch statt an den Enden des Organs näher bei einander aufsetzte, sogar bewirken, dass der secundäre Fleck den primären übertraf. Auf siedeheisser Platte, wo kein secundärer Fleck erscheint, erscheint auch kein Fleck an der Kathode des Fischschlages.

Während ich so die Angelegenheit des secundären Fleckes in den Zitterwels-Versuchen hinlänglich aufklärte, blieb der befremdende Umstand übrig, dass diese sich mir immer wieder aufdrängende Erscheinung den vielen Beobachtern am Zitterrochen und am Zitteraale vollständig entgangen war. Eine einzige, noch dazu sehr unbestimmte Andeutung davon entdeckte ich zuletzt in MATTEUCCI's zahllosen Abhandlungen über den Zitterrochen. Dass MATTEUCCI und so manche Andere den secundären Fleck übersehen hatten, darin konnte ich mich schon finden. Ganz unverständlich aber war mir, dass dies auch FARADAY begegnet sein sollte, der, wie bemerkt, gerade durch Jodkalium-Elektrolyse die Vertheilung der Spannungen am Fisch bestimmte, mithin sogar sehr viel solche Versuche angestellt haben musste. FARADAY hatte zu seinen Versuchen die oben S. 154 erwähnten Kupfersättel benutzt, und liess den Schlag abwechselnd von einer Platinspitze zu einer Platinplatte und umgekehrt gehen. Ich ahmte diese Versuchsweise getreu am Zitterwelse nach, aber stets, wenn die Spitze negativ war, erhielt ich daran den secundären Fleck. „Ich „weiss den Widerspruch," sagte ich schliesslich, „der somit hier zwischen „meinen Ergebnissen und denen des grossen Entdeckers bestehen bleibt, „nur so zu erklären, dass vielleicht erstens der Schlag des Zitteraales „schon zu stark und anhaltend ist, damit ein secundärer Fleck entstehe, „und dass vielleicht zweitens die Polarisation der Kupfersättel und der „Jodkaliumvorrichtung in Hrn. FARADAY's und in meinen Versuchen „etwa mit der gleichen elektromotorischen Kraft wirkte, dass aber der „Widerstand des Kreises in seinem Falle wegen der grösseren Länge des „Zitteraales grösser war, als bei mir."[1]

Bei dieser Sachlage war es nicht unwichtig, die Jodkalium-Elektrolyse durch den Zitteraal-Schlag mit besonderer Berücksichtigung des secundären Fleckes vorzunehmen.

Zuerst stellte Dr. SACHS einen vorläufigen Versuch mit Kupferelektroden am Fisch und Kupferspitzen auf dem Jodkaliumpapier an.

[1] Ich machte die Jodkalium-Elektrolyse durch den Zitterwels-Schlag zum Gegenstand einer besonderen Abhandlung, in der ich auch zuerst die Polarisation der Elektroden durch den Zitterfisch-Schlag nachwies. Ges. Abh. Bd. II. S. 648.

Der Fisch wurde durch leichtes Klopfen gereizt. Schon bei Einem Schlage schoss ein tiefbrauner Fleck mit leichtem Geräusch am positiven Pol an. „Am negativen Pol," sagt Dr. SACHS, „würde ich unbefangenerweise nichts „gesehen haben. Die Kenntniss der DU BOIS-REYMOND'schen Ergebnisse „veranlasste mich, genauer hinzusehen. Nach drei bis vier Schlägen „machte sich eine Spur von Zersetzung bemerkbar, aber unverhältniss- „mässig geringer."[1]

Später wiederholte Dr. SACHS den Versuch mit Platinspitzen an einer der meinigen genau nachgebildeten Vorrichtung. „Bei starken Schlägen „entstand ein tiefschwarzer Fleck an der Anode, keine Spur von einem „secundären Flecke zeigte sich. Wohl aber gab es bei drei Schlägen von „geringerer Intensität kleine gelbe Flecke, die sich nachträglich, nach Ab- „nahme der Spitzen, noch deutlicher bräunten.[2] Unverkennbar ist bei „starken Schlägen ein leises knackendes Geräusch."

Leider hat Dr. SACHS versäumt, den Versuch dahin abzuändern, dass er auch dem Fisch Platinelektroden anlegte, und zwar, um dem Strom die richtige Stärke für das Erscheinen des secundären Fleckes zu geben, in geringerem Abstand. Auch hätte er müssen die negative Spitze abwischen, oder dem Jodkaliumpapier an einer neuen Stelle aufsetzen. Vielleicht hätte er dann den secundären Fleck gesehen. Denn die von ihm an der Kathode beobachteten gelben, nachträglich sich deutlicher bräunenden Flecke haben mit dem secundären Fleck keine Aehnlichkeit; der ebenso tiefschwarz und anfänglich scharf begrenzt ist, wie der primäre. Jene Flecke rührten aller Wahrscheinlichkeit nach von Ozon- und Salpetersäure-Bildung her, indem durch Erhitzen und Eintrocknen der Lösung unter den Spitzen, wo der Widerstand gross ist, der Kreis sich öffnet und ein Funke überspringt. Dr. SACHS, der diese Versuche bei Tage anstellte, hat nur das Knacken gehört, WATKINS und SCHÖNBEIN aber, welche vermuthlich bei Gaslicht experimentirten, sahen unter gleichen Umständen wirklich einen Funken, ohne ihn sich erklären zu können.[3] Wie dem auch sei, die Jodkalium-Elektrolyse durch den Zitteraal-Schlag wird nochmals mit Berücksichtigung obiger Umstände vorzunehmen sein.

Die Wasserzersetzung durch den Zitteraal-Schlag, welche seit JOHN DAVY's und SANTI-LINARI's angeblichen Erfolgen am Zitterrochen[4] Niemand durch den Zitterfisch-Schlag gelang, liess Dr. SACHS unversucht: weislich, da nach SCHÖNBEIN's Bemerkung die seitdem von mir nach-

---

[1] Vergl. Reisebriefe, a. a. O. S. 73 (5).

[2] Vergl. Reisebriefe, a. a. O. S. 77 (6).

[3] Mittheilungen aus dem Reisetagebuche eines deutschen Naturforschers. England. Basel 1842. S. 317.

[4] Ges. Abh Bd. II. S. 623. Anm. 1.

gewiesene Polarisation der Elektroden für ein mindestens ebenso sicheres Zeichen der Elektrolyse gelten darf, wie das Aufsteigen von Bläschen, die auch von Erwärmung herrühren können.[1] NOBILI'sche Farbenringe hat GASSIOT durch den Schlag des Zitteraales der *Adelaide Gallery* erzeugt.[2]

7. Magnetisirung von Stahl und Eisen durch den Zitteraal-Schlag.[3]

Wie nicht anders zu erwarten, blieb also FARADAY im Recht: er hatte nicht etwa den secundären Jodfleck übersehen, sondern der Zitteraal-Schlag erzeugt keinen solchen Fleck, höchst wahrscheinlich weil er schon zu lang und stark ist. Dies ist von Bedeutung, sofern man nun aus dem Erfolg der Jodkalium-Elektrolyse hier nicht wie am Zitterwels auf Einsinnigkeit des Schlages schliessen kann. Gleich dem durch Polarisation an der Kathode erzeugten Fleck könnte durch Uebermacht des positiven Hauptschlages auch der durch dessen negativen Nachläufer dort erzeugte Fleck verhindert sein hervorzutreten; und da kein Fleck erscheint, kann man auch nicht, wie am Zitterwels, durch sein Ausbleiben nach beseitigter Polarisation oder bei Temperaturerhöhung beweisen, dass der Fleck ein secundärer ist.

Hätte der Zitteraal die GEISSLER'sche Röhre durchschlagen, so liess sich nach Hrn. PAALZOW's Versuchen vielleicht an der Natur ihres Lichtes erkennen, ob der Schlag hin- und hergehe. Durch Dr. SACHS' Misserfolg ist auch diese Hoffnung, auf die nicht sehr zu bauen war, abgeschnitten.[4]

Es bleibt aber noch eine Art übrig, zu erkennen, ob der Schlag hin- und hergehe. Sie beruht auf der durch Hrn. PAALZOW's und Hrn. FEDDERSEN's Versuche bestätigten Deutung, welche Hr. HELMHOLTZ vom SAVARY'schen Magnetisirungsversuch durch den Schlag der Leydener Flasche gab.[5] Werden in verschiedenem Abstande von einem geradlinig ausgespannten Draht, durch den man den Zitterfisch-Schlag sendet, passend angebrachte Stahlnadeln sämmtlich in gleichem Sinne magnetisirt, oder empfangen solche Nadeln im Inneren einer Magnetisirungsrolle stets gleiche Polarität, gleichviel in welcher Stärke man den Schlag durch die Rolle sendet: so kann man sicher sein, dass der

[1] SCHÖNBEIN, a. a. O. S. 318. 319.
[2] The Transactions and the Proceedings of the London Electrical Society from 1837 to 1840. London 1841. 4°. p. 202.
[3] Vergl. Reisebriefe, a. a. O. S. 77 (8). 82 (5). 95.
[4] Ges. Abh. Bd. II. S. 664. 665.
[5] Ueber die Erhaltung der Kraft u. s. w. Berlin 1847. S. 44.

Schlag sich nur in Einem Sinne bewegt.[1] Nur so schwache negative Nachläufer eines oder mehrerer positiver Hauptschläge, dass sie die vom letzten positiven Schlage herrührende Polarität nicht umkehren können, wären dann noch denkbar.

Die Beantwortung der so gestellten Frage hatte Dr. SACHS im Sinn, als er eine Reihe von Magnetisirungsversuchen an Stahlnadeln durch den Zitteraal-Schlag unternahm. Dazu brachte er in den Versuchskreis eines etwa 1^{m} langen, sehr dicken Zitteraales, dem Sättel in gewohnter Weise aufgesetzt wurden, eine im Tagebuch nicht näher beschriebene Rolle. In ihrer Lichtung befand sich eine Glasröhre, in welche die zu magnetisirenden Nadeln gelegt wurden. Kupferelektroden führten wie üblich zum Froschwecker. Es wurden zwei Arten von Nadeln angewandt, leichtere von 0·015^{gr} (No.12, Beissel'sches Fabricat) und schwerere von 0·16^{gr} (No. 4). Ein einziger Schlag vom Kopf und Schwanz des Fisches abgeleitet genügte stets, die Nadeln bis zur Sättigung zu magnetisiren. Zehn Nadeln der ersteren Art, deren sieben sicher nur einen Schlag erhielten, lenkten jede in 9^{mm} Entfernung den Vollspiegel um 90° ab; man konnte sie alle in einer Kette aneinander hängen; mit Wachs an einem Faden gewöhnlicher Seide befestigt überwanden sie dessen Torsion und stellten sich nahezu in die Declinationsebene. Von den Nadeln No. 4 trug eine ihr fünffaches Gewicht, eine 0·80^{gr} schwere Stopfnadel.

Um den Magnetismus der Nadeln besser zu bestimmen, wurden sie in ein in der Nähe der Bussole befestigtes Röhrchen gelegt, und die Ablenkungen des Spiegels abgelesen. So fand Dr. SACHS, dass durch 5—6 weitere Schläge in gleichem Sinne der Magnetismus sich nicht verstärken liess. Dagegen kam vor, dass er abnahm, z. B. durch vier weitere Schläge von 57 auf 52^{sc}. Ein Schlag im anderen Sinne kehrte den Magnetismus um, ohne jedoch in der neuen Richtung wieder Sättigung zu erzielen, z. B. von + 60 auf − 50, von + 45 auf − 38^{sc}.

Um die Schläge abzustufen, setzte Dr. SACHS die Sättel dem Thiere nah bei einander auf. Ein schwacher Schlag brachte nur eine Ablenkung von 27, ein zweiter eine von 57^{sc} zu Stande; in diesem Falle wurden somit die Nadeln nicht durch Einen Schlag gesättigt.

Unter allen Umständen war die Polarität die richtige, woraus Dr. SACHS schloss, dass der Zitteraal-Schlag nicht oscillirender Natur sei. Man kann aber nicht sagen, dass seine Versuche die Bedingungen des SAVARY-schen Versuches genau genug verwirklichten, um beweisend zu sein. Ungern vermisst man den Versuch mit den in wachsendem Abstand von einem gerade ausgespannten Draht angebrachten Nadeln. Der Schlag in

---

[1] Vergl. Ges. Abh. Bd. II. S. 665.

der Rolle musste noch anders und methodischer abgestuft werden, als durch Verringerung des Abstandes der Sättel. Die bei wiederholten Schlägen zuweilen beobachtete Schwächung der Nadeln liesse sich sogar als Wirkung negativer Nachläufer auffassen.

Doch bin ich weit davon entfernt, mit diesen Bedenken der Meinung das Wort reden zu wollen, der Zitteraal-Schlag gehe hin und her. Jene Schwächung erklärt sich auch hinlänglich aus rasch sinkender Kraft der übersättigten Nadeln, Ermüdung des Fisches, und Polarisation der Sättel. Sonst deutete bisher kein Umstand auf oscillirende Natur des Zitteraal-Schlages, und ebensowenig wird die Folge einen Beweis dafür liefern.

Sandte Dr. Sachs den Schlag durch die Windungen seines Streich-Elektromagnetes (s. oben S. 138), so gab sich eine sehr starke Wirkung kund, doch ist nicht gesagt, worin sie bestand. Wahrscheinlich schnappte der den Polen genäherte Anker an. Am kleinen Elektromagnet des Schlitten-inductoriums fand dagegen keine Wirkung statt; ich vermuthe weil entweder bei hoher Schraube der Schluss zwischen Stift und Platte zu schlecht, oder bei niedriger Schraube die Feder schon zu stark gespannt war.

§ XXIII. Vom Organstrom und der Organstromkraft, der beständigen elektromotorischen Wirksamkeit des Zitteraal-Organs.[1]

1. Vorbemerkungen. Vorversuche an Nerven und Muskeln des Krötenfrosches (Bufo marinus).

Die bisher beschriebenen Versuche hätten grösstentheils mit ziemlich gleicher Aussicht auf Erfolg auch an lebend nach Europa gebrachten Zitteraalen angestellt werden können, ohne deren Leben und Gesundheit zu gefährden. Wir kommen nun zu den viel interessanteren Erfahrungen, welche nur an Ort und Stelle in der Heimath des Zitteraales gemacht werden konnten, sofern man dabei die Rücksicht auf Erhaltung der Thiere beiseite setzen musste. Obenan stehen hier Versuche am Organ selber, mit oder ohne Nerven. Um solche Versuche sicher anzustellen, mussten zuerst etwaige elektromotorische Wirkungen des ruhenden Organs studirt werden.

Nach meinen Beobachtungen ist das Zitterwels-Organ in der Ruhe unwirksam. Dem damaligen Stande meiner Methoden gemäss bediente ich mich des Nervenmultiplicators, und, zur Ableitung, der mit Eiweiss-häutchen bekleideten Kochsalzbäusche mit Platinplatten in gesättigter

---

[1] Vergl. Reisebriefe, a. a. O. S. 78 (12).

Kochsalzlösung. Das Organ zeigte weder etwas dem Muskelstrom Aehnliches, noch wirkte es säulenartig im Sinne des Schlages. Das Einzige, was sich von elektromotorischer Wirkung daran kund gab, war leichte Posivität der mit der Haut überzogenen äusseren Organfläche gegen alle übrigen natürlichen wie künstlichen Begrenzungen des Organs.[1] Wahrscheinlich handelte es sich dabei um Hautströme, ähnlich den von mir entdeckten Hautströmen der nackten Amphibien, nur dass diese die umgekehrte Richtung zeigen. Bei hiesigen Fischen, Aal, Schlei, Hecht und Barsch fand ich keine Hautströme.[2]

Nach Hrn. Eckhard ist auch das Zitterrochen-Organ in der Ruhe völlig unwirksam. Er fand daran weder etwas dem Muskelstrom Aehnliches, noch beständige Wirkung im Sinne des Schlages.[3] Doch hatte schon früher Zantedeschi letztere beobachtet.[4] Matteucci fügte hinzu, dass sie durch den Schlag des Thieres vorübergehend sich hebe.[5] Er setzte einem Stück Organ im Multiplicatorkreise Froschgastroknemien entgegen: einer erwies sich als schwächer, zwei säulenartig angeordnet waren stärker als das Organ.[6] Auch vom unvollkommenen elektrischen Organe des gemeinen Rochen behauptet Hr. Ch. Robin, dass es im Sinne des Schlages beständig schwach wirke, und dass diese Wirksamkeit nach jedem Schlage sich hebe.[7]

Natürlich war es eine der Dr. Sachs gestellten Aufgaben, das entsprechende Verhalten beim Zitteraal zu ermitteln. Ehe er hieran ging, prüfte er seine Vorrichtungen zur Ableitung und Messung thierisch-elektrischer Ströme an den Muskeln und Nerven seiner Krötenfrösche (s. oben S. 145. 146).

Der M. gracilis eines kleinen Sapo zeigte zwischen Aequator des natürlichen Längsschnittes und künstlichem Querschnitt eine elektromotorische Kraft von 0·045 D (s. oben S. 141); ein Gastroknemius, dessen Achillesspiegel mit Kreosot bepinselt war, zwischen Hauptsehne[8] und einem künstlichen Querschnitt dicht über der Achillessehne (also in der Lage, wo die Kraft am grössten ist[9]): 0·059; ein aus dem Gracilis geschnittener Muskelrhombus[10]: 0·049; ein anderer Gastroknemius zwischen Haupt- und Achillessehne: 0·012, nach Zerstörung der parelek-

[1] Ges. Abh. Bd. II. S. 672. 718.
[2] Untersuchungen über thierische Elektricität. Bd. II. Abth. II., S. 9 ff.
[3] Beiträge zur Anatomie und Physiologie. Giessen 1858. 4°. Bd. I. S. 161. 162.
[4] Comptes rendus etc. 1842. t. XIV. p. 489.
[5] Comptes rendus etc. 1865. t. LXI. p. 627.
[6] Corso d'Elettro-fisiologia ec. Torino 1861. p. 130.
[7] Journal de l'Anatomie et de la Physiologie etc. 1865. p. 595. 596.
[8] Ges. Abh. Bd. II. S. 72.
[9] Ges. Abh. Bd. II. S. 178. 246. 247.
[10] Ges. Abh. Bd. II. S. 94.

tronomischen Schicht am Achillesspiegel mit Kreosot: 0·048; 0·058. Ein N. ischiadicus mit natürlichem Längs- und künstlichem Querschnitt gab 0·010.

Wie Dr. SACHS bemerkt, sind diese Werthe absolut kleiner als die von mir am Frosch beobachteten. Wenn er aber hinzufügt, dass die Werthe für die Krötenmuskeln unter einander völlig dasselbe Verhältniss aufweisen wie die für die Froschmuskeln,[1] so ist dies nicht strenge richtig; die Neigungsstromkraft der Krötenmuskeln ist in obigen Versuchen vergleichsweise zu klein.

Leider hat Dr. SACHS die Gelegenheit versäumt, die elektromotorische Kraft der Zitteraal-Nerven zu messen, was mit Rücksicht auf die hohe, zur Erklärung ihrer elektrischen Immunität ihnen zuzuschreibende Reizschwelle wohl zu wünschen war (vergl. unten § XXXVI. 3).

Ehe wir zu Versuchen an Stücken des Zitteraal-Organs übergehen, ist noch Folgendes anzumerken. Oben S. 34, wo es um mikroskopische Präparate des Organs sich handelte, verstanden wir unter Längsschnitt einen der Axe des Organs parallelen, dessen Längsscheidewände senkrecht treffenden Schnitt, unter Querschnitt einen den Querscheidewänden parallelen Schnitt. Letztere Begriffsbestimmung fährt auch hier zu gelten fort, wo es um makroskopische Organstücke sich handelt; ein idealer Querschnitt würde nur ein einziges Fach jeder Säule blosslegen, und bei regelmässiger Gestalt eines rings isolirten Organstückes, und gleicher Kraft aller seiner Elemente, nahezu eine wahre Polfläche darstellen (vergl. oben S. 148). Den Längsschnitt betreffend, ist jetzt zunächst zwischen natürlichem und künstlichem Längsschnitt zu unterscheiden. Der erstere fällt, wie an Muskel und Nerv, zusammen mit dem natürlichen seitlichen Umfange des Organs. Der künstliche Längsschnitt ist zwar noch ein der Axe des Organs paralleler Schnitt, doch bliebe er Längsschnitt, selbst wenn er den Längsscheidewänden parallel verliefe, wie dies für einen Theil des natürlichen Längsschnittes in der That der Fall ist. Obschon man in der Regel suchen wird, künstlichen Längsschnitt senkrecht auf die Querscheidewände herzustellen, kann er also in der Idee jede mögliche Neigung zu diesen Wänden einnehmen.

2. Von der beständigen elektromotorischen Wirksamkeit des Zitteraal-Organs.

Wie Dr. SACHS zuerst Zitterfisch-Versuche mit aperiodischem Magnet anstellte, so genoss er auch zuerst den Vortheil, deren elektromotorische

[1] Vergl. Reisebriefe, a. a. O. S. 77 (2).

Wirkungen mittels unpolarisirbarer Elektroden und des mit physiologischer Chlornatriumlösung angekneteten Thones abzuleiten.

Er brachte also nun ein prismatisches Stück Zitteraal-Organ der Länge nach zwischen die Thonschilder meiner Zuleitungsgefässe, so dass es die Schilder mit seiner Kopf- und seiner Schwanzfläche berührte. Unter diesen Umständen zeigt sich stets eine elektromotorische Wirkung im Sinne des Schlages, oder absolut positiv nach der oben S. 149 eingeführten Redeweise. Diese Wirkung soll zum Unterschiede vom Organschlage Organstrom heissen.

Die dem Organstrom zu Grunde liegende elektromotorische Kraft, oder die Organstromkraft,[1] war in Dr. Sachs' Versuchen gewöhnlich nicht grösser als die eines mit Längs- und Querschnitt aufliegenden stärkeren Nerven oder schwächeren Muskels. Sie betrug nur 0·015 bis 0·030 *D*. Länge und Querschnitt der angewandten Organstücke sind nicht verzeichnet, lassen sich aber nach anderen Angaben ergänzen (s. unten § XXV). Danach hatten die Stücke etwa 4^{cm} Länge und 2·5^{cm} Seite, also 6—7 Quadratcentimeter Querschnitt. Auch die Stärke des Stromes im Vergleich zu der des Nerven- und Muskelstromes ist nicht angegeben. Trotz der geringen Kraft muss sie wegen des grossen Querschnittes der Stücke recht ansehnlich gewesen sein.

Setzt man zwei Punkten des natürlichen Längsschnittes des Organs die Thonspitzen eines Paares unpolarisirbarer Zuleitungsröhren auf, so erfolgt gleichfalls eine Wirkung im Sinne des Schlages. Dagegen quer durch das Organ zwischen aussen und innen, oben und unten, erfolgt nichts.

Punkte der Haut verhalten sich schwach positiv (0·005) gegen in gleicher Querebene gelegene Punkte natürlicher, nicht mit Haut bekleideter Längsschnitte, so wie gegen solche Punkte künstlicher Längs- und Querschnitte, ganz wie ich es beim Zitterwels im Gegensatz zu hiesigen, auch schuppenlosen, schleimigen Fischen fand, was sehr merkwürdig ist. Gegen die Kopffläche eines Organstückes verhält sich die Haut schwächer positiv, gleichartig, oder sehr schwach negativ; gegen die Schwanzfläche stärker positiv, da man die algebraïsche Summe des Hautstromes und des Organstromes der zwischen den Ableitungspunkten gelegenen Strecke erhält. Beispielsweise gab die Haut gegen die Kopffläche + 0·002; 0·006; gegen die Schwanzfläche + 0·020; 0·019; ein andermal gegen letztere Fläche + 0·022, während zwischen Kopf- und Schwanzfläche die Kraft nur + 0·013 bis 0·015 betrug.

Enthäutete Organstücke zeigen zwischen Kopf- und Schwanzfläche

[1] Vergl. Ges. Abh. Bd. II. S. 121. Anm.

grössere Kraft, 0·038 bis 0·051, wohl wegen der fortgefallenen Nebenschliessung durch die Haut; doch fällt es auf, dass der Erfolg so bedeutend ist, und dass die durch das Enthäuten bedingte Beeinträchtigung der Leistungsfähigkeit, die sich in raschem Sinken der Kraft ausspricht, nicht jenen Vortheil aufwiegt.

Im Tagebuch ist nicht ausdrücklich gesagt, geschweige mit Zahlen belegt, dass die Kraft der Organstücke mit ihrer Länge wächst. Dagegen findet sich die Bemerkung, dass die Stromstärke scheinbar nicht mit der Länge zunehme, was ich mir aus nicht hinreichendem ausserwesentlichen Widerstand erkläre. Leider ist auch nicht gesagt, was für Bussolrollen im Kreise waren, und man kann nur aus anderen Versuchen an Organstücken (s. unten) schliessen, dass eine Hydrorolle von 4000 Windungen angewendet wurde.

Was den zeitlichen Verlauf des Organstromes aufgelegter Stücke betrifft, so sinkt ihre Kraft anfangs schnell, nach einiger Zeit aber bleibt sie nahezu beständig. Andere Male erscheint sie von vornherein beständig, selten steigt sie noch etwas.

Durch diese Beobachtungen des Dr. Sachs gewinnen die oben S. 170 angeführten Behauptungen Matteucci's und Hrn. Robin's an Glaubwürdigkeit, und es lag wohl nur an schlechter Beschaffenheit des Materiales, dass ich beim Zitterwelse keinen Organstrom zu sehen bekam. Hrn. Eckhard's Misserfolg beim Zitterrochen bleibt dagegen vor der Hand unerklärt.

Mit Hinblick auf Matteucci's und Hrn. Robin's Angaben fragt es sich nun, ob auch beim Zitteraale die Organstromkraft nach jedem Schlage zeitweise etwas grösser erscheint. Die Frage war minder leicht zu beantworten, als man glauben sollte, und zwar weil man, wie wir gleich sehen werden, unter den Umständen, wo man den Organstrom sicher beobachten kann, keine kräftigen Einzelschläge des Organs hervorzurufen vermag. Es kann aber dennoch für gewiss gelten, dass die Organstromkraft des Zitteraales durch den Schlag vorübergehend einen schwachen Zuwachs erhält. Aller Wahrscheinlichkeit nach ist sie als hinterbleibender Theil des Schlages anzusehen, und das Sinken, in welchem man sie stets begriffen trifft, die langsame Fortsetzung der ungleich schnelleren, aber doch nicht ganz plötzlichen Abnahme des Schlages, deren mässige Steilheit sich darin ausspricht, dass der durch den Schlag abgelenkte Spiegel meist langsamer nach dem Nullpunkt zurückkehrt, als wenn er fallen gelassen wäre (s. oben S. 156).

Gegenüber der Unsicherheit, welche über der Beeinflussung der Organstromkraft durch einzelne Schläge schwebt, ist die Einwirkung eines fortgesetzten Tetanus des Organs um so ausgeprägter. Diese Einwirkung besteht aber merkwürdigerweise gerade im Gegentheil von der, welche den einzelnen Schlägen zukommt. Nach jedem hinreichend starken Tetanus bleibt die Organstromkraft kleiner zurück, ja durch wiederholtes kräftiges Tetanisiren kann man ein Stück Organ vorübergehend fast stromlos machen. Negativ wirksam werden sah es Dr. SACHS indess nicht. Möglicherweise waren die Zitterrochen-Organe, an denen Hr. ECKHARD beobachtete, durch die dichtgedrängten Schläge, mit welchen sie sich erst gegen den Fischer, dann gegen den Experimentator wehren (s. oben S. 71), in den stromlosen Zustand gerathen.

Wir werden im Folgenden Beispielen der beiden Arten von Nachwirkung auf den Organstrom, der positiven wie der negativen, begegnen, daher ich nicht für nöthig halte, dergleichen hier aus ihrem Zusammenhange gerissen mitzutheilen. Weitere Erörterungen über die beiden Nachwirkungen können erspriesslicherweise erst in einem späteren Stadium der Untersuchung stattfinden (s. unten § XXVIII. 5).

Die Kleinheit der von Dr. SACHS dem Organ zugeschriebenen beständigen Kraft überrascht sehr. Weil wir auf viel grössere Kräfte gefasst waren, nahm Dr. SACHS nicht den runden Compensator mit, sondern einen Messapparat von viel grösserem Umfange. Nun fand es sich, wie gesagt, dass die gewöhnlich angewandten Organstücke wenig stärker elektromotorisch wirkten, als ein Froschnerv. Da aber auf 4^{cm} Organlänge etwa 400 Fächer kommen (s. oben S. 49. 50), so beträgt für jedes Fach die Organstromkraft sogar nur $\frac{0 \cdot 015 \text{ bis } 0 \cdot 030}{400} = 0 \cdot 0000375 \text{ bis } 0 \cdot 0000750\ D.$

Nach MATTEUCCI würde, wie wir oben S. 171 sahen, die elektromotorische Kraft eines Stückes Zitterrochen-Organ zwischen der eines und der zweier Gastroknemien liegen. Diese Bestimmung will nicht viel sagen, da wegen der parelektronomischen Schicht die Kraft der Gastroknemien fast gleich Null sein kann. Ungezwungen ausgelegt, scheint MATTEUCCI's Angabe aber doch darauf zu deuten, dass die Organstromkraft beim Zitterrochen die beim Zitteraal übertrifft, um so mehr, als die von Dr. SACHS angewandten Stücke Zitteraal-Organ vermuthlich länger waren als die Säulen des Zitterrochen-Organs.

Die Winzigkeit der von Dr. SACHS verzeichneten Werthe liess mich einen Augenblick den Verdacht hegen, dass ihm vielleicht bei Bestimmung seiner Graduationsconstanten ein Irrthum begegnet sei. Seine Messungen an den Krötenmuskeln und -Nerven bewiesen indess schon, dass der Fehler, wenn einer im Spiele war, nur sehr klein sein könne. Um ganz sicher zu gehen, stellte ich Dr. SACHS' Apparat möglichst so wieder zusammen, wie er es in Calabozo gethan haben mochte, und fand, bei derselben Temperatur des Daniells, die Graduationsconstante

$= 0 \cdot 000816$ statt wie Dr. Sachs $= 0 \cdot 000771$ (s. oben S. 141), also um nur $\frac{1}{15 \cdot 4}$ grösser, was nichts bedeutet, als dass ich ein etwas grösseres Verhältniss $m = \frac{W + L}{W}$ getroffen hatte als er;[1] auch um $^1/_{15}$ vergrössert, blieben seine Zahlen noch immer unerwartet klein.

Inzwischen will bedacht sein, dass, obschon ein 4^{cm} langes Organstück eine sehr geringe beständige Kraft zeigt, so dass die daraus berechnete Kraft eines einzelnen Faches zu einer verschwindenden Grösse wird, umgekehrt die berechnete Kraft des ganzen Organs einen recht ansehnlichen Werth erreicht. Die Organe eines 1^{m} langen Fisches können wir 80^{cm} lang schätzen (s. oben S. 27), so dass wir für die Gesammtkraft erhalten $20 \times 0 \cdot 015$ bis $20 \times 0 \cdot 030 = 0 \cdot 3$ bis $0 \cdot 6$ *D*.

§ XXIV. Nicht elektrische unmittelbare Reizversuche am Zitteraal-Organ.

1. Vorbemerkungen.

Wenn hier von unmittelbarer Reizung des Organs gesprochen wird, so braucht wohl kaum bemerkt zu werden, dass damit nichts weiter gemeint ist, als was man in der Muskelphysik unter unmittelbarer oder directer Reizung im Gegensatz zu mittelbarer oder indirecter Reizung versteht, nämlich dass der Reiz nicht den im Organ sich verzweigenden Nervenstamm, sondern das Organ selber trifft. Ueber die Frage, ob er im Organ auf dessen elektrische Elemente oder auf die darin verzweigten Nerven wirke, die Frage also nach einer „Haller'schen Irritabilität“ des Organs, soll der Ausdruck „unmittelbare Reizung“ hier so wenig, wie bei den Muskeln, etwas präjudiciren, was nicht ausschliesst, dass die folgenden Versuche als der erste Schritt zur Entscheidung dieser Frage erscheinen.

Am Zitterrochen-Organ stellte schon Matteucci ähnliche Versuche an. Er legte einer ausgeschnittenen Säule, oder einem Stück einer Säule, den Nerven des stromprüfenden Froschschenkels oder die Enden eines empfindlichen Multiplicators an. Der Schenkel zuckte, oder die Nadel wurde im richtigen Sinn abgelenkt, sobald Matteucci die Säule oder das Stück Säule mechanisch durch Stechen, Schneiden u. d. m.

[1] Ges. Abh. Bd. I. S. 260; — Bd. II. S. 234.

reizte. Es scheint aber, dass er dabei stets irgend ein sichtbares Nervenästchen zu treffen suchte.[1]

Ich habe mich vergeblich bemüht, von ausgeschnittenen Stücken Zitterwels-Organ durch unmittelbare mechanische Reizung oder durch chemische Reizung mit Kalilauge Wirkungen sei's am Galvanometer, sei's am stromprüfenden Schenkel zu erhalten.[2] Dies wird wohl vom schlechten Zustand meiner Präparate hergerührt haben, denn Hr. BABUCHIN schrieb mir seitdem: „Wenn der Zitterwels noch nicht ermüdet ist, bekommt „man ziemlich starke Schläge beim Zerschneiden des Organs auch an „Stellen, wo das unbewaffnete Auge keine Nervenfäserchen auf der inneren „Fläche des Organs unterscheidet.“[3]

Dr. SACHS ist in dieser Richtung sehr erfolgreich gewesen. Bei den folgenden Versuchen hat man sich stets ein prismatisches Stück Organ von den angegebenen Maassen zwischen den Thonschildern der Bäusche liegend und dessen beständigen Strom kunstgemäss compensirt zu denken.

2. Mechanische Erregung.[4]

Das Zitteraal-Organ ist mechanisch erregbar nach Art eines Nerven im HEIDENHAIN'schen Tetanomotor, d. h. durch blosse Erschütterung, ohne zerstörende Verletzung. Durch leichte klatschende Schläge mit der Fläche eines Lineals auf ein im Bussolkreise zwischen den Thonschildern aufliegendes Stück Organ lässt sich wohl zwanzigmal nacheinander der Faden positiv ablenken. Die Wirkung ist auf's Deutlichste abhängig von der Stärke des Klatsches; sie erreichte oft 200^{sc}. Der Spiegel verweilt keinen Augenblick auf der Höhe der Ablenkung, sondern kehrt sofort zurück, jedoch langsamer, als wenn er nur fallen gelassen wird (s. oben S. 173).

3. Thermische Erregung.[5]

Nähert man einem aufliegenden Organstück, dessen Strom compensirt ist, einen heissen, jedoch nicht glühenden Löthkolben, so bringt dessen strahlende Wärme eine geringe negative Wirkung hervor; der Spiegel kehrt nicht zurück. Vielleicht beruht diese Wirkung auf Veränderung der elektromotorischen Kraft, wie ich sie unter gleichen

---

[1] Philosophical Transactions etc. 1847. p. 239. 240; — Lezioni di Elettrofisiologia ec. Torino 1856. p. 10. 11; — Corso di Elettro-fisiologia. Torino 1861. p. 122. 123.

[2] Ges. Abh. Bd. II. S. 645.

[3] Archiv für Physiologie u. s. w. 1877. S. 261.

[4] Vergl. Reisebriefe, a. a. O. S. 79 (14).

[5] Vergl. Reisebriefe, a. a. O. S. 79 (16).

Umständen am Nerven beobachtete.[1] Vielleicht rührt sie her von Schrumpfung der bestrahlten Seitenflächen des Organstückes, in Folge deren die Kopf- und Schwanzfläche sich von den Bäuschen lösen. Eine dritte Möglichkeit ist, dass die negative Wirkung in der Erwärmung einer oberflächlichen Schicht ihren Grund habe, die dadurch besser leitend und zugleich wärmestarr wird, und nun als Nebenschliessung den compensirten Organstrom schwächt.

Wie dem auch sei, bei augenblicklicher Berührung des Organstückes mit dem Kolben, wobei es stark zischt, sieht man den Faden pfeilschnell über die Scale hinausschiessen. In etwa einer halben Minute kehrt er zurück, überschreitet aber den Nullpunkt, so dass die Kraft des Organstromes sich beispielsweise von 0·020 auf 0·017 gesunken zeigt. Dieser Versuch wurde an einem und demselben Organstück dreimal mit gleichem Erfolge wiederholt. Ein viertes Mal geschah das Zurückkehren zum Nullpunkte sehr langsam; schliesslich hinterblieb Schwächung des Organstromes bis zu 0·013.

4. Chemische Erregung.[2]

Bei der Verwandtschaft der elektrischen Organe mit den Muskeln schien es von hoher Wichtigkeit zu untersuchen, ob Organ und Muskel wohl für dieselben chemischen Reize empfänglich sein würden. Diese Untersuchung hat zu einem schönen Ergebniss geführt.

Ein 3—4^{cm} langes frisches Stück Organ, überall künstlich begrenzt, wird mit seinen beiden Querschnitten, welche zugleich seine Polflächen sind (s. oben S. 171), zwischen die Thonschilder gebracht. Es zeigt eine vergleichsweise sehr bedeutende positive Kraft von 0·051, die aber schnell auf 0·034 sinkt. Auf die hautentblösste Seitenfläche, den Längsschnitt, wird ein Stück Fliesspapier geklebt, und aus einer Pipette *Liquor Ammonii caustici* auf das Papier gespritzt. Sofort weicht der Faden weit ab im positiven Sinne, zuerst mit wachsender, dann mit abnehmender Geschwindigkeit. Als er wieder auf Null gebracht ist, steht der Läufer des Compensators auf 0·051. Dieser, einem schwachen Tetanus des Organs entsprechende Zustand dauert etwa eine halbe Minute; dann schlägt der Faden wieder negativ aus, und die Compensation findet schliesslich bei 0·041 statt.

Benetzung eines Querschnittes des nämlichen Stückes mit Ammoniak, während der Strom vom Längsschnitt und dem anderen Querschnitt abgeleitet wird, giebt keine merkliche Wirkung.

[1] Untersuchungen über thierische Elektricität. Bd. II. Abth. I. S. 550.

[2] Reisebriefe, a. a. O. S. 79 (15). 81 (3).

Die im Wesentlichen den Reisebriefen[1] entnommene Fig. 44, welche keiner Erläuterung bedarf, verdeutlicht diesen Erfolg.

Fig. 44.

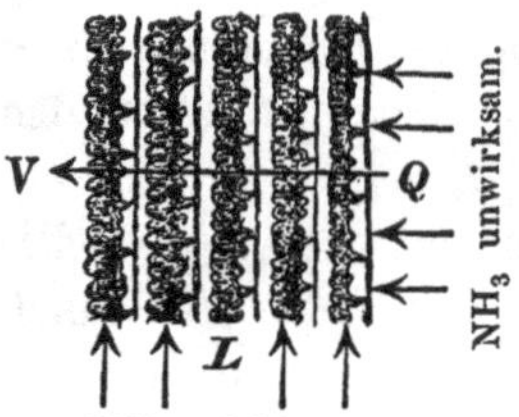

Bei Wiederholung des Versuches an einem neuen Längsschnitt erfolgt abermals ein lebhafter Ausschlag und dauernde Steigerung der Kraft von 0·033 auf 0·045; sie sinkt dann langsam wieder auf 0·036. Am Querschnitt giebt das Ammoniak nur 5[sc] Ausschlag.

Wie nach Hrn. Kühne am Muskel den Querschnitt,[2] genügt es hier, dass Ammoniakdampf den Längsschnitt erreiche, um sofort, wenn auch im geringerem Maass als bei Benetzung mit Ammoniakflüssigkeit, die tetanische Ablenkung des Fadens eintreten zu sehen, aus der er langsam zurückkehrt.

Wie klar ausgesprochen dieser Erfolg auch sei, ganz eindeutig ist er nicht. Wenn vom Querschnitt aus der Reiz versagt, so heisst dies wohl soviel, wie dass die elektromotorische Thätigkeit einer elektrischen Platte nicht auf die davor oder dahinter gelegenen Platten übergeht, und das ist an sich wichtig. Wenn aber vom Längsschnitt aus der Reiz erfolgt, so kann dies von zweierlei herrühren. Entweder die elektromotorische Thätigkeit breitet sich in der Platte seitlich aus, was gleichfalls sehr interessant wäre, weil es Licht darauf würfe, wie in der elektrischen Platte des Zitterwelses der ihr durch den Stiel zugeführte elektromotorische Vorgang darin sich radial ausbreitet. Oder es handelt sich nur um eine Capillaritäts- und Diffusions-Erscheinung: das Ammoniak dringt in die durch den Längsschnitt eröffneten oberen und unteren Spalte aller unter der benetzten Stelle des Fliesspapieres gelegenen Fächer, und nur soweit es diffundirte, erfolgt elektromotorische Thätigkeit. Die vorliegenden Thatsachen erlauben nicht, sicher zwischen diesen beiden Möglichkeiten zu entscheiden. Gegen die letztere spricht einigermaassen der Umstand, dass von einem neuen Längsschnitt aus der Versuch zum zweiten Male gelingt. Chemische Reizung mit einem minder leicht sich verbreitenden Stoff könnte einen Anhalt geben, Dr. Sachs berichtet aber über keine andere wirksame Substanz.

$SO_4H_2 : H_2O :: 1 : 1000$ gab nichts, $SO_4H_2 : H_2O :: 1 : 20$ gab -100^{sc} Ablenkung, eine zu starke Wirkung, um sie als Schwächung des Stromes durch Nebenschliessung zu deuten, wie man sie beim Benetzen des

[1] A. a. O. Taf. II. Fig. 2.

[2] Reichert's und du Bois-Reymond's Archiv für Anatomie, Physiologie u. s. w. 1859. S. 224. 323.

Achillesspiegels mit gutleitenden Flüssigkeiten erhält.[1] Der Spiegel kehrt nicht auf Null zurück; die Natur dieser Wirkung bleibt im Dunkeln.

Höllensteinlösung erweist sich gleichfalls als unwirksam.

§ XXV. Unmittelbare elektrische Erregung des Zitteraal-Organs.

1. Durch einzelne Inductionsschläge.

Jetzt sollte die unmittelbare elektrische Erregung des Zitteraal-Organs, und zwar zuerst durch einzelne Inductionsschläge, versucht werden.

Fig. 45 Taf. I zeigt die Anordnung, deren Dr. Sachs sich bediente. Man sieht ein Stück Organ *VH* mit seinen Querschnitten oder Polflächen (vergl. oben S. 171) zwischen den Thonschildern der Bäusche *BB'* gelagert. Zu grösserer Schonung und besserer Erhaltung der Form ist ihm die Haut *hh'* gelassen. Die Längs- und Querscheidewände sind in der Figur nur angedeutet. Im Kreise der Bäusche befindet sich die Bussole mit gerade aperiodischem Ringspiegel (I, oben S. 137) und 4000 Windungen im Abstande Null. Bei den Versuchen der beiden vorigen Paragraphen wird es also wohl ebenso gewesen sein (s. oben S. 172). In demselben Kreise bemerkt man einen Stromwender W_1, einen Vorreiberschlüssel VS_1 und ein Stück vom Nebenschliessdraht *NS* des Compensators; in der Hauptleitung des Compensators[2] die zur Revision der Graduationsconstanten stets darin bleibende Thermorolle *ThR* in solcher Lage zum Spiegel, dass sie darauf nicht wirkt, und einen Quecksilberschlüssel $Hg\,S_1$. Die Thonspitzen *s*, *s'* der unpolarisirbaren Zuleitungsröhren berühren das Organstück in einer seiner Axe parallelen Linie. Die Röhren sind mit der secun-

---

[1] Ges. Abh. Bd. II. S. 116. 117.

[2] Aus den Tagebuchskizzen erhellt, dass in allen Versuchen, in welchen der Organstrom compensirt wurde, der Stromwender sich in der Hauptleitung befand: ein oft begangener Fehler, da deren Widerstand so beständig wie möglich sein sollte, während es sogar im Bau des Pohl'schen Stromwenders liegt, dass sein Widerstand in beiden Lagen der Wippe verschieden ist. Der Stromwender muss sich im Stromzweige befinden, der die thierischen Theile und die Bussole enthält. Nicht allein verschwindet hier sein Widerstand gegen den der thierischen Theile und der Hydrorollen, sondern für den Fall der Compensation fällt überhaupt der Widerstand dieses Stromzweiges aus der Formel für die elektromotorische Kraft heraus. Ich habe anfangs auch jenen Fehler begangen (Ges. Abh. Bd. I. S. 176. 183), seitdem aber wiederholt davor gewarnt (Ebenda, Bd. I. S. 262; — Bd. II. S. 233). In Dr. Sachs' Versuchen kann er von keinem merklichen Einfluss gewesen sein, daher ich ihn in den Figuren berichtigen zu dürfen glaubte.

dären Rolle *SR* des Schlitteninductoriums verbunden, dessen WAGNER'scher Hammer ausgeschaltet und durch den Quecksilberschlüssel $Hg\,S_2$ ersetzt ist. Die primäre Rolle *PS* enthält Eisendrahtbündel; in ihrem Kreise befindet sich die Sternsäule Σ. Beim Handhaben des Schlüssels $Hg\,S_2$ durchfliegen Schliessungs- und Oeffnungsschläge das Stück Organ. Mittels der Wippe W_2 kann ihnen darin bald die positive, bald die negative Richtung ertheilt werden (s. oben S. 149).

Bei dieser Anordnung gehen unvermeidlich Zweige der Inductionsschläge in den Bussolkreis über, und ehe zum Versuch geschritten wird, muss ermittelt werden, wie diese Zweige auf die Bussole wirken. Dazu brachte Dr. SACHS an Stelle des Stückes Organ ein gleich grosses Prisma mit physiologischer Chlornatriumlösung angekneteten Thones. Man kann bis auf Weiteres annehmen, dass das Organ wie Muskel leitet, dessen Widerstand, nach meinen Ermittelungen, etwa halb so gross ist, wie der des Thones.[1] Das Thonprisma hatte 4^{cm} Länge und $2 \cdot 5^{cm}$ Seite, wodurch wir die Maasse der gewöhnlich angewendeten Organstücke beiläufig erfahren (vergl. oben S. 172). Um die Leitung zwischen den Endflächen des Thonprisma's und den Thonschildern zu verbessern, wurden sie mit einigen Tropfen physiologischer Kochsalzlösung benetzt.

Vor Allem ist zu bemerken, dass, gleichviel ob es um Organ oder Thon sich handele, die in den Bussolkreis brechenden Schleifen die umgekehrte Richtung des Inductionsschlages zwischen den Thonspitzen haben, dagegen Organstrom und -Schlag stets die absolut positive Richtung vom Schwanz zum Kopf (s. den Pfeil *HV* in der Figur) innehalten müssen (s. oben S. 149). Ich habe diesen Umstand in der Figur durch die Stromcurven im Organstück und die Pfeile am Bussolkreis erläutert: die ausgezogenen Pfeile stellen den Organschlag, die gestrichelten die Stromschleifen vor.

Was die Stärke der Schleifen betrifft, so findet man sie, wie zu erwarten, um so geringer, je näher bei einander, um so grösser, je weiter von einander die Spitzen. Bei ganz aufgeschobener Rolle erfolgten beispielsweise: bei 8^{mm} Abstand der Spitzen: nur schwache Wirkung; bei 2^{cm}: 15^{sc}; bei Aufsetzen der Spitzen auf die Ränder der Thonschilder: 38^{sc}; bei derselben Stellung, nach Entfernung des nebenschliessenden Thonprisma's: 203^{sc}.

Wurden die Spitzen schräg aufgesetzt, so dass ihre Verbindungslinie mit der Axe des Prisma's einen Winkel bildete, so sank die Stärke der Schleifen; bei querer Stellung der Spitzen verschwand sie ganz.

Den Fingern ertheilten die Spitzen beim Schliessen einen nur eben

[1] Ges. Abh. Bd. II. S. 373 ff.

merklichen, beim Oeffnen einen heftigen Schlag; an der Bussole waren die beiden Schläge nicht von einander zu unterscheiden.[1] Der Widerstand der Zuleitungsröhren und -Gefässe war also in beiden Richtungen gleich; es fand keine irreciproke Leitung statt.[2]

Da die secundäre Rolle dem Organschlage in Bezug auf den Bussolkreis Nebenschliessung bietet, sobald nicht die Spitzen das Organstück in einer isoëlektrischen Curve berühren, ist keine sehr starke Wirkung des Schlages zu erwarten, wenn er sich überhaupt in der beabsichtigten Weise hervorrufen lässt.

Eine lästige Störung ging bei diesen Versuchen vom Eisenkern der primären Rolle aus, dessen Fernwirkung sich nicht unter 1·5^{sc} vermindern liess. Diese hat man sich im Folgenden stets schon als in Rechnung gestellt zu denken.

Versuch I.

Ein Zitteraal wird enthauptet, ein Stück Organ sogleich zwischen die Thonschilder gebracht. Organstromkraft = + 0·020; bei etwas anderer Lage = 0·025. In zwei Minuten sinkt die Kraft auf 0·013; bis zum Beginn der Versuche aber weiter auf 0·011. Dem Organstück werden die Spitzen in 1^{cm} Abstand angelegt, und die Inductionsschläge in den durch die Pfeile in der Tabelle angezeigten Richtungen hindurch-

Rollen-Abstand.	Schliessung. ↓	Schliessung. ↑	Oeffnung. ↑	Oeffnung. ↓
80	− 8	− 8	+ 2	− 20
50	− 10	− 9	+10	− 34
30	− 14	− 18	+23	− 63
20	− 17	− 20	+18	− 95
10	(− 43	− 22)	+25	−101
5	− 20	− 22	+22	−103
0	− 27	− 23	+21	− 98
0	− 20	− 23	+20	−100
10	− 20	− 20	+27	− 95
20	− 18	− 15	+23	− 89
50	− 11	− 7	+ 7	− 36
Summe	−165	−165		

[1] Vergl. Untersuchungen über thierische Elektricität. Bd. II. Abth. I. S. 405; — Ges. Abh. Bd. I. S. 228 ff.

[2] Vergl. Christiani, Beiträge zur Electricitätslehre. Ueber irreciproke Leitung electrischer Ströme u. s. w. Berlin 1876.

gesandt, in welcher ein aufwärts gerichteter Pfeil absolut positive, ein abwärts gerichteter absolut negative Richtung des Inductionsschlages bedeutet. Die Plus- und Minus-Zeichen vor den Zeichen wollen sagen, dass die beobachteten Ausschläge gleiche oder entgegengesetzte Richtung mit den Inductionsschlägen im Stück Organ zeigten; dass sie also beziehlich relativ positiv oder negativ waren.

Versuch II.

Neues Stück Organ. Organstromkraft = 0·026, sinkt bis zum Beginn der Versuche auf 0·010, während der Versuche auf 0·008. Thonspitzen in 1 cm Abstand.

Rollen-abstand.	Schliessung. ↓	↑	Oeffnung. ↑	↓
80	— 4	— 4	— 3	— 3
60	— 10	— 10	— 3	—11
50	— 14	— 14	— 4	—21
40	— 18	— 18	— 5	—36
30 {	— 22	— 25	— 9	—45
	— 21	— 23	— 8·5	—45
20	— 27	— 25	— 8	—66
10	— 32	— 30	—10	—84
0	— 30	— 34	—13	—83
Summe	—178	—183		

Thonspitzen in 2 cm Abstand.

0	— 86	— 82	—52	—122
0	— 82	— 80	—50	—111
0	— 82	— 77	—49	—112
Summe	—250	—239		

Der Sinn dieser Zahlen ist folgender. Die Schliessungsschläge wirken in beiden Richtungen gleich stark. Lässt man im ersten Versuch die aus der Ordnung fallende Zahl — 43 der zweiten Spalte fort, die vielleicht spontaner Erregung des Organs (spontaner Zuckung vergleichbar) entsprang, und die zugehörige — 22 der dritten Spalte, so erhält man auf beiden Seiten die gleiche Summe — 165. Im zweiten Versuche findet man für die Summe der Wirkungen aller negativen Schliessungsschläge — 178 — 250 = — 428, für die aller positiven — 183 — 239 = — 422;

was so genau stimmt wie möglich. Die Schliessungsschläge erregen also das Organ nicht; sonst hätte sich die positive Wirkung des absoluten Organschlages zu den Stromschleifen algebraïsch summirt und die Ablenkungen ungleich gemacht.

Anders die Oeffnungsschläge. Hier findet sich nicht bloss ein Unterschied zwischen den Zahlen bei beiden Stromrichtungen, der sich auch so deuten liesse, dass das Organ Ströme gewisser Ordnung irreciprok leite. Sondern die Pluszeichen der vierten Spalte der ersten Tabelle zwingen zur Annahme, dass das Organ, durch den positiven Oeffnungsschlag gereizt, hinreichend stark schlug, um die Stromschleifen im Bussolkreise zu übertreffen. Wie also die Oeffnungsschläge bei derselben in ihnen sich abgleichenden Elektricitätsmenge ihrer kürzeren Dauer halber stärker erregend auf Nerv und Muskel wirken als die Schliessungsschläge, so sind sie auch mehr geeignet, das elektrische Organ zu bethätigen.

Wir haben aber auch das Mittel, aus den Zahlen der beiden letzten Spalten der obigen Tabellen den Antheil zu sondern, der nur vom Schlag herrührt. Da nämlich die galvanometrische Wirkung der Schliessungs- und Oeffnungsschleifen gleich ist, können wir das arithmetische Mittel der Schliessungsschleifen in beiden Richtungen als den wahrscheinlichen Betrag ansehen, womit die Oeffnungsschleifen in die Zahlen eingehen, welche die algebraïsche Summe dieser Schleifen und des Organschlages bei gleichem Rollenabstand vorstellen. Nach diesem Plan, und indem auch die Mittelwerthe mehrfach beobachteter Grössen genommen wurden, sind obige Tabellen zu den folgenden umgerechnet. Auf die Rollenabstände *RA* folgt die Spalte, welche die Mittelwerthe der stets relativ negativen Stromschleifen *SS* zeigt. Die dritte und vierte Spalte enthalten die berechneten, stets absolut positiven Organschläge (*OS*) bei beiden Inductionsrichtungen. Summirt man algebraïsch die Zahlen der zweiten mit denen der dritten oder vierten Spalte, so gehen beziehlich die unmittelbar beobachteten Zahlen der vierten und fünften Spalte der obigen Tabellen hervor.

Ergänzungstabelle zu Versuch I.

RA	*SS*	↑ *OS*	↓
80	− 8	+10	−12
50	− 9·25	+17·75	−24·75
30	−16	+39	−47
10	−20·6	+46·6	−77·3
5	−21	+43	−82
0	−23·25	+43·75	−78·75

Ergänzungstabelle zu Versuch II.

RA	SS	↑ OS	↓
80	− 4	—	—
60	−10	+ 7	− 1
50	−14	+10	− 7
40	−18	+13	−18
30	−22·75	+14	−22·25
20	−26	+18	−40
10	−31	+21	−53
0	−32	+19	−51
Thonspitzen in 2 cm Abstand.			
0	−81·5	+31·2	−33·5

Nach diesen Tabellen wirkt der in Fig. 45 durch den Pfeil zwischen den Spitzen $\mathfrak{s}$, $\mathfrak{s}'$ dargestellte, dem Organschlag entgegengesetzte Oeffnungsschlag stärker erregend, als der dem Organschlag gleichgerichtete. Nur in der zweiten und dritten Horizontalreihe der zweiten Tabelle trifft dies nicht ein, doch war diesmal bei den grösseren Rollenabständen der Schlag nur spurweise da, wie er denn bei 80 mm Abstand ganz fehlte, und Störungen konnten sich leichter geltend machen.

Mit Rücksicht auf manches später zu Besprechende befremdet einigermaassen die stärkere Wirksamkeit des absolut negativen Inductionsschlages. Um so weniger glaubte ich dies Ergebniss unterdrücken zu dürfen. Doch muss bemerkt werden, dass es mit dessen Sicherheit eine eigene Bewandtniss hat. Dr. SACHS selber hat es in seinem Tagebuche seinen Zahlen entnommen, ohne es näher zu begründen, während mangelhafte Notation gerade hier seine Versuchsprotocolle misslich verdunkelt. Die beiden letzten Tabellen sind denn auch allein von mir berechnet. Dr. SACHS schreibt scheinbar überall den Stromschleifen dieselbe Richtung zu wie den Inductionsschlägen zwischen den Thonspitzen. Er geht ohne Bemerkung an der Thatsache vorbei, dass in der zum ersten Versuch gehörigen Tabelle die Zahlen der dritten Spalte positiv sind, da doch, wenn diese Zahlen negativ wären, wie in der Tabelle zum zweiten Versuch, man die ganze Erscheinung anders auslegen könnte, nämlich als irreciproke Leitung des Organs für Ströme gewisser Ordnung (s. auf voriger Seite). Er wundert sich auch nicht darüber, dass die Stromschleifen mit dem Organ stärker erschienen, als mit dem Thon, wo beim Rollenabstand Null und 8 mm Spitzenabstand Stromschleifen nur spurweise beobachtet wurden. Endlich erwähnt er zwar in den Reisebriefen diese Versuche, aber ohne der Ueberlegenheit des absolut negativen Oeffnungsschlages zu gedenken, und überhaupt in einer Art, welche mit der Zeit und Mühe, die er in Calabozo daran wandte, in keinem Verhältniss steht.[1] Es gewinnt danach fast den Anschein, als habe er selber der Sache nicht mehr recht getraut.

Wie dem auch sei, Dr. Sachs untersuchte bei derselben Gelegenheit auch noch die Wirkung quer durch das Organ gehender Inductionsschläge.

Versuch II (fortgesetzt). Thonspitzen quer gestellt.

RA	Schliessung.		Oeffnung.	
	⟶	⟵	⟵	⟶
0	↑ 2	↓ 2	↑ {10, 7}	↑ 7
0	2	2	8	4

Die senkrechten Pfeile bedeuten die absolute Richtung im Organ. Welche Richtung im Organ die horizontalen Pfeile darstellen, ob der von links nach rechts gehende die Richtung von aussen nach innen anzeigt, oder umgekehrt, erhellt nicht aus dem Tagebuch; auch kommt darauf vor der Hand wenig an. Um die Wirkung des Organschlages allein zu finden, muss man wieder verfahren wie oben. Es ergiebt sich:

RA	*SS*	⟵ *OS*	⟶
0	−2	↑ 10·3	↑ 3·5

Die quere Erregung würde danach schwächer wirken als die schwächere der beiden das Organ der Länge nach treffenden Erregungen. Natürlich wäre es verfrüht, auf Grund dieses einen, nicht sehr genauen Versuches, zwischen dem Einfluss des Durchströmungswinkels auf die Erregung beim elektrischen Organ und beim Muskel schon jetzt einen Vergleich anstellen zu wollen.

Die hier beschriebenen Wirkungen konnten mit abnehmender Stärke und Deutlichkeit noch nach mehreren Stunden wahrgenommen werden, nicht mehr anderen Tages. An einem gesäuerten, also sicher abgestorbenem Präparate (s. oben S. 71) wurde jede Spur davon vermisst. Dies scheint dafür zu sprechen, dass es sich hier doch wirklich um Erregung des Organs, unmittelbarer Reizung eines Muskels vergleichbar, handelte.

---

[1] A. a. O. S. 79 (13): „Bei einzelnen Schlägen, wo nur die Oeffnung „wirkte, bedurfte es grosser Intensitäten, und man erhielt höchst geringe Wirkung.“

2. Unmittelbare Erregung des Zitteraal-Organs durch tetanisirende Wechselströme.[1]

Dieselbe Anordnung, welche gedient hatte, die Wirkung von Einzelschlägen auf das Organ zu erforschen, war geeignet, um es unmittelbar zu tetanisiren. Dazu war nur nöthig, den Quecksilberschlüssel $Hg S_2$ dauernd zu schliessen, den WAGNER'schen Hammer des Schlitteninductoriums in Gang zu setzen, und den Vorreiberschlüssel VS_2 wie üblich zu gebrauchen. Da beim Tetanisiren Schliessungs- und Oeffnungsschläge einander aufheben, hat man nichts mehr von Stromschleifen zu fürchten, wenn sie nicht stark genug werden, um POGGENDORFF's doppelsinnige Ablenkung zu erzeugen. Ich selber habe einst mit völliger Sicherheit Kaninchenmuskeln im Kreise des Nervenmultiplicators unmittelbar tetanisirt.[2]

Das Tetanisiren des Organs liefert das merkwürdige Ergebniss, dass schon bei 80—85^{mm} Rollenabstand, einem solchen also, wobei Einzelschläge noch nicht oder nur spurweise wirken, Tetanus des Organs auftritt, welcher den Faden weit über die Scale hinausschleudert. Bei sehr vorsichtigem Annähern der Rolle entfernt sich der Faden langsam vom Nullstrich, und man erzielt einen Punkt, wo der Tetanus im Bereich der Scale bleibt. Der Faden verweilt eine ganze Zeit mit zuckenden Excursionen auf einer bestimmten Höhe und sinkt dann erst herab.

Dr. SACHS scheint nicht versucht zu haben, ob auch beim Tetanisiren die negativen Oeffnungsschläge die wirksameren sind, wie es nach dem Vorigen der Fall sein müsste.

Abgestorbene Präparate versagten auch hier jede Wirkung, zum Beweise, dass nicht etwa doppelsinnige Wirkung im Spiele war. Freilich ist nicht zu vergessen, dass nach Hrn. JOH. RANKE todtenstarre Muskeln etwa dreimal besser leiten als überlebende.[3] Danach ist nicht unwahrscheinlich, dass auch das gesäuerte Organ besser leite, als das überlebende. Dann könnten vom todten Organ abgezweigte Ströme schwächer ausfallen, als vom überlebenden. Doch scheint es undenkbar, dass dies der Grund obiger Wirkungen war. Die doppelsinnige Ablenkung setzt eine schon vorhandene Ablenkung nach der Seite voraus, wohin sie statt finden soll, während hier der Organstrom compensirt war; auch verlangt sie stärkere Ströme als solche, welche an einer empfindlichen Bussole ablesbare Ausschläge erzeugen.

---

[1] Reisebriefe, a. a. O. S. 79 (13).
[2] Untersuchungen u. s. w. Bd. II. Abth. II. S. 342.
[3] Tetanus. Eine physiologische Studie. Leipzig 1865. S. 36. 37.

Dass nach Tetanus der Organstrom kleiner gefunden wird, und sich erst allmählich zur früheren Höhe erholt, ist schon oben S. 174 angemerkt, und wird unten § XXVIII. 5 näher besprochen.

§ XXVI. Mittelbare elektrische Erregung des Zitteraalorgans.

1. Darstellung von Nerv-Organ-Präparaten am Zitteraale.

Eine so günstige Gelegenheit, Nerv-Organ-Präparate herzustellen, wie der Zitterwels, bietet keiner der beiden anderen elektrischen Fische.[1] Am Zitterwelse legt Ein Schnitt, bei welchem kaum ein Tropfen Blut zu fliessen braucht, in langer Strecke beide Nerven bloss, welche gleichsam von der Natur präparirt sind. Aus dem Organ lassen sich mit der Scheere regelmässige Streife von beliebiger Länge und Breite schneiden, welche aussen durch Haut, innen durch Fascie begrenzt ihre Gestalt vorzüglich bewahren. Beim Zitterrochen ist es vortheilhaft, dass die beiden Polflächen des Organs in ihrer ganzen Ausdehnung an Rücken- und Bauchhaut grenzen, aber die vier Nervenstämme zugänglich zu machen, welche vom Gehirn an die innere Seitenwand des Organs gehen, erheischt schon eine ziemlich mühsame Operation, und bringt eine gewaltige Verletzung mit sich; Organstücke zerfliessen leicht sanduhrförmig.[2]

Am ungünstigsten für Herstellung von Nerv-Organ-Präparaten ist der Zitteraal. Fast in der Axe seines gestreckten Leibes treten jederseits an das Organ gegen drittehalbhundert Nerven, zu kurz, um ihrer eine grössere Anzahl zu einem Bündel zusammenzufassen, und jeder einzelne eine zu kurze Strecke des Organes beherrschend, um sich mit deren einem begnügen zu können. Dr. Sachs ist der Erste gewesen, der dieser Schwierigkeit, die wir hier oft im Voraus besprochen hatten, in der Wirklichkeit begegnete; doch scheint ihm besser, als wir erwarteten, gelungen zu sein, ihrer Herr zu werden.[3]

Eine methodische Anleitung zur Herstellung von Nerv-Organ-Präparaten findet sich nicht im Tagebuche, doch fehlt es nicht an einzelnen Winken, denen sich Folgendes entnehmen lässt.

Man führt zuerst mit dem Rasirmesser einen sagittalen Schnitt von der Längsmittellinie des Rückens her zwischen den Muskelpaketen der zu präparirenden Seite und der Wirbelsäule und Schwimmblase bis

[1] Ges. Abh. Bd. II. S. 611.

[2] Ges. Abh. Bd. II. S. 721.

[3] Reisebriefe, a. a. O. S. 79 (17).

fast zum Organ. Richtig geführt, legt dieser Schnitt den tiefen Seitennerven bloss. Medianwärts, auf ihm senkrecht, verlaufen die elektrischen Nerven nach unten und lateralwärts (s. oben Fig. 10 und S. 23).

Der Seitennerv wird herausgerissen, eine gewisse Zahl elektrischer Nerven präparirt, möglichst hoch oben abgeschnitten, und nach aussen gegen die innere Seitenwand der von der Wirbelsäule und Schwimmblase gelösten Muskelmasse gelegt. Darauf spaltet man die zu präparirende Hälfte des Organs durch einen abwärts geführten Sagittalschnitt ab; es scheint nämlich nicht, dass die Organe beider Seiten sich in der Sagittalebene ohne Verletzung von einander trennen lassen (s. oben S. 60). Erst nachdem dies geschehen ist, führt man den Schnitt nach aussen zwischen Muskeln und Organ, wodurch dies bis auf die Haut, welche man ihm lässt (s. oben S. 179) und die Zwischenmuskelschicht frei präparirt ist. Ob man nun das kleine Organ in Verbindung mit dem grossen lässt, oder es nebst der Zwischenmuskelschicht entfernt, ist nicht gesagt. Letzteres dürfte doch oft rathsam sein, um nicht durch die elektromotorischen Wirkungen der Muskeln getäuscht zu werden. Auch vermisse ich eine Weisung, in welchem Zeitpunkt der Präparation man die beiden Polflächen des Organs herstellt. Vielleicht beginnt die Präparation überhaupt am besten damit, dass man sich ein Stück Fisch von der gewünschten Länge zuschneidet.

Uebrigens sind bei einem 123^{cm} langen Thiere die elektrischen Nerven doch etwa 2^{cm} lang, so dass sich, wie wir gleich sehen werden, wohl etwas mit ihnen anfangen lässt. Wie weit sie von einander abstehen, findet sich nicht gesagt.

Die Nerv-Organ-Präparate vom Zitteraal zeigten in Dr. Sachs' Versuchen trotz der hohen Temperatur eine grosse, an die der Nerv-Muskel-Präparate vom Frosch erinnernde Lebenszähigkeit, so dass sich vortrefflich daran experimentiren lässt.[1] Hr. Babuchin[2] und ich[3] haben dasselbe vom Zitterwelse angemerkt.

2. Scheinbarer Elektrotonus am Zitteraal-Organ.

Wie vorher das blosse Organ-Präparat wird jetzt ein Nerv-Organ-Präparat zwischen die Thonschilder gebracht. Organstromkraft + 0·010. Die Nerven, deren Zahl nicht angegeben ist, liegen den Thonspitzen der unpolarisirbaren Zuleitungsröhren als Enden einer dreigliederigen Grove-schen Säule auf. Beim Schliessen des absteigenden Stromes geht der

[1] Reisebriefe, a. a. O. S. 87.
[2] Archiv für Physiologie u. s. w. 1877. S. 265.
[3] Ges. Abh. Bd. II. S. 611. 612.

Faden langsam auf —15 sc in der dem Schlag entgegengesetzten Richtung. Bei aufsteigendem Strome wächst die Ablenkung. Beim Oeffnen kehrt der Faden in beiden Fällen rasch zurück. Es ist also, als wäre die positive Kopffläche des Organs Längsschnitt, die negative Schwanzfläche Querschnitt der bis zwischen die Bäusche verlängert gedachten und wie üblich aufgelegten Nerven.

Ein zweitesmal ist ein Nerv-Organ-Präparat von 6 cm Länge (aus dem 123 cm langen Fisch) hergestellt, mit f ü n f 2 cm langen Nerven. Organstromkraft + 0·018, langsam sinkend. Durch die Nerven wird mittels einer kleinen Reizvorrichtung aus Platinstreifen der volle Strom von vier kleinen Grove gesandt. Bei absteigender Schliessung geht der Faden im negativen Sinn auf 75 sc, dann zurück auf 37 sc, wo er stehen bleibt. Dieser Fadenstellung entspricht eine Organstromkraft von nur noch 0·015. Beim Oeffnen steigt die Kraft ohne die geringste Spur eines Schlages langsam wieder auf 0·016. Bei neuer Schliessung im absteigenden Sinne sinkt sie langsam auf 0·013, steigt beim Oeffnen schnell auf 0·015. — Bei aufsteigender Schliessung weicht der Faden zunächst um 10 sc im Sinne des Schlages ab, schwankt dann auf und ab, und zeigt endlich geringe Schwächung an. — Bei abermaliger absteigender Schliessung erfolgt Sinken von 0·014 auf 0·011; beim Oeffnen Rückkehr auf 0·013. Bei aufsteigender Schliessung unruhige Bewegungen, die mit Steigen beginnen, mit dauernder Senkung bis 0·010 enden. Beim Oeffnen schnelle Rückkehr auf 0·013. Bei öfterer Wiederholung desselben Versuches bleiben die unruhigen Bewegungen aus, der Faden macht nur denselben positiven Vorschlag, dann erfolgt Senkung, beim Oeffnen hinterbleibt geringe Abnahme.

In seinen Briefen erwähnt Dr. Sachs diese Versuche mit den Worten: „Bei beständiger Durchströmung des Nervenbündels zeigt das auf den „Bäuschen liegende Organ eine elektrotonische Veränderung seines Stro- „mes,“[1] und in einem mir vorliegenden Entwurf zu einem in der Berliner Physiologischen Gesellschaft am 27. Juli 1877 gehaltenen Vortrage[2] fügt er hinzu: „für die keine Regel aufstellbar“. Dies ist den obigen, scheinbar ganz regelmässig wiederkehrenden Versuchsergebnissen gegenüber nicht ganz verständlich.

Es liegt nahe, die beschriebenen Wirkungen Stromschleifen oder unipolaren Wirkungen zuzuschreiben. Zwar spricht Dr. Sachs von dem „Nervenbündel“, doch weiss ich mir nicht recht vorzustellen, wie die fünf Nerven, welche an dem 6 cm langen Stück doch wohl um 1 cm von einander abstanden, wenn auch über 2 cm lang, zu Einem Bündel zusammen-

[1] A. a. O. S. 79 (17).
[2] Archiv für Physiologie u. s. w. 1878. S. 624.

gefasst werden konnten. Wenn sie aber, wie die Sprossen einer Leiter zwischen deren Wangen, vom Organ-Stück zur nächsten Elektrode, von dieser zur entfernteren übergingen, mussten bei Thon-Elektroden nothwendig, bei Platinstreifen wegen der Polarisation und des verschiedenen Widerstandes auch fast unvermeidlich, Stromschleifen in den Bussolkreis brechen. Doch passt zu dieser Auffassung nicht der zeitliche Verlauf der Wirkungen.

Glücklicherweise hat Dr. Sachs noch einen Versuch angestellt, welcher diese Bedenken einigermaassen beschwichtigt. In diesem Versuche wurde an einem Nerv-Organ-Präparat, dessen Nerven schon tetanisirt worden waren, der Strom der etwa einem Grove gleichkommenden Sternsäule (s. oben S. 139) durch die Nerven geschickt. Der aufsteigende Strom gab Vermehrung, der absteigende Verminderung des Organ-Stromes im Betrage von 0·006 *D*, entsprechend 74 sc. „Nach Durchschneiden der „Nerven „— und Wiederzusammenkleben der Stümpfe —" erhält man „nur noch ganz leichte Spuren in der umgekehrten Richtung; durch In„ductionsströme gar keine Wirkung mehr".

Damit scheint bewiesen, dass es in den obigen Wirkungen sich nicht um Stromschleifen oder unipolare Ablenkungen handelte. Immer wäre zu wünschen, dass Dr. Sachs in jedem einzelnen Falle den Beweis schärfer geführt, dass er das Präparat zwischen den Schildern umgelegt, nach der Durchschneidung den unteren Nervenstumpf nochmals aufgelegt, die Nerven durch feuchte Fäden ersetzt hätte, u. d. m.

Hr. Eckhard hat an Stücken des Zitterrochen-Organs vergeblich elektrotonische Wirkungen vom Nerven aus hervorzubringen versucht.[1] Aber vielleicht sind sie an den kurzen Säulen des Zitterrochen zu schwach, um ohne besondere Hülfsmittel erkannt zu werden. Denn auf's Neue drängt sich hier die Bemerkung auf (s. oben S. 174), wie erstaunlich geringe elektromotorische Kraft in Dr. Sachs' Versuchen an dem gefürchteten Zitteraal-Organ meist im Spiele war. Die obigen Elektrotonuszuwachse, im Betrage von nur etwa 0·003 *D*, würden in der That kaum einer ausgiebigen negativen Schwankung des Nervenstromes an einem Froschischiadicus gleichkommen.

3. Schwere Erregbarkeit der elektrischen Nerven durch Schliessung und Oeffnung beständiger Ströme und durch einzelne Inductionsschläge.[2]

Wenn es wirklich solchen Elektrotonus des Zitteraal-Organs giebt, wie ihn Dr. Sachs beobachtet zu haben glaubt, so ist damit ein neuer Unter-

[1] Beiträge zur Anatomie und Physiologie. Bd. I. Giessen 1858. 4°. S. 164. 165.
[2] Vergl. Reisebriefe a. a. O. S. 79 (18).

schied zwischen Muskel und elektrischem Organ, zwischen letzterem und dem Nerven eine neue Beziehung aufgedeckt. Wie dem auch sei, eine andere wichtige Thatsache folgt aus jenen Versuchen. Es ist die, dass die elektrischen Nerven des Zitteraales durch Schliessung und Oeffnung starker beständiger Ströme, bis zu vier Grove, in beiden Richtungen nicht erregbar sind.

Auch ich hatte gefunden, dass Schliessen und Oeffnen des Stromes zweier Grove vom elektrischen Nerven eines Zitterwelses aus keine Schläge des Organs auslöste. An einem anderen Zitterwels erzeugten zwei Grove deutliche Elektrotonusströme in dem wie gewöhnlich aufgelegten elektrischen Nerven.[1] Fünf Grove gaben an jenem ersten Zitterwels einen Schliessungsschlag, der sich durch Zuckung des stromprüfenden Schenkels und am Multiplicator durch einen richtig gerichteten Ausschlag verrieth. Die grosse zur Erregung des elektrischen Nerven nöthige Stromstärke fiel sehr auf; doch gehörte er einem kranken und sterbenden Thier an, und überdies war er schon tetanisirt worden, so dass das Ergebniss auch auf gesunkene Leistungsfähigkeit sich deuten liess.[2]

Am Zitterrochen hat Matteucci die elektrischen Nerven mittels beständiger Ströme gereizt, und ein dem Gesetz der Zuckungen entsprechendes Gesetz der Entladungen daran erkannt. Da er sich von vorn herein einer zwanziggliederigen Volta'schen Plattensäule bediente, ist seinen Beobachtungen nichts über eine etwa besonders hoch gelegene Reizschwelle der elektrischen Nerven zu entnehmen.[3] Hr. Eckhard hat ähnliche Versuche ausgeführt, ohne dass ihm, wie es scheint, eine besondere Unterempfindlichkeit der Nerven auffiel.[4]

Neuerlich fand Hr. Babuchin die elektrische Stammfaser an ganz frischen Zitterwelsen unterempfindlich gegen elektrische Schläge. Ströme, welche vom Krötenischiadicus aus den Schenkel vollkommen tetanisirten, blieben ohne Wirkung auf die Stammfaser. Hr. Babuchin erklärt dies aber dadurch, dass in der Stammfaser der Strom sich zwischen dem dicken Perineurium und dem einzigen Axencylinder zu ungünstig für letzteren theile. Daher dünnere Zweige des elektrischen Nerven und die Stammfasern kleinerer Zitterwelse jene scheinbare Unterempfindlichkeit nicht

---

[1] In den Ges. Abh. Bd. II. S. 645 habe ich zu erwähnen versäumt, dass dieser Versuch, und der mit den zwei und fünf Grove an verschiedenen Thieren angestellt wurden.

[2] Ges. Abh. Bd. II. S. 644. 645.

[3] Essai sur les Phénomènes électriques des Animaux. 1840. p. 64 et suiv.; — Traité des Phénomènes électro-physiologiques des Animaux. Paris 1844. p. 172 et suiv.

[4] A. a. O. S. 162 ff.

zeigen.[1] Diese Erklärung setzt voraus, dass der Widerstand der die reizenden Ströme liefernden Säule oder Rolle gross genug war, damit der Querschnitt des gereizten Nerven Einfluss auf die Stromdichte im Nerven gewinne. Mechanisch fand Hr. Babuchin den elektrischen Nerven beim Zitterwelse leicht erregbar. Auch ich sah bei dessen Durchschneidung einen stromprüfenden Schenkel zucken, dessen Nerv dem Organ anlag.[2]

Hr. Eckhard[3] und Boll[4] haben die elektrischen Nerven des Zitterrochen mehrfach mittels des Schlitteninductoriums gereizt. Hrn. Eckhard's Inductorium hatte keinen Eisenkern, aber zwei Bunsen im Hauptkreise; das von Boll unstreitig die gewöhnliche Einrichtung. Hr. Eckhard hat sich besonders häufig einzelner Inductionsschläge bedient; er hat in der That damit das Matteucci'sche Gesetz der Entladungen (s. oben) im Wesentlichen bestätigt gefunden. Weder er, noch Boll, bemerken etwas über Unterempfindlichkeit der elektrischen Nerven, oder über deren verschiedenes Verhalten gegen Einzelschläge und gegen tetanisirende Wechselströme.

Dem gegenüber lassen die folgenden Erfahrungen keinen Zweifel, dass die elektrischen Zitteraal-Nerven ganz besonders geartet sind. Zunächst fand sich an einem neuen, dem vorigen ähnlichen Nerv-Organ-Präparat (Organstromkraft + 0·014), dass auch die stärksten Einzelschläge des durch die Sternsäule getriebenen Schlitteninductoriums, durch Thonspitzen den elektrischen Nerven zugeleitet, keine irgend nennenswerthe Wirkung erzeugten. Bei ganz aufgeschobener secundärer Rolle gaben zwei Oeffnungsschläge 80; 35 ^{sc} Ablenkung, Schliessungsschläge fast gar nichts.[5] „Man erreicht mit einzelnen Inductionsschlägen nicht das „Geringste."

4. Mittelbare elektrische Erregung durch tetanisirende Wechselströme.[6]

Nun lässt man die Feder des Inductoriums spielen, und schon bei 85 ^{mm} Abstand der secundären von der primären Rolle erfolgt Tetanus des Organs. Der Faden geht in absolut positivem Sinne langsam in die Höhe,

---

[1] Archiv für Physiologie u. s. w. 1877. S. 261. — Vergl. ges. Abh. Bd. II. S. 645. Anm. 1.

[2] In den „Gesammelten Abhandlungen" a. a. O. fehlt dieser Versuch.

[3] A. a. O.

[4] Reichert's und du Bois-Reymond's Archiv für Anatomie, Physiologie u. s. w. 1873. S. 79.

[5] Im Tagebuche sind Oeffnungs- und Schliessungsschläge, sichtlich durch einen Schreibfehler, vertauscht.

[6] Reisebriefe, a. a. O. S. 79 (19).

verweilt dort mit zuckenden Bewegungen nach oben und nach unten, und sinkt nach kurzer Zeit wieder herab, jedoch nicht bis zum Nullpunkt. Es kommt auch vor, dass der Faden von der Höhe, auf der er zuerst stehen bleibt, plötzlich weiter emporsteigt. Beim Aufhören des Tetanus kehrt der Faden rasch, wie losgelassen, zurück.

Nähert man sich mit der secundären der primären Rolle, so wird die Wirkung so übermächtig, dass man sich unwillkürlich beeilt den Kreis zu öffnen, um nicht die Bussole zu gefährden.

Dr. Sachs sagt nicht, ob bei solchem Tetanisiren mit stärkeren Strömen die Ablenkung auch den soeben beschriebenen besonderen Verlauf zeigt, was Entfernen der Bussolrolle vom Spiegel gelehrt hätte. Wäre es der Fall, so würde die Beschreibung jenes Verlaufes wörtlich auf die negative Schwankung des von natürlichem Querschnitt abgeleiteten Muskelstromes passen[1]; abgesehen von der nach Aufhören des Tetanus hinterbleibenden Nachwirkung auf den Strom, welche bei dem Muskel stets im Sinne der negativen Schwankung stattfindet, während am Zitteraal-Organ nur Einzelschläge so wirken, Tetanus eine absolut negative Wirkung als Schwächung des Organstromes hinterlässt (s. oben S. 174).

Bei dem mittelbaren Tetanisiren des elektrischen Organs ist eine bestimmte Richtung der Inductionsströme die wirksamere: bei der einen Richtung erfolgte schwacher Tetanus schon bei 92^{mm}, bei der anderen erst in 70^{mm} Abstand. Doch findet sich im Tagebuch nicht gesagt, welche Richtung im Vortheil ist. Mit Helmholtz'scher Anordnung am Schlitteninductorium erhält man gar nichts.

Wurde ein Nervmuskelpräparat in Verbindung mit dem Froschwecker in den Versuchskreis des mittelbar tetanisirten Organs gebracht, so gerieth der Muskel in Tetanus, wie ich zuerst am Zitterwelse zeigte,[2] zum Beweise, dass die durch Tetanisiren hervorgerufene elektromotorische Wirkung des Organs keine stetige ist, sondern ihrem zeitlichen Verlaufe nach, gleich der negativen Schwankung eines tetanisirten Muskels, durch eine Ktenoïde[3] dargestellt wird. Unter günstigen Umständen kann der Muskeltetanus $^1/_4$—$^1/_2$ Minute auf gleicher Höhe verharren. Bei der wirksameren Richtung der Oeffnungsschläge trat er schon bei 75, bei der minder wirksamen erst bei 65^{mm} Rollenabstand ein. Um den Muskeltetanus zu erzeugen reichte es aus, einen einzigen, höchstens zwei elektrische Nerven zu tetanisiren. Wurden die Nerven zwischen Elektroden und Organ zer-

---

[1] Ges. Abh. Bd. II. S. 416. 423.

[2] Ges. Abh. Bd. II. S. 644.

[3] Ges. Abh. Bd. II. S. 417. 509 ff. 559.

schnitten (und die Stümpfe wieder zusammengeklebt), so blieb trotz grosser Verstärkung der Inductionsschläge mit dem Tetanus des Organs der Muskeltetanus aus.

§ XXVII. Reizversuche am curarisirten Zitteraal-Organ.

1. Vorbemerkungen.

Es empfiehlt sich, hier sofort die Versuche folgen zu lassen, welche Dr. Sachs über die Wirkung des Curara's auf den Zitteraal angestellt hat, sofern es sich darin, abgesehen von den allgemeinen Zeichen der Vergiftung, wie im Vorigen besonders um die mittelbare und unmittelbare Erregbarkeit des Organs handelt.

Bekanntlich wurden schon am Zitterrochen zahlreiche Curara-Vergiftungen vorgenommen. Armand Moreau hatte berichtet, dass, während die Muskelnerven des Zitterrochen gleich denen anderer Thiere durch Curara gelähmt werden, das mittelbar gereizte elektrische Organ zu schlagen fortfährt. Nach Hrn. Marey sollten die elektrischen Nerven nur vergleichsweise immun gegen Curara sein, d. h. nur länger als die Muskelnerven ihm widerstehen. Dagegen gab Boll an, dass allerdings die elektrischen Nerven des Zitterrochen nicht durch Curara gelähmt werden, ebenso wenig aber dessen Muskelnerven, und zwar zunächst deshalb nicht, weil überhaupt Knorpelfische gegen Curara fest seien. Auch hiesige Flussfische, wie schon Hr. Schiffer gelegentlich bemerkte, und Boll im (alten) Berliner Laboratorium bestätigte, sind vergleichsweise fest gegen Curara, wenn auch nicht in dem Maasse wie Rochen.[1] Hrn. Steiner[2] und später Hrn. Ranvier[3] gelang es indess wieder, wie Hrn. Marey, mit sehr grossen Gaben Curara die

[1] Ges. Abh. Bd. II. S. 713. — Obschon der zweite Band der „Gesammelten Abhandlungen" erst 1876 abgeschlossen wurde, liess ich beim Wiederabdruck meiner „Experimentalkritik der Entladungshypothese" vom Jahre 1874 Hrn. Steiner's wie auch Boll's Arbeit vom Jahre 1875 leider unberücksichtigt. Ich ergreife gern die jetzige Gelegenheit, diesen Fehler gut zu machen.

[2] Reichert's und du Bois-Reymond's Archiv für Anatomie, Physiologie u. s. w. 1875. S. 158 ff.

[3] Leçons sur l'Histologie du Système nerveux. Paris 1878. t. II. p. 194. — Hr. Ranvier sagt hier: „Du Bois-Reymond dans son exposé théorique de la décharge électrique de la torpille, avoue que les expériences de Moreau l'embarrassaient beaucoup; „mais, ajoute-t-il, puisque Boll a démontré qu'elles sont inexactes, je n'ai plus à en tenir compte et je suis tiré d'embarras." Et, ne s'en préoccupant pas davantage, il continue l'exposé de sa théorie." Später (p. 199) heisst es: „D'après cet auteur, l'organe électrique se comporte de la même façon qu'un muscle, et c'est pour cette raison que, comme nous l'avons vu, les expériences de Moreau le gênaient et qu'il

Muskel-, und weiterhin die elektrischen Nerven des Zitterrochen zu lähmen. BOLL's Misserfolg und Täuschung erklären sich nach Hrn. STEINER daraus, dass er im Verhältniss zum Körpergewicht zu kleine Gaben eines nicht sehr wirksamen Curara's verabreichte. Auch BOLL war mittlerweile bei Wiederholung seiner Versuche zu demselben Ergebniss gekommen.[1]

Zwei Thatsachen stehen also schliesslich hier fest: erstens Immunität der Fische, insbesondere der Rochen, gegen Curara im Vergleich mit höheren Wirbelthieren; zweitens Immunität der elektrischen Nerven gegen Curara im Vergleich mit den Muskelnerven.

Ueber den letzteren Umstand lässt sich Weiteres vorläufig kaum sagen. Den ersteren aufzuklären wurde mehrfach unternommen. Hrn. HERMANN's Hypothese, dass die Fische durch ihre Kiemen zu schnell entgiftet würden, hielt vor Hrn. STEINER's[2] und vor BOLL's[3] Versuchen keinen Augenblick Stand.

BOLL selber dachte sich sodann, dass vielleicht das Curara von Fischen nicht resorbirt werde. Um dies zu widerlegen, setzte er Strychnin zur Curara-Lösung. Aus dem Auftreten der Zeichen von Strychninvergiftung schloss er auf gleichzeitige Resorption des Curara's. Allein das colloïde Curara könnte sehr wohl, wie in einem Dialysator, da nicht resorbirt werden, wo das krystalloïde Strychnin die thierischen Häute durchdringt.[4]

Spritzte Hr. BABUCHIN das Gift unmittelbar in den Blutstrom, so genügte 1 ^{Ccm} einer zweiprocentigen Lösung, um binnen 15 bis 20 Minuten einen erwachsenen Zitterrochen vollständig zu lähmen, während die elektrischen Organe noch reflectorisch erregbar blieben. Unter die Haut gespritzt, war die dreifache Gabe erforderlich.[5] Um daraus folgern zu

---

a été heureux de les voir contestées par F. BOLL. Voici comment il présente son hypothèse sur le mécanisme de la décharge de la torpille:..." Hierauf folgt meine Molecularhypothese über den Schlag der Zitterfische. Hr. RANVIER, der doch Deutsch versteht, stellt sich vor, meine „Experimentalkritik der Entladungshypothese" enthalte die Darlegung der Molecularhypothese in ihrer Anwendung auf die elektrischen Organe. Seltsam, dass nicht der blosse Anblick der Figuren ihn eines Besseren belehrte. Noch seltsamer freilich ist die Vorstellung von der Natur meiner wissenschaftlichen Ueberlegungen, welche er seinen Zuhörern beizubringen für gut findet. Vergl. übrigens unten § XXXVII. 5.

[1] Monatsberichte der Berliner Akademie. 1875. S. 720. 721.

[2] Archiv a. a. O. S. 156; — Das amerikanische Pfeilgift Curare. Leipzig 1877. S. 47. 48.

[3] Monatsberichte u. s. w. A. a. O. S. 721.

[4] REICHERT's und DU BOIS-REYMOND's Archiv u. s. w. 1873. S. 94 ff.

[5] Archiv für Physiologie u. s. w. 1877. S. 264.

dürfen, dass beim Zitterrochen die Aufsaugung schwieriger geschehe als bei höheren Wirbelthieren, müsste aber noch gezeigt werden, dass bei diesen die Wirkung des Einspritzens in's Blut sich von der des Einspritzens unter die Haut weniger unterscheidet als beim Zitterrochen. Nach Hrn. KÖLLIKER's Erfahrungen ist dies nicht der Fall: bei Fröschen und Kaninchen beschleunigt Einspritzen des Giftes in's Blut dessen Wirkung bis zur Dauer von wenigen Secunden.[1]

Hr. STEINER hat endlich den ansprechenden Gedanken gefasst, dass die Immunität der Fische gegen Curara im Vergleich zu den drei höheren Wirbelthierklassen auf ihrer nach Hrn. WELCKER[2] vier- bis fünfmal geringeren Blutmenge beruhen möge.[3] Nur das Neunauge (Petromyzon marinus) hat eine der der höheren Wirbelthiere gleiche Blutmenge, und in dem einen Versuch am Neunauge, welchen anzustellen Hr. STEINER bisher Gelegenheit fand, wurde das Thier wirklich nach Art eines Amphibiums gelähmt.[4] Doch stimmt es hiermit nicht, dass in seinen eigenen Versuchen Tritonen (Blutmenge 1 : 15·3) sich fast so unempfindlich gegen Curara erwiesen wie Fische.[5] Auch Eidechsen (L. muralis) scheinen sehr widerstandsfähig,[6] wie denn auch Schildkröten — die bissige *snapping Turtle* (Chelonura serpentina) — nach den Versuchen von S. WEIR MITCHELL in Philadelphia unverhältnissmässig grosse Gaben Curara vertragen.[7]

Es wird noch viel Arbeit kosten, die Fragen über das Verhalten der verschiedenen Thiere gegen Curara erschöpfend zu beantworten. Hrn. STEINER's Versuche an Schnecken, Krebsen, Seesternen, Holothurien, Medusen[8] erscheinen als der Anfang der hier bevorstehenden Untersuchung. Erst kürzlich erfuhren wir durch Hrn. FOETTINGER, dass Curara Insecten nicht lähmt.[9] Specifische Immunität gewisser Thiere

---

[1] Physiologische Untersuchungen über die Wirkung einiger Gifte. Separatabdruck aus VIRCHOW's Archiv u. s. w. Zehnter Band. Berlin 1856. S. 30.

[2] HENLE und PFEUFFER, Zeitschrift für rationelle Medicin. 3. R. Bd. IV. S. 145 ff.

[3] Das amerikanische Pfeilgift Curare u. s. w. S. 48. 49.

[4] Sonderabdruck aus den Untersuchungen aus dem physiologischen Institute der Universität Heidelberg. Bd. III. Heft 3/4. S. 409—411.

[5] Archiv a. a. O. 1875. S. 157. 158.

[6] Das amerikanische Pfeilgift u. s. w. S. 34.

[7] BROWN-SÉQUARD, Journal de la Physiologie de l'homme et des animaux. Paris 1862. t. V. p. 109.

[8] Archiv u. s. w. 1875. S. 152 ff. 168 ff. — Das amerikanische Pfeilgift u. s. w. S. 56 ff.

[9] ED. VAN BENEDEN et CH. VAN BAMBEKE, Archives de Biologie. 1880. Vol. I. p. 292; — Onderzoekingen, gedaan in het physiologisch Laboratorium der Utrechtsche Hoogeschool. Deel V. Afl. 3. bl. 308.

gegen Curara ist schliesslich so möglich, wie gegen Strychnin, Digitalin, Coniin und Cantharidin.[1]

Zu den elektrischen Fischen zurückzukehren, so traf beim Zitterwelse Hr. Babuchin ein ähnliches Verhalten gegen Curara wie beim Zitterrochen: nach grossen Gaben Muskelnerven-Lähmung, aber noch starke Wirkung des mittelbar gereizten Organs, bis zu dessen Lähmung er es nicht gebracht zu haben scheint.[2]

Dr. Sachs hat zwar nur zwei Curara-Vergiftungen am Zitteraale vorgenommen, doch hat er dabei eine in allen früheren Versuchen an curarisirten Zitterfischen übersehene wichtige Lücke ausgefüllt.[3]

2. Die allgemeinen Zeichen der Vergiftung am curarisirten Zitteraal.

Das Curara, dessen sich Dr. Sachs bediente, hatte er aus Berlin nach seiner südamerikanischen Heimath zurückgebracht, von wo es vermuthlich durch Appun zu uns gelangte. Dr. Sachs fertigte eine fünfprocentige Lösung an und spritzte mittels der Pravaz'schen Spritze davon eine 2^{mgr} Curara entsprechende Menge einem kleinen Sapo in die Leibeshöhle. Nach 15 Minuten völlige Reactionslosigkeit bei noch bestehenden schwachen Athembewegungen, welche spurweise auch noch nach 20 Minuten sichtbar sind. Indess geben die um diese Zeit herauspräparirten Ischiadnerven auch bei ganz übereinandergeschobenen Rollen des Schlitteninductoriums keine Spur von Zuckung; bei unmittelbarer Reizung der Muskeln erfolgt kräftiger Tetanus. Das Curara, wenn auch nicht vom wirksamsten, that also seine Schuldigkeit.

Dem oben S. 15 unter I aufgeführten, 89^{cm} langen, $3 \cdot 45^{\text{kgr}}$ schweren Zitteraal wurden am 16. Januar 1877 um $9^{\text{h}}\ 13'$ Vormittags drei Spritzen der Curara-Lösung, im Ganzen $0 \cdot 135^{\text{gr}}$ Curara, an verschiedenen Stellen in die Bauchhöhle entleert.

Um $9^{\text{h}}\ 15'$ in die Batea (s. oben S. 102) gesetzt, schlägt nach Aussage des Froschweckers das Thier mehrfach ungereizt. Dann verhält es sich ruhig, liegt zwar etwas auf der Seite, antwortet aber auf Berührung mit Schlag.

Um $9^{\text{h}}\ 20'$ wird der Muskel im Froschwecker zweimal tetanisirt, das eine Mal erfolgen etwa 20, das zweite Mal 8 Schläge. Das Thier legt sich dann ruhig auf den Grund. Seit der Einspritzung wurde kein Athmen beobachtet.[4] Von Zeit zu Zeit entweichen Blasen aus dem Mund.

---

[1] Vergl. Ges. Abh. Bd. II. S. 642.

[2] Archiv u. s. w. 1877. S. 265. [3] Reisebriefe, a. a. O. S. 81 (2).

[4] Ohne dass es sich ausdrücklich gesagt findet, ist unstreitig anzunehmen, dass unter Athmen (im Tagebuch steht immer nur „Resp.") hier stets das dem Zitteraal eigenthümliche Athemholen ausser Wasser zu verstehen ist (s. oben S. 96).

21'. Viermal erfolgt in kurzen Zwischenräumen krampfhaftes Athmen, und häufiger elektrischer Tetanus.

25'. Die Stellung des Thieres ist nicht die normale, der Schwanz und ein Theil des Rückens ragen aus dem Wasser hervor (vergl. oben S. 102. 103). Der elektrische Tetanus hat aufgehört, doch erfolgen von Zeit zu Zeit einzelne Schläge; übrigens reagirt das Thier auf Berührung.

26'. Das Thier athmet zweimal, bewegt sich unruhig; Schwanz und Rücken noch immer aus dem Wasser.

30'. Einmaliges Athmen beobachtet. Immer noch häufige Schläge ohne Reiz. Auf Reize erfolgt Tetanus des Muskels im Froschwecker. Schwanz jetzt im Wasser. Kopf ganz gesenkt.

32'. Schnappendes Athmen.

35'. Einzelne Schläge. Bei künstlicher Veränderung seiner Stellung bewegt sich das Thier noch träge; Schwanz aus dem Wasser. Antwortet nicht mehr auf leise Reize.

40'. Das Thier wälzt sich an fünfzehnmal krampfhaft um die Längsaxe: in den Pausen (das Wälzen wiederholt sich) bleibt es auf dem Rücken liegen.

45'. Reagirt noch schwach, dann nicht mehr, schlägt auch nicht mehr von selber.

48'. Reagirt nicht, aber noch schwache Körperbewegungen und normales Athmen.

50'. Liegt ruhig, kein Reflex, kein Schlag mehr; aber normales Athmen.

51'. Athmen. Der Fisch liegt ganz im Wasser. Andauernd völlige Reactionslosigkeit.

10h 0'. Athmen in Pausen von 1 Minute, dann von 2 Minuten. Das Thier verbleibt in unnatürlichen Stellungen, lässt sich aus dem Wasser heben. Aber bei starkem Klopfen des Kopfes mit einem Bleistift erfolgt plötzlich eine völlig zweckmässige und kräftige Fluchtbewegung, dabei ein Schlag.

3'. Dreimal krampfhaftes Luftschnappen. Der Fisch liegt ruhig, lässt sich in unnatürliche Stellungen bringen, und verharrt darin. Auf den Rücken gelegt, kehrt er sich zwar langsam um, doch scheint dies mehr nur ein passives Gleiten zu sein. Zweimaliges Athmen. Bei erneutem Umdrehen drei kleine Schläge.

10'. Mehrmals schnappendes Athmen. Danach zweimal heftige spontane Bewegungen.

12'. Normales Athmen und Schwimmen. Der Fisch leistet dem Umkehren auf den Rücken Widerstand, und schlägt.

15'. Wiederholtes Athmen und Schwimmen. Verhält sich dann ruhig. Lässt sich umdrehen, liegt ein paar Secunden still auf dem Rücken, und kehrt sich dann selbstthätig um. Schwimmt vielfach in normaler Art.

Da das Thier offenbar auf dem Wege zur Besserung ist, werden um 10h 20' zwei weitere Spritzen derselben Lösung in seine Bauchhöhle entleert. Es hat also jetzt im Ganzen 0·225 gr erhalten. Schläge sind auf Reiz nicht mehr zu bekommen, aber das Thier bewegt sich noch immer.

10h 25'. Der Froschwecker zeigt elektrischen Tetanus an. Darauf sehr heftige unregelmässig windende und zuckende Bewegungen, während deren keine weiteren Schläge. Dann ruhig, keine Reflexwirkung. Kurz darauf wieder tetanische Zuckungen ohne Schläge. Dies dauert bis 10h 30'. Das Thier bleibt auf dem Rücken liegen, dreht sich dann zuckend um. Neuer heftiger Tetanus mit raschen elektrischen Schlägen, dann mit wirklichem elektrischem Tetanus, so dass der Hammer des Froschweckers an der Glocke klebt. Sehr ausgesprochene Reflexerregbarkeit. So bis 10^h 32′; dann einzelne, von Schlägen begleitete Zuckungen.

37′. Kein Reflex mehr, selbst bei mechanischem Reiz in der Kiemenhöhle (s. oben S. 147). Bleibt ruhig auf dem Rücken liegen.

42′. Hat nicht mehr geathmet, liegt auf dem Rücken.

50′. Hat nicht wieder geathmet. Bei Oeffnung der Leibeshöhle zeigt sich das Herz etwa alle zwei Secunden schlagend. Es erfolgt eine reichliche stark venöse Blutung.

3. Mittelbare elektrische Erregung des curarisirten Zitteraal-Organs.

Wie man sieht, ist der Zitteraal nicht immun gegen Curara, doch leistet er grossen Gaben des Giftes hartnäckig Widerstand. Jedenfalls lehren folgende Versuche, dass das Verhalten der elektrischen Nerven des Zitteraales gegen Curara ein sehr verschiedenes von dem der Muskelnerven anderer Thiere ist.

Es wurde jetzt nämlich aus der Mitte des Körpers ein Präparat mit fünf Nerven angefertigt, und zwischen die Thonschilder gebracht; die Nerven über unpolarisirbare Elektroden[1] gelagert. Organstromkraft + 0·015. Bei 75^m Rollenabstand erfolgt der gewaltigste Tetanus, wonach die Stromkraft sich auf 0·008 gesunken zeigt (s. oben S. 174); doch hebt sie sich langsam wieder. Bei 175^{mm} entsteht leichter Tetanus, so dass der Faden die Scale nicht verlässt; danach hinterbleibt keine Schwächung. Aber schon bei 167^{mm} geht der Faden weit über die Scale hinaus. Schnellerer Gang des Wagner'schen Hammers verstärkt die Wirkung. Bei der anderen Stromrichtung fängt der Tetanus erst bei 132^{mm} zu erscheinen an. Auch hier ist nicht gesagt, welche Richtung der Oeffnungsströme die wirksamere war.

Die elektrischen Nerven waren also nicht bloss nicht gelähmt, sondern sogar bedeutend erregbarer als in der Norm; denn an nicht curarisirten Präparaten fängt der Tetanus erst bei 85^{mm} Rollenabstand zu erscheinen an (s. oben S. 192). Aber diese gesteigerte Erregbarkeit gab sich auch dadurch kund, dass die curarisirten Nerven sich für einzelne Inductionsschläge wenigstens spurweise empfänglich zeigten. Während, wie wir dort gleichfalls sahen, nicht vergiftete Nerven bei Reizung mittels einzelner Inductionsschläge jede Antwort versagen, erfolgte hier schon bei 55^{mm} deutliche Wirkung durch den Oeffnungsschlag: 5^{sc}, wohl unter-

[1] Ich bin nicht sicher was damit gemeint sei. Die Thonspitzen der unpolarisirbaren Zuleitungsröhren nennt Dr. Sachs gewöhnlich „Thonstiefelelektroden." Es wäre möglich, dass es sich hier um verquickte Zinkstreifen handelte, welche sehr ungleichartig sind und sehr mit Unrecht für unpolarisirbar gelten (s. Ges. Abh. Bd. I. S. 66).

scheidbar von der Fernwirkung des Eisenkernes. Bei 40^{mm} betrug sie 7^{sc}, bei 20^{mm} 8^{sc}, bei 10^{mm} $8 \cdot 5^{sc}$, bei ganz übereinandergeschobenen Rollen 8^{sc}. Durch möglichst rasches mit der Hand ausgeführtes Schliessen und Oeffnen des primären Kreises vermag man den Faden höher zu treiben, bis auf 120^{sc}, aber nicht weiter. Die Anwendung eines Gitters, über dessen Stäbe eine Metallspitze geschleift wurde, statt eines Blitzrades im primären Kreise blieb dagegen erfolglos, obschon Froschmuskeln dadurch vortrefflich tetanisirt wurden; freilich ward diese Probe in einem etwas späten Stadium der Versuchsreihe vorgenommen.

Bei spielender Feder des Inductoriums genügt ein einziges möglichst kurzes Oeffnen des als Nebenschliessung in den secundären Kreis geschalteten Schlüssels, um den Faden so weit zu schleudern, dass er beim Zurückkehren trotz der Aperiodicität den Nullpunkt überschreitet, und noch auf der negativen Seite über die Scale hinausgeht. Der Organstrom zeigt sich durch solchen kurzen Tetanus nicht geschwächt.

Ein einziger Nerv giebt ebenfalls starke Wirkung; bei der günstigeren Richtung der Oeffnungsschläge verlässt schon bei 130^{mm} Rollenabstand der Faden die Scale. Nach Durchschneiden (und Wiederzusammenkleben) des Nerven bleibt nur noch eine Spur von Wirkung (7^{sc}) zurück.

Als endlich durch die zu einem Bündel zusammengefassten Nerven der Strom der Sternsäule gesandt wurde, erfolgten wieder die oben S. 188 beschriebenen elektrotonischen Wirkungen: bei absteigender Richtung sank die Organstromkraft von 0·0093 auf 0·0089, bei aufsteigender erreichte sie ihre frühere Höhe. Nach Analogie ächter Elektrotonuszuwachse hätte sie indess über ihre Anfangsgrösse hinausgehen sollen, wenn sie nicht zugleich aus anderen Gründen sank.

Obschon diese Versuche etwa zwanzig Minuten gedauert haben, ist die Erregbarkeit noch fast dieselbe. Statt bei 175^{mm} Rollenabstand fängt der Tetanus jetzt bei 172^{mm} zu erscheinen an.

Da am curarisirten Zitteraal zwischen der Stärke der Inductionsschläge, welche als Einzelschläge, und derjenigen, welche als tetanisirende Wechselströme mittelbar erregen, ein endliches Verhältniss stattfindet, so beschloss Dr. Sachs dies Verhältniss auszuwerthen. Dazu graduirte er empirisch an der Bussole das Geleise seines Schlitteninductoriums, indem er die Oeffnungsschläge erst in der einen, dann in der anderen Richtung durch die Bussole mit dem eben aperiodischen Spiegel sandte. Im primären Kreise befanden sich die Sternsäule und ein Quecksilberschlüssel. Dr. Sachs musste, um seinen Zweck zu erreichen, von zwei Stellungen der Bussolrolle (4000 Windungen) Gebrauch machen, da die Schläge bei aufgeschobener secundärer Rolle des Inductoriums unmessbar stark waren bei der Stellung der Bussolrolle, deren er bedurfte, um aus den entfernteren Gegenden des Geleises noch deutliche Wirkung zu erhalten. Die Ausschläge, welche ein Oeffnungsschlag von stets gleicher Stärke bei diesen beiden Stellungen erzeugte, verhielten sich zu einander wie 11·75 : 27·50. Oeffnungsschläge bei 55^{mm} Rollenabstand, welche zuerst eine Spur von Erregung bewirkten, gaben 79^{sc} Ausschlag an der Bussole bei entfernterem Gewinde; Oeffnungsschläge bei 175^{mm} Rollenabstand, welche zuerst spurweise tetanisirten, 4·5^{sc} bei näherem Gewinde. Man hat also das gesuchte Verhältniss der Schläge

$$x = \frac{27 \cdot 50}{11 \cdot 75} \times \frac{79}{4 \cdot 5} = 41 \cdot 1.$$

Dabei ist zu bemerken, dass beim Tetanisiren wegen der Trägheit des Magnetismus im Eisenkern die Schläge nicht dieselbe Stärke erreichen, wie bei einzelnen Schliessungen und Oeffnungen.[1] Das Verhältniss war also wohl noch grösser als Dr. Sachs es aus obiger Rechnung erschloss. Uebrigens hat es Dr. Sachs auch hier wieder an den Controlversuchen fehlen lassen, welche bei stärkeren einzelnen Inductionsschlägen geboten waren, um vor Täuschungen durch Stromschleifen sicher zu sein. Hätten indess die Wirkungen bei Einzelschlägen auf Stromschleifen beruht, so würde daraus nur folgen, dass $x = \infty$ war.

Lassen wir Dr. Sachs' Bestimmungen gelten, so heisst also seine Zahl $x = 41 \cdot 1$ so viel, wie dass an den elektrischen Nerven des Zitteraales die Reizschwelle für Einzelschläge bei mindestens vierzigmal höherer Intensität der Oeffnungsschläge liegt, als für die tetanisirenden Wechselströme des Inductoriums.[2]

Es scheint beiläufig, als ob bei Erregung des Tetanus viel auf die schnelle Aufeinanderfolge der reizenden Stromstösse ankomme. Der durch einen mit der Hand bewegten Quecksilberschlüssel möglichst oft in der Zeiteinheit unterbrochene Strom von vier Grove blieb wirkungslos; selbst Streichen mit einem Draht über eine Feile leistete nicht mehr, obschon ein stromprüfender Schenkel dadurch tetanisirt ward.

Man könnte sich denken, dass zwar die Nerven selber ebenso erregbar durch Einzelschläge wie durch einen tetanisirenden Stromvorgang seien, dass aber der Unterschied der Reaction im Organ liege. Doch muss man diesen Gedanken aufgeben, im Hinblick auf die von Dr. Sachs nochmals betonte Thatsache, dass das Organ bei unmittelbarer Erregung solchen Unterschied nicht zeigt.

Man kann Dr. Sachs nur darin beipflichten, dass die Aufdeckung

[1] Untersuchungen u. s. w. Bd. I. S. 421; — Ges. Abh. Bd. I. S. 253—255.
[2] Reisebriefe, a. a. O. S. 81 (4). 95.

dieses Verhaltens eine seiner wichtigsten Errungenschaften ist.[1] Wir wollen den Schlüssen, die in Bezug auf die Immunitätsfrage sich daraus ergeben, hier nicht vorgreifen (s. unten § XXXVI. 4). Schade, dass Dr. SACHS nicht berichtet, ob einmalige mechanische Reizung der elektrischen Nerven beim Zitteraal Erfolg hat, wie dies nach Hrn. BABUCHIN und mir beim Zitterwelse der Fall ist (s. oben S. 192). Auch vermisst man schmerzlich einen Versuch über negative Schwankung und Elektrotonus an den elektrischen Nerven.

4. Unmittelbare Erregung des curarisirten Organs.

Endlich wurden an einem frischen Stücke, welches + 0·049 Organstromkraft giebt, noch Versuche über unmittelbare Erregung durch Inductionsschläge ganz nach Art der oben S. 179. 186 beschriebenen angestellt. Bei 80^{mm} Rollenabstand erfolgte wieder leichter Tetanus, bei 70^{mm} die erste Spur von Wirkung einzelner Schläge. Nachstehende Tabellen zeigen beziehlich wie oben S. 181—185 die unmittelbar beobachteten und die umgerechneten Versuchsergebnisse.

Rollen-abstand.	Schliessung.		Oeffnung.	
	↓	↑	↑	↓
70	− 4	− 4	− 3	− 4
50	− 9	− 9	− 1	− 48
30	−20	−20	+48	−121

Organstrom mittlerweile auf 0·027 gesunken.

Ergänzungstabelle.

RA	*SS*	↑	↓
70	− 4	+ 1	0
50	− 9	+ 8	− 39
30	−20	+68	−101

Der Erfolg ist, wie man sieht, auch hier: keine Erregung des Organs durch die Schliessungsschläge, stärkere Erregung durch den dem Organschlag entgegengesetzten Oeffnungsschlag. Aber natürlich unterliegen diese Versuche gleichfalls den oben S. 184 geäusserten Bedenken.

[1] Reisebriefe, a. a. O. S. 79 (19). 95.

Mechanische Reizung durch einen Klatsch mit der Fläche des Lineals giebt den bekannten Erfolg, stossweise Ablenkung mit langsamem Rückgang des Fadens (s. oben S. 176).

5. Zweite Curara-Vergiftung am Zitteraal.

Dr. Sachs hat noch eine zweite Curara-Vergiftung vorgenommen (am 30. Januar 1877), deren Protocoll hier folgt:

8^h a. m. Fünf Spritzen der früheren Curara-Lösung werden an drei Stellen in die Bauchhöhle eines 115^{cm} langen, $4 \cdot 37^{ki}$ schweren Zitteraales der hellen Varietät (s. oben S. 7. 15, III) entleert. Das Thier hat also im Ganzen auch wieder 0.225 Curara, seinem Gewichte nach weniger, als der erste Zitteraal, aber die ganze Menge auf einmal erhalten. Es athmet zunächst ruhig.

Etwa alle Minuten ertheilt es der aufgelegten Zeigefingerspitze fühlbare, nicht sehr kräftige Schläge.

15'. Das Thier ist einigemal wie erschreckt im Wasser aufgefahren. Athmet in unregelmässigen Pausen.

30'. Einzelne abnorme krampfhafte Bewegungen, die den Bauch nach oben werfen. Schwimmt dann umher.

35'. Die Schläge wurden sehr bald schwächer, sind jetzt nicht mehr fühlbar, selbst wenn die Zeigefinger die Pole des Organs berühren. Krämpfe, langsames Winden, keine Reflexe.

40'. Stärkere anhaltende Krämpfe, wodurch viel Wasser aus der Wanne geworfen wird. Kein Reflex mehr und selbst mit beiden flach auf Kopf und Schwanz aufgelegten Händen keine Schläge. Athmet nicht mehr, liegt wie todt im Wasser, und kann sich, auf den Rücken gekehrt, nicht umdrehen.

45'. Das Thier ist von einem todten nicht zu unterscheiden. Man fühlt jedoch durch die Leibeswandung hindurch den fast regelmässigen Herzschlag, etwa 16 Mal in der Minute.

9^h 15'. Ein Nervmuskelpräparat im Froschwecker bleibt in Ruhe, sogar als ihm der Schlag durch Sättel zugeleitet wird, die dem an die Luft gehobenen Thiere vorn und hinten aufgesetzt werden. Herz schlägt noch und zwar öfter als vorher (18 Mal in der Minute); man kann durch die Leibeswand hindurch die ungleichzeitige Zusammenziehung der verschiedenen Herztheile unterscheiden.

50'. Herz schlägt 12 Mal in der Minute, viel schwächer.

10^h 15'. Herzschläge nur sehr schwer fühlbar, nicht mehr zählbar. Fingerdruck erzeugt auf der gelbrothen Fläche des Bauches einen hellgelblichen Fleck, der erst nach etwa $^1/_4$ Minute die Farbe des Grundes wieder voll annimmt; es besteht also noch Hautcirculation.[1]

40'. Herzschlag nicht mehr fühlbar, der helle Fleck nach Fingerdruck verschwindet sehr langsam.

---

[1] Dies ist die oben S. 5 in Aussicht gestellte Erfahrung, wonach die gelbrothe Farbe der Unterseite von Kopf und Bauch beim Zitteraal nicht von einem eben solchen Pigment herrührt, sondern von einem gelben Pigment in Verbindung mit der rothen Farbe des durchschimmernden Blutes.

15′. Leibeshöhle geöffnet, Herz steht völlig still. Ein Stück Muskel wird durch die Ströme des Schlitteninductoriums, in dessen primärem Kreise sich die Sternsäule befindet, bei 30^{mm} Rollenabstand erfolgreich tetanisirt — unstreitig bei unmittelbarer Reizung.

Man bringt ein Stück Organ mit fünf Nerven zwischen die Bäusche im Kreise der Bussole mit 16000 Windungen und Ringspiegel, und bettet die Nerven auf die Thonspitzen der unpolarisirbaren Zuleitungsröhren, welche mit der secundären Rolle des wie oben durch eine Sternsäule getriebenen Inductoriums verbunden sind. Organstromkraft = + 0·008. Tetanisiren der Nerven bei normalem Rollenabstande giebt gar keine Wirkung; bei ganz übereinandergeschobenen Rollen erfolgt eine Ablenkung von 10^{sc}; die Nerven sind also völlig gelähmt. Unmittelbar dem Organ angelegt liefern die Thonspitzen bei 105^{mm} Rollenabstand 10^{sc}, bei 80^{mm} 130^{sc} Ablenkung; bei noch grösserer Annäherung wird der Spiegel bis 90° abgelenkt. Es hinterbleibt Schwächung des Organstromes, doch kehrt der Faden bald auf Null zurück.

Von Einzelschlägen erweisen sich nur wirksam die dem Organschlage entgegengesetzt gerichteten Oeffnungsschläge. Bei gleicher Richtung mit dem Organschlage giebt der Oeffnungsschlag dieselbe auf Stromschleifen beruhende Ablenkung wie der Schliessungsschlag (s. oben S. 184).

Nun wird auch noch der Ammoniakversuch (s. oben S. 177) angestellt. Von zwei frischen Querschnitten aus erfolgt nichts; Benetzen eines frischen Längsschnittes wirft fast schlagartig den Faden aus der Scale. Die Organstromkraft wächst von 0·038 auf 0·048, aber schon während des Protocollirens sinkt sie wieder auf 0·041.

Vor Dr. Sachs hatte, wie er selber bemerkt, Niemand ein curarisirtes elektrisches Organ unmittelbar gereizt. Den Experimentatoren am Zitterrochen fehlte theils der Anlass dazu, da sie die elektrischen Nerven für immun hielten; theils lag der Versuch ihnen fern, weil es überhaupt am Zitterrochen-Organ noch keinen eindeutigen unmittelbaren Reizversuch giebt (s. oben S. 175. 176). Hier also war in unserer Kenntniss der Curara-Wirkung auf Zitterfische eine Lücke, welche Dr. Sachs ausgefüllt hat (s. oben S. 197). Seine Versuche sind sichtlich ebenso geeignet, die Irritabilität der elektrischen Organe zu beweisen, wie Claude Bernard's Versuche die Muskelirritabilität (vergl. oben S. 175).

Im Ganzen beweisen, wie gesagt, die von Dr. Sachs vorgenommenen Curara-Vergiftungen, dass die Immunität des Zitteraales gegen Curara Grenzen hat, und dass dieser Fisch hinreichenden Gaben des Giftes wie Wirbelthiere anderer Klassen unterliegt. Sehr auffallend aber ist, dass im ersten Versuche der lähmenden Wirkung des Curara's auf die elektrischen Nerven ein Stadium erhöhter Erregbarkeit dieser Nerven vorherzugehen scheint (s. oben S. 199). Dr. Sachs legte grossen Werth auf diese Wahrnehmung, und setzte sich vor, zu Hause beim Frosch nach etwas Aehnlichem zu suchen.

§ XXVIII. Von secundär-elektromotorischen Wirkungen am Zitteraal-Organ, oder von dessen Polarisirbarkeit.

1. Vorbemerkungen.

Ich habe am elektrischen Organ des Zitterwelses eine Klasse von Erscheinungen aufgedeckt, welche in der elektrischen Nerven- und Muskelphysik eine wichtige Rolle zu spielen bestimmt sind. Beim ersten Anblick stellen sich diese Erscheinungen als innere Polarisation im gewöhnlichen Sinne dar, wie ich sie in porösen feuchten Leitern zuerst beschrieb. Allein die Polarisation des Zitterfisch-Organes wird durch drei Umstände als etwas Eigenartiges gekennzeichnet. Erstens giebt es keine positive innere Polarisation in jenem gewöhnlichen Sinne, die innere Polarisation ist stets negativ, während das elektrische Organ neben negativer auch positive Polarisation zeigt. Zweitens ist die Polarisation des Organs, positive wie negative, gleich dem Schlage und gleich dem Organstrom an den Zustand des Lebens oder Ueberlebens gebunden. Drittens hat sie sehr merkwürdige Beziehungen zur Richtung des Schlages. Obwohl sie daher besser secundär-elektromotorische Wirkung heisst, fahren wir aus Bequemlichkeit fort, sie Polarisation zu nennen.

Sendet man durch ein überlebendes Stück Zitterwels-Organ, welches für gewöhnlich stromlos erscheint (s. oben S. 169), einen Strom von bestimmter Stärke und Dauer, und nimmt es gleich darauf in den Bussolkreis auf, so findet man es vorübergehend elektromotorisch wirksam geworden. Zuerst stellt sich diese Wirksamkeit als höchst verworren dar. Hat man aber einen gewissen Faden erfasst, so löst sich die Verwirrung. Das Organ ist, wie gesagt, zweier verschiedenen Polarisationen fähig, einer relativ negativen, d. h. dem polarisirenden Strom entgegengesetzten, und einer relativ positiven, d. h. einer ihm gleichgerichteten. Die erscheinende Polarisation ist stets die algebraïsche Summe dieser beiden Wirkungen, welche von Dichte und Richtung des polarisirenden Stromes verschieden abhangen, und deren zeitlicher Verlauf verschieden ist.

Die negative Polarisation lässt sich durch Ströme von jeder Dichte und Dauer erzeugen, sie wächst mit dem Product aus Dichte in Dauer bis zu noch unerforschter Grenze. Sie findet nach beiden Richtungen, dem Schlage gleichgerichtet und ihm entgegengesetzt, mit gleicher, senkrecht auf den Schlag mit geringerer Stärke statt.

Die positive Polarisation wird erst bei höherer Stromdichte sichtbar, und wächst minder schnell mit der Dauer der polarisirenden Ströme als die negative Polarisation, so dass bis zu gewissem Grad dichte und kurzdauernde Ströme sie am sichersten zum Vorschein bringen. Im einzelnen Falle nimmt sie langsamer ab als die negative Polarisation, daher die Wirkungen unter Umständen doppelsinnig, zuerst negativ, dann positiv sind. Die positive Polarisation nimmt aber, bei öfterer Wiederholung des Versuches am nämlichen Stück Organ, schneller ab als die negative Polarisation, welche nun unter Umständen überwiegt, unter denen am frischen Organ die positive Polarisation siegte.

Was aber der positiven Polarisation des Zitterwels-Organes besondere Theilnahme sichert, ist ihre grössere Stärke im Sinne des Schlages. Unter denselben Umständen, unter denen der Strom vom Schwanz zum Kopfe negative Polarisation erzeugt, erzeugt der Strom vom Kopfe zum Schwanz starke positive Polarisation. So bedeutend ist diese letztere während der Dauer des polarisirenden Stromes, dass dessen Stärke, trotz der ihm zu Grunde liegenden elektromotorischen Kraft von 20 bis 30 Grove, im Sinne des Schlages um $^1/_6$ bis um $^1/_4$ stärker erscheinen kann, als im anderen Sinne. Auch bringt ein polarisirtes Organstück den stromprüfenden Schenkel leicht zum Zucken.

In querer Richtung ist die positive Polarisation schwächer, und nach beiden Richtungen gleich stark.[1]

Ich habe diese Erscheinungen im Jahre 1857 an Organstreifen von nur zwei Zitterwelsen beobachtet, deren einen ich kranheitshalber tödtete, deren anderer todt gefunden wurde. Die Bedingungen meiner Versuche waren auch sonst sehr ungünstig; und wäre ich nicht schon von Muskeln und Nerven her orientirt gewesen, so hätte ich mich im Laufe der wenigen Stunden, während welcher das Organ sicher als überlebend angesehen werden konnte, schwerlich zurechtgefunden. Um so begieriger war ich natürlich, von entsprechenden Erfolgen an den beiden anderen Zitterfischen zu hören. Negative Polarisation des Zitterrochen-Organes scheint schon einmal im Anfang des Jahrhunderts von Configliachi beobachtet worden zu sein.[2] Es handelte sich aber nun darum, Dr. Sachs in Stand zu setzen, Polarisationsversuche nach Art der meinigen auch am Zitteraal anzustellen. Dazu gehörte, ausser einer hinreichend starken Säule, eine Vorrichtung, um den Strom während kurzer gemessener Zeiten durch das Organ zu senden, und gleich darauf das polarisirte Organ nach möglichst kurzer und gleicher Zeit in den Bussolkreis aufzunehmen. Das in Folgendem beschriebene Pendelrheotom war unter Anderem bestimmt, diese Dienste zu leisten.

---

[1] Ges. Abh. Bd. II. S. 717 ff. [2] Ges. Abh. Bd. II. S. 719. Anm.

2. Beschreibung eines Pendelrheotoms.

Ich habe das von Dr. SACHS zu den Versuchen über Polarisation des Organs und zu einigen anderen Zwecken gebrauchte Pendelrheotom

Fig. 46.

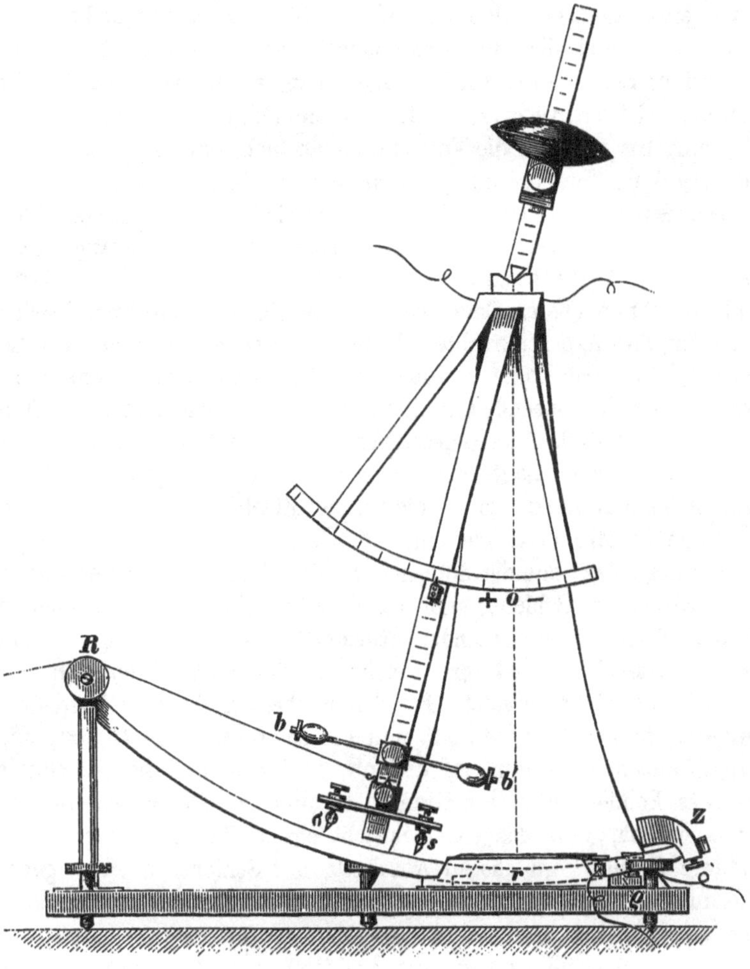

1 : 7·5

in Fig. 46 nur in kleinem Maassstab und ohne genaue Wiedergabe der Einzelheiten seines Baues, zum Theil sogar schematisch dargestellt, weil es, obschon in der Idee, wie ich glaube, ein sehr leistungsfähiger Apparat, in seiner gegenwärtigen Gestalt mancherlei zu wünschen übrig lässt, so dass ich es, wie es ist, nicht durchweg zur Nachbildung empfehlen möchte. Wir gelangten erst spät zu festen Entschlüssen über die Versuche, zu denen es bestimmt ist, und es wurde in den letzten Wochen vor Dr. SACHS' Abreise in zu grosser Eile angefertigt.

Der allgemeine dem Pendelrheotom zu Grunde liegende Gedanke ist der eines Pendels von veränderlicher Schwingungsdauer, welches, indem es aus einer ihm ertheilten Ablenkung fällt, zwei verquickte Kupferschneiden s, σ beziehlich durch zwei Quecksilberrinnen r, ϱ führt, und am Ende seiner Schwingung wieder aufgefangen wird. Die Dienste, die es dadurch zu leisten vermag, sind, wie die Folge lehren wird, mannigfach; zunächst soll hier die Vorrichtung an sich, ohne Rücksicht auf eine besondere Versuchsanordnung, beschrieben werden.

Die Schwingungsdauer des Pendels wird nach demselben Princip geregelt, wie am MÄLZEL'schen Metronom. Die Pendelstange ist eine 857^{mm} lange, 18^{mm} breite, 5^{mm} dicke Messingschiene. In 282^{mm} Abstand von ihrem oberen Ende wird sie von einem Stahlprisma durchsetzt, dessen auf ihre Axe senkrechte Schneide in zwei hohlprismatischen Stahllagern spielt. Die Lager werden von einem auf dem Grundbrett der Vorrichtung sich erhebenden, hinten durch eine Strebe verstärkten Ständer getragen, und mittels eines Linearniveau's wagerecht gestellt. In der Figur ist bloss das vordere Lager schematisch vereinfacht abgebildet. Von der Schneide als Nullpunkt aus ist die vordere Fläche der Schiene nach oben und unten in Millimeter getheilt.

Vermöge der Lage der Schneide an der Grenze des oberen und mittleren Drittels der Schiene, und da diese an ihrem unteren Ende noch mit den gleich zu erwähnenden Stücken belastet ist, stellt die Schiene schon an sich ein Pendel vor, welches in der Senkrechten sich in stabilem Gleichgewicht befindet. Es gleiten aber an ihr zwei linsenförmige Gewichte, ein leichteres von 443 und ein schwereres von 1246^{gr}, mittels festzuschraubender Hülsen auf und ab, und erlauben die Schwingungsdauer des Pendels in weiten Grenzen zu ändern. Die Schwingungsdauer wird unendlich, d. h. das Gleichgewicht ein indifferentes, wenn nur das schwerere Gewicht am oberen Abschnitt der Schiene in einer gewissen Entfernung von der Schneide sich befindet. Wird das Gewicht etwas gesenkt, so gelangt man (bei $136 \cdot 5^{mm}$ Abstand des unteren Randes seiner Hülse von der Schneide) zur grössten praktisch verwerthbaren Schwingungsdauer, die der Apparat zulässt. Dr. SACHS giebt diese auf $22 \cdot 5''$ an; Hr. Prof. CHRISTIANI, welcher diese Bestimmungen zu revidiren die Güte hatte, konnte keine grössere als von $18 \cdot 0''$ bis $18 \cdot 5''$ erreichen.

Umgekehrt die Schwingungsdauer wird am kleinsten, wenn nur das grosse Gewicht am unteren Abschnitt so hoch angebracht ist, wie gewisse Umstände es gestatten. Diese kleinste Schwingungsdauer beträgt 1·4″; zwischen ihr und jener grössten lassen sich alle möglichen Dauern herstellen, doch genügt für unsere jetzigen Zwecke die Verkürzung der Schwingungsdauer, welche man durch Senken der schwereren Linse am oberen Abschnitt, und weiterhin durch deren gänzliche Entfernung erhält. Daher in der Figur die leichtere Linse wegblieb.

Um die Stellungen des Pendels abzulesen, dient ein in Viertelgrade getheilter Kreisbogen von 310^{mm} Halbmesser, der bei wagerechter Aufstellung der Vorrichtung seinen Nullpunkt in der Senkrechten der Schneide hat (s. die Figur). Eine am Pendel befestigte Alhidade bewegt sich bei dessen Schwingungen dicht genug über der Fläche der Theilung, um keine merklichen Parallaxenfehler zu gestatten. Auf der vom Beschauer aus linken Seite der Vorrichtung, von wo aus das Pendel fallen gelassen wird, umfasst die Theilung 45°, und gewohnheitsgemäss werden hier die Grade positiv gerechnet. Auf der rechten, negativen Seite, wo das Pendel eingefangen wird, umfasst die Theilung nur 15°.

Das untere Ende des Pendels trägt an seiner vorderen und hinteren Fläche je eine wagerechte Messingplatte mit einem der Schwingungsebene parallelen Schlitz. In dem Schlitz verschieben sich die Schneidenhalter jederseits bis zu 52^{mm} von der Mitte des Pendels. Die Platten selber, und in ihren Schlitzen wieder die Schneidenhalter, können gehoben und gesenkt werden. Sie sind vom Messing der Pendelstange durch Kammmasse isolirt. In der Figur decken sich die vordere und die hintere Platte, daher man nicht unterscheidet, dass die Schneiden vom Beschauer aus in verschiedenen Ebenen liegen, s näher als σ.

Ueber dem Apparat der Schneidenhalter bemerkt man am Pendel eine Balancirstange $b b'$, welche sich auf und ab schieben, und an der jederseits von der Pendelstange ein Laufgewicht sich hin und her schrauben lässt. Dies dient im Falle, dass die Schneidenhalter nicht symmetrisch stehen, das Pendel wieder zu aequilibriren, so dass in der Ruhe sein Zeiger auf den Nullpunkt des Kreisbogens einspielt.

Die Schneiden sind die von mir am Bernstein'schen Differential-Rheotom eingeführten, welche man sich nach Bedürfniss aus Blattkupfer mit der Scheere schneidet und an der Spitze mit Berjot's Flüssigkeit verquickt.[1] Am Pendelrheotom streifen sie aber nicht bloss wie am Differentialrheotom durch die capillaren Kuppen der Quecksilberrinnen, sondern wegen ihrer Kreisbewegung tauchen sie in verschiedenen Punkten ihrer Bahn verschieden tief ein.

Die Quecksilberrinnen sind aus Buchsbaumholz, im Lichten 115^{mm}

[1] Ges. Abh. Bd. I. S. 159; — Bd. II. S. 453.

lang, 11^{mm} breit und tief, und verschieben sich mit Reibung in Geleisen gleichfalls aus Buchsbaum. In der Figur sieht man vollständig die vordere Rinne *r*. Von der hinteren, gegen die vordere nach rechts um etwa ein Viertel ihrer Länge verschobenen Rinne ist nur ein kleiner Theil bei ϱ sichtbar; man erkennt aber ihren punktirten Umriss durch die vordere Rinne und den zwischen den Rinnen liegenden zweiten Kreisbogen hindurch, von welchem noch die Rede sein wird.

Die Bahn, welche die Schneiden innerhalb des Quecksilbers zurücklegen, beträgt höchstens etwa 10 Winkelgrade. Um sie genauer zu bestimmen, dient dasselbe Verfahren wie am Differentialrheotom. Während die Schneide und die zugehörige Rinne in den Kreis der Bussole und eines Stromzweiges von passender Stärke eingeschaltet sind, führt man das Pendel mit der Hand langsam genug um seine Stellung in dem Augenblick ablesen zu können, wo der Spiegel beim Eintauchen der Schneide abgelenkt, beim Austauchen aus seiner Ablenkung losgelassen wird. Die bei dieser Bestimmung begangenen Fehler sind um so einflussreicher, je kürzer die Quecksilberstrecke. Deshalb vermied Dr. Sachs die Schliessungszeiten durch Verkürzung der Quecksilberstrecken zu verändern, sondern bewirkte dies stets durch Verkürzung des Pendels.[1]

Um das den Bogengrössen entsprechende Zeitintervall zu bestimmen, dienen die üblichen chronoskopischen Methoden. Grössere Intervalle misst man an der Secundenuhr, besser der Tertienuhr mit Auslösung, kleinere am Chronographen mit Markirmagnet.

Das Auslösen und Einfangen des Pendels geschieht durch Vorrichtungen, welche mittels Hülsen an einem zweiten, dem getheilten Bogen concentrisch auf dem Grundbrette befestigten, links durch eine Säule gestützten Bogen von 585^{mm} Halbmesser sich verschieben. Die Auslösevorrichtung bewährte sich nicht, und ist in der Zeichnung fortgelassen; bis auf Weiteres erwies sich als das Beste, das Pendel an einem über eine Rolle *R* gehenden Faden in der gewünschten Höhe zwischen Daumen und Zeigefinger festzuhalten und durch Oeffnen der Finger loszulassen. Das Einfangen des Pendels geschieht theils wie das des Schlittens am Schwankungsrheochord mittels eines federnden Sperrhakens,[2] theils, wo die Geschwindigkeit des Pendels es erlaubt, einfach durch die in der Figur bei *Z* sichtbare mit Kork gefütterte federnde Zange, zwischen deren Backen das Pendel sich einkeilt.

Jede der Rinnen hat eine Klemmschraube in Verbindung mit ihrem Quecksilber. Um den Schneiden Ströme zuzuleiten, werden sie durch

---

[1] Vergl. Reisebriefe, a. a. O. S. 83.

[2] Ges. Abh. Bd. I. S. 200. Taf. II. Fig. 8*a*.

Drähte mit Klemmschrauben verknüpft, die am Pendel seiner Axe nahe isolirt befestigt sind. Ein Paar am Ständer fester Klemmschrauben in der Nachbarschaft der Axe verbindet man mit jenen Klemmschrauben durch so dünne Drähte, dass die Schwingungen der schweren Pendelmasse dadurch nicht gestört werden. Die Figur zeigt nur die Drähte, welche zu den Klemmschrauben an den Quecksilberrinnen und am oberen Ende des Ständers gehen.

3. Polarisationsversuche am Zitteraal-Organ.

Sollte das Pendelrheotom zur Erforschung der Polarisation des Zitteraal-Organes benutzt werden, so wurde während des Falles des Pendels durch Eintauchen von Schneide *s* in Rinne *r* die polarisirende Säule durch das Stück Organ geschlossen, welches sich in dem zwischen Schneide σ und Rinne ϱ offenen Bussolkreise befand. Unmittelbar nachdem *s* aus *r* austauchte, tauchte σ in ϱ ein und schloss dauernd den Bussolkreis, durch den sich der etwa erzeugte Polarisationsstrom ergoss.

Fig. 47 Taf. I zeigt etwas genauer die Anordnung eines solchen Versuches. Man erkennt das zwischen den Thonschildern der Zuleitungsgefässe gelagerte Stück Organ *HV*. Die Zuleitungsgefässe, welche sonst eigentlich Ableitungsgefässe heissen sollten, leiten diesmal wirklich dem Organstück den Strom der Grove'schen Säule *GG'* zu. Diese bestand aus nur siebzehn Gliedern, da, wie oben S. 139 bemerkt wurde, von den auf die Reise genommenen zwanzig Elementen drei zerbrochen waren. Der Säulenstrom konnte im Organ durch den Quecksilberschlüssel $Hg\,S_2$ hergestellt und abgebrochen, durch den Stromwender W_2 gewendet werden. Ausserdem bemerkt man in diesem Kreise schematisch angedeutet Schneide *s* und Rinne *r* des Pendelrheotoms.

Dem Organstück aufgesetzt, um den Polarisationsstrom abzuleiten (ganz wie oben S. 179. 180, um reizende Ströme zuzuführen), sind sodann die Thonspitzen 𝔰, 𝔰' eines Paares unpolarisirbarer Zuleitungsröhren. In ihrem Kreise befinden sich: 1. die Bussole mit dem Ringspiegel und 8000 Windungen; 2. zum Compensiren des Organstromes auch wie oben S. 179 ein angemessenes Stück vom Nebenschliessdraht *NS* des Compensators, die Wippe W_1, der Vorreiberschlüssel VS_1 u. s. w.; 3. die andere Schneide σ und Rinne ϱ des Pendelrheotoms.

Um sich bei nicht eintauchender Schneide σ von der noch bestehenden Compensation zu überzeugen, dient die punktirte Hülfsleitung $\alpha\beta\gamma$, in der sich ein Vorreiberschlüssel VS_2 befindet. Die andere punktirte Hülfsleitung $\delta\varepsilon\zeta$, in der sich gleichfalls ein Vorreiberschlüssel VS_3 befindet, hat zum Zweck, den Säulenstrom dauernd durch das Stück

Organ senden zu können. Wo nicht das Gegentheil gesagt ist, standen während der folgenden Versuche die Hülfsleitungen offen.

Endlich um sich zu versichern, dass Säulen- und Bussolkreis hinreichend von einander isolirt sind, werden sie in allen vier Combinationen ihrer beiden Enden mit einander verknüpft; es tritt nur eine verschwindend kleine Wirkung von 3^{sc} ein.

Nun wird das Pendel in die Lage gebracht, aus der man es fallen lassen will, also positiv, in den Figuren nach links, abgelenkt (s. oben S. 209). Beide Kreise, der Säulen- wie der Bussolkreis, stehen offen. Man lässt es los, Schneide *s* taucht in Rinne *r* und schliesst den Säulenstrom durch das Organ. Nach gemessener kurzer Frist (s. unten) taucht die Schneide wieder aus, abermals stehen beide Kreise offen. Dies „Sicherheitsintervall", dem nur wenig Winkelgrade entsprechen, dauert nur sehr kurze Zeit. Nach seinem Ablauf taucht Schneide σ in Rinne ϱ ein und schliesst den etwa vorhandenen Polarisationsstrom durch den Bussolkreis; das Pendel wird eingefangen, der Bussolkreis bleibt dauernd geschlossen.

Der Erfolg dieser Versuche ist schwer mittheilbar, weil er sich nicht gut in Zahlen ausdrücken lässt. Die Spiegelbewegung, welche der Polarisationsstrom erzeugt, ist nämlich kein einfacher Ausschlag, sondern von verwickelter Beschaffenheit. Sollen nicht viel und doch unzureichende Worte gemacht werden, so bleibt nichts übrig, als die Ergebnisse graphisch darzustellen, wie dies auch Dr. Sachs im Tagebuche gethan hat.

Spalte I*A* der Fig. 48 auf Taf. II enthält die Stellungen der Linse am oberen Abschnitt des Pendels, Spalte I*B* die Schwingungsdauer, Spalte I*C* die Fallhöhe des Pendels in Graden, endlich Spalte I*D* die Zeit, während welcher Schneide *s* ihre etwa 10° betragende Bahn im Quecksilber der Rinne *r* durchlief. Da mir Dr. Sachs' Notation im Tagebuch dunkel blieb, bat ich Hrn. Prof. Christiani, diese Zeiten nachträglich an einem Chronographen mit Foucault'schem Regulator und Markirmagnet, von Baltzar und Schmidt in Leipzig, zu bestimmen. Genau genommen hätten dabei die Temperatur und der Unterschied der Schwere in Berlin und Calabozo berücksichtigt werden müssen. Ich brauche nicht zu sagen, dass es sich um solche Feinheiten hier noch lange nicht handelt.

Die neben den Zahlen stehenden Curven in Spalte II bedeuten Folgendes: Ein aufsteigender Pfeil zeigt wie früher absolut positive Richtung des polarisirenden Stromes, von Schwanz zu Kopf im Organ, ein absteigender Pfeil die entgegengesetzte Stromrichtung an. Die Abscissenaxe ist selbstverständlich die Zeit. Die der Abscissenaxe parallelen punktirten Geraden oberhalb und unterhalb der Axe bezeichnen den Bereich der Scale, etwa 7° jederseits vom Nullpunkt (s. oben S. 138). Die Ordinatenaxe entspricht dem Augenblick der Schliessung des Bussolkreises nach Oeffnung des polarisirenden Stromes. Absolut positive Ablenkungen sind oberhalb, absolut negative Ablenkungen unterhalb der Abscissenaxe aufgetragen. Nach aufsteigendem Pfeil entspricht also Verlauf der Curve oberhalb der Abscissenaxe absolut und relativ positiver, Verlauf unterhalb absolut und relativ negativer Polarisation. Nach absteigendem Pfeil entspricht Verlauf der Curve unterhalb der Abscissenaxe absolut negativer, relativ positiver, Verlauf oberhalb absolut positiver, relativ negativer Polarisation (vergl. oben S. 149).

Die Curven im Tagebuche, welche unsere Curven etwas vollkommener wiedergeben, sind ohne alle Maassbestimmungen leicht hingeworfen, nur um eine schnell vorübergehende, schwer mit Schärfe aufzufassende Erscheinung sinnlich auszudrücken und festzuhalten. Abgesehen davon sind sie aber auch theoretisch kein genaues, sondern ein mannigfach verzerrtes Bild des Verlaufes der Stromstärke, vollends der elektromotorischen Kraft.

Was an diesen Curven zunächst in die Augen fällt, ist, dass alle Polarisationsströme relativ negativ beginnen und zwar, den Fall VI ausgenommen, so stark, dass der erste Ausschlag den Faden aus der Scale führt. So weit wird der Spiegel abgelenkt, dass er den aperiodischen Bereich verlässt, manchmal sogar um den 90° Punkt schwingt.[1] Im Fall I *a* scheint bei * ein Stück solcher Schwingung in das Feld des Fernrohres hineinzuragen. Auf diese gewaltige Anfangswirkung folgen scheinbare Schwingungen des Spiegels um den Nullpunkt, deren erste zuweilen auch noch den Faden jenseit des Nullpunktes über die Scale hinausführt (Fall I *a* bei ⁑). Mit abnehmender Schliessungszeit des polarisirenden Stromes sinkt die negative Anfangswirkung; Zahl und Ausgiebigkeit der scheinbaren Schwingungen nehmen ab, so dass die Polarisation sich zuletzt in einer einfachen, gegen die Abscisse convexen Curve abgleicht (Fall V *a*, *b*). Zugleich wird die zur Ausgleichung der Polarisation erforderliche Zeit immer kleiner. In den Versuchen I und II nahm die starke Anfangswirkung allein mehrere Secunden in Anspruch; über eine Minute verfloss, bis der Faden ganz zur Ruhe kam. In den Versuchen IV und V lief der ganze Vorgang in einigen Secunden ab. Der Raum erlaubte nicht, diese Verhältnisse naturgetreu wiederzugeben, sondern man hat sich mit wachsender Ordnungszahl der Versuche, bis zu V, den horizontalen Maassstab immer kleiner vorzustellen. Für VI ist er wieder derselbe wie für I und II.

---

[1] Ges. Abh. Bd. I. S. 355 ff.

Gleichviel wie sie entsprangen und verliefen, alle Polarisationscurven enden in einer der Abscissenaxe parallel nahe über ihr verlaufenden Geraden. Diese stellt den beständigen Organstrom vor, von welchem aus die Polarisationszuwachse zu rechnen sind, und der nach ihrer Abgleichung stets in derselben Höhe übrig bleibt. Während der Versuche war er compensirt (s. oben S. 211), woraus sich der Widerspruch zwischen Dr. Sachs' Figuren und seiner Angabe in den Reisebriefen erklärt: „Der Spiegel wird in den Aequator geworfen, kehrt dann zurück, macht „ein paar grosse Schwingungen um den Nullpunkt und kehrt dann lang- „sam, entweder von der negativen oder positiven Seite her auf Null „zurück.“[1]

Der Fall VI *a, b* unterscheidet sich dadurch von den anderen, dass unter fast gleichen Bedingungen mit den Fällen I und II die Bussolrolle so weit vom Spiegel entfernt war, wie das Geleise es gestattete. Dr. Sachs sagt dazu: „Es erfolgt dann ein messbarer Ausschlag und ein langsames „Zurückkehren des Fadens ohne Ueberschreiten des Nullpunktes, also „ohne positive Phasen. Es scheint, dass ein paar Zickzacks, die man an „der Curve erkennt, jenen grossen Schwingungen entsprechen.“[2] Bei diesem Stand der Bussolrolle erzeugt der Organstrom keine merkliche Ablenkung mehr, daher seine Gerade, mithin auch die Curve des Polarisationsstromes, mit der Abscissenaxe verschmilzt.

4. Erörterung der vorigen Versuche.

Nicht mit Unrecht nennt Dr. Sachs in den Reisebriefen diese Ergebnisse schwer zu deutende.[3] Vor allem ist zu sagen, dass es irrig wäre, wozu er geneigt zu haben scheint, in dem Hin- und Hergehen des Spiegels wahre Schwingungen zu sehen. Der von 90° und darüber fallende eben aperiodische Spiegel überschreitet zwar den Nullpunkt einmal, aber aus freien Stücken nie wieder, sondern er nähert sich ihm asymptotisch von der anderen Seite her. Um ihn auf's Neue zu überschreiten, bedürfte er einer ihm eingeprägten Geschwindigkeit, deren Grösse sich in meinen Abhandlungen über „die aperiodische Bewegung gedämpfter Magnete“[4] angegeben findet. Das erste Ueberschreiten des Nullpunktes in Dr. Sachs' Versuchen beruhte also möglicherweise allein auf Schwingung des Spiegels; jedes spätere Ueberschreiten war das Werk eines entsprechend gerichteten Stromes. Somit wechselt der Polarisationsstrom sichtlich ein- oder zweimal sein Zeichen.

---

[1] A. a. O. S. 80. 81.
[2] A. a. O. S. 81.
[3] A. a. O. S. 95.
[4] Ges. Abh. Bd. I. 284. 324. 355.

Diese Zeichenwechsel erklären sich, wenn man von den am Zitterwels-Organ von mir erkannten Thatsachen ausgeht (s. oben S. 205. 206). Gleich dem Zitterwels-Organ besitzt das Zitteraal-Organ zwei Polarisationen; eine relativ positive und eine relativ negative. Beide sind zugleich da, aber ihre Stärke hängt von Dichte und Dauer des polarisirenden Stromes verschieden ab und sie haben verschiedenen zeitlichen Verlauf. Die relativ negative Polarisation war in Dr. Sachs' Versuchen anfangs stets die stärkere; bei geringer Schliessungsdauer, wie in V, trat sie überhaupt allein hervor. Bei längerem Schlusse, wie in I und II, siegt im Verlauf der Abgleichung, vermöge des verschiedenen Gesetzes, welches sie dabei befolgen, bald die eine, bald die andere Polarisation, und leicht lässt sich ihr Abfall durch solche Curven darstellen, dass deren Ordinatenunterschiede, unter Berücksichtigung des Rückschwunges des Spiegels, den von Dr. Sachs beobachteten Gang der Polarisationsströme nachahmen.

Wir nennen componirende die Curven der für sich betrachteten positiven oder negativen Polarisation, theoretisch resultirende die aus algebraïscher Summation der Ordinaten der componirenden Curven und der beständigen Organstromkraft hervorgehenden Curven, welche Dr. Sachs' empirisch resultirenden Curven gleichen sollen.

Man kann den componirenden Curven, mit gleichem Erfolge, die beiden Formen ertheilen, die man in den Spalten III und IV, Fig. 48, sieht. Hier sind die componirenden und die theoretisch resultirenden Curven auf gleicher Abscissenaxe mit den empirisch resultirenden Curven, und zwar beide componirende Curven über der Axe aufgetragen. Der Ursprung ist derselbe wie in Spalte II. Die negative Curve ist punktirt, die positive gestrichelt; die der Abscissenaxe parallele Gerade aus abwechselnden Strichen und Punkten stellt die beständige positive Organstromkraft vor, deren Ordinate der besseren Vergleichbarkeit halber dieselbe, verhältnissmässig viel zu grosse ist, wie die des beständigen Organstromes in Spalte II. Die resultirende Curve ist ausgezogen und, wie Dr. Sachs' Curven, so aufgetragen, dass ihre absolut positiven Abschnitte über, ihre absolut negativen Abschnitte unter der Abscissenaxe verlaufen. Nach Erlöschen der Polarisationen verschmilzt sie mit der Geraden der beständigen Organstromkraft.

Mit abnehmender Schliessungsdauer des polarisirenden Stromes nehmen beide Polarisationen an Stärke ab und erlöschen schneller. Zugleich, muss man sich denken, ändert sich ihr Abfall entweder wie in Spalte III oder wie in Spalte IV. In Spalte III schneidet die positive Curve, die bei längerem Schlusse die negative dreimal schnitt (II α, β), sie bei kürzerem Schlusse nur noch zweimal (III α, β), dann nur noch einmal (IV α, β), und verläuft zuletzt ganz unter ihr (V α, β). In Spalte IV

(II a, b, III a, b) schneiden sich die componirenden Curven in jedem einzelnen Falle zweimal weniger oft als in Spalte III.

Zu den componirenden Curven in beiden Spalten muss man sich nun noch den Rückschwung des durch die negative Anfangswirkung über den aperiodischen Bereich hinausgeworfenen Spiegels hinzudenken. Die resultirenden Curven der Spalte III zeigen aber schon an sich einen ersten relativ positiven Abschnitt $(+\mu', -\mu')$, dessen Wirkung durch den Rückschwung des Spiegels nur vergrössert wird, während die der Spalte IV an derselben Stelle nur ein Minimum $(+\mu', -\mu')$ aufweisen. Hier rührt das erste Ueberschreiten des Nullpunktes allein vom Rückschwung des Spiegels her, was grössere Stärke des Rückschwunges, folglich der negativen Anfangswirkung voraussetzt. Da diese mit abnehmender Schliessungsdauer sinkt, kommt ein Punkt, wo kein Rückschwung mehr stattfindet; Curve IV *b* ist die letzte, in der man seine Wirkung vermuthen kann, und von hier ab giebt es nur noch eine Form der componirenden Curven.

So erklären sich, wie man sieht, die Sachs'schen Curven hinlänglich, und zum Theil sogar auf doppelte Art. Die Constructionen in Spalte IV erscheinen einfacher; doch setzen sich die componirenden Curven III α, β besser in die IV α, β fort als die III a, b. Entscheidendes für die eine oder andere Auffassung lässt sich nicht beibringen, ebenso wenig dem verschiedenen Abfall der beiden Polarisationen und seinen Wandlungen mit abnehmender Schliessungsdauer ein Sinn unterlegen. Beim Entwerfen der componirenden Curven vermied ich Wendepunkte; lässt man die positiven Curven concav gegen die Abscisse beginnen, so erhält man stärkere negative Anfangswirkungen.

Einzelne Abweichungen zwischen den empirischen und den theoretischen Curven kommen vor. Curve IV *b* zeigt ein Maximum $+\mu$, welches IV β fehlt. Doch stellt III b ohne Rückschwung IV *b* gut dar. Bei so wenig Versuchen und der Unvollkommenheit der Tagebuchskizzen ist auf solche Einzelheiten nichts zu geben.[1] Ohnehin verlaufen schwerlich die componirenden Curven bei beiden Stromrichtungen, wie ich sie zeichnete, gleich.

Die bei entfernter Rolle erhaltenen Curven VI können nicht, wie Dr. Sachs meint, denselben Vorgang nur ohne Schwingung darstellen, wie die I und II, denn Entfernen der Rolle ändert das Zeichen keiner Ordinate, verkleinert sie nur alle in gleichem Verhältniss. Der Vorgang

---

[1] Im Tagebuch fehlt auch den Curven I *a* und II *a* das zweite positive Maximum $+\mu'''$, es findet sich aber in der gleichbedeutenden Fig. 4 *a* der Reisebriefe. Ich nahm es hier auf, da die Curven I *b*, II *b* im Tagebuch das entsprechende negative Minimum $-\mu'''$ zeigen.

in VI unterschied sich also von dem in I und II, ausser durch Abwesenheit von Schwingungen, noch dadurch, dass der Polarisationsstrom durchweg negativ blieb. Immerhin entsprechen dabei die Maxima und Minima der Curven VI ($\mp \mu$, $\pm \mu' \ldots$), wie Dr. Sachs vermuthet, den ebenso bezeichneten Abschnitten der Curven I und II.

Zwischen Dr. Sachs' Ergebnissen am Zitteraal und den meinigen am Zitterwelse besteht der Unterschied, dass dort die Polarisation stets relativ negativ anhob, während ich unter gewissen Umständen sogar rein positive Ausschläge erhielt. Dr. Sachs war nun zwar sehr im Vortheil gegen mich durch den Besitz unpolarisirbarer Elektroden und des aperiodischen Magnetes, weder aber konnte hierin der Grund jenes verschiedenen Erfolges liegen, noch glaube ich, dass er in der verschiedenen Natur des Zitteraal- und des Zitterwels-Organes lag. Sondern, wie schon angedeutet wurde (s. oben S. 211), Dr. Sachs hatte leider zu wenig Grove'sche Elemente bei sich, und theils deshalb, theils wegen zu grossen Querschnittes der von ihm angewandten Organstücke, war die Dichte des polarisirenden Stromes in seinen Versuchen zu klein. Es hätte vermuthlich nicht einmal etwas geholfen, die fünf Daniell, über welche er noch gebot, und die Sternsäule mit in den polarisirenden Kreis zu nehmen. Ich sandte durch Streife Zitterwels-Organ von kaum einem halben Quadratcentimeter Querschnitt den Strom von 20—30 Grove; erst bei den grössten Stromdichten und kürzester Schliessungszeit überwog die positive Polarisation so, dass (am Multiplicator) rein positive Ausschläge erfolgten. Dr. Sachs' Organstücke hatten mindestens wieder 6—7 Quadratcentimeter Querschnitt (s. oben S. 180), denn sie stammten von dem mächtigsten seiner Fische her, dem oben S. 15 mit V bezeichneten, 155 ^{cm} langen, über 7 ^{ki} schweren Thiere. Die Stromdichte in seinen Versuchen war also bedeutend kleiner als in den meinigen, wenn sie auch bei dem geringen Widerstand der Grove'schen Säule nicht umgekehrt proportional dem Querschnitt sich verhält. Ich zweifle nicht, dass man mit 50 Grove am Schwanzende des Organs eines kleinen Zitteraales oder an dünnen der Länge nach aus dem Organ geschnittenen Streifen bei kurzem Schlusse fast rein positive Ausschläge des aperiodischen Magnetes erhielte.

5. Verhältnissmässige Stärke der Polarisation bei beiden Richtungen des polarisirenden Stromes.

Ein anderer Unterschied zwischen Dr. Sachs' und meinen Ergebnissen erscheint viel bedenklicher. Von der verhältnissmässigen Stärke der Polarisation bei beiden Richtungen des polarisirenden Stromes sagt Dr. Sachs, dass der (negative) Polarisationsstrom stets stärker erfolgt im

Sinne des Schlages,[1] und das Tagebuch enthält darüber folgende Versuchsreihe, bei welcher die Bussolrolle wieder bis an das Ende des Geleises verschoben war. Im Kopf der Tabelle finden sich die Stellungen der Linse am oberen Abschnitt der Pendelstange, die Scalentheile sind die Ausschläge durch den relativ negativen Polarisationsstrom.

	136·5^{mm}	128	115	80	60
↓	—80^{sc}	75	63	33	26
↑	—63	60	52	27	15

Ferner schloss Dr. Sachs den Strom der siebzehn Grove mittels der Hülfsleitung $\delta\ \varepsilon\ \zeta$ dauernd durch das Stück Organ, und leitete mit den Thonspitzen einen Zweig davon ab durch die Bussole, deren Empfindlichkeit passend vermindert war. „Als das Organ im Sinne des Schlages „durchströmt wurde, betrug die Ablenkung 80^{sc}; bei der anderen Richtung „95^{sc}. Die Ablenkung hielt sich constant auf dieser Höhe.“ Dr. Sachs sah hierin eine Bestätigung der Versuche in obiger Tabelle.

Sind diese Ergebnisse richtig, so hängt es vielleicht damit zusammen, dass in den Versuchen über unmittelbare Erregung des Organs durch Inductionsschläge der dem Schlag entgegengesetzte Oeffnungsstrom sich als der wirksamere erwies (s. oben S. 184).

Allein dies Alles befremdet in hohem Grade. Dr. Sachs' Polarisationsversuche am Zitteraal-Organ lassen sich, wie wir sahen, mit meinen Versuchen am Zitterwels-Organ sonst so gut vereinigen, dass letztere uns sogar den Schlüssel zu ersteren lieferten. Die von Dr. Sachs als „Oscillationen“ beschriebenen, in den obigen Curven abgebildeten Zeichenwechsel der Polarisation bekam ich im Allgemeinen nicht zu sehen, weil ich noch nicht mit aperiodischem Magnet arbeitete. Unter günstigen Umständen zeigte sich mir aber wenigstens Ein solcher Wechsel als „doppelsinniger Ausschlag“[2]: der Polarisationsstrom begann negativ und endete positiv, ganz wie in Dr. Sachs' Fällen I und II (s. oben S. 206). Um so auffallender ist der Mangel an Uebereinstimmung zwischen den Polarisationsversuchen an Zitterwels und Zitteraal gerade in dem wichtigsten Punkt. In meinen Versuchen war es die relativ positive Polarisation, welche im Sinne des Schlages stärker auftrat als im anderen, in Dr. Sachs' Versuchen die relativ negative. In meinen Versuchen war der polarisirende Strom im Sinne des Schlages um $^1/_6$ bis um $^1/_4$ stärker als im anderen, Dr. Sachs fand ihn stärker in letzterem Sinne.

Dass Dr. Sachs in so einfachen Bestimmungen sich geirrt haben

[1] Reisebriefe, a. a. O. S. 81. [2] Ges. Abh. Bd. II. S. 720.

sollte, ist freilich kaum denkbar. Doch fällt sehr auf, dass er selber den Widerspruch zwischen seinem Ergebniss und dem meinigen nicht bemerkt hat. Er scheint vielmehr jenes für eine Bestätigung dieses genommen zu haben. Zu Polarisationsversuchen gehört aber sorgfältige Ueberwachung auch des polarisirenden Stromes, woran Dr. Sachs es ganz fehlen liess. Sein einer Versuch mit dem vom stetig durchströmten Organstück abgeleiteten Stromzweig ist erstens nicht eindeutig, denn dabei summirten sich algebraïsch der vom Polarisationsstrom und der vom polarisirenden Strom in die Bussole übergehende Zweig, und nähere Ueberlegung zeigt, dass merkwürdigerweise der von Dr. Sachs wahrgenommene Erfolg auf grössere Stärke sowohl der relativ positiven, wie der relativ negativen Polarisation im Sinne des Schlages bezogen werden kann. Jener Versuch ist zweitens auch nicht vergleichbar mit meinen Beobachtungen über die verhältnissmässige Stärke des polarisirenden Stromes in beiden Richtungen, weil Dr. Sachs nicht, wie ich, kurze Stromstösse, sondern einen anhaltenden Strom durch das Organstück sandte. Mehrere Gründe sind denkbar, aus denen dabei in einem einzelnen Falle die negative Polarisation zufällig im Sinne des Schlages stärker erscheinen mochte, ohne dass dies etwas für den Erfolg bei kurzer Durchströmung bewiese. Dr. Sachs hat auch keinen Versuch über die relative Stärke der Polarisation bei querer Richtung des polarisirenden Stromes angestellt, wobei in meinen Versuchen die Polarisation in beiden Richtungen gleich stark wurde.

Ich kann daher die Frage, welche der beiden Polarisationen am Zitteraal-Organ die stärkere im Sinne des Schlages sei, durch Dr. Sachs noch nicht für erledigt, und auf seine Versuche hin für ausgemacht halten, dass ein so tief einschneidender Unterschied Zitteraal- und Zitterwels-Organ trenne. Die Wiederholung dieser Versuche erscheint vor Allem wünschenswerth. Sie sind es, welche ich oben S. 115 im Sinne hatte, als ich sagte, dass, obwohl im Allgemeinen mit einigen hergebrachten lebenden Zitteraalen nicht viel aufzustellen sei, gewisse wichtige von Dr. Sachs unentschieden gelassene Fragen leicht an wenigen kleinen Thieren zu beantworten sein würden, wenn man diese rücksichtslos opfern dürfe. In der That würde man sich auch nur zwei oder drei solchen Thieren gegenüber immer noch in ungleich besserer Lage befinden, als ich bei meinen Polarisationsversuchen am Zitterwels-Organ (s. oben S. 206). Aber auch das Zitterrochen-Organ müsste endlich auf seine Polarisirbarkeit untersucht werden, von dem bisher nur nach älteren Versuchen vermuthet werden kann, dass es negative Polarisation annimmt.[1]

---

[1] Ges. Abh. Bd. II. S. 721. Anm. 3.

6. Die Polarisirbarkeit des Zitteraal-Organs wird durch Siedehitze zerstört. Deren teleologische Bedeutung.

Wie auch diese Angelegenheit sich entwickele, eine der Polarisirbarkeit des Zitterwels-Organs, des Muskels und des Nerven analoge Polarisirbarkeit des Zitteraal-Organs ist von Dr. Sachs nachgewiesen. Was dieser Erscheinung besondere Theilnahme sichert, ist ihre Abhängigkeit vom Lebenszustande (s. oben S. 205); und über diese hat Dr. Sachs schliesslich auch experimentirt. Zwei Minuten langer Aufenthalt eines Organstückes in siedendem Wasser, wodurch dessen Substanz stark gehärtet wurde, aber noch nicht zerfiel (s. oben S. 44. 45), liess nicht die geringste Spur von Polarisirbarkeit übrig.[1] Bei der hohen Lufttemperatur, bei welcher Dr. Sachs arbeitete, scheint er leider gar nicht erst versucht zu haben, wie lange nach dem Tode an dem sich selber überlassenen Organ noch Spuren der Polarisirbarkeit sich würden nachweisen lassen. An meinen Zitterwelsen konnte ich, bei wenig Graden über Null, noch am sechsten Tage eine Andeutung davon erkennen.[2]

Die Polarisirbarkeit des Organs dürfte geeignet sein, die früher erwähnte Thatsache zu erklären, dass Tetanus den Organstrom schwächt, da das Organ durch seinen eigenen Strom so gut wie durch fremde Ströme polarisirt werden muss. So bin ich auch geneigt zu glauben, dass die nach einzelnen Schlägen hinterbleibende Verstärkung des Organstromes von der dann überwiegenden positiven Polarisation herrührt.[3] Die positive und negative Polarisirbarkeit des Organs stellen sich uns dergestalt als zweckmässige Einrichtungen dar. Durch die positive Polarisation verstärkt der Schlag sich selber im Organ; indem er seine Dauer vergrössert, steigert er zugleich seine Kraft.[4] Hinterbliebe aber eine bedeutende Steigerung des Organstromes, so würde dies die physiologische Wirkung der nachfolgenden Schläge schwächen. Deshalb, kann man teleologisch schliessen, hat dauernde heftige Thätigkeit des Organs negative Polarisation im Gefolge, wodurch der Ausgangspunkt späterer Schläge wieder möglichst tief verlegt wird. Vielleicht kehrt sogar im lebenden Thiere Tetanus den Organstrom um, wenn dies auch nach Dr. Sachs an einzelnen Stücken nicht geschieht (s. oben S. 174).

Eine interessante Frage ist, wie Tetanisiren der elektrischen Nerven an einem ringsum frei präparirten, nicht zum Kreise geschlossenen Stück Organ wirken würde, dessen Schlag sich nicht als regelmässiger Strom in absolut positivem Sinn ergösse. Sind obige Vermuthungen richtig, so

---

[1] Reisebriefe, a. a. O. S. 81. [2] Ges. Abh. Bd. II. S. 718.
[3] Ges. Abh. Bd. II. S. 721. Anm. 3. [4] Ges. Abh. Bd. II. S. 722.

müsste in diesem Falle die Schwächung des Organstromes durch den Tetanus nur spurweise stattfinden, wenn nicht ganz ausbleiben.

§ XXIX. Vom Latenzstadium des Zitteraal-Schlages.

1. Vorbemerkungen.

Der unerwartete Umstand, dass einzelne Inductionsschläge die elektrischen Nerven des Zitteraales nicht erregen, machte einen Strich durch Dr. Sachs' Rechnung. Wir hatten uns mehrere Versuche ausgedacht, welche auf der Voraussetzung beruhten, dass jene Erregung möglich sei. Obenan stand der Nachweis eines Stadiums der latenten Reizung am Zitteraal-Organ.

Die Frage, ob es für den Zitterfisch-Schlag ein Latenzstadium gebe, ist zuerst von Hrn. Marey am Zitterrochen gestellt und durch Versuche bejaht worden. Mittels eines Pendelmyographions konnte er aus dem durch Reizung der elektrischen Nerven ausgelösten Schlage des Zitterrochen-Organes ein $^1/_{200}''$ langes Stück ausschneiden. Dies Stück, welches sich an einem stromprüfenden Schenkel durch Zuckung bemerkbar machte, konnte gleichsam längs dem Schlage verschoben werden. So fand Hr. Marey nicht allein, entsprechend meiner älteren Bestimmung am Zitterwelse, dass der Schlag $^1/_{14}''$ dauert, sondern auch, dass eine gewisse Verschiebung des auszuschneidenden Stückes vom Augenblicke der Reizung ab nöthig war, damit überhaupt Zuckung erschien: was sich nur durch ein Latenzstadium des Schlages erklären liess.

Genauer maass Hr. Marey das Latenzstadium des Zitterrochen-Schlages durch ein Verfahren ähnlich dem, wodurch Hr. Helmholtz den die secundäre Zuckung erzeugenden Theil der negativen Schwankung des Muskelstromes bestimmte. Er liess zwei Zuckungen sich verzeichnen, deren eine ein Inductionsstoss, deren andere ein Schlag des Organs erregte, den der Inductionsstoss bei gleicher Stellung der Zeichenplatte erzeugte. Die Verschiebung der Zuckungscurven gegen einander gab das Latenzstadium des Schlages, weniger die im Nerven verlorene Zeit, welche zu vernachlässigen die Kürze der Nerven erlaubte.[1]

---

[1] Ges. Abh. Bd. II. S. 716. — Ausser an den hier angeführten Stellen hat Hr. Marey seitdem noch über das Latenzstadium des Zitterrochen-Schlages sich geäussert in den Annales scientifiques de l'École Normale supérieure. 2e Série. 1871. t. I. p. 86—114 (nicht von mir selber eingesehen); — Journal de l'Anatomie et de la Physiologie etc. publié par M. Ch. Robin. 1872. p. 478 et suiv.; — La Machine animale. Locomotion terrestre et aérienne. 2me Éd. Paris 1878. p. 57; — Travaux du Laboratoire de M. Marey etc. III. Année 1877. Paris 1877. p. 19. 61.

Seitdem hat Hr. Marey das Latenzstadium des Zitterrochen-Schlages auch mittels des Marcel-Deprez'schen elektromagnetischen Signalschreibers[1] aufzuzeichnen versucht. Der Signalschreiber ist ein elektromagnetischer Markirapparat so geringer Trägheit, dass er den Stromstössen einer Unterbrechungsgabel von 500 einfachen Schwingungen gehorcht. Die durch Reizung der elektrischen Nerven erhaltenen Schläge des Zitterrochen-Organes waren aber doch zu schwach, um den Anker des Signalschreibers in Bewegung zu setzen, und Hr. Marey musste, ein nicht unbedenkliches Verfahren, seine Zuflucht zu Entladungen nehmen, welche er durch Reizung von Hirn und Rückenmark des Rochen mit Hülfe von Inductionsschlägen hervorrief.

Wie dem auch sei, Hr. Marey gelangte zum Schlusse, dass es ein Latenzstadium des Schlages von gleicher Dauer mit dem der Zuckung, etwa 0·01″ betragend, gebe. Neuere Ermittelungen haben indess diesem Vergleich den Boden entzogen. Nachdem Hr. Bernstein gezeigt hatte, dass es für die negative Schwankung bei der Zusammenziehung kein merkliches Latenzstadium giebt,[2] und schon Hr. T. Place das Latenzstadium der Zuckung manchmal nur 0·004″ dauern sah,[3] bewies Hr. Gad am Federmyographion, dass dieser Werth dem Latenzstadium am Gesammtmuskel wirklich am nächsten kommt, dass aber das Latenzstadium am Muskelelemente fast sicher noch darunter bleibt.[4]

Die von mir sogenannte Entladungshypothese über die Wirkung von Nerv auf Muskel dachte sich bekanntlich, dass die Nerven die Muskeln durch elektrische Schläge reizen, welche sie ihnen durch die Nervenendplatten, als den elektrischen Platten der Zitterfische vergleichbare Organe, ertheilen. Diese Hypothese verlangt, dass das Latenzstadium der mittelbar erregten Zuckung mindestens gleich sei dem Latenzstadium des mittelbar erregten Schlages, + dem der unmittelbar erregten Zuckung. In der „Experimentalkritik der Entladungshypothese" erörterte ich die Schwierigkeiten, in welche letztere deshalb durch Hrn. Marey's Beobachtung gerieth. Die Untersuchung, wie diese Schwierigkeiten sich in Folge von Hrn. Gad's Messung des Latenzstadiums ge-

---

[1] Travaux du Laboratoire de M. Marey etc. Année 1875. Paris 1876. p. 143; — III. Année 1877. Paris 1877. p. 14. 29; — La Méthode graphique dans les Sciences expérimentales etc. Paris 1878. p. 140. 154. 169. 331. 471.

[2] Untersuchungen über den Erregungsvorgang im Nerven- und Muskelsysteme. Heidelberg 1871. S. 58.

[3] De contractie-golf der willekeurige spieren. Donders en Koster, Nederlandsch Archief voor Genees- en Natuurkunde. Derde Jaargang. Utrecht 1868. bl. 204.

[4] Archiv für Physiologie u. s. w. 1879. S. 265. — Vergl. auch M. Mendelssohn in: Travaux du Laboratoire de M. Marey etc. IV. Années 1878—79. Paris 1880. p. 99 et suiv.

stalten, würde der Mühe nicht lohnen. Von der Entladungshypothese in ihrer ursprünglichen Gestalt kann die Rede nicht mehr sein. Es giebt keine Nervenendplatten in ihrem Sinne, und gäbe es sie, so habe ich an ihr solche Gebrechen aufgedeckt, dass sie doch nicht zu halten wäre.[1] Die Frage nach einem Latenzstadium des Zitteraal-Schlages bleibt darum nicht minder wichtig. Nicht bloss gehört sie zur Kenntniss des Vorganges überhaupt, sondern sie gewinnt gerade an Bedeutung dadurch, dass die eine Zeitlang durch die falsche Entladungshypothese verdunkelte Analogie von Schlag und Zuckung nun wieder hergestellt ist, während zugleich Hr. Babuchin die Homologie der elektrischen Platte mit der quergestreiften Muskelsubstanz erwies.

2. Vorversuche am Nervmuskelpräparat von Bufo marinus.

In der Absicht, sich an seinen Versuchsobjecten und Apparaten zu orientiren, unternahm Dr. Sachs zunächst die Bestimmung des Latenzstadiums der Zuckung und der Fortpflanzungsgeschwindigkeit der Reizung am Muskelpräparat vom Krötenfrosch. Er bediente sich der Pouillet'schen Methode, wobei der Froschunterbrecher ihm die ursprüngliche Helmholtz'sche Anordnung ersetzte, mit welcher er wesentlich einerlei ist.[2]

Bei solchen Versuchen bedarf man bekanntlich einer von Hrn. Helmholtz angegebenen Wippe, die den zeitmessenden Strom im Augenblick schliesst, wo der primäre Kreis des den reizenden Schlag liefernden Inductoriums geöffnet wird.[3] Als ich 1866 die Versuche über die Fortpflanzungsgeschwindigkeit der Reizung in der *Royal Institution* öffentlich zeigte,[4] gab ich der ursprünglichen Helmholtz'schen Wippe eine, wie ich glaube, handlichere Form, in der ich sie seitdem in Vorlesungen und im Laboratorium so oft mit Vortheil brauchte, dass sie wohl allgemeiner bekannt zu werden verdient. Da Dr. Sachs eine solche Wippe mit sich führte und zu den jetzt zu besprechenden Versuchen anwandte, mag sie hier beschrieben werden (vergl. oben S. 140).

Man sieht sie in Fig. 49 von der Seite abgebildet. Die eigentliche

---

[1] Ges. Abh. Bd. II. S. 698ff. — Vergl. ferner Tschirjew im Archiv für Physiologie u. s. w. 1878. S. 137 ff.; — Gad in den Verhandlungen der physiologischen Gesellschaft zu Berlin. Archiv für Physiologie u. s. w. 1880. S. 564. 565.

[2] S. oben S. 143; — Ges. Abh. Bd. I. S. 219.

[3] Müller's Archiv für Anatomie u. s. w. 1850. S. 295. Taf. VIII. Fig. 6.

[4] Proceedings of the Royal Institution of Great Britain. Friday, April 13, 1866. — Schematisch ist hier die Wippe schon abgebildet (Fig. 1), und diese Abbildung ist öfter copirt worden, so in: Ch. Morgan, Electro-Physiology and Therapeutics etc. New York 1868. p. 383; — Marey, Du Mouvement dans les fonctions de la vie etc. Paris 1868. p. 415.

Wippe $w\,w'$ besteht aus Kammmasse; in dem dargestellten Zustande hält sie den primären Kreis geschlossen, indem die Feder f einen Platinstift bei w an der Wippe gegen einen festen Platinanschlag presst, welche beide, Stift und Anschlag, die Enden des primären Kreises vorstellen.

Fig. 49.

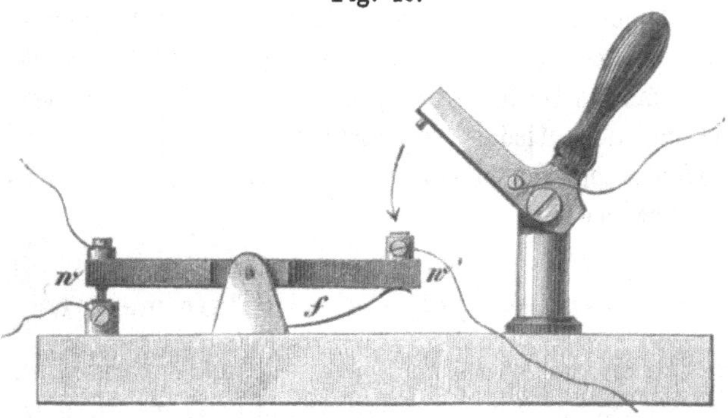

1 : 2

Hrn. Helmholtz' kupferner Schliessungsstab mit abgerundetem und vergoldetem unterem Ende, welcher der Wippe aufgesetzt wurde, ist an unserer Vorrichtung ersetzt durch einen um eine feste Axe mit Reibung drehbaren Winkelhebel nach Art desjenigen am Vorreiberschlüssel. Bei Bewegung im Sinne des Pfeiles trifft der Winkelhebel mit einem Platinstift bei w' auf die dort gleichfalls mit Platin belegte Wippe. Der Winkelhebel einerseits, der Platinbeleg der Wippe andererseits stellen die Enden des zeitmessenden Stromkreises vor. Letzterer wird also bei w' geschlossen, während bei w der primäre Stromkreis geöffnet wird, und die Wippe verharrt in diesem Zustand, bis man durch Zurückschlagen des Winkelhebels den Anfangszustand herstellt, weil die Feder f die Reibung des Winkelhebels in seiner Axe nicht überwindet. Arbeitet die Wippe gut, so erfolgt beim Aufsetzen des Winkelhebels keine merkliche Ablenkung an einer empfindlichen Bussole, in deren Kreis ihre beiden Contacte zugleich mit einer hinreichend kräftigen Kette eingeschaltet sind, da der Kettenschluss dann nicht länger dauert als die Zeit, welche eine Transversalschwingung braucht, um sich der Wippe entlang fortzupflanzen.

Nach Hrn. Helmholtz ist die Dauer eines Stromes, welcher, den ungedämpften Magnet im Nullpunkt treffend, dessen halben Schwingungsbogen x' zu x'' vermehrt,

$$t = \frac{T}{2\pi . F}(x'' - x'), \ldots\ldots\ldots\ldots (1)$$

wo T die Schwingungsdauer des Magnetes, F seine Ablenkung durch den stetig fliessenden Strom ist, π die übliche Bedeutung hat.

Dr. Sachs konnte diese Formel nicht anwenden, weil an seiner Bussole nur die eine Hälfte des Dämpfers abzunehmen ging, und er war deshalb auf die Zeitmessung mittels des aperiodischen Magnetes angewiesen. Für den eben aperiodischen Zustand ($\varepsilon = n$) habe ich die mit der HELMHOLTZ'schen gleichbedeutende Formel entwickelt:

$$\tau = \frac{e \,.\, t_{max}}{F} \,.\, x \,.\,.\,.\,.\,.\,.\,.\,.\,.\,.\,. \quad (2)$$

Hier ist F wieder die Ablenkung durch den stetig fliessenden Strom, e die Basis der natürlichen Logarithmen, x der durch den Stromstoss erzeugte Ausschlag und t_{max} die Dauer dieses oder eines beliebigen anderen Ausschlages unter denselben Umständen. Für $\varepsilon = n$ ist, woran schon oben S. 137 erinnert wurde, t_{max} der reciproke Werth von ε,

$$t_{max} = \frac{1}{\varepsilon}.$$

Beide Methoden, die mit dem ungedämpften und die mit dem aperiodischen Magnete, kommen, wie man sieht, darin überein, dass, wenn für eine gegebene Anordnung der Factor bestimmt ist, mit welchem $(x'' - x')$ in (1), x in (2) multiplicirt sind, die Ablesung von $x'' - x'$, beziehlich von x zur Zeitmessung hinreicht; die Bestimmung jenes Factors macht die Bussole zum Chronoskop. Wir nennen ihn deshalb die chronoskopische Constante des Apparates, bezeichnen diese für den Fall der Aperiodicität mit K und schreiben also Gleichung (2):

$$\tau = K \,.\, x.$$

Die Zeitmessung am aperiodischen Magnet bietet vor der am ungedämpften Magnet den Vortheil, dass der aperiodische Magnet auf dem Nullpunkte ruht, während dem ungedämpften der Stromstoss im Augenblick ertheilt werden muss, wo der Magnet durch den Nullpunkt in dem Sinne sich bewegt, dass der Stromstoss ihn beschleunigt. Auch ist im letzteren Falle noch eine Berichtigung wegen Abnahme der Schwingungsbögen anzubringen. Mein Verfahren stand aber dem HELMHOLTZ'schen bisher darin nach, dass, während die Schwingungsdauer T astronomisch fein bestimmbar ist, die Dauer t_{max} eines einzelnen Ausschlages des schwingungslosen Magnetes sich unmittelbar nur schlecht messen lässt. Neuerlich hat Hr. CHRISTIANI diesem Uebelstand abgeholfen durch Angabe zweier Methoden, welche t_{max} als reciproken Werth von ε scharf zu bestimmen erlauben.[1] Dr. SACHS kannte diese Methoden noch nicht, und musste sich damit behelfen, t_{max} unmittelbar an seiner Fünftel Secunden schlagenden Taschenuhr zu messen. Bei Anwendung des Vollspiegels fand er $t_{max} = 2 \cdot 1''$. Diese Bestimmung wird schwerlich um weniger als ein paar Zehntel Secunden fehlerhaft gewesen sein.

[1] POGGENDORFF's Annalen u. s. w. 1878. Ergänzungsbd. VIII. S. 556.

Immerhin konnte mit diesen Mitteln Dr. SACHS der Lösung seiner Aufgabe sich nähern; er hat aber bei Ausführung der Versuche Fehler begangen, welche deren Ergebniss zunächst entwerthen.

Anstatt zwei Versuche mit Ueberlastung an zwei möglichst weit von einander entfernten Nervenstellen vorzunehmen, und die jedesmal erhaltenen Zahlen von einander abzuziehen, um die von der Reizung zwischen beiden Stellen verbrachte Zeit zu erfahren, hat er abwechselnd den Nerven in 5 cm Abstand vom belasteten Muskel,[1] und diesen unmittelbar gereizt. Das im letzteren Fall erhaltene „unmittelbare Latenzstadium“ abgezogen von dem im ersteren Fall erhaltenen „mittelbaren Latenzstadium“, wie wir kurz sagen wollen, gab ihm seiner Meinung nach die Zeit, innerhalb welcher die Reizung im Nerven 5 cm durchlief.

Dies Verfahren ist in mehrfacher Beziehung nicht tadelfrei. Erstens musste der Nervenlänge von der Reizstelle bis zum Muskel, im Betrage von 5 cm, mindestens die halbe Länge der obersten Gastroknemiusbündel zugelegt werden, unter der Voraussetzung, dass bei Bufo marinus, wie nach Hrn. KÜHNE beim Frosch, die Nervenfasern in der Mitte der Gastroknemiusbündel enden. Zweitens musste der Muskel nicht belastet, sondern überlastet sein, da man mit belastetem Muskel bekanntlich trotz aller Sorgfalt keine beständigen Werthe für das Latenzstadium erhält,[3] daher auch Dr. SACHS' Zahlen Schwankungen bis zu 25 % des Maximalwerthes zeigen. Drittens kann das unmittelbare Latenzstadium nicht dienen, um durch Subtraction vom mittelbaren Latenzstadium die Zeit der Fortpflanzung im Nerven zu finden, weil bei unmittelbarer Reizung die Zuckung auf allen Punkten des Muskels zugleich beginnt, bei mittelbarer Reizung nothwendig im Muskel selber Zeit verloren geht, ehe der Spannungszuwachs zur Wirkung gelangt,[4] und weil möglicherweise mit dem Uebergang des Reizes von Nerv auf Muskel ein unbekannter Zeitverlust verknüpft ist.

Ueber diese Punkte könnte man sich zur Noth noch hinwegsetzen. Ausserdem aber hat sich Dr. SACHS bei Messung von F geirrt. Bei der POUILLET'schen Methode in der ihr von Hrn. HELMHOLTZ ertheilten Form tritt bekanntlich die Schwierigkeit ein, dass der Strom, wenn er während der zu messenden kleinen Zeit τ einen hinreichenden Ausschlag

---

[1] Die Ausdrücke „belastet, überlastet, Belastung, Ueberlastung“ sind hier stets in dem besonderen, ihnen von Hrn. HELMHOLTZ ertheilten Sinne gebraucht. MÜLLER's Archiv u. s. w. 1850. S. 288. 289.

[2] Ueber die peripherischen Endorgane der motorischen Nerven. Leipzig 1862. 4°. S. 22.

[3] Ges. Abh. Bd. I. S. 222.

[4] Vergl. GAD im Archiv für Physiologie u. s. w. 1879. S. 250.

giebt, bei stetigem Flusse eine viel zu grosse Ablenkung erzeugt. Hr. HELMHOLTZ selber hat eine Art gelehrt, diese Schwierigkeit zu umgehen.[1] Anstatt sich ihrer zu bedienen, verfuhr Dr. SACHS folgendermaassen.

Zu dem die Bussole, den Froschunterbrecher und den Contact w_1 der HELMHOLTZ'schen Wippe enthaltenden zeitmessenden Kreise war der Compensator als Nebenleitung angebracht, so dass der Strom der zeitmessenden Kette sich zwischen jenem Kreise und einer Strecke des Nebenschliessdrahtes theilte. Bei den grosse Stromstärke erfordernden Zeitmessungen bildete die ganze Länge des Drahtes (1000 mm) Nebenleitung. Bei Beobachtung der beständigen Ablenkung zur Bestimmung von F dagegen stand die Schneide des KIRCHHOFF'schen Läufers auf 2 mm. Die beständige Ablenkung im letzteren Falle betrug 215 sc; um sie auf gleiche Einheit mit dem Ausschlag x zu reduciren, multiplicirte Dr. SACHS einfach 215 mit $\frac{1000}{2} = 500$, und seine chronoskopische Constante (s. oben) lautete also:

$$K = \frac{e \times 2 \cdot 1''}{500 \times 215}.$$

Sei W der Widerstand der Hauptleitung, L der des zeitmessenden Kreises, Λ der der ganzen Länge des Nebenschliessdrahtes, endlich λ der Widerstand der von den Enden des zeitmessenden Kreises umfassten Strecke des Nebenschliessdrahtes. Man hat $\lambda_{max} = \Lambda$, und $W + \Lambda =$ einer Constanten, C. Nun lässt sich zeigen, dass Dr. SACHS' Verfahren nur erlaubt war, wenn λ sowohl gegen L wie gegen C verschwand. Nur dann war die Stromstärke im zeitmessenden Kreise annähernd proportional der von den Enden dieses Kreises umfassten Strecke des Nebenschliessdrahtes.[2] An diese Bedingung scheint

[1] MÜLLER's Archiv u. s. w. 1850. S. 291. 292.

[2] Bei Gelegenheit von PETRINA's Vorschlag zur Graduirung der Galvanometer bemerkte POGGENDORFF, dass wenn der in einer Hauptleitung vom Widerstand r' erzeugte Strom sich zwischen einen Nebenschliessdraht vom Widerstand r und einen Galvanometerdraht vom Widerstand r'' verzweigt, die Stromstärke im Galvanometer dem Widerstand r nur so lange annähernd proportional gesetzt werden kann, als r sehr klein gegen r' und gegen r''. POGGENDORFF dachte sich dabei, wie bei seinem Compensationsverfahren, allein den Widerstand r veränderlich. Im Folgenden handelt es sich, wie bei meinem Compensationsverfahren, um den Fall, wo r (unser λ) auf Kosten von r' (unserem $W + \Lambda - \lambda$) vergrössert wird, folglich $r + r' = W + \Lambda$ = einer Constanten, C, ist. In diesem Falle tritt an Stelle von POGGENDORFF's Bedingung für die Proportionalität der Stromstärke im Galvanometer mit r die im Text ausgesprochene Bedingung (vergl. POGGENDORFF in seinen Annalen u. s. w. 1842. Bd. LVI. S. 328. Anm.; — PETRINA daselbst, Bd. LVII. S. 111 ff., und POGGENDORFF S. 115. Anm.; — Ges. Abh. Bd. I. S. 180. 181. 186, wo irriger Weise PETRINA die von POGGENDORFF erkannte Bedingung zugeschrieben ist).

Dr. SACHS nicht gedacht zu haben. Sie war in seinen Versuchen sicher nicht erfüllt. Der Widerstand des Nebenschliessdrahtes verschwand nicht gegen den der Hauptleitung, denn dann hätte bei Bestimmung der Graduationsconstanten nicht $m = \frac{275}{63}$ sein können (s. oben S. 141); und er verschwand auch nicht gegen den des Nebenzweiges, in welchem die Stromstärke der Länge des Nebenschliessdrahtes proportional sein sollte, denn das Bussolgewinde bestand nur aus der einen Hälfte einer Thermorolle (s. oben S. 137). Hierin lag ein weiterer Fehler der Anordnung, sofern es nach Hrn. HELMHOLTZ' Bemerkung wesentlich ist, dass der Widerstand des zeitmessenden Kreises gross genug sei, damit die Veränderungen der darin enthaltenen veränderlichen Widerstände dagegen verschwinden.[1]

Offenbar glaubte Dr. SACHS, dass für den nicht compensirten Zustand dasselbe Gesetz gelte, auf welchem mein Compensationsverfahren beruht. Nennt man λ und $n\lambda$ den Widerstand der Nebenschliessung bei zwei verschiedenen Stellungen des KIRCHHOFF'schen Läufers, wo n einen beliebigen Werth zwischen 1 und $\frac{\Lambda}{\lambda}$ haben kann, y und y_n die zu diesen Stellungen gehörigen Stromstärken, so setzte Dr. SACHS

$$y_n : y = n\lambda : \lambda,$$

folglich

$$y_n = n y.$$

Das wahre Verhältniss ist aber:

$$y_n : y = \frac{n\lambda D}{C(L+n\lambda) - n^2\lambda^2} : \frac{\lambda D}{C(L+\lambda) - \lambda^2}, \dots\dots (3)$$

welches in das von Dr. SACHS angenommene erst übergeht für λ sehr klein gegen L und gegen C, da man alsdann hat

$$y_n : y = n\lambda . \frac{D}{CL} : \lambda . \frac{D}{CL} = n\lambda : \lambda;$$

und wenn man für die Nenner der beiden Brüche in (3), welche die KIRCHHOFF'schen Combinationen der in Betracht kommenden Widerstände sind, beziehlich N_n und N setzt, hat man also vielmehr

$$y_n = n y . \frac{N}{N_n} \dots\dots\dots (4)$$

Es war daher nur täuschender Anschein und wieder einmal ein lehrreiches Beispiel der Tücken des Versuches, dass bei diesem Verfahren Dr. SACHS schliesslich zu einem Ergebniss gelangte, welches mit dem

[1] MÜLLER's Archiv u. s. w. 1850. S. 290.

erwarteten scheinbar auf das Befriedigendste übereinstimmte. Er fand das unmittelbare Latenzstadium $\tau_u = 0.00319''$, also noch kleiner als Hr. GAD, das mittelbare $\tau_m = 0.00506''$, woraus er die in dem 5 cm langen Nerven verlorene Zeit zu

$$\begin{array}{r} \tau_m = 0\cdot00506 \\ -\tau_u = 0\cdot00319 \\ \hline \tau_m - \tau_u = 0\cdot00187'', \end{array}$$

mithin die von der Reizung in 1'', bei der zeitigen Temperatur (28·8° im Zimmer, 30·6° im Freien) durchlaufene Strecke zu 26·7 m berechnet. Diese Zahl ist fast genau gleich der von Hrn. HELMHOLTZ ursprünglich, allerdings für die Temperatur von nur 11—21°, am Ischiadicus des Frosches gefundenen Mittelzahl, 26·4 m.

Ich hätte diesen Versuch gar nicht erwähnt, wenn nicht erstens dessen Ergebniss in den Reisebriefen gedruckt stände,[1] und also nicht zu übergeben war; wenn nicht zweitens auch die dort ebenfalls schon veröffentlichten Zeitmessungen am elektrischen Organ mit demselben Fehler behaftet wären; endlich wenn nicht drittens wenigstens versucht werden könnte, aus Dr. SACHS' Zahlen richtigere Schlüsse zu ziehen.

Der Bruch $\frac{N}{N_n}$ ist ein ächter Bruch, weil $W + \varLambda > \lambda(n+1)$ war. Denn $n\lambda$ war $= \varLambda$, und λ, $= 2$ mm des Nebenschliessdrahtes, war $< W$. Daraus folgt, dass in Dr. SACHS chronoskopischer Constanten

$$K = \frac{e \times 2\cdot1''}{500 \times 215}$$

(s. oben) der Nenner zu gross war. Die darin vorkommende 500 ist unser n und hätte nach Gleichung (4) also mit $\frac{N}{N_n}$ multiplicirt werden müssen. Es ist also auch K und weiterhin τ zu klein, also die von Dr. SACHS gefundene Fortpflanzungsgeschwindigkeit zu gross, und sein Latenzstadium zu kurz.

Wir haben nun aber die Mittel, den Bruch $\frac{N}{N_n}$ mit einiger Wahrscheinlichkeit auszuwerthen, und so an Dr. SACHS' Ergebniss die nöthige Berichtigung anzubringen. Dazu gehört nur, dass wir den verhältnissmässigen Werth der in N und N_n eingehenden Grössen kennen. λ ist $= 0\cdot002\,\varLambda$, $n\lambda = \varLambda$; es sind also nur noch W, $\varLambda$ und L relativ zu bestimmen. Da die von Dr. SACHS gebrauchten Instrumente in meinen Händen sind, bot dies keine Schwierigkeit. Ich setzte einen seiner

[1] A. a. O. S. 77 (1).

Daniell mit $SO_4H_2 : H_2O = 1 : 20$ an, wie er sie anwendete (s. oben S. 141), und ertheilte der Kette die Temperatur von 29—27°. Dann stellte ich einen Kreis her, in welchem sich dies Element, ein Quecksilberschlüssel und ein nur aus zwei Umgängen 1 mm dicken Kupferdrahtes bestehendes Gewinde im Geleise der Spiegelbussole befanden. Dieser Kreis musste merklich denselben Widerstand haben, wie die Hauptleitung vom Widerstand W in Dr. SACHS' Versuchen. Bei der sonst geringen Genauigkeit des ganzen Verfahrens konnten die Stromstärken getrost den Ablenkungen proportional gesetzt werden. Der in sich geschlossene Kreis lieferte die Stromstärke

$$I_1 = \frac{D}{W} = 449 \cdot 0^{sc}.$$

Nun wurde der Nebenschliessdraht des langen Compensators vom Widerstande $\varLambda$ in den Kreis aufgenommen, und man erhielt

$$I_2 = \frac{D}{W + \varLambda} = 98 \cdot 1.$$

Drittens wurde, anstatt des Nebenschliessdrahtes, in jenen Kreis eine Leitung aufgenommen, in der sich befanden: 1. bald die eine, bald die andere halbe Thermorolle von Dr. SACHS' Bussole; 2. die HELMHOLTZ'sche Wippe mit geschlossenem Contact w_1; 3. der Contact zwischen Stützstift und Stützplatte, und das Quecksilbergefäss des Froschunterbrechers. Diese Leitung endete am KIRCHHOFF'schen Läufer des langen Compensators, dessen Schneide auf 1000 stand. Ihr Widerstand kann sich von dem von uns L genannten in Dr. SACHS' Versuchen nicht merklich unterschieden haben. Er zeigte sich übrigens, wegen der drei festen Contacte, besonders aber wegen des veränderlichen Widerstandes zwischen dem Quecksilber und dem Eisengefäss[1] ziemlich unbeständig, da die oben S. 227 in Erinnerung gebrachte HELMHOLTZ'sche Vorschrift nicht befolgt war, den Widerstand des zeitmessenden Kreises passend zu erhöhen. Die Stromstärke in dem so zusammengesetzten Kreise war im Mittel aus sieben Beobachtungen, die zwischen 238 und 253 schwankten,

$$I_3 = \frac{D}{W + L} = 284 \cdot 5.$$

Hieraus findet man

$$W = 0 \cdot 00223\, D$$
$$\varLambda = 0 \cdot 00797\, D$$
$$L = 0 \cdot 00129\, D$$
$$\lambda = \frac{\varLambda}{500} = 0 \cdot 000016\, D,$$

[1] Ges. Abh. Bd. I. S. 205. 206.

woraus sich ergiebt

$$\frac{N_n}{N} = 2 \cdot 324, \quad K = \frac{N_n}{N} \cdot \frac{e \times 2 \cdot 1''}{500 \times 215} = 0 \cdot 00012'',$$

und da x und x_1, die Ausschläge bei mittelbarer und unmittelbarer Reizung, im Mittel von Dr. Sachs' Bestimmungen 95·3 und 58·5 betrugen, so findet sich das x_1 entsprechende Latenzstadium zu 0·00722″, über doppelt so gross wie nach Dr. Sachs' Berechnung, und mehr der gewöhnlichen Zahl von 0·01″ sich nähernd. Die Zeit $\tau - \tau_1$, welche die Fortpflanzung der Reizung im Nerven beanspruchte, ergiebt sich zu 0·00454″. Die Länge des Krötenfroschgastroknemius zu 40 mm angenommen, war die Länge seiner obersten Bündel etwa $\frac{2}{7} \times 40$ mm,[1] und die Hälfte davon, 5·7 mm, hätten wir bei Berechnung der Geschwindigkeit der Reizung im Nerven der 50 mm langen freien Nervenstrecke hinzuzufügen. Diese Geschwindigkeit (bei 28·8°) findet sich danach zu 12.3 m, nicht halb so gross wie nach Dr. Sachs' Berechnung.

Wie nahe diese Zahl der Wirklichkeit komme, ob bei den Kröten die Geschwindigkeit der Reizung kleiner sei als beim Frosch, lässt sich ohne weitere Versuche nicht sagen. Näher liegt vorläufig die Annahme, dass die Geschwindigkeit sich deshalb als zu klein herausstellte, weil von dem mittelbaren ein unmittelbares Latenzstadium abgezogen, und eine zu kleine Nervenlänge in Rechnung gebracht wurde.

3. Versuche über das Latenzstadium des Zitteraal-Schlages.

Um das Latenzstadium des Zitteraal-Schlages zu bestimmen, bediente sich Dr. Sachs eines Verfahrens ähnlich dem zweiten Marey'schen (s. oben S. 221), oder dem Helmholtz'schen Verfahren zur Bestimmung des zuckungerregenden Theiles der negativen Schwankung. Nur wandte er statt der graphischen Methode der Zeitmessung die Pouillet'sche Methode an, und da die elektrischen Nerven des Zitteraales durch einzelne Inductionsschläge nicht erregt werden, war er genöthigt, zur unmittelbaren Reizung des Organs seine Zuflucht zu nehmen.

Das in Fig. 50 *A*, *B*, Taf. III, abgebildete Versuchsschema ist im Wesentlichen dem Tagebuch entnommen. Man sieht das Stück Organ *VH* zwischen den Thonschildern der Zuleitungsgefässe liegen, von welchen Drähte zu der gleich näher zu besprechenden Doppelwippe *D W* führen. Ebendahin führen die Drähte von den dem Organ angelegten Thonspitzen der unpolarisirbaren Zuleitungsröhren. Diese be-

---

[1] Ges. Abh. Bd. II. S. 71.

zwecken natürlich, dem Organ, wie schon in früheren Versuchen, den Oeffnungsschlag der secundären Rolle *SR* des Schlitteninductoriums zuzuführen, in dessen primärem Kreise man die Sternsäule Σ erblickt. Der Oeffnungsschlag wird durch Handhabung der HELMHOLTZ'schen Wippe $W W_1$ in demselben Augenblick erzeugt, in welchem der zeitmessende Kreis geschlossen wird. In diesem erkennt man, ausser dem Contact W_1 der HELMHOLTZ'schen Wippe, die Bussole, diesmal mit 4000 Windungen, ein Stück vom Nebenschliessdraht des Compensators und den Froschunterbrecher.

Die von mir angegebene, im elektrophysiologischen Laboratorium unentbehrliche Doppelwippe (s. oben S. 140) entsteht bekanntlich einfach durch Kuppelung zweier POHL'schen Stromwender mit ausgenommenem Kreuz. Dr. SACHS hatte sich eine solche aus zwei POHL'schen Stromwendern zusammengesetzt, wozu nur nöthig ist, beide auf Einem Grundbrett passend zu befestigen, und die Wippen isolirt so mit einander zu verbinden, dass sie sich in Einem Stück bewegen. Was die Doppelwippe hier leistete, erklärt die Vergleichung der Hauptfigur *A* und der Nebenfigur *B*. Bei der in der Hauptfigur dargestellten Lage der Wippe leitet sie den Inductionsschlag dem Organ, und den dadurch erzeugten Organschlag der Reizungsröhre *Rr* des Unterbrechers zu. Bei der Lage *B*, welche die Nebenfigur zeigt, leitet die Wippe den Inductionsschlag zur Reizungsröhre, während die beiden Leitungen vom Organ her sich diesmal an ihr „todt laufen". Im Falle *B* ist also der zeitmessende Strom nur während der Zeit geschlossen, die über Fortpflanzung und Latenz der Reizung in Nerv und Muskel hingeht, im Fall *A* ist die Schliessungszeit grösser als das Latenzstadium des Schlages.

Das Stück Organ war 12 ^{cm} lang, und demselben ungemein kräftigen Fisch entlehnt, welcher die Präparate zu den Polarisationsversuchen hergegeben hatte (s. oben S. 217). Man darf annehmen, dass es ähnlich den früher verwandten Stücken auf der Aussenseite noch mit Haut bekleidet war (s. oben S. 188). Die Thonspitzen waren dem Stück Organ in 2 ^{cm} Abstand von einander angelegt. Der Krötenfroschgastroknemius im Froschunterbrecher war mit 80 ^{gr} belastet, mit 54 ^{gr} überlastet.[1] Die Versuche

[1] Es kommen später in Unzen angegebene Ueberlastungen vor, wobei Dr. SACHS die Unze zu 27 ^{gr} angiebt. Offenbar wurden im gegenwärtigen Falle zwei solche Unzen als Ueberlastung verwendet. Welche Unzen dies waren, erhellt nicht deutlich. Die Unze des früheren preussischen Medicinalgewichtes war = 29·23190 ^{gr}, die spanische Unze = 28·75239, was beides nicht passt. Am nächsten kommt Dr. SACHS' Angabe die portugiesische Unze = 26·86089 (s. BENJ. SCHOLZ, a. a. O. [oben S. 15. Anm. 5] S. 726). Vielleicht hatte sich Dr. SACHS in einer der Apotheken von Calabozo (s. oben S. 82) Gewichte zur Aushülfe geliehen.

wurden sehr gestört durch die oben S. 146 erwähnten spontanen Zuckungen der Krötenfroschmuskeln, so dass das Nervmuskelpräparat dreimal erneuert werden musste. Uebrigens geschah die Erregung des Organs bei anderem Abstand der secundären von der primären Rolle als die des Nervmuskelpräparates, nämlich jene bei 20—30, diese bei 300 mm Rollenabstand. Es ist anzunehmen, obschon es sich nicht gesagt findet, dass Organ- und Inductionsschlag gleiche Richtung im Nerven hatten.

So wurden drei Versuchsreihen angestellt, in welchen der Nerv des stromprüfenden Schenkels abwechselnd unmittelbar durch den Inductionsschlag und mittelbar durch den Organschlag gereizt wurde. Die Zahlen dieser Reihen stimmen so gut überein, wie nur zu erwarten. So wurde erhalten bei:

	1	2	3	4	5	6	7	8	9	10	11	12	13	14
mittelbarer Reizung . . .		70		90		70		70		71		82		
unmittelbarer Reizung . .	60		60		60		60		60		67		65	71

Das arithmetische Mittel der Zahlen bei mittelbarer Reizung ist 75·5,
das der Zahlen bei unmittelbarer Reizung ist . . . . 62·9.
Der Unterschied = 12·6,
nach anderen Versuchen zu 12·25 berichtigt, ist als x in die Formel

$$\tau = \frac{e \,.\, t_{max}}{F} \,.\, x$$

zu setzen, um das Latenzstadium des Schlages zu finden.

Abermals hat nun Dr. Sachs zur Bestimmung von F die Stärke des abgeleiteten Stromzweiges der aufgewendeten Länge des Nebenschliessdrahtes proportional gesetzt. Der zeitmessende Strom wurde diesmal von der halben Länge des Nebenschliessdrahtes, 500 mm, der stetige Strom von 5 mm dieses Drahtes abgeleitet. Im letzteren Falle betrug die Ablenkung 200 sc. Dr. Sachs setzte demgemäss $F = 100 \times 200$, und gelangte für das Latenzstadium am unmittelbar erregten Organe zu einem Werthe, der dem am Krötenfroschgastroknemius für das unmittelbare mechanische Latenzstadium vermeintlich gefundenen Werthe sehr nahe steht, nämlich 0·00349″, richtiger 0·00350″.[1]

Wir wollen nun wie oben mit Hülfe nachträglicher Messung auch hier eine Correction anbringen. Wir lassen den Buchstaben W, A und L im Wesentlichen ihre Bedeutung. W zeigte mit einem wie oben angesetzten Daniell, theils wegen eines nach Dr. Sachs' Versuchsschema hier noch in den Kreis eingeführten Pohl'schen Stromwenders (W in der

[1] Reisebriefe, a. a. O. S. 82 (6).

Figur), vorzüglich aber wohl wegen niedrigerer Temperatur der Kette, einen etwas grösseren Werth als oben S. 229, denn ich erhielt

$$I_1 = \frac{D}{W} = 429 \cdot 9^{sc}.$$

Mit dem Nebenschliessdraht im Kreise ergab sich

$$I_2 = \frac{D}{W + \varLambda} = 99 \cdot 0.$$

Das Verhältniss $I_1 : I_2$ ist beiläufig fast genau das von Dr. Sachs der Bestimmung der Graduationsconstanten an seinem Compensator zu Grunde gelegte (s. oben S. 141), woraus folgt, dass ich die Bedingungen des Versuches so gut wie möglich getroffen hatte.

Bei Bestimmung von L stiess ich auf eine Schwierigkeit. Wegen der Rolle von 4000 Windungen war der Widerstand dieser Leitung jetzt so gross, dass bei der Stellung A der ablenkenden Doppelwindung an der Bussole, welche die passende Empfindlichkeit für $\frac{D}{W}$ und $\frac{D}{W + \varLambda}$ gab, durch $\frac{D}{W + L}$ keine merkliche Wirkung erfolgte. Es wurde der Ausweg ergriffen, $\frac{D}{W + L}$ bei einer näheren Stellung B der Doppelwindung zu beobachten, und die beobachtete Ablenkung mit dem umgekehrten Verhältniss der Ablenkungen zu multipliciren, welche ein und derselbe Strom in den Stellungen A und B erzeugte. Bei der Stellung B war

$$I_3 = \frac{D}{W + L} = 12 \cdot 2.$$

Ein angemessen starker Strom gab von B aus $354 \cdot 9$, von A aus $13 \cdot 8^{sc}$ Ablenkung, also wäre bei der Stellung A

$$I_3 = \frac{D}{W + L} = \frac{13 \cdot 8}{354 \cdot 9} \times 12 \cdot 2 = 0 \cdot 47439$$

gewesen. Hieraus findet man

$$W = 0 \cdot 00233\, D$$
$$\varLambda = 0 \cdot 00777\, D$$
$$L = 2 \cdot 1057\, D$$
$$n\lambda = \frac{\varLambda}{2} = 0 \cdot 00389\, D$$
$$\lambda = \frac{\varLambda}{200} = 0 \cdot 000039\, D,$$
$$\frac{N_n}{N} = 1 \cdot 001,$$

woraus sich das Latenzstadium des Schlages, wie nach Dr. SACHS, zu

$$\frac{N_n}{N} \cdot \frac{e \times 2 \cdot 1'' \times 12 \cdot 25}{100 \times 200} = 0 \cdot 00350''$$

ergiebt.

Die am SACHS'schen Ergebniss anzubringende Berichtigung fällt hier so viel geringer aus als beim Nervmuskelpräparat, ja sie wird in der That ganz einflusslos, weil $n\lambda$ halb so gross, L über 1600 mal grösser ist, so dass die Bedingungen des Versuches sich denen nähern, unter welchen die Stärke des abgeleiteten Stromzweiges der aufgewendeten Nebenschliessdrahtlänge fast proportional wird. Wichtig ist, dass durch den ungleichen Betrag der Berichtigung der täuschende Anschein zerstört ist, als seien die unmittelbaren Latenzstadien des Schlages und der Zuckung fast genau gleich lang. Wäre obige Bestimmung des Latenzstadiums des Schlages zuverlässig, so ergäbe sich dagegen, dass dies Stadium mit Hrn. GAD's Latenzstadium am Muskelelemente nahe übereinstimmt.

Doch braucht wohl kaum gesagt zu werden, dass Dr. SACHS' Zahl keine grosse Genauigkeit beansprucht. Schon das ist fraglich, ob die Zuckung bei unmittelbarer Reizung durch einen Oeffnungsschlag und bei mittelbarer Reizung durch den Organschlag hinreichend gleich verlaufe, um den Verdacht auszuschliessen, dass die Verzögerung der Oeffnung des zeitmessenden Stromes in letzterem Falle nicht von der geringeren Plötzlichkeit des Organschlages, verglichen mit einem Oeffnungsschlage, herrührte. Aber Dr. SACHS selber macht in seinen Briefen aufmerksam darauf, dass seine Versuchsanordnung noch eine Fehlerquelle birgt, wodurch nicht bloss obige Zahl beeinflusst, sondern das Latenzstadium des Zitteraal-Schlages überhaupt noch in Frage gestellt würde. Hr. MAREY sandte, bei im Allgemeinen ähnlicher Anordnung, den Inductionsschlag durch die elektrischen Nerven des Zitterrochen-Organs. Der inducirte Kreis, wenn sonst gut isolirt, hing also bei ihm nur durch die elektrischen Nerven mit dem Kreise zusammen, in welchem sich das Organ und der Froschnerv befanden; eine ebenso sichere Anordnung wie die, deren wir uns zur Beobachtung der negativen Schwankung des Muskel- oder Nervenstromes durch elektrisches Tetanisiren bedienen. Die Unempfänglichkeit der elektrischen Nerven des Zitteraales für einzelne Inductionsschläge verhinderte, wie wir sahen, Dr. SACHS ebenso zu verfahren. Ein Blick auf die Hauptfigur lehrt, dass in Folge davon der Inductionsschlag sich zwischen das Organ und den Nerven verzweigte. Es entsteht also der Verdacht, dass die Zuckung des Nervmuskelpräparates nicht vom Organschlage, sondern von einem Zweige des Inductionsschlages herrührte. Als anderen Tages das Organ abgestorben, sauer und unwirksam war, fand Dr. SACHS, dass er bei

20—30 mm Rollenabstand den Abstand der den Inductionsschlag zuführenden Thonspitzen vervierfachen konnte, ohne dass Zuckung erfolgte. Erst bei ganz übereinandergeschobenen Rollen und noch grösserem Abstand der Spitzen fand sie sich ein. Das Krötenfroschpräparat war nicht ganz so empfindlich, wie die Tages zuvor benutzten, doch war der Unterschied klein.

Freilich tritt hier wieder das Bedenken ein, dass das gesäuerte Organ besser leitet als das überlebende (s. oben S. 186), daher am überlebenden Organ schon bei kleinerem Abstand der Thonspitzen Zuckung durch unmittelbare Einwirkung des schwächeren Inductionsschlages entstehen könnte. Die regelmässig beobachtete Verzögerung der Zuckung bei scheinbarer Reizung durch den Organschlag müsste man dann aus anderen Gründen, etwa aus Schwäche des Reizes, erklären. Leider versäumte Dr. Sachs zu untersuchen, ob die Zuckungen, welche er durch Abzweigung des Inductionsschlages vom gesäuerten Organ erhielt, dieselbe Verzögerung ihres Eintrittes zeigten, wie die dem Organschlage zugeschriebenen. „Unter diesen Umständen ist“, wie Dr. Sachs selber sagt, „der Versuch nicht so schlagend, wie zu wünschen wäre.“[1]

§ XXX. Zitteraal-Schlag und Muskelzuckung dauern ungefähr gleich lange.

1. Versuche am Froschunterbrecher.

Der erste Versuch, etwas über die zeitlichen Verhältnisse des Zitterfisch-Schlages zu erfahren, rührt von mir her. Ich zeigte 1857 mittels des Froschunterbrechers am Zitterwelse Folgendes.

Reizt man den Nerven des M. gastroknemius vom Frosch durch einen vom Schlag abgeleiteten Stromzweig, und lässt man den Gastroknemius durch seine Zuckung den Versuchskreis öffnen, in welchem sich die Bussole befindet, oder eine Nebenleitung zur Bussole wegräumen: so kann man durch Steigern der Ueberlastung im ersten Fall immer grössere Anfangs-, im zweiten immer kleinere Endabschnitte des Schlages ihren Weg durch die Bussole nehmen lassen. Bei hinreichender Ueberlastung eines kleinen Muskels[2] erreicht man einen Punkt, wo im ersten Falle die Ablenkung des Spiegels durch den Schlag nicht mehr wächst, im zweiten bei nicht polarisirbaren Sätteln nur noch ein schwacher und

[1] Reisebriefe, a. a. O. S. 82.
[2] Ges. Abh. Bd. I. S. 226; — Bd. II. S. 617. 660.

unbeständiger Rest des Schlages erscheint, bei polarisirbaren Sätteln deren Polarisation zum Vorschein kommt, welche ich so zum ersten Male nachwies. An grossen Zitterwelsen braucht man, um diesen Punkt zu erreichen, grössere Ueberlastungen, als an kleinen. Uebrigens gelingt es nicht so gut, wie ich gehofft hatte, mittels dieser Versuchsweise den in den Versuchskreis übergeleiteten Theil des Schlages zu regeln;[1] auch werden genauere Zeitbestimmungen nach dieser Methode durch den Umstand vereitelt, dass die Zeit bis zum Heben der Ueberlastung nicht dieselbe sein kann nach einem verschwindend kurzen Inductionsschlage und nach dem Anfang des Fischschlages.

Doch verhindert dies nicht, aus jenen Versuchen, wie ich es that, zu schliessen, dass die Dauer des Zitterwels-Schlages und die der Zuckung Grössen einerlei Ordnung seien, womit ich sagen wollte, dass beide Vorgänge ungefähr gleich lange dauern. Dies ist denn auch, dreizehn Jahre später, von Hrn. Marey am Zitterrochen mittels eines Pendelmyographions bestätigt worden (s. oben S. 221).

Dr. Sachs hat Versuche nach dem Plane des meinigen am Zitteraal angestellt. Sie zerfallen in mehrere Reihen. Die erste Reihe, bei der die Anordnung noch ziemlich roh war, kann übergangen werden; sie ist übrigens ausführlich in den Reisebriefen beschrieben.[2] Für die zweite Reihe diente die in Fig. 51 Taf. III abgebildete, mit einigen kleinen Aenderungen aus dem Tagebuche copirte Anordnung, welche zum Zweck hat, durch Umlegen einer Wippe den Hebel des Unterbrechers abwechselnd als Theil des Versuchskreises und als Nebenleitung zur Bussole anzuwenden.

Man erkennt den Zitteraal in seiner Batea, in welche er mittels des Kessers aus der Canoa übertragen wurde (s. oben S. 102). Es sind ihm die Ableitungssättel (s. oben S. 154) aufgesetzt. Im Troge liegen Kupferelektroden, von welchen Drähte sich zum Muskel G_I des Froschweckers und zu dem G_{II} des Unterbrechers gabeln. Jener wird unmittelbar gereizt, was die grosse Stärke des Zitteraal-Schlages erlaubt (s. oben S. 147), dieser mittels der Reizungsröhre ***R**r*.

Bei der in der Figur abgebildeten Lage der Wippe bildet der Hebel des Unterbrechers einen Theil des Versuchskreises. Die ausgezogenen Pfeile zeigen den entsprechenden Lauf des Stromes. Bei der anderen Lage der Wippe wird der Hebel zur Nebenleitung; dieser Stromvertheilung entsprechen die punktirten Pfeile.

Ueber die Belastung und die wachsenden Ueberlastungen, deren sich Dr. Sachs bei diesen Versuchen bediente, findet sich nichts gesagt.

[1] Ges. Abh. Bd. II. S. 637. 638.

[2] A. a. O. S. 73 (3).

Man kann indess aus der folgenden Versuchsreihe entnehmen, dass sie nach den schon oben S. 232 Anm. erwähnten Unzen zu 27 ^{gr} bemessen waren. Je grösser die Ueberlastung war, um so kleiner wurde der Ausschlag durch den Fischschlag, wenn der Hebel Nebenleitung bildete; um so grösser der Ausschlag, wenn der Hebel Theil des Versuchskreises war.

Dr. SACHS fasst in den Reisebriefen diese Versuche in die Worte zusammen: „Zuckung und Schlag sind Zeitgrössen von einerlei Ordnung.[1] „...... Man kann durch den Froschunterbrecher den Schlag des Gym- „notus in zwei Theile theilen, und den Theil der Curve vor und nach „der zuckungerregenden Stelle durch das Galvanometer gehen lassen (in- „dem nämlich der Muskel einmal die Hauptleitung, das andere Mal „eine Nebenleitung öffnet). Es zeigt sich, dass der Theil der Curve vor „der zuckungerregenden Stelle eine weit geringere Wirkung hat. - Die „Hauptwirkung des Schlages liegt im zweiten Theile.“[2]

2. Hrn. MAREY's Lehre von den Theilentladungen, aus denen der Schlag der Zitterfische sich aufbaut.

Diese Ergebnisse stehen mit meinen Erfahrungen am Zitterwels im besten Einklange. Doch darf nicht verschwiegen werden, dass nach neueren, von Hrn. MAREY mit anderen Versuchsweisen gewonnenen Einsichten die nach meiner Methode am Froschunterbrecher angestellten Versuche nur ein unvollständiges Bild vom zeitlichen Verlaufe des Zitterfisch-Schlages am lebenden Thiere geben. Indem Hr. MAREY diesen Verlauf beim Zitterrochen mittels des schon oben S. 222 erwähnten MARCEL-DEPREZ'schen Signalschreibers, des LIPPMANN'schen Capillar-Elektrometers und auch des Telephons[3] prüfte, fand er die willkürliche Entladung des Thieres aus einer dichtgedrängten Reihe von Stromstössen bestehend, welche er *Flux électriques* nennt, und den einzelnen Zusammenziehungen vergleicht, aus denen eine tetanische Zuckung sich aufbaut. Wir wollen sie, im Gegensatz zu den Streckenentladungen (s. oben S. 151), Theilentladungen nennen. Diese Stromstösse sind sichtlich die elementaren Vorgänge im Organ. Bei Reizung von den elektrischen Nerven aus erhält man nur einen solchen Stromstoss, und dessen Dauer ist es, welche Hr. MAREY mittels der oben S. 221 erwähnten Versuche zu $^1/_{14}$ oder 0·07 Secunde bestimmte. Schlägt das Thier willkürlich auf Misshandlung oder reflectorisch auf Hautreize, so erzeugt es eine kürzere oder längere, mehr oder minder dichte Reihe solcher Strom-

---

[1] A. a. O. [2] A. a. O. S. 77 (3).

[3] Comptes rendus etc. 17 Février 1879. t. LXXXVIII. p. 320.

stösse. Deren Zahl kann sehr verschieden sein; sie hängt ab von der grösseren oder geringeren Energie, womit das Thier reagirt, und sinkt deshalb mit dessen wachsender Ermüdung oder mit Erkältung. In der Regel folgen sich etwa 25 Stösse mit einer Geschwindigkeit von 100—200, im Mittel 150 in der Secunde.[1]

Danach würde jede Gesammtentladung aus einer treppenförmigen Häufung zahlreicher Theilentladungen sich aufbauen; die nach meinem Verfahren am Froschunterbrecher gemessene Dauer des Schlages, welche mit der Zuckungsdauer ungefähr zusammenfällt, wäre die Dauer der zusammengesetzten Gesammtentladung, von welcher entweder der vordere oder der hintere Theil abgeschnitten würde. Aus 25, sich zu 150 in der Secunde folgenden, 0.07″ dauernden Theilentladungen ergiebt sich eine Dauer der Gesammtentladung von $\frac{24''}{150} + 0{\cdot}07'' = 0{\cdot}23''$. Je nach der Zahl der Theilentladungen würde also die Dauer einer willkürlichen Gesammtentladung zwischen 0·14 und 0·23″ schwanken, was zu meiner Bestimmung hinlänglich passt, wonach Schlag- und Zuckungsdauer ungefähr gleich sind.

Uebrigens scheint es nicht, als ob die Zusammensetzung der Gesammtentladungen der Zitterfische aus Theilentladungen die Ursache der eigenthümlich schwirrenden oder zitternden Empfindung sei, welche den Schlag begleitet (s. oben S. 129), und den elektrischen Fischen im Französischen, Spanischen, Holländischen ihren Vulgärnamen, *Tremble*, *Anguille tremblante*, *Temblador*, *Sidder-visch* verschafft hat, wonach das deutsche Zitterfisch gebildet ist. Dazu folgen sich die Marey'schen Theilentladungen zu schnell, und die Gesammtentladung dauert zu kurze Zeit. Vielmehr ist zu glauben, dass diese Empfindung von aufeinander folgenden Gesammtentladungen herrührt, welche auch halb und halb verschmelzen mögen, so dass Maxima und Minima der die Maxima der Theilentladungen verbindenden Curve entstehen, und so gleichsam eine doppelt tetanisirende Ktenoïde herauskommt.

Ich lasse dahingestellt, wiefern in der Zusammensetzung des Schlages aus Theilentladungen, in deren Stärke und Aufeinanderfolge allerlei Schwankungen denkbar sind, vielleicht der Grund dafür zu suchen sei, dass der Froschunterbrecher den einen von ihm erwarteten Dienst so auffallend schlecht leistete, nämlich die Wirkung der Gesammtentladungen am Zitterwelse gleichmässiger zu machen.[2]

---

[1] Physiologie expérimentale. Travaux du Laboratoire de M. Marey. III. Année 1877. Paris 1877. p. 14—62.

[2] Ges. Abh. Bd. II. S. 638.

Wie dem auch sei, Hr. MAREY hat neuerlich auch an zwei lebend nach Paris gelangten Zitteraalen (s. oben S. 114) die Theilentladungen und die Abhängigkeit ihrer Periode von der Energie des Thieres und von der Temperatur ganz wie am Zitterrochen beobachtet.[1]

§ XXXI. Polarisation metallischer Elektroden durch den Zitteraal-Schlag.

In einer dritten, von Dr. SACHS nach demselben Plane wie die beiden vorigen angestellten Reihe hatte der Versuch die Form, welche ich ihm am Zitterwelse zum Nachweis der Polarisation der Elektroden gab,[2] d. h. der Hebel bildete eine Nebenleitung zur Bussole. Das Schildpatt-Zwischenstück, mittels dessen der Muskel am Hebel angreift, war verloren gegangen, und durch einen aus Thermometerrohr gebogenen Doppelhaken ersetzt. Der Muskel war stets überlastet; die Ueberlastungen sind meist in Unzen zu 27^{gr} angegeben (s. oben S. 232 Anm). Die Belastung geschah stets mit Einer solchen Unze. An der Bussole, deren Ringspiegel eben aperiodisch war, befand sich, zunächst auf Null, eine halbe Thermorolle.

Der Zitteraal war ein meterlanges, recht munteres Thier. Während Dr. SACHS am Fernrohr sass, wurde von einem Gehülfen der Schlag durch ruhiges Aufsetzen der Sättel abgeleitet. Sofort nach dem Schlage wurden sie wieder abgehoben. Da bei geschlossener Nebenleitung noch 10^{sc} Ausschlag erfolgten, schaltete Dr. SACHS zwischen jeden Sattel und die Nebenleitung eine Drahtrolle als Widerstand ein, worauf bei geschlossener Nebenleitung auch die kräftigsten Schläge wirkungslos blieben. Zur Controle, dass der Muskel im Unterbrecher gezuckt habe, diente Zerreissung des Quecksilberfadens.

Im folgenden Versuchsprotocoll zeigt das Pluszeichen die absolut positive Richtung des Schlages vom Schwanz zum Kopf im Organ, das Minuszeichen die entgegengesetzte Richtung an.

Nummer der Versuche			
1.	Offene Nebenleitung	$+ 160^{sc}$	
2.	5^{gr} Ueberlastung	Faden aus der Scale positiv	Vermuthlich mehr als ein Schlag.
3.	1 ℥ „	$+ 60^{sc}$	

[1] Comptes rendus etc. L. c. p. 319. 320; — 13 Octobre 1879. t. LXXXIX. p. 630.

[2] S. oben S. 236. 237; — Ges. Abh. Bd. II. S. 658.

Nummer des Versuches			
4.	2 ʒ Ueberlastung	+ 58	
5.	3 „ „	+ 140	
6.	4 „ „	+ 70	
7.	5 „ „	+ 100	
8.	6 „ „	+ 100	
9.	Offene Nebenleitung	+ 90	Bei einem 2. und 3. Schlage Faden weit aus der Scale.
10.	7 ʒ Ueberlastung	− 70	
11.	7 „ „	− +	Kleiner falscher Vorschlag, dann richtig.
12.	7 „ „	− +	Kleiner falscher Vorschlag, dann richtig.
13.	5 „ „	+ −	Kleiner richtiger Vorschlag, dann falsch.
14.	Offene Nebenleitung	+ 200	Zwei Schläge.
15.	„ „	+ 140	Nur ein Schlag.
16.	5 gr Ueberlastung	+ Vorschlag. − 30	
17.	1 ʒ „	+ 30	
18.	2 „ „	+ 100	Zwei Schläge.
19.	3 „ „	+ 200	
20.	4 „ „	− Vorschlag + 20	Es schienen zwei Schläge zu sein.

Die Sättel, ohne den Fisch zu berühren, in's Wasser getaucht geben eine rasch sinkende Ablenkung von + 5 sc.

21.	Offene Nebenleitung	Weit aus der Scale im positiven Sinne.	
22.	5 ʒ Ueberlastung	− Vorschlag. + 30	
23.	6 „ „	− 60	
24.	7 „ „	Muskel hebt nicht mehr.	
25.	Offene Nebenleitung	+ 100	Es schienen zwei Glockentöne zu sein.
26.	Ohne Ueberlastung	+ 100	
27.	Offene Nebenleitung	+ 130	
28.	1 ʒ Ueberlastung	− Vorschlag. + 90	
29.	2 „ „	− 70	
30.	Offene Nebenleitung	+ 100	
31.	1 ʒ Ueberlastung	− Vorschlag. + 70	
32.	2 „ „	+ 80	

Der Haüy'sche Stab wird 3 mm näher gerückt, und die Bussolrolle auf 20 mm entfernt, so dass bei ungefähr gleicher Empfindlichkeit der (überaperiodische: $\varepsilon > n$) Magnet sich langsamer bewegt.

Nummer des Versuches			
33.	1 ℥ Ueberlastung	— 48	
34.	5 gr „	— 5	
35.	Ohne „	+ 75	
36.	Offene Nebenleitung	+ 80	
37.	5 ℥ Ueberlastung	— 98	Hebung sehr gering, der Quecksilberfaden muss sehr knapp eingestellt werden, damit er noch zerreisse.
38.	4 „ „	— 30	
39.	3 „ „	— 70	
40.	2 „ „ } zweimal	— Spur?	
41.	2 „ „ } zweimal	+ 90	
42.	Nebenleitung dauernd	0	
43.	Offene Nebenleitung	+ 70	
44.	1 ℥ Ueberlastung	— 70	Hebung sehr gering.
45.	5 gr „	+ 100	

Nach Beendigung dieser Versuche geben die Sättel, in etwa 30^{cm} Abstand dem Fisch aufgesetzt, den die Drähte haltenden Fingern noch höchst schmerzhafte Schläge.

Dr. Sachs selber hat in den Reisebriefen diese Versuche weitläufiger erörtert, als irgend eine andere seiner Erfahrungen. „Das Letzte“, sagt er, „was ich in experimenteller Hinsicht am Gymnotus unternommen „habe, war eine Versuchsreihe mit dem Froschunterbrecher, wobei die „Zuckung eine Nebenschliessung zur Bussole (aperiodischer leichtester „Spiegel) öffnete und somit den letzten Theil des Schlages zur Anschauung „brachte. Die verschiedene Grösse der Ueberlastung setzte mich in den „Stand, das Abschneiden an beliebigen Stellen der Schlagcurve eintreten „zu lassen. Der Schlag wurde mittels der Stanniolsättel abgeleitet. Ich „hatte geglaubt, dass der Ausschlag mit zunehmender Ueberlastung in „regelmässiger Weise abnehmen werde, überzeugte mich aber bald, dass „auf eine solche Regelmässigkeit bei dieser Versuchsweise nicht zu „rechnen ist. Im Grossen und Ganzen, namentlich beim Ziehen gewisser „Summen, giebt sich jedoch das Abnehmen der Wirkung unzweifelhaft „zu erkennen. Indem ich nun zu den sechs Unzen Ueberlastung, die „ich schon aufgelegt hatte, noch eine siebente hinzufügte, sah ich zu „meiner grössten Ueberraschung und zum ersten Mal nach dreimonat„lichen Versuchen eine negative Wirkung: der Faden flog nach der „falschen Seite“ (vergl. das Protocoll, Versuch 10). „Indem ich nun „mehrfach erst den ganzen Schlag durch die Bussole gehen liess, dann „eine Nebenleitung anlegte und diese zunächst durch den belasteten, „dann durch den immer stärker überlasteten Muskel öffnen liess, über„zeugte ich mich unzweifelhaft, dass der elektrische Vorgang unter diesen „Umständen eine negative Phase hat, vielleicht mehr als eine. Die

„stärksten Ueberlastungen geben stets rein negative Ausschläge, bei ge„ringeren Ueberlastungen dagegen erhält man nicht selten sowohl richtige „Ablenkung mit einem kleinen falschen Vorschlage, als falsche Ablenkung „mit richtigem Vorschlage. Das erste dieser beiden „Doppelbilder“ er„klärt sich vielleicht durch die Annahme, dass der Fisch doppelt ge„schlagen habe, wobei dann der Magnet noch auf dem Wege, den ihm der „negative Stromstoss vorschrieb, von dem übermächtigen positiven Theil „eines neuen Schlages ereilt wird. Zwar ist nur in einem einzigen solchen „Fall“ — Versuch 20 — „notirt, dass am Froschwecker zwei Glocken„töne hörbar waren, aber selbst unzweifelhafte Doppelschläge markiren „sich am Froschwecker mitunter nur in sehr zarter „Weise, und meine Aufmerksamkeit war naturge„mäss auf Faden und Scale gerichtet. Pflichtet man „jener Erklärung bei, der zunächst nichts entgegen„steht, so bleibt nur das zweite Doppelbild und „die unzweifelhaft constatirte negative Schlussphase. „Beide erklären sich, wenn man der Stromcurve „im Versuchskreis die in beistehender Figur (Fig. 52) „sichtbare Gestalt giebt. Eine weitere Frage ist nun aber, ob der negative „Theil der Curve wirklich dem Schlage zugehört oder ob er auf der „Polarisation an den Sätteln beruht. Der Umstand, dass Sie unter „denselben Versuchsumständen am Zitterwels nie negative Wirkungen „auf den Magnet beobachtet haben, scheint freilich gegen letztere An„nahme zu sprechen. Dann wäre also wahr, was Sie für überaus un„wahrscheinlich erklärten und was durch meine zahlreichen Magnetisi„rungsversuche hinreichend widerlegt schien, — dass der Schlag des „Zitteraales alternirender Natur ist. Aber um diesen wichtigen Schluss „zu sichern, muss die obige an sich so leichte Versuchsreihe wiederholt „und wesentlich verbessert werden. An die Stelle der Sättel müssen „unpolarisirbare Elektroden treten, an die Stelle der höchst unzuverlässigen, „sehr zu spontanen Zuckungen neigenden Krötenpräparate unsere vor„trefflichen Frösche“ (s. oben S. 233). „Dies allein ist Grund genug für „mich, auf die Mitnahme lebender Tembladoren unter keinen Umständen „zu verzichten, trotz der schmählichen Niederlage, die ich mit dem „ersten Transport bereits erlebt habe.“[1]

Fig. 52.

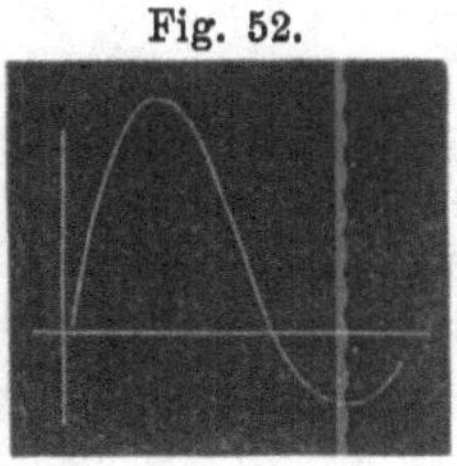

Mit dieser Auseinandersetzung bin ich nicht überall einverstanden. Zunächst irrt Dr. Sachs, wenn er sagt, ich hätte unter denselben Versuchsumständen, wie er am Zitteraal, am Zitterwelse nie negative Wirkungen auf den Magnet beobachtet, denn nie befand ich mich unter

[1] A. a. O. S. 87. 88.

denselben Umständen. Zufällig kam ich nicht in die Lage, meine stanniolbelegten Ableitungsdeckel mit grosser Ueberlastung des eine Nebenleitung öffnenden Muskels anzuwenden. Zinn ist erheblich weniger polarisirbar als Kupfer, aber noch erheblich mehr polarisirbar als Zink,[1] und ich zweifle nicht, dass sich unter diesen Bedingungen negative Ausschläge gezeigt haben würden, wenn auch weit schwächer, als mit den Platinsätteln, deren ich mich natürlich zum Nachweis der Polarisation von Elektroden durch den Zitterwels-Schlag bediente.

Es fehlt also auch an jedem Grunde, die rein negativen Ausschläge in den obigen Versuchen 10, 23, 29, 33, 34, 37, 38, 39, 44, und die negativen Ausschläge mit positivem Vorschlage (13 und 16) einer anderen Ursache zuzuschreiben, als der Polarisation der stanniolbelegten Guttaperchasättel. Schade ist freilich, dass Dr. Sachs diese Versuche nicht abwechselnd mit stärker und mit schwächer polarisirbaren Metallen anstellte, da er dann abwechselnd negative und positive Ausschläge erhalten hätte.

Nicht ganz so sicher erklären sich die Fälle 11, 12, 20, 22, 28, 31, 40, 41, in welchen einem negativen Vorschlag ein positiver Ausschlag folgte. Doch hat Dr. Sachs selber, in der angeführten Stelle der Reisebriefe und im Tagebuch, eine naheliegende Erklärung angedeutet. Sie werden verständlich, wenn man sich denkt, dass der Fisch zweimal schlug, dass zwischen beiden Schlägen eine kurze Zeit verfloss, während deren die Polarisation der Zinnelektroden sich abglich, und dass in diese Zeit die Oeffnung der Nebenleitung durch den Muskel fiel. In Einem Falle der Art (20) wurden sogar wirklich zwei Schläge wahrgenommen, und Dr. Sachs gesteht zu, dass in den übrigen Fällen die Zwiefachheit des Schlages ihm leicht habe entgehen können.

Soweit indess ist Dr. Sachs' Auseinandersetzung klar und folgerichtig. Unverständlich und inconsequent erscheint es nun aber, wenn er, nachdem er von einem negativen Stromstoss am Ende des ersten Schlages sprach, worunter er nur den Polarisationsstrom verstehen kann, in derselben Erörterung fortfahrend sich zweifelhaft darüber äussert, ob der negative Ausschlag nach positivem Vorschlag auf Polarisation beruhe, und trotz seinen Magnetisirungsversuchen zur Meinung sich neigt, dieser Ausschlag rühre von Zeichenwechsel des Schlages selber her. Dr. Sachs' Wiederholung des Savary'schen Versuches mit dem Zitteraal-Schlage hat zwar, wie wir oben S. 168 sahen, den Grad von Sicherheit nicht, welchen er selber ihr beimisst. Auch der Umstand, dass der Zitteraal-

[1] Fechner's Lehrbuch des Galvanismus und der Elektrochemie. Leipzig 1829. S. 273; — Wiedemann, Die Lehre vom Galvanismus. 2. Aufl. Braunschweig 1872. S. 698. 699. 700.

Schlag keinen secundären Jodfleck liefert, gewährt für die Einsinnigkeit des Schlages keine unbedingte Bürgschaft (s. oben S. 167). Andererseits fehlt es an jedem Grunde, ausgenommen etwa einem teleologischen, Zeichenwechsel des Schlages zu vermuthen, und erst dann dürfte ernstlich davon die Rede sein, wenn Erscheinungen zu Tage träten, die zunächst auf keine andere Weise sich erklären liessen. Dies ist, wie man sieht, hier durchaus nicht der Fall, daher ich Dr. Sachs' Versuche einfach so auffasse, wie die Ueberschrift dieses Paragraphen es besagt, nämlich als Nachweis der Polarisation metallischer Elektroden durch den Zitteraal-Schlag.

Auffallend ist die geringe Ueberlastung, bei welcher Dr. Sachs schon doppelsinnige oder rein negative Ausschläge erhielt. Die höchsten von ihm angewendeten Ueberlastungen (7 ℥) betrugen überhaupt nur 189 ^{gr}, und gegen das Ende der Versuchsreihe erzielten viel kleinere Gewichte den gleichen Erfolg. Bei einem kleinen und schwachen Zitterwels kam ich auch mit 50—100 ^{gr} aus; bei einem grossen und kräftigen brauchte ich aber dazu 300—350 ^{gr}.[1] Es liegt nahe diesen Unterschied der grösseren Trägheit der Krötenfroschmuskeln zuzuschreiben.

§ XXXII. Versuch die Dauer des Zitteraal-Schlages an einem Stück Organ zu messen.

Schliesslich versuchte Dr. Sachs die Dauer des von einem unmittelbar gereizten Stück Organ ausgehenden Schlages mittels des Pendelrheotoms zu messen. Der Versuchsplan war folgender. Die eine Rheotomschneide, *s*, sollte durch Austauchen aus ihrer Quecksilberrinne den inducirenden Kreis des Inductoriums im Augenblick *r* (Fig. 53)[2] öffnen, und eine veränderliche kleine Zeit *rt* nachher sollte die andere Schneide σ durch Eintauchen in ihre Rinne ϱ den Bussolkreis schliessen.

Fig. 53.

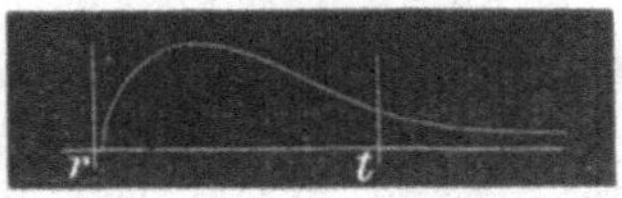

Zeigte sich an der Bussole der durch den Oeffnungsschlag erzeugte Schlag des Organs, so konnte dessen Dauer bestimmt werden, indem man die Zeit *rt* verlängerte, bis nichts mehr vom Schlage zu sehen war. Fig. 54 Taf. I zeigt die Anordnung, durch welche Dr. Sachs diesen Plan verwirklichte.

Man erkennt leicht das zwischen den Zuleitungsgefässen in gewohnter Art aufliegende Organstück. Im Kreise der Gefässe befanden

[1] Ges. Abh. Bd. II. S. 638. 661. 662.

[2] Reisebriefe, a. a. O. Fig. 5.

sich 1. die Bussole mit ihren beiden Hydrorollen auf Null, und möglichst stark astasirtem Spiegel ($\varepsilon > n$); 2. die eine Schneide *s* und Quecksilberrinne *r* des Rheotoms. Der Organstrom wurde in hergebrachter Weise compensirt. Die punktirte Nebenschliessung $\alpha\beta\gamma$ diente dazu, bei nicht in die Quecksilberrinne tauchender Schneide σ den Zustand des Bussolkreises zu prüfen.

Dem Organstück lagen seitlich die Thonspitzen $\mathfrak{s}$, $\mathfrak{s}'$ der unpolarisirbaren Zuleitungsröhren an, und führten ihm den Inductionsschlag zu, den in der secundären Rolle *SR* des Schlitteninductoriums Oeffnen des Stromes der Sternsäule Σ im primären Kreise erzeugte. Das Oeffnen geschah durch Austauchen der Schneide *s*, nachdem sie während des Falles des Pendels eingetaucht war. Um aber den beim Eintauchen entstehenden Schliessungsschlag vom Organstück abzublenden, diente die punktirte Nebenschliessung $\delta\varepsilon\zeta$, welche das Pendel selber wegräumte, nachdem die Schneide in das Quecksilber eingetaucht war. In dieser Schliessung befand sich nämlich eine in Quecksilber tauchende Spitze, welche das Pendel mittels eines über eine Rolle gehenden Fadens aus dem Quecksilber hob. Das Pendel fiel stets aus der Ablenkung um 15^{0} herab.

Es wurde die günstige, der Richtung des Zitteraal-Schlages im Organ entgegengesetzte Richtung des Oeffnungsschlages gewählt (s. oben S. 184). Bei 30^{mm} Rollenabstand betrug der auf den Schlag zu beziehende Unterschied der Ablenkung bei der Schliessung und bei der Oeffnung 100^{sc}. Wegen der Länge der Organstücke belief sich die Organstromkraft diesmal auf + 0·048 bis 0·081. Die Versuche begannen mit der oberen Linse auf 60^{mm} von der Schneide des Pendels, und einem Winkelabstand von $2^1/_2{}^0$ zwischen Austauchen der Schneide *s* und Eintauchen der Schneide σ. Man erhielt 12^{sc} Ausschlag im richtigen Sinne. Schon glaubte Dr. Sachs des Erfolges sicher zu sein. Als aber die Bewegung des Pendels durch Heben der Linse, zuletzt bis auf 135^{mm} (s. oben S. 208), mehr und mehr verlangsamt wurde, verschwand jene Ablenkung keineswegs und verminderte sich nur um etwa ein Viertel ihres Betrages. Sie rührte also wohl nicht vom Schlage her, der dann eine sehr unwahrscheinliche Dauer hätte haben müssen, und als man die Richtung des Oeffnungsschlages umkehrte, zeigte sich in der That, dass genau dieselbe Wirkung nun nach der anderen Seite erfolgte. Entfernte man das Stück Organ und setzte die Thonspitzen unmittelbar den Bäuschen auf, so verschwand die Wirkung, zum Beweise, dass sie nicht etwa vom Eindringen des Inductionsschlages in den Bussolkreis herrührte, sondern vom Organ ausging. Sie war offenbar auf die oben beschriebene Polarisation des Organes zu beziehen, und erschien unter diesem Lichte völlig gesetzlich, als negative Polarisation durch den dem Organschlag entgegengesetzten Oeffnungsinductionsschlag.[1]

Man konnte hoffen, durch Verkürzung der Zeit zwischen dem Austauchen von Schneide *s* und Eintauchen von Schneide *σ* den Schlag des Organs abzufangen. Es wurde daher die Bewegung des Pendels durch gänzliches Entfernen der Linse beschleunigt. Doch reichte dies nicht aus, um eine von der Richtung des Inductionsschlages unabhängige, also dem Organschlage zuzuschreibende Wirkung zu erhalten. Dr. Sachs verminderte nun also den Zwischenraum der Quecksilberkuppen zuerst auf $1^{1}/_{2}{}^{0}$, dann auf 1^{0}, endlich auf $^{3}/_{4}{}^{0}$. Jetzt zeigte sich die Ablenkung ein paar Mal grösser als sonst und schlagartig schnell, und es ist wohl anzunehmen, dass in diesen Fällen ein Stück des Schlages abgefangen wurde. Indessen ist bei so kleinem Zwischenraum der Kuppen die Unsicherheit der Augenblicke des Aus- und Eintauchens zu gross, um eine wirkliche Messung zu gestatten. Immerhin glaubt Dr. Sachs mit völliger Bestimmtheit aus diesen Versuchen schliessen zu können, dass der durch einen Oeffnungs-Inductionsstrom erzeugte Schlag eines 10^{cm} langen prismatischen Stückes vom Zitteraal-Organ noch nicht $^{1}/_{50}$ Secunde dauert.[2]

Diese Behauptung gründet sich auf folgende, im Tagebuche aufgezeichnete Versuchsreihe. Ein vom Nebenschliessdraht des Compensators abgezweigter Strom wurde von der Bussole durch drei Nebenleitungen abgeblendet. In der ersten befand sich die oben erwähnte Spitze in Quecksilber. Die zweite wurde durch das Eintauchen der Schneide *s* in die zugehörige Quecksilberrinne *r* geschlossen. Nachdem das von 15^{0} fallende Pendel diese zweite Nebenleitung hergestellt hatte, öffnete es durch den schon oben beschriebenen kleinen Mechanismus die erste Nebenleitung. Endlich nach Austauchen von *s* wurde die dritte Nebenleitung durch Eintauchen der Schneide *σ* in ihre Rinne *ϱ* dauernd geschlossen. So durchfloss der Strom also die Bussole nur während der zu bestimmenden Zeit *τ* zwischen Austauchen von *s* aus *r* und Eintauchen von *σ* in *ϱ*, und *τ* konnte nach der von Hrn. Helmholtz verbesserten Pouillet'schen Methode aus dem Ausschlage berechnet werden, den ein während der Zeit *τ* den Bussolmagnet treffender Stromzweig des in der Hauptleitung des Compensators befindlichen Daniells erzeugte. Bei Beobachtung dieses Ausschlages stand der Kirchhoff'sche Läufer auf 500, bei Beobachtung der sich auf 165^{sc} belaufenden beständigen

---

[1] Nur hierauf kann sich die Angabe der Reisebriefe beziehen: „An einem spä„teren Tage wurde die Polarisation nach Oeffnungsschlägen des Schlitteninductoriums „ermittelt." A. a. O. S. 80.

[2] Reisebriefe, a. a. O. S. 83.

Ablenkung nur auf 10^{mm} der Compensatorscale. Dr. SACHS setzte demnach diesmal seine chronoskopische Constante

$$K = \frac{e \times 2 \cdot 1''}{50 \times 165},$$

und folglich die Zeit

$$\tau = \frac{e \times 2 \cdot 1''}{50 \times 165} \cdot x.$$

Betrug die Winkelbewegung des Pendels während der Zeit τ, zwischen Austauchen von s und Eintauchen von σ, nur noch 1^0, so erhielt er (im Mittel aus vier Versuchen)

$$x = 34^{sc},$$

woraus

$$\tau = 0 \cdot 02353'' = \frac{1''}{42 \cdot 5}$$

sich ergeben würde. Für eine so kleine und der Senkrechten so nahe Winkelbewegung des Pendels kann dessen Geschwindigkeit als constant angenommen werden. Um die Zeit τ für $^3/_4{}^0$ zu finden, setzte Dr. SACHS daher

$$1^0 : {}^3/_4{}^0 = \frac{1''}{42 \cdot 5} : \frac{1''}{56 \cdot 6}.$$

Wie man leicht bemerkt, beging er bei dieser Messung wieder denselben Fehler, dem wir schon zweimal, oben S. 227 und S. 233, begegneten. Er nahm zwischen der Stärke des Stromzweiges im Bussolkreise des Compensators und der aufgewendeten Länge des Nebenschliessdrahtes die Proportionalität an, welche strenge nur für den Fall des Gleichgewichtes im Bussolkreise, annähernd nur für den Fall gilt, dass der Widerstand der aufgewendeten Strecke vom Nebenschliessdraht verschwindet gegen den Widerstand des Bussolkreises und gegen den der Hauptleitung + dem des ganzen Nebenschliessdrahtes. Wir sahen indessen schon oben S. 235, dass mit der Schneide des KIRCHHOFF'schen Läufers auf 500 und mit 4000 Windungen im Bussolkreise die wegen dieses Umstandes an der SACHS'schen Zahl anzubringende Berichtigung ganz einflusslos war. Vollends ist sie dies hier, wo die vierfache Anzahl von Windungen sich im Bussolkreise befand, und ich führe deshalb die Rechnung nicht erst noch aus. Soweit diese Zeitmessung dabei in Betracht kommt, kann man Dr. SACHS' Bestimmung gelten lassen, dass der in einem 10^{cm} langen Stück Zitteraal-Organ durch Oeffnungs-Induction erzeugte Schlag kein Fünfzigstel Secunde dauert.

Daraus folgt, dass die Schlagdauer eines unmittelbar elektrisch erregten Organstückes jedenfalls bedeutend kleiner ist als die Schlagdauer des gesammten willkürlich oder reflectorisch erregten Organs, welche letztere, wie wir sahen, ungefähr dieselbe ist wie die Zuckungsdauer. Dies stimmt mit Hrn. Marey's oben S. 238 ff. entwickelter Anschauung, wonach der Schlag des lebenden Thieres sich aus einer grösseren Anzahl von Theilentladungen aufbaut. In der durch unmittelbare elektrische Erregung des Organs erzeugten Entladung haben wir sichtlich nur eine solche Theilentladung vor uns, wie Hr. Marey sie am Zitterrochen-Organ durch mittelbare Reizung, von den elektrischen Nerven aus, zu gewinnen vermochte.

Beachtung verdient, dass die von Dr. Sachs beobachtete Schlagdauer kleiner gewesen zu sein scheint, als die von Hrn. Marey erhaltene, welche $^1/_{14}''$ betrug. Nur ein sehr kleiner Theil dieses Unterschiedes kann davon herrühren, dass in Hrn. Marey's Versuch die Reizung eine gewisse Strecke in den elektrischen Nerven zurückzulegen hatte, während sie in Dr. Sachs' Versuch auf allen Punkten des Organstückes sofort und gleichzeitig zugegen war. Uebrigens schwebt über diesen Verhältnissen noch zu viel Ungewissheit, um mit Erfolg darüber verhandeln zu können.

In der „Experimentalkritik der Entladungshypothese“ äusserte ich die Vermuthung, dass die positive Polarisation des Organs den Schlag verstärke und verlängere, um so mehr, je länger das Organ, und ich bezog hierauf die von mir erkannte längere Schlagdauer grösserer Zitterwelse.[1] Mit Hinblick auf die neuere Lehre von den Theilentladungen kann aber, wie es scheint, die Richtigkeit meiner Vermuthung nur durch den Versuch geprüft werden, ob mit der Länge eines Stückes Organ die Dauer der unmittelbar darin erregten Theilentladung wächst.

§ XXXIII. Ueber sogenannte reflectorische Entladungen am geköpften Zitteraal.

Die Schuppenlosigkeit der Zitterfische erklärt sich phylogenetisch aus dem Schutze, den ihre elektrische Waffe ihnen gewährt. Diese Waffe vollkommen zu machen, musste aber die zarte Körperoberfläche dieser Fische in reflectorischer Beziehung zur Entladung stehen. Man nimmt allgemein an, dass dies der Fall sei, obschon oft beobachtet wurde, dass die Zitterfische sich derbe Berührungen, ja Verletzungen gefallen lassen, ohne zu schlagen, andere Male den leisesten Hautreiz mit heftigen Schlägen

[1] Ges. Abh. Bd. II. S. 722.

beantworten. Sie müssen also mindestens mit einem kräftigen Hemmungsapparat für den vorausgesetzten Reflexmechanismus versehen sein. RUD. WAGNER erwog die Möglichkeit, dass die SAVI'schen Bläschen des Zitterrochen den Zweck hätten, reflectorisch die Thätigkeit des elektrischen Organs auszulösen,[1] doch hat BOLL diese Vermuthung widerlegt.[2] Bemerkenswerth ist meine Wahrnehmung, dass einem sterbenden Zitterwelse Drähte durch Maul und After in den Leib geschoben werden konnten, ohne dass er schlug, was er sogleich that, als man die Körperoberfläche mit einem Glasstabe berührte.[3]

Es ist daher von hohem Interesse zu erfahren, wie sich die Entladungen der Zitterfische unter den Umständen verhalten, wo man sonst an Thieren Reflexbewegungen, ächte und unächte, beobachtet, d. h. an strychninisirten und an enthirnten Fischen.

Vom Zitterrochen liess sich vorhersehen, dass er nach Zerstörung des Lobus electricus oder der zu ihm führenden sensiblen Nervenbahnen[4] nicht anders mehr schlagen könne, als auf Reizung der elektrischen Nerven oder des Lobus electricus selber. So lange am geköpften Zitterwelse die Riesenganglienzelle unversehrt ist, deren DEITERS'scher Fortsatz das Organ versieht, während ihre zahlreichen verästelten Fortsätze vermuthlich der Auslösung von Reflexen dienen, kann, so scheint es, von der Haut aus das ganze Organ wie im Leben reflectorisch bethätigt werden; doch fehlt es hier noch an den nöthigen Versuchen. Ungleich verwickelter sind die Dinge bei unserem Fisch, von dessen langgestrecktem Rückenmarke jederseits fast drittehalbhundert elektrische Nerven ausgehen, und unter dem Willenseinfluss Streckenentladungen des Organs bewirken (s. oben S. 149 ff.). Demgemäss gestalten sich die Erscheinungen auch ziemlich dunkel.

HUMBOLDT hatte gefunden, dass man vom geköpften Zitteraal keinen Schlag mehr erhält; wird das Thier mitten durch gehauen, so schlägt nur noch die vordere Hälfte.[5]

---

[1] Ueber den feineren Bau des elektrischen Organs im Zitterrochen. Göttingen 1847. 4°. S. 26; — Artikel: „Sympathischer Nerv, Ganglienstructur und Nervenendigungen" im Handwörterbuch für Physiologie u. s. w. Braunschweig 1847. Bd. III. Abth. I. S. 406.

[2] REICHERT's und DU BOIS-REYMOND's Archiv u. s. w. 1873. S. 92.

[3] Ges. Abh. Bd. II. S. 639.

[4] Vergl. MAX REICHENHEIM, Ueber das Rückenmark und den elektrischen Lappen von Torpedo. Heidelberg 1876. 4°. S. 20.

[5] Recueil etc. L. c. p. 73; — Relation etc. L. c. p. 182. — Schon GUISAN hatte dasselbe gesehen, was aber erst 1819 bekannt wurde. Auch verunstaltet GUISAN seine an sich schätzbare Beobachtung durch einen nicht recht verständlichen Zusatz (De Gymnoto electrico. Tübingen 1819. 4°. p. 15).

Eine von Dr. Sachs' ersten Erfahrungen bestätigte diese Angabe. Mit der Machete (s. oben S. 90) durchhieb er einem vier Fuss langen Zitteraal das Rückenmark kurz nach seinem Austritt aus dem Schädel. Es erfolgte kein Schlag mehr sogar beim Ergreifen von Kopf und Schwanz mit den Händen, und Reizen der Haut durch Stiche oder durch zwei die Ströme des Inductoriums zuführende Drähte (die sogenannten Vaguselektroden, s. oben S. 142. 5). Auch das Compass-Galvanometer (s. oben S. 138) versagte jedes Zeichen. An der Bussole gaben sich kleine Stromstösse zu erkennen (die Art der Zuleitung ist nicht angegeben), von welchen aber nicht sicher war, dass sie von den angewandten Hautreizen herrührten. Bei späterer Gelegenheit fand sich, dass nach Durchschneidung des verlängerten Markes auch bei den stärksten Hautreizen angelegte Krötenfroschpräparate nicht zuckten.[1]

Beim Aufschneiden des Bauches der acht weiblichen Zitteraale zum Zweck der künstlichen Befruchtung (s. oben S. 117) heisst es im Tagebuch: „Nie bekam ich nach der Tödtung Reflexschläge". Mit der Tödtung ist unstreitig Köpfung oder Zerschneidung des Rückenmarkes dem Kopfe nahe gemeint.

Fortwährend ist die Rede davon, dass einem geköpften Zitteraale Stücke des Organs für die im Vorigen beschriebenen Versuche herausgeschnitten werden, ohne dass dabei ein Schlag erwähnt würde.

Ganz sicher aber scheint dies nicht. Denn ein andermal heisst es: „Ein rasch ergriffenes Thier wird enthauptet, auf dem Tisch aus- „gestreckt, und es werden der Haut des Kopfes und Schwanzes die „Thonspitzen der unpolarisirbaren Zuleitungsröhren angelegt. Es giebt „sich eine positive Wirkung im Betrage von 0·004 zu erkennen; frei- „willige Schläge bleiben aus. Dagegen durch leichtes Stechen mit einer „Messerspitze werden gewaltige Reflexschläge erzeugt, die den Faden „weit aus der Scale schleudern. Der Faden kehrt rasch zurück, und „bleibt 3, 4, 3^{sc} von Null entfernt stehen, positiver Polarisation ent- „sprechend (s. oben S. 173. 220). Trotzdem sinkt die Organstromkraft so „schnell, dass sie schon nach zwei Minuten nicht mehr am Compen- „sator messbar ist."

In noch einem Falle hatte Dr. Sachs einem sehr kräftigen, 123^{cm} langen, auffallend dicken Zitteraal — demselben, der durch die Kautschukhandschuhe hindurch schlug (s. oben S. 131) — durch einen Schnitt hinter dem Kopfe das Rückenmark vom Gehirn getrennt. „Als „ich nunmehr", sagt er in den Reisebriefen, „nach Ablegung der Hand- „schuhe arglos das Thier erfasste, um ein Stück Organ für die Bäusche

[1] Vergl. Reisebriefe, a. a. O. S. 72 (2). 74. 75.

„zu präpariren, (nie hatte ich vorher fühlbare Schläge durch Reflex er-„halten), bekam ich an der Stelle, wo ich den Einschnitt machte, einen „ganz gewaltigen Schlag.“[1]

Dr. Sachs sagt nirgend, ob in diesen Fällen zugleich Bewegungen ausgelöst wurden. Auch erwähnt er keinen Versuch, vom Querschnitt des Rückenmarkes, oder von dessen oberem Ende aus, Entladungen hervorzurufen. Die Abwesenheit sogenannter Reflexschläge am geköpften Zitteraal erklärt er in den Briefen daraus, „dass durch Reflex immer „nur kleinere Abschnitte der Organe gleichzeitig in Thätigkeit gesetzt „werden.“[2] In der That bewirkt am geköpften gemeinen Aal örtliche Hautreizung auch nur mehr örtliche Muskelzusammenziehung. Doch müssten sich solche Streckenentladungen am Froschpräparat kundgeben, wenn sie auch der Bussole entgingen, und der Sachverhalt scheint also vielmehr der zu sein, dass in der Regel der geköpfte Zitteraal keine Spur von Schlägen mehr ertheilt, dass er aber unter Umständen auch noch kräftig schlägt. Wovon der eine und der andere Erfolg abhange, wird nur durch erneute Untersuchung an Ort und Stelle auszumachen sein.

§ XXXIV. Strychninvergiftung am Zitteraal.

1. Versuche am Zitterrochen.

Die ersten Strychninvergiftungen an Zitterfischen nahm Matteucci 1836 am Zitterrochen vor. Zu drei Gran (!) Strychnin that er einige Tropfen Chlorwasserstoffsäure, und brachte das salzsaure Strychnin in Mund und Magen eines 32^{cm} langen Zitterrochen. Nach wenigen Secunden (?) erfolgten starke Zusammenziehungen des Rückenmarkes (?), dann, damit verbunden, vereinzelte starke Schläge; zehn Minuten später wurden die Schläge schwächer aber dichter gedrängt; endlich hörten sie auf, und das Thier starb unter heftigen Zuckungen. Bis zum Tode verflossen, sagt Matteucci, sicher nicht mehr als 10—12 Minuten; was nicht zu verstehen ist, da er ja schon mitten in der Vergiftungsgeschichte über zehn Minuten verfügt hat. Morphium statt Strychnin ebenso gegeben, brachte ganz ähnliche Wirkungen hervor. Acht bis zehn Minuten nach Einverleibung des Giftes begann das Thier von selber und ohne Zuckungen äusserst starke Schläge zu geben, die Multiplicatornadel blieb in fortwährender Bewegung. Im Laufe von zehn Minuten folgten sich gewiss nicht weniger als sechzig solcher starken Entladungen. Darauf hörten die spontanen Entladungen auf, und man musste, um dem Thier

[1] A. a. O. S. 78 (10). [2] A. a. O. S. 72 (2).

noch Schläge zu entlocken, es in Mund und Kiemen reizen; so lebte es noch vierzig Minuten, während welcher es stärker oder schwächer schlug.

Diese ganz rohen Versuche hat MATTEUCCI nach seiner Art von 1837 bis 1844 sehr oft bekannt gemacht;[1] dann heisst es im *Traité:* „Führt man in den Magen lebender Zitterrochen Lösungen von Opium „oder Nux vomica ein, so sind die Wirkungen minder heftig. Einige „Zeit nach dem Einflössen dieser Lösungen geben die Zitterrochen kein „Lebenszeichen mehr; man würde sie für eingeschlafen halten; nimmt „man sie aus dem Wasser, so genügt es, irgend eine Körperstelle leicht „zu berühren, ja den Tisch zu erschüttern, um angelegte Froschpräparate „zucken zu sehen." Am besten gelinge der Versuch, wenn man alkoholisches Brechnussextract in Wasser mit Chlorwasserstoffsäure löse, und eine Unze dieser Lösung, von der aber nicht gesagt wird, wie stark sie sein soll, in den Magen des Zitterrochen bringe. Nach acht bis zehn Minuten befinde sich das Thier schon im Reflexstadium.[2]

BOLL hat MATTEUCCI's Versuche wiederholt und seine Ergebnisse mit Strychnin im Allgemeinen bestätigt gefunden. Er fügt die Bemerkung hinzu, dass ganz ähnlich „wie sich am strychninisirten Kaninchen die Ohren spitzen, so richten sich an der strychninisirten Torpedo „in ebenso charakteristischer Weise die beiden Schwanzflossen steil aufrecht, „so dass man stets schon durch das blosse Hinsehen erkennen kann, wann „das Gift gewirkt hat." Dagegen MATTEUCCI's Angabe, dass auch das salzsaure Morphium die Reflexerregbarkeit erhöhe wie das Strychnin, hat BOLL nie bestätigt gefunden, und er „kann nur annehmen, dass MATTEUCCI entweder sich durch ein unreines Präparat oder durch ein protrahirtes *Stadium excitationis*, welches namentlich bei kleinen Dosen „nicht selten besonders stark ausgesprochen erscheint, hat täuschen „lassen."[3] Aber drei Gran Morphium sind keine kleine Gabe.

Hr. MAREY hat sich vielfach der Strychninvergiftung bedient, um leicht und sicher reflectorische Entladungen am Zitterrochen zu erhalten, und hat den zeitlichen Verlauf des elektrischen Strychnintetanus graphisch aufgenommen. Um die Thiere zu vergiften, löste er Strychnin im Seewasser ihres Behälters auf.[4]

---

[1] S. unter anderen: Bibliothèque universelle de Genève. Nouvelle Serie. 1837. t. XII. p. 178; — Annales de Chimie et de Physique. 1837. t. LXVI. p. 412; — Essai sur les Phénomènes électriques des Animaux. Paris 1840. p. 56; — Comptes rendus etc. 1843. t. XVI. p. 455; — Traité des Phénomènes électro-physiologiques des Animaux. Paris 1844. p. 161.

[2] L. c. p. 162. 163.

[3] REICHERT's und DU BOIS-REYMOND's Archiv für Anatomie, Physiologie u. s. w. 1873. S. 92—94.

[4] Travaux du Laboratoire de M. MAREY etc. III. Année 1877. Paris 1877. p. 18. 55.

Der allgemeine Sinn des Erfolges der Stychninvergiftung bei Zitterfischen ist begreiflich die gleiche Abhängigkeit der elektrischen Organe und der Muskeln vom Centralnervensystem.[1]

2. Vergiftung eines Zitteraales mit Strychnin.[2]

Einem 94^{cm} langen, 3·68^{kgr} schweren Zitteraale[3] wurde mit der Pravaz'schen Spritze 0·01^{gr} Strychn. nitr. in die Bauchhöhle eingeführt.

Schon nach einer Minute begann das in der Batea unter unnatürlichen Windungen umherjagende Thier Krämpfe und damit verbundene Entladungen zu zeigen. Wahrer Tetanus, auch im elektrischen Sinne, kam indess nicht zu Stande. Das eigentliche tetanische Klingeln, wobei der Hammer an der Glocke des Froschweckers förmlich zu kleben scheint (s. oben S. 147), wurde vermisst. Dagegen schlug die Glocke wohl hundertmal an, und jedesmal hob sich der Rücken zuckend aus dem Wasser, so dass die Bauchseite concav wurde.[4] Dr. Sachs wundert sich hierüber, da er wegen „der gewaltigen Rückenmusculatur“ vielmehr Opisthotonus erwartete; doch liegt wenigstens an dem von ihm abgebildeten Durchschnitt (s. oben S. 28. 55) das Uebergewicht der Muskeln auf der Bauchseite einer durch die Wirbelsäule gelegten frontalen Ebene. Die Reflexerregbarkeit war auf's Höchste gesteigert. Leisestes Klopfen auf den Rand der dicken Holzwanne rief reflectorische Zuckung und Entladung hervor.

Das Ausbleiben eines wirklichen Tetanus sowohl des Organs wie der Muskeln ist Dr. Sachs geneigt, eher auf zu grosse als zu kleine Gabe des Giftes zu deuten. Als sich nämlich nach etwa zehn Minuten das Thier zu beruhigen schien, er aber beim Auflegen des Fingers auf den Rücken noch einen empfindlichen Schlag erhielt, glaubte er, es sei im Begriff sich zu erholen, und brachte ihm deshalb eine zweite Gabe von 0·01 unter der Rückenhaut bei. Diese kam aber schon nicht mehr zur Wirkung. Das Thier lag ruhig ausgestreckt im Wasser, der Kopf senkte sich mehr und

[1] Vergl. Valentin, Artikel: „Elektricität der Thiere“ in Rud. Wagner's Handwörterbuch der Physiologie u. s. w. Bd. I. Braunschweig 1842. S. 265; — und de Blainville in Matteucci's Traité des Phénomènes électro-physiologiques des Animaux. Paris 1844. p. 181 (Tableau).

[2] Reisebriefe, a. a. O. S. 77. 78.

[3] Es war der oben S. 15 mit II bezeichnete.

[4] Nach den von Hrn. Tiegel in Tokio (Japan) angestellten Beobachtungen gerathen Aale durch Strychnin in einen wahren Strecktetanus (Pflüger's Archiv für die gesammte Physiologie. 1878. Bd. XVII. S. 594). Da die Aale in diesen Versuchen viele Tage lebten, war jedenfalls die Gabe eine verhältnissmässig kleinere, als in Dr. Sachs' Versuch am Zitteraal.

mehr, und während man reflectorisch nur noch sehr schwache Wirkung am Froschwecker erhielt, trat 20 Minuten nach der ersten Gabe der Tod unmerklich ein.

Die Richtung der Schläge wurde in zahlreichen Versuchen an der Bussole als die richtige erkannt.

Vom Befund der Organe bei diesem Thiere wird sogleich die Rede sein.

§ XXXV. Erscheinungen am ermüdeten und absterbenden Zitteraal-Organ.

1. Leistungsfähigkeit des Zitteraal-Organs.

Dr. Sachs betont wiederholt, dass die Meinung von der schnellen Erschöpfbarkeit des elektrischen Organes falsch sei. Beim Zitteraal stützte sich diese Meinung wohl vorzüglich auf Humboldt's Angabe am Schluss seiner Beschreibung des „Kampfes der Pferde und Fische“: „Die Zitter-„aale bedürfen einer langen Ruhe und einer reichlichen Nahrung, um „wieder zu sammeln, was sie an galvanischer Kraft verschwendet haben.“[1] Vom Zitterrochen ist dagegen längst bekannt, dass er minutenlang eine mehr als secundendicht gedrängte Reihe von Schlägen ertheilt.[2] Die Zitterwelse in meiner Gefangenschaft zeigten sich freilich angegriffen, wenn ich sie anderthalb bis zwei Stunden lang alle zehn Minuten durch Aufsetzen des ableitenden Deckels gereizt hatte. Sie erbleichten, und beantworteten das Aufsetzen des Deckels zuletzt nur noch mit Einem Schlage.[3] Indessen waren diese Fische weit entfernt von einem gesunden Ernährungszustande. Aehnlich berichtet Richard Schomburgk von den Zitteraalen, welche er zu Schiff nach Europa bei sich führte: „Neckten „wir sie anhaltend, so dass sie ihre elektrische Kraft verloren, dann „ging ihre Farbe in das Violette über, wie auch deutlich mehrere zer-„streute schwarze Flecke auf dem Körper sichtbar wurden.“[4]

---

[1] Vergl. oben S. 90. — S. auch Recueil d'Observations etc. p. 72.

[2] Walsh, Philosophical Transactions etc. 1773. P. II. p. 470; — Spallanzani, Opuscoli scelti di Milano. 1783 (Lichtenberg's Magazin für das Neueste aus der Physik und Naturgeschichte. 1784. Bd. II. 3. Stück. S. 89); — Humboldt und Gay-Lussac in Gilbert's Annalen u. s. w. 1806. Bd. XXII. S. 6; — Relation etc. L. c. p. 186; — Todd, Philosophical Transactions etc. 1816. P. I. p. 122; — Colladon, Comptes rendus etc. 1836. t. III. p. 490; — Annales des Sciences naturelles. 2me Série. 1836. Zoologie. t. VI. p. 255.

[3] Ges. Abh. Bd. II. S. 618.

[4] Reisen in Britisch-Guiana u. s. w. Leipzig 1848. 2. Th. S. 510.

Dr. Sachs' frisch gefangene Zitteraale zeigten sich elektrisch unermüdlich. Man konnte ohne sonderliche Schwächung zwei-, dreihundert Schläge von ihnen nehmen; ein Thier, welches im Lauf einer Stunde schätzungsweise hundertfünfzigmal geschlagen hatte, sandte noch immer eine kräftige Erschütterung durch eine Kette von acht Personen, deren Endglieder es an Kopf und Schwanz berührten.[1]

2. Säuerung des Organs durch Anstrengung.

Immerhin zeigt das bis zur Erschöpfung gereizte Organ zuletzt Veränderungen, welche als Folgen der Ermüdung anzusehen sind. Unter diesen steht an Wichtigkeit obenan die Säuerung des Organs.

In den Reisebriefen sagt Dr. Sachs: „Die Reaction des frischen „Organes ist schwach, aber deutlich, alkalisch. Beim Liegenlassen an der „Luft, stärker bei Einwirkung von Inductionsströmen ($^1/_2$ Stunde) tritt „Säuerung ein,“[2] und später: „das frische Organ reagirt alkalisch, nach „dem Strychnintetanus neutral. Ein zwanzig Minuten lang von Inductions„strömen durchflossenes frisches Präparat zeigt auf frischen Schnitten „scharf saure Reaction, ähnlichen Grades, wie Stücke, welche vierund„zwanzig Stunden gelegen haben.“[3]

Das Tetanisiren geschah, nach dem Tagebuch, zwischen den Bäuschen der Zuleitungsgefässe. Einmal wird bemerkt, dass das Stück „nur in „der näheren Umgebung der Elektroden stark saure Reaction zeigte, „weiterhin dieselbe mattröthliche Reaction wie beim einfach liegen ge„bliebenen Stück.“ Da der Querschnitt eines Stückes Organ den der Bäusche in der Regel übertrifft, so herrschte wohl in deren Nähe grössere Stromdichte, und die entsprechende Gegend wurde stärker tetanisirt.

Die Reaction nach Strychninvergiftung betreffend, sind Folgendes die Einzelheiten. Unmittelbar nach dem Tode des strychninisirten Zitteraales machte Dr. Sachs einen Schnitt in das grosse Organ. Die Schnittfläche bedeckte sich reichlich mit dunklem, venösem Blute, von dem sie nur durch häufiges Abwischen mit dem Schwamm freigehalten werden konnte. Sie reagirte neutral, nur höchst geringe Spuren von Bläuung des rothen Papieres waren zu erhalten, das blaue blieb anfänglich unverändert. Dagegen trat die oben S. 71 erwähnte Erscheinung der nachträglichen Röthung des blauen Papieres hier schon nach einer halben Minute ein.

---

[1] Reisebriefe, a. a. O. S. 73 (4).
[2] A. a. O. S. 73 (6). [3] A. a. O. S. 83 (7).

Aus dem dort Gesagten erhellt die Bedeutung dieser Thatsachen. Die chemische Analogie des elektrischen Organs und des Muskels ist dadurch in einem wesentlichen Punkte vervollständigt. Warum die entsprechende Beobachtung am Zitterrochen-Organ bisher nicht glückte, das doch beim Absterben sich säuert, bleibt freilich dunkel. Doch kommen ähnliche Unterschiede in der Säuerung der Muskeln durch Anstrengung, wohl bedingt durch ursprünglich verschiedene Alkalescenz, auch bei anderen Thieren vor. So säuern sich Hundemuskeln nicht im Strychnintetanus; von alkalisch werden sie höchstens neutral.[1]

Ob das elektrische Organ der Zitterfische sich bei seiner Thätigkeit wie ein Muskel erwärme, ist noch unbekannt.[2] Dr. SACHS hat keinen darauf bezüglichen Versuch angestellt. Von vorn herein scheint es undenkbar, dass dem nicht so sei; fraglich kann nur sein, wie leicht oder wie schwer die Erwärmung sich nachweisen lasse. Weiter würde dann zu ermitteln sein, ob die Erwärmung rein physikalisch daher rühre, dass das Organ den Schlag leitet, und dass er sogar darin die grösste Dichte hat; oder ob nebenher im Organ, wie in unseren Ketten, örtlich Wärme erzeugt werde. Die Wärmeentwickelung im Versuchskreise des Zitteraales wies GASSIOT am Thermo-Elektrometer von SNOW HARRIS nach,[3] doch spricht sich FARADAY darüber zweifelnd aus,[4] obschon JOHN DAVY das Gleiche vom Zitterrochen berichtet.[5]

3. Mikroskopische Untersuchung des ermüdeten Organs.

Zweimal hat Dr. SACHS eine mikroskopisch sichtbare Veränderung am ermüdeten Organ zu erkennen geglaubt. Er sagt im Tagebuche: „Hinzufügen muss ich, dass mir der stark körnige Zustand der Nerven- „schicht an diesem ermüdeten, zuletzt kaum noch leistungsfähigen Thiere „gegenüber den früheren aufgefallen ist.“ Ein andermal heisst es: „Wenn ich notiren soll, was mir an den frischen Präparaten des gestrigen „sehr angestrengten Thieres — es hat wohl dreihundertmal geschlagen — „auffiel, so war es der sehr diffus körnige Zustand der Papillen. Das „Bild der Amoeben-Zellen, welche“ — sonst — „allein die Körnchen ent- „halten, war hier viel weniger ausgesprochen.“

---

[1] Ges. Abh. Bd. II. S. 29. 30.

[2] MATTEUCCI scheint schon einmal vergeblich nach Wärmeentwickelung im elektrischen Organ gesucht zu haben. Corso di Elettro-fisiologia. Torino. 1861. p. 131.

[3] The Transactions and the Proceedings of the London Electrical Society from 1837 to 1840. London 1841. 4°. p. 175.

[4] Experimental Researches etc. L. c. p. 6. 7. § 1765.

[5] Researches, physiological and anatomical etc. vol. I. p. 21. 22.

Bei der Menge Schleimgewebe im Organ (s. oben S. 40. 52. 61) kann man daran denken, das Körnigwerden der Platten durch Ermüdung und beim Absterben von Mucinfällung durch die gebildete Säure herzuleiten. Verdünnte Essigsäure trübt das Organ, doch macht concentrirtere Essigsäure die Platten selber durchsichtiger (s. oben S. 45).

4. Vom Organstrom am absterbenden Zitteraal.

Ein sehr kräftiges Thier war Morgens um 9 Uhr getödtet worden. Nachmittags um 4 Uhr zeigte ein kleines Stück Organ + 0·038. Die Kraft war in raschem Sinken begriffen. Der grössere Theil des Körpers (86^{cm} von der Schwanzspitze) giebt zwischen den Bäuschen eine Ablenkung von + 209^{sc}, die sehr wenig sinkt; noch nach Minuten beträgt sie 192. „Reflexwirkungen sind nicht mehr vorhanden." (? vergl. oben S. 251.)

Ein anderes Thier war während der vorhergehenden Nacht, etwa um 2 Uhr, gestorben, und roch schon unangenehm, doch noch nicht faulig. Das ganze Thier auf die Bäusche gelegt giebt in falscher Richtung − 0·420. Die Kraft sinkt schnell auf − 0·396. Auf den Bäuschen umgelegt, wobei die Ableitung von anderen Stellen geschieht, erfolgen + 0·065 im richtigen Sinne, an der Bussole also in derselben Richtung wie vorher. Die Gleichartigkeit der Zuleitungsgefässe wird ausdrücklich festgestellt.

Organstücke aus diesem Thiere geben sämmtlich Wirkung im richtigen Sinne: + 0·016; 0·012; 0·018; 0·009.[1] Zwei Stücke vom hinteren Theile geben die ungewöhnlich hohen, aber schnell sinkenden Werthe von + 0·108[2] und 0·149.

Nun wurde jener Rest des ersten Thieres nochmals auf die Bäusche gebracht, und es wurden auch an ihm kräftige Ströme, sowohl im falschen, wie im richtigen Sinne beobachtet. Augenscheinlich waren hier Hautungleichartigkeiten im Spiel.

Zwei Minuten langes Kochen, wodurch das Organ nur hart wird, noch nicht zerfällt (s. oben S. 44. 45), macht allen elektromotorischen Wirkungen, bis auf am Compensator unmessbare Spuren, 3—4^{sc} entsprechend, ein Ende.

---

[1] In den Reisebriefen, a. a. O., S. 78 (12), steht durch einen Schreibfehler 17 statt 11 Rheochordtheile, was 0·013 entsprechen würde.

[2] In den Briefen, a. a. O., steht wieder durch einen Schreibfehler 120 statt 130 Rheochordtheile, was 0·093 entsprechen würde.

§ XXXVI. Von der elektrischen Immunität der Zitteraale.

1. Vertheidigung der Immunitätslehre gegen Hrn. De Sanctis und Hrn. Steiner.

Bis zu meinem „Vorläufigen Abriss" hatte man fast stets angenommen, dass die Zitterfische isolirende Hüllen besässen, theils um die Wirksamkeit der Organe zu ermöglichen, theils zum Schutz der Thiere gegen ihren eigenen Schlag. Indem ich auf die Unvereinbarkeit isolirender Hüllen mit den histologischen Bedingungen aufmerksam machte,[1] zeigte ich zugleich, dass zur Erklärung des Schlages solche Hüllen entbehrlich seien. Daran schloss sich für mich die Einsicht, dass der Leib eines Zitterfisches zur Aufnahme des Schlages seinen eigenen Organen günstiger angelegt sei, als der irgend wie genäherte Leib eines anderen Thieres, und nun musste ich mich fragen, warum ein Zitterfisch weder sich selber, noch im Fall des Lebendiggebärens die Brut in seinem Inneren erschlage.

So entstand das Problem der Immunität der Zitterfische gegen ihren eigenen Schlag, zu dessen Lösung, als die westafrikanischen Zitterwelse in meine Hände fielen, ich zwei Schritte that. Erstens zeigte ich, dass zwei bis auf ihre Spitzen isolirte Drähte, durch Maul und After in einen Zitterwels eingeführt, bei beliebiger Stellung den Schlag aufnehmen und der Theorie entsprechend nach aussen leiten, zum Beweise, dass wirklich der Schlag durch den Leib des Zitterfisches geht (vergl. oben S. 250). Zweitens zeigte ich, dass die Zitterwelse gegen andere elektrische Schläge eben so immun sind, wie gegen ihre eigenen. Wechselströme des Inductoriums, welche hiesige Flussfische rasch tödteten, spürte der Zitterwels kaum; nur legten sich seine Bartfäden zurück, und er stellte sich mit seinem Körper senkrecht auf die Stromcurven kleinster Dichte; auch gab er sein Missfallen dann und wann durch Entladen seiner eigenen Batterien zu erkennen. Hr. Babuchin sah einen kleinen Zitterwels, der einen grösseren seitlich mit Bissen anfiel, sogleich weit zurückfahren; in demselben Augenblick erhielt der zufällig eingetauchte Finger einen Schlag.[2] Der Zitterwels empfindet also elektrische Schläge, und scheut sie auch, aber sie schaden ihm nicht. Ebenso fest wie gegen

---

[1] Ich möchte damit nicht darüber abgesprochen haben, ob eine ungeronnene Myelinschicht isolirend wirke oder nicht. In keinem elektrischen Organ wurde aber Myelin bisher anders als im Nervenmarke beobachtet.

[2] Archiv für Physiologie u. w. s. 1877. S. 266. — Vergl. oben S. 103.

Wechselströme zeigten sich in meinen Versuchen die Zitterwelse gegen den Strom einer dreissiggliederigen GROVE'schen Säule.[1]

Hr. DE SANCTIS hat am Zitterrochen meine theoretischen, durch den Versuch am Zitterwelse bestätigten Schlüsse zu entkräften unternommen. Er steckte die linke Hand in den durch einen Kreuzschnitt geöffneten Leib eines Zitterrochen, den er mit der rechten am Schwanz hielt, und empfand keinen Schlag, während ein Fischer, der Bauch und Rücken des Rochen berührte, starke Schläge erhielt. Hr. DE SANCTIS erinnert daran, dass im elektrischen Strome nach HEROLD Froscheier sich nicht entwickeln,[2] nach PRÉVOST und DUMAS Spermatozoïden ihre Bewegungen einstellen,[3] und obschon seinen eigenen Versuchen zufolge der Schlag des Zitterrochen nicht durch dessen Körper geht, glaubt er doch, dass die Zitterrochen-Foetus durch das Fruchtwasser vor dem Schlage geschützt würden, wie, seiner Meinung nach, Dank demselben Schutze die Leibesfrucht vom Blitz erschlagener schwangerer Frauen unversehrt gefunden werde.[4]

Gerade weil starke elektrische Schläge dem Gedeihen gewöhnlicher Leibesfrüchte nicht zuträglich sein können, wunderte ich mich darüber, dass der Zitterroche seine Brut nicht erschlägt. Wir werden unten sehen, wie sich dieser Thatsache vielleicht eine ganz andere Seite abgewinnen lässt. Hrn. DE SANCTIS' Versuch am Zitterrochen ist insofern fehlerhaft, als der Fisch sich an der Luft befand. Aus den oben S. 128 angeführten Gründen kann dann nur ein verschwindender Strom durch den Leib des Thieres gehen, während die den Polflächen der Organe angelegten Hände den Schlag in voller Stärke aufnehmen. Hrn. DE SANCTIS' Erfahrung will daher nichts sagen neben meinem völlig genauen Versuch mit den in den Leib des Zitterwelses eingeführten Drähten. Hr. BABUCHIN hat diesen Versuch in Oberaegypten mittels des stromprüfenden Krötenschenkels wiederholt, und dabei noch besonders gezeigt, dass der Schlag auch durch das Rückenmark geht;[5] BOLL aber hat denselben Versuch sogar auf den Zitterrochen übertragen, und sich

---

[1] Ges. Abh. Bd. II. S. 638 ff.

[2] Ich habe die Stelle bei HEROLD, auf welche Hr. DE SANCTIS anspielt, nicht finden können.

[3] PRÉVOST und DUMAS erhielten den angegebenen Erfolg nur durch Funken der Leydener Flasche, nicht durch galvanische Ströme, und nur um die positive Platinelektrode wurden die Spermatozoïden unbeweglich (Annales des Sciences naturelles. t. I. 1824. p. 288).

[4] Embriogenia degli Organi elettrici delle Torpedini e degli Organi pseudoelettrici delle Raje. Napoli 1872. 4°. p. 18.

[5] Archiv für Physiologie u. s. w. 1877. S. 266.

ganz unmittelbar überzeugt, dass unter geeigneten Umständen auch hier der Schlag den Leib des Thieres durchdringt.[1]

Auch Hr. STEINER hat meine am Zitterwels begründete Lehre von der elektrischen Immunität der Zitterfische für unzutreffend am Zitterrochen erklärt.[2]

Bekanntlich begleitet der Zitterroche seine Schläge häufig mit gewissen Bewegungen. Diese Bewegungen wurden zuerst von BORELLI[3] und von RÉAUMUR[4] bemerkt und seitdem sehr oft wieder beschrieben: so von WALSH,[5] HUMBOLDT und GAY-LUSSAC,[6] VOLTA und CONFIGLIACHI,[7] MATTEUCCI,[8] BECQUEREL und BRESCHET.[9] TODD beobachtete sie ganz ähnlich bei Astrape capensis am Cap der guten Hoffnung.[10] GALVANI lässt sie unerwähnt.[11] SPALLANZANI, der sich darüber weitläufig äussert, vermisste sie meist,[12] JOHN DAVY sagt ausdrücklich, er habe sie nie gesehen,[13] Hr. VALENTIN ebenso ausdrücklich, dass sie nur angestrengte Entladungen begleiten. „Die ruhige und gewöhnliche Entladung eines „kräftigen Torpedo geht ohne alle weiteren Bewegungen des Thieres „vor sich."[14]

Der Zitterroche kann also schlagen, ohne sich zu bewegen. Doch

---

1 REICHERT's und DU BOIS-REYMOND's Archiv für Anatomie, Physiologie u. s. w. 1873. S. 86.

2 REICHERT's und DU BOIS-REYMOND's Archiv für Anatomie, Physiologie u. s. w. 1874. S. 684.

3 De Motu Animalium etc. Napoli 1734. 4°. (1680.) p. 401.

4 Histoire et Mémoires de l'Académie Royale des Sciences. Année 1714. p. 20. 350.

5 Philosophical Transactions etc. For the Year 1773. vol. LXIII. P. II. p. 464. 469. 474.

6 GILBERT's Annalen der Physik. 1806. Bd. XXII. S. 5; — Relation etc. L. c. p. 185.

7 L'Identità del Fluido elettrico col così detto Fluido galvanico vittoriosamente dimostrata ec. Memoria comunicata al Signor PIETRO CONFIGLIACHI ec. Pavia 1814. 4°. p. 75. 76.

8 Essai sur les Phénomènes électriques des Animaux. Paris 1840. p. 45; — Traité des Phénomènes électro-physiologiques des Animaux. Paris 1844. p. 146.

9 BECQUEREL, Traité de l'Électricité etc. t. IV. 1836. p. 289.

10 Philosophical Transactions etc. For the Year 1816. P. I. p. 122.

11 Memorie sulla Elettricità animale ec. Bologna 1797. 4°. Memoria quinta. p. 64—86; — Opere edite ed inedite ec. Bologna 1841. 4°. p. 387—431.

12 Memorie di Matematica e Fisica della Società italiana. t. II. P. II. Verona 1784. 4°. p. 648. 649.

13 Researches, physiological and anatomical. London 1839. vol. I. p. 27.

14 Artikel: „Elektricität der Thiere" in RUD. WAGNER's Handwörterbuch der Physiologie mit Rücksicht auf physiologische Pathologie. Bd. I. Braunschweig 1842. S. 261.

drückt er oft beim Schlage die Augen ein, oder zwinkert damit. Bei stärkerer Anstrengung bewegt er die Flossen, bei noch stärkerer auch den Schwanz.

Borelli und Réaumur gründeten auf diese Bewegungen ihre mechanische Theorie des Schlages, welche in der iatromechanischen Zeit die Theorie der narkotischen, von der Narke ausgehenden Effluvien verdrängte. Volta und Andere liessen dadurch die Batterien des Thieres zum Schlage eingerichtet werden. Die Meisten scheinen die in Rede stehenden Bewegungen als Mitbewegungen aufgefasst zu haben, wie sie unwillkürlich und unzweckmässig heftige Muskelanstrengungen, besonders im Zustand reizbarer Schwäche, begleiten; und Walsh hebt hervor, dass die am kräftigen Thier auf die Augen beschränkten Bewegungen sich in dem Maasse weiter ausbreiten, wie das Thier schwächer wird,[1] was mit Hrn. Valentin's Angaben stimmt. Seit meine Arbeiten Theorien nach Art der Volta'schen so überflüssig gemacht hatten, wie sie stets unwahrscheinlich gewesen waren, durfte letztere Deutung wohl für die richtige gelten.

Hr. Steiner, dem dies Alles fremd war, beobachtete die seit zweihundert Jahren bekannten Bewegungen von Neuem, nahm sie aber für Zuckungen, die der Zitterrochen-Schlag im Thier erzeuge; obschon er zugleich fand, dass bei dem an der Luft befindlichen Rochen nur ein so schwacher Strom durch den Leib des Fisches ging, dass er zu dessen Nachweise des stromprüfenden Froschschenkels bedurfte (vergl. oben S. 128).

Hr. Steiner glaubt auch einen kleinen Zitterrochen durch den Schlag eines grösseren zucken gesehen zu haben. Das wäre eine neue Thatsache, und solche Zuckung allerdings nicht so leicht als Mitbewegung zu deuten. Inzwischen steht fest, dass der Zitterwels und, wie sich unten zeigen wird, der Zitteraal sich durch Schläge gegen fremde Schläge wehren. Man kann also bis auf Weiteres sagen, gerade so habe der kleine Fisch, indem er den Schlag des grossen merke, seine Batterien zur Abwehr entladen, und dabei die gewöhnliche Mitbewegung gemacht. Um diese Deutung zu begründen, müsste man natürlich zeigen, dass der kleine Fisch auch schlägt, was inmitten des Schlages des grossen Fisches seine Schwierigkeit hätte.

Allein zugegeben, dass für die Nerven des lebenden Zitterrochen die Reizschwelle zuweilen unterhalb der Dichte liege, die sein eigener Strom oder der eines anderen Rochen darin erlangt,[2] so wäre dadurch

[1] L. c. p. 474.
[2] Vergl. Ges. Abh. Bd. II. S. 643. Anm.

etwas Wesentliches an der Sache nicht geändert, da nie behauptet wurde, dass die Zitterfische absolut immun gegen elektrische Ströme seien. Vielmehr beschrieb ich selber am Zitterwelse Bewegungen der Bartfäden auf elektrische Reizung, sowie die zweckmässige Stellung, welche der Fisch im Versuchstroge einnahm, um von den das Wasser erfüllenden Stromcurven möglichst schwach getroffen zu werden (s. oben S. 259).

Ja ich gehe noch weiter, und behaupte, dass zweckmässigerweise die Zitterfische gegen ihren eigenen Schlag gar nicht in dem Sinn immun sein dürfen, dass sie ihn nicht empfinden. Denn dann könnten sie ihn nicht mit dem Willen beherrschen, sie wüssten nicht, dass und wie stark sie schlagen. Weil centrifugale Nerven ihrer Anordnung nach nicht sensibel sind, werden wir uns ihrer Actionen nur in Gestalt dadurch hervorgerufener, jene Actionen begleitender Empfindungen bewusst. Wir ziehen nicht willkürlich Muskeln zusammen, sondern wir bringen willkürlich Lageveränderungen unserer Glieder,[1] Verschiebungen von Bildern in unserem Sehfeld, Klänge mit unserem Stimm- und Sprechorgan hervor. So muss auch der Zitterfisch sich seines Schlages in Gestalt irgend einer Empfindung bewusst werden, die nur für ihn nicht mit Zuckung verbunden und so qualvoll betäubend ist, wie die, welche derselbe Schlag seinem Feind oder Opfer verursacht.

Andererseits begreife ich nicht, was es nützt, an der relativen Immunität der Zitterfische zu mäkeln, wenn es doch einmal feststeht, dass ein Zitterwels vergnügt in einem elektrischen Bade schwimmt, welches jedem anderen Fisch binnen kurzer Zeit tödtlich wird. Fand doch auch Hr. Steiner in den unvollkommenen Versuchen am Zitterrochen, welche anzustellen ihm seine Mittel allein erlaubten, den Zitterrochen im Vergleich zu einem anderen Seefisch (Mugil cephalus) unterempfindlich für fremde galvanische Ströme.[2] Und wenn wirklich die Zitterrochen so heftig von ihrem eigenen Strom ergriffen werden, wie er meint, so ist es, nach seiner eigenen Bemerkung, um so wunderbarer, dass sie sich und ihrer Brut durch ihre Schläge nicht schaden.

---

[1] Nur solche Muskeln kann man einzeln, ohne Bewegung eines Gliedes zu beabsichtigen, zur Zusammenziehung bringen, welche dadurch in sinnfälliger Weise ihre Lage und Gestalt ändern, wie beispielsweise der M. biceps brachii und der M. vastus internus. Vergl. meine Kritik der Ling'schen Gymnastik in: Ueber das Barrenturnen und über die sogenannte rationelle Gymnastik u. s. w. von E. du Bois-Reymond. Berlin 1862. S. 20. 21. Anm.

[2] A. a. O. S. 697. — Besonders interessant wäre es, die Empfindlichkeit des Zitterrochen und des mit einem unvollkommenen elektrischen Organ (s. oben S. 68) versehenen gemeinen Rochen gegen elektrische Schläge zu vergleichen.

2. Boll's Versuche über Immunität am Zitterrochen. Die Stählungshypothese.

Auch Boll hat Versuche angestellt, in denen die Nerven des Zitterrochen durch dessen eigenen Schlag erregt wurden. Er leitete den Schlag vom einen Organ, *A*, möglichst günstig ab und dem blossgelegten Nerven, der bald ein gewöhnlicher gemischter (der erste Spinalnerv), bald ein elektrischer (der des anderen Organs, *B*) war, durch Elektroden in gewohnter Art zu.[1] Er erhielt im ersten Falle Zuckung, im zweiten den Schlag des Organs *B*. Allein hier war die Stromdichte in den Nerven ungleich grösser als beim unversehrten Thier, und dass so die Nerven erregt wurden, beweist nicht, dass dasselbe im unversehrten Zustand stattfinde. Sofern im Grunde nichts Bestimmtes daraus folgt, erscheint bis auf Weiteres dieser Versuch mehr witzig als lehrreich.

Allein Boll unternahm auch durch planmässige Forschung am Zitterrochen die elektrische Immunität der Zitterfische auf ihre näheren Bedingungen zurückzuführen, und zwar in doppelter Richtung.

Erstens prüfte er die Hypothese über die Ursache der Immunität, wonach der Zitterfisch im Augenblick des Schlages vom Hirn oder Rückenmark aus seine Nerven gleichsam gegen den Schlag stählen würde, indem er sie in einen dem Anelektrotonus ähnlichen Zustand versetzte. Diese Hypothese mag die Stählungshypothese heissen. Der Gedanke gehört Hrn. Pflüger, der ihn im Gespräch hinwarf, als wir zusammen über die Immunität am Zitterwels experimentirten.[2] Ich selber machte damals sogleich einen erfolglosen Versuch zur Prüfung der Hypothese. Ein sterbender Zitterwels befand sich in einem parallelepipedischen Glastroge, den er nahezu füllte. Ihm waren in Verbindung mit dem Schlitteninductorium Zinnelektroden, mit der halben Länge des Nervenmultiplicators Platinelektroden angelegt. Die etwa durch die Wechselströme des Inductoriums erzeugte doppelsinnige Ablenkung liess sich leicht von etwaigen Schlägen des Zitterwelses unterscheiden. Der eine elektrische Nerv wurde unterbunden: da dieser Nerv nicht mehr von seiner Riesenganglienzelle aus gestählt werden konnte, erwartete ich, dass nun die entsprechende Hälfte des Organs durch die Wechselströme erregt werden würde, was aber nicht der Fall war.[3]

Im Wesentlichen nach demselben Plane hat Boll am Zitterrochen viel Versuche so angestellt, dass er Muskelnerven zerschnitt und von den

---

[1] Reichert's und du Bois-Reymond's Archiv für Anatomie, Physiologie u. s. w. 1873. S. 79 ff.

[2] Ges. Abh. Bd. II. S. 618. 619. 643. 718.

[3] Ges. Abh. Bd. II. S. 640. 643.

elektrischen Nerven aus Schläge der Organe erzeugte. Er sah dann mehrmals die von den zerschnittenen Muskelnerven versorgten Muskeln zucken. Wie Boll selber bemerkt, ist dieser Erfolg nicht eindeutig, weil die Erregbarkeit des peripherischen Stumpfes der zerschnittenen Nerven durch Absterben erhöht ist.[1]

Gegen die Stählungshypothese ist aber von vornherein ein bisher von uns Allen übersehener Einwand zu erheben, welcher, einmal bemerkt, sie höchst bedenklich erscheinen lässt. Es ist der, dass sie entweder nur für die motorischen Nerven gilt, womit dem Zitterfisch nur halb geholfen wäre, oder dass man in den sensiblen Nerven centrifugale Innervation annehmen muss. Natürlich ist dagegen nichts zu sagen, dass in sensiblen Nerven ein Vorgang sich in der Richtung vom Centrum nach der Peripherie fortpflanze. Trotz dem, wie es scheint, endgültigen Fehlschlagen des Bidder'schen Versuches an den Zungennerven,[2] steht durch Hrn. Babuchin's Versuch am Zitterwelse[3] die doppelsinnige Leitung in den Nervenröhren ja wohl fester denn je. Physikalischer Elektrotonus wurde längst von mir in den hinteren wie in den vorderen Wurzeln der Rückenmarksnerven vom Frosch in beiden Richtungen nachgewiesen,[4] und sogar centrifugaler physiologischer Anelektrotonus, worauf es hier gerade ankommt, ist neuerlich von Hrn. Hällstén am Frosch-Ischiadicus beobachtet.[5] Die Stählungshypothese ist darum nicht minder ein physiologischer Soloecismus, weil sie dem receptiven Apparat am centralen Ende sensibler Nerven zugleich eine centrifugale Action beilegt. Ich glaube nicht, dass das Gewicht dieses Bedenkens dadurch vermindert wird, dass nach zerschnittener hinterer Wurzel das Spinalganglion in centrifugaler Richtung erhaltend auf die sensiblen Nervenröhren zu wirken scheint.[6]

Zweitens versuchte Boll etwas Genaueres über die Reizschwelle der Zitterrochen-Nerven zu erfahren, und betrat damit, meines Erachtens, den richtigen Weg zur Lösung des Immunitätsproblems.[7] Er prüfte den Nerven des stromprüfenden Froschschenkels und den ersten Spinal-

---

[1] Archiv u. s. w. 1873. S. 88 ff. — Es muss beiläufig hier, Z. 2 v. u. heissen: „undurchschnittenen" statt „durchschnittenen Nerven". — Boll hat sich in eine verwickelte Erörterung seiner Versuche über die Stählungshypothese eingelassen, in welche ich ihm um so weniger folgen mag, als ich ihn nicht überall recht verstehe.

[2] Vulpian, Archives de Physiologie normale et pathologique. 1873. t. V. p. 597.

[3] Archiv für Physiologie u. s. w. 1877. S. 262.

[4] Untersuchungen über thierische Elektricität u. s. w. Bd. II. Abth. I. S. 589.

[5] Archiv für Physiologie u. s. w. 1880. S. 114.

[6] Waller in Müller's Archiv für Anatomie, Physiologie u. s. w. 1852. S. 399.

[7] Vergl. Ges. Abh. Bd. II. S. 643.

nerven des Zitterrochen am Schlitteninductorium mittels der Rosenthal'schen Methode unter möglichst gleichen Umständen auf ihre Erregbarkeit. Stets erfolgte die Zuckung der Froschmuskeln bei grösserem, meist sogar bei viel grösserem Rollenabstand als die der Zitterrochen-Muskeln. Das Inductorium war nicht graduirt, so dass sich das Verhältniss der Stromstärken nicht angeben lässt.

Es kann danach nicht zweifelhaft sein, dass die Zitterrochen-Nerven zur elektrischen Erregung viel stärkerer Ströme bedürfen, als die Nerven anderer Thiere, und danach wäre es nutzlos, nach einer anderen Erklärung für die Immunität zu suchen. Ich habe schon in meinen „Gesammelten Abhandlungen" auseinandergesetzt,[1] dass solche höhere elektrische Reizschwelle der Nerven im Grunde nicht so wunderbar ist, wie sie auf den ersten Blick erscheint, weil es sich dabei nicht um allgemeine physikalische Wirkungen des Stromes handelt. Vielmehr steht der elektrische Strom zu Nerven und Muskeln in einer specifischen Beziehung, in welcher Veränderungen nicht nur denkbar, sondern auch sonst bekannt sind. So weit geht denn doch jene Gleichartigkeit aller Nerven nicht, die wir annehmen, seit wir die specifischen Energien in die Centra verlegten. Die Unerregbarkeit des Rückenmarkes und der sogenannten nicht excitablen Hirntheile, die verschiedene Erregbarkeit der verschiedenen Punkte desselben Nerven, die elektrotonischen Zuwachse und Modificationen der Erregbarkeit, deren Veränderungen beim Absterben und unterhalb eines Schnittes: alle diese Erscheinungen sind geeignet, das Verständniss der relativen Immunität der Zitterfische gegen elektrische Ströme anzubahnen.

3. Immunität des Zitteraales gegen Zitteraal-Schläge.

Schon Humboldt bemerkt ausdrücklich, dass der Zitteraal oft sich schlängelt, ohne zu schlagen, andere Male bei völliger Unbeweglichkeit niederschmetternde Entladungen aussendet, während der Zitterroche seine Schläge mit den oben S. 261. 262 beschriebenen Bewegungen begleitet.[2]

Humboldt schenkte mir das Protocoll der von ihm 1805 mit Gay-Lussac in Neapel am Zitterrochen angestellten Versuche. Dort heisst es: „Elle" — la Torpille — „peut donner coup sur coup. Elle remue les *pinnes* ventrales chaque fois qu'elle porte un coup électrique, tandis que le Gymnote ne fait aucun mouvement musculaire en se déchargeant."[3]

---

[1] A. a. O. S. 642. 643.

[2] Recueil etc. L. c. p. 71; — Relation etc. L. c. p. 182. 185.

[3] Vergl. Gilbert's Annalen der Physik. 1806. Bd. XXII. S. 5. — *Pinnes* ist ein Humboldt entschlüpfter Latinismus oder Italianismus für *nageoires*.

Humboldt hatte sich aber in Calabozo nicht mit dieser Wahrnehmung begnügt, sondern auch unmittelbar versucht, wie der Schlag eines Zitteraales auf einen anderen wirke. Er wählte einen sehr starken und zwei ganz schwache Zitteraale,[1] und lagerte sie so, dass die beiden schwachen Fische seinem eigenen Körper den Schlag des starken Fisches zuführten. Die beiden schwachen Fische blieben völlig unbewegt. Humboldt fährt fort: „Le courant glisse-t-il sur la surface du Gymnote sans irriter les parties internes? La peau de ces poissons les défend-elle contre les effets du fluide électrique? Ces animaux enfin seroient-ils incapables de tourner leurs armes électriques contre leur propre espèce?“[2] Man sieht, Humboldt war auf dem Wege, das Immunitätsproblem zu formuliren. Sonderbarerweise ist er auch hier, wie in der Lehre von den Streckenentladungen (s. oben S. 150), später einen Schritt zurückgetreten. Denn in der *Relation historique* vom Jahre 1819 heisst es: „Peut-être le courant ne s'établit-il que par la surface humide de leur peau. Nous n'en conclurons pas cependant que les Gymnotes sont insensibles à l'électricité, et qu'ils ne peuvent combattre les uns contre les autres au fond des mares.“[3]

Wie zu erwarten, fand Dr. Sachs den Zitteraal völlig immun gegen seine eigenen Schläge und gegen die seinesgleichen. „Zehn Gymnoten,“ berichtet er, „waren in der Mitte der Canoa ruhig ausgestreckt, fast alle „dicht neben einander. Ich hatte meinen Finger in der Entfernung von „drei Fuss[4] in's Wasser getaucht und berührte den Rücken des grössten „Thieres unsanft mit einem Stabe. Mehrere urtheilsfähige Personen „waren beauftragt, die Thiere zu beobachten, jeder ein bestimmtes. Ich „erhielt trotz der grossen Entfernung einen empfindlichen Schlag. Keines „der Thiere zeigte auch nur die allergeringste Spur von Bewegung. Der „Versuch wurde bis zum Ueberdruss mit dem nämlichen Erfolg „wiederholt.“[5]

Bei Gelegenheit des Schlages, den Dr. Sachs von einem enthaupteten Zitteraal im Augenblick erhielt, wo er einen Einschnitt machte, um ein Stück Organ für die Bäusche zu präpariren (s. oben S. 251. 252), stellt er folgende Betrachtung an: „Sofort fiel mir die Wichtigkeit dieser „Thatsache für die Immunitätstheorie bei: hier war ja die ganze Körper- „musculatur und das elektrische Organ vom Gehirn getrennt, dem Willen

[1] In der „Relation etc.“ ist von vier Fischen die Rede, was keinen rechten Sinn bietet. L. c. p. 184.

[2] Recueil etc. L. c. p. 80. [3] L. c. p. 184.

[4] In den „Llanos“ steht: „4 Fuss“.

[5] Reisebriefe, a. a. O. S. 78 (11); — Llanos, S. 165—167.

„entzogen. Angenommen, die vor einiger Zeit von Boll verfochtene „Theorie" — die Stählungshypothese — „sei richtig, so hätte hier ein „allgemeiner Krampf eintreten müssen. Ich kann aber versichern, dass „nicht die geringste Bewegung stattfand."[1]

Versuche nach Art der meinigen, in welchen ich Zitterwelse ungefährdet elektrischen Strömen aussetzte, denen andere in demselben Gefäss befindliche Fische erlagen, hat Dr. Sachs leider nicht angestellt, obschon dies mit kleinen Zitteraalen wohl gegangen wäre.

4. Reizversuche an sensiblen und motorischen Nerven und an Muskeln des Zitteraales.

Die Immunität des Zitteraales gegen die sogenannte physiologische Wirkung seines eigenen Schlages, gegen welche er in der natürlichen Ordnung der Dinge allein der Sicherung bedurfte, schützt ihn natürlich nicht vor solchen Wirkungen elektrischer Ströme, welche theils rein physikalisch sind, theils wenigstens auf Bedingungen beruhen, die im normalen Zitteraal-Leben nicht vorkommen. Humboldt machte einen Einschnitt in eine der Brustflossen eines Zitteraales, und galvanisirte die Wunde mit Silber und Zink; sogleich reagirte der Fisch auf das Lebhafteste. Dieser Versuch scheint es gewesen zu sein, der Humboldt wieder von der Vorstellung der Immunität zurückbrachte.

Dr. Sachs hat verschiedentlich das Benehmen des Zitteraales bei unmittelbarer Zuleitung der Schläge des Schlitteninductoriums geprüft, in dessen primärem Kreise sich eine Sternsäule befand. Der Fisch war durch frühere Versuche schon ziemlich abgestumpft gegen Berührung. Anfangs wurden die Sättel ihm aufgesetzt und Inductionsschläge hindurchgeschickt; weder aber reagirte das Thier, noch empfand die zwischen die Sättel gebrachte Hand die geringste Spur der Inductionsschläge. Auch als Dr. Sachs dem Zitteraal unter Wasser zwei durch Guttapercha isolirte Kupferspitzen aufsetzte, war die Reaction sehr schwach, und der Finger empfand den Strom gleichfalls sehr geschwächt. Dies war also dieselbe Lage wie die, worin Faraday und ich uns dem Zitteraal der *Polytechnic Institution* gegenüber befunden hatten (s. oben S. 130).

Nun liess Dr. Sachs das Wasser so weit ausschöpfen, dass Kopf und Rücken zum Theil blosslagen. Das Aufsetzen der Spitzen auf die entblössten Stellen liess sich das Thier ruhig gefallen, aber beim Oeffnen des die Schläge abblendenden Schlüssels zog es sofort den Kopf zurück

---

[1] Reisebriefe, a. a. O. S. 78 (10).

und schlug, nach Aussage des Froschweckers, einmal über das andere.[1] Der Zitteraal wehrte sich also, wie der Zitterwels, durch Entladung seiner Batterien gegen den elektrischen Angriff; und deshalb ist es so gewagt nicht, anzunehmen, dass in Hrn. Steiner's Versuch der kleine Zitterroche jedesmal schlug, dass ein Schlag des grossen ihn traf, und dass er seine Schläge mit den gewohnten Bewegungen begleitete, die Hr. Steiner für elektrisch erzeugte Zuckungen nahm (s. oben S. 262).

Beim Aufsetzen der Spitzen auf den Rücken in $1^1/_2{}^{cm}$ Abstand waren die örtlichen Muskelzusammenziehungen sehr deutlich, und das Thier wand sich, um der Pein zu entgehen. Die Zusammenziehungen traten übrigens eigenthümlich träge, nicht plötzlich und ruckweise ein. Sie liessen sich bis zu 60^{mm} Rollenabstand nachweisen; bei 80^{mm} wurde die Reaction unsicher. Bei 60^{mm} waren die Schläge für Dr. Sachs' Empfindung zwar schon sehr unangenehm, doch nicht gerade unerträglich; wobei aber die schleimhautähnliche Beschaffenheit der Zitteraal-Oberfläche im Gegensatz zur menschlichen Epidermis in Anschlag zu bringen ist. Ganz zuletzt erhielt noch der dem Thier aufgelegte Finger einen heftigen Schlag.[2]

Elektrische Reizversuche an blossgelegten Muskelnerven und Muskeln des Zitteraales hat auch schon Humboldt, freilich nur mit einfacher Kette, angestellt. Da er aber in diesen Versuchen Meister war und ausgebreitete Erfahrung besass,[3] so ist sehr interessant, dass es ihm zu seinem Erstaunen durchaus nicht gelang, mit Silber und Zink Zuckung zu erhalten. Er bemerkt ausdrücklich, dass die hohe Temperatur (31°, s. oben S. 77) nicht daran Schuld sein konnte, da er in Cumaná bei eben solcher Wärme die Nerven und Muskeln von Leguanen, Klapperschlangen, Chaetodonten und Ostracionarten erfolgreich galvanisirt habe.[4] Humboldt scheint dergestalt, ohne den Sinn seiner Beobachtung zu ver-

[1] Vergl. Reisebriefe, a. a. O. S. 95.

[2] Vergl. Reisebriefe, a. a. O. S. 83 (8). 95.

[3] Untersuchungen über thierische Elektricität. Berlin 1848. Bd. I. S. 75 ff. — Hier mag aufbewahrt werden, dass, nach einer sogleich von mir niedergeschriebenen mündlichen Mittheilung von Retzius aus dem Jahre 1857, Humboldt noch bei der Naturforscherversammlung in Berlin 1828 Retzius, Rudolphi und Tiedemann auf ihre Bitte mit grossem Geschick galvanische Froschschenkelversuche zeigte, „da „damals Niemand in Deutschland sich mit dergleichen abgab und sie zu demon- „striren im Stande war." In der That war dies drei Jahre bevor Joh. Müller durch seine Versuche über die Verrichtungen der Spinalnervenwurzeln die Aufmerksamkeit der Physiologen wieder auf den Frosch lenkte (vergl. E. du Bois-Reymond, Gedächtnissrede auf Joh. Müller. Aus den Abhandlungen der Kgl. Akademie der Wissenschaften zu Berlin 1859. Berlin 1860. 4°. S. 55).

[4] Recueil etc. L. c. p. 73.

stehen, auf die hohe Reizschwelle der Nerven und Muskeln beim Zitteraal gestossen zu sein.[1]

Dr. SACHS' Versuche am Seitennerven wurden schon oben S. 23 erwähnt, unmittelbare Reizung curarisirter Muskeln S. 204. Die rothe Muskelsubstanz des Rückens, von deren chemischer Reaction S. 72 die Rede war, zog sich unter dem Einfluss der Schläge des Schlitteninductoriums, mit einem Daniell im Hauptkreise, schon bei 120 mm Rollenabstand zusammen.[2] Wie die Schläge zugeführt wurden, ist nicht gesagt.

Zu Schwellenversuchen nach Art des BOLL'schen (s. oben S. 265. 266) scheint sich Dr. SACHS die Gelegenheit nicht geboten zu haben.

5. Von der an den zeitlichen Verlauf der Ströme geknüpften Immunität der elektrischen Nerven beim Zitteraal.

Hier ist nun aber noch der besonderen Art elektrischer Immunität zu gedenken, welche nach Dr. SACHS' Entdeckung die elektrischen Nerven des Zitteraales auszeichnet. Die Thatsachen sind schon oben S. 192 ff. 200 ff. ausführlich dargelegt. Diese Immunität spricht sich nicht aus in der Höhe der Reizschwelle, sondern darin, dass nur Ströme von bestimmtem zeitlichen Verlauf die Nerven erregen, oder richtiger gesagt darin, dass die Reizschwelle vom zeitlichen Verlauf abhängt. Die Stärke der Inductionsschläge, welche die elektrischen Nerven einzeln treffend Entladungen des Organs bewirkten, war mehr als die vierzigfache von der, welche in Gestalt von Wechselströmen Tetanus des Organs hervorrief. „Die Nerven „des Gymnotus," sagt Dr. SACHS, „wenigstens die des elektrischen Organs, „verhalten sich gegenüber den Dichtigkeitsschwankungen elektrischer „Ströme gleichsam wie eine schwere Kirchenglocke gegenüber den An„strengungen sie zu läuten. Erst nach wiederholten Zügen am Seile „tritt die Wirkung ein. Die moleculare Construction der Gymnotus„Nerven ist eine solidere, das Gleichgewicht ein stabileres als bei an„deren Thieren."[3]

---

[1] Auch in diesem Punkte widerspricht sich HUMBOLDT scheinbar in der dreizehn Jahre später erschienenen *Relation* (vergl. oben S. 150 und S. 267). L. c. p. 184 heisst es: „J'ai vu... qu'en mettant les nerfs à nu, ils éprouvent des contractions musculaires au simple contact de deux métaux hétérogènes." Entweder bezieht sich dies auf den Versuch an der eingeschnittenen Flosse, wo sensible Nerven gereizt wurden, und das Thier durch Muskelbewegung Schmerz bezeugte, oder HUMBOLDT's Gedächtniss hat ihn getäuscht.

[2] Vergl. Reisebriefe, a. a. O. S. 73 (7).

[3] Vergl. Reisebriefe, a. a. O. S. 79 (19).

Die Anwendung, welche Dr. Sachs von dem Gleichniss macht, wodurch Hr. Helmholtz den Mechanismus des Mitschwingens versinnlicht,[1] trifft nicht ohne Weiteres zu. Die Kirchenglocke geräth nur dann durch eine kleine Kraft in Bewegung, wenn diese stets in den richtigen Augenblicken angreift, damit ihre Wirkungen sich summiren; keinesweges genügt in der Zeiteinheit beliebig oft wiederholtes Zerren am Strang. Um den Vorgang beim Tetanisiren der elektrischen Zitteraal-Nerven wie Dr. Sachs auffassen zu dürfen, müsste man zuerst gezeigt haben, wovon bisher keine Rede war, dass nur bei einer bestimmten Zahl tetanisirender Stromstösse in der Zeiteinheit die Nerven so zu sagen leicht ansprechen. Diese Zahl, oder ein Multiplum davon, könnte dann die Schwingungszahl der Molekeln der elektrischen Nerven sein.

Ob die Erscheinung mit den Theilentladungen etwas zu schaffen habe, aus welchen nach Hrn. Marey die willkürliche Gesammtentladung bei Zitterroche und Zitteraal besteht (s. oben S. 238 ff.), lässt sich natürlich noch nicht sagen. Zunächst müsste versucht werden, ob Aehnliches wie beim Zitteraal, wenn auch minder auffallend, vielleicht beim Zitterrochen und Zitterwels sich zeige. Sogar am Nervmuskelpräparat ist das entsprechende Verhalten meines Wissens noch nicht erschöpfend geprüft. Man betrachtete als selbstverständlich, dass dieselbe Reizschwelle für Einzelschläge und für tetanisirende Wechselströme gelte, und wenn man ja einmal durch unterminimale Einzelschläge keine Wirkung, durch Tetanisiren mit denselben Schlägen dagegen Wirkung erfolgen sah, nahm man an, dass man es mit einer Summationserscheinung zu thun habe.

Nach Hrn. Brücke bieten entnervte Muskeln zu dem von Dr. Sachs entdeckten Phänomen ein merkwürdiges Gegenstück. Solche Muskeln reagiren noch auf Schliessung und Oeffnung beständiger Ketten und auf länger dauernde Inductionsströme, dagegen sind sie unempfänglich für schnelle Inductionsschläge, sowie für Tetanisiren mit solchen Schlägen oder mit einem durch das Blitzrad häufig unterbrochenen und wiederhergestellten beständigen Strome.[2]

Es giebt aber zur Sachs'schen Art von Immunität, um uns so auszudrücken, auch ein Seitenstück, und dieser Punkt ist von hoher Bedeutung. Schon Hr. Munk hatte bemerkt, dass man an Fröschen, gleichviel ob enthirnt oder nicht, auf einzelne Inductionsstösse, welche

---

[1] Die Lehre von den Tonempfindungen u. s. w. 4. Auflage. Braunschweig 1877. S. 61 ff.

[2] Sitzungsberichte der Wiener Akademie u. s. w. 1867. Bd. LVI. II. Abth. S. 594; — 1868. Bd. LVII. II. Abth. S. 125; — Vorlesungen über Physiologie. 2. Aufl. 1875. Bd. I. S. 485.

einen sensiblen Nervenstrom treffen, keine Reflexzuckungen folgen sieht. Erst an strychninisirten Fröschen ist dies der Fall.[1] Hr. Setschenow sah gleichfalls, dass oft noch Inductionsschläge, welche bei spielendem Hammer starkes Kitzeln auf der Zunge hervorriefen, vom Ischiadicus enthirnter wie nicht enthirnter Frösche aus keine Reflexzuckungen auslösten. Indem er die obere Grenze der Stromstärken aufsuchte, bei welchen einzelne Schläge das Thier noch ruhig liessen, und darauf bei spielendem Hammer die niedrigsten Stromstärken bestimmte, welche das Thier zu erregen anfingen, ergab sich ihm ein sehr grosser Unterschied der Rollenabstände, „weil der gegen die einzelnen Inductionsschläge so un„empfindliche sensible Nerv gegen eine Reihe derselben fast dieselbe „Empfindlichkeit wie der motorische zeigt.“[2] Dasselbe beobachtete Hr. Ad. Fick an den dünnen sensiblen Hautnerven, welche die Lymphräume des Rückens beim Frosch durchsetzen. „Wenn man statt einzelne „Schläge zu geben die Feder des Inductionsapparates in Schwingung „versetzt, dann bedarf es bei weitem keiner so enormen Stromstärken, „um die beschriebenen“ — reflectorischen — „Muskelzusammenziehungen „zu erhalten.“[3]

Man sieht, die Aehnlichkeit der Erscheinungen ist so gross, dass sie Hrn. Setschenow und Hrn. Fick in Bezug auf das aus sensiblen Nerven, reflectirendem Centralorgan und Muskel bestehende Präparat zu fast genau derselben Ausdrucksweise führte wie die, deren Dr. Sachs in Bezug auf das Nerv-Organ-Präparat des Zitteraales sich bediente. Leises Tetanisiren des sensiblen Nerven löst vom Rückenmark starke Reflexzuckungen bestimmter Muskelgruppen aus; starke einzelne Schläge bleiben unbeantwortet. Starke einzelne Schläge, welche die elektrischen Nerven treffen, lösen keinen Schlag des Organs aus; auf leises Tetanisiren des elektrischen Nerven antwortet das Organ mit Tetanus. Die elektrischen Platten des Zitteraal-Organs verhalten sich also gegen die beiden Formen der Reizung der elektrischen Nerven, wie die Ganglienzellen des Rückenmarkes gegen die nämlichen Formen der Reizung sensibler Nerven. Unter den gegenwärtigen Umständen muss es genügen, diese wichtige Analogie aufgedeckt zu haben; jeder Zusatz zum Thatbestande könnte ein Fehlschluss sein.

Was an der Sachs'schen Art von Immunität ganz besonders auffällt, ist ihr scheinbar dysteleologischer Charakter gegenüber Hrn. Marey's

---

[1] Reichert's und du Bois-Reymond's Archiv u. s. w. 1862. S. 12. Anm.

[2] Ueber die elektrische und chemische Reizung der sensiblen Rückenmarksnerven des Frosches. Graz 1868. S. 14.

[3] Pflüger's Archiv für die gesammte Physiologie. 1870. Dritter Jahrgang. S. 329.

Lehre von den Theilentladungen. Man sollte danach meinen, der Zitteraal müsse seine eigenen Organe mittelbar tetanisiren. Oder thut er dies vielleicht, und geht daraus Verstärkung der Wirkung hervor, wie vermuthlich aus der positiven Polarisation? (s. oben S. 220). Auch hierüber ist es jetzt unmöglich, fruchtbar weiter zu verhandeln.

5. Noch Einiges zum Immunitätsproblem.

Ich kann diese Angelegenheit nicht verlassen, ohne einer Vermuthung zu gedenken, auf welche ich bei Erörterung der Frage nach dem Lebendiggebären des Zitteraales kam. Auch vom Zitterwels versicherten Hrn. Babuchin die Nilfischer, dass er lebendig gebäre, und zwar durch das Maul. Möglicherweise brütet auch der Zitteraal, gleich mehreren anderen Fischen derselben Gewässer, seine Jungen im Maul aus (s. oben S. 124). Sollten diese Angaben für Zitterwels und Zitteraal sich bestätigen, so brächten alle drei elektrischen Fische, wenn auch auf verschiedene Art, lebendige Junge zur Welt. Wie, wenn dies den Sinn hätte, dass in dem Maasse, wie die elektrischen Organe im Lauf der Geschlechter entstanden, die Zitterfisch-Brut durch natürliche Zuchtwahl die relative Immunität gegen elektrische Schläge, die höhere elektrische Reizschwelle erwarb? Stets hätten nur Junge sich entwickelt, deren Gewebe schon zufällig eine etwas höhere Reizschwelle besassen, und die daraus erwachsenen Thiere hätten ihr besonderes Vermögen auf ihre Nachkommen vererbt, da es dann Geschlecht um Geschlecht, Schritt haltend mit der Ausbildung des elektrischen Apparates, bis zur Höhe gediehen wäre, die uns heut in Erstaunen setzt.

Auch die dem Dr. Sachs von dem Indianer beschriebene Pflege der Zitteraal-Brut in einer Sandgrube, welche die Mutter mit ihrem Leibe umgiebt (s. oben S. 120), könnte phylogenetisch eben so wirken.

Wer weiss, ob man nicht gegen elektrische Schläge unterempfindliche Fische züchten könnte, indem man viele Generationen unter elektrischen Bedingungen sich entwickeln liesse, die sich schrittweise denen näherten, welchen Zitterrochen-Embryonen im Mutterleib unterworfen sind.[1]

---

[1] Trächtige Zitterrochen sollen besonders stark schlagen (Valentin, Artikel: „Elektricität der Thiere“ in Rud. Wagner's Handwörterbuch der Physiologie u. s. w. Bd. I. Braunschweig 1842. S. 260). Man könnte dies so erklären wollen, dass sie ihre Kraft lange aufgespeichert haben, indem sie aus Schonung für ihre Jungen sich des Schlagens enthalten, wenn es ihnen nicht an den Kragen geht. Doch ist dies sehr unwahrscheinlich, da nach Hrn. De Sanctis die Trächtigkeit des Zitterrochen 9—10 Monate dauert (Embriogenia cc. Napoli 1872. p. 17).

Da sonst Fische bekanntlich von Schmarotzern wimmeln, wäre interessant zu wissen, ob vielleicht die Zitterfische davon vergleichsweise frei sind. Gregarinen und Psorospermien sind von Hrn. LEYDIG bei Torpedo narke beobachtet.[1]

6. Von einem besonderen, dem Zitteraale zugeschriebenen Vermögen.

Wenn von besonderen Vermögen des Zitteraales die Rede ist, kann nicht unerwähnt bleiben, dass einige Beobachter ihm die Fähigkeit zuschrieben, zu erkennen, ob ein ihm angelegter Bogen leite oder nicht, geschlossen oder offen sei.[2] Dazu müsste das Thier einen, anderen Thieren abgehenden Sinn besitzen, von dem man sich nicht nur subjectiv, wie natürlich, sondern auch objectiv keine Vorstellung machen kann; es müsste den Verlauf der von ihm ausgesandten Stromcurven, deren Verbiegung, Verdünnung, Verdichtung in Folge ihnen entgegengesetzter Widerstände im Augenblick des Schlages übersehen. An sich unbegreiflich, scheint solch ein elektrischer Sinn mit der Unterempfindlichkeit für elektrische Ströme, welche der Immunität zu Grunde liegt, nicht wohl vereinbar. Selbst wenn man beim Zitteraal, vielleicht in der Gegend der Zwischenmuskelschicht (s. oben S. 29), etwas den SAVI'schen Bläschen Aehnliches fände, würde mir der elektrische Sinn dadurch nicht plausibler gemacht werden, dass man mit diesen Organen sonst nichts anzufangen weiss.[3]

FARADAY glaubt bemerkt zu haben, dass der Zitteraal unterscheidet, ob sein Schlag Lebendiges trifft, was dadurch zuckt, oder todte Materie.[4] Vielleicht lassen sich jene Nachrichten so erklären. Dr. SACHS hatte sich vorgenommen, Aufschluss darüber zu suchen, doch findet sich in seinen Aufzeichnungen nichts darauf Bezügliches.

---

[1] MÜLLER's Archiv u. s. w. 1851. S. 221.

[2] WALSH in JOHANN INGEN-HOUSZ Vermischte Schriften u. s. w. Uibersetzt von MOLITOR. Wien 1782. S. 276; — GUISAN, l. c. p. 10 sqq. — Den Unsinn, den einst ein gewisser G. W. SCHILLING der Berliner Akademie aus Surinam über das Verhalten des Zitteraales zum Magnet mittheilte, ist es Zeit, der verdienten Vergessenheit zu übergeben (Nouveaux Mémoires de l'Académie Royale des Sciences et Belles Lettres. Année 1770. Berlin 1772. 4°. p. 68).

[3] Vergl. BOLL, in REICHERT's und DU BOIS-REYMOND's Archiv u. s. w. 1875. S. 468.

[4] Experimental Researches etc. L. c. p. 13. 14. § 1788.

§ XXXVII. Theoretische Vermuthungen über den Mechanismus des Zitterfisch-Schlages.

1. Ist der Zitterfisch-Schlag die negative Stromschwankung der elektrischen Nerven?

Theoretische Vermuthungen über den Mechanismus des Zitteraal-Schlages hat Dr. Sachs keine hinterlassen. Ich konnte mich nicht so anhaltend mit einem Gegenstande beschäftigen, über welchen ich ohnehin viel nachgedacht habe, ohne einige Betrachtungen anzustellen, die ich schliesslich nicht vorenthalten will.

Boll brachte die Möglichkeit zur Sprache, „den Schlag des elek-„trischen Organs allein durch die die Innervation begleitende negative „Schwankung des Nervenstromes zu erklären. Wenigstens müsste bei „dieser Anordnung im Momente der Innervation die Rückenfläche der „elektrischen Platte (beim Zitterrochen) positiv, die Bauchfläche negativ „elektrisch werden, was in der That der Fall ist."[1] — „Vielleicht dass „der von der Anatomie jetzt geführte Nachweis der ausschliesslichen „freien Endigungen der elektrischen Nerven" — sagt er am Ende seiner Untersuchungen über den Bau der elektrischen Platte beim Zitterrochen — „die Schwesterwissenschaft veranlassen wird, eine schon einmal „aufgeworfene Frage näher in's Auge zu fassen: was unter diesen Um-„ständen denn schliesslich aus der negativen Schwankung des Nerven-„stromes werden muss, die den Erregungsvorgang innerhalb der Nerven-„faser jedenfalls doch wohl bis an das äusserste peripherische Ende „begleitet, und ob die in den elektrischen Platten von Torpedo (nicht „von Malopterurus) durch die anatomischen Verhältnisse der Nerven-„verästelung bedingte, mehr als millionenfache Multiplication dieser „Stromesschwankung nicht vielleicht ausreichend befunden wird, den „Schlag des Zitterrochen zu erklären?"[2]

Man wird meiner Versicherung glauben, dass ich diesen mir nahe liegenden Gedanken auch schon gehabt hatte, und man wird sehen, warum ich ihn verschwieg.

Vor Allem muss bemerkt werden, dass die Sache so einfach nicht ist, wie Boll sie hinstellt. Wirkten die natürlichen Querschnitte der Nerven, welche beim Zitterrochen an der Bauch-, beim Zitteraal an der

---

[1] Max Schultze's Archiv für mikroskopische Anatomie. Bd. X. 1873. S. 118. Anm.

[2] Reichert's und du Bois-Reymond's Archiv für Anatomie, Physiologie u. s. w. 1876. S. 477. 478.

Schwanzfläche der elektrischen Platten enden, elektromotorisch wie künstliche Nervenquerschnitte, und wäre der Schlag nur die negative Schwankung dieser Nervenströme, so würden die Organe dauernd elektromotorisch thätig sein im umgekehrten Sinne von dem, in welchem sie schlagen, und zwar, falls in der negativen Schwankung der Nervenstrom gerade verschwände, mit der Kraft des Schlages. Statt dessen finden wir die Organe im entgegengesetzten Sinne schwach elektromotorisch, nämlich in dem des Schlages (s. oben S. 169 ff.). Um dies zu erklären, müsste man annehmen, dass die Nervenquerschnitte mit einer parelektronomischen Schicht überzogen seien, deren elektromotorische Thätigkeit die ihrige nicht bloss aufhebt, sondern sogar etwas überwiegt, und welche an der negativen Schwankung nicht Theil nimmt. Im Augenblick des Schlages verschwände durch die negative Schwankung die Nervenstromkraft, und der Schlag käme zu Stande durch das Freiwerden der Kraft der parelektronomischen Schicht. Dies ist also eine fernere Hypothese, deren Boll bedürfte, doch keine schlimme, denn fast ebenso stellen wir uns die Dinge vor bei der negativen Schwankung an einem wegen Parelektronomie schwach wirksamen natürlichen Muskelquerschnitt. Auch hier dachte ich mir ursprünglich, dass die parelektronomische Schicht an der Schwankung keinen Theil nehme. Genauere Versuche belehrten mich später, dass dies nicht strenge richtig ist, sondern dass die Schicht nur in geringerem Maass als die übrige Muskelmasse an der Schwankung sich betheiligt.[1] Im elektrischen Organe könnte sich das zuerst am Muskel angenommene Verhalten verwirklicht finden.

Es fragt sich aber nun, ob so die elektromotorische Kraft des Zitterfisch-Schlages sich erkläre. Leider fehlt es uns an jeder bestimmten Kenntniss dieser Kraft, und es wird sehr schwer sein, solche Kenntniss zu erwerben. Hrn. Marey's oben S. 221 erwähnte Versuchsweise, bei welcher ein $^1/_{200}''$ langes Stück aus dem Schlage ausgeschnitten und das auszuschneidende Stück dem Schlag entlang verschoben wird, gestattet vielleicht, die Maximal-Ordinate der Stärke des Schlages zu messen; einer genauen Schätzung der dieser Ordinate ursprünglich zu Grunde liegenden Kraft ständen noch im Wege Induction, Polarisation des Organs, vor Allem die Schwächung des Schlages durch Nebenleitung.

Wie dem auch sei, wir wissen, dass es bei Zitteraal und Zitterwels um ausserordentliche, beim Zitterrochen zwar um geringere, aber doch immer noch um sehr ansehnliche Kraftgrössen sich handelt.[2] Daher bei

[1] Ges. Abh. Bd. II. S. 532.

[2] Man findet ohne Begründung angegeben, dass der Zitterwels schwächer schlage als der Zitterroche (Coldstream im Artikel „*Animal Electricity*“ in Todd's Cyclopaedia of Anatomy and Physiology. vol. II. London 1836—39, p. 84; —

sonst gleichen Vorzügen die Hypothese über den Mechanismus des Zitterfisch-Schlages die bessere sein wird, welche die grössere Kraft verspricht. Beim ersten Blick kann es scheinen, als sei mit vergleichsweise so winzigen Stromkräften, wie mit denen der Nerven, hier überhaupt nichts anzufangen. Allein man erinnert sich der Betrachtung, die wir angesichts der äusserst geringen dauernden Organstromkraft einer einzelnen Platte des Zitteraal-Organs anstellten. Vermöge der grossen Zahl von Platten in der ganzen Länge des Organes geht für dieses schliesslich doch eine ganz ansehnliche dauernde Kraft hervor (s. oben S. 174. 175). So auch hier. Wie unzureichend die Nervenstromkraft scheine, um die Gewalt eines Zitterfisch-Schlages zu erklären, nur genauere, ziffermässige Erwägung vermag zu entscheiden, ob dies wirklich unmöglich sei.

Von millionenfacher Vervielfältigung der Nervenstromschwankung, wie Boll sich ausdrückt, kann nicht die Rede sein. Boll hatte wohl dabei die Stromstärke im Auge, welche an einem Punkte des leitenden Mittels, worin sich der Zitterfisch befindet, aus der Summation aller durch die Nervenendquerschnitte als elektromotorische Flächenelemente erzeugten Partialströme hervorgeht. Diese auf dem Princip der Superposition der Ströme beruhende Betrachtungsweise ist an sich tadellos; auf die elektrischen Platten angewendet, war sie es, durch welche ich einst zuerst Licht in dies Gebiet trug. Für den jetzigen Zweck ist sie jedoch minder tauglich. Jene Partialstromstärken sind gleichsam unendlich kleine Grössen zweiter Ordnung, weil die nicht vervielfältigte Kraft des einzelnen elektromotorischen Flächenelementes durch den unverminderten Widerstand des einzelnen Nervenfädchens dividirt wird. Gewiss sind dieser Nervenfädchen Millionen; aber das Ergebniss der millionenfachen Vervielfältigung, der zweimaligen Integration lässt sich nicht übersehen; erst in solcher Entfernung, dass die Dimensionen der Organe dagegen verschwinden, wird die Stärke der Gesammtwirkung der Zahl der Flächenelemente proportional, aber dann verschwindet sie zugleich. In jeder kleineren Entfernung ist die Stärke der Gesammtwirkung eine sehr verwickelte Function der Zahl und Stärke der Partialwirkungen, und man gelangt zu keinem Ueberschlage der Leistungen der Organe.

Milne Edwards, Leçons sur la Physiologie et l'Anatomie comparée etc. t. XIII. Paris 1878 – 79. p. 335). Nach Rüppel bei John Davy (Researches etc. vol. I. p. 53) schlägt der Zitterwels stärker. Es bedarf keines Beweises, wie unsicher solch ein Urtheil sei, wo es sich nicht um einen Unterschied handelt, wie zwischen dem Zitteraal und den beiden anderen Fischen. Aber auch wenn bei gleich günstiger Ableitung der Zitterwels nur so stark, ja etwas schwächer schlüge als der Zitterroche, käme ihm wegen des grösseren Widerstandes seines Organes doch grössere Kraft zu.

Der Weg hierzu besteht vielmehr darin, dass man, absehend von der unvollkommenen Säulenbildung in den Organen (s. oben S. 148), sie als vom einen zum anderen Ende durchströmte Säulen auffasst, deren elektromotorische Kraft gleich ist der Summe der Kräfte der hintereinander geschichteten elektrischen Platten, und deren Widerstand gleich ist der Summe der Widerstände der einzelnen senkrecht durchströmten Scheiben, in welche man sich die Organe zerlegt denken kann.

Der Widerstand der Organe tritt dabei an Bedeutung zurück gegen die elektromotorische Kraft. Da, teleologisch zu reden, die elektrischen Organe bestimmt sind, durch schlecht leitende Wasserstrecken auf schlecht leitende thierische Theile zu wirken, brauchte bei ihrem Bau nicht ängstlich auf Verminderung des wesentlichen Widerstandes gesehen zu werden, wofern nur die Kraft ausreichte, den ausserwesentlichen Widerstand zu überwinden. Wo dieser, wie beim Zitterrochen, der Natur der Dinge nach kleiner ausfällt, findet sich auch geringer wesentlicher Widerstand.

Das Nöthigste um die Boll'sche oder sonst eine Theorie darauf zu prüfen, ob sie die Leistungen der Organe zu erklären vermag, ist die Zählung der in den Organen hintereinander geschichteten Platten, denn nur darauf lässt sich ein Urtheil gründen, ob aus der durch die Theorie gelieferten Kraft der Elemente die muthmaassliche Gesammtkraft des Organes folge. Wieder fehlt es hier noch sehr an sicherer Kenntniss.

Der Zitterwels bleibt vorläufig ganz ausser Spiel, da Bilharz leider nicht sagt, wie lang seine mittelgrossen Exemplare waren (s. oben S. 50). Aber auch am Zitterrochen und Zitteraal sind die vorhandenen Zählungen, worüber ich ebenda schon klagte, wenig befriedigend.

Beim Zitteraal kommen im Durchschnitt zehn Platten auf das Millimeter, und da die Organe eines mittelgrossen, 1^{m} langen Thieres etwa 80^{cm} lang sind (s. oben S. 55), so giebt dies, abgesehen vom weitfächerigen Sachs'schen Säulenbündel, 8000 Platten hintereinander. Hr. Valentin findet nur 5120[1], Hr. Pacini nur „über 4000 Platten"[2]: immerhin sind dies mit der obigen vergleichbare Zahlen, und wir werden sehen, dass es auf den Unterschied nicht sehr ankommt.

Schwieriger ist es beim Zitterrochen sich über einen guten Mittelwerth zum Gebrauche bei den folgenden Ueberlegungen zu einigen. Es ist sehr traurig, dass nach den unendlichen Bemühungen und haarspaltenden Untersuchungen der Histologen am elektrischen Organ des Zitterrochen die Physiologie auf eine der ersten sich ihr aufdrängenden Fragen genügende Auskunft vermisst: ein neuer Beweis dafür, wie sehr die Anatomie zu erspriesslicher Thätigkeit physiologischer Fingerzeige bedarf.

---

[1] Artikel: „Elektricität der Thiere". A. a. O. S. 268. [2] L. c. p. 32. Nota.

In einer 1″ engl. = 25·4^{mm} hohen Säule eines mittelgrossen Zitterrochen zählte HUNTER 150 Platten.[1] Hr. VALENTIN fand deren 59 auf die Linie, was für Rheinisches Maass etwa 27 auf das Millimeter, in den höchsten Säulen von 7‴ = 15·3^{mm} etwa 400, und in den mittelhohen Säulen von 5·2‴ = 11·3^{mm} nur etwa 300 Platten giebt.[2] Hr. LEUCKART fand nur 30 Platten auf die Linie, oder etwa 14 auf das Millimeter, und in der Säule, sehr nahe wie HUNTER, nur 180.[3] Hr. PACINI dagegen fand die Querscheidewände in der Mitte 5μ, am Rande 3μ, im Mittel 4μ dick, ihren Abstand = 16μ. Querscheidewand + Abstand nehmen also 20μ ein, und dies stimmt mit der Angabe desselben Beobachters, wonach 50 Querscheidewände auf das Millimeter kommen (s. oben S. 50). Indem er dann der Säule 4^{cm} Höhe zuschrieb, erhielt er 2000 Platten in der Säule bei mittelgrossen Thieren.[4] Die so gewonnene Zahl war es, welche DE LA RIVE der von mir berichtigten Betrachtung über Anpassung der elektrischen Organe an das leitende Mittel zu Grunde legte, und die von mir bei dieser Betrachtung benutzte Zahl, 300 Platten in der Säule, war Hrn. VALENTIN's obige Mittelzahl.[5]

Es ist schwer zu begreifen, dass Zählungen geübter Beobachter so weit auseinandergehen, wie die von HUNTER, Hrn. VALENTIN und Hrn. LEUCKART einer-, und die von Hrn. PACINI andererseits. Leicht mag man für die Längeneinheit eine zu kleine Plattenzahl bekommen, indem man zum Zweck des Zählens die Platten auseinanderblättert; eine Abweichung im Verhältniss von 1:3·57, wie zwischen Hrn. LEUCKART und Hrn. PACINI, kann um so weniger so entstehen, als alle Zählungen dadurch in gleichem Sinne gefälscht werden. Vielleicht ist Folgendes die Erklärung. Nach Beobachtungen von BOLL, auf welche ich zu spät aufmerksam wurde, um sie oben S. 50. 51 zu benutzen, beträgt bei nahezu ausgewachsenen Exemplaren der Torpedo narke ARIST. von durchschnittlich 35^{cm} Länge die Dicke der elektrischen Platten im Mittel aus zahlreichen Messungen 0·0096, bei einem Individuum von etwa 10^{cm} Länge fast nur halb so viel, 0·0054^{mm}.[6] Letztere Zahl stimmt fast genau mit Hrn. PACINI's. Danach betrafen Hrn. PACINI's Messungen wahrscheinlich zu junge Thiere; unbekannt mit DELLE CHIAIE's Satz, übertrug

---

[1] Philosophical Transactions etc. 1773. vol. LXIII. P. II. p. 385.

[2] Artikel: „Elektricität der Thiere". A. a. O. S. 254.

[3] Bei RUD. WAGNER, Ueber den feineren Bau des elektrischen Organs im Zitterrochen. Göttingen 1847. 4°. S. 24.

[4] L. c. p. 32. Nota; — Archives des Sciences physiques et naturelles. 1853. t. XXIV. p. 317.

[5] Vergl. Ges. Abh. Bd. II. S. 697; — oben S. 17.

[6] Archiv für mikroskopische Anatomie. 1873. Bd. X. S. 114. Anm.

er die an kleinen Zitterrochen für die Längeneinheit gefundene Zahl unbedenklich auf die Säulen von mittelgrossen, und gelangte so zu einem über dreizehnmal grösseren Ergebniss als Hunter.

Man muss in der That dringend wünschen, dass erneute planmässige Untersuchung die so einfache und doch so wichtige Frage nach der Plattenzahl in den Säulen grosser und kleiner Zitterrochen recht bald beantworte. In den zoologischen Stationen kann dies keine Schwierigkeit haben. Vorläufig bleibt nichts übrig, als unseren Betrachtungen solche Zahlen zu Grunde zu legen, dass die daraus gezogenen Schlüsse zu Argumenten *a fortiori* werden. Beim Zitteraal gehen wir gewiss sicher, wenn wir auf das Millimeter des engfächerigen Organes zehn Platten, im Ganzen aber hintereinander statt 8000 nur 6000 Platten, und somit sechstausendfache Vervielfältigung der Kraft der einzelnen Platten annehmen. Dem Zitterrochen wollen wir nach Hrn. Valentin rund 30 Platten auf das Millimeter, und von Polfläche zu Polfläche der dann $13 \cdot 33^{mm}$ hohen Säulen 400 Platten zuschreiben.

Nebenher sei bemerkt, dass wenn man sich die Platten aller Säulen der Organe in einer Flucht denkt und sie Plattenpaaren gleichsetzt, die so berechnete Gliederzahl nicht, wie man erwarten könnte, die der gliederreichsten künstlichen Säulen übertrifft, wenn auch nur selten so mächtige Batterien zusammengestellt wurden. Schon 1803 experimentirte die Pariser *Société Galvanique* in Alfort mit einer Säule aus 2320 Platten, also 1160 Plattenpaaren.[1] Die grosse Säule der *Royal Institution*, welche 1808 durch eine National-Subscription Humphry Davy für seine Untersuchungen über die Metalle der Alkalien und Erden zur Verfügung gestellt wurde und einen vier Zoll langen Lichtbogen gab, hatte 2000 Kupferzinkplattenpaare.[2] In unserer Zeit erbaute Gassiot eine Säule aus 3520 solchen Paaren in Regenwasser.[3] Endlich vor Kurzem beschrieb Hr. Warren de la Rue mit Hrn. Hugo W. Müller eine Chlorsilber-Zink-Batterie von 11000 Paaren,[4] welche also auch das Zitteraal-Organ an Gliederzahl im obigen Sinne übertrifft.

Physiologische Versuche wurden meines Wissens an den drei letzteren Säulen nicht angestellt. Der Potentialunterschied zwischen den Enden mehrerer dieser Säulen überstieg unstreitig den zwischen den Polflächen der kräftigsten Zitterfisch-Organe, selbst ohne die bei diesen

---

[1] Aldini, Essai théorique et expérimental sur le Galvanisme etc. Paris, An XII. 1804. t. II. p. 246.

[2] Dr. Bence Jones, The Royal Institution: its Founder and its first Professors. London 1871. p. 356.

[3] Poggendorff's Annalen u. s. w. 1845. Bd. LXV. S. 476.

[4] Philosophical Transactions etc. 1878. P. I. p. 55.

unvermeidliche Nebenleitung. Doch kommt den Organen eine besondere Ueberlegenheit zu. Ihre Vollkommenheit besteht in der mikroskopischen Dünne des einzelnen Plattenpaares, daher auch bei geringer Kraft und schlechtem substantiellen Leitvermögen der Plattenpaare sich im kleinen Raume des Thierleibes eine mächtige Säule aufbauen liess. Wir werden aber gleich sehen, dass eine elektrische Platte sicher nicht bloss einem, sondern mehreren Plattenpaaren entspricht, so dass die wirkliche Gliederzahl der Organe eine weit grössere ist (s. unten S. 289).

Nun ist die Frage, wie hoch wir die Nervenstromkraft hier in Anschlag zu bringen haben. Der Potentialunterschied zwischen Längs- und Querschnitt eines Ischiadnerven vom Frosch beträgt im Mittel etwa $0 \cdot 02\,D$, mindestens so viel, wenn nicht mehr, als der am oberen Ende des M. cutaneus femoris, welcher doch den Nerven bedeutend am Querschnitt übertrifft. Da die elektromotorische Kraft der Muskeln und Nerven mit ihrem Querschnitt wächst, schloss ich, dass bei gleichem Querschnitt die elektromotorische Kraft der Nerven grösser sein würde als die der Muskeln.[1] Doch glaube ich nicht, dass wir die Kraft der Nerven hier so hoch veranschlagen dürfen, weil dies voraussetzen würde, dass ihre Endigungen an den negativen Flächen der Zitterrochen- und Zitteraal-Platten so dicht sich drängen, wie die Nervenröhren in einem Stamme. Das ist sicher nicht der Fall, und die elektromotorische Wirkung der freien Nervenquerschnitte würde durch die zwischen ihnen vorhandene Nebenleitung unstreitig so geschwächt, dass wir ein Uebriges thun, wenn wir den der Axe nach wirksamen Theil auf etwa $0 \cdot 025\,D$ schätzen. Dagegen hat Hr. Bernstein sich neuerlich abermals davon überzeugt, dass bei der negativen Schwankung die Kraft des Nerven nicht bloss verschwindet, sondern negativ wird.[2] Nehmen wir an, sie kehre sich vollständig um, so käme also die negative Schwankung = der Kraft der parelektronomischen Schicht, soweit diese in der Ruhe durch die Nervenstromkraft aufgehoben war, + der letzteren Kraft selber, d. h. sie betrüge von dieser Kraft das Doppelte $= 0 \cdot 05\,D$.

Für den Zitteraal ergiebt sich so eine Kraft von $6000 \times 0 \cdot 05 = 300\,D$. Würde vom Zitteraal-Organ, da wo es engfächerig ist, senk-

---

[1] Ges. Abh. Bd. II. S. 250. — Die an Säugethiernerven von mir (a. a. O.), Hrn. O. Israel (Archiv für Physiologie u. s. w. 1877. S. 451) und Hrn. L. Fredericq (Archiv u. s. w. 1880. S. 65), von letzterem an Vogel- und Hummernerven erhaltenen Zahlen können wir wohl bei Seite lassen. Abermals beklagt man hier, dass die elektromotorische Kraft der Zitteraal- und Zitterrochen-Nerven noch nicht gemessen wurde (s. oben S. 171).

[2] Untersuchungen über den Erregungsvorgang im Nerven- und Muskelsysteme. Heidelberg 1871. S. 26ff. 43; — Monatsberichte der Berliner Akademie. 1880. S. 192.

recht auf den Schlag eine Scheibe geschnitten, so brauchte nach BOLL's Theorie diese Scheibe, um einem Daniell an elektrischer Triebkraft gleichzukommen, da $2 \times 10 \times 0{\cdot}05 = 1$, nur 2^{mm} dick zu sein. Dies überrascht gewiss. *A priori* kann man kaum bestreiten, dass die Kraft von 300 Daniell reiche, viele Wirkungen des Zitteraal-Schlages zu erklären. In unseren Schätzungen lag keine nachweisbare Uebertreibung, ja es wäre so schwer nicht, noch vortheilhaftere Annahmen plausibel zu machen.

Am Zitterrochen stellt sich das Ergebniss minder günstig. Zwar hätte hier schon eine Scheibe von nur etwa $0{\cdot}7^{mm}$ die Kraft eines Daniells, aber bei der geringen Plattenzahl, höchstens 400, kommt man im Ganzen nur zu einer Kraft von $400 \times 0{\cdot}05 = 20\,D$, welche doch nicht reichen dürfte. Man könnte nun annehmen, dass bei der Schwankung die Nervenstromkraft im verkehrten Sinne grösser werde, als die des Stromes im ruhenden Nerven; dass letztere beim Zitterrochen grösser sei, als wir sie nach dem Beispiel des Frosches, sehr willkürlich, ansetzten; oder man könnte darauf bauen, dass künftige Zählungen mehr Platten ergäben. Noch an etwas ist zu denken: Seewasser und unstreitig die Gewebe der Seethiere leiten soviel besser als beziehlich Flusswasser und die Gewebe der Flussfische (s. oben S. 133), dass der Zitterroche in Seewasser mit 20 Daniell gewiss mehr ausrichtet, als in Flusswasser mit ihrer hundert. Die Narcinen im Manzanares (s. oben S. 76) haben sich sicher in ein ihrer elektrischen Waffe ungünstiges Revier gewagt.

Doch würde dies Alles BOLL's Hypothese nicht retten: ihr stehen noch andere, völlig entscheidende Gründe entgegen.

Erstens ist von einer Hypothese über den Mechanismus des Zitterfisch-Schlages zu verlangen, dass sie mindestens auf die drei vollkommenen elektrischen Organe (die Torpedineen als eine Art gerechnet[1]) Anwendung finde. BOLL's Hypothese passt aber, wie er selber bemerkt, nicht auf den Zitterwels (s. oben S. 275). MAX SCHULTZE's Lehre vom Hindurchtreten des Nerven durch ein Loch in der Zitterwels-Platte, und dessen schirmähnlichem Sichausbreiten, -umbiegen und -versenken in die vordere Plattenfläche hat die Zustimmung der Histologen bekanntlich nicht erlangt. Der Axencylinder eines elektrischen Endzweiges verbindet sich vor dem Eintritt in die hintere Plattenfläche mit deren Stiel. Ueber Natur und Lagerung der Verbindungsstelle fehlt es noch an sicheren Aufschlüssen.[2] Aber auch wenn man die günstigste Annahme macht,

---

[1] Ges. Abh. Bd. II. S. 602. Anm.

[2] Vergl. BOLL in SCHULTZE's Archiv für mikroskopische Anatomie. 1873. Bd. X. S. 250; — BABUCHIN, Centralblatt für die medicinischen Wissenschaften. 1875. S. 132. 8; — Archiv für Physiologie u. s. w. 1877. S. 257.

dass die Verbindungsstelle einen Nervenendquerschnitt mit parelektronomischer Schicht enthalte, wie wir es uns für die Nervenendigungen an der negativen Fläche der Zitteraal- und Zitterrochen-Platte dachten, und dass, was kaum möglich scheint, dieser Nervenendquerschnitt ein auf die Wirkungsrichtung des Organes senkrechtes elektromotorisches Flächenelement sei, bleibt man fern vom Ziel. Erstens würde die Richtung des Schlages die umgekehrte sein von der in der Wirklichkeit, denn der Zitterwels-Schlag verläuft von vorn nach hinten im Organ.[1] Zweitens haben wir schon beim Zitteraale, wie man zu sagen pflegt, ein Auge zugedrückt über die geringe Dichte der in die hintere Plattenfläche bisher sicher verfolgten Nervenendigungen. Um annehmbar zu sein, setzt Boll's Hypothese das „Trugnetz“ der Nervenendigungen voraus, wie es beim Zitterrochen bekannt ist, beim Zitteraale von Dr. Sachs nur als eine der vorhandenen Möglichkeiten aufgestellt wird (s. oben S. 47). Nur bei solcher Bildung kann die Nebenleitung zwischen den einzelnen Nervenenden allenfalls vernachlässigt werden. Beim Zitterwelse, wo jeder Platte nur ein Axencylinder entspricht, lägen selbst bei jener günstigsten, aber ganz unwahrscheinlichen Annahme die elektromotorischen Flächenelemente vereinzelt eingebettet zwischen der Masse der Platten, woraus solche Schwächung ihrer Wirkungen nach aussen folgen würde, dass von Erklärung des Zitterwels-Schlages durch Schwankung der elektrischen Nervenendigungen schon deshalb die Rede nicht sein kann.

Der zweite Grund, welcher ganz allgemein bei allen drei Zitterfischen gegen Boll's Theorie spricht, ist, wenn man will, ein teleologischer. Diese Theorie leidet an einem ähnlichen Gebrechen, wie nach Joh. Müller's treffender Bemerkung[2] die einst berühmte, heute vergessene Theorie der Muskelzusammenziehung von Prévost und Dumas. Wie nach dieser Theorie die ganze Masse des Muskels mit ihrem kunstreichen Baue nichts sein sollte als ein bewegliches Gerüst für die einander anziehenden stromführenden Nervenschlingen, so wäre nach Boll's Hypothese die Platte überflüssig und ihr Dasein unverständlich. Am Zitterrochen, wo die Platte eine sehr dünne, ebene Membran von vergleichsweise einfachem Baue darstellt, springt die Stärke dieses Einwandes minder hervor, und es erklärt sich aus Boll's vorwiegender Beschäftigung mit diesem Fische, dass er einen Augenblick in seiner Hypothese sich gefallen konnte. Man vergegenwärtige sich aber den Bau des

[1] Sind Hrn. Robin's Angaben richtig, so begegnet beim gemeinen Rochen Boll's Hypothese derselben Schwierigkeit. Ges. Abh. Bd. II. S. 621.

[2] Handbuch der Physiologie des Menschen u. s. w. Bd. II. Coblenz 1840. S. 56. — Vergl. meine „Untersuchungen“. Bd. II. Abth. I. S. 7. 224.

Zitteraal- und Zitterwels-Organes, dort die gewaltige elektrische Platte mit ihrem unzählbaren Heere von Papillen, hier die pilzähnliche Entfaltung elektrischen Gewebes von der Stelle an, wo Stiel und Nervenfaser sich aneinanderlegen: diese ausgedehnten, eigenartigen und verwickelten, durch Fasergerüste gestützten, mit Blutgefässen versehenen Gebilde würden nach jener Hypothese nutzlos sein. Dies ist sicher nicht der Wirklichkeit gemäss. Bei Zitterrochen und Zitteraal mag die Schwankung einen Theil des Schlages ausmachen. Das Uebrige, und beim Zitterwels der ganze Schlag, müssen anderen Ursprunges sein.

2. Der Zitterfisch-Schlag entsteht wesentlich in der elektrischen Platte, deren Kraft ihrer Dicke proportional ist.

Als ich, im Anfang meiner Untersuchungen über thierische Elektricität, mich über die elektrischen Fische zu unterrichten begann, fand ich hauptsächlich zwei Arten von Theorien vor. Die einen verlegten den Ursprung der Elektricität in das Gehirn der Thiere. Schon Joh. Müller hatte deren Unhaltbarkeit gezeigt.[1] Die anderen liessen die Elektricität nach voltaïschem Schema sich durch Berührung dreier ungleichartigen Stoffe entwickeln. Als solche Stoffe mussten theils Gewebe, theils thierische Flüssigkeiten herhalten. Um zu erklären, warum das Organ nicht nach Art einer Säule beständig wirke, wurde angenommen, entweder dass durch eine Bewegung des Thieres, an der es beim Zitterrochen nicht fehlte (s. oben S. 261), die drei Bestandtheile erst mit einander in Berührung gebracht würden, oder dass der eine, alsdann flüssig gedachte Bestandtheil sich erst im Augenblick des Schlages ergiesse (vergl. Humboldt, oben S. 150). Auch spielten isolirende Hüllen eine grosse Rolle in diesen Theorien (vergl. oben S. 259).

Mir zeigten gleich meine ersten Versuche, dass, wie sich dies theoretisch von selber versteht, die verschiedensten thierischen Gewebe und Flüssigkeiten miteinander elektromotorisch unwirksam sind.[2] Zugleich mit der Ueberzeugung, dass im Thierleib isolirende Hüllen ohne die zwingendsten Gründe nicht anzunehmen seien, erwuchs in mir die, dass in den elektrischen Organen die Berührung der auch anderswo vorkommenden histologischen Elemente, Bindegewebe, Nerven, Blutgefässe mit ihrem Inhalt, der Quell der Elektricitätsentwickelung nicht sein könnten. Es war mir sofort klar, dass dieser

---

[1] Vergl. Ges. Abh. Bd. II. S. 685. Anm. 6. S. 669.

[2] Vorläufiger Abriss u. s. w. Poggendorff's Annalen u. s. w. 1843. Bd. LVIII. S. 4. § 12; — Untersuchungen u. s. w. Bd. I. 1848. S. 481.

Quell seinen Sitz nur haben könne in demjenigen Formbestandtheil, der im elektrischen Organ neu auftritt, und damals noch als „Gallertscheibchen" beschrieben wurde. Ich wagte den Ausspruch: „Im Augen„blick der Entladung wirken unter dem Einfluss des irgendwie in „Thätigkeit versetzten Nervenagens die Gallertscheibchen in bestimmter „Richtung elektromotorisch" — und MATTEUCCI's Behauptung entgegen, welcher jede Möglichkeit einer Analogie zwischen den elektrischen Organen und der Säule läugnete, bewies ich, dass aus dieser Voraussetzung alle über die räumliche Ausbreitung des Zitterfisch-Schlages bekannten Thatsachen sich auch ohne isolirende Hüllen mittels des Principes der unvollkommenen Säulenbildung herleiten lassen.[1]

Diese Anschauung hat sich bewährt. Aus jenen Gallertscheibchen ward seitdem BILHARZ' elektrische Platte, Hrn. BABUCHIN's metasarkoblastisches Glied des elektrischen Elementarapparates. Da die elektrische Platte umgewandelter Muskel ist, wird es erlaubt sein, zunächst sich vorzustellen, dass wir es im Schlage mit einer Erscheinung zu thun haben vergleichbar der negativen Schwankung des Muskelstromes. Die schwächende Nebenleitung, welche zwischen den einzelnen Nervenendigungen lag, fällt dabei fort; man kann sich der Platte parallel isoëlektrische Flächen, und in der Platte einen Sprung des Potentialunterschiedes vorstellen. Da man an Froschmuskeln leicht eine elektromotorische Kraft von 0.075 D, dreimal grösser als am Ischiadnerven findet, so würde man, wenn man auch nur diesen Werth zu Grunde legt, beim Zitterrochen zu einer Kraft von 30, beim Zitteraal zu einer solchen von 450 D gelangen, was gegen die BOLL'sche Hypothese schon ein Gewinn ist. Allein ich glaube, dass man noch einen Schritt weiter thun kann.

Aus DELLE CHIAJE's und Hrn. BABUCHIN's Lehre von der Praeformation der elektrischen Elemente folgt, wie wir sahen, dass je grösser ein Zitterfisch, um so dicker seine elektrischen Platten (s. oben S. 30. 50. 51), und da die elektromotorische Kraft mit der Grösse des Fisches wächst (s. oben S. 17), so ergiebt sich der grundlegende Satz:

Je dicker eine elektrische Platte, um so grösser ihre Kraft.[2]

Die Dicke der elektrischen Platten des Zitteraales findet man im Mittel der Summen der oben S. 48 (unter 2, 3, 4 in der zweiten, dritten und vierten Spalte) verzeichneten Messungen = 82 μ. Die Zitterwelsplatten sind nach BILHARZ an mittelgrossen Fischen in der Mitte $^1/_{45}{}'''$

[1] POGGENDORFF's Annalen u. s. w. 1843. Bd. LVIII. S. 25—30. § 65—76.

[2] Ich habe diesen Satz, der übrigens Hrn. BABUCHIN's Scharfsinn auch nicht entgangen war (Centralblatt für die medicinischen Wissenschaften. 1875. S. 164), ohne nähere Begründung schon 1876 in einem Nachtrag zu meiner „Experimentalkritik der Entladungshypothese" ausgesprochen (Ges. Abh. Bd. II. S. 736).

(Rh.?) = 48 μ, am Rande $^1/_{80}{}'''$ = 27 μ dick. Die Dicke der Zitterrochen-Platten beträgt am ausgewachsenen Thiere nach BOLL höchstens 9·6 μ (s. oben S. 279). Schreiben wir dem elektrischen Gewebe der drei Zitterfische gleiche specifische Kraft, d. h. gleichen Potentialunterschied für die Längeneinheit zu, so sind also die Elemente des Zitteraal- und Zitterwels-Organes nicht bloss zahlreicher, sondern auch an sich stärker, als die des Zitterrochen-Organes, und erst so wird der Unterschied im Baue der verschiedenen Organe verständlich. Es hätte keinen Sinn, dass im Zitteraal- und Zitterwels-Organe Platten gleicher Kraft mit denen des Zitterrochen-Organes, nur dicker, vorkämen, dass die den Sprung im Potential enthaltenden, elektromotorischen Flächen weiter auseinandergerückt wären. Dadurch wäre nur der Widerstand vergrössert, die Wirkung geschwächt. Setzen wir dagegen die Kraft der Platten ihrer Dicke proportional, so verhält sich bei obigen Maassen, die Kraft eines Stückes Zitteraal-Organ von gleicher Länge mit den Säulen des Zitterrochen-Organes zu deren Kraft etwa wie 10 × 82 : 30 × 9·6, oder wie 2·85 : 1; die Kraft des ganzen Zitteraal- zu der des Zitterrochen-Organs aber wie 6000 × 82 : 400 × 9·6, oder etwa wie 128 : 1.

Das oben S. 14 ff. aus HUMBOLDT's und Dr. SACHS' Messungen und Wägungen von mir abgeleitete Wachsthumsgesetz des Zitteraales kommt hier wieder in Betracht. Die grössere Stärke grösserer Zitteraale beruht auf der grösseren Kraft, nicht auf dem geringeren Widerstand ihrer Organe, und die grössere Kraft erscheint als gesetzmässige Folge der grösseren Plattendicke.

Auch der Bau des Zitterwels-Organes wird nun erst ganz begreiflich. Nur wenn die Zitterwels-Platten ihrer Dicke proportional in der Mitte stärker wirken als am Rande, leistet Erfüllung des Raumes mit stumpfpyramidalen Platten dasselbe wie Erfüllung mit gleich dicken Platten.

Ob bei Zitterrochen und Zitteraal sich zu der in der Platte entwickelten Kraft die Stromschwankung der Nervenendquerschnitte hinzufüge, wie oben vermuthet wurde, lässt sich nicht sagen. Die grosse Dünne der elektrischen Platte beim Zitterrochen im Vergleich zum Zitteraale, ja selbst zum Zitterwelse, könnte die Vorstellung erwecken, als beruhe vielleicht beim Zitterrochen, der nur geringer Kraft bedarf, der Schlag allein auf der Stromschwankung, und als diene die Platte nur der Nervenausbreitung zur Stütze. Hier wäre dann BOLL's Hypothese richtig, während beim Zitteraal die Platten ihre Wirkung zur Schwankung hinzufügen würden. Diese Vorstellung ist jedoch unverträglich mit der histologischen Natur der Zitterrochen-Platte, ihrer Entstehung aus embryonaler Muskelsubstanz. Gerade am Zitterrochen und dem gemeinen Rochen ist Hr. BABUCHIN zur Unterscheidung des nervösen und des metasarkoblastischen Gliedes des elektrischen Elementarapparates gelangt. Nun könnte man annehmen wollen, dass am Zitterrochen das metasarkoblastische Glied die Rolle jener oben S. 276 für die Durchführung der Boll'schen Hypothese als nothwendig erkannten parelektronomischen Schicht übernehme. Allein auch dieser Gedanke ist zu verwerfen, da kleine und grosse Rochen dann gleiche Kraft hätten.

3. In den elektrischen Platten wird die Kraft nach dem Princip der Säule vervielfältigt. Die Molecularhypothese am Zitteraal-Organ.

Dass in den verschieden dicken Platten des Zitteraales und Zitterrochen, oder an den verschieden dicken Stellen derselben Platte beim Zitterwels, ein mit der Dicke an Stärke wachsender elektromotorischer Vorgang stattfinde, ist nach unseren jetzigen Begriffen undenkbar. Ob dicke oder dünne Schichten zweier mit einander elektromotorisch wirkenden Substanzen sich berühren, ob grosse oder kleine Massen chemisch ungleichartiger Stoffe dabei im Spiele sind, bleibt für die Erzeugung des Potentialunterschiedes im gegebenen Zeittheilchen gleichgültig. Auch die elektromotorische Kraft der Quincke'schen Diaphragmenströme ist von der Dicke der Diaphragmen unabhängig.[1] Höchstens an Aufspeicherung grösserer Vorräthe von Substanzen, welche im Schlage verbraucht werden, könnte man bei dickeren Platten denken. Aber nicht die Dauer, sondern die Stärke der Wirkung wächst mit der Dicke der Platten. Unabweislich drängen diese Erwägungen zum Schlusse, dass die dickeren Platten deshalb stärker wirken, weil der stromerzeugende Vorgang sich in ihnen auf mehreren Punkten der Normalen auf die Platte wiederholt, mit anderen Worten, dass in den Platten die elektromotorische Kraft nach dem Princip der Säule vervielfältigt wird.

Nun stehen zwei Wege offen. Entweder man stellt sich vor, dass in den Platten, normal auf den Schlag, elektromotorische Schichten einander folgen, welche jedesmal erst für den Schlag entstehen, und sogleich wieder vergehen. Dabei kann man an dieselben Stromursachen denken, auf die man auch sonst in den thierischen und pflanzlichen Elektromotoren angewiesen ist: an chemische und Hydratations-, Diaphragmen-, Hydrothermo-Ströme.[2] Vielleicht ist ein Anderer glücklicher: mit keiner dieser Stromquellen gelingt es mir, eine Art zu ersinnen, wie mehrere solche

---

[1] Poggendorff's Annalen u. s. w. 1859. Bd. CVII. S. 37.
[2] Ges. Abh. Bd. II. S. 262. 292.

elektromotorische Schichten, eine hinter der anderen gelegen, durch Innervation entstehen könnten.

Oder man stellt sich vor, dass auch während der Ruhe die Platten elektromotorisch thätig, ihre elektromotorischen Elemente aber so angeordnet sind, dass sie nicht nach aussen wirken. Der Schlag entstände, indem die Elemente vorübergehend sich passend richten. So kommt man wieder auf die Hypothese dipolar elektromotorischer Molekeln in der elektrischen Platte, welche während der Ruhe ihre Pole entweder nach allen möglichen, oder zu zweien nach entgegengesetzten Richtungen kehren, so dass ihre äusseren Wirkungen sich aufheben, welche aber beim Schlage sämmtlich ihre positiven Pole schnell der Fläche des Organes zukehren, von wo der positive Strom ausgeht. Man kann dieser Hypothese im Gegensatz zu der der elektromotorischen Schichten die schwächenden Nebenleitungen zwischen den Molekeln vorwerfen. Diese schaden aber wenig, wo doch Nebenleitungen im grössten Maassstabe da sind.

In meiner Abhandlung „Ueber die räumliche Ausbreitung des Schlages der Zitterfische“[1] habe ich die Molecularhypothese in ihrer Anwendung auf die elektrischen Organe schon nach mehreren Richtungen entwickelt. Dort erörterte ich, welche der beiden Annahmen über die Stellung der Molekeln während der Ruhe vorzuziehen sei; wie die Ermüdung des Organes durch öfteres Schlagen sich damit vertrage, dass die Molecularströme auch während der Ruhe kreisen; endlich leitete ich aus dieser Hypothese alle über die räumliche Ausbreitung der Zitterfische bekannten Thatsachen ab. Ich bewies aber dort noch nicht, dass die von Nerv und Muskel auf die elektrischen Organe übertragene Molecularhypothese vermag, von der elektromotorischen Kraft dieser Organe Rechenschaft zu geben.

Die Kraft einer dipolaren Molekel aus einem regelmässigen Froschmuskel, wie sie durch Nebenleitung geschwächt zur Erscheinung kommt, ist der doppelte Potentialunterschied zwischen Aequator und Polen des Muskels, etwa $0 \cdot 15\,D$. Setzen wir sie, um sicher zu gehen, nur $= 0 \cdot 10\,D$. Die Dicke der Zitteraal-Platte mit Inbegriff der Papillen, welche wir auch als elektromotorisch ansehen, ist zur Dicke der Zitterrochen-Platte $= 82 : 9 \cdot 6 = 8 \cdot 5 : 1$; in jener liegen $8 \cdot 5$mal mehr Molekeln hintereinander als in dieser. Nur zwei Molekeln hintereinander in der Zitterrochen-Platte liefern schon eine Gesammtkraft von $400 \times 2 \times 0 \cdot 10\,D = 80\,D$, was völlig reichen dürfte. Beim Zitteraal aber erhalten wir dann den formidablen Werth von $6000 \times 17 \times 0 \cdot 10\,D = 10200\,D$; $10200 : 80 = 127 \cdot 5 : 1$ (vergl. oben S. 286). Die wahre Gliederzahl der Zitterrochen- und Zitteraal-Säule beläuft sich auf beziehlich 800 und

[1] Ges. Abh. Bd. II. S. 671.

102000 (vergl. oben S. 280). Die Kraft jeder 0·17 ^{mm} dicken Querscheibe Zitterrochen-, und jeder 0·08 ^{mm} dicken Scheibe Zitteraal-Organ wäre etwa = 1 D; für die Längeneinheit übertrifft jetzt die Zitteraal- die Zitterrochen-Kraft (vergl. oben S. 282). Wie roh diese Schätzungen auch seien, sie zeigen, dass die Molecularhypothese die Kraft der elektrischen Organe vollauf erklärt. Dabei ist, wie bemerkt, die Schwächung durch Nebenleitung so veranschlagt, wie sie im Muskel stattfindet; sollte sie im Organ grösser sein, so verhindert nichts, mehr Molekeln hintereinander anzunehmen.

Hinsichtlich der Art, wie die Nerven die Umlagerung der Molekeln in der Platte bewirken, ist das Einfachste, sich vorzustellen, dass die elektromotorische Wirkung des ruhenden Nerven die Molekeln in ihrer nach aussen unwirksamen Lage erhalte, welche sonst eine Lage labilen Gleichgewichtes wäre, da denn die negative Schwankung den Schlag zur Folge hätte. Bemerkenswerth ist die grosse Leichtigkeit, womit die Molecularhypothese von der positiven Polarisation und der dauernden Organstromkraft Rechenschaft giebt. Warum der Schlag nur vorübergehend sei; ob und durch welche Kräfte die Molekeln schnell wieder ihre unwirksame Lage annehmen, oder ob ihre Kraft in einer den Schlag begleitenden Elektrolyse erlösche, und ob und durch welche Kräfte andere Theilchen, wie bei einem Magazingewehr, an ihre Stelle rücken: weiss sie freilich noch nicht zu sagen; aber weiss es eine andere Theorie? Unbeantwortet bleibt auch die Frage, warum beim Zitterwels und gemeinen Rochen der Schlag in Bezug auf die Nervenendigung verkehrt sei. Doch verliert dieser Umstand an Gewicht, sobald die negative Schwankung nur auslösend wirkt. In Folge nicht weiter erklärbarer Wachsthums-Eigenthümlichkeiten sind wohl einfach bei dem einen Fisch die negativen Pole der schlagenden Molekeln dem Nerveneintritt zu-, bei dem anderen davon abgekehrt.

4. Deutung einiger Structurverhältnisse der Zitterfische.

Welchen Sinn die verschiedene Dicke der Platte bei den drei Zitterfischen habe, wäre dem Vorigen nach klar. Wenn bei einem und demselben Individuum die Kraft des Organes mit der Dicke der Platte wächst, hat man sich zu denken, dass die als Säulen betrachteten einzelnen Platten an Gliederzahl zunehmen, d. h. dass die Zahl der darin hintereinander aufgereihten dipolaren Molekeln wächst. Auf die Molekeln erstreckt sich also die Praeformation nicht. Es bliebe aber übrig zu sagen, was die Papillen und sonstigen Unebenheiten bedeuten, welche die Zitteraal- und Zitterwels-Platte vor der des Zitterrochen auszeichnen.

Vor Allem ist zu bemerken, dass eine elektrische Platte um so mehr dergleichen Auswüchse trägt, je dicker sie ist. Die dünne Zitterrochen-Platte ist ganz eben. Die ohne die vorderen Papillen über viermal dickere Zitteraal-Platte[1] ist vorn so mit Papillen besetzt, dass genau genommen gar keine vordere Fläche da ist. Die Zitterwels-Platte ist an ihrem dünnen Rand fast eben, in ihrer dicken Mitte aber mit jenen strahlenförmigen Wülsten versehen, welche den aus dem Krater eines Vulcanes geflossenen Lavaströmen gleichen.

Offenbar haben die Unebenheiten zunächst die Wirkung, dass sie die Oberfläche der Platte vergrössern. Hr. Pacini hat berechnet, dass die vordere Fläche der Zitteraal-Platte durch die Papillen fünf- bis sechsmal vergrössert wird. Bei seiner Unerfahrenheit in elektrischen Dingen glaubte er, diese Vergrösserung bezwecke, die sogenannte „Quantität“ des elektrischen Stromes zu steigern, was sinnlos ist.[2]

Meines Erachtens kann die mit der Dicke der Platte Schritt haltende Vergrösserung ihrer Oberfläche nur die Bedeutung haben, dass dadurch ein für die Leistungen des elektrischen Gewebes unentbehrlicher Stoffwechsel ermöglicht wird. Wir beschreiben die Zitteraal-Platte als bestehend aus einer Grundmembran, Hrn. Pacini's *parte fondamentale*, welche an beiden Flächen, vorzüglich der vorderen, mit Papillen besetzt ist. Vielleicht sagten wir besser, die Platte, zu der dann die Papillen mit hinzugerechnet würden, sei an der vorderen Fläche durch zahllose, mannigfach sich kreuzende und zusammenfliessende, mehr oder minder tiefe Einschnitte gekerbt. Die Einschnitte gestatten eine schnelle Diffusion zwischen der die Substanz der Platte tränkenden Flüssigkeit und den darin gelösten krystalloïden Stoffen einerseits, andererseits der Flüssigkeit des den vorderen Spalt erfüllenden Schleimgewebes und dem Blut in den Gefässen der nur wenige Mikren entfernten vorderen Querscheidewand, welche übrigens in den abnorm weiten Fächern des Sachs'schen Säulenbündels Schlingen in das Schleimgewebe senden (s. oben S. 52). An der hinteren Fläche sind die Papillen weniger ausgebildet; dafür entsendet die Platte hier die Dornpapillen. Die Einschnitte zwischen den Papillen stellen sich somit gleichsam als Ergebniss eines Compromisses dar: sie schwächen die in den Papillen erzeugten Ströme durch Nebenleitung, begünstigen aber den Stoffwechsel der Papillen.

Die Boll'schen Stäbchen, welche nach Dr. Sachs in der hinteren Fläche der Zitteraal-Platten vorkommen (s. oben S. 46. 48), nennt

---

[1] Das Mittel aus den Summen der Fächer 4 und 5 in den vier ersten Spalten der Tabelle auf S. 48 ist 16·7 μ.

[2] L. c. p. 19. 20. — Vergl. oben S. 36. 160.

Hr. Ranvier *cils électriques*, und legt ihnen, wie wir unten sehen werden, elektrische Bedeutung bei, ohne indess seine Meinung im Geringsten zu begründen. Während Boll den Stäbchen eine bestimmte Stellung zu den Nervenenden zuschrieb, läugnet Hr. Ranvier dies Verhalten. Er behauptet, dass schräge Einpflanzung der Stäbchen Boll getäuscht habe, und dass die Stäbchen ganz gleichmässig über die Platte vertheilt seien.[1] Da nun beim Zitterwelse nach Boll[2] und nach Hrn. Babuchin[3] sowohl die positive wie die negative Fläche der Platten Stäbchen tragen, so ist gar kein Grund da, ihnen solche Wichtigkeit für die elektrische Function beizulegen, wie Hr. Ranvier thut. Gleichviel welchen Ursprung man der elektromotorischen Kraft der Platten zuschreibe, die Stäbchen haben damit nichts zu schaffen, da sie nicht einmal einen anatomischen Unterschied zwischen positiver und negativer Plattenfläche begründen.

Ich habe mir denn auch eine sehr abweichende Meinung von ihrer Rolle gebildet. Sollten sie nicht, dem Stäbchensaum des Darmepithels vergleichbar, wieder nur den Sinn haben, den Stoffwechsel der elektrischen Platte zu erleichtern, indem sie Hrn. Brücke's unächten Lösungen,[4] Graham's colloïden Stoffen,[5] welche wegen der Grösse ihrer Molekeln structurlose Membranen schwer durchdringen, schnell den Durchgang gestatten? Dann würden sie beim Zitterrochen und Zitteraale nur deshalb der Nervenendigung zunächst an der negativen Plattenseite liegen, weil sie da zugleich den Blutcapillaren am nächsten sind. Freilich finden sich ähnliche Bildungen auch am Epithel der Gallenwege[6] und an der Epidermis der Neunaugen,[7] wie auch, nur minder deutlich, mancher Knochenfische.[8] Es ist gewiss nicht leicht, ihnen hier eine Bedeutung für den Stoffwechsel beizulegen. Ebenso gewiss kommt ihnen weder hier noch am Darmepithel elektrische Bedeutung zu.

---

[1] Leçons sur l'Histologie du Système nerveux. Paris 1878. t. II. p. 137. 153. 154.

[2] Schultze's Archiv für mikroskopische Anatomie u. s. w. 1873. Bd. X. S. 120. Anm. 2; — S. 242 ff.

[3] Centralblatt für die medicinischen Wissenschaften u. s. w. 1875. S. 132; — Archiv für Physiologie u. s. w. 1877. S. 258.

[4] De Diffusione Humorum per Septa mortua et viva. Berolini MDCCCXLII. p. 38 sqq.

[5] The Philosophical Magazine etc. Fourth Series. 1862. vol. XXIII. p. 204.

[6] Friedreich in Virchow's Archiv für pathologische Anatomie u. s. w. 1857. Bd. XI (Neue Folge. Bd. I). S. 469; — Virchow ebenda und S. 574.

[7] Vergl. Langerhans, Untersuchungen über Petromyzon Planeri. Freiburg i/Br. 1873. S. 13 ff., wo sich die Literatur findet.

[8] Fr. Eilh. Schulze in Max Schultze's Archiv für mikroskopische Anatomie. 1867. Bd. III. S. 144.

Mit der dunkleren Färbung der Nervenschicht, mit der beim Absterben schnell sich bildenden PACINI'schen Linie (s. oben S. 43) weiss ich nichts anzufangen. Letztere kann wohl von keiner grossen Bedeutung sein, da an der Zitterwels-Platte, welche dick genug wäre, um Aehnliches darzubieten, keine entsprechende Leichenveränderung beschrieben ist. Auch von der Bedeutung der amoebenartigen Sternzellen des elektrischen Gewebes vermag ich nicht Rechenschaft zu geben. Eine physikalische, für die Elektricitätsbewegung in Betracht kommende Function haben sie wohl so wenig, wie die Muskelkörperchen für die Zusammenziehung.

Dies wäre endlich der Ort, die Bedeutung des weitfächerigen SACHS'schen Säulenbündels näher zu besprechen. Nach Dr. SACHS hätten wir es darin mit minder hoch entwickeltem elektrischen Gewebe zu thun, welches zwischen vollkommenem und unvollkommenem elektrischen Gewebe etwa in der Mitte stände (s. oben S. 62. 63). Doch lässt sich bezweifeln, ob Dr. SACHS' Auffassung durch seine histologischen Beobachtungen hinreichend gestützt wird. Die Spuren von Querstreifung, welche er wahrgenommen zu haben glaubt, könnten nur Querfalten der Papillenwand gewesen sein. Die Spuren von Doppelbrechung haben ihm selber kein besonderes Vertrauen eingeflösst. Ich habe schon oben S. 153 bemerkt, dass es wegen des grösseren Widerstandes der hinteren Strecke des Organs zweckmässig wäre, wenn diese Strecke stärker elektromotorisch wirkte, und es wäre nicht undenkbar, dass die riesigen Papillen des SACHS'schen Säulenbündels ausserordentlich lange Reihen dipolar elektromotorischer Molekeln enthielten, in denen eine grosse Vervielfältigung der Kraft nach dem Princip der Säule stattfände.

Beim Anblick der schematischen Fig. 31 oben S. 57 enthält man sich schwer der Vorstellung, zu der auch Hr. Prof. FRITSCH auf seinem Wege gelangte (s. unten Anhang II), dass das SACHS'sche Säulenbündel durch Dehnung der Säulen beim Wachsen des Fisches entsteht, indem die Säulen weitfächerig gefunden werden, welche vorn und hinten befestigt sind, deren Enden also beim Wachsen sich von einander entfernen. Da nun beim Wachsen der Zitteraale ihre elektromotorische Kraft zunimmt, so häufen sich, wie man sieht, die Gründe für die Annahme, dass, Dr. SACHS' Meinung entgegen, sein Säulenbündel gerade besonders kräftig wirke.

Freilich ist, im Anschluss an eben Gesagtes, nicht zu übersehen, dass die Wirkung der etwa in dessen Riesenpapillen erzeugten Ströme nach aussen durch das nebenleitende Schleimgewebe, in welches die Papillen frei hineinzuragen scheinen, sehr geschwächt würde. Damit weitfächerige Säulen stärker als engfächerige wirkten, müsste ohnehin entweder bei gleicher Kraft der Molekeln die Längeneinheit der weitfächerigen Säulen mehr Molekeln hintereinander enthalten als die der engfächerigen Säulen; oder eine zusammenhängende Reihe von Molekeln müsste aus bestimmten Gründen stärker wirken, als dieselbe in mehrere hintereinander gelegene Abschnitte zerlegte Reihe. Leider würde es sogar in Calabozo ausnehmend schwer sein, auch nur zu entscheiden, ob eng- oder weitfächerige Säulen stärker elektromotorisch wirken.

Die physiologische Wirkung des Schlages wird um so grösser, je steiler seine Zeitcurve, also je gleichzeitiger die Platten schlagen. Vorausgesetzt dass grosse und kleine Ganglienzellen gleich schnell arbeiten, ist der Zitterwels in dieser Hinsicht am besten daran: alle seine Platten gerathen in Thätigkeit, während die Reizung in den elektrischen Nerven von der nächsten zur entferntesten Platte eilt. Schon minder günstig erscheint die Einrichtung des elektrischen Nervencentrums beim Zitterrochen, besonders wenn man HUNTER's und Hrn. LEUCKART's Plattenzählungen (s. oben S. 279) mit BOLL's[1] und Hrn. REICHENHEIM's[2] Zählungen der Zellen im Lobus electricus verbindet, wonach fast auf jede Platte eine Zelle käme. Eher entspricht wohl, wie auch Hr. RANVIER angiebt,[3] jeder Zelle einer jener doldenförmigen Büschel, in denen, nach RUD. WAGNER, die elektrischen Stamm-Nervenfasern in 12—25 für mehrere Platten bestimmte Zweigfasern sich auflösen.[4] Dann fangen wenigstens die von derselben Stammfaser theilweise versorgten Platten, nach WAGNER's Fig. X etwa 3—7, gleichzeitig zu schlagen an. Am ungünstigsten wäre nach dem, was wir vom langsamen Fortschreiten der Reizung im Rückenmarke wissen,[5] die Einrichtung beim Zitteraal. Die verschiedene Anordnung der elektrischen Nervencentren bei den drei Zitterfischen wird vermuthlich früher aus der Entwickelungsgeschichte erklärt, als das Räthsel gelöst werden, warum bei Zitterrochen und Zitteraal Hunderttausende von Zellen zu dem Zweck aufgewendet sind, welchen beim Zitterwels, der Theorie nach, Eine Zelle besser erreicht.

Die WAGNER'schen Büschel und die Nervenverzweigung beim Zitterwels regen auch noch sonst zu wichtigen Betrachtungen an. Nach RUD.

---

[1] Monatsberichte der Berliner Akademie. 1875. S. 711.

[2] Ueber das Rückenmark und den elektrischen Lappen von Torpedo u. s. w. S. 19. 20. — Kennte man das Verhältniss der Zahl der Büschel zu der der Platten, so liesse sich durch die Zahl der Zellen die der Platten controliren. Aber auch über jenes Verhältniss wissen wir nichts Sicheres.

[3] Leçons etc. t. II. p. 202.

[4] Ueber den feineren Bau des elektrischen Organs im Zitterrochen. Göttingen 1847. 4°. S. 9. 17. Fig. I, X.

[5] HELMHOLTZ, Monatsberichte der Berliner Akademie. 1854. S. 328; — ROSENTHAL ebenda. 1873. S. 104; — 1875. S. 419.

WAGNER's von Hrn. RANVIER[1] bestätigter Beobachtung ist der Gesammtquerschnitt der Fasern eines Büschels der fünf- bis achtfache der Stammfaser. Unstreitig noch viel mehr nimmt die Nervensubstanz beim Zitterwelse zu, da nach BILHARZ „der Durchmesser der Faser sich durch die „Theilungen nur wenig vermindert, so dass erst nach vielen Theilungen „ein beträchtlicher Unterschied erkennbar ist.“[2] Man darf annehmen, dass diese beiden äussersten Fälle nur die höchste Stufe eines allgemeinen Verhaltens sind, und dass bei Theilung von Nervenfasern überall die Nervensubstanz sich vermehrt.

MAX SCHULTZE suchte diese Vermehrung mit seiner Lehre vom fibrillären Bau des Axencylinders dadurch in Einklang zu bringen, „dass die Theilung der fibrillären Axencylinder wahrscheinlich nur in „einer allmählig fortschreitenden Isolirung der sie zusammensetzenden „Primitivfibrillen besteht.“ Er scheint sich vorgestellt zu haben, dass die Vermehrung der Nervensubstanz durch Verdickung der Scheiden, namentlich der Markscheide, zu Stande komme. Die Möglichkeit, dass die Fibrillen sich spalten, erwähnt er nicht.[3] Hr. RANVIER lässt im Zitterrochen-Organ Fibrillen von Zweig zu Zweig im Bogen übergehen, ohne dass sie zum Centrum emporsteigen.[4]

Erörterungen über die Bedeutung des Dickenwachsthums für die Fortpflanzung der Reizung sind natürlich grundlos, so lange solche Fragen schweben. Doch wünschte ich eine Folgerung vorweg zu betonen, welche sich für den Fall ergiebt, dass bei Theilung von Nervenfasern die den Reiz fortpflanzende Masse wächst. Entweder muss dann die Intensität der Reizung, d. h. deren lebendige Kraft, in der Querschnittseinheit der Faser abnehmen, was nicht wahrscheinlich ist, oder der sich fortpflanzende Molecularvorgang kann keine Schwingung sein, bei welcher die lebendige Kraft, abgesehen von den Reibungen, beständig bleibt, wie bei Licht und Schall, den Wellen an der freien Oberfläche tropfbarer Flüssigkeiten, den Schlauchwellen elastischer, mit tropfbarer Flüssigkeit gefüllter Röhren. Welcher Art die stattfindende Bewegung sein könne, ist zu untersuchen hier nicht der Ort. Solche Betrachtungen, die sich um logisch immerhin richtig construirte, aber wesenlose Vorstellungen drehen, halte ich überhaupt für wenig erspriesslich. Bemerkt sei nur, dass aus der Unmöglichkeit, den Molecularvorgang in

[1] Leçons etc. t. II. p. 185.
[2] Das electrische Organ des Zitterwelses u. s. w. Leipzig 1857. Fol. S. 22.
[3] STRICKER's Handbuch der Lehre von den Geweben des Menschen und der Thiere u. s. w. Leipzig 1871. Bd. I. S. 119.
[4] Leçons etc. t. II. p. 127. 201. 204.

den Nerven als Schwingung aufzufassen, noch nicht die Richtigkeit der Lehre vom lawinenartigen Anschwellen der Reizung folgen würde.[1]

Die Zunahme der Nervensubstanz bei Theilung von Nervenfasern hat übrigens bei den Muskelfasern ein Seitenstück, welches zu lehrreichen Vergleichungen Gelegenheit bieten kann. Ich denke nicht bloss an die netzförmige Verzweigung der Muskelfasern des Herzens, an die Verästelung der Muskelfasern überall, wo keine bestimmte Contractionsrichtung vorwiegt, sondern mir schwebt besonders der bisher unerhörte Fall von pyramidalen Primitivfasern vor, wie ich sie am innersten Kopfe des Triceps femoris vom Frosche beschrieb.[2]

5. Hr. Ranvier und die Physiologie der Zitterfische.

Schon Hr. Colladon hatte 1836 vermuthet, dass der Zitterfisch-Schlag durch passend im Organ sich richtende dipolare Molekeln erzeugt werde.[3] Ich selber war es, der, viele Jahre nachdem ich im ersten Bande meiner „Untersuchungen" die Molecularhypothese für die Muskeln aufstellte, Hrn. Colladon's sehr versteckte Notiz auffand. Es giebt Leute, die an meiner Stelle sie in ihrer Verborgenheit gelassen hätten; mir machte es Freude, sie an's Licht zu ziehen.[4] Wenn aber jetzt Hr. Ranvier in einem ebenso schlecht begründeten wie meinem Gefühle nach unziemlich geformten Angriff auf die Molecularhypothese[5] das Colladon'sche Aperçu, von dem er nur durch mich weiss, ja das er nie im Original las,[6] in den Vorgrund schiebt, und die Sache so

---

[1] Pflüger, Untersuchungen über die Physiologie des Electrotonus. Berlin 1859. S. 472 ff.

[2] Ges. Abh. Bd. II. S. 54—56. Fig. 32.

[3] Aehnliches scheint auch Schönbein schon im Sinne gehabt zu haben. S. die französische Darstellung seiner Versuche am Zitteraale der *Adelaide Gallery*, welche oben S. 103. 132. 166 nach den „Mittheilungen aus dem Reisetagebuche u. s. w." angeführt sind, in de la Rive's Archives de l'Électricité. 1841. t. I. p. 466.

[4] Ges. Abh. Bd. II. S. 671. Anm. 2.

[5] Leçons etc. t. II. p. 198 et suiv.

[6] Hr. Ranvier beschwert sich darüber, dass er nach meinem Citat die Colladon'sche Stelle nicht habe finden können. Er hat aber statt in dem allbekannten Journal *L'Institut* in den *Mémoires publiés par l'Institut* nachgesehen. Uebrigens verdruckt er die mir entlehnte Seitenzahl der Colladon'schen Stelle (530 statt 350). Die Anmerkungen oben S. 159. 194 enthalten weitere Proben von Hrn. Ranvier's Genauigkeit in literarischen Dingen.

darstellt, als hätte ich dies Aperçu nur weiter entwickelt und auf Muskeln und Nerven ausgedehnt, so verwahre ich mich gegen solche Entstellung des Sachverhaltes. Sieht denn Hr. RANVIER nicht, dass er mich der Gemeinheit zeiht, von 1848 bis 1864 Hrn. COLLADON's Gedanken für den meinigen ausgegeben zu haben?

Was Hrn. RANVIER an der Molecularhypothese missfällt, ist dass man die Molekeln nicht sieht. Vielleicht will er vergessen machen, wieviel er deutscher Schule verdankt, wenn er, auf eine in Frankreich über mich verbreitete Verläumdung chauvinistisch anspielend, sagt: „On voit bien, par cette courte lecture, que M. DU BOIS, bien qu'il possède

Fig. 55.

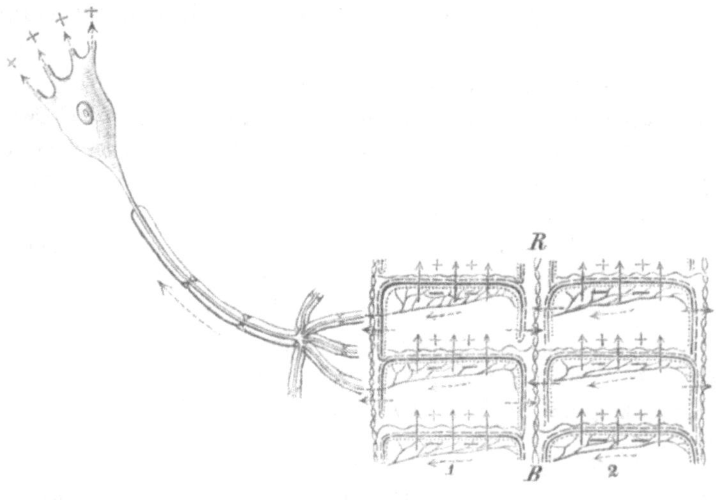

(Schematisch zu Hrn. RANVIER's Theorie des Zitterrochen-Schlages.)

un nom français, ne participe point aux traditions de clarté et de netteté de notre pays.“

Also wer Naturerscheinungen auf das Spiel unsichtbarer Molekeln zurückführt, ermangelt jener Klarheit und Sauberkeit des Denkens, die Hr. RANVIER als Monopol des französischen Geistes beansprucht. COULOMB, LAVOISIER, HAUY; BIOT, ARAGO, FRESNEL; vor Allem AMPÈRE, der den Magnet durch umströmte Molekeln erklärte: in Hrn. RANVIER's Augen sind sie sammt und sonders confuse Visionnare.

Weil ich die Elektricität im Organ nicht der Berührung ungleichartiger Gewebe entspringen lasse, versichert Hr. RANVIER seinen Zuhörern, ich wisse nicht einmal, dass ein solches Organ aus sehr verschiedenen Theilen besteht. „Il ne suffit pas,“ glaubt er mich belehren zu sollen, „de la connaissance des lois générales de la physique pour comprendre le mouvement d'une montre, par exemple, *si l'on n'a pas la moindre notion de la manière dont elle est faite à l'intérieur.*“[1]

Zum Dank will ich Hrn. Ranvier auf eine Lücke in der weitschweifigen Beschreibung des Zitterrochen-Organs aufmerksam machen, mit welcher er neun Vorlesungen füllt, ohne von Entwickelung, von der Praeformation der elektrischen Elemente eine Sylbe zu sagen.

Die Querscheidewände des Organs bestehen nach ihm[2] in der Richtung von Bauch zu Rücken aus folgenden vier Schichten (Fig. 55[3]):

I. Der ventralen Nervenschicht mit den Boll'schen Stäbchen (.................... in der Figur);

II. der kernhaltigen Zwischenschicht, unserer eigentlichen elektrischen Platte (————————);

III. einer structurlosen Dorsalschicht, die wohl als Basalmembran aufzufassen ist (— — — — —);

IV. der sehr zarten Bindegewebeschicht (∼∼∼∼∼∼∼∼).

Letztere steht in histologischer Continuität mit der bindegewebigen Säulenwand (s. die Figur). Die drei anderen Schichten biegen an der Wand rechtwinklig nach unten um. „Cette disposition coudée en forme de pied,“ heisst es, „que présentent sur une coupe les bords des lames, correspond en réalité à une bordure circulaire et verticale; de telle sorte que chaque lame électrique a dans son ensemble à peu près la forme d'un cristallisoir ou d'une feuille de nymphaea.“[3] Als ein noch besseres Gleichniss für die Gestalt der Platte, wie Hr. Ranvier sie beschreibt, erscheint mir der aus drei Schichten zusammengesetzte Deckel einer polygonalen, etwa sechseckigen Pappschachtel, wie sie in den sogenannten Galanterie-Läden zu haben sind. Die Pappe ist die eigentliche elektrische Platte, der äussere Bezug ist die Dorsalschicht, das Futter die Nervenschicht. Sieht man ab vom Bindegewebegerüst, so ist nach Hrn. Ranvier eine Zitterrochen-Säule gleichsam aufgebaut aus solchen übereinander gestellten Deckeln. Der Rand jedes Deckels ruht auf dem Umfang des Bodens des darunter befindlichen Deckels. Der oben und seitlich mit

[1] L. c. p. 200.

[2] L. c. p. 137.

[3] Die Figur rührt von mir her. Hrn. Ranvier's Schema (l. c. p. 166. Fig. 6) war für mich nicht brauchbar. Deutlichkeitshalber musste ich die Fächer viel zu hoch und die Nervenausbreitung als frei im Fache schwebend darstellen.

[3] L. c. p. 167. — Hr. Ranvier meint wohl die Schwimmblätter der Victoria regia.

der Nervenschicht gefütterte Hohlraum des Deckels ist unten durch die Bindegewebeschicht des darunter befindlichen Deckels geschlossen.

Der umgebogene Theil der Dorsalschicht ist dabei mit der Säulenwand verlöthet. Dies ist die schon oben S. 42 erwähnte Art, wie Hr. Ranvier die Frage nach der Verbindung zwischen der eiweissartigen, einer hohen specifischen Function dienenden elektrischen Platte und der bindegewebigen Säulenwand löst. Es ist dazu zu bemerken, dass wenn im senkrecht umgebogenen Theil der Platte die elektromotorische Kraft wie sonst normal zur Platte wäre, dieser Theil der Kraft verloren ginge (s. die punktirten wagerechten Pfeile in Fig. 55). Ist Hrn. Ranvier's Anschauung richtig, so verlangt vielmehr die Zweckmässigkeit, dass im umgebogenen Theil der Platte die Kraft ihr parallel sei, so dass dieser Theil dem basalen Theile gleichsam als Eine ringförmige Papille aufstände. Leider erfährt man nicht einmal, ob die Nervenendigungen, die Stäbchenformation sich auch auf den umgebogenen Theil der Nervenschicht erstrecken.

Doch nicht dies ist der Punkt, den ich zur Sprache bringen wollte. Sondern Hr. Ranvier sagt ausdrücklich: „.... Les lamelles dorsales de toutes les lames électriques d'un prisme sont en contact immédiat les unes avec les autres. En effet, *entre l'extrémité réfléchie de l'une et le coude de celle qui est en dessous, il existe seulement quelques minces faisceaux de tissu conjonctif.*"[1] Will nun vielleicht Hr. Ranvier meinem Verständniss beispringen und mir sagen, wie Nerven und Gefässe es anfangen, bis zur unteren Fläche der Platte vorzudringen, wenn nur einige dünne Bindegewebebündel zwischen dem Rand der deckelförmigen Platte und dem Umfange der darunter befindlichen Platte hindurchtreten? Der Deckel ist ja doch sonst überall zu. Bei der Beschreibung weder der Nerven noch der Gefässe findet man hierüber Auskunft. Auch in Hrn. Ranvier's Aufsatz in den *Comptes-rendus*[2] sucht man vergeblich den Schlüssel zu diesem Räthsel. In Fig. 55 musste ich deshalb den Zusammenhang des Wagner'schen Büschels mit der letzten Nervenausbreitung an der ventralen Plattenfläche offen lassen.

Ich hätte es nicht für der Mühe werth gehalten, diesen Fehler aufzudecken, gehörte nicht das Schema Fig. 55 zur Einsicht in Hrn. Ranvier's eigene Theorie des Zitterfisch-Schlages. Diese Theorie ist eine mit den frevelhaftesten Hülfshypothesen ausgestattete Combination der alten, längst widerlegten Theorie Galvani's, wonach die Elektricität im Gehirn entspringen sollte, und der Theorie Nicholson's, welche das elektrische Organ einem Condensator aus Glimmer verglich (s. oben S. 159. 160. 284).

---

[1] L. c. p. 167. [2] L. c. 1875. t. LXXXI. p. 1276.

Hr. Ranvier lebt in der Physiologie wie auf einem Gestirn, zu welchem das Licht erst nach fünfzig Jahren dringt. Noch nicht der Schimmer von Matteucci's Entdeckungen hat ihn erreicht. Er spricht noch vom Nobili'schen Froschstrom: „Courant qui va des muscles aux nerfs, et où par conséquent les nerfs se comportent négativement par rapport aux muscles", und leitet diesen Strom von einem „chemisch-vitalen" Process ab.[1] Obschon man in Ganglienzellen so wenig Muskeln sieht, wie Molekeln in den elektrischen Platten, nimmt Hr. Ranvier, diesmal minder bedenklich, in den Ganglienzellen des Lobus electricus denselben „chemisch-vitalen" Process an. Dieser Process treibe die negative Elektricität im Deiters'schen Fortsatz bis zu den Boll'schen Stäbchen, während die positive Elektricität durch die verästelten Fortsätze entweiche (s. die punktirten Pfeile in Fig. 55). Nun leite die Zwischenschicht II schlechter als die Dorsalschicht III und als die Nervenschicht I; durch II hindurch, wie durch das Glas der Leydener Flasche, binde die negative Elektricität der durch die Nerven geladenen Boll'schen Stäbchen, deshalb *cils électriques* genannt (vergl. oben S. 291), die positive Elektricität der Dorsalschicht III. Die angebliche Verbindung der Zweige der Wagner'schen Büschel durch Fibrillen, welche, ohne zum Centrum emporzusteigen, von Zweig zu Zweig im Bogen übergehen (s. oben S. 294), diene zur besseren elektrischen Ausgleichung zwischen den Nervenschichten.[2] Umgekehrt vermöge der Deckelgestalt der Platten stehen alle Dorsalschichten in leitender Verbindung, und so stelle die Gesammtheit der Nervenschichten hier, der Dorsalschichten dort, Einen grossen Condensator dar. Deshalb legt Hr. Ranvier solchen Werth auf die Deckelgestalt der Platten. Dieselbe Umbiegung der Plattenränder behauptet er beim Zitteraal (s. oben S. 42), auf den er seine Theorie leichthin ausdehnt, ohne zu sagen, welche Theile der Zitteraal-Platte er den vier Schichten der Zitterrochen-Platte vergleicht.[3] Der Zitterwels wird nicht berücksichtigt.

Dass auch Reizung der elektrischen Nerven Schläge hervorruft, wenn auch schwächer, als vom Gehirn aus,[4] entschuldigt er mit folgenden Worten: „Si le départ de l'électricité est une propriété de la

---

[1] L. c. p. 198. [2] L. c. p. 201. 204. [3] L. c. p. 205.

[4] Nach Hrn. Ranvier erzeugen mittelstarke Ströme, welche von gemischten Nerven aus Maximalzuckungen auslösen, von den elektrischen Nerven aus nur schwache Entladungen (l. c. p. 193). Vielleicht stiess er unvermerkt auf eine hohe Reizschwelle der elektrischen Nerven (s. oben S. 190—192. 264—266); vielleicht auch täuschte ihn der Umstand, dass von einem einzelnen Nerven aus nur örtliche Entladung erfolgt, wenigstens sagt er nicht, wie er sich gegen diese Täuschung geschützt habe.

cellule nerveuse, le cylindre-axe, qui est une portion de cette cellule, devra posséder sa part de cette propriété, mais une part peu considérable, parcequ'il ne constitue qu'une partie minime de la cellule."[1] Mit einer dauernden elektromotorischen Wirkung des Organes weiss Hr. Ranvier nichts anzufangen. Da täuscht ihn glücklich sein Gedächtniss, und frischweg beruft er sich auf Matteucci als Gewährsmann dafür, dass es keine solche Wirkung gebe.[2] Vergl. oben S. 170 Matteucci's Bestätigung und Erweiterung von Zantedeschi's Entdeckung solcher Wirkung, welche Hr. Robin auch beim gemeinen Rochen, Dr. Sachs beim Zitteraal beschrieb.

Auch wenn Hrn. Ranvier's Theorie so richtig gedacht wäre, wie sie Punkt für Punkt davon das Gegentheil ist, verdiente sie kaum das ihr im Gegensatz zur Molecularhypothese gespendete Lob, dass er dabei nicht nöthig habe, „d'échafauder les unes sur les autres autant d'hypothèses absolument gratuites."[3] Elektricitätserzeugung in Ganglienzellen nach Analogie des Froschstromes; höchst vollkommene Isolirung der Ganglienzellen mit ihren verästelten Fortsätzen, und der Axencylinder bis zur Platte, ohne Rücksicht auf die Markscheide; Bewegung negativer Elektricität aus den Ganglienzellen in die Axencylinder-Fortsätze, während durch die verästelten Fortsätze positive Elektricität entweicht; Entstehung eines aufsteigenden Stromes gleicher Ordnung in den elektrischen Nerven bei deren Reizung; isolirende Beschaffenheit der elektrischen Platte, besser leitende der Nerven- und der Dorsalschicht: das nennt Hr. Ranvier keine Häufung willkürlicher Hypothesen.

Aber — ich bedauere, es sagen zu müssen — Hrn. Ranvier's Theorie ist völlig sinnlos. Nach seinen eigenen Worten würde im Organ die Kraft nicht vervielfältigt: „nous aurons donc ici comme une bouteille de Leyde ou un condensateur, ou, si vous l'aimez mieux, l'analogue d'une batterie *chargée en surface*."[4] Da nun dem Zitterrochen-Schlag eine Kraft von vielen Daniell zu Grunde liegt, muss Hr. Ranvier annehmen, dass in jeder Ganglienzelle des Lobus electricus solche Kraft entstehe, wie er sie aus der Analogie des Froschstromes auch dann nicht herleiten könnte, wenn es wirklich einen Froschstrom, und in Ganglienzellen Muskeln gäbe. Ein solcher Kraft entsprechender aufsteigender Strom müsste beim Schlage die elektrischen Nerven durchfliessen und deren Widerstand überwinden. Muss nochmals gesagt werden, dass es im Thierleib für Leitung und Isolirung solcher Ströme an allen Bedingungen fehlt? Solche Ströme, von denen nie Jemand etwas spürte, würden die Nerven sofort tödt-

---

[1] L. c. p. 204. [2] L. c. p. 198. [3] L. c. p. 200. [4] L. c. p. 204.

lich erhitzen. Vielleicht wird Hr. RANVIER vorschützen, dass der Condensator langsamer sich lade als entlade. Vergeblich: die Geschwindigkeit, mit der die Schläge, vollends die Theilentladungen, sich folgen (s. oben S. 238. 255), lässt dies nicht zu. Die elektrischen Nerven sollen aber nicht allein als Leiter diesen ungeheuren Stromdichten gewachsen sein, sondern auch selber ähnliche elektrische Triebkräfte entfalten. Und diese fabelhaften Eigenschaften werden ihnen angedichtet ohne irgend einen Versuch, an die längst bekannten wirklichen Elektricitätserscheinungen aller Nerven anzuknüpfen; ohne ein Wort der Rechtfertigung gegenüber der alten Lehre, wonach elektrische Nerven zum Organ sich verhalten wie motorische zum Muskel, geschweige der neueren Lehre von der functionellen Einerleiheit aller peripherischen Nerven (s. oben S. 266).

Doch sind die Fehler dieser Art an Hrn. RANVIER's Theorie noch die kleinsten. Seine ganze Construction ist falsch. Nie lüde sich sein vermeintlicher Condensator, wäre auch die Zwischenschicht Glimmer, Nerven- und Dorsalschicht Metall. Erstens setzt sich in Hrn. RANVIER's Figur[1] mit der Dorsalschicht auch die Nervenschicht jedes Faches bis zur Dorsalschicht des darunter liegenden Faches fort, wie man dies in den Fächern der Säule 1 in unserer Fig. 55 sieht. Danach versteht man nicht, wie durch die Zwischenschicht hindurch Bindung der Elektricität stattfinde. Es ist als wollte man eine Leydener Flasche laden, deren Belegungen sich metallisch berühren. Wenn aber auch zwischen dem Rande der Nervenschicht des oberen und der Dorsalschicht des unteren Faches ein Zwischenraum bliebe, wie ich ihn in der Säule 2 ausgespart habe, so wäre doch zweitens die Ladung noch ebenso unmöglich, weil die durch die Nerven zufliessende negative Elektricität durch die leitende Flüssigkeit im Inneren der Fächer, die Bindegewebeschicht, die Dorsalschichten und den Leib des Thieres augenblicklich mit der aus den verästelten Fortsätzen sich ergiessenden positiven Elektricität sich wieder vereinigen würde. Es ist als wollte man eine Leydener Flasche unter Wasser laden. Drittens auch wenn man sich jene Flüssigkeit isolirend dächte, was ja Hrn. RANVIER nur eine Hypothese mehr kosten würde, käme nie der Schlag zu Stande. Im Augenblick, wo die Triebkraft in den Ganglienzellen nachliesse, entlüde sich der eben geladene Condensator auf demselben Wege, auf dem er geladen wurde. Der Schlag, wenn er nach aussen gelangte, ginge hin und her, was er bekanntlich nicht thut. Er würde aber gar nicht nach aussen gelangen; jener Hin- und Hergang geschähe zwischen dem Inneren der Fächer einerseits,

---

[1] L. c. p. 166. [2] L. c. p. 166.

andererseits der Rückenfläche und dem seitlichen Umfange des Organs durch Nerven, Ganglienzellen, verästelte Fortsätze und den Leib des Thieres, ohne dass an der Körperoberfläche etwas davon bemerkbar würde, ausser etwa spurweise durch Stromschleifen und Seitenentladung.

Es ist mir schmerzlich gewesen, einem Manne, dessen Verdienst in seiner Sphäre ich aufrichtig hochschätze, so entgegentreten zu müssen. Nicht persönliche Empfindlichkeit bewog mich, diese undankbare Mühe auf mich zu nehmen, wenn ich auch, sobald einmal die Sache zur Sprache kam, nicht umhin konnte, mich meiner Haut zu wehren. Am liebsten hätte ich die ganze Angelegenheit auf sich beruhen lassen. Für Solche, welche die bei uns übliche physiologische Bildung besitzen, bedarf es keiner Widerlegung von Hrn. RANVIER's Phantasien, eher der Entschuldigung, dass ich mich darauf einliess. Aber nachdem seit so langer Zeit der Boden für eine verständige und entwickelungsfähige Zitterfisch-Physiologie geschaffen wurde, ist es unleidlich, die alten Thorheiten wieder auftauchen und sich selbstgefällig breit machen zu sehen; vollends wenn der Urheber solcher Verwirrung eines Ansehens geniesst wie Hr. RANVIER. Was bleibt da übrig, als an einem so hervorragenden Beispiel zu zeigen, wohin es führt, wenn man unberufen über Probleme abspricht, zu deren Behandlung noch etwas anderes gehört, als histologische Technik.

6. Schlussbemerkungen.

Natürlich wäre es sehr beruhigend, sähe man mit dem Mikroskop in den elektrischen Platten passend aufgereihte Bestandtheile, die man als elektromotorische Molekeln ansprechen könnte. Doch nehmen wir auch in den Nerven elektromotorische Molekeln an, ohne sie zu sehen, und wenn man die elektromotorischen Molekeln in den Muskeln mit deren Querstreifung in Zusammenhang bringt, so ist nicht zu vergessen, dass die vollkommenen elektrischen Platten des Zitterrochen auf früher Entwickelungsstufe quergestreift sind, dass die unvollkommenen Platten des gemeinen Rochen zeitlebens doppeltbrechende Maeander haben, und dass jeden Tag ein oder das andere Reagens in elektrischen Platten eine Gliederung enthüllen mag, wie nach FROMMANN Silbernitrat im Axencylinder.[1] Dr. SACHS glaubt Querstreifung in den Papillen

[1] VIRCHOW's Archiv für pathologische Anatomie u. s. w. 1864. Bd. XXXI. S. 151; — GRANDRY, Bulletin de l'Académie Royale de Belgique. 1868. 2me Série. t. XXV. p. 307; — RANVIER, Leçons etc. t. I. p. 46 et suiv.

seines weitfächerigen Säulenbündels gesehen zu haben. Schon Hr. MUNK beschrieb einmal Querstreifung in Zitterrochen-Platten, welche er mit Chlorwasserstoffsäure behandelt hatte.[1]

Auf alle Fälle entstehen die elektrischen Platten aus quergestreifter Muskelsubstanz; und deshalb erscheint es als Vorzug der Molecularhypothese, dass sie aus einer allgemeinen Eigenschaft der Muskeln ohne Weiteres den Zitterfisch-Schlag zu erklären vermag. Dabei drängt sich die Bemerkung auf, dass die Absterbehypothese, durch welche Hr. HERMANN seit vierzehn Jahren ohne durchschlagenden Erfolg sich bemüht, die Molecularhypothese im Gebiete des Muskel- und Nervenstromes zu verdrängen, hier noch weniger Triumphe feiern dürfte. Zwar sagte Hr. HERMANN ursprünglich, „er brauche kaum anzudeuten, dass seine „Anschauung fähig sei, auch auf die Phänomene der elektrischen Fische „übertragen zu werden;“[2] doch blieb er den Beweis dafür, wie für so vieles, schuldig, und es ist jetzt vollends zu bezweifeln, dass es ihm glücken werde, ihn in einer auch für Andere befriedigenden Art zu führen.

Zu einer Triebkraft überhaupt in der elektrischen Platte wird Hr. HERMANN es mit Hülfe irgend welcher Hülfshypothesen wohl bringen. Da unversehrte ruhende Muskeln nach ihm völlig stromlos sein müssen, wird ihm der stetige Organstrom schon einige Verlegenheit bereiten. Dann aber halte ich es, wie oben S. 287 gesagt wurde, für aussichtslos, die aus der Praeformationslehre fliessende Proportionalität zwischen Kraft und Dicke der Platten anders erklären zu wollen, als durch Vervielfältigung der Kraft in den Platten nach dem Vorbild der Säule. Keine Prokrusteskünste dürften im Stande sein, die Absterbehypothese dieser neuen Bedingung anzupassen, der die Molecularhypothese so behaglich sich fügt.

Vorläufig scheint jedoch die Erklärung des Zitterfisch-Schlages vom Programm der Absterbehypothese gestrichen, wenigstens hat Hr. HERMANN seit jener ersten siegesgewissen Aeusserung nie wieder davon gesprochen. Gewiss gilt auch in der Wissenschaft das Theilen um zu herrschen, doch verstehe ich eine Elektrophysiologie nicht, welche die Zitterfische unerwähnt lässt,[3] oder als Absonderlichkeit bei Seite schiebt. Ein Compendium der allgemeinen Muskel- und Nervenphysik, worin diese Fische nur einmal genannt sind, um zu sagen, dass ihre Literatur

---

[1] Nachrichten von der G. A. Universität u. s. w. zu Göttingen. 1858. S. 9.

[2] Weitere Untersuchungen zur Physiologie der Muskeln und Nerven. Berlin 1867. S. 67. Anm.

[3] L. HERMANN, Die Ergebnisse neuerer Untersuchungen auf dem Gebiete der thierischen Electricität. Vierteljahrsschrift der naturforschenden Gesellschaft in Zürich. 1878. Heft 1.

darin fehlt,[1] mag gewissen Zwecken dienen, den Forderungen der Wissenschaft entspricht es nicht. Mir deuten die Erscheinungen der Zitterfische darauf, dass die elektrischen Erscheinungen der Muskeln und Nerven mehr als gleichgültige Begleitzeichen der Zusammenziehung und Innervation sind. Wenn einst unsere fernen Nachfolger zur Einsicht in diese Vorgänge gelangen, wird es vielleicht auf dem Umwege durch die Mechanik des Zitterfisch-Schlages sein. Deshalb hat das Problem der Nerven, Muskeln und elektrischen Organe mir von Anfang an als ein einheitliches vorgeschwebt. In diesem Sinn entsandte ich Dr. Sachs nach der Heimath des Zitteraales, und habe ich mich jetzt, mit Hintansetzung anderer wichtiger Aufgaben, der Bearbeitung seines wissenschaftlichen Nachlasses gewidmet. Möge dies Buch der Physik der elektrischen Organe, als einem integrirenden Theile der allgemeinen Muskel- und Nervenphysik, einen neuen fruchtbaren Anstoss geben.

---

[1] Allgemeine Muskel- und Nervenphysik von Prof. Dr. L. Hermann in Zürich (als 1. und 2. Band des Handbuches der Physiologie, herausgegeben von Demselben). Leipzig 1878. Bd. I. S. 241.

ANHANG I.

DAS GEHIRN UND RÜCKENMARK DES GYMNOTUS ELECTRICUS

VON

G. FRITSCH.

VORBEMERKUNG.

Der Stand der Untersuchungen, welche die Katastrophe am Monte Cevedale so jählings unterbrach, war hinsichtlich des Centralnervensystems des Gymnotus electricus zur Zeit des Todes meines verehrten Freundes etwa folgender:

Dr. Sachs hatte in Calabozo Gehirn und Rückenmark einer grösseren Anzahl von Thieren nach derselben Methode, wie ich sie benutzte[1], conservirt. Das Material wurde nach seiner Rückkehr alsbald in Angriff genommen und zunächst vom Rückenmark mittels des Schiebermikrotom's eine grössere Anzahl von Schnittserien aus verschiedenen Regionen des Organs angefertigt, und zwar durchgängig Querschnitte.

Die Färbung der Präparate geschah durch ammoniakalisches Carmin mit geringem Essigsäurezusatz; eine Färbemethode, welche ich selbst für die verwandten Objecte mit Erfolg angewendet hatte und glaubte empfehlen zu können. In der That war Dr. Sachs aus nicht näher festgestelltem Grunde mit dieser Methode weniger glücklich als ich selbst, und es scheint, dass ihn dies veranlasst hat öfters mit der Färbung zu wechseln und die zur Verwendung gekommenen Chemikalien in mannigfacher Weise zu combiniren.

Vermuthlich leitete ihn dabei auch der Gedanke, eine schärfere Differenzirung der verschiedenen Kategorien von histologischen Elementen, zumal der elektrischen Zellen gegenüber anderen Ganglienzellen zu erzielen. So kamen besonders Anilinfarben vielfach in Gebrauch und zwar Anilinblau, Jodviolet und Methylviolet (?), welche er meist mit Carminfärbung combinirte. Dabei verfuhr er so, dass die mit Carmin mässig stark gefärbten Schnitte gewaschen und dann in wässrige blaue oder violette Anilinlösung gebracht wurden, wo sie den neuen Farbstoff mit besonderer Energie aufnehmen, ohne dass jedoch eine scharfe Differenzirung der Elemente stattfände.

---

[1] Untersuchungen über den feineren Bau des Fischgehirns. Berlin 1878. Fol. S. 3.

Gewisse Serien, die mit Jodviolet nachgefärbt wurden, präsentirten sich frisch durch die Lebhaftigkeit der Färbung und die angenehme Wirkung des Tones recht gut; diese wurden von Dr. SACHS, so weit mir bekannt, auch besonders werth geschätzt und haben sich bis jetzt wenigstens ziemlich gehalten. Andere jedoch und leider ein sehr erheblicher Theil, die mit Anilinblau nachgefärbt wurden, sind dem gewöhnlichen Schicksale dieser Präparate verfallen, d. h. die blaue Farbe ist mehr und mehr zurückgegangen und hat einem flauen, unangenehmen Ton Platz gemacht, welcher im Gebiet der grauen Substanz (durch das wiedererscheinende Carmin) mehr röthlich, im Gebiet der weissen Substanz mehr bläulich wirkt.

Die nur mit Carmin gefärbten Präparate haben sich unverändert gehalten, da sie (wie die Uebrigen auch) entwässert und schliesslich ohne vorgängige Terpentinbehandlung in Balsam eingelegt wurden.

Trotz der relativ bedeutenden Zahl von Schnittserien, welche Dr. SACHS in rastloser Thätigkeit angefertigt hat, ist wegen der angedeuteten Verschiedenheit in der Behandlung die Vergleichung derselben untereinander nicht ganz leicht, und würde eine consequent durchgeführte Behandlung im Allgemeinen vortheilhafter erscheinen, da der erhoffte Gewinn hinsichtlich der besseren Charakterisirung der Elemente nicht bemerkenswerth ist.

Es ist um so mehr zu bedauern, dass die Durchmusterung der Präparate kein Anderen verständliches Bild von dem Gange der Untersuchung sowie von den etwa bereits erkannten Thatsachen giebt, als Dr. SACHS über diesen Theil seiner Arbeit, abgesehen von den kurzen, bereits erschienenen Notizen nichts Schriftliches hinterlassen hat. So ist es denn unmöglich eine Beschreibung dieser Organe in seinem Namen und auf seine Autorität hin zu geben und es bleibt nur übrig unter Hinweis auf seine grossen Verdienste auch in diesem Kapitel, durch die Beschaffung des Materials und die Anfertigung von Präparaten, die Darstellung ganz auf die eigene Autorität zu begründen.

Diese Entscheidung ist um so zwingender, als die Resultate seiner vorläufigen Untersuchungen, wie sie unter den schwierigsten Verhältnissen im Drange des Augenblicks festgestellt wurden, vom Autor selbst jedenfalls in späteren Veröffentlichungen nicht unwesentlich modificirt worden wären.

Wenn ich mir die Frage vorlege: In welcher Weise eine nutzenbringende Beschreibung vom Centralnervensystem des Gymnotus electricus zu geben sei? so scheint mir angezeigt, sie dahin zu beantworten, dass eine solche unvermeidlich einen vergleichenden Standpunkt einnehmen müsse, um festzustellen, worin sich diese Organe von den entsprechenden anderer Fische unterscheiden und wodurch also dieser elektrische Fisch als solcher sich in allen Einzelheiten charakterisire.

Es würde zu weit führen, dabei eine Art vergleichend-anatomischer Uebersicht von dem Fischrückenmark überhaupt zu geben, sondern es wird genügen und die Erkenntniss am meisten fördern, wenn diejenige Bildung der in Rede stehenden Organe zur Vergleichung herangezogen wird, welche dem Gymnotus am ähnlichsten ist, um dann auf die Abweichungen der entfernter stehenden Fische kurz hinweisen zu können.

Bereits zu Lebzeiten des so unzeitig verstorbenen Collegen hatte ich in der Sitzung der Naturforschenden Freunde vom 15. Januar 1878 auf die bisher unbeachtet gebliebenen verwandtschaftlichen Beziehungen hingewiesen, welche ein ganz bekannter Fisch, der gemeine Wels (Silurus glanis L.) mit dem sogenannten Zitteraal habe, und dass der Gymnotus vom „Aal" wenig mehr als die gestreckte Körpergestalt zeige. Diese eigenthümliche Uebereinstimmung findet sich in den verschiedenen Systemen des Körpers in wechselnder Deutlichkeit, wie ich weiter unten noch eingehender zu begründen denke, in keinem System aber auffallender, als gerade in dem Centralnervensystem. Sie ist hier so unverkennbar, dass ein Wegläugnen derselben kaum gefürchtet werden darf, und dass sie also ein fester Anhaltspunkt für weitere Betrachtungen werden kann. Zur Bekräftigung dieser Behauptung verweise ich auf die Abbildungen des Gehirns von Gymnotus, Silurus und Anguilla der Taf. VII (Fig. 23. 24. 25), von letzterem um zu zeigen, wie ausserordentlich abweichend die Gehirnbildung des Aales von derjenigen des Gymnotus sei, während er doch von vielen Autoren als ein naher Verwandter desselben angesprochen wird.

Makroskopische Untersuchung.

Die makroskopische Darstellung des Gymnotusgehirnes findet sich am ausführlichsten in Hrn. Valentin's Abhandlung „Beiträge zur Anatomie des Zitteraales", wo auch eine Anzahl von ziemlich correcten Abbildungen dieses Organs gegeben ist. Daneben (a. a. O. Taf. II) erscheinen, fast ebenso ausführlich behandelt, eine Reihe von Abbildungen aalartiger Fische (Conger conger, Gymnothorax muraena, Anguilla vulgaris) in der ausgesprochenen Absicht, gestützt auf die supponirte enge Verwandtschaft dieser Thiere mit Gymnotus, durch Vergleichung der Gehirntheile die dem Centralorgan des elektrischen Fisches als solchem zukommenden Eigenthümlichkeiten nachzuweisen.

Diese vorgefasste Meinung wurde verhängnissvoll für die ganzen einschlägigen Erörterungen Hrn. Valentin's. Trotz der so in die Augen springenden, enormen Abweichung im Bau des Gehirns von Gymnotus gegenüber den Aalen glaubte er die angenommene Aehnlichkeit nachweisen zu können, und die Abweichungen mussten sich seiner Ueberzeugung nach auf das Vorhandensein der elektrischen Organe, respective der zu ihnen gehörigen nervösen Centren beziehen.

Ein eigenthümliches Verhängniss liess weder ihn noch die anderen zahlreichen Autoren, welche Fischgehirne beschrieben, das Gehirn des Welses genauer untersuchen; denn ein Blick auf dies Object musste Hrn. Valentin erkennen lassen, dass seine Vergleichungen auf falschen Vorstellungen beruhten. Was er unzweifelhaft als Lobus electricus des Gymnotusgehirns festgestellt zu haben glaubte (da dieser Theil beim Aalgehirn nicht so ausgebildet ist), findet sich beim gemeinen, nicht elektrischen Wels genau in derselben Weise und ist eben nichts Anderes als der stark nach vorn übergewölbte mittlere Theil des Cerebellums, wie ihn Rochen und Haie auch gelegentlich zeigen. Unser unvergesslicher J. Müller wies bereits im Jahre 1842[1] Hrn. Valentin's Behauptung zurück, indem er die Aehnlichkeit der Gehirnbildung bei anderen, nicht elektrischen Gymnotinen betonte. Max Schultze[2] schloss sich J. Müller darin an und gab gleichzeitig einen Hinweis auf die wirklichen Ursprungscentren der elektrischen Nerven. Beiden lag aber der Gedanke einer Vergleichung des Gymnotus mit Welsarten fern, vielmehr stützte sich J. Müller besonders auf die Gehirnbildung bei Carapus, dessen unzweifelhafte nahe Verwandtschaft mit dem Genus Gymnotus eine Aehnlichkeit in der Gehirnbildung unvermeidlich bedingte, und somit als Beweis gegen Hrn. Valentin vielleicht weniger günstig zu verwerthen war.

Max Schultze's Ausführungen leiden auch hinsichtlich der Beschaffenheit des Centralorgans von Gymnotus an dem Mangel, der die oben S. 34 ff. von Hrn. Prof. du Bois-Reymond mehrfach hervorgehobenen Unvollkommenheiten seiner Angaben über die elektrischen Organe bedingte, nämlich dass der Autor sie auf ungenügendes, mässig gut conservirtes Material gründen musste, und deshalb hat er über diese Theile des Zitteraales auch nur einige reservirte Angaben gemacht, Weiteres der Zukunft anheimgebend.

Wie steht es nun aber mit der von Hrn. Valentin behaupteten allgemeinen Aehnlichkeit des Gymnotus- und Anguilla-Gehirns? Es ist leicht nachzuweisen, dass diese Aehnlichkeit nicht weiter reicht, als dass Beider Gehirne Knochenfischgehirne sind; es finden sich unter dieser Abtheilung der Thiere wenige, welche so durchgreifende Unterschiede

[1] Archiv für Anatomie, Physiologie u. s. w. 1842. Jahresbericht. S. ccxxvii.

[2] Zur Kenntniss der electrischen Organe der Fische. Halle 1858. 4°. Erste Abth.

darbieten, wie diese beiden Genera, was eine kurze Vergleichung der fraglichen Bildungen leicht zeigen dürfte:

So gedrängt das Gymnotusgehirn, im Ganzen betrachtet, erscheint, so stark in die Länge gezogen stellt sich das Anguillagehirn dar. Wie Silurus zeigt Gymnotus Tractus olfactorii, die sich mittels schwach entwickelter Lobi olfactorii den Hemisphären des secundären Vorderhirns anfügen. Die aalartigen Fische hingegen (Anguilla, Conger, Gymnothorax) haben so stark entwickelte Lobi olfactorii, dass die älteren Autoren vielfach von zwei Paar Hemisphären derselben sprechen. Diese Eigenthümlichkeit tritt auf Hrn. VALENTIN's Figuren kaum genügend hervor, wie auch die übrigen Theile vielfach uncorrect dargestellt sind, ein Vorwurf, der auf die meisten der früheren Abbildungen des Aalgehirnes auszudehnen ist.[1] Selbst GRATIOLET's Figur ist nicht ganz frei davon, da die Hemisphären in der Mitte verwachsen gezeichnet sind.[2] Es wurde daher für nöthig erachtet, dieses so häufig dargestellte Gehirn nochmals nach der Natur zu entwerfen.

Die kleine quere Brücke, welche bei Gymnotus an der Basis der Lobi olfactorii sich von einer Seite zur anderen zieht und in der Aufsicht einen rhombischen Umriss zeigt,[3] gehört nicht zum Nervengewebe, sondern zu den gefässtragenden Häuten des Gehirnes.

Die Hemisphären des secundären Vorderhirnes, die Grosshirnhemisphären der Autoren, stehen in der Ausbildung, ebenso wie beim Silurus, denjenigen der Anguilla etwas nach. Während beim Gehirn der wirklichen Aale dieser Abschnitt die grösste Breite erreicht, bleibt er bei den Welsen und bei Gymnotus schmaler als der darauf folgende. Die Gestalt selbst zeigt kaum etwas Besonderes, was zu minutiöser Beschreibung verlocken könnte; sie ist der unter den Knochenfischen verbreitetsten entsprechend, d. h. stellt zwei durch gegenseitige mediale Abplattung unvollkommen halbkugelige Körper dar, an welchen sich die hinteren, medialen Abschnitte etwas schärfer sondern, abgegrenzt durch eine von der Mittellinie nach hinten aussen ziehende, undeutliche Furche. Diese Differenzirung ist in dem mir vorliegenden Präparat keineswegs so scharf ausgeprägt als VALENTIN sie darstellt, entspricht also sehr vollkommen der Bildung bei Silurus.

Die aus den Hemisphären nach hinten hervortretenden Vorderhirn-

---

[1] Taf. II Fig. 14 (Anguilla vulgaris) ist noch am richtigsten; doch erscheint das Cerebellum auch hier bilateral gespalten, die sogenannten Lobi vagales des Nachhirns zu scharf gesondert.

[2] Anatomie comparée du Système nerveux etc. par LEURET et GRATIOLET. Atlas. Pl. II. Anguille.

[3] VALENTIN a. a. O. Taf. II Fig. 2 a'.

stiele verschwinden bei Gymnotus (wie bei Silurus) bereits vollständig unter dem übergewölbten Hinterhirn (Mesencephalon, Valentin), so dass schon nicht mehr die Verbindungsstelle mit dem primären Vorderhirn, noch weniger also der Epiphysenursprung oberflächlich sichtbar erscheint; beim Aal aber bleibt hier eine beträchtliche Lücke, die Epiphysenstellung deutlich enthüllend (vergl. Taf. VII Fig. 25).

Werden also die Hemisphären selbst im hinteren Theil durch das übergewölbte Cerebellum verdeckt, so gilt dies natürlich noch mehr von dem primären Vorderhirn, dem Lobus centralis J. Müller's (Lobi optici auctor.). Hier wird nun die Unähnlichkeit des Gymnotus- und Aalgehirnes besonders prägnant, indem die schalenförmigen Bildungen des sogenannten Tectum opticum (wie beim Cyprinoidengehirn) seitlich als etwa nierenförmige Hervorragungen (Valentin's Halbmonde) erscheinen, in der Mitte dagegen, wo sie solide Markmassen überhaupt nicht entwickeln, vom nächsten Abschnitt vollständig verdeckt werden. Beim Aal steht der medialen Entwickelung des Tectums kein Hinderniss im Wege, hier lagern sich bie beiden Hälften des Tectums in der Mitte solide an einander, verlieren aber ihre Markmassen gegen den hinteren Rand zu, wo durch unterhalb hineindrängende Abschnitte des Mittel- und Hinterhirnes die regelmässige Wölbung gestört und aufgetrieben erscheint (also keine Einsenkung wie Hr. Valentin zeichnet).[1] Dies Verhältniss zeigen die Seitenansichten[2] oder sagittale Längschnitte am besten.

Die Breite des Gymnotusgehirnes von den abstehendsten Punkten des Lobus centralis transversal gemessen, ist beinahe das Doppelte der Hemisphärenbreite (ebenso bei Silurus); bei Anguilla ist sie geringer als letztere (!). Der enormste Unterschied markirt sich nun allerdings im nächsten Abschnitt, dem Hinterhirn, wobei das äusserlich gar nicht sichtbare Mittelhirn, dessen streitige Abgrenzung hier ausser Frage bleiben kann, zunächst unberücksichtigt gelassen werden möge.

Jener eigenthümlich mannigfach gebildete, seiner Lagerung sowie seiner mikroskopischen Natur nach trotzdem stets mit Sicherheit zu verificirende Abschnitt dürfte die auch in neuerer Zeit vielfach erduldeten Anfechtungen nunmehr wohl glücklich überstanden haben und jedenfalls mit überwältigender Majorität als Hinterhirn (Cerebellum) angesprochen werden. Hier haben wir nun Hrn. Valentin's „Lobus electricus" des Gymnotus.

Es liegt genügendes Material vor und die Zahl der Daten liesse sich nach Bedürfniss weiter vervollständigen, um für diesen Gehirnabschnitt

[1] A. a. O. Taf. II Fig. 14.

[2] Vergl.: Fischgehirn, Taf. II Fig. 28 u. 29, und Valentin a. a. O. Taf. II Fig. 13 u. 19.

in der Reihe der kaltblütigen Thiere von der minimalen Ausbildung des Cerebellums bei nackten Amphibien, z. B. dem Frosch, die aufsteigende Entwickelung des Organs als Markablagerung im Scheiteltheil des dritten Hirnbläschens durch alle Stadien bis zu der enormen Wucherung desselben, wie es bei den Rochen vorkommt, nachzuweisen. Sehr bald sehen wir auch seitliche Theile des Bläschens in stärkerer Ausbildung, welche einerseits an den unpaaren mittleren Theil anschliessen, andererseits die Verbindung mit dem Nachhirn suchen. Im Allgemeinen entspricht die besonders ungleich ausgebildete, unpaare mittlere Masse dem sogenannten Wurm höherer Thiere, die seitlichen Partien (Fimbriae der Autoren, wo sie gefranzt erscheinen, wie bei Haien und Rochen) Hemisphärenanlagen, ihre Verbindungsstücke mit dem Nachhirn den strickförmigen Körpern.

Das Cerebellum des Gymnotusgehirnes lässt sich ohne Schwierigkeit diesem allgemeinen Typus unterordnen, sobald man erkannt hat und festhält, dass die Wucherung der mittleren Region hier einen besonders hohen Grad erreicht, wie er unter den Knochenfischen, soweit mir bekannt ist, nur noch den Welsen in gleicher Ausdehnung eigen ist.

Die Fig. 24 auf Taf. VII lässt erkennen, dass die Breite der hinteren Hälfte noch erheblicher ist als in Hrn. Valentin's Abbildung,[1] wo der grösste Querdurchmesser denjenigen der Lobi optici nur um ein geringes übertrifft (etwa $^1/_8$ gegen mindestens $^1/_4$ bei jenem Gehirn).

Nach dem mir vorliegenden Material überschreitet eine solche Differenz die Grenze der individuellen Variation, und dürfte das Cerebellum von Hrn. Valentin in der grössten Breite etwas zu schmal gezeichnet sein, oder starke Alkoholcontraction hatte die Verhältnisse verändert.

Der eben berührte Punkt ist insofern von Wichtigkeit, als gerade diese enorme Breite der hinteren, Fimbrien entsprechenden Theile das Gymnotusgehirn dem Anguillagehirn so ausserordentlich unähnlich macht, da beim letzteren die länglichen in Corpora restiformia übergehenden Wülste an den Seiten des Cerebellums in der Ansicht von oben (Fig. 25) kaum auffallen, wie es auch Valentin selbst angegeben hat. Bei Silurus gewinnen die Fimbrien in der That noch grössere Breite als beim Gymnotus, da der grösste Querdurchmesser den der Lobi optici sogar um $^1/_3$ übertrifft, doch schliesst sich diese Zahl schon nahe an die entsprechende des Gymnotus an.

Auch die Formation der bezeichneten Anhänge des Cerebellums ist

[1] A. a. O. Taf. II Fig. 2 Die Figur auf Taf. I der Valentin'schen Abhandlung ist kaum genau genug gezeichnet, um die Gehirnbildung deutlich zu erkennen.

bei Gymnotus und Silurus sehr übereinstimmend. In beiden sondert sich der mittlere, vorn übergewölbte Theil durch eine nach aussen concave Furche von den seitlich vorspringenden Wülsten, welche sich stark rückwärts krümmen und nach durchlaufener Krümmung wieder medianwärts ziehend, den vierten Ventrikel zu einem fast canalartigen Raum verengen. Die hinteren Theile der Windung divergiren alsdann, indem sie abwärts gegen die Medulla oblongata verlaufen, und werden zu den Corpora restiformia.

Beim Silurus besteht nur der Unterschied, dass der vordere Theil der Windung von dem hinteren nicht durch eine so stark ausgeprägte Furche getrennt ist, die sich aber wenigstens als seichter Eindruck bis an die Seite verfolgen lässt und so die Windung selbst gleichsam in zwei Höckerpaare sondert. Der hintere Theil der Windung findet alsdann, indem er gleichzeitig abwärts und nach hinten zieht, schneller seine Verbindung mit der Medulla oblongata. Die Fig. 23 dürfte übrigens die angedeuteten Verhältnisse wohl besser als die eingehendste Beschreibung veranschaulichen.

Diese Fimbrienanlage sollte nach Hrn. Valentin überhaupt das Cerebellum darstellen, während, wie erwähnt, der sich nach vorn überlegende, unpaare Theil nach lediglich räumlicher Anordnung als Mesencephalon aufgefasst wurde. So würde der genannte Autor als Vertreter der Miklucho-Maklay'schen Deutung der Gehirnabschnitte angeführt werden können, wenn er nicht in den anderen Figuren über die Aalgehirne das homologe Organ doch wieder als Cerebellum bezeichnete.

Durch die starke Annäherung der Corpora restiformia an die Mittellinie und die damit zusammenhängende Verengerung des vierten Ventrikels erscheint gerade bei Gymnotus der Uebergang des Hinterhirnes in das Nachhirn sehr plötzlich. Das Nachhirn bildet eine mässige Anschwellung, welche sehr bald sich zu dem Rückenmark verjüngt und dann im Vergleich zu dem breiten Gehirn auffallend schmal aussieht. Diese Thatsache ist um so bemerkenswerther, als wir gerade in dem Rückenmark unzweifelhaft die essentiellen Elemente für den Ursprung der elektrischen Nerven finden werden und nicht in dem mächtigen mittleren Theil des Cerebellum's, Hrn. Valentin's „Lobus electricus“.

So lehrt die eben erörterte Vergleichung auf's Neue, dass die Deutung von Gehirnabschnitten nach ihrer relativen Grösse und Entwickelung ausserordentlich trügerisch ist und durch anderweitige Untersuchungen bestätigt werden muss.

Es bleibt noch übrig einen Blick auf die Unterseite des Gehirnes von Gymnotus zu werfen. Hier begegnen wir im Allgemeinen wiederum denselben Organanlagen, wie sie anderen Knochenfischen eigen sind. Man verleumdet den „Zitteraal“[1], wenn man behauptet, dass er sich zwei Paar Lobi inferiores beigelegt habe, während doch seine Stammesgenossen mit einem Paar solcher Hervorragungen vorlieb nehmen.

Der Eindruck, dass zwei Lobi inferiores jederseits vorhanden seien, wird nur dadurch hervorgebracht, dass die graue Substanz in dem auch sonst meist hohl bleibenden Lobus inferior ihre Entwickelung hauptsächlich in dem aussen und hinten liegenden Theil findet, so dass die allgemeine Gestalt nicht wie sonst eine rundliche ist, sondern tief nierenförmig ausgeschnitten erscheint. Das stark entwickelte Tuber cinereum drängt, dazwischen hervortretend, die Lobi inferiores auseinander, folgt also dem inneren concaven Umriss derselben, ohne jedoch die Continuität der vorderen kleineren Partie und der hinteren grösseren gänzlich zu unterbrechen.

Das voluminöse Tuber cinererum trägt eine abgeplattete Hypophysis von scheibenförmiger Gestalt, deren gewaltsame Entfernung hier wie bei anderen Knochenfischen einen Spalt als Zugang zum dritten Ventrikel, die sogenannte Vulva cerebri, entstehen lässt. Der geringen Entwickelung der Augen entspricht die Ausbildung der Nervi optici, welche in der That auch beim Wels und Aal nur dürftig sind.

Sie erscheinen beim Gymnotus wirklich überraschend zart, besonders im Vergleich zum N. olfactorius, da beim oben abgebildeten Gehirn der Querschnitt des Nervus opticus nicht mehr als etwa den fünften Theil eines Millimeters beträgt. Die Sehnerven verschwinden als feine Fädchen sehr bald in der Auskleidung der Schädelkapsel, um in die Augenhöhlen vorzudringen und kreuzen sich dabei mit den zum Schnauzentheil strebenden Trigeminusästen. Trotzdem ist es natürlich durchaus unberechtigt, die Nn. optici als Zweige des vorderen Trigeminusastes zu zeichnen, wie es Hrn. Valentin auf Taf. II Fig. 2 beliebt hat; der intracranielle Theil ist auf den Zeichnungen nicht angegeben. Bei starker Entwickelung des Vorderkopfes sind die Sehnerven genöthigt, ihren Verlauf nach der Chiasmakreuzung verhältnissmässig stark nach vorn zu richten, so dass sie ihre Stellung an den Seiten des Vorderhirns nahe bei den Riechnerven erhalten, was beim Wels am stärksten, weniger bei Gymnotus und Anguilla ausgeprägt ist.

Die Augenmuskelnerven sympathisiren mit dem N. opticus hinsichtlich der Entwickelung, doch sind sie in normaler Weise ausgebildet; sie gewinnen die Seiten der Schädelkapsel sehr viel früher als die Sehnerven, zumal der äusserst feine nach aussen oben aufsteigende N. trochlearis.

Die Ursprünge der übrigen Gehirnnerven sind nicht abweichend,

[1] Valentin a. a. O. S. 11.

wenigstens dürfte das vorhandene Material bei der dem bestimmten Zweck angepassten Conservirung nicht geeignet erscheinen, um feinere Unterschiede in diesen Nervenursprüngen mit Sicherheit zu constatiren. Hierzu würde die frische Untersuchung jedenfalls am meisten zu empfehlen sein, wobei die Anordnung der Vagusursprünge sowie das Verhältniss derselben zu den Trigeminuswurzeln die Aufmerksamkeit in besonders hohem Grade zu fesseln hätte.

Auch hier kann ich nicht umhin, Hrn. VALENTIN's Darstellung als ungenau zu bezeichnen, da ein Trigeminusast, wie ihn Fig. 1 *k* Taf. I des citirten Werkes gleichsam vom Chiasma herkommend darstellt, nicht existirt. Die Trigeminuswurzeln, in normaler Weise vom Hirnstock hinter dem Lobus centralis entspringend, theilen sich kurz vorher, ehe sie die Schädelwand erreichen, der erste Ast wendet sich scharf nach vorn und verläuft noch eine Strecke intracraniell, der zweite dringt nach aussen mit dem dritten zugleich, um die Seiten des Kopfes zu versorgen, während noch innerhalb des Schädels vom gemeinsamen Stamm ein Ast steil aufwärts steigt und oben austretend die Verbindung mit dem R. lateralis nervi vagi sucht. Dies auch den verwandten Fischen in gleicher Weise zukommende Verhalten markirt sich in den Figuren der Taf. VII durch die aufsteigenden Stümpfe des bezeichneten Nerven.

Mikroskopische Untersuchung des Gehirnes.

Schnittpräparate des Gehirns vom Gymnotus finden sich in Dr. SACHS' Nachlass nur wenige. In der That lag dieser Theil der Untersuchung den Hauptfragen nach dem Ursprung und dem Verhältniss der elektrischen Nerven zu anderen Gehirntheilen ferner, und es bestand eine Verständigung zwischen uns, nach welcher ich selbst, als bereits länger mit dem Gegenstand beschäftigt, diese Seite desselben weiter ausführen sollte.

Für die vorliegende Publication würde es eine zu grosse Verzögerung mit sich bringen, und auch das zur Verfügung stehende Material kaum ausreichen, um bald jetzt vollständige Schnittserien des Gehirns anzufertigen und eingehend zu beschreiben. Die bereits vorhandenen Präparate genügen, um festzustellen, dass wenigstens in den grossen Zügen der Aufbau des Gymnotusgehirns nicht wesentlich von dem verwandter Fische, in erster Linie wiederum von dem des Welses, abweicht, somit würde auch bei dieser Untersuchung der Gewinn den aufgewandten Opfern an Zeit wahrscheinlich nicht entsprechen.

Eine Folge, welche dem vorderen Theil des Gehirns entnommen

wurde, zeigt frontale Schnitte des Tractus und Lobus olfactorius, beginnend mit den Querschnitten der beiden Tractus in ihren starken, bindegewebigen Scheiden. Obgleich dieselben schon sehr nahe an dem Uebergange in den schwach entwickelten Lobus olfactorius entnommen sind, erscheinen die Olfactoriusfasern sehr stark bündelweise unter einander verflochten und mehr oder weniger aufgeknäuelt, wie es allgemein im sogenannten Stratum glomerulosum des Bulbus olfactorius am ausgesprochensten der Fall ist; dazwischen lagern vereinzelt kleine multipolare Ganglienzellen mit spärlichem Protoplasmaleib und rundlichem bläschenförmigem Kern, sowie platte, in starre Fortsätze ausgezogene Zellen des Stützgewebes.[1]

Der Durchmesser des Tractus beträgt an diesen Schnitten etwa 1^{mm} ohne die Scheide, er wächst unmittelbar darauf, wie es die folgenden erkennen lassen, bis zur doppelten Ausdehnung und das Mikroskop lehrt, dass diese Dickenzunahme zurückzuführen ist auf die Einlagerung grauer Substanz zwischen die Fasern, welche eine vorwiegend centrale Anordnung zeigt. Die Olfactoriusfasern umgeben hier also die graue Substanz etwa mantelartig.

Nur an drei isolirten Stellen drängt letztere sich gegen die Oberfläche vor und spaltet so die Riechwurzeln in drei Stränge, eine Sonderung, wie sie auch an anderen Knochenfischen mit wenig entwickeltem Lobus olfactorius, aber nicht beim Aal, zur Beobachtung kommt. In der Gegend, wo der Abschnitt den grössten Durchmesser hat, halten die Fasermassen noch das Uebergewicht über die graue Substanz und erst weiter gegen den Uebergang zum secundären Vorderhirn, wo der Durchmesser wieder geringer geworden ist, verschwinden die Fasern grösstentheils, um der ganzen Substanz des Lobus den Platz zu überlassen. Hier trifft der frontale Querschnitt bereits gleichzeitig die vordersten Theile des secundären Vorderhirns, von dem das Messer wegen der Auflagerung auf den rundlichen Lobus unregelmässig halbmondförmige Scheiben abträgt.

Die Reste der Faserzüge umgeben alsdann in vereinzelten Bündeln die graue Substanz, und dieselbe kommt auf solche Weise nirgends zu einer gewissen Selbständigkeit, wie es bei den aalartigen Fischen in so hohem Maasse der Fall ist. Bei letzteren schwillt der Lobus nach dem Eintreten der Tractus in seinen vorderen, verschmälerten Theil erst recht an und zeigt auch im mikroskopischem Bilde den Charakter eines Gehirnabschnittes, wie es schon makroskopisch der Fall ist. In der relativ

[1] Die Bildung eines Stratum glomerulosum erscheint mir in ähnlicher Weise charakteristisch für die Formation des Bulbus olfactorius, wie ein Stratum Purkinii für das Cerebellum.

stark entwickelten grauen Substanz lösen sich die Faserzüge, von unten und aussen eindringend, bald vollständig auf und erst beträchtlich weiter nach hinten sammeln sich aus der compacten grauen Substanz des Lobus neue Faserzüge, um die Verbindung mit dem eigentlichen secundären Vorderhirn herzustellen. Ein Frontalschnitt durch die Dicke des Lobus des Aals trifft letzteres noch keineswegs.

Der histologische Bau der Substanz stimmt dagegen bei den dürftig damit ausgestatteten Organen des Gymnotus mit den reichlich entwickelten der Aale im Wesentlichen überein, d. h. er zeigt Neuroglie von grosser Feinkörnigkeit mit zahlreichen, kleinen Ganglienzellen durchsetzt, die eng aneinander lagern und besondere Anordnung oder besonderes Verhalten der Fortsätze nicht erkennen lassen.

Es fehlen unter den Schnitten Präparate, welche die Verbindung des Riechhirns mit dem secundären Vorderhirn demonstriren; in der That lässt sich dieselbe an Querschnitten überhaupt kaum deutlich machen. Sehr wahrscheinlich entspricht sie der allgemeinen Dürftigkeit des Riechhirns und erscheint auf einzelne dünne Faserbündel reducirt. Man erkennt dies Verhalten schon an der besonderen Leichtigkeit, mit welcher sich beim Gymnotus die Riechhirne leider von dem weiter rückwärts folgenden Abschnitt lösen.

Eine Schnittfolge aus dem anstossenden secundären Vorderhirn lässt keine Besonderheiten erkennen, zumal sie wenig vollständig ist. Wie bei anderen Knochenfischen erscheint auch hier die dichte, graue Substanz kappenförmig um die innen unten eintretenden Vorderhirnstiele herumgelegt. Ein Schnitt durch die grösste Breite dieser rundlichen Körper zeigt die von der unteren Ecke sich fächerförmig ausbreitenden Faserstrahlungen der Stiele, deren Bündel als Regel von einem kräftigeren Zuge der gelatinösen Stützsubstanz, wie ich dieselbe in der Publication über den Bau des Fischgehirns genauer beschrieben habe, durchsetzt werden; die stärkere Imbibirbarkeit dieser Züge mit Carmin lässt sie dunkel neben den hell, fast ungefärbt bleibenden Markfasern erscheinen.

Obgleich die graue Substanz der Hemisphären als Hirnrinde aufzufassen ist und somit nach der Homologie mit anderen Wirbelthieren Schichtungen zeigen sollte, so treten Schichtungen doch beim Gymnotus (wie bei anderen Knochenfischen) nur in untergeordneter Weise auf. Unmittelbar unter der Pia ordnen sich kleine Zellen mit Fortsätzen, deren Hauptmasse durch den Kern gebildet wird, sogenannte Kornzellen, derartig regelmässig an, dass die geschlossene Lage derselben fast den Eindruck eines Epithels gewährt, zumal stärkere Fortsätze, in die Tiefe vordringend, durch ihren Uebergang in das Stützgewebe ein ähnliches Verhalten zeigen, als z. B. die Epithelzellen des Centralcanals.

Solche Zellanordnungen, wenn auch in allmählich abnehmender Zahl schollenartig zusammengefügt, finden sich aber noch für eine gewisse Tiefe der Substanz eingestreut, so dass also hier die zelligen Elemente der sogenannten molecularen Rindenschicht als besonders reichlich zu vermerken sind. Die Schichtenbildung ist durch die concentrische Anordnung der Zellgruppen und den entsprechenden Verlauf der Capillaren angedeutet. Auch die tieferen Zellen zeichnen sich durch stärkere, nach Innen gerichtete Fortsätze aus. Dem Gewebe sind ausserdem Kerne eingestreut, an welchen ein Protoplasmaleib nicht zu constatiren ist und die also als „nackte Kerne“ zu verzeichnen wären. Es ist in der That sehr schwer, bei dichtem Gewebe solche Kerne von Kornzellen immer mit Sicherheit zu unterscheiden und muss man daher hinsichtlich der relativen Menge der einen oder anderen Kategorie sich eine gewisse Reserve in der Beurtheilung auferlegen.

Hieran würde sich bei den Säugethieren die Schicht der kleinen Ganglienzellen schliessen und in der That treten auch am Vorderhirn des Gymnotus in der Tiefe von ungefähr 0·04 ^{mm}, nachdem die erwähnten Zellen des Stützgewebes spärlicher geworden sind, Elemente auf, welche als kleine Ganglienzellen anzusprechen sind. Anfangs spärlich, steigert sich ihre Zahl gegen die Tiefe zu, ohne dass jedoch eine weitere Sonderung in verschiedene Schichten, wie solche beim Säugethiergehirn beschrieben wird, angedeutet wäre. Sie unterscheiden sich von den erwähnten Kornzellen der äusseren Lagen und den allgemein im Stützgewebe verbreiteten Kernen durch den grösseren Durchmesser des Nucleus (0·005 ^{mm}), dessen Substanz zarter und weniger imbibirbar erscheint, so dass der bläschenförmige Charakter deutlich hervortritt. Der Durchmesser der Zelle selbst schwankt um die Grösse von 0·01 ^{mm}, auffallend ist (wie bereits an anderer Stelle betont) auch hier die Deutlichkeit des mittleren Basalfortsatzes, dessen breiter Ansatz der Zelle häufig ein birnförmiges Ansehen verleiht.

Ich wiederhole als ebenfalls für Gymnotus geltend, dass diesen Hemisphären des secundären Vorderhirns eine Schicht deutlicher Pyramidenzellen fehlt; dieser Theil der Grosshirnrinde markirt sich nur durch vereinzelt eingestreute, grössere, multipolare Zellen, deren Spitzenfortsätze der Zelle aber keine pyramidale Gestalt verleihen, sondern die Zelle erscheint in die Quere ausgezogen oder durch Ueberwiegen der Basalfortsätze ebenfalls umgekehrt pyramidal. Die Grösse und der Charakter der Kerne entsprechen im Wesentlichen denen der kleinen Ganglienzellen, die Grösse der Zelle selbst steigt bis auf's Doppelte, also 0·02 ^{mm}.

Gelegentlich zwischen den Faserstrahlungen der Pedunculi auftretende unregelmässige oder spindelförmige Zellelemente als besondere

Kategorien unterscheiden zu wollen, könnte hier nur als willkürlich bezeichnet werden.

Man sieht an mehreren der Schnitte die Reste der weissen Commissur des secundären Vorderhirns (Commissura interlobularis auct.), welche durchaus ähnlich auftritt, wie sie in der mehrfach citirten Abhandlung von mir beschrieben wurde.[1] Das Verhältniss derselben zu den Wurzeln der Riechnerven dürfte wohl dem gewöhnlich beobachteten Verhalten entsprechen, doch sind die Schnitte zu unvollständig, um einzelne Faserzüge mit Sicherheit zu verfolgen.

Es schliesst sich an die Schnittfolge aus dem Vorderhirn, eine nur aus sechs Schnitten bestehende, welche dem Gehirne bereits erheblich weiter nach hinten entnommen wurde und den Lobus centralis in seiner grössten Ausdehnung getroffen hat. Die Schnittrichtung ist offenbar stark von oben[2] hinten nach unten vorn geneigt worden, so dass von dem überhängenden Cerebellum und dem Tuber cinereum erhebliche Stücke in den Präparaten gleichzeitig erscheinen und so über den inneren Bau des Gehirns ein recht guter Ueberblick gewährt wird (Taf. IV Fig. 1 u. 2.). Es zeigt sich wiederum, dass der ganze Charakter dieses Organcomplexes Nichts mit dem Verhalten desselben beim Aalgeschlecht gemeinsam hat, während er viel Aehnliches mit dem Lobus centralis des Welses erkennen lässt. Der mittlere Gehirnabschnitt des Gymnotus wie des Welses nähert sich in verschiedenen Punkten dem Cyprinoidengehirn.

Das sogenannte Tectum opticum der Autoren (Rinde des Lobus centralis *mihi*, *ct. c.* der Figuren) verdient hier seinen Namen ebensowenig wie beim Karpfen; denn es überdeckt die darunter lagernden Theile nur unvollkommen, von den Seiten her übergreifend. Im Querschnitt erscheinen diese geschichteten Theile halbmondförmig, die oberen, einander zugewendeten Spitzen der Halbmonde behalten im hinteren Theile des Lobus centralis noch einen Abstand von 4^{mm}.

Der Zwischenraum ist ausgefüllt durch Pia, an welche sich die lang ausgezogene, aber vollkommen gut kenntliche Quercommissur des Daches (*c. c.*) direct anlegt. Diese Commissurfaserbündel erreichen die Kreuzungsstelle mit den aufsteigenden Fasern des Stammes erst ganz an der Seite, etwa in der Breite des oben auflagernden Kleinhirnrandes.

Unten wird die Quercommissur überkleidet durch die grauen Massen des sogenannten Torus longitudinalis (Fornix Gottsche, *fo.* der Figuren), ein schwacher doppelter Wulst, welcher hier (im Gegensatz zum Aalgehirn) nur

---

[1] Fischgehirn, S. 49.

[2] Wo nicht eine besondere Angabe beigefügt ist, entspricht die Orientirung der Theile stets der natürlichen Stellung des Fisches (horizontale Längsaxe).

im vordersten Theil des Lobus von beiden Seiten zusammenrückt, nach hinten aber die sagittale Richtung sofort verlässt und auf den Querschnitten als eine schmale Anlagerung grauer Substanz von etwa 1—1·5^{mm} Breite an den oberen Spitzen des Tectums erscheint.

Dies Auseinanderweichen der Tectumhälften und Spaltung des Torus longitudinalis in seinem Verlauf nach hinten fehlt den Aalen durchaus, während man es bei Cyprinus[1] und Silurus in ganz ähnlicher Weise entwickelt findet.

Im Hohlraum des Lobus centralis erscheint der Torus semicircularis (Thalamus? *th.* der Figuren) in beinahe ebenso mächtiger Ausdehnung als im Gehirn des Karpfen und gewinnt in den vorliegenden Präparaten einen Querdurchmesser von 6^{mm}.

Schon makroskopisch sieht man an den mit Carmin imbibirten Schnitten den Wechsel von (hellbleibenden) Lagen von Markfasern und (rothgefärbter) grauer Substanz in wesentlich horizontaler Anordnung, indem unter der schwachen Bedeckung mit „Höhlengrau“ (Meynert) zunächst eine starke Schicht weisser Substanz erscheint. Dieselbe reicht bis zu der den Aditus ad infundibulum überbrückenden mächtigen Commissur und erhält hier aus dem Unterhirn aufsteigende Faserbündel. Weiter rückwärts sondert sich eine zweite und endlich eine dritte, weniger deutliche Lage von Markfasern unter der oberflächlichen, sie an Mächtigkeit aber nirgends erreichend.

Alle drei stimmen darin miteinander überein, dass ihre nach oben sehenden Begrenzungen durch dichteres Aneinanderschliessen der Markfasern bei der makroskopischen Betrachtung deutlicher erscheinen, während nach unten die Durchflechtungen der Bündel mit grauer Substanz die Gränzen zwischen beiden Substanzen mehr verschwommen zeigen.

Dies gilt besonders von der untersten, welche im Mikroskop vollständig in unzusammenhängende Bündel aufgelöst wird, deren schräg aufsteigende Fasern die graue Masse ziemlich regellos durchsetzen, bis der untere Rand des Torus wiederum analog dem oberen mit einem dichten Belag von Markfasern erscheint.

Die Grenze zwischen dem eigentlichen Lobus centralis und seiner Verlängerung nach abwärts, dem sogenannten „Unterhirn“ der Autoren, ist beim Gymnotus ungemein scharf, eben weil das schwach entwickelte Tectum auch unten nur einen verschmälerten Ansatz findet und innere Wurzelbündel des Tractus (*tr. o.* der Figuren), an den Torus semicircularis unten herantretend, ihn von dem Tuber cinereum gleichsam abschnüren.

---

[1] Vergl. Fischgehirn Taf. II Fig. 14.

Ich betone gegen Hrn. Belloncі[1] ausdrücklich, dass hier ebenso wenig wie bei anderen Knochenfischen die Opticusfasern ausschliesslich das Tectum opticum aufsuchen. Das Gymnotusgehirn ist in dieser Hinsicht besonders instructiv, weil die Sonderung der inneren Abtheilung des im Allgemeinen schwach entwickelten Tractus opticus sich hier von der äusseren früh und vollständig vollzieht, so dass ein Verfolgen derselben zu dem breiten Torus semicircularis weniger Schwierigkeiten macht als sonst.

Unterhalb des Tractus präsentirt sich in den Schnitten das Tuber cinereum (*Tu.* der Figuren) in auffallend mächtiger Entwickelung; es hält sich so gleichsam die Waage mit dem darauf sitzenden Torus und beide zusammen erscheinen verstärkt auf Kosten des Tectums. Damit findet sich in bemerkenswerther Uebereinstimmung die geringe Ausbildung der seitlichen Anhänge des Tuber, d. h. der Lobi inferiores (*L. i.* der Fig.).

Hr. Valentin[2] verzeichnet deren, wie bereits oben erwähnt sogar zwei Paar jederseits, ein vorderes und ein hinteres, was der Wirklichkeit nicht ent-

---

[1] Hrn. Belloncі's schätzenswerther Beitrag zur Kenntniss des Fischgehirns ist reich an Angaben, welche mit den meinigen vollkommen übereinstimmen und der Autor erklärt dies auch, wie ich dankbar anerkenne, ausdrücklich. Die einzige bedeutendere Differenz bezieht sich nur auf die Opticuswurzeln und hinsichtlich dieser fühle mich trotz des mehrfachen Widerspruchs in einer besonders starken Position, da ich an vollständigen Schnittserien die zu den tieferen Theilen unter dem Tectum gehenden Fasern demonstriren kann; hat Hr. Belloncі dieselben übersehen, so beweist sein negativer Befund gegen den positiven wenig. Nachdem durch Hrn. Prof. H. Munk experimentell die Projection der Retina auf die hinteren Partien des Grosshirns der Säugethiere, und durch Hrn. Dr. Blaschko ein analoges Verhalten der „Lobi optici“ des Frosches festgestellt wurde, ist es offenbar logischer, das auch mir bekannte Ausstrahlen eines Theiles der Opticusfasern in das Tectum opticum der Fische als einen Beweis für meine Auffassung desselben als ein Homologon hinterer Grosshirntheile der Säugethiere (Rinde des Stammhirnes) anzusehen, wie umgekehrt für ein Hinderniss dieser Auffassung zu betrachten. Ich nehme daher die Untersuchungen des Hrn. Prof. H. Munk und des Hrn. Dr. Blaschko als eine erfreuliche Bestätigung meiner Angaben in Anspruch.

Verlöre der ganze Aufbau des Gehirnes der Wirbelthiere (eines so eng umgrenzten Typus!) schon für die ersten, mächtigsten Gehirnnerven hinsichtlich des Verlaufs und der Ursprungstätten seine Vergleichbarkeit in den einzelnen Klassen, so dürften wir hier überhaupt nicht mehr von Homologien reden.

Dott. G. Belloncі. Ricerche intorno all' intima tessitura del Cervello dei Teleostei. Roma 1879.

Prof. H. Munk. Sitzungsberichte der physiologischen Gesellschaft zu Berlin. 4. Juli 1879, Nr. 18; — Archiv für Physiologie, 1879. S. 581.

Dr. Blaschko. Sitzungsberichte der physiologischen Gesellschaft zu Berlin. 10. December 1880. Nr. 4 u. 5.

Vergl. auch: Fischgehirn, S. 22 und 62—64.

[2] A. a. O. Taf. II Fig. 3 *c.* u. *d.*

spricht. Die Schnitte[1] bestätigen vielmehr die beschriebene Anordnung dieser Theile, welche dem nach unten vortretenden Tuber als nierenförmige Hervorragungen seitlich angefügt sind. Wegen der ungleichen Vertheilung von grauer Substanz, die besonders vorn am inneren Rande in geringerer Ausbildung erscheint als aussen, sehen wir auf den Schnitten den unteren Umriss an dieser Stelle einsinken, so dass die ganze Masse im Querschnitt das Ansehen eines sehr stark nach abwärts gekrümmten, kurzen Hornes bekommt, und dieser Hohlraum ist, wie sonst auch, durch Verlängerungen der Pia ausgekleidet. In seinem hinteren Theil ist der Lobus inferior fast vollständig solide; ich wiederhole, dass es zwei Lobi inferiores jederseits auch bei Gymnotus nicht giebt.

Die eigenthümlichen rundlichen Gruppen von Zellen an der Basis der Lobi inferiores, welche von mir als Nuclei rotundi bezeichnet wurden, lassen ein gewisses Abhängigkeitsverhältniss von letzteren erkennen; denn hier, wo diese selbst nur dürftig entwickelt sind, erscheinen jene so schwach, dass man einige Mühe hat, sie mit Sicherheit zu constatiren.

Sie lagern verhältnissmässig weit nach hinten, und erreichen kaum den vierten Theil des Durchmessers beider Lobi inferiores selbst.

Die zu ihnen gehörigen Faserzüge, ebenso wie die Quercommissur derselben (Commissura horizontalis, *mihi*) sind wohl angedeutet, lassen sich aber in den wenigen Schnitten nicht besonders gut verfolgen. Jedenfalls ist die Horizontalcommissur auffallend schwach, wie die runden Kerne selbst, die sie, in querer Richtung um das Infundibulum vorn herumlaufend, verbindet.

Die Hauptmasse des Unterhirns ist eben das Tuber cinereum (*Tu.* der Figuren) selbst, welches oben über die Lobi inferiores hinwegquillt, durch eine tiefe Spalte sich gegen dieselben abgrenzend, und unten als Trichter stark hervorragt. Deshalb finden wir auch die eigentliche Tubercommissur (Commissura transversa Halleri) mächtig entwickelt und zieht sich dieselbe in einigen der Schnitte als ein starker Faserstrang (*cm. t.* der Fig. 2) dicht unter dem zur Epiphyse tretenden Gefässbündel (*ep.*) hin.

Das Mikroskop zeigt die Fasern links und rechts aufsteigend gegen das Gebiet der einstrahlenden Opticusfasern (*tr. o.*), mit denen sie sich verflechten. Hier gewinnt es in der That für das in Rede stehende Faserbündel den Anschein, dass dieser Theil der Tubercommissur wenigstens,

[1] Ein ähnlich gerichteter Schnitt durch das Gehirn von Lophius piscatorius (Fischgehirn, Taf. XI Fig. 48) zeigt eine Commissur (*cm. p.*) unter dem Cerebellum, welche in den vorhandenen Präparaten des Gymnotusgehirns nirgends getroffen wurde, obwohl sie sicherlich ebenfalls vorhanden ist. Vergl. auch den sagittalen Längsschnitt des Cyprinoidengehirns (a. a. O. Taf. II Fig. 15) zur Orientirung.

wie es Hr. v. Gudden für die gesammten Fasern der Commissura transversa behauptet, Nichts mit dem Opticus direct zu thun hat.

Ueber dem Epiphysencanal (Foramen vasculosum Halleri) finden sich die starken Commissurfasern, welche die hintere gegen das Unterhirn zu verlaufende Abtheilung der Hauptcommissur im Fischgehirn darstellen (*cm. p.* der Fig. 2). Sie stösst direct an den Torus semicircularis, welcher weiter nach hinten ohne Unterbrechung in die Valvula cerebelli übergeht, die er fast vollständig in sich aufgenommen hat. Indem nun hier die Hälften des Tectum opticum seitlich gedrängt sind und mit der aufsteigenden Epiphyse gar nicht collidiren, lagert dieselbe am Gymnotusgehirn im Wesentlichen wie beim Säugethier, d. h. an der Commissura posterior mit Theilen des Mittelhirns neben und hinter sich, an welche das Hinterhirn direct angeschlossen ist.

Wer in den davon ganz abseits lagernden Halbmonden des Tectums (*ct. c.* der Figuren) Aehnlichkeiten mit dem Corpus quadrigeminum zu finden vermag, muss dieselben anders begründen als durch noch mangelhaft differenzirte Bildungen von Embryonen anderer Klassen der Fische.

Das „Vor“ oder „Hinter“ relativ zur Epiphyse (Zirbel) lässt sich nur nach Hirntheilen bestimmen, welche in der Medianebene lagern und nicht wie das Tectum sich von den Seiten her in wechselnder Ausdehnung nach der Medianebene zu überwölben. Ich glaube, aus dem Angeführten folgern zu dürfen, dass der Widerspruch gegen die von mir vorgeschlagene Deutung der einzelnen Abschnitte des Fischgehirns, welcher auf die Zirbelstellung gestützt wurde, nur auf schwachen Füssen steht.[1]

Die dem gangliösen Theile des Mittelhirns angehörigen Elemente lassen sich in dem betreffenden Querschnitt des Torus nahe dem unteren Rande desselben antreffen, doch sind sie wegen des Ineinanderdrängens der Theile weniger deutlich.

Die letzten Schnitte des Präparates zeigen nun auch die an den Seiten des dritten Ventrikels aus dem Stamm aufsteigenden Faserbündel, die Stammstrahlung (*r. p.* der Figuren), welche hier wie überall die inneren Schichten der Rinde des Lobus centralis, des Tectum opticum der Autoren, aufsuchen. Sie nehmen alsdann in den Schnitten dieselbe Stelle ein, welche weiter vorn die inneren Bündel der Opticusfasern beanspruchten, collidiren daher auch mit ihnen beim Aufsteigen in der eigenthümlichen, an anderer Stelle[2] beschriebenen Weise.

---

[1] Uebrigens hatte ich mir diesen Einwand bereits selbst gemacht und auf S. 19 der betreffenden Abhandlung gebührend gewürdigt.

[2] Fischgehirn S. 62.

Wenn der nächste Abschnitt, das Hinterhirn, schon am unversehrten Gehirn des Gymnotus sich von dem der Aale in höchst auffallender Weise unterschied, so ist dies an entsprechenden Durchschnitten noch viel mehr der Fall. Während ein Schnitt durch den Lobus centralis des Aales, wenn er oben etwas nach hinten übergeneigt wäre, von dem eigentlichen Cerebellum noch Nichts träfe, findet sich an den in Rede stehenden Gymnotuspräparaten bei allen sechs eine mächtige, etwa bohnenförmig gestaltete Auflagerung auf dem Lobus centralis, die den entsprechenden Querschnitt des Kleinhirnstückes darstellt.

Im Gegensatz dazu erscheint am Aalgehirn ein beim Gymnotus äusserst dürftig entwickelter Anhang des Kleinhirns, die Valvula cerebelli, besonders mächtig und drängt den kleinen Torus semicircularis des Aales gänzlich nach links und rechts auseinander.

Die Untersuchung der histologischen Elemente lässt keinen berechtigten Zweifel darüber aufkommen, was Valvula cerebelli ist, was nicht, und so ist das Studium dieses „Balancement" der Organe vom vergleichend anatomischen Standpunkte ganz besonders interessant; lehrt es doch wieder in sonnenklarer Weise, dass eine rohe morphologische Betrachtung absolut unfähig ist, die streitigen Punkte über die Homologien zu erledigen.

Die obere bohnenförmige Partie des Schnittes zeigt im Mikroskop, wie zu erwarten, deutliche Elemente des Kleinhirns mit Stratum moleculare, Str. Purkinii und Str. granulare. Die Purkinje'schen Zellen zeigen den Charakter derjenigen des Säugethiergehirns bei den Fischen nicht so ausgesprochen, doch immer noch kenntlich genug, um die Vergleichung sicher zu stellen.

Ihre Gestalt ist etwas unregelmässig polygonal gegen die Oberfläche der Rinde gerichtet (Grösse 0·018—0·027 ^{mm}). Ihr Kern ist deutlich, bläschenförmig (Grösse 0·007—0·01 ^{mm}) mit stark lichtbrechendem Kernkörperchen von 0·001 ^{mm} Grösse. Die das Stratum moleculare durchsetzenden Protoplasmafortsätze sind weniger mächtig ausgebildet als beim Säugethierkleinhirn, der mittlere Basalfortsatz, gegen die granulare Schichte gewendet, ist häufig gut kenntlich.

Eigenthümlich ist, dass die Anordnung der Purkinje'schen Zellen zwar gegen eben genannte Schicht scharf abgegrenzt ist, in der molecularen dagegen Zellen, welche wesentlich denselben Charakter tragen, noch verhältnissmässig weit in diese Schicht vorgeschoben sind. Es scheint, dass die sogenannten ellipsoiden Zellen der molecularen Schicht hier von den Purkinje'schen nicht so deutlich unterschieden sind, als sonst der Fall ist. Bei diesen mehr der Oberfläche genäherten Zellen pflegt die quere Stellung des grössten Durchmessers vorwiegend zu sein, wie ja auch die ellipsoiden Zellen gern eine solche Stellung einnehmen. Der Kern der Zellen entspricht aber noch vollständig demjenigen der PURKINJE'schen Zellen selbst.

Auch in den äusseren Lagen der molecularen Schicht finden sich Kornzellen und Gliakerne in den Präparaten nicht so auffallend wie sonst wohl, indessen muss hierbei im Allgemeinen bemerkt werden, dass das verwendete Gehirn leider sehr stark mit Blut injicirt war, und das massenhafte Auftreten der (kernhaltigen) Blutkörperchen das Bild vielfach unangenehm trübt. Es erscheint unthunlich, hinsichtlich der feineren histologischen Elemente nur auf diese Präparate gestützte Angaben zu machen. Das Aussehen der molecularen Masse selbst entspricht dem gewöhnlichen Bilde.

Die für das Fischgehirn überhaupt geltende geringe Ausbildung der Marklager kennzeichnet sich noch im Kleinhirn des Gymnotus. Die Körnerlagen überwiegen beträchtlich die Markfasern, welche letzteren eine geschlossene Lage von grösserer Mächtigkeit nur etwas unterhalb der Mitte des Organs bilden, so dass der Querschnitt wegen des nach oben gekrümmten Verlaufs der beiden Hälften der Faserlage eine geschwungene Figur zeigt; daran schliesst sich links und rechts eine im Querschnitt rundliche Lage und oben vervollständigt ein flacher Bogen mit einwärts gekrümmten Spitzen die Umsäumung eines mittleren Feldes von granulärer Masse, während aussen sich direct die moleculare Schicht auflagert (vergl. Fig. 1 und 2). In der That entsprechen diese Züge der Marksubstanz in ihrer Gesammtausdehnung auch nicht den Markleisten der Windungen des Säugethiergehirns, sondern zum Theil den Faserzügen des Stratum PURKINII.

Die einstrahlenden Faserzüge durchsetzen also die Körnerschichten nur als Bündelgruppen oder isolirte Bündel, um alsbald die äusseren Rindenschichten zu gewinnen. Abweichend und interessant zugleich ist das verhältnissmässig geschlossene Vordringen einzelner Bündel bis in die moleculare Schicht, wodurch es auch für die Säugethiere wahrscheinlich wird, dass wenigstens ein Theil der Fasern der Markleiste zunächst zum Fasernetz der molecularen Schicht in Beziehung tritt. Soviel Basalfortsätze PURKINJE'scher Zellen, um alle die Fasern der eintretenden Bündel aufzunehmen, sind an den betreffenden Stellen überhaupt nicht vorhanden.

Die Elemente der granulären Massen entsprechen, abgesehen von ihrer Mächtigkeit, dem Charakter der bei anderen Gehirnen zur Beobachtung gelangenden. Es mischen sich etwas grössere Kornzellen (Grösse des Kernes 0·004^{mm}), die noch einen spärlichen Protoplasmaleib erkennen lassen, mit Körnern oder „freien“ Kernen, wo die Unterscheidung von Zellprotoplasma nicht gelingen will (Grösse 0·003^{mm}).

Die Verbindung der einzelnen Elemente ist hier sonst ebenso dunkel als am Kleinhirn höherer Wirbelthiere.

Die Valvula erscheint als ein schmaler, nach vorn aufgekrämpter Saum an der Unterfläche des Kleinhirns (*Vv.* auf Fig. 2).

Mikroskopische Untersuchung des Rückenmarkes.

Indem somit die mikroskopische Untersuchung für die den drei Gehirnbläschen entsprossenen Theile das Fehlen elektrischer Centren, welches schon das makroskopische Verhalten wahrscheinlich machte, auf's Deutlichste bestätigt hat, ist also die Lagerung erster Ursprungsstätten der elektrischen Nerven (welchen Ausdruck ich dem soviel gemissbrauchten Wort „Centren“ vorziehen möchte) weiter abwärts in der Medulla zu suchen.

Auch dabei ergiebt es sich gleichsam von selbst, den leitenden Faden für die Aufsuchung und richtige Beurtheilung elektrischer Elemente in der Vergleichung mit den entsprechenden Rückenmarksabschnitten nicht elektrischer Fische zu suchen.

Es wurde bereits angedeutet, dass hierin die grösste Schwierigkeit der zu gebenden Darstellung beruht, da unsere Kenntniss über den Bau des Fischrückenmarkes eine verhältnissmässig dürftige ist. Dies liegt zum Theil in der mangelhaften Charakterisirung der histologischen Elemente, auf welche ich bereits in meiner oben citirten Abhandlung hinwies, und dann in der trotz scheinbarer Einfachheit der Anordnung doch höchst eigenthümlichen Verworrenheit der Theile, mit welcher Owsjannikow's[1] bis in die neuere Zeit festgehaltenes Schema mit den vier Fortsätzen der grossen Ganglienzellen nach oben, zur vorderen Wurzel, zur hinteren Wurzel (?!) und zur anderen Seite absolut unverträglich ist.

Stieda's[2] schätzenswerthe Beiträge zur Kenntniss dieses Organes haben uns vielfach, wie z. B. durch den Nachweis der auf- und absteigenden hinteren Wurzelbündel des Selachierrückenmarkes, die ich durchaus bestätigen kann, nur die beträchtlichen Schwierigkeiten einer einheitlichen Deutung des Aufbaues gezeigt, ohne den Versuch zu wagen, dieselben zu beseitigen. Das Bild, welches uns die durch die üblichen Methoden hergestellten Präparate des Fischrückenmarks geben, wird dadurch um so schwerer verständlich, als hier vielmehr wie beim Gehirn

---

[1] Disquisitiones microscopicae de medullae spinalis textura. Dorpat 1854.

[2] Ueber den Bau des Rückenmarkes der Rochen und Haie. Zeitschrift für wissenschaftliche Zoologie. 1873. Bd. XXIII.

selbst die Elemente gleichsam im massenhaften Stützgewebe verstreut liegen, und das Zusammenfinden der mit einander in Beziehung tretenden Theile daher offenbar noch mühsamer sein muss.

Eine nicht selten beobachtete Erscheinung, dass die austretenden vorderen Wurzeln sich noch für eine erhebliche Strecke als längsgerichtete Faserzüge dem Verlauf des Rückenmarkes unter der Pia anschliessen, sich allmählich durch die Axencylinderfortsätze der multipolaren Ganglienzellen verstärkend, hat zur Folge, dass bei Serien von Querschnitten die Vertheilung der nervösen Elemente von Strecke zu Strecke sich in wechselnder Weise präsentirt. Bei dem zerstreuten Auftreten der Ganglienzellen finden sich zuweilen mehrere Schnitte hintereinander, in welchen grössere solche Zellen überhaupt nicht erkannt werden (vergl. Taf. V Fig. 6. Querschnitt des Rückenmarks von Labrus mixtus L.).

In diesem Falle setzt sich das Rückenmark also zusammen aus einer verhältnissmässig mächtigen, weissen Substanz (*S. a.* der Figuren), in welcher sich Querschnitte der Axencylinder von sehr wechselnder Dicke zeigen, besonders dick in der Nachbarschaft der vorderen weissen Commissur als Vorderstränge, wo zwei derselben, Mauthner'sche Fasern (*m.* der Fig. 6) durch enorme Dicke zu imponiren pflegen, dann aber auch links und rechts zu einem abgegrenzten Feld aussen auf dem Vorderseitenstrang geordnet, Nervenfasern, welche in die sich bildende vordere Wurzel übertreten. Die Axencylinder des Vorderstranges verlassen, allmählich absteigend ihren Platz, um sich diesem Felde anzuschliessen, bis zum Austritt vom Rückenmark durch directer auswärts ziehende Fortsätze der Ganglienzellen verstärkt. Hat die Wurzel das Rückenmark verlassen, so fehlt plötzlich auf dem Schnitt das seitliche Feld quer oder schräg geschnittener Axencylinder.

Die Sonderung in bestimmte Stränge ist aber überhaupt nicht so deutlich wie im Rückenmark der Säugethiere und die ganze Figur des Querschnitts wird dadurch eine andere. Dieses Verhalten markirt sich zumal an den Theilen, welche man den Hinterseitensträngen und Hintersträngen vergleichen muss. In ersteren erscheinen wieder stellenweise so breite Axencylinder als im Vorderstranggrundbündel (Flechsig), in letzteren sind die Axencylinder von geringerem Durchmesser und bei mangelhafter ausgebildeten Markscheiden dichter gestellt, stellenweise durch mächtigere Neuroglieanhäufungen gesondert. Nimmt man nun noch die wechselnde Verlaufsrichtung der Fasern hinzu, so erklärt sich leicht die Verworrenheit des Bildes, wie sie das Mikroskop von dieser Gegend zeigt, und die bezeichnete Fig. 6 wiederzugeben versucht.

Beim Selachiergehirn sind die hinteren Wurzeln den vorderen wenigstens annähernd gleich entwickelt, und der Rückenmarksquerschnitt enthält eine hintere, der vorderen ungefähr gleiche Hälfte; bei den Knochenfischen sind die hinteren Wurzeln überhaupt meist ausserordentlich schwach, das Rückenmark erscheint in seinem hinteren Theil seitlich comprimirt und, wie die Wurzeln selbst, gegen die vordere[1] (untere der natürlichen Lage) Spalte herabgedrängt. Der Faserverlauf der hinteren Wurzeln in der weissen Substanz ist zur Zeit noch in kein festes Schema zu bringen, bündelweise Verflechtungen, gelegentliches Auseinanderweichen der Fasern in entgegengesetzter Richtung, wie oben erwähnt, ist das einzig mit Sicherheit Festzustellende. Sie verlassen das Rückenmark zum Theil nahe der hinteren Längspalte, zum Theil mehr seitlich, um alsbald um das Mark herum gegen die vorderen Wurzeln zu ziehen.

Aus dieser Vertheilung der Fasern und ihrer Gruppirung zu Strängen ergiebt sich von selbst, dass die graue Substanz, welche von den weissen Massen umfasst wird, unmöglich eine ähnliche Figur des Querschnittes zeigen kann als das Säugethierrückenmark. Es fehlt mit einem Worte die sogenannte Hörnerbildung der grauen Substanz. Die Hauptmasse derselben, welche mehr dem motorischen Rückenmarkstheil angehört, bildet einen etwa cylindrischen, auf dem Querschnitt unregelmässig rundlichen Körper, der nicht ohne eine gewisse Willkür als Homologon des Vorderhornes angesprochen werden kann. Von ihm aus verläuft gegen die Fissura longitudinalis anterior eine transversale Verlängerung in sehr wechselnder Deutlichkeit, die den Vorderstrang in einen tieferen und oberflächlichen Theil sondert und von einigen quer zur anderen Seite verlaufenden Markfasern begleitet zu sein pflegt (Commissura transversa auct., *cm. t*, der Figuren). Die graue Substanz umgiebt den Centralcanal in typischer Weise, vorn eine Commissura anterior alba zwischen die grauen Fasern aufnehmend und hinter dem Canal als Commissura posterior der Regel nach nur graue Fasern zeigend; aber ein deutliches Hinterhorn wird vergeblich gesucht.

Die eigenthümliche Gliaform, welche man als Substantia gelatinosa Rolandi bezeichnet, bildet hier auf dem Querschnitt unregelmässig polygonale Figuren, zwischen die sich Faserzüge einschieben, ohne dass ein enger Anschluss in bestimmter Form an die vorderen Gliamassen sich herausbildete. Somit fehlt uns auch hierin ein wichtiges Vergleichsmoment, um mit Sicherheit über die Vertheilung einzelner Faserzüge zu entscheiden.

---

[1] Es ist so allgemein üblich von „vorderen" und „hinteren" Wurzeln des Rückenmarks zu sprechen, dass solche Bezeichnung auch im vorliegenden Abschnitt beibehalten wird. Die Benennung nach der natürlichen Lage (horizontale Hauptaxe des Körpers), wie sie in den anderen Abschnitten gewählt wurde, ist hier in Klammern beigefügt.

Auch die mikroskopische Untersuchung kann diesen Mangel nicht ausgleichen; denn die Glia enthält die bekannten kleinen, rundlichen Kerne mit ziemlich dichter Kernsubstanz, nach diesem Vorkommen gewöhnlich Gliakerne genannt, ferner erscheinen hier und da etwas grössere Kornzellen und dürftige Ganglienzellen, wegen der multipolaren Zellen des Stützgewebes (Deiters'sche Zellen) häufig selbst von zweifelhaftem Charakter; diese geben aber kaum einen genügenden Anhalt, um typische sensitive Elemente zu charakterisiren und den motorischen entgegenstellen zu können. Sind doch selbst im Säugethierrückenmark die sensitiven Zellen dürftig genug!

Mit grosser Wahrscheinlichkeit darf man demnach behaupten, dass die Gefühlssphäre des Centralnervensystems bei den Fischen verhältnissmässig schwach entwickelt sei, und dies scheint um so plausibler, wenn man bedenkt, wie der bei Weitem grössere Theil dieser Thiere durch die Bedeckung der Haut mit festen Schuppen oder Knochenschildern grosser Gebiete der Ausbreitung für Gefühlseindrücke aufnehmende Hautnerven entbehrt, andererseits fehlt es nicht an specifischen, von besonderen Nerven versorgten Sinnesorganen um das Deficit theilweise auszugleichen.

Nach dem bisher über die Zusammensetzung des Fischrückenmarks Angeführten muss sich daher das Hauptinteresse der Betrachtung auf die grossen, unzweifelhaft nervösen, multipolaren Zellen concentriren, welche in der vorderen rundlichen Gliamasse in wechselnder Zahl eingebettet liegen und ihre mächtigen Fortsätze der grauen, wie der weissen Substanz und den vorderen Wurzeln beimischen. An solchen Schnitten, wie der als Fig. 6 auf Taf. V abgebildete, der grosse Ganglienkörper nicht enthält, pflegt man die starren, spiessigen Fortsätze noch zu erkennen, welche von höher oder tiefer lagernden Zellen ihren Ursprung nehmen.

Der breite Ansatz und gestreckte Verlauf dieser Protoplasmafortsätze der Zellen giebt der Abgrenzung des Zellleibes selbst etwas Unbestimmtes, derselbe pflegt sich im Allgemeinen etwas der spindelförmigen Gestalt zu nähern und seine Hauptfortsätze schräg nach oben und nach unten abzusenden.

Ist schon an verschiedenen, unmittelbar auf einander folgenden Schnitten desselben Rückenmarkes das Auftreten der multipolaren Ganglienzellen ein schwankendes, so gilt dies in noch höherem Grade von den verschiedenen Fischarten.

Ein Blick auf die Fig. 5 der Taf. IV dürfte die Angabe gerechtfertigt erscheinen lassen; denn das Bild, welches wir hier erhalten, ist von demjenigen der Fig. 6 enorm abweichend. Der als Fig. 5 abgebildete Rückenmarkquerschnitt wurde dem Wels in der Gegend des Halsmarkes entnommen. Hierbei war der leitende Gedanke, dass nach dem Gesetz der Correlation der Organe die Uebereinstimmung im Bau des Gehirns zwischen Silurus und Gymnotus auch im Bau des Rückenmarkes beider Fische von Uebereinstimmungen begleitet sein dürfte.

Der Erfolg rechtfertigte diese Vermuthung; denn die Querschnitte des Silurusrückenmarkes zeigen Bilder, welche in der unverkennbarsten Weise an das Gymnotusrückenmark erinnern (vergl. Fig. 9 auf Taf. V). Die Anordnung der grauen und weissen Substanz, der Reichthum und die Anordnung multipolarer Ganglienzellen bieten überraschende Vergleichungspunkte.

Die Zahl der letzteren ist viel grösser, als sie gewöhnlich bei den Knochenfischen beobachtet wird, was zumal unverkennbar hervortritt bei Vergleichung mit Fig. 6. Denken wir uns die multipolaren Zellen des als Fig. 5 abgebildeten Durchschnittes etwas in der Richtung auf die hintere Commissur zu vermehrt, so w ä r e i n d e r T h a t e i n w e s e n t l i c h e r U n t e r s c h i e d z w i s c h e n d e m s e l b e n u n d e i n e m S c h n i t t a u s d e m o b e r e n T h e i l d e s G y m n o t u s r ü c k e n m a r k e s n i c h t m e h r v o r h a n d e n. Es bliebe nur noch der Charakter der Ganglienzellen selbst, welcher eine eingehendere Betrachtung erheischt.

Wie Hr. Prof. du Bois-Reymond bereits oben (S. 65) anführte, war es Max Schultze, der zuerst[1] auf das besonders zahlreiche Erscheinen grosser Ganglienkörper im Rückenmark von Gymnotus hinwies, die er etwa doppelt so zahlreich fand, wie bei anderen Fischen und daher mit grosser Wahrscheinlichkeit als zu den hier austretenden elektrischen Nerven gehörig ansprach.

Auf diese Ganglienkörper lenkte daher auch Dr. Sachs seine besondere Aufmerksamkeit und machte über die Verbreitung derselben im Rückenmark, sowie über ihren Bau Notizen in seinem Tagebuch, welche sich oben (S. 65) reproducirt finden. Ueber ihren Charakter, das Verhältniss zu anderen Elementen des Rückenmarkes, ihre specielle Anordnung hinsichtlich der verschiedenen Fortsätze dagegen ist Nichts aufgezeichnet, indem Dr. Sachs diese wichtigsten Fragen über die in Rede stehenden Elemente offenbar erst entscheiden wollte, nachdem die Untersuchung des conservirten Materials stattgefunden hatte. Es scheint auch, dass er sich, als ein so unzeitiger Tod ihn mitten in seinen Studien dahinraffte, bereits eine sehr bestimmte Ansicht über das Wesen und die Anordnung der elektrischen Zellen gebildet hatte, die er aber bei den wenigen, gelegentlichen Mittheilungen nur unbestimmt durchschimmern

---

[1] Zur Kenntniss der electrischen Organe der Fische. Halle 1858. Erste Abtheilung. S. 33.

liess. Somit liegt auch an dieser Stelle die zwingende Nothwendigkeit vor, die weiteren Ausführungen auf eigene Autorität hin zu geben, obgleich dieselben sich, wie ausdrücklich betont werden muss, in einigen Punkten nicht mit Dr. Sachs' Ansichten decken.

Eine bereits veröffentlichte Angabe giebt in ihrer apodiktischen Fassung den Fingerzeig über die Richtung, in welche ihn die Untersuchung hingedrängt zu haben scheint, nämlich die auch oben (S. 65) wiedergegebene Behauptung, dass die Säulen der elektrischen Zellen des Rückenmarkes etwa in der Höhe des 15. oder 16. Wirbels zugespitzt anfangen. Damit ist *implicite* der Gedanke ausgedrückt, dass die elektrischen Zellsäulen Organe *sui generis* seien, gleichsam als fremde Körper in das Rückenmark eingeschoben, um die aussen ungefähr in gleicher Höhe anschliessenden elektrischen Organe bequem versorgen zu können.

Es würde dadurch dem so schon mit sieben Siegeln geschlossenen Buch über den Bau des Fischrückenmarkes noch ein achtes hinzufügt, welches die Lösung der Frage nach der phylogenetischen Herkunft dieser Theile verschliesst.

In der That ergiebt die sorgfältige Untersuchung der vorhandenen Schnittserien, dass der Satz über den Anfang der elektrischen Zellsäulen im Rückenmark treffender etwas anders zu formuliren wäre. Nämlich: E r s t e i n i g e W i r b e l w e i t e r a b w ä r t s v o n d e r M e d u l l a o b l o n g a t a z e i g e n d i e g r o s s e n G a n g l i e n z e l l e n d e r g r a u e n S u b s t a n z d e n u n v e r k e n n b a r e n H a b i t u s d e r e l e k t r i s c h e n Z e l l e n. D i e N u m m e r d e s W i r b e l s, w o u n z w e i f e l h a f t e l e k t r i s c h e Z e l l e n v o r h a n d e n s i n d, s c h w a n k t i n d i v i d u e l l i n w e i t e n G r e n z e n e t w a v o m W i r b e l 12 b i s W i r b e l 23 (!). Auch dass die Zellsäule zugespitzt beginnen soll, dürfte eine ungenaue Vorstellung von dem wahren Sachverhalt erwecken.

Um das Verhältniss aufzuklären, ist es nöthig, die Zusammensetzung des Rückenmarkes beim Gymnotus von dem Anfang an zu betrachten. Nachdem in der Medulla oblongata die Zellsäulen, welche wegen der aus ihnen hervortretenden Hauptnervenbahn des Vagus, als innerer und äusserer Vaguskern bezeichnet werden, unter allmählicher Verminderung der Zellmenge zusammengerückt sind (nach abwärts vom Calamus scriptorius sind beide als gesonderte Kerne nicht mehr deutlich zu unterscheiden; vergl. Taf. IV Fig. 3 *n. v.*) folgt eine Strecke des Rückenmarkes, wo grössere Ganglienkörper überhaupt ausserordentlich spärlich sind. Der Durchmesser des Halsmarkes ist gering, die zarten, ersten Spinalwurzeln, welche nur wenige Nervenfasern enthalten, brauchen ersichtlich auch nur einzelne Ganglienzellen. Es gilt dies vom Gymnotusrückenmark, wie von demjenigen anderer Knochenfische, doch ist es bei jenem besonders auffallend (vergl. Taf. IV Fig. 4).

Ausser den beiden, im Querschnitt rundlichen, centralen Zellsäulen, welche als Fortsetzung der Vaguskerne nach abwärts gezeichnet wurden, befinden sich in gleicher Höhe der Medulla oblongata noch zwei andere Gruppen multipolarer Zellen jederseits, welche sich in der Höhe des Calamus aus einer einzigen Gruppe entwickeln. Sie sind gering an Zahl, ihrem Bau nach von exquisit motorischem Charakter. Von diesen lagert die eine, der Regel nach zahlreichere (*n. m.* der Figuren), weit vorgeschoben in die weisse Substanz ungefähr bis zur Breite der Commissura transversa, die andere, in den Schnitten gewöhnlich nur durch eine, höchstens zwei Zellen repräsentirt, nach innen, mehr dem Centralcanal genähert (*n. m,.* der Figuren). Sie unterscheidet sich ausserdem durch die Neigung des kräftig ausgebildeten Protoplasma's der Zellen eine rundliche Gestalt anzunehmen. Auch diese beiden Zellgruppen verschwinden in der Verjüngung des Halsmarkes oder sind wenigstens nur durch sporadisch eingestreute Zellen vertreten.

Erst mehrere Wirbel weiter (Wirbel 8, 9, 10) fangen typische multipolare Ganglienzellen wieder an häufiger aufzutreten, während das Rückenmark neuerdings etwas an Durchmesser gewinnt. Die Zellen zeigen den gewöhnlichen multipolaren Charakter mit dem kräftigen, fein granulirten Protoplasma, in mehrere, breit angesetzte Fortsätze ausgezogen (auch der Axencylinderfortsatz hat hier einen breiten Ursprung von der Zelle) bläschenförmigen Kern mit stark lichtbrechendem, deutlichem Kernkörperchen.

Vom zehnten Wirbel etwa angefangen, verändert sich an einzelnen Individuen allmählich die Zellform, und zwar betrifft diese Abweichung von der gewöhnlichen Form solche, welche etwas mehr in der Tiefe der grauen Substanz gegen den Centralcanal zu lagern, d. h. ihrer Stellung nach der bezeichneten inneren Gruppe der motorischen Ganglienzellen entsprechen. Die angedeutete Veränderung vollzieht sich in dem Sinne, dass der sonst unregelmässig ausgezogene Zellleib sich rundet, während das Zellprotoplasma gleichzeitig an Kraft und Dichtigkeit gewinnt, die Protoplasmafortsätze aber etwa im gleichen Verhältniss an Breite und Ausdehnung verlieren. Der Axencylinderfortsatz, welcher vorher wohl mit den Protoplasmafortsätzen verwechselt werden konnte, dominirt jetzt mehr und mehr. Das dichtere Zellprotoplasma bekommt eine relativ gröbere Granulirung und ballt sich besonders an den Zellrändern in den Präparaten zu kleinen Klümpchen. Die Grösse beträgt alsdann durchschnittlich 0·051 ^{mm}, diejenige des Kernes 0·015 ^{mm} und die des

Kernkörperchens 0·003 mm. Die grössten, welche gemessen wurden, zeigten Werthe von 0·07 mm Länge des Zellleibes, Kern und Kernkörperchen dabei nicht deutlich grösser.

Hat sich die beschriebene Veränderung vollzogen, oder ganz objectiv ausgedrückt, sind die bezeichneten Merkmale an einer Zelle dieser Rückenmarksgegend in deutlicher Weise ausgeprägt, dürfen wir dieselbe unzweifelhaft als eine elektrische Zelle ansprechen. Derartige Individuen finden sich gelegentlich auch schon in der Höhe des Halsmarkes vereinzelt vor, ehe es zur Ausbildung der geschlossenen elektrischen Zellgruppe kommt, und es liegen dieselben alsdann noch deutlich bilateral angeordnet in der angegebenen Stellung, d. h. wie die innere Gruppe der motorischen Ganglienzellen. Auf diesen Punkt gerade muss ich ein besonderes Gewicht legen; denn das erste Auftreten der elektrischen Zellen bietet fast den einzigen Anhalt, um sich über das Verhältniss derselben zu anderen Rückenmarkselementen einigen Aufschluss zu verschaffen.

Erscheinen mit derartigen Zellen vom Habitus der elektrischen, im gleichen Rückenmarksquerschnitt noch gewöhnliche motorische Zellen, die sich also durch das zartere Protoplasma, die unregelmässig polygonale Form und entwickeltere Protoplasmafortsätze unterscheiden, so lagern dieselben mehr nach aussen gegen die Peripherie des Markes, wie die äussere motorische Gruppe, also etwa bis zur Commissura transversa vorgeschoben und von Neuroglie begleitet, die im Querschnitt inselartig der weissen Substanz eingesprengt erscheint. Fig. 4 auf Taf. IV stellt einen solchen Querschnitt aus dem Halsmark dar, wo die beiden Zellgruppen jederseits durch je eine Zelle repräsentirt sind.

Wiederholentliche sorgfältige Vergleichung hat in mir die Ueberzeugung erweckt, dass sich beide Zellformen nicht scharf auseinander halten lassen, sondern dass, in der Höhe der Halswirbel 6—16 Uebergangsformen auftreten, über deren Zurechnung oder nicht zu den elektrischen Elementen man getheilter Ansicht sein kann.

Die Zusammengehörigkeit der beschriebenen Zellformen vom phylogenetischen Standpunkte aus erscheint durch die Vergleichungen verwandter Thiere ungemein wahrscheinlich, indessen muss darauf hingewiesen werden, dass sich auch eine andere Anlage im Rückenmark am Aufbau der Ursprungstätten elektrischer Nerven zu betheiligen scheint, deren Verhältniss zu anderen Theilen des Centralorgans noch näher feszustellen ist. Vielleicht möchte Mancher die Ansicht vertreten, der ich mich keinesfalls anschliessen könnte, das gleich zu beschreibende Organ sei allein die Ursprungsstätte der sich entwickelnden elektrischen Zellen.

In der Höhe der Medulla nämlich, wo die Zellarmuth besonders auffallend ist, also über den ersten zehn Halswirbeln, markirt sich links und rechts in der grauen Substanz eine Gliamasse, welche im Aussehen an die Substantia gelatinosa erinnert. Sie erscheint nur lockerer, mehr in unregelmässig verflochtene Bündel zerklüftet und ausserordentlich reich an Gefässen, zu denen sich die seitlich des Centralcanals verlaufenden Längsstämme gesellen. Obgleich im ersten Erscheinen unzweifelhaft bilateral angelegt, zeigt die Substanz eine auffallende Neigung hinter dem Centralcanal von beiden Seiten zusammenzufliessen und so die hintere Trennungslinie der beiden Rückenmarkshälften zu verwischen (Taf. IV Fig. 4 und 5, *x*).

In der That ist auch bei anderen Knochenfischen die Verschmelzung der grauen Substanz hinter dem Centralcanal (vergl. Taf. V Fig. 5, Rückenmark des Welses) in einer solchen Ausdehnung erfolgt, dass die hintere graue Commissur auf dem Querschnitt zu einer breiten Fläche wird, und die Trennungslinie ist nur unvollkommen angedeutet durch die Gruppen von Stützfasern, die an den hinten den Centralcanal auskleidenden Cylinderzellen ihren Ursprung nehmen und sich an der Peripherie mit denen der Pia mater verflechten. Während in dem Gebiet der weissen Substanz diese Faserbündel oder Blätter der beiden Rückenmarkshälften dicht aneinander liegen, weichen sie in der grauen häufig erheblich auseinander und erreichen das Cylinderepithel bogenförmig gekrümmt.

So bildet sich zwischen den beiden Faserzügen ein wenigstens scheinbar neutrales Gebiet aus, welches keiner von beiden Hälften mit Sicherheit zugesprochen werden kann, und dass also in den Rückenmarksabschnitten, wo die oben erwähnten rundlichen Gliamassen mit einander hinter dem Centralcanal zusammenfliessen, auch von diesen zunächst eingenommen wird.

Obgleich die grösseren, zelligen Elemente in dem mit *x* bezeichneten Gebiet den meisten Querschnitten fehlen, erscheinen doch auch hier gelegentlich multipolare Ganglienzellen von typischer Entwickelung, anfänglich stark polygonal vereckte, weiter abwärts von mehr rundlicher Form, letztere abgesehen von der durchschnittlich etwas geringeren Grösse den unverkennbar elektrischen Zellen durchaus ähnlich. Gerade diese Zellen nun verrathen durchaus keine Neigung hinsichtlich des Verlaufs ihrer Fortsätze die ideelle Halbirungslinie des Rückenmarkes hinter dem Centralcanal zu respectiren. Wir sehen daselbst Zellen gewisse Fortsätze, die man für Axencylinderfortsätze ansprechen muss, von der rechtseitigen Hälfte um den Canal im Bogen nach links, von der linksseitigen nach rechts ausschicken; doch pflegen dabei auch die den Zellen benachbarten Stützfasern eine entsprechende seitliche Ausbiegung zu zeigen, so dass es den Eindruck erweckt, als drängten sich die zelligen Elemente in der weichen Stützsubstanz und suchten in der entgegengesetzten Richtung der abgehenden Nervenfaser einander auszuweichen.

Bevor es noch im Gymnotusrückenmark zu einer reichlicheren Ausbildung elektrischer Zellen kommt, also in der Höhe von Wirbel 12—20, je nachdem das Organ höher oder tiefer auftritt, fehlen als Regel für einige Querschnitte nicht allein die beschriebenen Zellen, sondern selbst die rundlichen Gliamassen (*x* der Figuren) sind nicht mehr kenntlich, so dass nur die äussere motorische Gruppe durch die gewöhnlichen polygonalen Zellen vertreten ist. Einen solchen Querschnitt zeigt Fig. 7 auf Taf. V.

Die weiter abwärts auftretenden elektrischen Zellen sind also weder in völliger Continuität mit der ersterwähnten Zellgruppe der Vorderhörner noch mit den vereinzelten Zellen des letztbeschriebenen Gebietes *x*, welches durch seine Lagerung an die sogenannten Clarke'schen Säulen des Säugethierrückenmarkes erinnert, und ähnlich wie bei Gymnotus auch bei anderen Knochenfischen zur Beobachtung kommt.

Die ersten Zellen, welche nun als oberstes Ende der continuirlich zunehmenden elektrischen Zellsäule angesprochen werden müssen, liegen der Regel nach wieder bilateral angeordnet, und zwar bei dem als Fig. 8 auf Taf. V abgebildeten erscheinen zunächst zwei in dem Gebiet *x*, denen sich unmittelbar andere, der inneren motorischen Gruppe entsprechend, anschliessen und sich mit ersteren in einem nach vorn (unten) offenen Bogen, den Centralcanal hinten umgreifend, ordnen (vergl. Taf. V Fig. 9). Wenige Wirbel tiefer (Wirbel 30 etwa) ist die Menge der Zellen bereits so angewachsen, dass der ganze Raum der Vorderhörner und die centrale Masse der grauen Substanz von ihnen erfüllt erscheint, und sie selbst eine Verdickung des Rückenmarkes in sagittaler Richtung veranlassen. Nur vor (unter) dem Centralcanal nähern sich die Zellen beiderseits durchaus nicht, so dass die Figur des Querschnittes der Zellgruppe *n. e.* einen breiten Halbmond darstellt (Taf. V Fig. 10).

Hier, wo nun die Ursprungsstätten der elektrischen Nerven in vollster Entwickelung erscheinen, bilden auch die von den Zellen abgehenden Axencylinder auf jedem Querschnitt eine deutlich markirte Fasergruppe von wesentlich querem Verlauf. Dieselben gleichen in ihrer Anordnung und der Art des Austretens sehr genau den gewöhnlichen vorderen Wurzeln anderer Knochenfische. Es lassen sich im Gymnotusrückenmark auch nicht besondere motorische Wurzeln etwa neben den elektrischen nachweisen, sondern es schliessen sich die Ursprungsfasern der Muskelnerven den elektrischen unzweifelhaft an.

Auch diese wichtige Thatsache spricht gegen die Sonderung der zu den betreffenden Kategorien von Nervenfasern gehörigen Zellen als essentiell verschiedener Elemente. Es ist für den Verlauf des von der Zelle austretenden Axencylinders ganz gleich, ob dieselbe vorn (unten) in den Vorderhörnern ihren Platz hat oder weit hinter (über) dem Centralcanal in der grauen Substanz lagert — präciser ausgedrückt: dahin durch die starke Zellanhäufung zurückgedrängt ist. Nicht selten durchmisst (wie in der Fig. 10 bei α) der Axencylinderfortsatz gerade solcher ganz hinten lagernder Zellen mit einer geringen lateral sehenden Concavität des Bogens das Rückenmark in so gestrecktem Lauf, dass er sich im Schnitt vollständig erhalten hat. Die den austretenden Wurzeln näher lagernden Zellen entsenden die Fortsätze häufig sogar weniger gestreckt als jene, gleichsam als wenn durch das Zurückdrängen der hinten (oben) untergebrachten Zellen eine Anspannung der Axencylinderfortsätze eingetreten wäre. In der That macht sich durch dieses Verhalten wohl nur das Streben geltend, das Bündel der austretenden Wurzel auf dem möglichst kurzen Wege zu erreichen.

Wo die Anhäufung der Zellen noch nicht so beträchtlich als im Bereich des voll entwickelten elektrischen Organs auftritt, z. B. wie in Fig. 9, sind ihre Axencylinderfortsätze noch weniger straff geordnet und daher auf den Schnitten schwieriger zu verfolgen. Auch finden sich gerade in solchen Gegenden des Rückenmarkes verhältnissmässig häufig hinter (über) dem Centralcanal Zellen, deren Fortsätze im Bogen um den Canal zur anderen Rückenmarkshälfte ziehen. Gewöhnlich sind die Fortsätze hier in geringerer Ausdehnung in den Schnitten erhalten und es folgt daraus, dass die allgemeine Verlaufsrichtung auch innerhalb der Rückenmarksubstanz nicht so genau quer, sondern nach abwärts (hinten) gerichtet ist. Sie streben also Wurzeln zu, welche eigentlich erst etwas später vom Rückenmark abgehen, was erklärlich erscheint, wenn man bedenkt, dass die Höhe der entsprechenden Wirbelsegmente von dem vorderen scharfen Rande der grossen elektrischen Organe noch nicht erreicht wird.

Ohne diese Abweichung in der Verlaufsrichtung der austretenden Axencylinder müsste man einen ebenso brüsken Anfang der elektrischen Zellen im Rückenmark erwarten, als die Organe selbst plötzlich mit einer transversal verlaufenden Kante an den Seiten des Rumpfes erscheinen.

An den Präparaten mit wenigen, locker gestellten Zellen lässt sich das Verhalten der anderen, ihnen eigenen Fortsätze besser verfolgen, als an denen mit dicht gedrängten. Die Fortsätze sind stets in ziemlicher Anzahl entwickelt, man zählt an günstig lagernden Zellen wohl bis zehn derselben; doch sind sie sehr ungleich in ihrer Ausbildung, indem ein Theil äusserst zart erscheint und in nächster Nähe der Zelle sich meist theilt, um alsbald in dem unentwirrbaren Rete der Neuroglie zu verschwinden. Sie sehen etwa so aus, als wenn die zähe protoplasmatische Substanz der Zelle, an der Umgebung haftend, bei der Schrumpfung in feine Fädchen ausgezogen worden wäre. (Dies Verhalten erinnert an die feinen Fortsätze sympathischer Zellen anderer Wirbelthiere, auch ist der Habitus der Protoplasmafortsätze elektrischer Zellen von Torpedo recht ähnlich).

Während die eben beschriebenen Fortsätze also durchaus nicht den Eindruck einer gewissen Selbständigkeit machen, wie solche dem Axencylinderfortsatz zukommt, findet sich eine beschränkte Zahl derselben — ich beobachtete nie mehr als höchstens drei an einer Zelle —, welche in ihrem Verhalten eine gewisse Aehnlichkeit mit dem Axencylinderfortsatz zeigen. Man erkennt an ihrem Ursprung von der Zelle einen Hof oder kegelförmigen Ansatz von etwas blasserer Farbe (Carminpräparate!) und die Fortsätze selbst zeigen eine beträchtliche Rigidität, präcise Begrenzungen, auch lassen sie sich weiter in die Nachbarschaft verfolgen. Während aber der Axencylinderfortsatz in gestrecktem Verlauf der austretenden vorderen Wurzel zustrebt, wenden sich diese ihm etwas ähnlichen und häufig sogar benachbarten Fortsätze alsbald zur Seite, so dass sie entweder den Seitensträngen oder den Commissuren, vornehmlich ersteren zustreben (vergl. Fig. 26 und 27 auf Taf. VII).

Dr. SACHS hat, wie mir scheint, an der isolirten Zelle, welche oben (S. 65) nach seinen Skizzen von Hrn. Prof. DU BOIS-REYMOND beschrieben wurde, im Wesentlichen die gleichen Beobachtungen gemacht. Er verzeichnet ausser dem Axencylinderfortsatz und den zarten aber zahlreichen Protoplasmafortsätzen noch einen anderen, in der Nachbarschaft des ersteren entspringend, neben welchem sich die allerdings befremdende Bemerkung „zum Centrum“ befindet. Es scheint demnach, als habe Dr. SACHS an der vermuthlich etwas gewaltsam isolirten Zelle einen der stärkeren Fortsätze erhalten, welcher sich gegen die Commissur wendete, also der anderen Seite zustrebte, da an den Verlauf zu einem Centrum höherer Ordnung, etwa im Gehirn lagernd, bei dieser Bezeichnung des Dr. SACHS weniger zu denken ist, eben wegen der Isolirung der Zelle und der Kürze des Fortsatzes.

In der That gewinnt es den Anschein, als wäre bei den elektrischen Zellen von Gymnotus die Ausstattung mit solchen Anhängen besonders reich, um möglichst innige Verbindungen der zu einer langen dünnen

Säule durch den grössten Theil des Rückenmarkes geordneten Elemente zu ermöglichen. Die stärkeren Fortsätze dürften durch Verbindungen mit dem Gehirn die Zuleiter des Willensimpulses darstellen, andererseits durch Ueberleitung desselben auf die andere Seite die Gleichmässigkeit der Action beiderseitiger Organe vermitteln.

So plausibel solche Deutung der Fortsätze auch scheinen mag, so ist es doch positiv unmöglich durch unsere üblichen Methoden den Beweis dafür beizubringen, und zwar um so weniger, als die Zellen hinsichtlich der Vertheilung und Zahl der Fortsätze den erheblichsten Schwankungen unterliegen.

Ein Bild, wie es die Figuren 26 und 27 der Taf. VII von Zellen aus dem Anfang der elektrischen Zellsäule des Rückenmarkes geben, schien mir den Durchschnittscharakter solcher am besten auszudrücken. Wie erwähnt, je dichter die Zellen stehen, um so mehr entziehen sich ihre Anhänge der Beobachtung; an der vorliegenden war der Unterschied der ganz feinen in der Fig. 27 besonders nach links und oben entwickelten Fortsätze, die als eine directe Verlängerung des Zellprotoplasma's erscheinen, von den stärkeren, die einen besonders markirten, vom benachbarten Protoplasma unterschiedenen Ansatz zeigten (in der Figur nach links, unten gewendet), recht deutlich.

Diese sichere Unterscheidung ist nicht überall möglich, so dass ich Bedenken trage, die beiden Kategorien von Protoplasmafortsätzen apodiktisch als scharf zu trennende, essentiell verschiedene Gebilde hinzustellen, sondern nur für eine grössere Wahrscheinlichkeit hinsichtlich des abweichenden Charakters derselben eintrete. Die Sachs'sche Angabe mit dem „Fortsatz zum Centrum“ setzt jedenfalls eine der meinigen verwandte Auffassung voraus.

Höchst bemerkenswerth und für die Möglichkeit einer Erklärung der Bildung elektrischer Organe nebst der zu ihnen gehörigen Innervationscentren ist das Verhalten der elektrischen Rückenmarkszellen gegen das Körperende zu.

Bekanntlich reichen die elektrischen Organe des Gymnotus bis zur Schwanzspitze und es müssen daher die Rückenmarksnerven der letzten Wirbelsegmente, welche diesen Theil der Organe versorgen, auch elektrische Nervenfasern enthalten. Sind ferner die beschriebenen multipolaren Zellen der zugehörigen Rückenmarksregionen wie erwiesen mit den elektrischen Nerven in Beziehung, so muss man auch in dem Rückenmarksende solche Zellen erwarten.

In der That verlängert sich die Säule der elektrischen Zellen bis in diesen Theil des Centralorgans hinein, sie verliert indessen sowohl was die Anordnung als den Habitus der Elemente anlangt allmählich den typischen Charakter, welcher eben beschrieben wurde. Wie das Rückenmark im Ganzen an Stärke abnimmt, so werden auch die Zellen weniger zahlreich und erscheinen schliesslich über den letzten Wirbeln, indem sie das neutrale Gebiet der hinteren Commissur aufgeben, wieder analog dem Anfang bilateral angeordnet.

Wie dort Zellen, den gewöhnlichen motorischen durchaus ähnlich und von ihnen nicht mit Sicherheit unterscheidbar, gleichsam die Vorläufer der typischen elektrischen Zellen bilden, so werden auch am Rückenmarksende die Zellen wieder im Zustande weniger vollkommener Entwickelung angetroffen.

Das Mark beginnt bereits in der Höhe des Wirbels 54 von hinten die beträchtlichere Ausdehnung in die Dicke, welche die einlagernden Zellen veranlassen, zu verlieren, der transversale Durchmesser übertrifft wieder den sagittalen, ohne jedoch die relative Breite der dem Gehirn zugewendeten Rückenmarkshälfte vollkommen zu erreichen. Ein Schnitt in Höhe des Wirbels 18 von hinten (Fig. 11) zeigt die eigenthümliche Figur, welche das Mark jetzt bildet, deutlich ausgeprägt: die bohnenförmige Gestalt der grauen Substanz, darum die weisse, die hinten (oben) keinen Spalt oder auch nur scharfe Grenze der beiden Hälften erkennen lässt. Während in der grössten Länge des Rückenmarkes die von der Pia gegen die hintere Commissur ziehenden Faserplatten der Neuroglie an der Peripherie eng zusammen liegen und nur gegen den Centralcanal zu auseinander weichen, bilden im untersten (hintersten) Theil des Rückenmarkes diese Fasermassen einen allmählich dicker und dicker werdenden Streifen, so dass der Querschnitt (Fig. 11 u. 12) hinten ein etwa dreieckiges Feld, dessen abgerundeter Scheitel gegen den Centralcanal gewendet ist, darstellt. Besonders compact erscheinen diese Gliamassen an den Seiten des Dreieckes, da sich hier die Reste der Substantia gelatinosa an dasselbe anlehnen.

Die grossen Ganglienzellen dieser Gegend (Wirbel 18 von hinten) sind ihrer Zahl nach in den Querschnitten auf durchschnittlich fünfzehn gesunken; noch umschliessen sie den Centralcanal hinten (oben), wenngleich in dem Commissurgebiet das Auftreten der Zellen bereits spärlicher wird. Die Gestalt derselben entspricht zwar im Ganzen noch derjenigen von elektrischen Zellen aus dem übrigen Rückenmark, doch mischen sich auch schon solche ein, die den rundlichen, kräftigen Protoplasmaleib verlieren und zarter, eckiger werden bei abnehmender durchschnittlicher Grösse (0·046 ^{mm} Länge bei 0·031 ^{mm} Breite). Derartige Zellen liegen nun keineswegs gerade weit gegen die Commissura transversa, welche noch immer kenntlich ist, vorgeschoben, sondern beliebig unter die anderen verstreut.

Man könnte das Auftreten der schmalen, kleineren, eckigeren Zellformen vielleicht als Zufälligkeit ansehen, wenn dieselben nicht gegen die letzten Wirbel hin, sich schnell vermehrend, schliesslich die allein übrig bleibende Form würden, so dass am Ende des Rückenmarkes typische elektrische Zellen überhaupt nicht mehr angetroffen werden.

Solches Verhalten zeigt beispielsweise der als Fig. 12 abgebildete Schnitt aus der Höhe der letzten beiden Wirbel. Die allgemeine Figur des Rückenmarksquerschnitts nimmt an der bezeichneten Stelle bereits ein sehr abweichendes, fremdartiges Aussehen an.

Vorn und Hinten (Oben — Unten) ist auf den ersten Blick nicht recht ersichtlich, indessen genügt zur Feststellung der Orientirung die Betrachtung der Commissura transversa. Es stellt sich dadurch heraus, dass das Mark sich erheblich verschmälert hat und zwar am meisten in dem Gebiet der vorderen Wurzeln, welche auf diese Weise einander mehr genähert erscheinen. Der weite, eigenthümlich nach den Seiten ausgebuchtete Centralcanal ist vorn und hinten in eine Spalte ausgezogen. Je mehr sich das Mark verschmälert, um so beträchtlicher wird die Weite des Canals und die Tiefe der Spalten, so dass die letzten Schnitte schliesslich in zwei isolirte Hälften von unregelmässig halbmondförmiger Gestalt zerfallen sind. Hohes Epithel des Canals findet sich auch vorher nur in den seitlichen Ausbuchtungen, während die vordere und hintere Spalte ohne solches sind.

Bei der leider sehr ungenügenden Conservirung gerade dieses Theils der Präparate ist es schwierig zu sagen, ob die Commissuren in dem Rückenmarksende wirklich gänzlich schwinden und sich eine Communication mit dem Subarachnoidalraum bildet, wie es wenigstens an der hinteren (oberen) Seite den Anschein hat, oder ob die mit Detritus erfüllte Spalte als ein Artefact zu betrachten ist. Das Erstere scheint mir nach den Präparaten das Wahrscheinlichere; die nach vorn (unten) gerichtete Spalte des Canals reicht jedenfalls in den letzten Schnitten auch so nahe an die Pia heran, dass nur noch äusserst wenige graue Fasern zur Verbindung beider Rückenmarkshälften dicht unter derselben übrig bleiben. Ein Filum terminale scheint vollständig zu fehlen. Die letzten jederseits in der grauen Substanz lagernden, multipolaren Ganglienzellen, welche ich finde, sind fast spindelförmig oder schwach dreieckig und zeigen eine Länge von 0·041 ^{mm} bei einer Breite von 0·021 ^{mm}; Kern und Kernkörperchen sind nicht mehr so deutlich ausgeprägt.

Uebrigens veränderte der bereits in der Einleitung erwähnte Wechsel in der Präparationsmethode, welchen Dr. Sachs beliebte, vermuthlich um besondere Reactionen auf die elektrischen Zellen zu gewinnen, gerade diese Präparate sehr stark in ihrem Aussehen im Vergleich zu den früher beschriebenen. Die Carminwirkung ist fast vollständig zurückgetreten, und das Anilinblau herrscht so stark vor, dass sogar die Axencylinder, sonst so leicht durch Carmin imbibirbar, grünlich blau erscheinen. Dabei haben nun auch die Ganglienzellen, je nachdem sie dem Essigcarmin mehr oder weniger zugänglich waren, eine violette oder blaugrüne Farbe angenommen, und in den letzten Schnitten hat das Anilinblau die Carminwirkung, welche etwa in den Zellen vorhanden war, gänzlich zerstört, so dass sie sämmtlich blau erscheinen. Vielleicht ist diese Färbemethode mit ein Grund, dass die den letzten Wirbeln zugehörigen Theile des Rückenmarkes einen stärkeren Schwund des Zellprotoplasma's wie gewöhnlich erlitten haben, was sich durch Betrachtung der darum befindlichen Hohlräume kenntlich macht.

Indessen kann diese Erscheinung auch in der schwächeren Ausbildung des Protoplasma's der Zellen dieser Gegend ihren Grund haben. Keinesfalls aber würde sie allein zur Erklärung der beobachteten abweichenden Zellform genügen; dazu sind die Hohlräume um die Zellen doch zu klein.

Recht interessant ist das Ausdauern einer Bildung bis hinein in die letzten Schnitte, welche das Rückenmark in seiner ganzen Länge durchläuft, und gerade an seinem Ende wegen der Rückbildung anderer Bestandtheile am meisten auffällt, nämlich: der Gruppen besonders starker Markfasern (Fig. 12), welche links und rechts etwas nach hinten (oben) zu in der weissen Substanz lagern. Dieselben dürften als die den Hinterseitensträngen höherer Wirbelthiere entsprechenden Systeme zu betrachten sein und in ähnlicher Weise sich mit dem Gehirn verbinden, wie diese als Pyramidenbahn bei den Säugethieren in dasselbe auslaufen.

Was im Uebrigen das Gebiet der weissen Substanz anlangt, so ist als Besonderheit das Fehlen deutlicher Mauthner'scher Fasern zu verzeichnen. An der Stelle, wo dieselben gewöhnlich im Vorderstranggrundbündel ihren Platz finden, sieht man eine G r u p p e besonders breiter Axencylinder, von denen keiner genügend imponirt, um als solche Faser angesprochen zu werden. Die Mauthner'schen Fasern, deren Bildung als eine Verschmelzung benachbarter Axencylinder zu betrachten ist, müssen hier also wieder in ihre Elemente zerfallen sein. Ich möchte bei dieser Gelegenheit an eine früher von mir ausgesprochene Vermuthung erinnern, dass die Anordnung und der Verlauf dieser gegen das Körperende zu durch Abzweigungen allmählich schwächer werdenden, motorischen Fasern mit der Innervation der seitlichen Schwanzmusculatur betraut sein dürfte, um die Coordination derselben für die regelmässige, energische Seitenbewegung zu einer besonders innigen zu machen. Damit würde es in eigenthümlicher Uebereinstimmung stehen, dass die Mauthner'schen Fasern beim Gymnotus fehlen, dessen relativ unkräftige Schwanzmusculatur von den elektrischen Organen nach oben gedrängt wird, während mit der Vor- und Rückwärtsbewegung, wie oben durch Hrn. Prof. du Bois-Reymond ausführlich erörtert wurde, an erster Stelle die durch Flossenträgermuskeln bewegte, undulirende Afterflosse betraut ist. Es fehlt noch an genügendem Beobachtungsmaterial über das Vorkommen der Mauthner'schen Fasern, um dieser Anschauung weiteren Anhalt zu verleihen.

Auch die Anordnung der abtretenden vorderen Wurzeln zu seitlichen, besonderen Feldern an der weissen Substanz, wie der Querschnitt von Labrus (Taf. IV Fig. 6) sie zeigt, findet sich hier nicht, dagegen bildet die Neuroglie auffallende, dem äusseren Umriss anlagernde Felder, wie ich sie an anderem Fisch-Rückenmark bisher nicht beobachtete. Besonders auffallend erscheint ein solches Feld am vorderen (unteren) Rand, wo es den ganzen äusseren Umfang des Vorderstranges einnimmt und bis zum Austritt der vorderen Wurzel reicht (*s. r.* der Figuren 7, 8, 9 auf Taf. V). Dieses an dem grossen Exemplar 0·081^{mm} messende, in der vergrösserten Abbildung also 3^{mm} breite Feld, zeigt unter dem Mikroskop einen groben, reticulären Bau; die daraus sich entwickelnden Fasern heften sich aussen an die Pia, senken sich nach innen zwischen die Markfasern der weissen Substanz ein und steigen als geschlossener Faserzug, die ganze Fissura longitudinalis anterior ausfüllend, gegen die graue Substanz auf, in deren Netz sie sich verlieren.

Nervenfasern sind dazwischen jedenfalls nicht in bemerkenswerther Menge vorhanden, nur nach links und rechts gegen die Austrittsstelle der vorderen Wurzeln erkennt man deutliche Axencylinder in dem Fasernetzwerk (*s. r.* der Figuren).

Ein ähnliches, nur viel schmäleres Feld findet sich seitwärts am hinteren Umfang, wo der Hinterseitenstrang an der Grenze des Hinterstranggebietes etwas einsinkt (*s. r,.* der Figuren). Hier schliessen nach hinten (oben) in ähnlicher Weise die hinteren Wurzeln an, wie am ersterwähnten die motorischen.

Medianwärts bis zur hinteren, ebenfalls ausgefüllten hinteren Längsspalte schliesst sich alsdann ebenfalls stärker entwickelte reticuläre Substanz an, die, wie erwähnt, gegen das Ende des Rückenmarkes zu an Breite gewinnt, bis der Querschnitt (vergl. Taf. V Fig. 11) ein breites Feld darstellt, während in den oberen und mittleren Regionen des Rückenmarkes der Querschnitt ein nach innen schnell in eine Spitze auslaufendes Dreieck darstellt mit concaven Seitenlinien (*s. r,,.* der Figuren).

Offenbar sind diese Massen des Stützgewebes der gewöhnlichen Stützsubstanz durchaus verwandt, so dass nur die local auftretende, besondere Mächtigkeit bei fehlenden, oder spärlichen nervösen Einlagerungen auffallend erscheint und zu weiterer, bisher noch durchaus mangelnder Erklärung herausfordert. Die Felder wurden als Substantia reticularis mit *s. r.* vorn (unten), mit *s. r,* an den Seiten und *s. r„* hinten (oben) bezeichnet. Die Vergleichung der Taf. IV als Fig. 5 und 6 abgebildeten Rückenmarksquerschnitte lehrt das Fehlen entsprechender Auflagerungen der weissen Substanz, die Pia umzieht dieselbe nahezu gleichmässig und nur in der Gegend der hinteren und vorderen Längsspalte findet sich die Andeutung von einer ähnlichen Bildung.

Von den austretenden Wurzeln des Gymnotus-Rückenmarkes sind die vorderen (*rd. a.*) spärlich wie die motorischen Zellen, die zu ihnen gehören, und bilden in den Schnitten nur hier und da ein deutliches Bündel von Axencylindern, aber mit dem Erscheinen der elektrischen Zellen gewinnen sie gleichfalls an Mächtigkeit und stellen in den Regionen, wo die Masse derselben voll entwickelt ist, einen breiten Zug austretender Nervenfasern dar (*rd. e.* der Fig. 10 auf Taf V).

Die hinteren Wurzeln, welche überhaupt im Fisch-Rückenmark dürftig sind, zeigen hier insofern etwas Besonderes, als sich die Fasern nach zwei Kategorien sondern: ein Theil, durchschnittlich etwas breitere Axencylinder, zieht in ziemlich gestrecktem Verlauf von dem hinteren Umfang der grauen Substanz zur Austrittstelle (*rd. p.* der Figuren) und erscheint wegen seiner Spärlichkeit nur gelegentlich in den Querschnitten, der andere aus dichteren feineren Axencylindern entwickelt sich mehr gegen die hintere Längsspalte zwischen den inselförmigen Massen der Substantia Rolandi und zieht im Bogen nach vorn zur gleichen Austrittstelle.

Ueberblick der Ergebnisse.

Wir hätten damit die Bildung der nervösen Centralorgane in den Hauptzügen, so weit die vorliegenden Präparate es erlaubten, durchmustert, und es dürfte angezeigt sein, die allgemeineren Ergebnisse dieser Betrachtung noch einmal kurz zu überblicken:

Das Gehirn des Gymnotus stellt sich dar als ein Knochenfischgehirn, welches demjenigen des Silurus ausserordentlich nahe verwandt, vom Anguilla-Gehirn stark abweichend erscheint.

Wie das Wels- oder auch das bekanntere Karpfen-Gehirn zeichnet es sich in dem Bau des Lobus centralis durch die auffallend geringe Entwickelung von Nervensubstanz des sogenannten Tectum opticum aus.

Der Torus longitudinalis auct. (Fornix) ist bis vorn gespalten und weichen die beiden bandartigen Hälften nach hinten stark auseinander. Wie beim Karpfen ist der Torus semicircularis fast tellerartig, breit; der vorderste Theil des Kleinhirns, die Valvula cerebelli, dagegen sehr schwach.

Die Entwickelung des Kleinhirns erreicht an Mächtigkeit nahezu diejenige des Silurus; es deckt durch den vorn übergewölbten, mittleren Theil den davor lagernden Lobus centralis zum grössten Theil. Seitlich fügen sich mehrfach geknickte Verbreiterungen des Cerebellums an, die als Corpora restiformia zur Medulla ziehen.

Zwischen ihnen findet sich in der Mitte die Andeutung eines sogenannten Tuberculum impar, eine Cyprinoidenähnlichkeit von der beim Silurus nur eine Spur übrig blieb.

Die Medulla oblongata ist im Vergleich zum Gehirn schmal, mit zwei Paar schwachen Erhebungen an der hinteren (oberen) Seite ohne weitere auffallendere Eigenthümlichkeiten und geht stark verjüngt in die Medulla spinalis über.

Die Medulla spinalis selbst erscheint ebenfalls keineswegs mächtig und von der gewöhnlichen Gestalt. Anfänglich etwas abgeplattet, gewinnt dieselbe im mittleren Theil des Körpers an Ausdehnung des sagittalen Durchmessers, um weiter gegen den Schwanztheil zu wieder platter zu werden.

Das Mikroskop, welches bei der Untersuchung der dem Gehirn selbst entnommenen Präparate kein von dem gewöhnlichen Bau dieser Organe abweichendes Verhalten aufzudecken vermochte, zeigt im grössten Theil der Medulla spinalis ein Formelement von bemerkenswerther Gestalt und Anordnung. Es sind dies Ganglienzellen, welche im Allgemeinen die graue Substanz in der Weise erfüllen, dass die Masse der Zellen den Centralcanal in Gestalt eines nach vorn (unten) offenen Cylinders umgiebt.

Von den stark entwickelten Fortsätzen der Zellen gehen die ziemlich breit entspringenden Axencylinderfortsätze in die vorderen Wurzeln über und treten als elektrische Nerven zu den elektrischen Organen.

Diese Wurzeln lagern genau so, wie sonst die motorischen zu lagern pflegen und, da keine gesondert austretenden, zur Musculatur des Rumpfes und der Flossen verlaufenden Wurzeln zur Beobachtung kommen, müssen die motorischen Nerven wenigstens bis zum Foramen intervertebrale mit den elektrischen verlaufen.

Die anderen Fortsätze der Zellen, von denen eine gewisse Zahl stärker hervorzutreten pflegt und einen besonders markirten Ansatz zeigt, gehen in das Glianetz über. Die stärkeren schlagen die Richtung gegen die Seitenstränge und die Commissuren ein.

Die voll entwickelten, elektrischen Zellen zeichnen sich durch die rundliche Form, das besonders kräftig entwickelte Zellprotoplasma, welches durch die Präparation an den Zellrändern einen eigenthümlichen Zerfall in Klümpchen oder Brocken zeigt, und durch den deutlichen, breit angesetzten Axencylinderfortsatz aus.

Die gewöhnlichen multipolaren (motorischen) Zellen erscheinen um so spärlicher, je zahlreicher die elektrischen werden, und erhalten fast ausschliesslich die Randpartie der Vorderhörner (äussere Gruppe) als Stellung angewiesen. Bei ihnen ist die Gestalt unregelmässig polygonal mit häufig ausgebuchteten Rändern, das Zellprotoplasma ist spärlicher und weniger imbibirbar, der Axencylinderfortsatz undeutlicher und weniger breit.

Am Anfang, wie am Ende der elektrischen Zellsäulen ist ihre Anordnung bilateral; sobald die Menge zunimmt, schieben die Zellen sich hinter dem Centralcanal zusammen und verwischen daselbst die Halbirungslinie der Markhälften in der grauen Substanz gänzlich.

Alsdann kann man häufig von links lagernden Zellen Axencylinderfortsätze hinter dem Centralcanal fort zu rechtsseitigen Wurzeln verlaufen sehen und umgekehrt.

Bevor die typischen Zellformen erscheinen, finden sich im vorderen Ende der Medulla vereinzelte Zellen, welche als Uebergangsformen von typischen, multipolaren Zellen zu elektrischen betrachtet werden müssen.

Je grösser die Rundung der Gestalt, je stärker das Zellprotoplasma und je deutlicher der Axencylinderfortsatz im Vergleich zu den übrigen ist, um so sicherer hat man es mit einer elektrischen Zelle zu thun.

Solche „Vorläufer" der typischen elektrischen Zellen finden sich, was die Stellung anlangt, entsprechend der inneren Gruppe der motorischen Zellen der Vorderhörner und in einer eigenthümlich entwickelten, nur in dem Halsmark vorhandenen Gliamasse, welche durch ihre Lage an die sogenannten Clarke'schen Säulen höherer Wirbelthiere erinnert.

Die hier auftretenden, allerdings spärlichen Zellen zeigen zuweilen den Charakter der elektrischen schon deutlich und schicken ihren Axencylinderfortsatz zu den vorderen Wurzeln, doch ist ihre Grösse noch durchschnittlich geringer.

Am Ende des Rückenmarkes werden die elektrischen Zellen gleichfalls wieder sparsamer und trennen sich über den letzten Wirbeln in zwei Zellgruppen, deren einzelne Elemente die rundliche Form auf's Neue verlieren und eine gestrecktere Gestalt annehmen. Ihr Zellprotoplasma erscheint weniger kräftig, dem Einfluss der Präparation stärker unterworfen als sonst, und der Zellkörper hat sich daher meist von der Umgebung erheblich zurückgezogen.

Vielleicht gehören diese unvollkommen entwickelten Zellen dem weitfächerigen, also auch mit relativ weniger elektrischen Platten versehenen Sachs'schen Bündel des Organs an.

ANHANG II.

VERGLEICHEND-ANATOMISCHE BETRACHTUNG DER ELEKTRISCHEN ORGANE VON GYMNOTUS ELECTRICUS

VON

G. FRITSCH.

Vorbemerkung.

Im ersten Abschnitt § IV, 2 und § V, 2 wurden von Hrn. Prof. du Bois-Reymond bereits die topographischen Verhältnisse der elektrischen Organe des Gymnotus mit besonderer Berücksichtigung des Sachs'schen Säulenbündels eingehend erörtert und die darüber vorhandenen Literaturangaben einer kritischen Würdigung unterzogen. Es sei mir gestattet, daran anknüpfend, die elektrischen Organe, deren Bau ich somit als im Allgemeinen bekannt voraussetzen darf, auch vom vergleichend-anatomischen Standpunkt einer allgemeinen Betrachtung zu unterbreiten.

Die Verarbeitung des durch Dr. Sachs mitgebrachten Materials gab mir in dieser Richtung verschiedene überraschende Resultate, welche geeignet scheinen zu weiteren Forschungen wichtige Fingerzeige zu liefern.

Nachdem ausser mannigfachen älteren Angaben, besonders durch die schönen Untersuchungen von Babuchin (s. oben S. 62), die Anschauung, dass man in den elektrischen Organen umgewandelte Muskeln zu sehen habe, mehr und mehr an thatsächlicher Berechtigung gewinnt, und Dr. Sachs, wie oben näher ausgeführt ist, in der Hoffnung, eine solche Anschauung zu fördern, mit grösstem Fleiss bei Gymnotus mikroskopische Untersuchungen anstellte, musste der Gedanke sich gleichsam von selbst darbieten auch vergleichend-anatomisch dieser Frage näher zu treten. Trotzdem kann man sagen, dass dieser Weg fast gar nicht betreten wurde, was vielleicht in der schwierig zu behandelnden Grundlage, der vergleichenden Muskellehre, theilweise seine Erklärung findet.

Die lange Reihe von Publicationen, welche die elektrischen und pseudoëlektrischen Organe der Fische behandelt, vergleicht dieselben wohl unter sich, Hr. Prof. H. Munk bereits im Jahre 1858[1] schon mit quergestreifter Musculatur, aber Vergleichungen des anatomischen Baues mit nicht elektrischen Fischen habe ich nicht finden können, ausser den oben angeführten Gehirnvergleichungen Hrn. Valentin's.

---

[1] Zur Anatomie und Physiologie der quergestreiften Muskelfaser der Wirbelthiere u. s. w. Göttinger Nachrichten. 1858.

Bisher ist noch kein Kriterium aufgestellt worden, welches bestimmte Muskeln als besonders zu einer Umwandlung in elektrische Organe geeignet erkennen liesse, und in der That ist bekanntlich die Anordnung der vollkommenen wie der unvollkommenen Organe (vergl. oben S. 68) bei den einzelnen Fischen so ausserordentlich verschieden, dass sich ein einheitlicher Gesichtspunkt dafür gar nicht gewinnen lässt. Bei Torpedo ein circumscriptes Gebiet, aussen dem Visceralskelet anlagernd, sind die elektrischen Organe beim Malopterurus in den Bereich der Leibeswand gezogen, beim Gymnotus gehören sie der Ventralmusculatur an. Die unvollkommenen elektrischen Organe der Raja zählen zu den Schwanzmuskeln, ebenso wie diejenigen des Mormyrus.

Wir können aus dieser wechselvollen Anordnung der elektrischen Organe zunächst den für uns wichtigen Schluss ziehen, dass ihr Auftreten im Körper topographisch an keine bestimmte Region gebunden ist, und dass also, wenn Muskelgruppen den Ausgangspunkt der Entwickelung bilden, wir, bis Gegentheiliges bewiesen ist, alle Muskeln des Körpers, deren normale Function für die Existenz des Individuums entbehrlich erscheint, als gleichwerthige Grundlage zur Ausbildung elektrischer Organe hinstellen dürfen.

Rumpfmusculatur.

Ist der eben angeführte allgemeine Grundsatz berechtigt, so muss es die Aufgabe sein, zunächst das Muskelsystem der Fische überhaupt in den Elementen vergleichend-anatomisch zu erörtern, um zu übersehen, was für Material eigentlich zur Verfügung gestellt ist, um daraus die in Rede stehenden Organe aufzubauen? — Gerade die Fischmusculatur ist wegen der verhältnissmässigen Einfachheit der Anordnung sehr allgemein von den Anatomen als Ausgangspunkt gewählt, um die verwickeltere Myologie höherer Wirbelthiere zu erklären.

Das Grundelement ist für die Musculatur wie für das Axenskelet, an welches sie befestigt ist, das Segment, und es bildet dasselbe mit dem knöchernen Segment, dem Wirbel, eine Querscheibe des Körpers, sich eng an die vorhergehenden und nachfolgenden ähnlichen anschliessend (Myocomma, Owen).[1] Die Trennungsschichten dazwischen (Ligamenta intermuscularia) von sehniger Beschaffenheit und häufig durch knöcherne Wirbelanhänge gestützt, bleiben indessen nicht eben, sondern verwerfen sich in bestimmter, gesetzmässiger Weise, so dass schon aussen unter der Haut die Ligamenta intermuscularia sich als Zickzacklinien präsen-

[1] On the Anatomy of Vertebrates. London 1866. Vol. I. p. 202.

tiren (vergl. Taf. VI Fig. 13). Die Zickzackzeichnung verläuft oberhalb und unterhalb der Linie, welche die Region des Rückens von der des Bauches bei den Fischen trennt, (Linea lateralis, *L.* der Figuren auf Taf. VI und Taf. VII), wesentlich symmetrisch und sondert eine dorsale und ventrale Partie der Muskelscheibe. So entstehen zunächst vier längs den beiden Seiten des Rumpfes lagernde Muskelgruppen, welche am Wirbel den Processus transversus zwischen sich fassen; sie werden von den Autoren nach CUVIER's Vorgang als Musculi laterales der Fische bezeichnet. Die einzelnen, das Segment darstellenden Scheiben haben sich zu Hohlkegeln umgebildet, die ihre nach dem Kopfende zu gerichteten Spitzen in den Innenraum der Vorgänger einsenken.[1]

OWEN zieht beide zusammen und bezeichnet sie als „intermediate portion" der Seitenmuskeln; wir wollen sie nach ihrer Lage zur Linea lateralis Musculi laterales proprii nennen und zur Unterscheidung unter einander als superiores und inferiores (*Ms.* und *Mi.* der Figuren) bezeichnen.

An diese Hauptrumpfmuskeln schliesst sich oben und unten eine meist schwächere Muskelgruppe, deren Sonderung sich äusserlich durch einen scharfen Knick des erst nach dem Schwanzende und dann im Winkel nach vorn verlaufenden Ligamentum intermusculare kenntlich macht. Auch in dieser Gruppe fügen sich die einzelnen Muskelscheiben in einander, doch pflegt der durch die Scheibe gebildete Kegelmantel (Halbkegel, GEGENBAUR) nicht vollständig zu sein und richtet seine Spitze gegen das Schwanzende (Musculi laterales dorsales et ventrales).

Die bezeichneten vier Muskelbündel jederseits sind von constantem Vorkommen bei den typischen Knochenfischen und wegen ihrer genau bestimmten Lage zur Wirbelsäule stets mit Sicherheit zu bestätigen. Ein recht übersichtliches und grob angelegtes Beispiel dieser Anordnung zeigt der Querschnitt des Aalschwanzes, wie solcher auf Taf. VII Fig. 16 zur Abbildung gelangte. Bei der grossen Breite der Myocommata fallen hier nur etwa 2—3 der Vollkegel (*Ms.* und *Mi.*) in den einen Schnitt, während die Halbkegel (*md.* und *mv.*) eine verhältnissmässig bedeutende Entwickelung zeigen. Die Anordnung der Musculatur des Aales verräth ebenso wenig, wie es beim Gehirn der Fall war, irgend welche Aehnlichkeit mit der der Gymnotinen und bildet gleichsam das entgegengesetzte Ende in der zu vergleichenden Reihe. Die Rumpfmusculatur und ihre directe Fortsetzung auf den Schwanzabschnitt dominiren vollständig.

Vergleichen wir mit dem Aalquerschnitt denjenigen eines Gymnotinen,

[1] GEGENBAUR, Grundzüge der vergleichenden Anatomie. Leipzig 1870. S. 707.

wie solcher als Fig. 17 der Taf. VII von Sternopygus carapo M. Tr. abgebildet wurde, so ist der Unterschied ein geradezu überraschender. Die Musculi laterales mit den zugehörigen dorsalen und ventralen Gruppen sind zu beiden Seiten der Wirbelsäule ohne Mühe zu bestätigen, aber der Körper erscheint oberhalb der dorsalen Abtheilung um eine Wenigkeit, dagegen nach unten zu in enormer Weise verlängert, und es zeigen sich hier Muskelgruppen, für welche sich als Homologa beim Aal nur ein paar dürftige Lamellen zwischen den Musculi laterales ventrales nachweisen lassen.

An dem Sternopygusquerschnitt bemerkt man nun auch in den Musculi laterales gleichsam wie ein Siegel zur Bestätigung der Homologie die regelmässig gestellten Durchschnitte der Stützgräten in den Ligamentis, welche, einmal in ihrer Stellung richtig erkannt, das Auge sofort auf die entsprechende Region eines anderen zu untersuchenden Knochenfischquerschnittes lenken, wenn er nicht wie der Aal so unvollkommen ausgebildete und spärliche Gräten hat.

Versuchen wir an der Hand dieser Richtschnur die Deutung des Gymnotusquerschnittes (Fig. 18—21 der Taf. VII), so zeigt ein Blick auf die Gruppirung der durchschnittenen Muskelbündel, unter specieller Berücksichtigung der vier Bogenreihen schräg durchschnittener Stützgräten, dass die Gesammtmusculatur des Aalrumpfes sich beim Gymnotus in ein Gebiet zusammengedrängt findet, welches dem Beschauer bei flüchtiger Betrachtung als die Rückengegend des Thieres imponiren würde.

Die Lineae laterales sind etwas nach oben gerückt, so dass sie mit dem Wirbel etwa einen Winkel von 150—160° bilden, aber die mit ihnen zusammenhängende Bindegewebsschicht führt das Auge mit Sicherheit zu dem Ursprung der neuralen Wirbelbogen. Darüber und darunter haben wir somit M. laterales superiores et inferiores. Hier beträgt die Zahl der in einen Schnitt fallenden Myocommata oder Muskelkegel als Regel vier, d. h. eine Zahl, welche auch für die verwandten Fische als typisch gelten kann. Deutliche Stützgräten, welche, den Septis entsprechend, in der gleichen Zahl auftreten sollten, markiren sich gewöhnlich nur drei, die innerste ist unkenntlich weil zu schwach; ihre Reihe führt hinüber in das Gebiet der anlagernden M. laterales dorsales und ventrales, wodurch sich ihre Zahl auf sieben stellt, da eine dem Zwischenraum beider Muskelgruppen, drei den letztgenannten Muskeln angehören.

In diesem Verhalten der Hauptrumpfmuskeln und ihrer Septa beim Gymnotus ist keineswegs etwas Besonderes, vielmehr darf diese Anordnung als durchaus typisch und normal bezeichnet werden. Somit wäre man zunächst am Ziele der beabsichtigten Vergleichung angelangt, da die

Hauptrumpfmusculatur der verwandten Fische beim Gymnotus gleichfalls vorhanden, ein Ausfall solcher zu Gunsten der sich abwärts anschliessenden elektrischen Organe also nicht nachweisbar erscheint.

Sehr wahrscheinlich mag mancher Forscher, abgeschreckt durch das ersichtlich negative Resultat der beabsichtigten Vergleichung, den Gegenstand an dieser Stelle der Untersuchung verlassen haben, obgleich es wohl an sich unwahrscheinlich war, dass die für den Aufbau des ganzen Körpers so integrirenden Hauptrumpfmuskeln als entbehrliches Material einer weiteren Umwandlung verfallen sein sollten.

Um weitere Vergleichungspunkte zu suchen, erschien es zweckmässig auf den Fisch zurückzugreifen, welcher durch die frappante Aehnlichkeit der Gehirnbildung mit derjenigen des Gymnotus nach den Gesetzen der Correlation die Hoffnung erwecken musste, auch in den anderen Systemen des Körpers übereinstimmende Anlagen zu finden, nämlich auf den Silurus. Die nicht elektrischen Gymnotinen dürften als bereits ebenso wie Gymnotus electricus selbst schon zu stark differenzirt, den erforderlichen Aufschluss nur mit geringerer Wahrscheinlichkeit liefern. Die Vermuthung bestätigte sich in erfreulicher Weise und ergab zunächst die Untersuchung der Rumpfmusculatur, dass die oben beschriebene Anordnung der vier grossen Muskelgruppen jederseits sich noch weiter complicirt. Dies geschieht durch die Abzweigung einer Muskelgruppe von den platten Bauchmuskeln, welche sich bereits hinter dem Schultergürtel als gesondert markirt und schnell schmäler werdend unter den eigentlichen Seitenmuskeln nach dem Schwanzende zu als ein deutlich getrennter Muskelstreif verläuft. Derselbe scheint bei den Autoren keine besondere Beachtung gefunden zu haben, wenigstens ist es mir nicht gelungen eine Notiz darüber aufzufinden, und schlage ich vor, ihn nach seiner Lage an den Seiten des Rumpfes und dem tiefen, der Bauchregion angehörenden Verlauf als Musculus lateralis imus zu bezeichnen (*me.* der Figuren).

Es fehlt dem Muskelbündel eine homologe Bildung des Rückens, wo überhaupt ausser den eigentlichen Rumpfmuskeln bei den ganzen Physostomen nur eine geringe Entwickelung des Skeletes und der zugehörigen Musculatur beobachtet wird. Die Abbildung (Taf. VI Fig. 13) des Welses, nach Entfernung der Haut von der Seite dargestellt, zeigt den M. lateralis imus an den Seiten des Rumpfes, durch die Unterbrechung der Ligamenta intermuscularia von den eigentlichen Seitenmuskeln geschieden, mit deren Ligamentis diejenigen des in Rede stehenden Muskels alterniren. In dem verschmälerten Theil, welcher nur noch als ein durchschnittlich 3—4 ^{mm} breiter Streif an der Oberfläche erscheint, haben sich die Ligamenta intermuscularia schnell in der Weise hinsichtlich ihrer Stellung verändert, dass sie stark gegen die Horizontale geneigt erscheinen, mit welcher sie nur einen Winkel von etwa 20—25° bilden. Zieht man die eng aneinander liegenden Abtheilungen etwas auseinander, so präsentiren sich die kurzen dazwischen ausgespannten Muskelprimitivbündel wie eng angeordnete niedrige Fächer. Gegen den Schwanz zu verschmälert sich der Muskel fernerhin nur allmählich und wird erst kurz vor der Schwanzflosse undeutlich.[1]

Die Betrachtung der beschriebenen Verhältnisse ergiebt:

1. der M. lateralis imus darf wegen des abweichenden Verlaufes seiner Ligamenta einen selbständigen Charakter beanspruchen.
2. Er entspricht seiner Lage nach in auffallender Weise den sogenannten grossen elektrischen Organen des Gymnotus.
3. Seine Anordnung giebt gewisse noch näher zu erörternde Vergleichungsmomente mit dem Aufbau der elektrischen Organe.

Zur Sicherstellung der angegebenen Sätze ist die Betrachtung des Querschnittes vom Silurus und den Gymnotinen unter Berücksichtigung der verwandten Fische herbeizuziehen.

Fig. 15, Taf. VII, zeigt den Welsquerschnitt, dem Schwanztheil entnommen. (Vorderes Körperstück zum hinteren wie 26 : 23 ^{cm}, Gesammtlänge 49 ^{cm}). Man bestätigt ohne Schwierigkeit auch hier die Hauptrumpfmuskeln (*Ms.*, *Mi.*, *md.*, *mv.*) wie bei den oben schon erwähnten Querschnitten; unter dem M. lateralis ventralis folgt der Querschnitt des M. lateralis imus (*me.*), welcher sich medianwärts bis gegen die haemalen Processus spinosi erstreckt und hier seine Scheiden fixirt. Die Figur erscheint dabei breit halbmondförmig mit abgerundeter innerer Kante, Ligamenta intermuscularia durchsetzen ihn in schräger, der horizontalen sich nähernder Richtung.

Vergleicht man den Sternopygusquerschnitt auf diesen Punkt, so ergiebt sich auch hier das Vorhandensein des tiefsten Seitenmuskels und zwar relativ stark entwickelt; auch hier erscheint er vom M. lateralis ventralis scharf gesondert. Abweichend ist, dass die extreme Entwickelung der Ventralregion des Schwanzes und der in dies Gebiet gehörigen, bisher noch unerwähnt gebliebenen Muskeln der Flossenträger beim Sternopygus ebenso wie bei Rhamphichthys und Sternarchus (?)[2] ein seit-

---

[1] An diesen besonders kurzen, schräg zwischen den Ligamentis angeordneten Primitivbündeln markiren sich sehr schön die facettenförmigen Endigungen der Muskelsubstanz an der Sehne, auf welche Hr. Prof. du Bois-Reymond zuerst hinwies. Das dadurch gekennzeichnete Anpassungsvermögen an den sich darbietenden Raum ist ein wichtiges Moment auch für die weiter unten zu behandelnden Fragen. Ges. Abh. Bd. II. S. 56. 57.

[2] Das dürftige zur Verfügung stehende Material von Sternarchus zeigt diese Muskelanordnung nicht recht deutlich.

liches Hervortreten des Muskelstreifens oberhalb der Flossenträger verhindert.

Der Durchschnitt der Anguilla zeigt kaum eine Spur desselben, die an der betreffenden Stelle vorhandenen, schmalen Muskellamellen erreichen die Seitenwand gar nicht und müssen ausserdem mit den gleichfalls spärlichen tiefen Flossenträgermuskeln verschmolzen sein. (Vergl. Fig. 16, Taf. VII).

Versuchen wir, gestützt auf diese erweiterte Basis der Vergleichung, noch einmal den Gymnotusquerschnitt zu deuten, so liegt jetzt die positive Antwort auf die Frage nach der Homologie der elektrischen Organe auf der Hand:

Das den verwandten Fischen zukommende, als M. lateralis imus bezeichnete Muskelbündel fehlt dem Gymnotus und an seine Stelle sind die grossen elektrischen Organe getreten.

Dies erfreuliche vergleichend-anatomische Resultat könnte indessen einen Einwand finden, wenigstens was die gewählte präcise Fassung anlangt, der um so weniger hier unterdrückt werden soll, als die betreffenden Thatsachen gerade die Berechtigung der Grundanschauung „Herleitung der elektrischen Organe aus umgewandelten Muskeln“ in besonders helles Licht setzen.

Es kann nämlich sehr wohl behauptet werden: ein Rest des M. lateralis imus sei in Wirklichkeit auch beim Gymnotus vorhanden. Dieser Rest des genannten Muskels ist die musculöse Zwischenschicht der elektrischen Organe. Dass mit dem Nachweis ihrer Existenz die aufgestellte Vergleichung und der behauptete Ausfall an Muskelbildung nicht unhaltbar wird, dürfte sich aus dem Folgenden ergeben.

Kein Theil der viel umworbenen Gymnotus-Anatomie hat wohl ein so wechselvolles Schicksal erduldet, als der schmale, von biconvexen Rändern begränzte Streifen, welcher sich nicht sowohl, wie gewöhnlich angegeben wird, als trennende Schicht zwischen das grosse und kleine elektrische Organ einschiebt, sondern sich unzweifelhaft eng an das grosse Organ in seinem unteren Theil anschliesst.

Hr. Prof. du Bois-Reymond hat oben (S. 29) nach Hrn. Valentin's Vorgang[1] diese Schicht als „Zwischenmuskelschicht“ bezeichnet, doch sah er sich genöthigt, gegenüber den ausserordentlich widersprechenden Angaben der Autoren, die musculöse Natur derselben noch ausdrücklich zu constatiren. Indem ich diese Beobachtung für alle mir zur Untersuchung zugänglichen Exemplare von Gymnotus als unzweifelhaft

---

[1] A. a. O. S. 37. Fig. 50b.

bestätige, möchte ich mich nunmehr doch für berechtigt halten, die älteren, entgegenstehenden Ansichten, welche Hr. Prof. DU BOIS-REYMOND oben mit grösster Sorgfalt registrirt hat, als unerwiesen unter Frage zu stellen. Manche Angabe darunter lässt sich indessen, *cum grano salis* verstanden, festhalten; die Darstellungen dieser älteren Autoren waren im Allgemeinen nur zu ungenau und allgemein gehalten, um über die vorliegenden complicirten Verhältnisse befriedigenden Aufschluss zu geben.

Unter diesen Angaben ist DELLE CHIAIE's jedenfalls die weitgehendste, welcher hier (vergl. oben S. 29) einen künstlich gebauten Secretionsapparat zu finden glaubte. Da es an jeder Bestätigung dieser Behauptung, sowie an irgend einer analogen Beobachtung über das Vorkommen solcher Secretionsapparate zwischen der Musculatur bei den verwandten Fischen fehlt, darf man die Angabe wohl zurückweisen. Dies Vorgehen erscheint um so berechtigter, als der Hinweis auf die Gestalt der drüsigen Säckchen DELLE CHIAIE's als mit Muscheln (Pecten Jacobaeus) vergleichbar, es sehr wahrscheinlich macht, dass die Beschreibung nach dem Querschnitt des Körpers gegeben war; der Zeichner aber (welcher die Kästchen des Organs nach Art der Mauersteine im Verband darstellte!) entwarf vielleicht nach dieser Beschreibung aussen an der Zwischenmuskelschicht zierlich gelappte Platten, dachziegelförmig übereinander lagernd, die sicherlich nicht vorhanden sind. In der That ist die nach oben gerichtete Begrenzung der Zwischenmuskelschicht gegen das grosse elektrische Organ zu in einer Weise variirt (vergl. Fig. 18, 19, 20 der Taf. VII), dass der Vergleich mit dem bogigen Rande eines Pecten keineswegs so fern liegt. Dr. SACHS hat in seinem oben S. 28. 55 als Fig. 10 abgebildeten Querschnitt dies Verhältniss unberücksichtigt gelassen, eine Andeutung davon findet sich in der von HUNTER gegebenen Darstellung,[1] freilich neben mancherlei sonstigen Incorrectheiten.

Auch die Rippen des „Pecten" fehlen nicht und finden sich flüchtig skizzirt nicht nur bei HUNTER, sondern sie sind auch dem scharfen Auge des Dr. SACHS nicht entgangen, wenn schon er offenbar auf dieselben keinen besonderen Werth legte, da sie in Fig. 10 rechts in natürlicher Stellung, links gleichsam als beiläufiges Detail in verkehrter eingetragen sind. Es erscheint schwer verständlich, dass diese für die Erkenntniss der Natur elektrischer Organe bedeutungsvolle Eintheilung der Zwischenmuskelschicht von keinem der Autoren eine Würdigung erfahren hat. Die beifolgenden Abbildungen von Querschnitten, möglichst naturgetreu nach Präparaten aus einem in Weingeist sehr gut conservirten

---

[1] HUNTER, l. c. Pl. IV. Fig. 5.

Exemplar entworfen, werden als unzweifelhaft erkennen lassen, dass horizontale Scheidewände der grossen elektrischen Organe unter Vermittelung einer ebenfalls fibrösen Zwischenschicht, welche viel schwächer ist als die gemeinsame, Organe und Muskeln einhüllende Fascie, innige Verbindung mit den Aponeurosen der Zwischenmuskelschicht suchen.

Die Ueberzeugung von der Richtigkeit dieser Thatsache wird dadurch nicht erschüttert, dass nicht für jede Aponeurose des Organs eine solche des Muskels nachweisbar ist; die Regelmässigkeit der Anordnung im Organe verliert sich im Muskel, und dadurch wird das Bild schon getrübt, aber eine gewisse Zahl imponirt makroskopisch doch als eine directe Fortsetzung des einen Theils in den anderen; die meisten allerdings erscheinen im Muskel um eine ganze oder halbe Abtheilung des Organs nach der Seite verschoben (vergl. Taf. VIII Fig. 29).

Das Mikroskop zeigt die Grenzschicht aus fibrillärem Bindegewebe gebildet, so dass also die nackten Muskelbündel nicht unmittelbar an elektrisches Gewebe stossen, wie auch kaum zu erwarten stand; die Zwischenschicht hat aber nicht den Charakter einer trennenden, sondern vielmehr einer vereinigenden. Denn das Bindegewebe, aus dem sie besteht, bezieht seine Fibrillen-Bündel aus den Organaponeurosen, dieselben verlaufen alsdann für eine gewisse Strecke zwischen Organ und Muskel um schliesslich theilweise in die Scheiden des letzteren einzutreten.

Durch diesen complicirten Verlauf wird es eben bewirkt, dass die Querschnitte der Theile gewöhnlich nicht directe Fortsetzungen der Aponeurosen in einander zeigen, sondern dass dieselben beim Uebergang in die Zwischenmuskelschicht um eine gewisse Grösse seitwärts gerückt zu sein pflegen.

Zwischen die Muskellagen gelangt aber überhaupt viel weniger Bindegewebe als im elektrischen Organ nachweisbar ist, dessen mächtiges Stützgewebe auch feine Schnitte noch gut zusammenhält, während die Muskelbündel desselben Schnittes schon bei der geringsten Zerrung auseinander fallen.

Die Zugehörigkeit der Zwischenmuskelschicht zu dem grossen Organ wird weiter dadurch bewiesen, dass, wie schon angedeutet, dieselbe starke, fibröse Fascie beide Theile unten umschliesst, um dann an den Seiten des Körpers sich in die oberflächliche, fibröse Bedeckung der Organe fortzusetzen (Taf. VIII Fig. 29, *F.*).

Wenn man, wie oben S. 60 nach Dr. Sachs' Beobachtung berichtet wird, die Organe da auseinander reisst, wo sie in der Medianebene eine senkrechte Scheidewand zeigen, so behält jedes seine eigene

Begrenzung, die Zwischenmuskelschicht muss bei solchem Verfahren aber mit dem Organ innerhalb derselben Begrenzung, das ist eben die einhüllende Fascie, bleiben. Dr. Sachs hat wohl selbst diese Erfahrung gemacht, wenn er auch keine weitere Bemerkung daran knüpft; denn er wägt die Organe des 6 Pfund schweren Gymnotus (vergl. S. 17) „einschliesslich kleiner Zwischenmuskeln." Wäre es ohne Schwierigkeit möglich gewesen, dieselben zu entfernen, hätte er dies, um ein genaueres Resultat der Wägung zu erlangen, sicher gethan!

Will man also, wie Dr. Sachs es vielfach versucht hat, Uebergangsformen zwischen quergestreifter Musculatur und elektrischem Gewebe suchen, so ist die Grenze der Zwischenmuskelschicht eine der Stellen, wo man Aussicht hat an embryonalen oder vielleicht selbst an nur jugendlichen Individuen deren zu finden, vermuthlich eher als an den weitmaschigen Kästchen des Sachs'schen Säulenbündels, wo die Quellung des Muskels zu elektrischem Gewebe anscheinend den höchsten Grad erreicht hat. Ich gebrauche den Ausdruck „Quellung" selbstverständlich nur um eine präcise Bezeichnung zu haben, die dem Anschein entspricht, ohne dass ich über den noch unaufgeklärten Vorgang selbst eine positive Behauptung aufstellen will.

Es möchte angezeigt sein, an dieser Stelle hinsichtlich des organologischen Aufbaues der Organe zu Hrn. Prof. du Bois-Reymond's oben gegebener Beschreibung einige ergänzende Notizen hinzuzufügen, welche die weitere Untersuchung des vorhandenen Materials zur Kenntniss brachte, und hierbei nicht sowohl das Typische der Bildung an erster Stelle zu berücksichtigen, als gewisse Abweichungen und Unregelmässigkeiten, weil dieselben für die vorliegende Frage ganz besonders lehrreich sind.

Von den fünf Exemplaren des Gymnotus, welche ich selbst bisher auf das Verhalten der elektrischen Organe untersuchte, verhielt sich keiner genau wie der andere, und zwar gehen die Schwankungen in der Ausbildung der Organe viel weiter, als man bisher geneigt war anzunehmen. Offenbar scheute man sich ein so kostbares Material systematisch zu zerstückeln und schloss von einem Querschnitt auf benachbarte Regionen, die das kritische Messer vielleicht ganz anders dargestellt hätte. Um diese Lücke einigermaassen auszufüllen, wurde ein normal gebildetes, mittelgrosses Exemplar von 97·5 cm Länge in fünf gleich lange Stücke geschnitten, die also 19·5 cm Länge zeigen, und die vier Schnittflächen nach dem Kopfende zu verglichen (I—IV der umstehenden Tabelle).

Die Säulen der grossen, sowie der kleinen Organe wurden gezählt, und dabei die Zahl der frei zur Seitenwand auslaufenden, die zur Zwischenmuskelschicht tretenden und die frei an die basale Scheide stossenden im Einzelnen berücksichtigt. Hierbei ist noch zu bemerken, dass die Bedeckung gewisser Säulen durch äussere Flossenträgermuskeln als unsicher nicht aufgenommen wurde, zumal eine engere Beziehung dieser Muskeln zu dem Organ keinesfalls vorliegt. Die auffallend niedrige Säulenzahl, welche, wie oben S. 32 erörtert, manche Autoren angeben, ist auf die Zählung derselben an den Seiten des Körpers oberhalb der Flossenträgermuskeln zurückzuführen, und mit Rücksicht auf die ihrem Zahlenwerth nach ganz unbekannte Verhüllung eines gewissen Theiles durch die bezeichneten Muskeln, ziemlich werthlos. Die enge Beziehung des grossen Organs zur Zwischenmuskelschicht verräth sich dagegen auch durch das constante Zahlenverhältniss der an dieselbe stossenden Säulen. Die von Dr. Sachs dafür angegebene typische Zahl von 13 bedarf insofern einer weiteren Erläuterung, als 2—3 der innersten Säulen durchgängig nicht an die Zwischenmuskeln, sondern direct an die basale Fascie stossen.

Folgende Tabelle ergiebt die Uebersicht der Zahlenverhältnisse:

	Summe der Säulen.		an die äuss. Fascie.		an die Zwischen-muskeln.		an die inn. Fascie (basale).		Säulen des kleinen Organs.		Bemerkungen.
	links	rechts	links	rechts	links	rechts	links	rechts	links	rechts	
I	46*	45	24	28	11**	15	2	2	5	5	* linkerseits eine secundäre Fascie im Organ, welche bei 24 (incl.) von oben die Leibeswand erreicht, mit 10 daran unten endigenden Säulen; rechts keine Spur davon. ** die kl. Zahl (11) erklärt sich durch theilweises Ausweichen an die Fascie.
II	44	43	31	30	10	10	3*	3*	9	10	* das innerste Glied, sehr schwach.
III	34	30	22	18*	9	9	3	3	12	13	* oben befindet sich eine kleine dreigliedrige Gruppe, welche die Seitenwand d. Körp. nicht erreicht.
IV	22	21	10*	8*	9	9	3	3	13	14	* 6 zum Sachs'schen Säulenbündel gehörig.

Im Vergleich zu anderen Exemplaren, speciell zu demjenigen, welches auf Taf. VII in vier Durchschnitten zur Darstellung gelangte, können die Verhältnisse dieses Gymnotus in der That als regelmässige und typische hingestellt werden. Man lernt aus der Tabelle, dass im vorderen Theil des Körpers die Zahl der Säulen, welche gleichzeitig in demselben Querschnitt erscheinen, die grösste ist, und dass im Allgemeinen die Angaben der Autoren über diese Zahl zu niedrig gegriffen waren.

Wenn Dr. Sachs 44 (43 Aponeurosen + 1, vergl. oben S. 31) derselben zählte, so wissen wir nun, dass er mit grösster Wahrscheinlichkeit den Schnitt, an dem er zählte, zwischen dem 2. und 3. Fünftel des Fisches entnahm, und dass Hunter's in den Verhältnissen mässig correct gezeichneter Schnitt wahrscheinlich aus dem 3. bis 4. Fünftel stammt.

Damit ist unmittelbar auch gegeben, dass Säulenbündel des Organs im Verlauf von vorn nach hinten innere Endigungen finden müssen. An den Seiten des Körpers ist davon Nichts zu bemerken, die verloren gehenden Säulen müssen irgendwo in der Tiefe verschwinden, da spitze Endigungen in dem sogenannten „alten Organ" seitlich nicht beobachtet werden. Die erste horizontale Columne der Tabelle erklärt dies Räthsel auf höchst einfache Weise: die einer Endigung zustrebenden Säulen verlassen die Seitenwand, während die oben und unten daran stossenden sich über der Lücke schliessen und den Ausfall decken; nachdem dies geschehen ist, finden die von der Seitenfascie gelösten Säulen, in die Tiefe sinkend, spitze Endigungen an den inneren, secundären Fascien.

In gleicher Weise können auch Säulen sich aus der Tiefe entwickeln und, zur Seitenfläche gelangend, die Zahl der an der äusseren Fascie auslaufenden Säulen vermehren, ohne dass eine Gesammtvermehrung im Querschnitt stattgefunden hat. Einen solchen Fall bringt die zweite Horizontalcolumne zur Anschauung, wo eine starke Steigerung der seitlich endigenden Säulen mit gleichzeitiger normaler Verminderung der Gesammtzahl einher geht. Geschieht die Umlagerung der Säulen, wie es die Regel zu sein scheint, von verdeckter Stelle aus, so entzieht sich der Vorgang einer Beobachtung, die lediglich die seitliche Anordnung berücksichtigt.

Ein Beispiel über Reduction der Glieder durch Einrollung bringt Fig. 19 auf Taf. VII rechterseits zur Anschauung; die in obiger Tabelle eingetragene Säulenanordnung (1. Horizontalcolumne) ist insofern complicirter Natur, als die weiter abwärts (2. Horizontalcolumne) zu beobachtende Steigerung der zur äusseren Fascie gelangenden Säulen von 24 auf 31 erkennen lässt, dass 7 von den 10 an die innere Fascie unten endigenden Säulen nach und nach zur Seitenfläche oberhalb der Flossenmuskeln treten müssen, während nur 2 (die innersten?) zur spitzen Endigung gelangen; die Gesammtzahl der Säulen des Querschnittes sinkt nämlich von 46 auf 44. Rechts hat der Schnitt keine derartige innere Fascie aufgedeckt, doch muss nach den Zahlen zu schliessen (45 auf 43 reducirt) eine ähnliche Anordnung irgendwo zwischen dem 1. und 2. Schnitt vorliegen.

In gleicher Weise findet sich in der 3. Columne ein Unterschied zwischen links und rechts wie 22 (*l.*) zu 18 (*r.*). Hier ist also der Ausfall rechts erfolgt und zwar dadurch, dass eine schon sehr klein gewordene, der Endigung nahe, dreigliedrige Gruppe oben am Organ die Seitenwand nicht mehr erreicht.

Fragt man nach der Totalsumme der überhaupt im grossen Gymnotusorgan zur Beobachtung kommenden Säulen, so ist die Beantwortung aus verschiedenen Gründen, wie schon oben S. 58 von Hrn. Prof. du Bois-Reymond ausführlich erörtert wurde, mannigfachen Schwierigkeiten unterworfen. Immerhin muss sich diese Zahl mit annähernder Sicherheit durch consequent ausgeführte Zählungen der in Querschnittfolgen auftretenden Säulen feststellen lassen. Die Querschnitte sind bei auftretender Abweichung von der vorher gefundenen Zahl einander durch wiederholte Durchschneidung der Stücke so weit zu nähern, bis der Grund der Abweichung gefunden und registrirt ist.

Im vorderen Theil des Organs wird das Resultat für das untersuchte Individuum sich der absoluten Genauigkeit nahe bringen lassen; im hinteren Körperabschnitt hingegen mag die Unregelmässigkeit der Anordnung allerdings das Resultat beeinträchtigen, doch dürfte der unvermeidliche Fehler über die Zahl von 10 kaum hinausgehen; hier macht die Unvollkommenheit der Entwickelung überhaupt den Fehler wohl auch weniger bedeutungsvoll.

Die weiter unten eingefügte Tabelle wird zeigen, dass die Totalsumme der Säulen in der vorderen Organhälfte bis 60 steigen kann, sie wurde in anderen Fällen noch höher, nämlich gegen 70 gefunden; 45 würde also nur eine mittlere Zahl sein, unter welche Summe die Säulen gelegentlich vielleicht auch sinken werden. Neue Glieder kommen in der vorderen Hälfte, so viel ich constatiren konnte, nicht mehr hinzu, dagegen wären in der hinteren Hälfte die Glieder des Sachs'schen Säulenbündels hinzuzurechnen. Hier müssten die zu vergleichenden Querschnitte behufs der Zählung ausserordentlich dicht angelegt werden, weil die Figuren wegen der vielen kurzen und unregelmässigen Säulen alsbald unähnlich werden, doch muss sich diese Schwierigkeit bei vollständiger Preisgabe des Untersuchungsexemplars auch überwinden lassen. Nach oberflächlicher Schätzung ist die Summe dieser abnormen Glieder durchschnittlich keineswegs gering und dürfte zwischen 20 und 30 schwanken (vergl. die Seitenansicht des Sachs'schen Bündels Taf. VII Fig. 14). Darnach bewegt sich die Totalsumme aller Säulen des grossen Organs in sehr weiten Grenzen, erreicht zuweilen nach Angabe der Autoren die Zahl von 50 nicht und steigt gelegentlich bis nahe an 100.

Diesem in normalem Aufbau der Säulen naturgemäss stark wechselnden Verhältniss steht also die Verbindung der Säulen mit Zwischenmuskelschicht und basaler (innerer) Fascie in ihrer bemerkenswerthen Constanz gegenüber. Dr. Sachs, der Beides zusammenzog, verzeichnete hierbei wie erwähnt die Zahl von 13, in obiger Tabelle erscheint dafür 11+2, 10+3, 9+3, d. h. also bis gegen das von Dr. Sachs hierbei nicht berücksichtigte Ende genau dieselbe Zahl durchweg. Auch die nur um die Einheit kleinere Zahl der hintersten Schnitte kann nicht als abweichende Bildung aufgefasst werden, sondern beruht in dem hier besonders compacten Auftreten der Muskelschicht, wodurch das äusserste, abgerundet anstossende Säulenbündel hinsichtlich seiner Endigung an die Fascie oder an die Muskelschicht der subjectiven Auffassung unterliegt. Aehnlich verhält es sich mit Glied 3 am innersten Rande der Zwischenmuskeln; mit Sicherheit darf man nur die zwei innersten Glieder als stets an die basale Fascie endigend verzeichnen, das dritte kann bald mehr an den Muskeln bald mehr an der Fascie gefunden werden.

Das Zahlenverhältniss der an Zwischenmuskeln stossenden Glieder des Organs imponirt noch stärker durch seine Constanz, wenn man gewisse Besonderheiten der Muskelgruppen dabei berücksichtigt. In der Mehrzahl der Fälle, gleichviel welchem Theil des Fisches der Querschnitt entnommen ist, dominiren bei mittlerer Säulenzahl (44) die Muskelbündel, welche an 9 Organglieder anstossen; im Vergleich zu diesen noch voll entwickelten Muskeln mit stark nach oben convexem Querschnitt erscheinen die äusseren nur als abirrende Bündel und sind schon makroskopisch durch grössere Durchsichtigkeit, grauere Farbe und unsichere Begrenzung gegen das Organ zu ausgezeichnet. Sie sind es, welche hauptsächlich das scheinbare Schwanken in die Zahlenverhältnisse der Zwischenmuskelglieder der Organe bringen, so dass z. B. in der ersten Horizontalcolumne der Tabelle rechterseits die Zahl von 15 im Vergleich zu der von 11 links erscheint. (Vergl. Taf. VIII Fig. 29, *y.*). Mikroskopisch ist eine Andeutung der Schicht noch viel höher hinauf zu verfolgen und zwar als schmaler Streifen einer Art sehnigen Gewebes dicht unter der äusseren Fascie.

Durch Vergleichung mit den in der nachfolgenden Tabelle über ein besonders abweichend gebildetes Gymnotusexemplar eingetragenen Zahlen wird die beschriebene Differenzirung noch deutlicher illustrirt. Bei demselben war das grosse Organ im Vergleich zu dem kleinen ungewöhnlich stark entwickelt, und somit ist es auch erklärlich, dass für die Zwischenmuskelschicht eine grössere Anzahl Glieder des grossen Organs entfallen, wie es bei den normal gebildeten als Regel der Fall ist. Hier sind es 12 Säulen, welche an kräftig entwickelte Muskelbündel stossen, während abirrende Bündel sich aussen noch 4 anschliessen können; in einem Falle (dritte Horizontalcolumne) lässt sich unter Ueberspringung des Gliedes 19 (2 gehen an die basale Fascie) noch im Gliede 20 (!), von unten an gezählt, ein Muskelrest von rudimentärem Charakter erkennen, obgleich das Glied 19 ohne einen solchen zu sein scheint.

In einem anderen Falle, bei einer Gesammtsumme der Säulen des grossen Organs von nahe an 70 (es wurden etwa in der Mitte des Körpers noch 66 mit Sicherheit gezählt), kamen 23 auf die Zwischenmuskelschicht bei 5 Gliedern an die basale Fascie, 1—3 der äussersten zeigten hinsichtlich der zugehörigen Muskelgruppen bei sehr wechselnder Deutlichkeit den Charakter der sehnigen Bündel.

Bei diesem alsbald zur frischen Untersuchung verarbeiteten oder stückweise conservirten Exemplar wurde die Gesammtlänge nicht constatirt, dieselbe erreichte aber keinesfalls 50 ^{cm}, d. h. also, es gehörte, wie auch aus den Stücken zu erkennen, zweifellos zu den in ihrer Gesammtlänge unter dem Durchschnitt bleibenden Individuen.

Bei den mir zur Untersuchung zugänglichen Gymnoten gehört die grösste Säulenzahl den kleineren Individuen an. Wenn sich diese Erfahrung, wie ich sicher glaube annehmen zu dürfen, als eine allgemein giltige bestätigt, so fordert sie dringend zur genaueren Untersuchung und Erklärung heraus. Unter den kleinen Individuen müssen nothwendiger Weise zwei Kategorien inbegriffen sein, nämlich: unausgewachsene, bei denen die Kleinheit ihren Grund in dem Jugendzustand hat, und solche deren geringe Grösse auf Geschlecht, Rasse oder Art zurückzuführen ist.

Die bei Torpedo speciell nachgewiesene Thatsache, dass beim Wachsen des Thieres keine Vermehrung der embryonal angelegten elektrischen Säulen stattfindet, oben S. 31 von Hrn. Prof. du Bois-Reymond als delle Chiaie's und Babuchin's Satz von der Präformation der elektrischen Elemente näher ausgeführt, dürfte vermuthlich auch für Gymnotus seine Richtigkeit haben. Die geringe Säulenzahl grosser Exemplare könnte zwar zu der Annahme verleiten, es fände beim Wachsthum des Thieres im Gegentheil sogar durch Verschmelzungen eine Verminderung der Zahl statt, indessen scheint mir solche Annahme schon aus dem Grunde unwahrscheinlich, weil die Verschmelzungen der Säulen neben der Vergrösserung des Querschnittes beim wachsenden Thier an die einzelnen Elemente des Organs unverhältnissmässig hohe Anforderungen den Raum auszufüllen erheben würden. Es kommt hinzu, dass auch kleine Gymnoten mit niedriger Säulenzahl gefunden werden, wie oben S. 32 in der Tabelle ein von Dr. Sachs selbst beobachteter Fall angeführt ist. Dieser Fisch hatte nur 30 Säulen (?) bei einer Körperlänge von 31 ^{cm}, an einem anderen von Knox angeführten fanden sich 32 Säulen bei 48·5 ^{cm} Länge; der letztere Fall ist indessen wenig beweisend, da die Säulen nicht am Durchschnitt gezählt wurden.

Ein drittes Exemplar, von mir selbst untersucht, zeigt bei einer Körperlänge von 70 ^{cm}, welche Grösse noch immer unter dem Durchschnitt sein muss, 43 Säulen, von denen 13 an die Zwischenmuskeln, 3 an die basale Fascie gehen. Es entspricht also sehr vollkommen den häufiger zu beobachtenden Verhältnissen.

Mit den übrigen von mir festgestellten Zahlen zusammengehalten, führt der SACHS'sche Fall zu der Annahme, dass der betreffende Gymnotus ein jugendliches Individuum war, dessen Säulenzahl in erwachsenem Zustande wegen der auffallend bedeutenden Entwickelung des SACHS'schen Bündels wahrscheinlich sich auch nicht höher belaufen hätte, dass hingegen die von mir untersuchten, ausser dem letzterwähnten, einer abweichenden Form angehörten. Im Hinblick auf die Grössenunterschiede der Geschlechter beim Aal, könnte man auch hier an solche Unterschiede denken; während aber beim Aal die Männchen die kleineren sind, ist es näher liegend beim Gymnotus in den kleinen Exemplaren mit zahlreichen Säulen Weibchen, in denjenigen mit relativ wenig Säulen bei durchschnittlich beträchtlicherer Grösse Männchen zu vermuthen.

Bei der anderweitigen Disposition über das vorhandene Material wurde leider im frischen Zustande das Geschlecht nicht constatirt, was bei zweifelhafter Conservirung und unentwickelten Genitalorganen überhaupt nicht so einfach ist, und aus ähnlichen Gründen scheinen auch die anderen Beobachter es unterlassen zu haben, in den obigen Fällen das Geschlecht festzustellen. Unter so bewandten Umständen ist die Möglichkeit nicht ausgeschlossen, dass die hohe Säulenzahl einzelner Individuen Eigenschaft einer besonderen Varietät sei. Variirt der Gymnotus, wie oben S. 3 ff. beschrieben, an Grösse und Färbung, so könnten auch die elektrischen Organe analogen Abänderungen unterliegen.[1]

Es wird um so mehr späteren Beobachtern zu empfehlen sein auf diese Verhältnisse zu achten, als wir über die noch unbekannte Entwickelung des Gymnotus dadurch lehrreiche Fingerzeige erhalten dürften.

Die angestrengten Bemühungen, welche sich Dr. SACHS gegeben hat, um die Entwickelung des Gymnotus zu erforschen, verwiesen ihn unvermeidlich auf die Beobachtung der Geschlechter, und es finden sich zahlreiche Angaben über solche Untersuchungen von ihm, einzelne auch von anderen Forschern, die oben (S. 116—124) durch Hrn. Prof. DU BOIS-REYMOND in übersichtlichster Weise registrirt wurden. Unter allen diesen Notizen finde ich wunderbarer Weise nur drei, wo Grösse und Geschlecht mit einander in Verbindung gebracht werden, indem Dr. SACHS einmal gelegentlich von einem mittelgrossen Männchen (S. 119) spricht, während eine Behauptung GUISAN's über angebliche Begattungsvorgänge des Gymnotus (S. 116) das männliche Geschlecht als

[1] An den elektrischen Organen von Torpedo ist die Abänderungsfähigkeit nach den Angaben der Autoren etwa ebenso gross oder noch grösser. Auch hier fehlt es vollständig an genügend exacten Bestimmungen von Art, Rasse oder Geschlecht, um ein sicheres Urtheil über die morphologische Bedeutung der Abänderungen bilden zu können (vergl. oben S. 32 Anm. 3; — unten, Anhang III. 1).

die um ein Drittel grösseren Individuen bezeichnet. Guisan's Beobachtung findet eine unbeabsichtigte Bestätigung durch Dr. Sachs, indem derselbe die zeitweise Vereinigung der Gymnoten in Banden von einerlei Geschlecht beschreibt und dabei erwähnt, dass bei einer bestimmten Gelegenheit, wo nur Thiere grösster Art gefangen wurden, sich dieselben sämmtlich als Männchen erwiesen. Er vermuthet, die kleineren Individuen seien durch die Maschen des Netzes ausgewichen, da ihm der Guisan vorschwebende Gedanke, dass die Grössenunterschiede auch Geschlechtsunterschiede sein könnten, vollkommen fern lag (Llanos, S. 196). Leider wird auch diese Angabe durch den Bericht über einen späteren Fang, wo nur weibliche Exemplare, ebenfalls sehr gross, gefangen wurden (Llanos, S. 230), wesentlich abgeschwächt (vergl. unten, S. 408).

Jedenfalls besteht also auch in diesem Punkte noch eine Lücke in unserer Kenntniss von Verhältnissen, deren Bedeutung sich immer schlagender herausstellt, je tiefer man in dieselben eindringt.

Im Vergleich zu der oben beschriebenen, in den elektrischen Organen und auch sonst auftretenden enormen individuellen Variation, erscheinen die Unterschiede des Aufbaues der Zwischenmuskelschicht und der anstossenden Organaponeurosen gering und beweisen auf's Neue die innige Beziehung der Säulenbündel zur Zwischenmuskelschicht.

Berücksichtigt man nun dies aus inneren Gründen relativ feste Verhältniss des Organs zum Zwischenmuskel, und die oben erwähnte von vorn nach hinten zu erfolgende Verminderung der Säulen durch Einrollung und spitze Endigung, so gewinnt man weitere Einblicke in die Eigenthümlichkeit der Säulenanordnung im hinteren Körperabschnitt.

Da derselbe verhältnissmässig wenig an senkrechter Höhe verliert, so muss die Säulenverminderung an den Seiten einen Ausfall verursachen, der um so mächtiger sich geltend machen wird, da der tiefste Theil des Organs gleichsam als fester Punkt zu betrachten ist, gegen den die Säulen abwärts gezogen und eingerollt werden.

Auf zwei Arten kann dieser Ausfall vornehmlich gedeckt werden: 1) durch entsprechende Dehnung der restirenden Säulenbündel, 2) durch Eintreten anderer Elemente in die bei der Abwärtskrümmung der Säulen frei werdende Lücke. Beides kommt beim Gymnotus zur Beobachtung: 1) Die mit der Zwischenmuskelschicht verbundenen Säulen gewinnen an Durchmesser und rücken an den Seiten des Körpers nach oben. 2) In die durch Abwärtskrümmung der restirenden Säulen frei werdende Lücke schiessen Säulen ein, welche sich von hinten nach vorn zu erstrecken: dies ist das Sachs'sche Säulenbündel.

Mit solcher Erklärung stimmen die oben durch Hrn. Prof. du Bois-Reymond gegebenen Daten über das Sachs'sche „neue Organ“ in erfreulichster Weise überein, nicht sowohl diejenigen von Dr. SACHS selbst, welcher in der Frage etwas präoccupirt gewesen zu sein scheint. Die von Letzterem offen gelassene Lücke der Darstellung, eine Seitenansicht seines „neuen Organs“ *in toto* zu geben, suchte ich dadurch nach Möglichkeit auszufüllen, dass an einem Weingeistexemplar die Organe der einen (linken) Seite unter Erhaltung der Flossenträgermuskeln freigelegt wurden, um die relative Ausdehnung der einzelnen Theile zu zeigen (Taf. VI Fig. 14 *S. S.*).

Nur am Schwanzende blieb ein Stück der Körperhaut erhalten, an welchem die von Dr. SACHS mit besonderem Interesse betrachtete Längsstreifung dieser Region sichtbar wird. Hr. Prof. DU BOIS-REYMOND weist schon oben (S. 6) die Annahme zurück, die Streifung könnte irgend welche Beziehung haben zu den Scheidewänden des kleinen Organs, worüber in einem nachfolgenden Abschnitt (S. 370) ausführlicher gehandelt wird. Veranlassten die Organscheidewände Faltungen der Körperhaut, so wäre dies vor allen Dingen wohl an den Seiten des grossen Organs selbst zu beobachten, weil hier die Säulen der Haut eng anliegen, während das kleine Organ in erheblichem Abstand von der Haut sich findet.

Die Streifung dieser unteren Hautpartie ist mit grösster Wahrscheinlichkeit auf die Wirkung der unmittelbar anlagernden Flossenträgermuskeln zurück zu führen. Die Contraction dieser schief nach oben und vorn aufstrebenden Muskeln, deren oberer Rand sich an die wenig nachgiebige äussere Fascie ansetzt, muss eine Faltung der darüber lagernden Haut ungefähr senkrecht auf die Contractionsrichtung veranlassen, wie der M. frontalis eine Querfaltung, der M. corrugator supercilii eine senkrechte Faltung der auflagernden Haut der Stirn veranlasst.

Die Flossenträgermuskeln gewinnen gegen den Schwanz zu langsam aber stetig an Mächtigkeit, etwa zwischen dem 3. und 4. Viertel des auf Taf. VI Fig. 14 abgebildeten Gymnotus schiessen die Säulen des alten Organs unter einem Winkel von ungefähr 10°[1] hinter denselben ein und verbergen so die Endigung der letzten noch übrigen Säulen in ähnlicher Weise, wie es im ganzen Verlauf der Fall war.

Das SACHS'sche Säulenbündel fällt alsdann durch seine untere Begrenzung äusserlich mit dem oberen Rande der Flossenmuskeln zusammen, und beide Grenzen bleiben hier nahezu in Uebereinstimmung bis zum Ende des Schwanzes. Nirgend erscheint mehr so regelmässig angelegtes, engfächeriges Gewebe wie es dem vorderen Abschnitt des alten Organs eigen ist, und deshalb muss ich mich

[1] Die Zahl wurde unabhängig von der oben (S. 57) für denselben Winkel berechneten Zahl $9\frac{1}{2}°$ aufgestellt.

von den beiden oben S. 57 durch Hrn. Prof. du Bois-Reymond erörterten Möglichkeiten der Vertheilung beider Organabschnitte im Schwanz positiv für die erste unter Fig. 31 *A* abgebildete als die allein zulässige erklären; der aus dem Organ geschnittene Würfel Pacini's (Fig. 27, S. 52), wo die weitesten Fächer nach der Bauchseite zu verzeichnet sind, kann nur durch irrthümliche Verwechselung der Seiten so gezeichnet sein.

Das von Dr. Sachs herrührende, dort als Fig. 26 dargestellte Präparat stimmt unter Berücksichtigung der anderen Darstellungsweise vollständig mit der von mir auf Taf. VI Fig. 14 nach Photographie abgebildeten Seitenansicht überein; d. h. etwas hohe, mässig weite Fächer der Säulen bilden die dem alten Organ zunächst auflagernden Glieder und zeigen noch eine gewisse Regelmässigkeit des Verlaufes, während weiter nach oben gegen die Rumpfmusculatur die Fächer mehr und mehr an Weite und gleichzeitig an Unregelmässigkeit zunehmen, bei sehr wechselnder Höhe.

So schiebt sich das Sachs'sche Bündel nach vorn in die entstehende Lücke und gerade über der Stelle, wo unten die letzten engfächerigen Säulen hinter den Flossenmuskeln verschwunden sind, erscheinen oben die weitesten Fächer des abnormen Bündels.

Macht es nicht in der That den Eindruck, als hätten sie gleichsam Mühe den ihnen überlassenen Platz auszufüllen?

Das vordere Ende des Sachs'schen Bündels, welches mit Säulen mittlerer Fachweite oben gegen die Rumpfmusculatur ausläuft, bildet in den mir zugänglichen Exemplaren keine selbständige Spitze im Gewebe, sondern legt sich den Säulen des alten Organs eng auf.

Im letzten Schwanzabschnitt, wo die elektrischen Organe überhaupt nur noch eine mangelhafte Entwickelung zeigen, finden sich Fächer mittlerer Weite, indem das alte Organ ohne scharfe hintere Grenze allmählich in die grössere Fachweite übergegangen ist, so dass sich nicht mehr zwischen beiden Anlagen unterscheiden lässt. Offenbar unterliegen diese Verhältnisse einer starken individuellen Variation, aber ich bin überzeugt, dass sich nirgend eine auch nur annähernde Regelmässigkeit und Engfächerigkeit der Säulen im Schwanzende wieder einfindet, wie sie dem vorderen Organabschnitt eigen ist.

Die Umkehr der Verlaufsrichtung hat die Säulenanordnung unwiederbringlich zerstört.

Die genau nach der Natur entworfenen Querschnitte Taf. VII Fig. 20 und 21 werden wohl am besten eine Vorstellung von der sonderbaren Verworrenheit der Glieder in diesem Theil des Gymnotusorgans geben. Während an Fig. 19 (Taf. VII) das Sachs'sche Bündel in einigen Gliedern noch deutlich kenntlich ist und sich scharf von dem darunter lagernden „alten Organ" unterscheidet, bereitet sich rechterseits in dem letzteren eine weitere Störung der Ordnung durch die Einrollung von 6 Säulen vor, deren Reste in dem weiter hinten erscheinenden, verworrenen mittleren Gebiet der Fig. 20 (Taf. VII) vorliegen müssen. Hat nun auch die Gruppe des Sachs'schen Bündels durch Verbreiterung wirklich bereits den ganzen Raum oberhalb bis zu dieser Stelle eingenommen, so müssen die ebenso breiten darunter befindlichen Glieder die Verbreiterung der untersten Säulen des alten Organs sein, und zwar um so unzweifelhafter, als die Verbindung der bestimmten Glieder mit der Zwischenmuskelschicht nirgend gelockert erscheint.

Die geringe zur Beobachtung kommende Reduction ihrer Zahl erklärt sich, wie Fig. 20 (Taf. VII) am deutlichsten zeigt, genügend dadurch, dass manche Säule von der Mitte her nicht mehr vollständig an die Muskeln heranreicht, sondern vorher spitz endigt. Da die Zahl solcher spitzer Endigungen den Verlust öfters sogar übersteigt, müssen gelegentlich auch einzelne neue Säulenanlagen hinzugetreten sein: eine Anordnung, welche für die Zwischenmuskelschicht nur im hintersten Fünftel des Körpers zur Beobachtung kommt.

Die letzte Figur zeigt in noch höherem Grade Gruppen ganz schmal gewordener Säulen neben breiten, und die ganze Vertheilung gewinnt ein durchweg regelloses Ansehen; dadurch erhält das Organ den Charakter des Sachs'schen Bündels, aber die Höhe der Glieder ist durchschnittlich nicht beträchtlicher als im alten Organ, und die Nähe der spitzen Endigungen markirt sich durch häufig auftretende, ganz schmale Glieder.

Bei allen Querschnitten des Gymnotus erschien die Ausfüllungsmasse zwischen den Aponeurosen fächerig zusammengesetzt. Da die Fächer der Säulen, wie oben S. 29. 30 ausführlich beschrieben wurde, senkrechte Platten darstellen, welche sich an die Aponeurosen oben und unten anfügen und so den Raum zwischen der Leibeswand zur Medianlinie durchmessen, so konnte dies bisher unbeachtet gebliebene Bild nur so entstehen, dass die Platten nicht parallel der Querebene des Körpers gerichtet sind, sondern irgend einen Winkel mit dieser Ebene bilden.

Ein Schnitt, welcher in der Horizontalebene die Organe spaltete, musste die Abweichung erkennen lassen, und wurde ein solcher am vorderen Ende des zweiten Fünftels bei dem oben in der Tabelle registrirten Gymnotus ausgeführt. Der Schnitt trennte die grossen Organe und traf die Mittellinie 5^{mm} unter der Schwimmblase (Taf. VII Fig. 22).

Die freigelegte Fläche bestätigte die gehegte Vermuthung, doch erwies sich die Abweichung der Säulenplatten von der queren Richtung nicht sehr beträchtlich. In dem bezeichneten Körperabschnitt, und wahrscheinlich auch im übrigen bis zum Sachs'schen Bündel, macht sie sich in dem Sinne geltend, dass die Platten bei ihrem Verlauf von der

Medianebene zur Seitenwand des Leibes nach vorn zu gewendet sind. Die äussere Haut erreichend, bilden sie mit dieser einen Winkel von durchschnittlich 70°, so dass die Abweichung von der genau queren Richtung aussen 20° beträgt.

Die Dichtigkeit der Anordnung in diesem Theil des Organs markirt sich dadurch, dass die Schnittfläche durch die ungemein eng gestellten Platten fein gestreift erscheint; dabei haben die Streifen wegen der im Präparat mangelnden Turgescenz der Organe sowie der eingetretenen Schrumpfung einen leicht welligen Charakter.

Ich möchte nach den conservirten Präparaten nicht mit Sicherheit entscheiden, ob der Verlauf der Platten beim lebenden Gymnotus ein vollkommen gestreckter sei; das vorliegende Stück zeigt jedenfalls eine nach vorn sehende leichte Concavität der Platten, sodass ihr Ansatz an der äusseren Fascie am stärksten nach dem Kopfende zu gekrümmt ist.

Die nach vorn sich wendende Convexität der elektrischen Platten in senkrechter Richtung ist jedenfalls von dem Grade der Conservirung sehr abhängig, indem beim Zusammensinken erweichter Organtheile durch das Zusammenschnurren der bindegewebigen Scheidewände die Platten nach der Seite ausweichen müssen, wo der geringste Widerstand liegt, also nach vorn gegen das Schleimgewebe; daher zeigt auch die nach notorisch schlecht conservirtem Material gegebene Darstellung von Max Schultze (Fig. 12, S. 35) die Erscheinung am deutlichsten.

Noch andere interessante Besonderheiten lehrt der in Rede stehende Horizontalschnitt: Abgesehen von der beschriebenen feinen Streifung durch die parallelen Platten zeigt sich die Fläche auf den ersten Anblick leer, ohne Details, von einigen stark ausgeschweiften, gerissenen Rändern durchzogen; in der Mittellinie sieht man den Querschnitt der medialen Aponeurose zwischen den Organen mit den in gewissen Abständen (wie die haemalen Processus spinosi) angeordneten Gefässdurchschnitten, nebst den beiden Reihen der Durchschnitte elektrischer Nerven.

Die genauere Betrachtung lässt ohne Schwierigkeit erkennen, dass die gerissenen Bogenlinien, deren Concavität nach hinten gerichtet ist, den flach durchschnittenen Organaponeurosen entsprechen, und die Concavität deutet an, dass die Säulen im Allgemeinen schon so weit vorn (2. Fünftel) eine nach hinten fallende Stellung haben.

Die fibrösen Bündel, welche den Aponeurosen angehören, zeigen ein zartes, atlasglänzendes Flechtwerk, dasselbe vertheilt sich aber nicht vollkommen gleichmässig über die Fläche, sondern gewinnt stets an Stärke und Deutlichkeit gegen die sehnigen Verdickungen der medialen Wand in der Nähe der Gefässe. Auf diese Stützpunkte streben die sehnigen Aponeurosen besonders zu, und wenn sich auch die Organe mit Gewalt von der mittleren Schicht abreissen lassen, so ist doch eine genauere Verbindung der Septa mit Theilen des Wirbelsystems noch nachweisbar; denn diese mediale Schicht repräsentirt die senkrechte Platte, welche verschmolzenen, haemalen Processus spinosi homolog ist.

Fig. 22 auf Taf. VII soll von diesem Verhalten des Horizontalschnittes eine Vorstellung geben; um indessen in geeigneter Grösse und Uebersichtlichkeit die Figur auszuführen, war es nothwendig die Anordnung der Platten etwa um das Doppelte gröber zu zeichnen, als der Wirklichkeit entspricht, obgleich der Schnitt selbst bereits in der Vergrösserung 2 entworfen wurde. Die Streifen sind also um das Vierfache zu grob.

Das Gebiet der Flossenträger.

Nachdem so die grossen Organe vergleichend-anatomisch untersucht wurden, bleibt noch die Betrachtung des untersten Körperabschnittes übrig, in welchem die sogenannten kleinen Organe liegen. Dafür erwies sich das Gymnotusexemplar, von dem die Querschnitte auf Taf. VII abgebildet wurden, wegen der bereits oben angedeuteten Variation besonders lehrreich. Folgende Tabelle giebt die Zahlenverhältnisse:

	Summe d. Säulen des Querschnittes.		an die äussere Fascie.		an die Zwischenmuskeln.		an die basale Fascie.		Säulen des kleinen Organs.	
	links	rechts	links	rechts	links	rechts	links	rechts	links	rechts
I.	60	60	44	44	14(1)	14(1)	2	2	11	12
II.	54	54	37	37	15(2)	14(3)	2	2	14	16
III.	36	36	15(4)	13	17(5)	13	2	2	4	6
IV.	30(6)	28(7)	8	9	9	9	3(8)	3(8)	3 (rud.)	3 (rud.)
V.	24	28(9)	8	7	9(10)	9(10)	3(11)	3(11)	3 (rud.)	5? (rud.)

Bemerkungen. I. [1] Säulenbündel 17 (von unten gezählt), mit einem schwachen abirrenden Muskelbündel; 2. Fünftel des Körpers.

II. [2] 12 S-B. mit kräftigen Zwischenmuskeln, die anderen nur mit schwachen Muskelbündeln; [3] eine spitze Endigung vor dem Muskel; Körpermitte.

III. [4] 5 S-B. nur kurz, den ersten Gliedern des SACHS'schen Bündels aussen anlagernd; [5] 12 S-B. mit kräftigen Zwischenmuskeln, 19 (von unten) ohne Muskel, 20 mit schwachem Muskelbündel; 4. Fünftel.

IV. [6] Die ersten Säulen oben sehr schmal; [7] Trennung zwischen „altem“ und „neuem Organ“ nicht mehr möglich, etwa 19 a. O., 9 n. O.; [8] am dritten Gliede eine Spur von Muskel; vordere Hälfte des letzen Fünftels.

V. [9] Mehrere sehr schmale Säulen nicht mehr deutlich; [10] 8 S-B. mit kräftigen Zwischenmuskeln, das 12. Bündel (von unten gezählt) nur mit schwachem Muskel; [11] das dritte Glied zur Hälfte am Muskel; „rud.“ bezeichnet rudimentäre Säulen; hintere Hälfte des letzten Fünftels.

In den vorstehenden Ausführungen wurde das Gebiet der Flossenträger mit ihrer zugehörigen Musculatur nur soweit berührt, als es unvermeidlich schien, da es die Uebersichtlichkeit der Darstellung fördert, hierüber wie bei der Rumpfmusculatur, in besonderem Kapitel zu handeln.

Die kleine rudimentäre oder fehlende Rückenflosse der hier verglichenen Fische kennzeichnet sich auch im Körperquerschnitt durch die geringe Ausbildung der entsprechenden Flossenträger und ihrer Muskeln. Charakteristischer Weise und ganz im Einklange mit den anderen Vergleichsmomenten steht hinsichtlich der Entwickelung der Rückenflosse der Aal obenan und entfernt sich auch hierin von den Gymnotinen.

Ein flüchtiger Blick auf die Taf. VII, wo die Durchschnitte alle auf dasselbe Niveau, Mitte des Wirbelkörpers, gestellt wurden, möchte zu der Vermuthung führen, die Fig. 16 (Aalquerschnitt) sei aus Versehen umgekehrt eingefügt; denn sie überragt ihre Nachbarn nach oben, obwohl sie im Ganzen unter der mittleren Grösse bleibt. Sie verdankt diesen Vorrang der Ausbildung der Rückenflosse, und obwohl die Gräten des Aales überhaupt nur schwach ausgebildet sind, sieht man die Schrägschnitte mehrerer zugehörigen Träger in der Medianebene des Rückens erscheinen. Ist die zugehörige Musculatur auch gleichfalls dürftig, so lassen sich doch innere und äussere Flossenträgermuskeln bereits unterscheiden (Taf. VII Fig. 16, *mp.*).

Silurus, in der vorderen Körperhälfte mit kleiner Rückenflosse ausgestattet, zeigt weiter hinten äusserlich Nichts mehr davon, und unter dem gerundeten Umriss der Rückenhaut sieht man nur zwei kleine dreieckige Durchschnitte von Musculatur, die in dies Gebiet gehören (Taf. VII Fig. 15, *mp.*).

Ganz ähnlich erscheint das Bild des Querschnittes von Sternopygus (Fig. 17) und bei Gymnotus selbst rückt der betreffende kleine Muskelquerschnitt durch Zwischenlagerung starker Fettpolster des Panniculus in die Tiefe, lagert den dorsalen Seitenmuskeln auf (Fig. 18, 19, 20, 21) und zwar verhältnissmässig um so mehr, je weiter der Querschnitt sich dem hinteren Körperende nähert. Der ausserordentlich grätenreiche Fisch (s. oben S. 87) lässt auch hier diese Eigenthümlichkeit durch die zahlreich einlagernden Stützgräten erkennen.[1] Die Ausbildung dieser Gräten, als

[1] Die Durchschnitte dieser Gräten markiren sich in den Figuren als dunkle Punkte. Als „Stützgräten“ wurden in der vorliegenden Abhandlung nicht auf autogene Wirbelfortsätze zurückführbare Elemente bezeichnet.

anscheinend dem Axenskelet zugehöriger Theile, macht in der That die Homologie der kleinen Muskelgruppe mit Flossenträgermuskeln einigermaassen zweifelhaft; doch erscheint es ebenso bedenklich, sie zu den Rumpfmuskeln zu ziehen.

Das ganze Gebiet interessirt uns für die vorliegenden Fragen nur vergleichsweise, und möchte ich daher die Aufmerksamkeit alsbald auf die entgegengesetzte Seite des Körpers, die Region der Analflosse richten.

Die niedrige Fettflosse des Aales mit der flach ausgebreiteten, spärlichen Musculatur unter der Bauchhaut, scheint einer kriechenden Bewegung des Thieres eher als dem Schwimmen Vorschub leisten zu sollen. Die anderen Querschnitte der Taf. VII zeigen dagegen eine mächtige Verlängerung des Körpers in der Richtung gegen den Bauch.

Vergleicht man darauf hin den Silurusquerschnitt (Taf. VII Fig. 15), so erkennt man darin 5 schräg durchschnittene Flossenträger in der Medianebene, die haemalen Processus spinosi (3) nach unten zu fortsetzend. Die schwache Spitze des obersten ragt bis hinein in die den Zwischenraum der M. laterales imi erfüllende fibröse Masse, welche seitlich auch von Fettgewebe stark durchsetzt ist. Sehr deutlich gruppiren sich beiderseits von den durchschnittenen Flossenträgern die Systeme der zugehörigen Muskeln, die links und rechts sich als äussere und innere oder oberflächliche und tiefe unterscheiden lassen.

An jeden Träger schliesst sich beiderseits ein Muskelpaar, eng zusammenlagernd mit dem entsprechenden der anderen Seite, so dass jeder Träger eigentlich von vier kleinen Muskeln eingehüllt ist, von denen die vorderen als Aufrichter der Flossenstrahlen, die hinteren als Senker derselben functioniren.

Von diesem inneren System ist deutlich ein anderes gesondert, welches bis dicht unter die Haut reicht und an den Seiten des Körpers, wie bereits erwähnt, einen Ansatz an die Fascie findet: die äusseren oder oberflächlichen Flossenträgermuskeln; sie finden nach abwärts ihre Insertion an der Basis der Analflosse, die sie bewegen helfen und zwar wesentlich in seitlicher Richtung. Auch sie spalten sich wie die inneren zuweilen in zwei Bündel, doch ist diese Trennung häufiger verwischt; in den Figuren sind sie, weil sie, den Flossenträgern entsprechend, nach vorn und oben ansteigen, ebenfalls schräg durchschnitten. Wie auch beim Aal noch kenntlich ist, verläuft an der Grenze des Gebietes der Flossenträger und der eigentlichen Flosse ein starkes Gefäss, dessen Querschnitt auf den Figuren angedeutet ist, und eine Fascie sondert die Flossenträger schon makroskopisch von dem eigentlichen Flossengewebe.

Eigenthümlicher Weise stimmt das Bild, welches der Durchschnitt von Sternopygus gewährt, damit nicht vollkommen überein. Auch hier erkennt man die inneren und äusseren Flossenträgermuskeln, sie sind aber vielmehr längs als schräg durchschnitten, so dass nur drei Paar der inneren getroffen wurden, und an den äusseren waren deutliche Trennungen nicht zu bemerken. Die Träger wie ihre Muskeln sind bei Sternopygus, wie sich daraus ergiebt, an dieser Körpergegend (vor der Mitte)[1] mehr aufgerichtet; übrigens war dies Material nur mässig gut conservirt und wurde manches Detail des Querschnittes vielleicht durch cadaveröse Veränderungen undeutlich gemacht.

Bei dem sehr lang gestreckten Rhamphichthys sind die Flossenträgermuskeln stark entwickelt und steigen ziemlich schräg an den Seiten des relativ niedrigen Körpers empor, wobei sie sogar die untersten Theile der Rumpfmusculatur überdecken. Ein Querschnitt dieser Art stand leider nicht zur Verfügung.

Sternarchus schliesst sich wieder enger an Sternopygus an, sein Körper schwindet aber im unteren Abschnitt noch mehr messerartig zusammen als bei den erst erwähnten Gymnotinen der Fall ist (s. oben S. 13), und die Gruppirung der Flossenträgermuskeln ist nicht so übersichtlich und mannigfach. Das zarte, im Leben durchscheinende Fischchen muss frisch ein schönes Untersuchungsmaterial abgeben, aber nach der Behandlung mit schlechtem Spiritus ist daran wenig mehr zu erkennen.

Auch das Wenige, was man verbürgen kann, trägt noch dazu einen wesentlich negativen Charakter; es lassen sich nämlich an den Querschnitten von Sternarchus und auch von Sternopygus pseudoëlektrische oder unvollkommene elektrische Organe nicht nachweisen.

Der als Fig. 17 auf Taf. VII abgebildete Querschnitt eines 41 ^{cm} langen Sternopygus carapo M. Tr. wurde wegen der wünschenswerthen Unterscheidung der Muskeln von der Zwischensubstanz beispielsweise in der natürlichen Contrastwirkung von hell und dunkel gezeichnet, also h e l l e Ligamenta intermuscularia zwischen d u n k l e n Muskeln, während bei den anderen Figuren, um über die Eintheilung klarere Uebersicht zu erlangen, umgekehrt die Ligamente d u n k e l gezeichnet wurden. Der Sternopygus zeigt ein auffallend reiches Zwischengewebe sowohl zwischen den Musculi laterales imi als auch zwischen den äusseren und inneren Flossenträgermuskeln. Dies Zwischengewebe ist durch starke Fetteinlagerungen von gelblicher Farbe ausgezeichnet und zeigt bei weiterer Präparation, dass es von bindegewebigen, festeren Häuten quer durchzogen ist, die eine gewisse Regelmässigkeit erkennen lassen.

Bemerkenswerthe histologische Elemente konnte ich hierin nicht finden, und doch ist wohl anzunehmen, dass in diesem Zwischengewebe

---

[1] Gesammtlänge des Thieres 41 ^{cm}, Schnitt 14·5 ^{cm} vom Kopf aus gemessen.

oder den daran stossenden Muskeln Dr. Sachs bei einem jugendlichen Exemplar von Sternopygus virescens M. Tr. die Anlage gefunden hat, welche er glaubte als pseudoëlektrisches Organ ansprechen zu müssen.

Wie oben S. 70 Hr. Prof. du Bois-Reymond muss ich gleichfalls ablehnen über diese Angabe des Dr. Sachs eine positive Ansicht zu äussern, nur soviel kann ich mit gutem Gewissen vertreten, dass die Fig. 34 auf S. 69, nach den Tagebuchskizzen entworfen, wegen Fehlens der sicher vorhanden gewesenen Flossenträgermusculatur unmöglich correct sein kann. Ein mir zur Verfügung stehendes Exemplar desselben Fisches von nur 11 cm Länge (Dr. Sachs hat die Grösse nicht angegeben) zeigt die normale Vertheilung und weicht also von der citirten Figur ab; ähnliche Elemente, wie sie Dr. Sachs nach dem Mikroskop abbildete, finde ich nicht darin, doch könnte dies auf Rechnung der schlechten Conservirung zu setzen sein. Das fetthaltige Zwischengewebe der inneren und äusseren Flossenträgermuskeln erscheint auch hier sehr mächtig, dazwischen spannen sich einzelne Aponeurosen, die nach Ausfall des bereits stark krystallisirten Fettes frei stehen bleiben. Das Mikroskop zeigt die Membranfetzen mit zahlreichen rundlichen Kernen.

Wo das α der Fig. 34 steht, lagern die so eben beschriebenen Musculi laterales imi; und sind hier bei embryonalen oder jugendlichen Individuen von sich entwickelnden quergestreiften Muskeln abweichende Bildungen nachweisbar, wie immer sie auch gestaltet sein mögen, so würde dies weitere Fingerzeige für die Lösung der schwebenden Fragen geben.

Eine Sonderung des Flossenträgergebietes von dem darüber lagernden Theil des Körpers ist hier schärfer angedeutet, wie auf dem Durchschnitt von Sternopygus carapo (Taf. VII Fig. 17), noch bemerkenswerther wird diese Abgrenzung dagegen bei Gymnotus electricus.

Wenn Rudolphi[1], wie schon oben S. 28 angeführt wurde, das grosse von dem kleinen Organ durch eine etwas dickere Horizontalwand getheilt (abgegrenzt?) sein liess, so hatte er für die zwei oder drei innersten Säulen des grossen Organs im Wesentlichen Recht; wenn er weiter nach aussen die Einschiebung einer Muskellage (der Zwischenmuskelschicht) erwähnt, so ist diese Angabe nur insofern ungenau, als dieselbe „dickere Horizontalwand" (unsere basale Fascie) auch unter den Zwischenmuskeln lagern bleibt.

Stark fetthaltiges Bindegewebe umhüllt alle die einzelnen Theile des Flossenträgerabschnittes und schliesst dicht an die basale Fascie des

---

[1] Aus den Abhandlungen der Berliner Akademie. 1820—21. Physikalische Klasse. S. 229. 232.

grossen Organs an, so dass sich in der That grosses und kleines Organ nirgend berühren, wie es auch Dr. SACHS (vergl. oben Fig. 10) richtig dargestellt hat. HUNTER's Ausspruch: „A fatty membrane, which divides the large organ from the small“,[1] ist also auch nicht eigentlich falsch, sondern nur nicht genügend präcis. Er liess die ausserdem vorhandenen Zwischenmuskeln unberücksichtigt.

Die gleichen, nur um die basale Fascie schwächeren „fatty membranes“ hätte er auch zwischen dem kleinen Organ und den Flossenträgermuskeln constatiren können; durch die Einschaltung solcher Elemente gestaltet sich der Flossenträgertheil des Gymnotusdurchschnittes zu einem besonders zierlichen und zugleich lehrreichen Bilde, so dass die allgemeine Nichtbeachtung dieser Organisation, wie sie auch in der Figur von Dr. SACHS sich bemerkbar macht, recht auffallend erscheint.

Die typische Anordnung der tiefen Flossenträgermuskeln, welche bei Silurus noch deutlich ist, vereinfacht sich hier insofern, als die benachbarten Muskelbündel eines Interstitiums der Träger derartig eng zusammenschliessen, dass sie einen scheinbar einfachen Querschnitt abgeben und also nur soviel Muskelpaare wie Träger als Schrägschnitte in der Zeichnung auftreten.

Für die äusseren, oder oberflächlichen Muskeln der Flosse wurde ein solches Verhalten bereits oben als das häufigere bezeichnet, es findet sich bei Gymnotus in gleicher Weise, die schräg ansteigenden, schnell sich abplattenden Muskeln greifen unterhalb der basalen Fascie um die grossen elektrischen Organe herum und verdecken so bei der von Haut entblössten Seitenansicht des Fisches eine wechselnde Zahl der unteren Säulen.

Im hintersten Fünftel der Körperlänge (Taf. VII Fig. 20 und Fig. 21), wo die Zwischenmuskelschicht eine mehr seitliche Lagerung erhält, drängt letztere sich einigermaassen zwischen die Flossenträgermuskeln und das grosse Organ ein. Naturgemäss müssen aber diese wenig variabeln Muskeln wenigstens das median von ihnen lagernde, sogenannte kleine Organ, mit dem sie sonst keine ersichtliche Beziehung haben, vollständig verdecken. Solche Beziehung stellt sich dagegen, wie die Figuren es deutlich machen, im Verhalten des kleinen Organs gegenüber den tiefen Flossenträgermuskeln in auffallender Weise heraus.

Indem die Flossenträger gegen das Schwanzende des Gymnotus zu eine mehr und mehr geneigte Stellung annehmen, wächst die Zahl der in demselben Durchschnitte erscheinenden nothwendiger Weise in anfänglich stark, dann schwächer steigendem Verhältniss. So finden wir beispielsweise in Fig. 18 (Taf. VII), etwa der Mitte des Körpers entsprechend, also

[1] L. c. p. 407; Pl. IV. Fig. 5 *P*.

aus dem dritten Fünftel, deren 5, in Fig. 19, aus dem vierten Fünftel desselben Thieres, bereits 8, in Fig. 20, aus der vorderen Hälfte des letzten Fünftels, 10, in Fig. 21, aus der hinteren Hälfte desselben Stückes, 11.

Vergleicht man damit die in der obigen Tabelle eingetragene Säulenzahl des kleinen Organs von einem normalen Gymnotus, der ähnliche Zahlen aufweist, wie die von Dr. Sachs als typisch angegebenen, so findet man in den successiven Querschnitten der Fünftel (rechterseits gezählt): 5, 10, 13, 14.

Während also das grosse Organ von vorn nach hinten an Zahl verliert, gewinnt das kleine Organ gegen den Schwanz zu und zwar ist der Gang der Zahlen für das letztere ein einigermaassen ähnlicher wie für die Flossenträger selbst, deren sich in den entsprechenden Durchschnitten 4, 5, 7 und 8 finden.

Wenn schon diese Uebereinstimmung für sich allein zu denken giebt, so wird die Beziehung beider Organe zu einander noch weiter illustrirt durch das Verhalten der zu den Trägern gehörigen Muskeln; denn in dem Bereich, wo das kleine Organ voll entwickelt ist, fehlen die tiefen Flossenträgermuskeln.

Wie beim grossen Organ und der Zwischenmuskelschicht die elektrischen Säulen nur für einen (den oberen) Theil des Muskels eingefügt erscheinen, so sind die tiefen Flossenträgermuskeln auch nur so weit gänzlich reducirt, um die obersten Enden der Träger von Muskeln entblösst zu lassen, während weiter abwärts, wo die Säulen des kleinen Organs schnell an Breite verlieren, nach oben zu schmale, nach abwärts bald sich zur normalen Breite ausdehnende Flossenträgermuskeln zwischen die beiderseitigen kleinen Organe eingeschaltet sind. Unmittelbar unter der basalen Fascie und bis zum zweiten oder dritten Flossenträgerdurchschnitt befindet sich zwischen dem rechten und linken kleinen Organ ausser den knöchernen Trägern nur die fibröse Zwischenplatte und etwas Fettgewebe.

Besonders auffallend werden nun aber die Beziehungen der tiefen Flossenträgermuskeln zu dem kleinen Organ bei Betrachtung eines Gymnotusexemplars, wie solches in den Figuren der Taf. VII abgebildet wurde. Da hier, wie erwähnt, das kleine Organ im letzten Drittel des Körpers an Ausdehnung gegen das grosse erheblich zurücktritt, so erhalten wir für die Säulenzahl des ersteren eine von der typischen Tabelle abweichende Reihe.

Im zweiten Fünftel des Körpers beträgt die Zahl der Säulen bereits 12, es erscheinen dann in der Körpermitte deren 16, im vierten Fünftel nur 6 (gegen 14 des erst erwähnten Gymnotus!) und im letzten Fünftel sind überhaupt nur rudimentäre Bildungen unsicherer Zahl zu finden, deren Ausbildung zu elektrischen Platten das Mikroskop in jedem einzelnen Falle festzustellen hätte.

Der grosse Reichthum an Säulen, welcher dem letzterwähnten Exemplar eigen war, markirt sich auch in der hohen Zahl solcher, die für das kleine Organ entfallen, aber nachdem, wie Fig. 18 (Taf. VII) erkennen lässt, schon im mittleren Theil des Körpers die Anordnung der Säulen sehr unregelmässig wurde, verschwindet im Schwanzende das Feld für das kleine Organ eigentlich vollständig, ohne dass Muskelschrägschnitte wiederum an die Stelle treten.

Ein eigenthümliches fibröses Gewebe, von regelmässigem Vorkommen zwischen den oberflächlichen und tiefen Flossenträgermuskeln, in welches erstere gleichsam eingedrückt erscheinen, füllt die so entstehende Lücke in unvollkommener Weise aus. Dasselbe erinnert seinem histologischen Bau nach auffallend an das oben erwähnte Gewebe in den abirrenden Bündeln der Zwischenmuskelschicht. Die Durchschnitte dieser von der Nachbarschaft nur wenig unterschiedenen, durchscheinenden Stränge von graulicher Farbe wurden in den Figuren durch eine zarte Punktirung bezeichnet (*y* der Figuren).

Schon HUNTER[1] hat dieses Gewebe beobachtet, und markirte es in dem Uebersichtsbilde der Organe durch schräge über das kleine Organ hinweggezogene Streifen; so wird noch die Stellung der früher auf demselben lagernden oberflächlichen Muskelbündel ersichtlich. Specielle Angaben darüber konnte ich auch bei ihm nicht finden.

Beim Schwinden des kleinen Organs bleibt die fibröse Substanz zurück, die alsdann relativ stark erscheint, wie gewucherte Scheiden eines degenerirten Theiles. Es erscheint bedeutungsvoll, dass ein ganz ähnliches Gewebe von mir in den äusseren abirrenden Muskelbündeln der Zwischenschicht gefunden wurde, und dürfte dasselbe für die Aufklärung der noch dunklen Punkte in der Ausbildung der elektrischen Organe eine wichtige Rolle zu spielen bestimmt sein. Einzelne solcher fibröser Streifen erscheinen auch tiefer zwischen den beiden Muskelsystemen der Flossenträger, so besonders deutlich in Fig. 19 (Taf. VII) aus dem vierten Fünftel des Körpers.

Im Allgemeinen ordnen sich nun die Flossenträgermuskeln unterhalb der zweifelhaften Stelle des kleinen Organs in normaler Weise an, d. h. es erscheint bei mangelnder weiterer Spaltung je ein Paar von tiefen und oberflächlichen Muskeln im Schrägschnitt, entsprechend den Interstitien der Träger, an welches Gebiet sich abwärts die Flosse selbst anschliesst; über letztere habe ich zum hier behandelten Gegenstande nichts Besonderes anzuführen.

[1] L. c. Pl. II.

Die aus dem mikroskopischen Bau der Organe sich ergebenden Vergleichungen.

Es erübrigt noch zu untersuchen, wie die Elemente, welche das Mikroskop in dem Aufbau der Organe zu zeigen vermag, sich mit Rücksicht auf die vermuthete Entstehungsweise derselben zu einander verhalten.

In der That muss offen zugegeben werden, wie Dr. SACHS es leider auch schon constatirte, dass der aus entsprechenden mikroskopischen Untersuchungen mit einer gewissen Wahrscheinlichkeit als Resultat erhoffte Beweis für die Richtigkeit der mehr und mehr sich verbreitenden Ueberzeugung von der Entstehung elektrischer Organe aus Muskeln bei Gymnotus noch nicht so gültig zu liefern ist wie bei Torpedo oder Raja.

Das Bestreben diesem spröden Gebiet weitere Aufschlüsse abzugewinnen, ergab noch einige Thatsachen hinsichtlich des Baues der elektrischen Organe als ungenügend bekannt, welche zur Ergänzung der oben gegebenen Beschreibung hier einen Platz finden mögen.

Betrachtet man einen Querschnitt des grossen elektrischen Organs und der angrenzenden Zwischenmuskelschicht, wie ihn Fig. 29 auf Taf. VIII darstellt, unter dem Mikroskop bei mittlerer Vergrösserung, so erscheint im Organ und im Zwischenmuskel eine einigermaassen ähnliche Zeichnung, indem eng aneinandergelagerte, unregelmässig polygonale Felder von etwa gleichen Grössenverhältnissen in beiden Abschnitten des Bildes auftreten; auch finden sich eingestreute Kerne hier und da in den Feldern des Organs, wie der Zwischenmuskelschicht.[1]

Der Habitus beider Arten polygonaler Felder, sowie ihre Bedeutung ist aber im Uebrigen wesentlich verschieden, indem diejenigen des Organs die basalen Verbreiterungen der Papillen darstellen, die der Zwischenmuskelschicht Querschnitte der Muskelprimitivbündel repräsentiren. Jene sind klar, homogen oder höchstens feinkörnig, letztere zeigen sich dunkel, grob punktirt (Muskelfibrillendurchschnitte) und weniger gleichmässig in den Durchmessern.

---

[1] Einen Beweis, wie auffallende Merkmale der vergleichenden Histologie trotz mannigfacher Untersuchungen in diesem Gebiet noch völlig unbeachtet geblieben sind, liefern die eigenthümlichen pigmentirten Bindegewebszellen der Organaponeurosen, welche nach dem Präparat von mir in Fig. 29 eingetragen wurden, und sich daselbst als unregelmässig begrenzte, dunkle Fleckchen markiren. Das Mikroskop zeigt, dass sie ihren Zellcharakter meist vollständig verloren haben, und Pigmenthäufchen von körniger Zusammensetzung mit unregelmässigen Fortsätzen geworden sind. Aehnliche Elemente finden sich auch an den Muskelaponeurosen.

Verfolgt man den durch dies optische Verhalten gegebenen Fingerzeig weiter und nimmt an, man könne aus dem morphologischen Verhalten der Elemente auf die geschehenen Umwandlungen zurückschliessen, so hätte man in den Papillengruppen (secundäre Papillen Max Schultze's auf gemeinsamer Basis) Reste von Muskelprimitivbündeln zu sehen.

Selbstverständlich ist eine derartige Vergleichung nur als eine Hypothese zu geben, welche aber insofern einen gewissen Werth hat, als sie einen Ausgangspunkt abgiebt, um das Für und Wider der in Rede stehenden Vergleichung zu erörtern.

Verschiedene schon früher bekannte, sowie durch Dr. Sachs bekannt gewordene Momente würden der Hypothese günstig erscheinen, freilich fehlt es nicht an anderen schwerwiegenden Bedenken dagegen. Nach der Natur der Sache liegt es im Sinne der Hypothese, die Richtung der supponirten, ursprünglichen Muskelfibrillen senkrecht zum Verlauf der elektrischen Platte anzunehmen, und die Organaponeurosen als umgewandelte Ligamenta intermuscularia anzusprechen. Ein Zerfall der Platte längs der Pacini'schen Linie, auf welchen Dr. Sachs ein besonderes Gewicht legte, würde einem Zerfall des Muskels in Bowman'sche Discs gleichstehen; der von den vorderen Papillen sich abspaltende Theil der Platte mit den hinteren und Dornpapillen, müsste einen wenigstens annähernd ähnlichen Charakter wie jener Theil tragen; die Nervenendigungen hätten sich histologisch den als sogenannte Nervenendplatten der Muskeln beschriebenen Bildungen anzureihen.

So schwerwiegende Einwände auch gegen die vorgeschlagene Vergleichung vorzubringen sind, so lässt sich doch wiederum Manches zur mindestens theilweisen Hebung derselben anführen, und die Hoffnung weiterer Aufklärung durch zukünftige Untersuchungen in gleicher Richtung als berechtigt hinstellen. Zu solchen Bedenken, welche vielleicht für schwerwiegend erachtet werden könnten, gehört z. B. der Wegfall der Querstreifung des Muskels sowie der Verlust der Doppelbrechung; indessen erscheinen mir diese weniger bedeutungsvoll aus Gründen, die sogleich näher zu erörtern sein werden.

Die neueren Untersuchungen des quergestreiften Muskels besonders von Hrn. Engelmann[1] lassen ihn bekanntlich als ein höchst complicirtes Gebilde erscheinen mit seinen Zwischenscheiben, Nebenscheiben, Querscheiben, Mittelscheiben, und es fehlt somit nicht an einer reichen Unterlage für mannigfaltige Umwandelungen unter Betheiligung der verschiedenen

[1] Mikroskopische Untersuchungen über die quergestreifte Muskelsubstanz. Pflüger's Archiv für die gesammte Physiologie. 1873. Bd. VII. S. 33—71.

histologischen Elemente. Ich will nicht verhehlen, dass ich mich persönlich von der Realität aller dieser Scheiben nicht habe überzeugen können, sondern überzeugt bin, dass eine Differenzirung der Substanz in stark und schwach brechende Theilchen durch die Interferenzwirkung zwischen denselben je nach den Contractionszuständen wechselnde Zwischenlinien von besonderem Charakter entstehen lassen wird. Andererseits liegt es mir fern zu glauben, dass damit alle Erscheinungen am quergestreiften Muskel erklärt seien und es ist daher angezeigt, ganz objectiv zu versuchen, wie die von dem Muskel gegebenen Daten auf das elektrische Organ passen.

Dabei drängt sich fast unwillkürlich eine schon etwas ältere Anschauung über die Muskelstructur in den Vordergrund, nämlich die Krause'schen Muskelkästchen, sowie die damit vielfach verwandte von Hrn. Merkel, welcher durch die Anerkennung der Muskelfibrille als constituirendes Element für uns noch wichtiger wird.[1] Nach dem erst genannten Autor sind hier aus Membranen (Zwischenscheiben und Grenzen der Cohnheim'schen Felder) geformte, niedrigen Bechern vergleichbare Kästchen zu Muskelfächern gruppirt, von denen jedes Kästchen eine einfachbrechende flüssige Substanz (Muskelkästchenflüssigkeit) enthält, in der ein Prisma von doppelbrechender Substanz schwimmt.

Die Vereinigung einer grösseren Anzahl solcher aneinander lagernden Kästchen in querer Richtung zum Muskelfach und Verschmelzung der darin schwebenden Körper zu einer grösseren Scheibe würde alsdann Verhältnisse setzen, die lebhaft an die Fächer des elektrischen Organs und die einlagernden Platten erinnern.

Freilich darf man nicht ausser Berücksichtigung lassen, dass die Grössenverhältnisse eines Krause'schen Muskelkästchens und eines Faches der elektrischen Organe ausserordentlich verschiedene sind, indem letzteres durch seine Höhe etwa um das zwanzigfache überwiegt, aber die Vermuthung ist keineswegs so fern liegend, dass die ursprüngliche Anlage der Primitivbündel sich nur in bestimmten Abständen in querer Richtung zu elektrischen Platten erweitert, wobei den Einheiten niedrigerer Ordnung, den Cohnheim'schen Primitivcylindern, noch eine besondere Rolle zugetheilt sein dürfte.

Die Berechtigung für diese Vermuthung wird in schlagender Weise durch die Untersuchungen des Hrn. Babuchin bei Torpedo und Raja dargethan; denn für Torpedo ist hier der Beweis geführt, dass in der That durch die seitlich auftretenden Erweiterungen an den embryonalen Primitivbündeln, Babuchin's sogenannte Plattenbildner, bei regressiver

[1] Ueber den Bau der quergestreiften Muskelfaser, Göttinger Nachrichten. 1868. S. 357; — Henle und Pfeufer, Zeitschrift für rationelle Medicin. 3. R. 1868. Bd. XXXIII. S. 265.

Metamorphose des Restes der Bündel Platten hergestellt werden und eine fachartige Anordnung entsteht, deren Dimensionen mit den entsprechenden Theilen des Gymnotus verglichen keineswegs einer anderen Reihe angehören.

Hr. Babuchin[1] lebt gleichfalls der festen Ueberzeugung, dass die Verhältnisse bei den verschiedenen elektrischen Fischen unter einander ähnlich sind, und die oben citirte Abhandlung des Autors giebt dafür auch an einer Stelle, wo es nicht ausdrücklich bemerkt worden ist, einen Beweis, wie er kaum treffender gedacht werden kann.

Es ist nämlich daselbst auf Taf. XII als Fig. 20 ein Fach in polarisirtem Licht dargestellt, welches in dem Verzeichniss der Figuren als „Querschnitt von einem sehr jungen aber schon ganz ausgebildeten Elemente“ bezeichnet ist. Nach dem Text muss man annehmen, dass das zu Grunde liegende Präparat von dem „Rochen“ herstammt (ohne specielle systematische Benennung), und doch lässt sich behaupten, dass dieselbe Figur nahezu ebenso gut den Querschnitt eines elektrischen Gymnotuselementes repräsentire, an welchem einige weniger wichtige Details fortgelassen wurden.

Wir finden in der angeführten Figur eine fibrilläre Fachscheidewand (im polarisirten Licht gelb auf röthlichem, empfindlichem Grunde); einen von Fasernetzen (Nervenverzweigungen?) durchsetzten Raum, der dem „spazio sottocellulare“ Pacini's (s. oben S. 36) entsprechen würde; die elektrische Platte (mit blauen, doppeltbrechenden, maeandrischen Linien); einfachbrechende, nach der anderen Seite in ein „spazio sopracellulare“ hineinragende kernhaltige Papillen und endlich ein Schleimgewebe mit Sternzellen, welches diesen Raum erfüllt.

Dieses sind aber im grossen Ganzen dieselben Theile, welche das Fach des Gymnotusorgans zusammensetzen. Eine principielle Abweichung würde darin bestehen, dass die elektrische Platte des Elementes des Rochen (metasarkoblastisches Glied Babuchin's) noch doppeltbrechende Substanz erkennen lässt, diejenige des Gymnotus nicht.

Hierauf ist zu erwidern, dass gerade bei den thierischen Geweben die Doppelbrechung bekanntlich grossen Schwankungen unterworfen ist, je nach den Spannungsverhältnissen, also nach der Configuration des Elasticitätsellipsoids,[2] und dass daher wohl anzunehmen sein dürfte, die

---

[1] Reichert's und du Bois-Reymond's Archiv für Anatomie, Physiologie u. s. w. 1876. S. 540.

[2] Das Verhalten der verschiedenen Zonen des Netzknorpels der Epiglottis im polarisirten Licht ist ein schönes Beispiel über die Abhängigkeit dieser Erscheinung von den Spannungsverhältnissen der histologischen Elemente, da sie hier mit der Gestalt und Stellung der Knorpelzellen wechselt.

anisotrope Substanz habe ihren doppeltbrechenden Charakter bei der Umwandlung embryonalen Muskelgewebes in elektrische Platten durch die damit verbundenen Quellungsvorgänge verloren. Hierin scheint mir das von Hrn. BABUCHIN aufgestellte Princip „die anisotrope Substanz ginge bei der in Rede stehenden Umwandlung zu Grunde“ etwas zu extrem gefasst.

Zu dieser Ansicht möchte ich mich schon deshalb berechtigt halten, als das metasarkoblastische Glied des Gymnotuselementes keineswegs gänzlich isotrop ist, wie allerdings oben S. 42 nach Dr. SACHS' Untersuchungen angegeben wird. Die Doppelbrechung ist in der That so schwach, dass am frischen Präparat kaum Spuren davon zu bemerken sind, aber bei sorgfältiger Einstellung der querdurchschnittenen Platten (Balsampräparate) im empfindlichen Felde sieht man bei gekreuzten Nicols das metasarkoblastische Glied besonders in PACINI's „parte fondamentale“ bei verändertem Farbenton schwach aufleuchten, so dass es als in geringem Grade doppeltbrechend bezeichnet werden muss. Je weniger weit die Umwandlung der embryonalen Muskelsubstanz vorgeschritten ist, um so mehr darf man noch erwarten, deutliche Doppelbrechung zu sehen; darum fand Dr. SACHS an den unvollkommen und unregelmässig entwickelten Papillen seines „neuen Organs“ auch noch Doppelbrechung, die er bei den typisch entwickelten Papillen vermisste, und darum erscheint bei den Elementen der unvollkommenen elektrischen Organe von Raja dies Phaenomen noch in besonderer Deutlichkeit.

Während manche Autoren, wie besonders Hr. RANVIER[1] ihre Stärke darin zu suchen scheinen, das einzelne Element des elektrischen Organs in eine möglichst grosse Zahl von Schichten zu zerspalten, hat Hr. BABUCHIN in schärferer Präcisirung der bereits von früheren Autoren wie z. B. REMAK[2] gegebenen Auffassung die auf die embryonale Entwickelung basirten Glieder, wie wir sie bei allen hierher gehörigen Formen erwarten dürfen, treffend charakterisirt als 1. das metasarkoblastische Glied aus der umgewandelten Muskelsubstanz und 2. das nervöse Glied aus der umgewandelten, zugehörigen Nervenendigung (Nervenendplatte): beides zusammen stets eingefügt in 3. regelmässig angeordnete Bindesubstanz.[3]

Die Richtigkeit dieser Anschauung gilt auch für Gymnotus, vollständig offen erscheint aber die Frage nach dem Verhältniss der Plattenfolge irgend eines elektrischen Organs zu den normal (nebeneinander!) angeordneten Primitivbündeln eines schon contractionsfähigen embryonalen

---

[1] Leçons sur l'Histologie du Système nerveux. Paris 1878. t. II p. 165.

[2] Ueber die Enden der Nerven im elektrischen Organ der Zitterrochen. MÜLLER's Archiv für Anatomie, Physiologie u. s. w. 1856. S. 467.

[3] A. a. O. S. 540. 541.

Muskels, und nach der Ursache der Einschaltung einer so regelmässig angeordneten Bindesubstanz zwischen die Elemente?

Die Lösung dieser beiden Fragen muss der Zukunft vorbehalten bleiben, als Fingerzeig zur Anbahnung der Lösung mag das Folgende dienen.

Zunächst hat schon Dr. SACHS (vergl. oben S. 62 Fig. 32) eine Beobachtung gemacht, welche ich bestätigen kann, dass nämlich in den Papillen seines „neuen Organs" sich ein axialer Strang markirt, der nach Einwirkung von Ueberosmiumsäure in grober Weise quer punktirt gestreift erscheint. Die halbschematische Fig. 31 auf Taf. VIII, welche dem Uebergangsgebiet des grossen Organs in das SACHS'sche Säulenbündel entnommen zu denken ist, zeigt den Charakter dieser Querstreifung, wie er an gut gelungenen Präparaten auftritt; die Papillen des typisch entwickelten Organs haben diese höchst bemerkenswerthe Querstreifung nicht.

Offenbar erinnert die Erscheinung lebhaft an die unvollkommene Streifung in den Resten des Primitivbündels an den sich bildenden Platten des Raja-Organs, wie es BABUCHIN in Fig. 12—14 auf Taf. XI der citirten Abhandlung abbildet.

Hieran schliesst sich eine andere, mir eigene Beobachtung, welche an sehr feinen Querschnitten der Platten gut conservirten Materials regelmässig zu constatiren ist, dass nämlich ein durch hellere Trennungslinien angedeuteter, oder wirklich erfolgter Zerfall der Platte in einzelne Stücke von geringer Grösse auftritt. Jedes Stück zeigt dann nach dem Kopfende zu eine auf gemeinsamer Basis sitzende Gruppe secundärer Papillen und noch eng damit verbunden die hinteren Papillen, von denen ich die Dornpapillen nur als besonders vollkommen entwickelte Formen solcher ansprechen möchte. Verglichen mit dem Zerfall der Platte im Bereich der PACINI'schen Linie würde dieser eine Andeutung von der aus Primitivbündeln oder Primitivcylindern erfolgten Zusammensetzung derselben geben und zwar in der Weise, dass man sich diese Papillengruppen mittels einer Kittsubstanz in den verbreiterten Theilen der „parte fondamentale" vereinigt zu denken hätte.

Dabei bleibt der nach dem Schwanz zu gerichtete Theil, BABUCHIN's nervöses Glied, in enger Anlagerung mit dem vorderen und markirt sich gleichsam nur als eine Modification desselben. An meinen mit Carmin und Haematoxylin gefärbten Balsampräparaten erscheint das nervöse Glied weniger mit Carmin imbibirt als das metasarkoblastische, welches im basalen Theil lebhaft roth gefärbt ist und besonders die PACINI'sche Linie als einen verwaschenen, dunkleren Streifen zeigt.

Fig. 28 auf Taf. VII giebt eine Darstellung solcher Theilstücke der Platte nach der Natur gezeichnet, und zwar sind die äussersten Theilchen ersichtlich schon etwas aus ihrer Stellung gewichen.

Die halbschematische Fig. 31 auf Taf. VIII ist so entworfen, wie sich die Theilstücke in ihrer natürlichen Anlagerung an feinen Schnitten markiren. Es ist hier auch eine bisher nicht beschriebene Besonderheit vermerkt worden, welche bei geringerem Maassstab ihrer Zartheit wegen nicht mehr kenntlich sein würde, das ist eine Einordnung von Punktreihen in die sonst nur äusserst fein granulirt erscheinende Substanz des nervösen Gliedes, deren Verlaufsrichtung im Allgemeinen senkrecht auf die Richtung der Platte steht.

Während diese Punktreihen nicht immer deutlich sind, ist eine einfache Reihe gröberer Körperchen in der Axe der Dornpapillen sehr constant zu beobachten; dieselben verbinden gleichsam die hier einlagernden Zellen, ohne dass sich jedoch an den beiden Enden der Punktreihe eine besondere Endigungsweise erkennen liesse.

Wird diese Eigenthümlichkeit auch in den etwas längeren hinteren Papillen regelmässig vermisst, wie es beinahe den Anschein hat, so wäre darauf eine principielle Unterscheidung zwischen den beiden Kategorien von Vorsprüngen zu gründen, welche mit Rücksicht auf die noch zu besprechenden Nervenendigungen eine besondere Bedeutung erlangen müsste. In sonstigen Merkmalen ist diese Unterscheidung schwierig, da die Gestalt der Dornpapillen eine grosse Mannigfaltigkeit zeigt und ihre Beschaffenheit auch mit den kürzeren hinteren Papillen, was die Grundsubstanz anlangt, sehr übereinstimmt. Ich lasse dahingestellt, ob die in die Längsrichtung des Organs gestellten Reihen von punktförmigen Körperchen einen Rest von fibrillärer Differenzirung andeuten, möchte aber trotz der unleugbaren, grossen Verschiedenheit der beiden Hälften einer elektrischen Platte doch eine gewisse Verwandtschaft zwischen ihnen aufrecht halten, und die auftretenden Unterschiede auf den abweichenden Entwicklungsgang beider Theile zurückführen, von denen die nach dem Schwanzende gerichtete wegen der unzweifelhaften engen Verbindungen mit Nervengewebe den Namen des nervösen Gliedes trotzdem wohl verdient.

Während bei dem Torpedo-Organ nach Hrn. Babuchin's Untersuchungen, wenn ich ihn recht verstanden habe, der Plattenbildner eines Primitivbündels dazu gelangt die ganze Platte des Prisma's zu formiren, ist es bei Gymnotus wegen der relativ beträchtlichen Ausdehnung einer Platte in die Breite (von der Medianebene bis zur Leibeswand!) kaum zu erwarten, dass sie das Product eines einzigen solchen Plattenbildners sei, sondern es ist anzunehmen, dass hier die metasarkoblastischen Theile einer grösseren Anzahl benachbarter, embryonaler Primitivbündel oder Primitivcylinder durch mittlere Verbreiterungen aneinander schliessen, und sich, nachdem so ein vorderer und hinterer Raum gesondert wurde, weiter differenziren. Damit stimmt die beschriebene Zusammensetzung der Platte sowie ihr Verhalten als Ganzes recht gut überein.

Vor allen Dingen ist dazu erforderlich, dass die metasarkoblastischen Muskelbündel, um sich gegen mittlere Verbreiterungen zurückzuziehen und zu Papillen zu verkürzen, eine gewisse Freiheit der Bewegung haben, und in der That schwimmt die bandförmige elektrische Platte des Gymnotusorgans, befestigt an ihren Webesäumen (s. oben S. 42) durch die von den Aponeurosen herzutretenden Nerven und Gefässe nebst den zugehörigen Scheiden in der Flüssigkeit des Faches, wie Hr. Krause seine doppeltbrechenden Muskelprismen in der Kästchenflüssigkeit schwimmen lässt. Dabei verhalten sich aber die allseitigen Kanten der Platte ganz eigenthümlich, insofern die angenommene Verbreiterung der constituirenden Gewebselemente an den Enden zu einer Stauchung der Platte führt, welche dadurch gegen die anlagernden starken Fascien sich nach beiden Seiten aufkrämpt (vergl. Fig. 30, Taf. VIII).

Besonders auffaliend wird dies Verhalten an dem äusseren Ende, wo die Papillen allmählich niedriger werden, bis die Platte plötzlich mit den nach vorn und nach hinten gerichteten Aufkrämpungen abschliesst. Gegen die mediale Fascie finde ich dies Sinken der Papillenhöhe vor der Endigung weniger ausgeprägt, noch weniger gegen die Webesäume zu. Die stärkere Aufkrämpung der Platte sieht nach dem Kopfende des Thieres hin.

Hrn. Ranvier's Darstellung[1] von der Endigungsweise der Gymnotusplatten ist daher dreifach falsch, indem er angiebt, die vorderen Glieder der Platten (homolog den „lamelles dorsales“ von Torpedo) allein erweiterten sich am Ende, während es beide Glieder thun; er behauptet diese vorderen Glieder stünden miteinander in Contact, obgleich dies nirgend der Fall ist, da sich das Bindegewebe zwischen die umgekrämpten Enden schiebt; wenn endlich ein Contact wirklich zu Stande käme, müsste derselbe vordere mit hinteren Gliedern verbinden.

Der Vergleich mit Torpedo ist auch aus dem Grunde schwieriger durchführbar, als bei dem soeben genannten Fisch die Platten der Säulenprismen allseitig gleichwerthige, rings von Nerven umsponnene Ränder haben, während die Gymnotusplatten zwei extrem verlängerte Ränder (oben und unten) neben zwei ganz verkürzten (medial und peripherisch) zeigen; von diesen Rändern sind die medialen Theile der langen Seiten hinsichtlich der Nervenverbreitung bevorzugt, die peripherischen Theile müssen ihre elektrischen Nerven ebenfalls von den medialen Stämmen beziehen.

---

[1] L. c. p. 205.

Uebrigens bildet Hr. RANVIER auf S. 166 des citirten Werkes einen Schnitt aus dem Torpedoorgan als Fig. 6 ab, welche mit dem Text im Widerspruch steht, weil die „lamelles dorsales" gar nicht in Contact gezeichnet sind. Sollen die schmalen Zwischenräume etwa die kleinen Löcher darstellen, durch welche das Bindegewebe auf der „lamelle dorsale" in das Fach hineinspaziert ist, wie die Maus in die Falle? Gegen die Correctheit dieser Figur wären aber auch aus anderen Gründen Einwände zu erheben, wie ich seiner Zeit eingehender zu erörtern hoffe.

Die Reduction der Papillenhöhe, wie sie sich an den peripherischen Plattenenden zeigt, wird ganz besonders auffallend, wenn eine Platte am medialen Ende einer spitzen Endigung zustrebt. Alsdann schwinden die Papillen beiderseits, bis schliesslich ein schmaler Streifen metasarkoblastischer Substanz mit unregelmässigen Begrenzungen übrig bleibt, welcher sich vermuthlich durch Einfluss der Präparation stark von der Bindegewebswand des Faches zurückgezogen hat, so dass letztere das spitz auslaufende Band der elektrischen Platte in bogenförmiger Anordnung umzieht.

Solche spitze Plattenendigungen, die nicht zu verwechseln sind mit den bereits mehrfach besprochenen Endigungen ganzer Säulen, die im Querschnitt natürlich ebenfalls spitz erscheinen, thatsächlich aber meisselförmig gebildet sind, finden sich sehr vereinzelt zwischen normalen Platten und sind wohl als Monstrositäten aufzufassen. Jedenfalls bin ich nicht im Stande diese Thatsache mit den anderen regelmässig zur Beobachtung gelangenden in Beziehung zu setzen.

Was nun endlich die specifisch nervösen Bestandtheile des Elementes anlangt, so ist es wirklich recht schwer, darüber vollständig in's Klare zu kommen, was schon Dr. SACHS ausdrücklich betont (s. oben S. 47). Auch hier ist, wie mir scheint, die von Hrn. BABUCHIN begründete Homologisirung der Nervenverzweigung elektrischer Organe mit modificirten Muskelnervenendigungen (Nervenendplatten) noch am leichtesten durchführbar. Die Ueberzeugung von einer möglichst innigen Vereinigung des Axencylinders mit der Muskelsubstanz gewinnt immer mehr an Ausbreitung, so dass eine scharfe Grenze zwischen den in wechselnder Feinheit auslaufenden Axencylindern und dem Gewebe (Muskeln oder metasarkoblastische Substanz), auf welches sie den Nervenimpuls übertragen, schwer festzustellen ist. D. h. mit dürren Worten gesagt: Der verschmälerte, oder spitz auslaufende Axencylinder tritt an die Muskelsubstanz, resp. an das nervöse Glied der elektrischen Platte heran und lässt sich nicht weiter verfolgen.

Im Suchen nach besonders gebildeten Endapparaten sind eine grosse Menge von Angaben über weitere feine Verlängerungen nervöser Natur jenseits der deutlich sichtbaren Endigungen entstanden, deren gespensterhafter Charakter die Vermuthung nahe legt, dass wenigstens ein grösserer Theil derselben nur bei einigermaassen lebhafter Phantasie sichtbar wird.[1] Ich würde diese Bemerkung hier nicht gemacht haben, wenn nicht ganz analoge Verhältnisse bei der Nervenendigung an der Gymnotusplatte vorlägen.

Dr. Sachs war vom Schicksal nicht die Musse vergönnt, seine an frischem Material gewonnenen Resultate mit solchen an gehärtetem zu vergleichen, sonst hätte er seine Angaben über diesen Gegenstand wahrscheinlich etwas modificirt; den anderen Autoren hat die mangelhafte Conservirung des Materials im Wege gestanden, wodurch besonders Max Schultze zu entschuldigen ist.

Schneidet man am frischen Gymnotusorgan die Säulen in ihrer Längsrichtung, um die Plattenquerschnitte zu erhalten, so findet das Messer im vorderen Fachraum, der mit einem fast flüssigen Schleimgewebe erfüllt ist, keinen Widerstand, dagegen leistet die Platte selbst solchen in erheblicherem Maasse, und die den hinteren Fachraum durchsetzenden zähen, bindegewebigen Scheiden der Gefässe und Nerven mit der bindegewebigen Scheidewand selbst werden gegen die Platte angedrängt, während die in den Lücken befindliche Gewebsflüssigkeit ausweicht. An schlecht conservirtem Material ist durch die Schrumpfung der Theile und Verlust der wässrigen Gewebsflüssigkeit schon im zusammenhängenden Organ ein solcher Process vor sich gegangen, und so erklärt sich die uns sonst ganz unerhört scheinende Behauptung Max Schultze's, es sei überhaupt ein hinterer Fachraum gar nicht vorhanden (s. oben S. 36. 49).

Da ich Gelegenheit hatte frische und gehärtete Präparate zu untersuchen,[2] so darf ich behaupten, dass bei dem frischen Schneiden in Folge der bezeichneten ungleichen Widerstände im Object von der Scheidewand ein grösserer Theil markhaltiger Nervenfasern in den hinteren Fachraum hineingezerrt wird, welche bei Schnitten aus gehärtetem Material darin nicht so zahlreich zu finden sind. Gleichzeitig wird es durch das Anpressen der Scheidewand an die Spitzen der Dornfortsätze schwer ein klares Bild derselben zu gewinnen.

Mark ist in den elektrischen Nervenfasern des Gymnotus im Vergleich zu den mächtigen, an stärkeren Fasern geschichtet erscheinenden

---

[1] Fig. 3, 5, 6, 7 der Taf. VII, im 2. Bande des Ranvier'schen Werkes entsprechen ziemlich genau denjenigen, welche auch Dr. Wolff der physiologischen Gesellschaft zu Berlin in der Sitzung vom 16. April 1880 demonstrirt hat und worüber eine ausführlichere Arbeit von ihm unter der Presse ist. Die Deutung der Bilder weicht allerdings von der Ranvier'schen stark ab.

[2] Von den lebend nach Berlin gelangten Exemplaren wurde mir durch die Zuvorkommenheit des Dr. Sachs eines in sterbendem Zustande zu freier Verfügung gestellt.

Scheiden überhaupt nicht besonders reichlich, und möchte ich aus guten Gründen, deren Erörterung mich hier zu weit führen würde, auf das Vorhandensein oder Fehlen desselben nicht allzu viel Gewicht legen. Verwendet man Ueberosmiumsäure zur Herstellung der Präparate, wie Dr. SACHS mit Vorliebe that, so wird durch die Bräunung der Theile und dunkle Färbung des Nervenmarks das Bild allerdings besonders trübe. Aus diesem Grunde erschienen mir Schnitte aus gehärtetem Organ (Jod-Alkohol und doppelt-chromsaures Kali combinirt mit nachträglicher Doppelfärbung von Carmin und Haematoxylin; Aufhellung in Balsam) instructiver.

Das Resultat, welches ich aus der Vergleichung nach verschiedenen Methoden gewonnener Präparate gewonnen habe, weicht allerdings in einem wesentlichen Punkte von dem des Dr. SACHS ab und ist folgendermaassen zu präcisiren:

Die eigentlichen Träger der Nervenendigungen an der Gymnotusplatte sind die Dornpapillen, an welche relativ grobe Verlängerungen der Axencylinder herantreten; das feine Fasernetzwerk des hinteren Fachraums mit den rundlichen Kernen in den Knotenpunkten und zahlreichen Ansätzen an die hinteren Papillen muss ich als eine in reticuläres Gewebe aufgelöste SCHWANN'sche Scheide der elektrischen Nervenfasern auffassen.

BILHARZ[1] war also auf einer ganz richtigen Fährte, als er in den Dornpapillen möglicherweise die „Endzweiglein" der elektrischen Nerven vermuthete und hatte nur insofern Unrecht, als er in der Dornpapille eine unmittelbare Verlängerung des Nerven vermuthete, während ich mich veranlasst finde sie zur elektrischen Platte zu ziehen und also in ihr eine dem Stiel der Malopterurusplatte verwandte Bildung sehe. Der oben (S. 40) ausgesprochenen Vermuthung, dass die Dornpapillen als Vermittler eines rapideren Stoffwechsels für die Platte dienen möchten, könnte ich mich nicht anschliessen. Gegenüber den groben Capillaren mit den grossen Blutkörperchen und dem schleimigen oder gelatinösen Fachinhalt scheint eine directe Zuleitung der Gewebsflüssigkeit für so geringe Abstände wohl entbehrlich.

Ein wesentlicher Unterschied zwischen dem Element des Malopterurusorgans und dem Theilstück der elektrischen Platte eines Gymnotus besteht darin, dass nicht jedem solchen Stück regelmässig nur eine einzige Dornpapille zukommt, sondern häufig mehrere, doch habe ich nie mehr als höchstens drei daran bemerkt und in der Mehrzahl der Fälle

[1] Das electrische Organ des Zitterwelses u. s. w. Leipzig 1857. Fol. S. 39.

dürfte nur eine als zugehörig befunden werden. Beiläufig bemerkt, habe ich mich überhaupt noch nicht überzeugen können, dass die Entstehung des Malopterurusorgans vollständig conform ist mit derjenigen des Organs anderer elektrischer Fische, da die mangelnde Anordnung der Elemente in Säulen, die abweichende Lage des Organs ohne nachweisbare Beziehung zur quergestreiften Musculatur, sowie die sonderbare Innervation durch einen Nerven, der wie ein oberflächlicher Ast des N. lateralis verläuft, und die monströse Ganglienzelle ohne deutliche Beziehung zu Ursprungstätten motorischer Nerven, in mir die Vermuthung erweckt haben, dass die Malopterurusplatten auf umgewandelte glatte Muskelzellen der Haut zurückzuführen sind und nicht auf quergestreifte Musculatur.

Da beide Formen der Musculatur auch Uebergänge zeigen (ich erinnere an die Herzmusculatur, Wechsel von organischer oder quergestreifter Musculatur im M. ciliaris der Vögel, sowie die eigenthümliche quergestreifte Musculatur am Magen dieser Thiere, quergestreifte Muskelzellen wirbelloser Thiere), so würde durch diese Unterscheidung das allgemeine Princip nicht erschüttert, sondern nur weiter ausgeführt.

Die Art der Anfügung der Nerven an die Dornpapille entspricht derjenigen des Malopterurusstiels, wie sie Hr. Babuchin beschreibt[1] und ich bestätigen kann, sehr gut, d. h. bei Gymnotus verbindet sich die äusserst feinkörnig gestreifte Nervenfaser mit der Substanz der Papille ohne erkennbare Besonderheiten. An der Dornpapille zeigt sich die Nachbarschaft des Nervenansatzes etwas heller als der übrige Theil, eine Beobachtung, der auch Dr. Sachs in den obigen Fig. 13, 14 und 24 Ausdruck verliehen hat. Das letzte Ende einer solchen Faser findet man zuweilen für eine gewisse Strecke vollkommen nackt, wie es auch die Fig. 31 der Taf. VIII andeutet; indessen ist zu berücksichtigen, dass bei der Fixirung der Wände die Rarification des Fachinhalts diese nackten Axencylinder durch Dehnung länger erscheinen lassen könnte, als der lebenden Natur entspricht.

Die Schwierigkeiten des Erkennens solcher an sich nicht eigentlich feinen Nervenendigungen beruht zunächst in dem veränderten Charakter der Faser, welcher, obgleich sie die directe Fortsetzung des Axencylinders darstellt, dem Habitus nach den blassen Röhrchen mit feinkörnigem Inhalt entspricht, wie sie durch Hrn. Ecker[2] und Hrn. R. Hartmann[3]

---

[1] Centralblatt für die medicinischen Wissenschaften. 1875. S. 132. 146.

[2] A. Ecker: Die Nervenendigungen im elektrischen Organ der Mormyri. Untersuchungen zur Ichthyologie. Freiburg i./B. 1857. 4°. S. 29.

[3] Bemerkungen über die elektrischen Organe der Fische. Reichert's und du Bois-Reymond's Archiv für Anatomie, Physiologie u. s. w. 1861. S. 649. Die

an den elektrischen Nerven des Mormyrus beschrieben wurden. Dr. Sachs scheint durch die helle Schattirung die gleiche Beobachtung angedeutet zu haben.

Diese durch neutrales Carmin, wie es sonst Axencylinder lebhaft färbt, kaum tingirbare Substanz, verschwindet leicht zwischen den massenhaften Kernen, welche dem hinteren Fachraum angehören und die sich gerade um die Anfügungsstellen an die Dornpapillen in grösserer Zahl zu gruppiren pflegen.

Die verbreitetste Form solcher Kerne ist diejenige der Gliakerne, nämlich rundliche, grob granulirte Kerne mit undeutlichen Kernkörperchen (Grösse 0·0029 mm), die sich lebhaft mit Haematoxylin tingiren und ihre Stellung in den Knotenpunkten der netzförmig verzweigten Fasern finden, welche letzteren sie gewöhnlich mit einem schmalen, pelluciden Saum umgeben. Solche Kerne gehen dann andererseits in die Kerne der Schwann'schen und Henle'schen Scheide über, wobei die Gestalt oval zu werden pflegt, und gehören offenbar der nämlichen Kategorie an (*a*, *a* der Fig. 31).

Davon durchaus verschieden verhalten sich andere Kerne oder richtiger Zellen, auf die ein besonderes Gewicht zu legen ist, da sie den verschiedenen Gliedern des elektrischen Elementes mit unwesentlichen Modificationen zukommen. Ganz allgemein erscheint der zarte Zellleib, welcher im Leben ein feinkörniges Protoplasma erkennen lässt, in den Präparaten als ein Hohlraum, ein heller Hof, dessen Begrenzung in den vorderen und hinteren Papillen noch ausgezackt und sternförmig ist[1] (amöboide Zellen des Dr. Sachs und Hrn. Babuchin's, vergl. oben S. 41), am frischen Präparat aber noch längere Ausläufer erkennen lässt. In demselben lagert ein grosser, blasser Kern (*b*, *b* der Fig. 31) ebenfalls fein granulirt, mit deutlichem, zuweilen doppelt erscheinenden Kernkörperchen. Carmin färbt den Kern schwach, gegen Haematoxylin zeigt er ebenfalls eine viel schwächere Affinität als die erst beschriebenen Kerne (Grösse 0·0035 mm).

In den Dornpapillen werden die Zellen meist oval, während die Begrenzung etwas regelmässiger erscheint und schliesslich finden sich scharf begrenzte ovale Zellen mit einem ebenso gebildeten Kern, wie derjenige der amöboiden Zellen ist, auch ausserhalb der Dornpapillen im Verlauf der zutretenden Nervenfasern zwischen den Scheidenkernen.

---

schöne, zu wenig gekannte Arbeit meines verehrten Freundes ist auch die einzige mir bekannte, welche eine verständliche topographische Orientirung des Mormyrusorgans enthält.

[1] Diese mit einem hellen Hof umgebenen blassen Kerne finden sich bekanntlich auch in der Torpedoplatte; eine verwandte Form in der Malopterurusplatte.

Die letzteren erinnern an die Kerne, welche RANVIER[1] von den Muskelnervenendigungen als „noyaux fondamentaux“ beschreibt, während man der Homologie gemäss die in der Platte selbst erscheinenden Zellen als modificirte Muskelkörperchen aufzufassen hätte.

Hierzu kommen noch die innerhalb der Scheiden befindlichen länglichen Nervenkerne ohne abgegrenzten Hof von mittelmässiger Granulirung ebenfalls ohne deutliche Kernkörperchen (*c*, *c* der Fig. 31), die Kerne der Blutcapillaren, die kernhaltigen Blutkörperchen in den Capillaren und die Kerne des Bindegewebes der Scheidewand. So begreift sich wohl, dass ein wirres Bild entsteht, wie es in Fig. 30 auf Taf. VIII nach der Natur wiederzugeben versucht wurde, wo nur gelegentlich ein klarerer Einblick in die Zusammenfügung der Theile möglich wird.

Nun habe ich noch einer Eigenthümlichkeit zu gedenken, an deren Betrachtung ich nur ungern herantrete, weil sie nach meiner Ueberzeugung zu den dunkelsten Punkten des ganzen Bildes über das elektrische Organ gehört, nämlich der Strichelung an der freien Fläche des nervösen Gliedes, welche, obgleich von früheren Autoren bereits beobachtet und beschrieben[2] gewöhnlich unter der Bezeichnung der BOLL'schen Streifung geht. Diese Strichelung habe ich in der halbschematischen Fig. 31 der Vollständigkeit wegen angedeutet, obwohl dieselbe nur an Osmiumpräparaten in einiger Deutlichkeit erscheint und meiner Ueberzeugung nach ein Coagulationsphaenomen in einer porösen Membran darstellt, weil sie auch anderwärts an porösen Deckelmembranen von Zellen erscheint (vergl. oben S. 291). BOLL glaubte darin cylindrische Stäbchen zu sehen, welche den feinsten Nervenverzweigungen aufsässen, obgleich nachweislich die Strichelung bei Malopterurus besonders ausgeprägt ist, und zwar auf beiden Seiten der Platte, wo doch der Nerv selbst gar nicht an die Platte hinantritt.

RANVIER hat die BOLL'sche Anschauung in der Bedeutung, die er der Strichelung als „cils électriques“ giebt, nur modificirt, ohne die ihr entgegenstehenden Bedenken irgend beseitigt zu haben. Von neueren Autoren hat Hr. CIACCIO[3] eine ähnliche Anschauung entwickelt, indem er behauptet, dass diese „Punktirung“ der unteren Fläche der Platte die wirkliche Endigung der nervösen Fasern darstelle; da er aber gleichzeitig die letzten Verzweigungen der Axencylinder in die Substanz der Platte selbst eintreten lässt, betrachte ich seine Darstellung für kaum durchführbar.

---

[1] L. c. t. II. p. 307.

[2] Vergl. HERM. MUNK, a. a. O., dessen „starkbrechende Kügelchen“ RANVIER's „cils électriques“ gleichzusetzen wären.

[3] Nota sopra la punteggiatura della piastra elettrica del Gimnoto etc. Rendiconto dell' Accademia delle Science dell' Istituto di Bologna 1878/79. p. 163.

Am wahrscheinlichsten scheint auch mir (s. oben S. 291), dass die Porosität der Grenzmembran elektrischer Platten, welche die Strichelung andeutet, zur Erleichterung und Beschleunigung des Stoffwechsels derselben dient.

Schliesslich ist es erforderlich ein paar Worte über die bindegewebigen Scheidewände zu sagen, welchen meiner Ueberzeugung nach von den Autoren häufig eine zu grosse Bedeutung beigelegt worden ist.

Nachdem einmal das Princip der regelmässigen Anordnung elektrischer Platten als ihrer Entwickelung eigenthümlich erkannt worden ist, ergiebt sich die Ausbildung bindegewebiger Fächer gleichsam von selbst, denn die zutretenden Nerven verlaufen doch keinenfalls ohne Zwischengewebe, ebenso wie zwischen den embryonalen Muskelprimitivbündeln eine wie spärlich immer zu denkende Menge von Bindegewebszellen vorhanden ist.

Ordnen sich nun die metasarkoblastischen Elemente über und nebeneinander unter Ausbildung von Platten, so werden die Bindegewebselemente einseitig zusammengedrängt und bilden unvollkommene Lagen, welche mit der Säulenumgebung in natürlichem Zusammenhang bleiben und wie überall im Körper als Träger der Nerven und Gefässe zwischen den Platten dienen; dies ist bei Gymnotus der Fall wie bei Torpedo und Malopterurus. Ausser dem von Hrn. RANVIER betonten indirecten Zusammenhang aller nervösen Lamellen mittels der Nerven besteht also auch ein directerer durch die bindegewebigen Stützsubstanzen, und dieser letztere steht RANVIER's Annahme des Contactes aller Dorsallamellen entgegen; denn es ist besonders bei Gymnotus leicht zu zeigen, dass die Einführung der Nerven und Gefässe unter Vermittelung von Bindegewebslagen zwischen die metasarkoblastischen Glieder diesen behaupteten Contact mit Nothwendigkeit aufhebt, wie Fig. 30 auf Taf. VIII erkennen lässt und Hrn. RANVIER's eigene Fig. 6 von Torpedo, obwohl uncorrect gezeichnet, gleichfalls zeigt.

Eben weil Nerven und Gefässe mit diesem spärlichen fibrillären Gewebe der Scheidewände verlaufen, wird es leicht für mächtiger gehalten als es in der That ist, und besonders bei jungen Thieren ist es oft kaum deutlich nachzuweisen.

Diese Thatsache wurde bereits hinsichtlich des Malopterurus von Hrn. BABUCHIN[1] betont, und ich kann dieselbe nach eigenen Beobachtungen durchaus bestätigen.

---

[1] BABUCHIN, Centralblatt für die medicinischen Wissenschaften. 1875. S. 146.

Resultate.

Es erscheint fast wie Anmaassung in einem Gebiet, welches in seiner erstaunlichen Reichhaltigkeit der interessantesten Fragen stets neue Gesichtspunkte bietet, von Resultaten zu sprechen, und doch ist es offenbar nothwendig die wichtigsten Daten der soeben erörterten Untersuchungen wenigstens als vorläufig sich herausstellende Thatsachen kurz zusammenzufassen. Dies möge in folgenden Sätzen geschehen:

Die Vorstellung, dass die elektrischen Organe auch des Gymnotus sich phylogenetisch aus quergestreifter Musculatur entwickelt haben, findet durch die vergleichend-anatomische und histologische Untersuchung des Körperbaues weitere Unterstützung.

Ein am tiefsten liegendes Glied der Seitenmusculatur, Musculus lateralis imus, ist von dem Rest dieser Muskeln abgedrängt als sogenannte Zwischenmuskelschicht, indem der obere innere Theil in das grosse elektrische Organ umgewandelt erscheint.

Eine gemeinsame starke Fascie umspannt noch peripherisch das elektrische Organ und die Zwischenmuskelschicht, dieselbe von dem tiefer liegenden kleinen Organ sondernd. Dieses letztere zeigt sich als eine Umwandlung der tiefen Flossenträgermuskeln, indem dieselben da fehlen oder unvollkommen entwickelt sind, wo das kleine Organ auftritt.

Wie die Flossenträger mit ihrer Musculatur gegen das hintere Körperende zu an Zahl und Ausdehnung in demselben Körperquerschnitt wachsen, so wächst das kleine Organ von vorn nach hinten an Höhe zunehmend.

Umgekehrt verliert das grosse Organ nach dem Schwanzende zu an Zahl seiner Säulen, indem dieselben sich unten einrollen und so die Seitenfläche des Körpers verlassen. Die dadurch oben unter der Rumpfmusculatur entstehende Lücke wird durch das Sachs'sche Säulenbündel ausgefüllt.

Die absolute Zahl der elektrischen Säulen schwankt in enorm abweichenden Breiten, in runder Summe zwischen 50 und 100. Besondere Bedingungen für diese Variationen sind noch nicht festgestellt.

Die histologische Untersuchung der elektrischen Organe führt zu der Annahme, dass die Platten aus embryonalen Muskelprimitivbündeln in ähnlicher Weise entstehen, wie es Babuchin an den Torpedoorganen nachwies, jedoch mit dem Unterschiede, dass jede Gymnotusplatte wenigstens einer gewissen Anzahl von Primitivbündeln gleichwerthig wäre, deren als mittlere Verbreiterungen auftretende Plattenbildner sich eng aneinanderlagerten und verkitteten.

Als Andeutung dieser geschehenen Verkittung sieht man an feinen Plattenquerschnitten dieselbe in Theilstücke zerfallen, deren Trennungslinien auch bei noch nicht gestörter Ordnung häufig sichtbar werden.

Es ist wahrscheinlich, dass jedes solches Theilstück nicht einem Primitivbündel, sondern einem Cohnheim'schen Primitivcylinder des embryonalen Muskels gleichwerthig ist.

Ein Zerfall der Platte längs der Pacini'schen Linie ist einer Spaltung des Muskels in Bowman'sche Discs gleich zu achten.

Auch die Nervenendigung an der Platte vergleicht sich am nächsten mit der am pseudoëlektrischen Organ von Raja beobachteten. Die in relativ grobe Fibrillenbündel zerfallenden Axencylinder setzen sich wenigstens vorwiegend, wenn nicht ausschliesslich an die sogenannten Dornpapillen der Platten, welche gleich zu setzen sind dem Stiel der Malopterurusplatte, mit dem Unterschiede, dass das Theilstück der Platte auch mehrere Dornpapillen führen kann, die Malopterurusplatte nur einen Stiel.

Das spongiöse Gewebe um die Nervenendigungen und Dornpapillen mit zahlreichen Kernen und verbreiterten Ansätzen an das nervöse Glied der Platte ist eine Stützsubstanz und stellt eine directe Fortsetzung der Schwann'schen Scheide der Nervenfasern dar.

Dem grösseren Theil des Bindegewebes zwischen den einzelnen Platten ist ein selbständiger Charakter nicht beizulegen, es folgt den Nerven und Gefässen, welche hauptsächlich von den Ligamenta intermuscularia entsprechenden Längsscheidewänden aus an die dem Schwanz zugewendete Seite der Platten treten.

Verhältnissmässig spärliche Fibrillen dringen besonders von der äusseren Fascie aus zwischen die peripherischen Enden der Platten und bilden am vollkommen entwickelten Organ die Fach(Quer-)scheidewände. Beide Glieder der Platten, das metasarkoblastische wie das nervöse, sind an den Kanten aufgestülpt und zwar nach entgegengesetzten Seiten. Diese Aufstülpungen werden durch Anlagerung an die jederseitig zwischentretenden Bindegewebsbündel die sonst freischwebende Platte in ihrer Lage sichern können; ein wirklicher Contact zwischen den Plattenenden oder gar zwischen den dorsalen (metasarkoblastischen) Gliedern derselben ausschliesslich findet nicht statt.

Erklärung der Figuren

zu Anhang I und II (Taf. IV—VIII).

Bezeichnungen, welche in allen Figuren in gleicher Weise zu verstehen sind.

Theile des Centralnervensystems.

L. c.	=	Lobus centralis.
L. i.	=	Lobus inferior.
H.	=	Hemisphaeria.
C.	=	Cerebellum.
V. v.	=	Valvula cerebelli.
T. i.	=	Tuberculum impar.
Tu.	=	Tuber cinereum.
c. r.	=	Corpus restiforme.
M. ob.	=	Medulla oblongata.
M. sp.	=	Medulla spinalis.
tr. ol.	=	Tractus olfactorius.
tr. o.	=	Tractus opticus.
ep.	=	Stiel der Epiphysis.
fo.	=	Torus longitudinalis (Fornix).
ct. c.	=	Cortex lobi centralis.
r. p.	=	Radiatio peduncularis.
c. c.	=	Quercommissur des Tectums.
th.	=	Torus semicircularis (Thalamus opticus).
cm. a,	=	Commissura anterior (hintere Abtheilung).
cm. p.	=	Commissura posterior.
cm. t.	=	Commissura transversa.
cm. t,	=	Commissura transversa der Medulla spinalis.
f. a.	=	Fasciculus anterior.
f. l.	=	Fasciculus lateralis.
f. p.	=	Fasciculus posterior.
s. r.	=	Substantia reticularis anterior.
s. r,	=	Substantia reticularis lateralis.
s. r,,	=	Substantia reticularis posterior.
n. v.	=	Nucleus nervi vagi.
n. m.	=	äussere Gruppe der motorischen Ganglienzellen.
n. m,	=	innere Gruppe der motorischen Ganglienzellen.
n. e.	=	elektrische Zellgruppe.
x	=	Gliakern der grauen Substanz.
II.	=	Nervus opticus.
III.	=	Nervus oculomotorius.
V.	=	Nervus trigeminus.
X.	=	Nervus vagus.
1. 2. 3.	=	Spinalnerven.
r. a.	=	Radix anterior.
r. p.	=	Radix posterior.
p. m.	=	Pia mater.

Höhlen des Centralnervensystems.

V_{I}	=	Höhlung des vordersten Gehirnabschnittes.
V_{II}	=	seitliche Abzweigung der Haupthirnhöhle (Ventriculus lateralis?).
V_{III}	=	mittlerer Theil der Haupthirnhöhle (V. tertius).
V_{IV}	=	vierter Ventrikel.

V. i. = Ventriculus lobi inferioris.
In. = Infundibulum.
Ad. = Aditus ad infundibulum.
Ca. c. = Canalis centralis.

Zu den vergleichend-anatomischen Figuren.

L. = Linea lateralis
Ms. = Musculus lateralis superior } M. laterales proprii.
Mi. = Musculus lateralis inferior } M. laterales proprii.
md. = Musculus lateralis dorsalis.
mv. = Musculus lateralis ventralis.
me. = Musculus lateralis imus (electricus).
mp. = Musculi pinnales dorsales.
mp. = Musculi pinnales ventrales.
O. = grosses elektrisches Organ.
o. = kleines elektrisches Organ.
S. S. = Sachs'sches Säulenbündel.
Z. = Zwischenmuskelschicht.
F. = gemeinsame Fascie um Organ und Muskelschicht.
y. = fibröse Bündel in der Verlängerung der Zwischenmuskelschicht u. am kleinen Organ.
el. = peripherische elektrische Nerven.
S. = Hauptseptum zwischen den beiderseitigen elektrischen Organen.
s. = Aponeurosen zwischen den Säulen.
s, = Scheidewände der elektrischen Elemente.
E. = äussere Haut.
W. = Wirbelkörper.
B. = Schwimmblase.
v. = Blutgefässe.
z. = Pigmentzellen.
P. = Pacini'sche Linie.
p. = vordere Papillen.
p, = hintere Papillen.
p,, = Dornpapillen.
st. b. = Stratum bacillare.
a. = Kerne des reticulären Gewebes und der Nervenscheiden.
b. = Amoeboidzellen der Papillen und der Nervenendigungen.
c. = Kerne der Nervenfasern (Segmentkerne).
d. = Blutkörperchen.
t. m. = Schleimgewebe des vorderen Fachraumes im elektrischen Organ.

Specielle Figuren-Erklärung.

Tafel IV.

Die Figuren sind sämmtlich nach photographischer Unterlage gezeichnet und auf Stein übertragen, ebenso bei Taf. V und VI.

Fig. 1. Schnitt durch den mittleren Theil des Gehirns von Gymnotus electricus; die Schnittrichtung etwas von oben hinten nach unten vorn zu geneigt. Es wurde der vordere Theil des Kleinhirns, die vordere Hälfte des Lobus centralis und das Unterhirn getroffen. Die Piaumkleidung des Gehirns ist theilweise erhalten. Vergr. 10.

Fig. 2. Schnitt durch dasselbe Gehirn und in gleicher Richtung, wie bei der Fig. 1, durch die hintere Hälfte des Lobus centralis. Vergr. 10.

Fig. 3. Querschnitt durch die Medulla oblongata des Gymnotus electricus in der Höhe des Calamus scriptorius. Die Richtung war nicht genau quer, sondern der Schnitt traf rechts die Substanz des Rückenmarks etwas weiter nach vorn als links. Es sind die hinteren Vaguskerne und Gruppen motorischer Zellen sichtbar. Vergr. 30.

Fig. 4. Querschnitt durch das Halsmark des Gymnotus electricus an seiner dünnsten Stelle. Die beiden Gruppen der grossen multipolaren Ganglienzellen sind durch je eine Zelle repräsentirt. Im hinteren Theil der grauen Substanz sieht man die gefässreiche Gliamasse (x.). Vergr. 30.

Fig. 5. Querschnitt durch die Medulla spinalis (vordere Hälfte) von Silurus glanis. Austrittstellen der vorderen und hinteren Wurzeln sind im Schnitt kenntlich. Die Anordnung der grauen Substanz ist ähnlich, wie bei Gymnotus electricus. Im Vorderhorn erscheinen auffallend viele, kräftig entwickelte Ganglienzellen. Vergr. 30.

Fig. 6. Querschnitt durch die Medulla spinalis von Labrus mixtus in ungefähr gleicher Höhe wie Fig. 5. Die graue Substanz erscheint ausser einem kleinen Theil, der den Centralcanal umlagert, inselförmig in der weissen Substanz vertheilt. In derselben ist auch nicht eine multipolare Ganglienzelle kenntlich. Substantia gelatinosa ROLANDI erscheint von besonderer Mächtigkeit. Die Axencylinder vorderer Wurzeln, welche der Austrittstelle zustreben, bilden vorn seitlich ein scharf markirtes Feld. Vergr. 20.

Taf. V.

Fig. 7. Querschnitt durch die Medulla spinalis von Gymnotus electricus unmittelbar hinter der Verjüngung im Halsmark. Die graue Substanz ist von auffallend ähnlicher Figur wie beim Rückenmark des Welses (Fig. 5), enthält aber keine einzige grössere Ganglienzelle. Die äussere Gruppe der motorischen Ganglienzellen in der Höhe der Commissura transversa wird rechts durch zwei, links durch eine Zelle vertreten. Vorn und hinten markiren sich die Streifen reticulären Gewebes, welches auch die Fissuren ausfüllt, die seitliche Auflagerung ist schwach. Vergr. 30.

Fig. 8. Querschnitt durch dasselbe Rückenmark wie in Fig. 7, etwas weiter abwärts. Es erscheinen links und rechts vom Centralcanal, etwas hinter demselben, die beiden ersten elektrischen Zellen, die rechte schickt den Hauptfortsatz durch das Gebiet der Commissur hinter den Centralcanal. Die hellere Stelle links neben dem Centralcanal kennzeichnet eine durch Ausfall einer elektrischen Zelle entstandene Lücke. Sonst wie Fig. 7. Vergr. 30.

Fig. 9. Querschnitt durch dasselbe Rückenmark wie die beiden vorhergehenden, nur wenig tiefer entnommen. Es erscheinen unzweifelhaft elektrische Zellen auch vor dem Centralcanal in der Gegend der inneren Gruppe der multipolaren Zellen und ordnen sich mit den weiter hinten lagernden zu einem Halbkreis um den Canal. Die Axencylinderfortsätze der Zellen sind wegen ihres schrägen Verlaufes nur für eine kürzere Entfernung von den Zellen erhalten. Vergr. 30.

Fig. 10. Querschnitt aus dem Rückenmark eines etwas kleineren Gymnotus electricus wie bei den vorigen Präparaten, in einer Höhe desselben entnommen, wo die Masse der elektrischen Zellen ihre volle Entwickelung erreicht hat. Das Rückenmark dieses Gymnotus war im Allgemeinen schmaler als beim vorigen. Die Zellen drängen sich in grosser Zahl und erfüllen fast die ganze graue Substanz; ihre Axencylinderfortsätze sind ausserordentlich gut erhalten und verlaufen auffallend gestreckt. Von hinten links verläuft einer (von der mit α bezeichneten Zelle) nach vorn rechts bis zur elektrischen Wurzel. Vergr. 30.

Fig. 11. Querschnitt aus dem hintersten Theil des Rückenmarks eines Gymnotus (Höhe des achtzehnten Wirbels vom Schwanz aus gezählt). Es erscheinen kleinere Ganglienzellen zwischen den spärlich werdenden elektrischen. Die Gegend der hinteren Längsspalte beginnt sich stark zu verbreitern. Vergr. 30.

Fig. 12. Querschnitt durch das Rückenmark desselben Gymnotus electricus, dem die Schnitte 7, 8, 9 entnommen wurden, in der Höhe der beiden letzten Wirbel. Anstatt der rundlichen elektrischen Zellen erscheinen schmale, fast spindelförmige. Der Centralcanal gewinnt an Weite, die Ausfüllungsmasse der hinteren Längsspalte ist sehr beträchtlich verbreitert. Die Commissura transversa sowie die breiten Axencylinder der Hinterseitenstrangbahn sind auch hier noch kenntlich. Vergr. 30.

Taf. VI.

Fig. 13. Seitenansicht des ganzen Körpers von Silurus glanis. Die Haut ist abpräparirt und nach unten geschlagen, um die Anordnung der Rumpfmusculatur und der Flossenträgermuskeln zu zeigen. Dazwischen als schmaler Streif der M. lateralis imus, der sich vorn in die Bauchmusculatur fortsetzt.

Fig. 14. Seitenansicht des hinteren Theiles von Gymnotus electricus, bei welchem ebenfalls der grössere Theil der Körperhaut abpräparirt wurde. Die Rumpfmusculatur erscheint von einer dunkel gefärbten Fettmasse umhüllt, darunter sieht man links das hintere Ende des engfächerigen Theiles vom grossen elektrischen Organ, darüber erblickt man, sich nach rechts hin bis zur Schwanzspitze verlängernd, das weitfächerige, unregelmässig angeordnete SACHS'sche Säulenbündel.

Der Hautrest am Schwanze zeigt, soweit als er auf den Flossenträgermuskeln lagert, eine grobe Längsfaltung.

Taf. VII.

Die Figuren dieser Tafel sowie der Fig. 29 und 30 auf Taf. VIII sind direct nach der Natur gezeichnet.

Fig. 15. Querschnitt des Schwanzes von Silurus glanis zur Orientirung über die Anordnung der Musculatur. Der Schnitt ist ebenso wie die anderen derselben Tafel mit den benachbarten auf gleiches Niveau (Mitte des Wirbelkörpers) gestellt, welche durch die dazwischen gezeichneten Punkte markirt ist. Bemerkenswerth erscheint die starke Entwickelung des Schwanzes nach abwärts. Zwischen den ventralen Seitenmuskeln und den Flossenträgermuskeln zeigt sich ein scharf gesonderter M. lateralis imus. Vergr. $1^1/_2$.

Fig. 16. Querschnitt des Schwanzes von Anguilla vulgaris. Das Gebiet der Flossenträger ist besonders abwärts sehr schwach entwickelt. Die Muskelscheiben der Längsmuskeln sind grob und einfach angeordnet. Vergr. $1^1/_2$.

Fig. 17. Querschnitt des Körpers von Sternopygus carapo. Hier ist der untere Theil verhältnissmässig noch stärker entwickelt als beim Wels; die Ligamenta intermuscularia wurden dem natürlichen Eindruck gemäss hell zwischen der dunkleren Musculatur angegeben. Caudalvene und Arterie lagern ziemlich genau übereinander. Darunter sieht man die geräumige Schwimmblase. Vergr. $1^1/_2$.

Die Figuren 18, 19, 20, 21 stellen Querschnitte desselben Gymnotus electricus dar und zwar von einem Exemplar mit ungewöhnlich zahlreichen Säulen des grossen Organs, während diejenigen des kleinen Organs im Schwanztheil sich schon weiter vorn verlieren als gewöhnlich. Vergr. $1^1/_2$.

Fig. 18 nach einem Schnitt aus der Körpermitte des Gymnotus zeigt noch die regelmässige Anordnung der Säulen des grossen Organs und das Verhältniss der Säulen zur Zwischenmuskelschicht. Die Säulen des kleinen Organs sind zwar noch zahlreich, aber schon sehr unregelmässig. Die tiefsten Glieder besonders links tragen den zweifelhaften, fibrösen Charakter.

Fig. 19 nach einem Schnitt aus dem 4. Fünftel des Gymnotus lässt schon mannigfache Abweichungen erkennen. Die weiten, aber unregelmässigen Säulen im obersten Theil des grossen Organs gehören dem SACHS'schen Säulenbündel an. Rechterseits markirt sich mitten im Organ eine innere Trennung (secundäre Fascie), an welcher oben und unten Säulen endigen; links ist nichts davon zu bemerken. Das kleine Organ ist in wenigen Resten vorhanden, von denen nur ein Theil ein normales Aussehen darbietet.

Fig. 20 nach einem Schnitt aus der vorderen Hälfte des letzten Fünftels von Gymnotus. Die grosse Regellosigkeit der Anordnung hat auch die Fortsetzung der Säulen des „alten Organs" ergriffen, so dass sie von denen des „neuen Organs" nicht mehr zu unterscheiden sind. Die zur Zwischenmuskelschicht tretenden rückten mehr an die Seiten des Körpers, zugleich mit dieser Muskelschicht. Vom kleinen Organ ist anscheinend nur noch fibröses Gewebe in einzelnen Strängen übrig.

Fig. 21 nach einem Schnitt aus der hinteren Hälfte des letzten Fünftels von Gymnotus. Noch mehr spitze Säulenendigungen im Organ als beim vorigen Schnitt. Die Zwischenmuskelschicht fast ganz seitlich gelagert. Die Schwimmblase ist durch Coagula grösstentheils ausgefüllt. Vom kleinen Organ finden sich nur Spuren zweifelhaften Charakters.

Fig. 22. Horizontalschnitt des rechtsseitigen grossen Organs eines typisch gebildeten Gymnotus. Der Pfeil deutet die Richtung gegen das Kopfende an. Die Figur reicht nur bis zur medialen Platte mit den Durchschnitten der Gefässe und elektrischen Nerven in derselben; das entsprechende linke Organ ist nicht angedeutet. Vergr. 2.

Fig. 23. Gehirn von Silurus glanis in Aufsicht. Vergr. 2.

Fig. 24. Gehirn von Gymnotus electricus in Aufsicht. Vergr. 2.

Fig. 25. Gehirn von Anguilla vulgaris in Aufsicht. Vergr. 2.

Fig. 26 u. 27. Elektrische Zelle aus dem mittleren Theil des Rückenmarks von Gymnotus. Balsampräparat. Vergr. 314. Objectiv VIb SEIBERT.

Fig. 28. Stücke zweier elektrischer Platten aus dem grossen Organ von Gymnotus in ihre Elemente zerfallend. Carmin-Haematoxylinfärbung; Balsampräparat; gezeichnet mit Objectiv VIb SEIBERT. Vergr. 400.

Die * bezeichnen deutlichere Nervenendigungen.

Der Pfeil zeigt die Richtung gegen das Kopfende.

Taf. VIII.

Fig. 29. Querschnitt durch den unteren Theil des grossen Organs, des daran stossenden kleinen Organs und der Zwischenmuskelschicht von einem Gymnotus mit sehr zahlreichen Säulen. In dem das Organ links begrenzenden medialen Septum sieht man die absteigenden elektrischen Nerven schräg durchschnitten. Die Aponeurosen des Organs setzen sich zu denjenigen der Zwischenmuskelschicht in Beziehung; in den Aponeurosen des Organs sind zahlreiche Pigmentzellen (z.) eingestreut, einige auch an der gemeinsamen Fascie sowie in der Verlängerung der Zwischenmuskelschicht innerhalb der Fascie. Man erkennt, dass diese Schicht sich nach oben viel weiter fortsetzt, als makroskopisch ersichtlich war, und einzelne Bündel fibrösen Gewebes zeigt, die mit „y“ bezeichnet wurden. Die Flossenträgermuskeln sind schräg durchschnitten. Vergr. 15.

Fig. 30. Ein Schnitt durch das grosse Organ in der Längsrichtung des Gymnotus, welcher das äussere Ende einer Säule an der Fascie so getroffen hat, dass die Platten hier ihre freie Endigung mit den beiderseits aufgekrämpten Enden zeigen (oben in der Figur), während auf der anderen Seite (unten) man das Anstossen der Platten an die Aponeurose (die Webesäume der Platten) mit den hier herantretenden elektrischen Nerven und Gefässen beobachtet; die hier vorhandenen Aufkrämpungen sind durch den absichtlich schräggestellten Schnitt ausser Verbindung mit der „parte fondamentale“ gekommen und ausgefallen. Oben an der Fascie sieht man noch einige Bündel der oberflächlichen Flossenträgermuskeln. Vergr. 300.

Fig. 31. Halbschematische Figur, für welche das Uebergangsgebiet zwischen dem normalen Organ und dem Sachs'schen Bündel als Vorlage angenommen wurde, um die wesentlichen Daten über den histologischen Bau des elektrischen Organs eintragen zu können.

Die schon etwas verlängerten vorderen Papillen zeigen im Axenstrang die dem Sachs'schen Bündel eigene punktirte Querstreifung. Die Lichtwirkung zwischen den verschiedenen Gliedern der elektrischen Platte entspricht dem Präparat im Balsam nach Doppelfärbung mit Haematoxylin und Carmin. Die Begrenzung der schwächer mit Carmin imbibirbaren hinteren Papillen durch das Stratum bacillare ist der Vollständigkeit wegen vermerkt, obwohl es an Balsampräparaten nicht kenntlich wird. Der hintere Fachraum ist durch reticuläre Substanz erfüllt mit Kernen in den Knotenpunkten.

Von der Fachscheidewand her wenden sich die Nervenfasern gegen die Dornpapillen der Platte, woselbst die blasse Verlängerung des Axencylinders ohne deutliche Grenze in die Plattensubstanz überzugehen scheint, während die Scheide der Fasern sich in das reticuläre Gewebe auflöst, welches sich mannigfach verzweigt und an dem hinteren Glied der Platte Ansatzpunkte findet.

ANHANG III.

ZUSÄTZE UND BERICHTIGUNGEN

VON

E. DU BOIS-REYMOND.

1. Nachträgliches zu DELLE CHIAIE's und Hrn. BABUCHIN's Satz von der Präformation der elektrischen Elemente.

(Zu S. 32. Anm. 3; — S. 50. 51; — S. 364. Anm. 1.)

Folgende Tabelle enthält alle mir bekannten Zählungen der Säulen in den elektrischen Organen von Torpedineen.

Art	Länge	Säulenzahl in dem linken Organ	Säulenzahl in dem einen Organ	Säulenzahl in dem rechten Organ	Beobachter
Raja Torpedo	4′ Engl. = 1219 mm		1182		HUNTER[1]
Raja Torpedo	1′ 6″ „ = 457		470		HUNTER[1]
Raja Torpedo	— — — —		420		GIRARDI[2]
Raja Torpedo	— — — —		480		GIRARDI[2]
Raja Torpedo	— — —	520		514	GIRARDI[2]
Raja Torpedo	— — — —	290		265	GIRARDI[2]
T. GALVANII	10″ 5‴ Rh. (?) = 273		410		VALENTIN[3]
Desgl., Foetus	3″ 1·5‴ „ „ = 82		298		VALENTIN[3]
T. marmorata	10″ „ „ = 262		420		R. WAGNER[4]
T. marmorata	1′ 2″ 6‴ Par. = 393			420	LEUCKART[5]
T. marmorata	8″ 6‴ „ = 230	449			LEUCKART[5]
Foetus v. T. ocellata mit Dottersack	3″ „ = 81			410	LEUCKART[5]
Foetus v. T. ocellata mit Dottersack	— — — —		ungef. 400		R. WAGNER[6]
Narcine dipterygia	2″ 3‴ „ = 61		130		HENLE[7]

[1] L. c.; — vergl. oben S. 32. Anm.

[2] Saggio di Osservazioni anatomiche intorno agli organi Elettrici della Torpedine. In: Memorie di Matematica e Fisica della Società Italiana. t. III. Verona 1786. 4°. p. 553.

[3] Artikel: „Elektricität der Thiere" in RUD. WAGNER's Handwörterbuch der Physiologie u. s. w. Braunschweig 1842. Bd. I. S. 254.

[4] Ueber den feineren Bau des elektrischen Organes im Zitterrochen. Göttingen 1847. 4°. S. 23.

[5] Bei RUD. WAGNER, ebenda. — Oben S. 279 ist Hrn. LEUCKART's Angabe: „30 Platten auf die Linie" irriger Weise auf Rheinisches statt auf Pariser Maass bezogen. Demgemäss ist dort Z. 6 von oben statt 14mm: 13·3mm, und Z. 11 von unten statt 3·57: 3·76 zu setzen, was übrigens an den Dingen selber nichts ändert.

[6] Ebenda.

[7] Ueber Narcine, eine neue Gattung elektrischer Rochen nebst einer Synopsis der elektrischen Rochen. Berlin 1834. 4°. S. 39.

Es fragt sich, wie diese Ergebnisse mit dem DELLE CHIAIE-BABUCHIN'schen Satze von der Präformation der elektrischen Elemente stimmen. Geht man von der Vorstellung aus, dass alle Individuen einer Torpedineen-Species ungefähr gleich viel Säulen haben; dass den drei Formen Torpedo GALVANII, marmorata und ocellata gleiche Säulenzahl zukomme, dagegen HUNTER's Riesen und Hrn. HENLE's winziger Narcine dipterygia beziehlich eine grössere und kleinere Zahl: so sind nicht bloss alle Zahlen der Tabelle, bis auf drei, in Einklang mit der Präformationslehre, sondern die Zählungen an Foetus von T. ocellata reden dieser Lehre entschieden das Wort, wie denn auch sie es gewesen sein werden, welche RUD. WAGNER dafür gewannen (s. oben S. 30).

Nur schwer vereinbar damit scheinen dagegen Hrn. VALENTIN's Zählung an einem Foetus von T. GALVANII, und die eine von MICHELE GIRARDI's Zählungen an Zitterrochen unbekannter Art und Grösse. Unstreitig durch diese Zählung bestimmt, lässt GIRARDI wie HUNTER die Säulenzahl mit dem Thiere wachsen und erneuert er den unglücklichen Vergleich des Wachsthums der Säulen mit dem der menschlichen Zähne (s. oben S. 30. Anm. 1). Er hat aber gewiss scharf zugesehen, da er den Unterschied der Säulenzahl auf beiden Seiten desselben Thieres betont. Nicht angreifbarer dürfte Hrn. VALENTIN's Zählung sein, welcher schon, wie später Hr. LEUCKART, die gezählten Säulen mit Tinte bezeichnete. Es handelt sich also darum, diese scheinbaren Abweichungen mit unserem Satze zu vereinigen.

Inzwischen wird die Präformationslehre vorläufig dadurch gar nicht berührt. Sie würde erst bedroht, wenn jüngere Individuen weniger Säulen zeigten als erwachsene. Jene Zahlen weisen einfach auf die Unrichtigkeit der Annahme hin, dass alle Individuen einer Species innerhalb enger Grenzen gleiche Säulenzahl haben. Man muss im Gegentheil schliessen, dass in den verschiedenen Individuen derselben Species ursprünglich verschieden viel Säulen angelegt werden, welche sich aber dann nicht mehr vermehren. Bei T. GALVANII, marmorata, ocellata würde freilich die Säulenzahl bis fast zum Doppelten schwanken, denn $265:520 = 1:1 \cdot 963$. Aber auch im grossen Organ des Zitteraales schwankt nach Hrn. FRITSCH's Untersuchung, welche meine oben S. 32 gegebene Uebersicht natürlich weit hinter sich lässt, diese Zahl bis zum Doppelten, von 50 bis 100 (s. oben S. 361. 393). Die Erfahrung hat zu lehren, ob die Schwankung vielleicht gar weit genug gehe (bis zum Vierundeinhalbfachen, $265:1182 = 1:4 \cdot 460$), um die oben S. 33 ausgesprochene Vermuthung unnütz zu machen, wonach die beiden grossen Zitterrochen von Torbay einer sonst ausgestorbenen Form angehörten. Höchst unwahrscheinlich aber ist, dass die Säulenzahl auch im Verhältniss von $130:1182 = 1:9 \cdot 092$

schwanke, und Hrn. HENLE's Zahl daher wohl geeignet, den Zoologen den oben S. 32. Anm. 3 gegebenen Wink zu Gemüthe zu führen, dass sie das System der Torpedineen mit Rücksicht auf die Präformationslehre nochmals prüfen möchten.[1]

Ursprünglich verschiedene Säulenzahl in den elektrischen Organen lässt sich mit deren Entstehung aus Muskel zwiefach reimen. Entweder wird in verschiedenen Individuen eine verschiedene Menge embryonalen Muskels zu elektrischem Gewebe umgewandelt, oder die Umwandlung geschieht auf etwas verschiedener Entwickelungsstufe des Muskels. Nach Hrn. BUDGE's[2] von Hrn. WEISMANN[3] bestätigten Beobachtungen vermehren sich beim Wachsthum der Muskeln die Primitivbündel in raschem Maass, so im Gastroknemius des Frosches auf mehr als das Fünffache; für sie gilt also die Präformationslehre noch nicht, und erst nach Umwandlung des embryonalen Muskels in elektrisches Gewebe tritt der DELLE CHIAIE-BABUCHIN'sche Satz in Kraft. Ist dies richtig, so verhindert nichts sich vorzustellen, dass die an Säulen ärmeren Organe aus vergleichsweise jüngerem Muskel entstanden.

Natürlich wird auch bei den Torpedineen auf einen etwaigen Geschlechtsunterschied in der Säulenzahl zu achten sein, wie ihn Hr. FRITSCH beim Zitteraal vermuthet (s. oben S. 364).

Vielleicht ist nicht unnütz zu bemerken, dass die oben S. 285 aus der Präformationslehre gezogenen Schlüsse nichts mit der Säulenzahl zu thun haben, sondern auf die Zahl der Platten in den Säulen sich gründen. Oben S. 50. 51 klagte ich über den Mangel an Messungen der Fachhöhe in den Säulen grosser und kleiner Zitterrochen. Seitdem fand ich die S. 279 erwähnten Zahlen von BOLL auf, durch welche jenem Mangel einigermaassen abgeholfen und die Präformationslehre in ihrer Anwendung auf die Platten wesentlich unterstützt wird.

In dem überhaupt sehr unbefriedigenden Capitel seiner grossen „Vergleichenden Physiologie", welches von den elektrischen Fischen handelt, verwirft Hr. MILNE EDWARDS kurzer Hand DELLE CHIAIE's Präformationslehre. Dies Urtheil scheint aber vorzugsweise auf Hrn. DE SANCTIS', durch Hrn. BABUCHIN widerlegten Angaben zu fussen, wonach Zitterrochen-

---

[1] In AUG. DUMÉRIL's systematischer Monographie de la Famille des Torpédiniens etc. (GUÉRIN-MÉNEVILLE, Revue et magasin de Zoologie pure et appliquée. Recueil mensuel etc. 2e Série. t. IV. 1852. p. 176, 227–270) wird die Zahl der Säulen überhaupt nicht erwähnt.

[2] MOLESCHOTT's Untersuchungen zur Naturlehre des Menschen und der Thiere. 1859. Bd. VI. S. 40; — HENLE und PFEUFER, Zeitschrift für rationelle Medicin. 3. R. Bd. XI. 1861. S. 305.

[3] HENLE und PFEUFER, u. s. w. 3. R. Bd. X. S. 263.

Embryonen nur sehr wenig Säulen haben sollen (s. oben S. 30. Anm. 4). Hrn. Babuchin's Arbeiten blieben sichtlich Hrn. Milne Edwards unbekannt.[1]

2. Berichtigung zu S. 55.

Fig. 29 ist nach dem Tagebuch genau copirt, nach Hrn. Fritsch's naturgetreuer Abbildung (Taf. VI Fig. 14), welche mein *a priori* entworfenes Schema Fig. 31 *A* auf S. 57 durchaus bestätigt, scheint sie aber auf dem Kopf zu stehen und unterst zu oberst gekehrt werden zu müssen. Vergl. übrigens über das vordere Ende des Sachs'schen Säulenbündels Hrn. Fritsch oben S. 367.

3. Verhalten grösserer Saurier gegen Zitteraal-Schläge.

(Zu S. 84.)

In seinem *Life in the Llanos of Venezuela* (s. oben S. xxii), dessen ich jetzt erst wieder habhaft wurde, erzählt Don Ramon, dass ein auf dem Trockenen liegender, durch einen Stich in's Genick gelähmter riesiger Cayman den Rachen aufsperrte und mit Macht wieder schloss, als ein von einem Knaben am *Bichero* (s. folgende Nummer) geschleifter Zitteraal ihn streifte (l. c. p. 68). Sein Panzer schützte ihn also nicht vor dem Schlage, wenn er nicht vielleicht auf den elektrischen Reiz in der Wunde reagirte. Der Fall an sich erinnert an die Erzählung des alten Paters Godigno aus Abyssinien.[2]

4. Zur Fischerei in den Llanos von Carácas.

(Zu S. 90—94.)

Unter den von Dr. Sachs genannten Fischergeräthen der Llaneros fehlt der *Bichero*, nach Don Ramon *a large hook affixed to a wooden handle*, mit welchem bewaffnet die Llaneros sich in das mit den Chinchorros umstellte Gewässer begeben und sich der Fische vorweg bemächtigen, die durch ihre Grösse den Netzen gefährlich werden könnten (l. c. p. 61). Im Schriftspanischen ist Bichero der Bootshaken. Der oben S. 92. Anm. 1 von Appun beschriebene Zitteraal-Fang am unteren Orinoco ist mehr dem Fischen mit dem Bichero, als dem Harpuniren vergleichbar.

---

[1] Leçons sur la Physiologie et l'Anatomie comparée de l'Homme et des Animaux etc. t. XIII. Paris 1878—79. p. 387. Note 1.

[2] Boll in Reichert's und du Bois-Reymond's Archiv u. s. w. 1874. S. 158.

5. Uebersicht über Dr. Sachs' Fischzüge.

(Auch zu S. 90 ff.)

Einem etwaigen Nachfolger des Dr. Sachs in Calabozo kann es nützen, wenn ich hier noch nach dem Tagebuch eine Uebersicht über Dr. Sachs' Fischzüge gebe, deren Reihe aus den „Llanos" nur theilweise erhellt, denen sich sein Reisekalender sonst vollständig genug entnehmen lässt. Zum Verständniss schlage man die Kärtchen S. 79 und 81 auf.

1876.

Sonntag, 19. Nov. Ankunft in Rastro de Arriba.

Montag, 20. Nov. }
Dienstag, 21. Nov. } Ritt nach Calabozo.

Mittwoch, 22. Nov. Erfolgloser Fischzug im Caño de Rastro; Uebersiedelung nach Calabozo.

Freitag, 24. Nov. General Guancho Rodriguez hat bei seinem *Hato* (Meierhof) Los Tamarindos einen Zitteraal mit dem Anzuelo (s. oben S. 91) gefangen, der aber starb.

Montag, 27. Nov. Ritt nach Los Tamarindos mit Don Guancho. Vier Zitteraale werden gefangen, wobei Dr. Sachs Schläge durch seinen Tuchrock erhält (s. oben S. 131). Nur ein Zitteraal erreicht Calabozo lebend.

Donnerstag, 30. Nov. Ankunft von Dr. Sachs' Gepäck; Einrichtung der Canoa als Behälter für die Zitteraale.

Freitag, 1. Dec. Mit Hrn. Lundt nach Los Tamarindos. Binnen fünf Minuten werden im Caño Merecurito (von den daran stehenden Merecure-Bäumen so genannt) drei Zitteraale von beziehlich $4\frac{1}{2}$, 4 und 3' Länge gefangen, welche in zwei grossen Gefässen Calabozo lebend erreichen. Erste Probe der Kautschuk-Handschuhe (s. oben S. 130).

Sonnabend, 2. Dec. Krötenfrösche sind beschafft (s. oben S. 145); die Versuchsprotocolle beginnen.

Sonnabend, 9. Dec. Hr. Stanley reitet nach Los Tamarindos, um mehr Zitteraale zu fangen, bringt aber nur zwei todte zurück, an deren einem Dr. Sachs die Organe wägt (s. oben S. 17).

Dienstag, 12. Dec. Da die Zitteraale in engen Behältern leicht sterben (s. oben S. 101. 102), ist zu deren Transport eine Badewanne aus Zink beschafft. Expedition mit Don Guancho nach Los Tamarindos. Diesmal versagen die Caños Merecurito, Santa Catalina, Los Tamarindos (fehlt auf dem Kärtchen, wohl einerlei mit Caño Cerrito) jede Ausbeute, und das Baño kehrt leer zurück.

Sonnabend, 16. Dec. Zwei Zitteraale kommen vom Caño Arañero an.

Mittwoch, 20. Dec. Drei andere im Caño durch einen Verhau abgesperrte sind entwischt.

Während des Weihnachtsfestes und bis nach Neujahr ist in Calabozo nichts Ernstes anzufangen (vergl. Llanos, S. 172 ff.; — Reisebriefe, S. 75).

1877.

Dienstag, 2. Jan. Mit Don Guancho nach Los Tamarindos. Vergebliches Fischen im Caño el Baruta. Uebernachten in einem Hause am Caño Santa Catalina.

Mittwoch, 3. Jan. Der grosse Fischzug im Caño el Baruta, bei welchem Dr. Sachs und Don Guancho die heftigen Schläge erhielten (s. oben S. 131 132). Das Wasser wimmelte von Hunderten von Zitteraalen. Zehn Thiere werden in der Badewanne glücklich nach Calabozo gebracht und in die Canoa übertragen. Sechs in Tina und Barril (s. oben S. 101) kommen todt an. Diese Fische waren sämmtlich Männchen (s. oben S. 85. 365).

Dienstag, 30. Jan. Die Versuchsprotocolle enden mit der zweiten Curara-Vergiftung (s. oben S. 203).

Sonntag, 11. bis Mittwoch, 14. Febr. Ausflug nach Guarda Tinájas. Auf dem Wege dahin wird Humboldt's Lagune am Caño de Bera besucht (s. oben S. 79).

Freitag, 16. Febr. Die in den „Llanos" S. 224 beschriebene öffentliche Pesca in einem Charco des Guárico scheint keinen Zitteraal geliefert zu haben.

Montag, 19. Febr. Abends zuvor meldete Juan Ramos, ein Anwohner des Caño Santa Catalina, dass sich darin ein an Zitteraalen reicher Charco gebildet habe (s. oben S. 84). Expedition dorthin ohne Don Guancho, der mittlerweile Calabozo verlassen hatte. Statt der Badewanne wird die für den Transport von Zitteraalen gebaute Kiste mitgenommen (s. oben S. 112). Der Charco enthält 40—50 grosse und unzählige kleinere Zitteraale, welche letztere aber dem Chinchorro entgehen. Es gelingt, eine Anzahl fast durchweg sehr grosser Thiere in die Kiste zu befördern. Die Dicke des Bauches dieser Thiere fällt auf, Ramos erklärt sie für *preñados*, Dr. Sachs öffnet mehrere, in der Hoffnung, Gelegenheit zu einer künstlichen Befruchtung zu finden, allein die Thiere, soviel ihrer geopfert werden, sind Weibchen (s. oben S. 85. 117. 251. 365). Sonst enthielt der Charco fast nur Schildkröten, auf dem Heimwege geben aber die Zitteraale grosse Stücke Fisch von sich (s. oben S 109. 110).

Dienstag, 20. Febr. Die Kiste, welche sich als zu schwer für den Transport durch Menschen erwies, kommt erst heute mit sieben wohlerhaltenen Zitteraalen in Calabozo an, so dass Dr. Sachs deren wieder zehn besitzt. An diesen zehn wurden die Beobachtungen oben S. 104 und 108 angestellt.

Freitag, 23. Febr. Ein mit Ramos verabredeter Fischzug mit der Rastra, um kleine Zitteraale zur Ueberführung nach Berlin zu erlangen (s. oben S. 94), unterbleibt, weil der dazu geeignete, hinreichend eingeengte Charco der Madre vieja (fehlt auf dem Kärtchen) keine Zitteraale enthält.

Freitag, 2. März. Ein Zitteraal wird todt gefunden, nachdem er schon zwei Tage lang krankhaft geathmet hatte (s. oben S. 98. 112). Er erweist sich als männlich; über den Zustand seiner Geschlechtsorgane vergl. oben S. 119.

Dienstag, 6. März. Abreise von Calabozo mit neun Zitteraalen (oben S. 112 steht irrthümlich acht). Beschwerliche Wanderung durch die Steppe (s. oben S. 80. 112).

Freitag, 9. März. Ankunft in Camaguan am Rio Portugueza. Nur noch zwei Thiere leben, auch diese sterben in den nächsten vierundzwanzig Stunden. Von sechs Cadavern sind vier Weibchen, zwei Männchen, noch vom Fischzug im Caño el Baruta am 3. Januar stammend (s. Llanos, S. 253). Mit den Hoden und Eierstöcken dieser Thiere wird der oben S. 119 (wo fälschlich der 10. März genannt ist) erwähnte erfolglose Versuch künstlicher Befruchtung gemacht.

Sonnabend, 10. März. Abfahrt von Camaguan auf dem Portugueza.

Sonntag, 18. März, wird in San Fernando de Apure ein etwa 2′ langer Zitteraal im umgestürzten Bongo gefangen (s. oben S. 94).

Montag, 26. März. Der Apure fängt an zu steigen.

Sonntag, 1. April. In einer Canoa werden vier kleine Zitteraale und zwei Arten von Gymnotinen in beziehlich zwei und drei Exemplaren gefangen (vergl. oben S. 95: Tagebuch, Reisebriefe und „Llanos" weichen hier etwas von einander ab). An den Gymnotinen stellte Dr. SACHS fest, dass sie nicht wie der Zitteraal, sondern wie andere Fische athmen (s. oben S. 99).

Mittwoch, 4. April. Ein Zitteraal von 12" Länge stirbt. Dr. SACHS zählt daran die Säulen und bestimmt die Grenzen seines „neuen Organs" (s. oben S. 63. 64. 363).

Nach und nach gelangt er in den Besitz von sechs Zitteraalen, die sich in der Kiste wohl zu befinden scheinen, und die er mit Camarons (s. oben S. 109) füttert.

Donnerstag, 19. April. Dr. SACHS glaubt bei einem Gymnotinen ein unvollkommenes elektrisches Organ zu beobachten (s. oben S. 69. 373. 374).

Dienstag, 24. April. Abfahrt von San Fernando auf dem Apure.

Montag, 7. Mai. Ankunft in Ciudad Bolivar am Orinoco.

Dienstag, 22. Mai. Erfolgloser Versuch, durch Landen einer alten Lancha Zitteraale zu erhalten (s. Llanos, S. 342).

Dienstag, 29. Mai. Dr. SACHS erhält einen mittelgrossen männlichen Zitteraal, dessen Hoden sich aber in demselben Zustande befinden, wie alle bisher untersuchten (s. oben S. 119. 120).

Sonntag, 3. Juni. Abreise nach Europa im Orinoco-Dampfer.

6. Versuch die Saprolegnien-Infection bei einem Zitterwelse zu bekämpfen.

(Zu S. 111. 112.)

Im Herbst 1880 gelangte ein kleiner Zitterwels aus Westafrica über England in das Berliner Aquarium. Er kränkelte und zeigte an mehreren Stellen die Saprolegnien-Infection. Da Seefische letzterer nicht unterworfen sind, liess ihn Hr. Dr. HERMES in ein Becken mit halbprocentiger Salzlösung setzen. Ueberdies betupfte er die Geschwüre mit Höllensteinlösung. Die Pilze verschwanden und der Fisch schien geheilt, starb aber doch bald darauf (vergl. unten, Zusatz 12).

7. Noch ein aus dem Maul lebendig gebärender Fisch.

(Zu S. 124.)

Ein Hr. E. F. SACHS in Batavia entdeckte kürzlich auf der Insel Billiton (Blitong) zwischen Borneo und Sumatra einen lebendige Junge aus dem Maul gebärenden Süsswasserfisch.[1] Diese Art der Brutpflege ist sichtlich häufiger als man glaubte.

8. Die Verwandtschaft der beiden s'GRAVESANDE.

(Zu S. 127. Anm. 2.)

Hr. Prof. HEYNSIUS in Leyden half mir freundlichst die Verwandtschaft der beiden s'GRAVESANDE aufklären, indem er mich auf

[1] Nature: a weekly illustrated Journal of Science. Jan. 20, 1881. vol XXIII. No. 586. p. 275.

Willem Jacob's Lebensbeschreibung in Marchand's geschichtlichem Wörterbuch hinwies. Willem Jacob's Vater Theodorus hatte zwei Töchter und acht Söhne. Der älteste Sohn, Pieter, war Beamter in Herzogenbusch und hatte zwei Söhne, „dont l'ainé, nommé Laurens, est Directeur général de la Colonie d'Yssequebo, qu'il gouverne avec toute la sagesse et la prudence possible".[1] Laurens war also Willem Jacob's Bruderssohn.

9. Zur Frage nach der seitlichen Ausbreitung des Schlages in der Zitteraal-Platte.

(Zu S. 178.)

Bei der Erwägung, wie sich die Ammoniak-Reizung im Organ ausbreite, ist jetzt Hrn. Fritsch's Angabe zu berücksichtigen, nach welcher die Platte aus Theilstücken besteht, deren jedes besonders innervirt wird (s. oben S. 383. 388). Nur viel weiter gediehene Forschung wird die Frage beantworten, ob die Reizung von einem dieser Stücke auf die benachbarten überspringe, oder ob sie beschränkt bleibe.

10. Emprosthotonus als Strychninkrampf am Zitteraal.

(Zu S. 254.)

Auch nach Hrn. Fritsch's neuen Querschnitten aus verschiedenen Gegenden des Fisches, Taf. VII Fig. 18—21, erscheint es in der Ordnung, dass der tetanisirte Zitteraal an der Bauchseite concav wird.

11. Schmarotzer bei Zitterfischen.

(Zu S. 274.)

Hinsichtlich der Frage, ob Zitterfische sich durch ihre Schläge vergleichsweise frei von Schmarotzern halten, machte mich Hr. Fritsch darauf aufmerksam, dass in Diesing's *Systema Helminthum* (Vindobonae 1850) und in O. von Linstow's *Compendium der Helminthologie* (*Ein Verzeichniss der bekannten Helminthen* u. s. w. Hannover 1878) dreizehn Entozoen und Epizoen der Torpedo marmorata und ocellata aufgeführt werden. Vier davon, ein Ascaris, ein Cephalocotyleum, zwei Tetrarhynchus, scheinen sogar jenen Torpedineen specifisch anzugehören. Diese mögen wie ihre Wirthe und deren Brut immun gegen elektrische Schläge sein. Wie aber fangen die übrigen es an, nicht erschlagen zu werden?

---

[1] Prosper Marchand, Dictionnaire historique, ou Mémoires critiques et littéraires concernant la Vie et les Ouvrages de divers Personnages distingués, particulièrement dans la République des Lettres. A la Haye, 1758. Fol. t. II. p. 214. Note *D*.

12. Verhältnissmässige Stärke des Zitterwels- und Zitterrochen-Schlages.

(Zu S. 276. Anm. 2.)

Hr. Babuchin, welcher wohl mehr Gelegenheit hatte als irgendwer, beide Fische zu vergleichen, schreibt die grössere Kraft ohne Frage dem Zitterwelse zu.[1]

13. Vom Einfluss des leitenden Mittels auf den Zitterfisch-Schlag. Elektrischer Widerstand von See- und Süsswasser.

(Zu S. 17. 133. 285. 286.)

Bei der Versetzung des oben unter 6. erwähnten kranken Zitterwelses in ein Salzwasserbecken zeigte sich ein merkwürdiger Umstand, dessen der Zeitungsbericht über jenen Heilversuch folgendermaassen gedenkt: „Das Salzwasser scheint auf die elektrischen Eigenschaften des „Fisches eine ganz besondere Wirkung ausgeübt zu haben. Obgleich er „im Süsswasser trotz seines Uebelbefindens noch immer fähig war, die „elektrischen Organe nach Willkür in Thätigkeit zu setzen, verlor er „doch seine „Schlagfertigkeit“ von dem Augenblick an, wo er sich im „Salzwasser befand, eine Erscheinung, die sich bei verschiedenen Ver„suchen wiederholte.“[2]

Die Vorstellung, als habe das Salzwasser den Fisch seines elektrischen Vermögens beraubt, ist unhaltbar; die Schläge wurden im Salzwasser unmerklich, weil es für die eingetauchten Finger eine zu gute Nebenleitung bildete. Es könnte scheinen, als liege hierin ein Widerspruch mit der oben S. 282 aufgestellten Behauptung, dass der Zitterrochen-Schlag in Süsswasser weniger als in Seewasser vermöchte; aber die Stärke des Schlages, den ein in die Zitterfisch-Strömung eingetauchter Fisch oder menschlicher Körpertheil erhält (s. oben S. 132), hat ein Maximum in Bezug auf die Leitungsgüte des Mittels, da der Schlag verschwindet, wenn das Mittel nicht leitet, und wegen zu guter Nebenleitung auch dann, wenn es zu gut leitet, wie man sich dies an einer linearen Stromverzweigung leicht klar machen kann.

Wiederholt erörterte ich schon den schönen Fall von Anpassung an äussere Lebensbedingungen, welchen die elektrischen Fische darbieten, indem die für Süsswasser bestimmten Organe des Zitteraales und Zitterwelses grosse elektromotorische Kraft und grossen inneren Widerstand,

[1] Centralblatt für die medicinischen Wissenschaften. 1875. S. 162.

[2] National-Zeitung vom 6. Nov. 1880. Erstes Beiblatt zu No. 521.

die für Seewasser bestimmten des Zitterrochen kleine Kraft und kleinen Widerstand haben. Das Bestreben, dies Verhalten etwas genauer zu ergründen, führt zunächst auf die Frage nach dem verhältnissmässigen Widerstande von Süss- und Seewasser.

Bei Gelegenheit seiner Versuche, den Zitterrochen-Schlag mittels gemeiner Elektricität nachzuahmen, sagt CAVENDISH, dass „Seewasser oder „eine Lösung von einem Theile Salz in dreissig Theilen hundertmal „besser leite als Regenwasser“.[1]

Erst kürzlich erfuhr man aus den von MAXWELL herausgegebenen Versuchsprotocollen CAVENDISH's, wie er zu diesem Ergebniss gelangte. Er führte den Schlag zweier Leydener Flaschen, deren stets gleiche Ladung ein Strohhalm-Elektroskop verbürgte, einem langen und weiten, mit der zu prüfenden Flüssigkeit gefüllten Thermometerrohre durch zwei Drähte zu, deren Abstand bei jeder Flüssigkeit geändert wurde, bis man den Schlag eben im Elbogen spürte. Bei Seewasser betrug dieser Abstand $19^1/_2$, bei Regenwasser 0·19 Zoll. „Therefore resistance of sea water is about 100 times less than that of rain water.“[2]

Fünfzig Jahre später tauchte MARIANINI ein Plattenpaar in destillirtes Wasser, und ein anderes von derselben Beschaffenheit, aber fünfmal geringerer Oberfläche, in Seewasser. Im letzteren Fall erhielt er an einer einfachen, mit einem Hütchen auf einer Spitze spielenden Magnetnadel, über welche der Leitungsdraht hingespannt war, zwanzigmal grössere Ablenkungen als im ersteren. Daraus schloss er auf hundertmal bessere Leitung durch das Seewasser, wie schon CAVENDISH gefunden habe. Uebrigens achtete MARIANINI auf die Temperatur, welche bei CAVENDISH nicht erwähnt wird.[3]

Dass seitdem bis zu unseren Tagen kein Versuch mehr gemacht wurde, das Leitvermögen von Seewasser zu bestimmen, erklärt sich aus zwei Gründen. Erstens begriff man jetzt die durch Polarisation und Uebergangswiderstand der Widerstandsmessung von Elektrolyten bereiteten Schwierigkeiten; zweitens hatte man, abgesehen von den nach AMPÈRE die Erde umkreisenden Strömen, keine Veranlassung, ein zufälliges und veränderliches Gemenge wie Seewasser auf seine elektrischen

[1] Philosophical Transactions etc. 1776. Vol. LXVI. P. I. p. 198; — CLERK MAXWELL's Ausgabe von CAVENDISH's elektrischen Untersuchungen (s. oben S. 159. Anm. 2), p. 195.

[2] L. c. p. 262.

[3] Annales de Chimie et de Physique. 1826. t. XXXIII. p. 152; — SCHWEIGGER's und SCHWEIGGER-SEIDEL's Jahrbuch der Chemie und Physik. Bd. XIX. 1827. S. 295.

Constanten zu untersuchen. Dagegen fällt es auf, dass auch in der Zeit der unterseeischen Kabellegungen, als es nicht mehr an Methoden fehlte, um Widerstände von Elektrolyten hinlänglich genau zu bestimmen, keine einzige Messung der Leitungsgüte von Seewasser bekannt ward.

Unter diesen Umständen bat ich Hrn. Prof. Christiani, eine solche Bestimmung vorzunehmen. Wir verschafften uns zwei Proben von Seewasser. Die eine, welche wir Hrn. Dr. Hermes verdankten, war frisches künstliches Seewasser, wie das Berliner Aquarium es verwendet. Die andere hatte Hr. Prof. Dohrn die Güte, durch seinen Dampfer ausserhalb Capri, hinter den Faraglioni, schöpfen zu lassen.[1] Unserem besonderen Zweck entsprechend beschlossen wir, das Seewasser nicht mit destillirtem, sondern mit Flusswasser, und zwar dem Wasser der Berliner Wasserwerke, zu vergleichen. Im Folgenden führt Hr. Christiani das Wort:

„Um das Verhältniss der elektrischen Leitungswiderstände von See- und Flusswasser mit einer für den gegenwärtigen Zweck hinreichenden Genauigkeit zu bestimmen, wurde zunächst ein Liter frischen künstlichen Seewassers und dieselbe Menge Wassers aus der städtischen Leitung auf gleiche Temperatur (Zimmerwärme = 15·6°) gebracht. Die Dichten beider Flüssigkeiten verhielten sich dann, die des Leitungswassers = 1 gesetzt, wie

$$1{\cdot}0220:1.$$

Die so normirten Flüssigkeiten wurden nacheinander in dasselbe U-förmige Glasrohr von 28^{Ccm} Rauminhalt bei 150 Quadratmillimeter Querschnitt gefüllt, und dies Rohr in einen Zweig des Wheatstone'schen Stromnetzes eingeschaltet. Um die Polarisation möglichst zu verringern, geschah dies nach E. du Bois-Reymond's[2] und Paalzow's[3] Vorgange so, dass die Mündungen des U-Rohres unter Ausschluss von Luftblasen in zwei mit derselben Flüssigkeit wie das Rohr gefüllte poröse Thoncylinder von 40^{mm} Höhe und 25^{mm} Durchmesser (im Thon) umgestürzt wurden. Die Cylinder standen in den mit Zinksulphatlösung gefüllten viereckigen Porzellantrögen der früher bei thierisch-elektrischen Versuchen üblichen Zuleitungsgefässe.[4] In die Zinklösung, welche völlig gesättigt und dabei klar war, tauchten verquickte Zinkbleche als metallische Enden des Stromnetz-Zweiges ein.

---

[1] Ueber die Zusammensetzung von Mittelmeerwasser vergl. J. Roth, Allgemeine und chemische Geologie. Berlin 1879. Bd. I. S. 499. 521.

[2] Ges. Abh. Bd. II. S. 105. 106.

[3] Poggendorff's Annalen der Physik u. s. w. 1869. Bd. CXXXVI. S. 491.

[4] Ges. Abh. Bd. I. S. 158. 159.

„Die variablen Zweige des Netzes bildete der zum Zweck von Widerstandsmessungen vervollständigte runde Compensator.[1] Die Etalons lieferte ein Siemens'scher Stöpselrheostat von 10000 Einheiten. Die Kette war ein sorgfältig angesetzter Daniell. Die Brückenströme wurden an der eben aperiodischen Bussole in gewohnter Weise beobachtet.

„Nennt man W_s den Widerstand des mit Seewasser, W_f den des mit Flusswasser gefüllten U-Rohres, W_z den der verbindenden Zinksulphatlösung, so fand sich in je sieben abwechselnd mit See- und mit Leitungswasser angestellten Versuchen, bei denen die Füllung des U-Rohres jedesmal nach genauer Reinigung erneuert wurde, für verschwindende Brückenströme

$W_s + W_z$ im Mittel = 412 *S. E.* (Max. 417, Min. 405),
$W_f + W_z$ „ „ = 49386 „ („ 51650, „ 48000).

Durch eine geeignete Methode wurde W_z = etwa 22 *S. E.* bestimmt; daraus ergiebt sich das gesuchte Verhältniss

$$\frac{W_f}{W_s} = \frac{49386 - 22}{412 - 22} = \mathbf{126 \cdot 57.}$$

„Nun wurde ebenso mit dem Mittelmeerwasser verfahren. Bei 15·5° war seine Dichte zu der des Leitungswassers wie

1·0255:1.

Diesmal fand sich

$W_s + W_z$ im Mittel = 376 *S. E.* (Max. 381, Min. 370),
$W_f + W_z$ „ „ = 49943 „ („ 51300, „ 48900).

W_z war (wegen minder hoher Füllung der Tröge) = etwa 40 *S. E.* Daraus folgt für das salzigere Mittelmeerwasser

$$\frac{W_f}{W_s} = \frac{49943 - 40}{376 - 40} = \mathbf{148 \cdot 86.}$$

„Im Mittel beider Bestimmungen darf man also sagen, dass Seewasser etwa 138 mal besser leitet als Flusswasser. Da Flusswasser besser leitet als destillirtes Wasser, war Cavendish's und Marianini's Zahl für die Leitungsgüte von Seewasser jedenfalls erheblich zu klein."

So weit Hr. Christiani. Man denke sich einen elektrischen Fisch aus See- in Süsswasser versetzt, und die Stärke seines Schlages solle auf allen geometrisch entsprechenden Punkten des Mittels dieselbe bleiben. Dann muss der Widerstand der Organe und aller Gewebe des Fisches in dem Verhältniss grösser werden, wie der Widerstand des Mittels, und

[1] Christiani, Poggendorff's Annalen u. s. w. Ergänzungsbd. VIII. 1878. S. 575. Anm.

in demselben Verhältniss auch die elektromotorische Kraft: nach obiger Bestimmung also 138 mal.

Es überrascht nun gewiss, und scheint den gemuthmaassten Meister der elektrischen Organe, die natürliche Zuchtwahl, ganz besonders zu loben, dass, nach den oben S. 286 angestellten, von den jetzigen unabhängigen Erwägungen, die elektromotorische Kraft des mittelgrossen Zitteraales sich uns etwa 128 mal grösser ergab als die des mittelgrossen Zitterrochen.

Die Genauigkeit dieses Zutreffens ist natürlich nur Zufall. Wenn auch die Gewebe der Seethiere vermuthlich besser leiten, als die anderer Thiere (s. oben S. 133. Anm. 6), wird doch die Stärke des Schlages nicht in der verlangten Weise dieselbe bleiben, weil die Dimensionen des Zitteraales von denen des Zitterrochen weit abweichen. In Folge davon ist nicht nur der Widerstand der Organe ein anderer, als er sein sollte, sondern die Stromcurven verlaufen auch anders. Unsere Schätzung der verhältnissmässigen Kraft des Zitteraales und Zitterrochen, wie sorglich wir auch dabei verfuhren, war der Natur der Dinge nach doch nicht frei von ziemlich weit reichender Willkür. Endlich damit jene Genauigkeit nicht bloss als zufällig erscheine, müssten auch die Kräfte des Zitterwelses und des Zitterrochen in dem angegebenen Verhältniss stehen, oder Zitterwels und Zitteraal gleich stark sein. Der gedrängtere Bau des Zitterwels-Organs im Vergleich zum Zitteraal-Organ lässt nun wohl auf grössere Kraft bei gleicher Länge schliessen, allein der Zitteraal ist so viel länger, dass der Potential-Unterschied seiner Polflächen den der Polflächen des Zitterwelses unstreitig weit übertrifft.

Immerhin darf die merklich gleiche Ordnung der ziffermässigen Ergebnisse, zu denen an Zitteraal und Zitterrochen so verschiedene Wege führten, als Bürgschaft dafür gelten, dass wir im Allgemeinen nicht fehl gingen.

14. Zur Function der Wagner'schen Nervenbüschel im Zitterrochen-Organ.

(Zu S. 293.)

Hr. Aug. Ewald hat über Nervenverbreitung im Zitterrochen-Organ sehr dankenswerthe Beobachtungen veröffentlicht.[1] Jedes der sechs gleichseitigen Dreiecke, in welche man sich eine sechsseitige Zitterrochen-Platte eingetheilt denken kann, wird nach ihm durch eine Zweigfaser eines anderen Wagner'schen Büschels, eine Anzahl übereinander

---

[1] Ueber den Modus der Nervenverbreitung im elektrischen Organ von Torpedo und die Bedeutung desselben für die Physiologie der Entladung des Organs. Habilitationsschrift u. s. w. Heidelberg 1880; — auch in: Untersuchungen des physiologischen Instituts der Universität Heidelberg. Bd. IV. Heft 1.

liegender Dreiecke durch Zweigfasern Eines Büschels versorgt, welche in die Seite des Prisma's an senkrecht übereinander liegenden Punkten $P_1, P_2, \ldots P_n$ eindringen. In den von demselben Büschel versorgten Dreiecken ist die gröbere Nervenverästelung nahe congruent. Von der Theilungsstelle Q der Stammfaser gehen die Zweigfasern zu den Punkten $P_1, P_2, \ldots P_n$ nicht auf kürzestem Wege, sondern auf hakenförmigen Umwegen. Teleologisch betrachtet, scheinen diese Umwege ein bestimmtes Längenverhältniss der Zweigfasern zwischen Q und $P_1, P_2, \ldots P_n$ zu bezwecken, doch lässt sich nicht durch Messung ausmachen, ob die Zweigfasern dadurch alle gleich lang werden, oder ob ihre Längen QP_1, $QP_2, \ldots QP_n$ in regelmässiger Progression sich ändern.

Hr. Ewald entscheidet sich für Letzteres, um auf die Zitterrochen-Platte Hrn. Kühne's „modificirte Entladungshypothese" über die Wirkung von Nerv auf Muskel anwenden zu können. Diese geht davon aus, dass die Grundform motorischer Nervenendigung sei: . Die beiden (ungleich langen) Zinken der Gabel sind der Axe des Muskels parallel. In zwei senkrecht übereinander liegenden Punkten o und u der oberen und der unteren Zinke wird die negative Schwankung nicht zugleich eintreffen, sondern in o später um die Zeit, in der sie den senkrechten Abstand der Zinken ou zurücklegt. Dadurch soll vorübergehend o positiv, u negativ, und die Muskelsubstanz zwischen den Zinken elektrisch erregt werden.

Nach Hrn. Ewald bedingen die Längenunterschiede zweier aufeinander folgenden Zweigfasern eines Wagner'schen Büschels entsprechende Phasenunterschiede in den congruenten Nervenverästelungen der von demselben Büschel versorgten Platten-Dreiecke; und da ein solches Dreieck zwischen seiner eigenen Verästelung und der congruenten des nach dem Rücken darauf folgenden Dreieckes liegt, wie die Muskelsubstanz zwischen den Zinken der Nervengabel, soll so die Platte elektrisch erregt werden.

Diese sehr künstliche Theorie passt erstens nicht auf die anderen Zitterfische. Zweitens bleibt dunkel, wie das oberste und das unterste Dreieck des zu Einem Büschel gehörigen Satzes erregt werden, da deren Nervenverästelungen doch wohl nicht congruent sind beziehlich mit der des untersten Dreieckes des darüber, des obersten Dreieckes des darunter gelegenen Plattensatzes. Hätte drittens Natur etwas der Ewald'schen

---

[1] Ueber das Verhalten des Muskels zum Nerven. In: Untersuchungen des physiologischen Instituts der Universität Heidelberg. Bd. III. Hft. 1. S. 125. 131; — im Auszuge in den Verhandlungen des Naturhistorisch-medicinischen Vereins zu Heidelberg. N. S. Bd. II. Hft. 4. S. 242 ff.

Theorie Aehnliches beabsichtigt, so hätte sie sich wohl das dabei ganz unnütze „Trugnetz" erspart und lieber die Platten beiderseits mit Nerven versehen. Viertens ist Hrn. KÜHNE's neue Entladungshypothese, welche ohnehin nur auf Amphibien passen würde, selber falsch.

Bei der Innervation läuft eine zur Nervenaxe senkrechte elektromotorische Fläche, die positive Seite vorauf, dem Nerven mit der bekannten Geschwindigkeit entlang, nach einem Reiz von verschwindender Dauer in etwa 19^{mm} Raum- und 0·00065″ Zeitabstand[1] gefolgt von einer gleich stark, aber umgekehrt wirksamen Fläche. Je nachdem man den Nervenstrom bei der Schwankung Null werden oder sich umkehren lässt, ist die Kraft der Fläche die des Nervenstromes oder die doppelte. Statt Einer Fläche kann man sich auch mehrere von derselben Gesammtkraft mehr oder minder dicht gedrängt denken. Zu der von Hrn. KÜHNE geforderten und erwarteten Strömung zwischen einander gegenüber liegenden Punkten der Nervengabel-Zinken fehlt also jeder Grund, und ich weiss keine Art, sein „Gesetz der motorischen Nervenendigung" für eine Entladungshypothese zu verwerthen.

Der von Hrn. EWALD beschriebene hakenförmige Verlauf der Zweigfasern scheint mir eher bestimmt, die Abstände QP_1, QP_2, ... QP_n auszugleichen, damit der von demselben Büschel versorgte Satz Plattendreiecke möglichst gleichzeitig schlage, wie ich dies oben, ohne von Hrn. EWALD's Beobachtung zu wissen, als muthmaasslichen Zweck der WAGNER'schen Büschel hinstellte. Das Beispiel des Zitterwelses, vollends das des Zitteraales, zeigt aber, dass auf strenge Gleichzeitigkeit hier nicht viel ankommt. Wenn Hr. EWALD fragt, wie es möglich sei, dass alle Säulen des Zitterrochen-Organs zugleich schlagen, da doch ihre Nerven sehr ungleich lang sind, so ist die Antwort: sie thun es eben nicht, allein die Zeit, während welcher die Reizung von der nächsten zur entferntesten Säule eilt, ist bei mittelgrossen Zitterrochen etwa ein Dreissigstel der Schlagdauer, und die daraus sich ergebende Verminderung der Steilheit der Schlagcurve kommt nicht in Betracht, weil doch im Lobus electricus gewiss noch viel mehr Zeit verloren geht. Dieser Zeitverlust im elektrischen Nervencentrum fällt beim Zitterwels fort, daher konnte bei ihm mehr Zeit in der Nervenverzweigung daran gegeben werden. Die Schlagcurve des Zitteraales ist, wie oben bemerkt, vermuthlich von den dreien die ungünstigste; dieser Nachtheil wird aber durch die Höhe der Maximal-Ordinate, vielleicht auch durch den Vortheil ausgeglichen, dass das Thier nach Bedürfniss nur Strecken des Organs bethätigen kann (s. oben S. 149).

---

[1] BERNSTEIN, Untersuchungen über den Erregungsvorgang im Nerven- und Muskelsystem. Heidelberg 1871. S. 34.

Hr. EWALD erklärt auch die MAREY'schen Theilentladungen (s. oben S. 238) durch die Längenunterschiede der zu verschiedenen Säulen führenden Nerven. Dazu folgen sich die Theilentladungen viel zu langsam und wachsen auch wohl die Nervenlängen zu allmählich. Eher möchte ich mit Hrn. MAREY die Theilentladungen den Einzelzuckungen vergleichen, aus denen eine tetanische Gesammtzuckung besteht, und sie discontinuirlicher Innervation zuschreiben.

15. Geschichtliche Bemerkung.

Seit s'GRAVESANDE und ADANSON (s. oben S. 127) wurde die elektrische Natur des Zitterfisch-Schlages allgemein angenommen, konnte aber für bewiesen erst gelten, als WALSH im Juli 1772 zeigte, dass dieselben Stoffe die Elektricität und den Schlag leiten oder nicht leiten (s. oben S. 261). Nun enthält das „Philadelphia Medical and Physical Journal", vol. I, 1805, p. 96, unter dem Titel: „Experiments on the Gymnotus electricus ... made at Philadelphia, *about the year 1770*, by the late Mr. RITTENHOUSE, Mr. E. KINNERSLY etc. Communicated ... by Mr. RITTENHOUSE", Versuche, welche, wenn wirklich 1770 angestellt, trotz ihrer späten Veröffentlichung, ihren Urhebern ein gewisses Recht gäben, als Mitbegründer der Lehre von der elektrischen Natur des Zitterfisch-Schlages genannt zu werden. Ihr Fisch war aber sicher der im August 1773 von Surinam nach Philadelphia gelangte, von welchem WILLIAMSON ausdrücklich sagt, es sei der erste je nach Nordamerika oder Europa verschiffte. Auch WILLIAMSON bewies an diesem Fisch die elektrische Natur des Schlages (s. oben S. 128. 158). Sein Bericht, vom 3. September 1773, ist so gefasst, als habe er damals WALSH's Versuche noch nicht gekannt. Da WALSH selber ihn der *Royal Society* vorlegte, wird es billig sein, fortan WILLIAMSON neben WALSH als Begründer der Lehre von der elektrischen Natur des Zitterfisch-Schlages zu nennen; RITTENHOUSE und KINNERSLY kämen jedenfalls erst in zweiter Linie.

S. 95, Z. 8 von oben, statt *Sternarchus Sachsi und virescens* lies *Sternarchus Sachsi und Sternopygus virescens.*

S. 100, Z. 5 von unten, statt *armatulus* lies *thoracatus.*

Vor dem Benutzen der Fig. 54 auf Taf. I zu berichtigender Fehler.

S. 246, Z. 2. 3 von oben, statt *s* und *r* lies beziehlich σ und ϱ.

Register.

(Die römischen Seitenzahlen verweisen auf den Nekrolog. Die Titel der Paragraphen und ihrer Unterabtheilungen sind nur ausnahmsweise in das Register wieder aufgenommen. Der Artikel „Zitteraal" ist in alphabetisch geordnete Abschnitte gegliedert.)

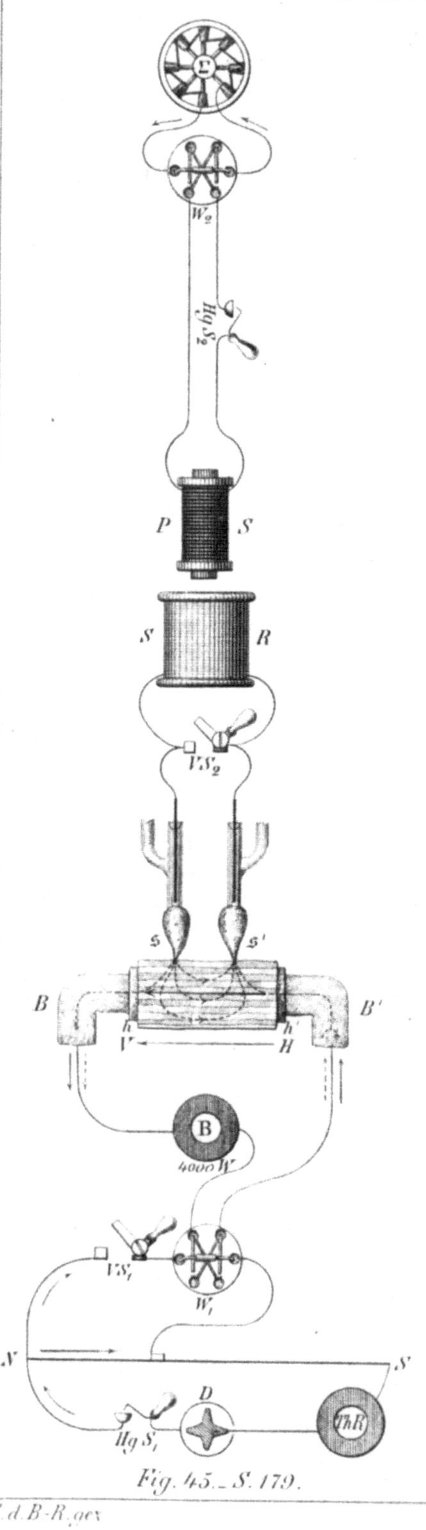

Fig. 45. – S. 179.

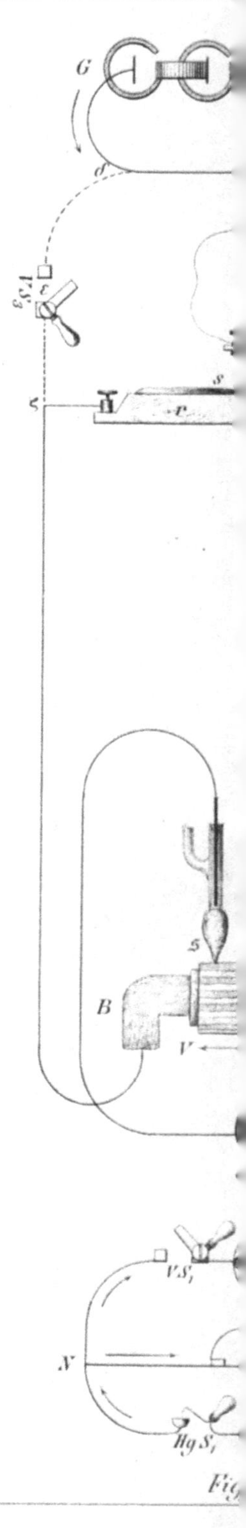

Fig.

E. d. B-R. gez.

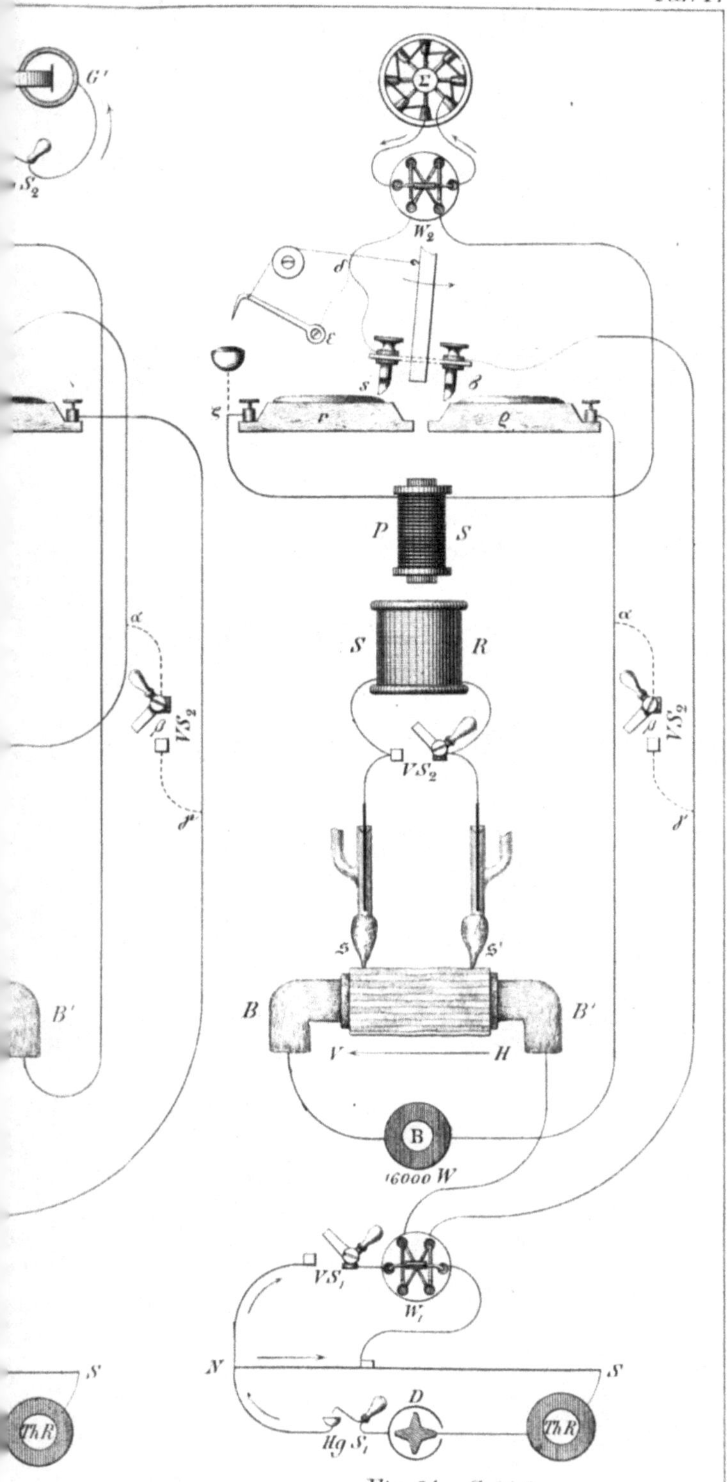

Fig. 54. – S. 243.

C. Laue lith.

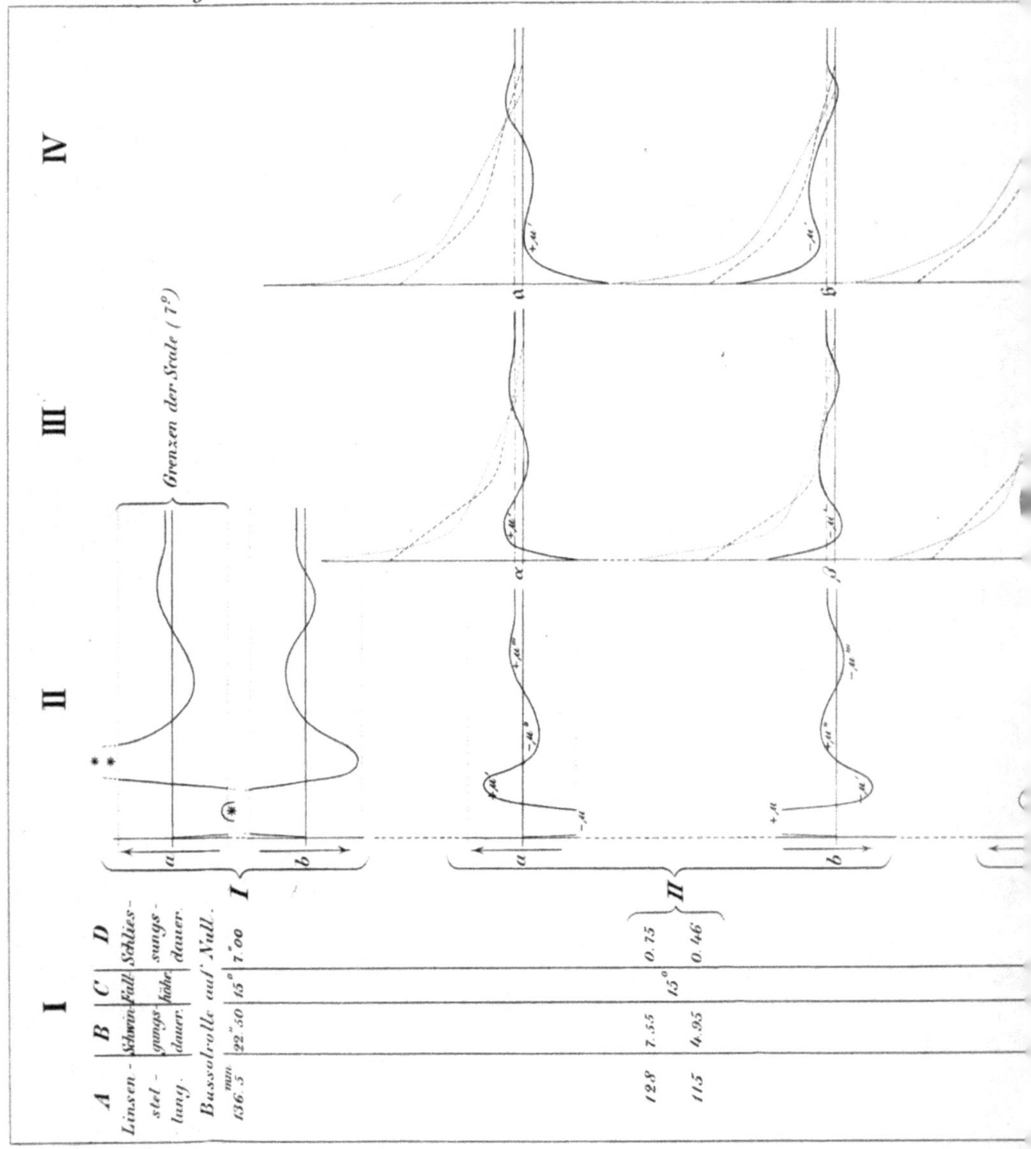
I
II
III
IV
A Linsen-stellung.
B Schwingungsdauer.
C Fallhöhe.
D Schliessungsdauer.
Bussolrolle auf Null.
Grenzen der Scale (7°)
136.5
22.50
15°
7.00
12.8
7.55
0.75
11.5
4.95
0.46
a
b
α
β

E. d. B.-R. gez.

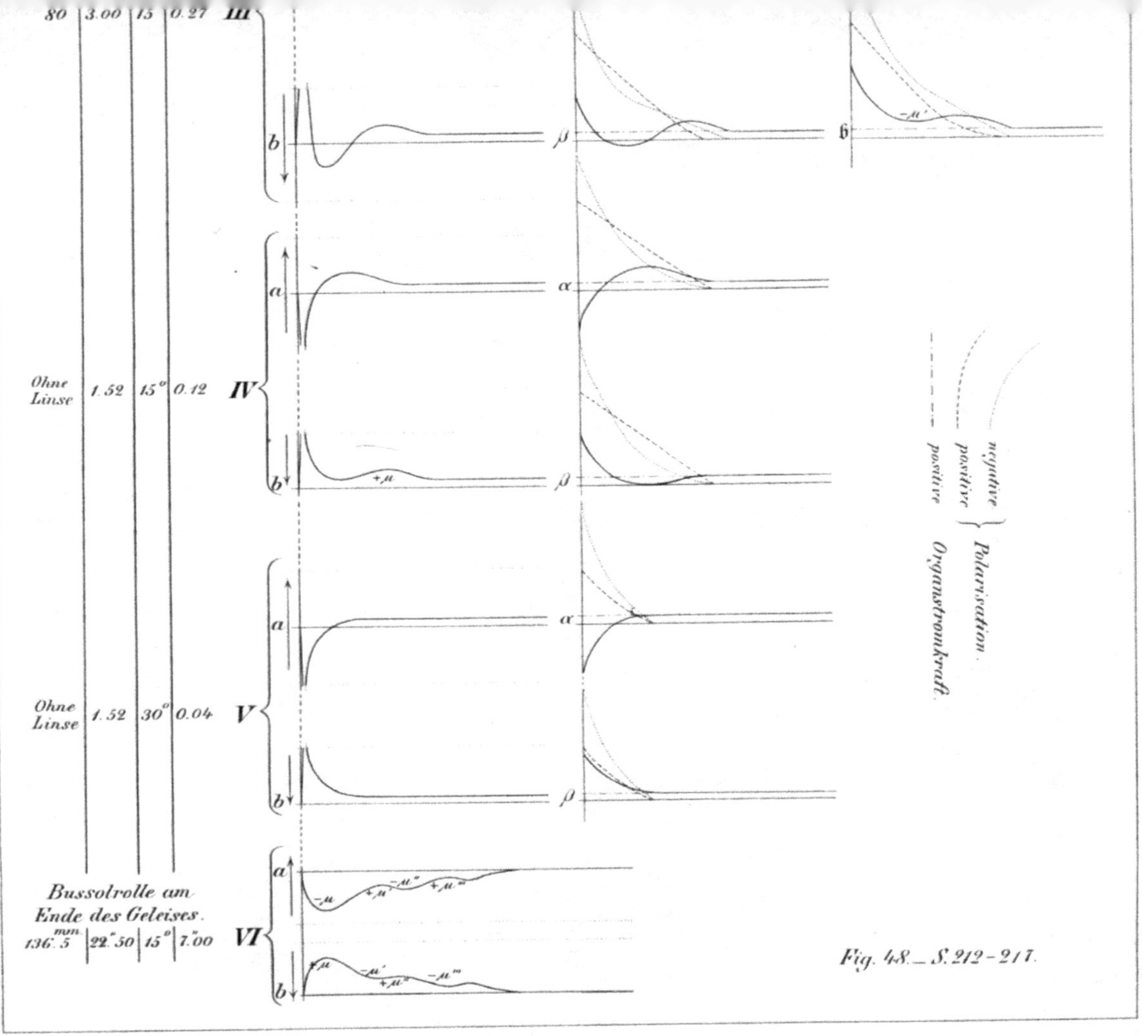

Fig. 48. _ S. 212–217.

C. Laue lith

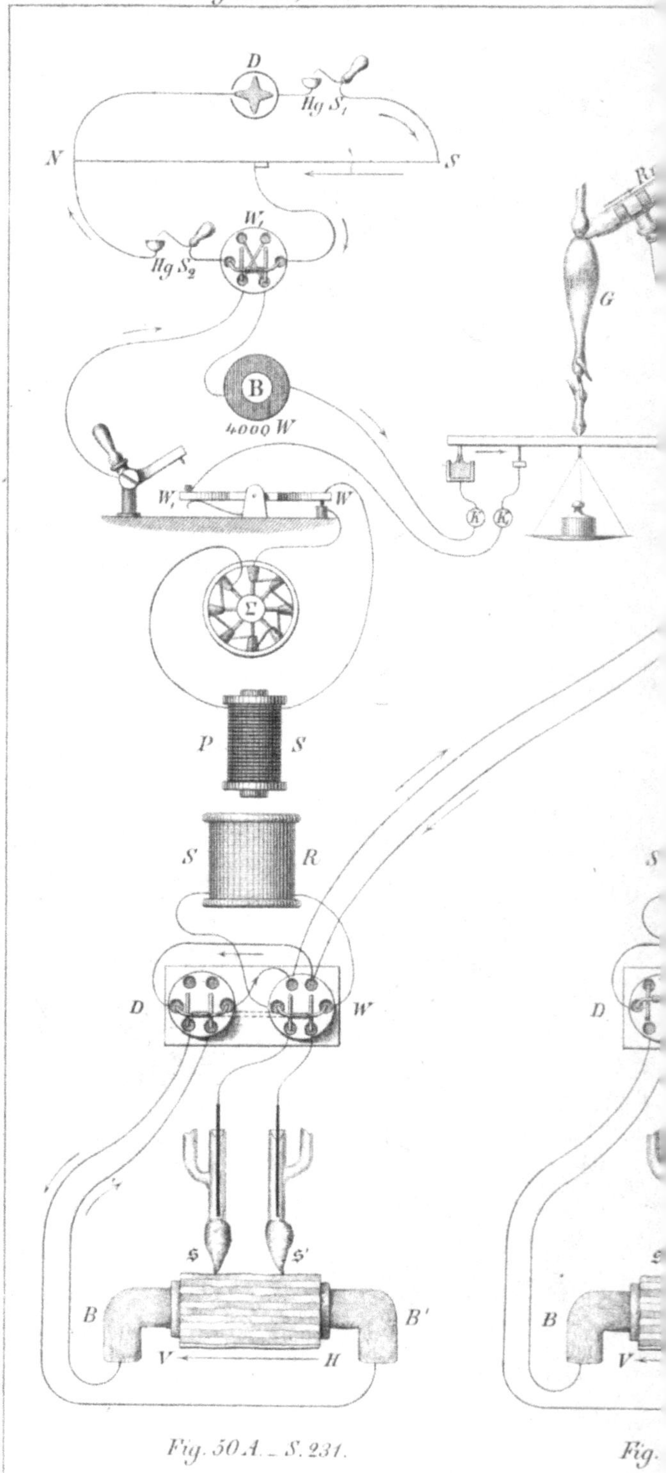

Fig. 50 A. – S. 231.

Fig.

E. d. B.-R. gez.

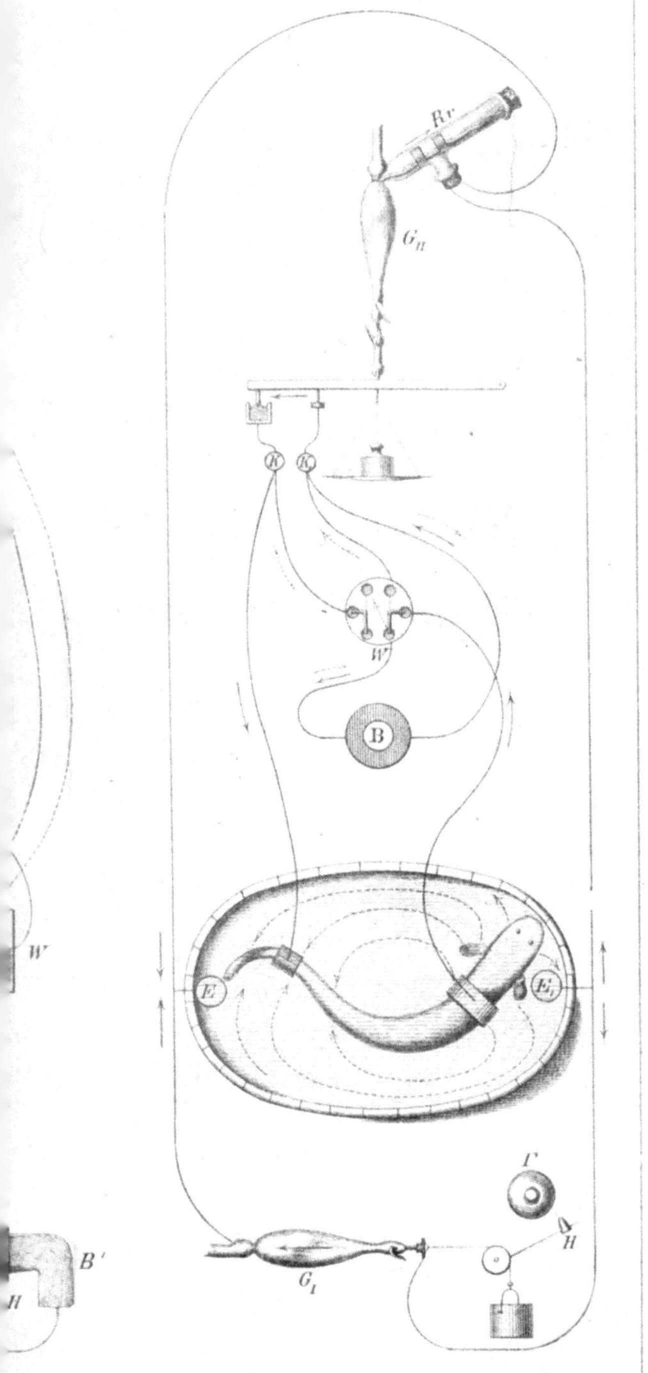

Fig. 51. _ S. 237.

C. Laue lith.

Fig. 1.

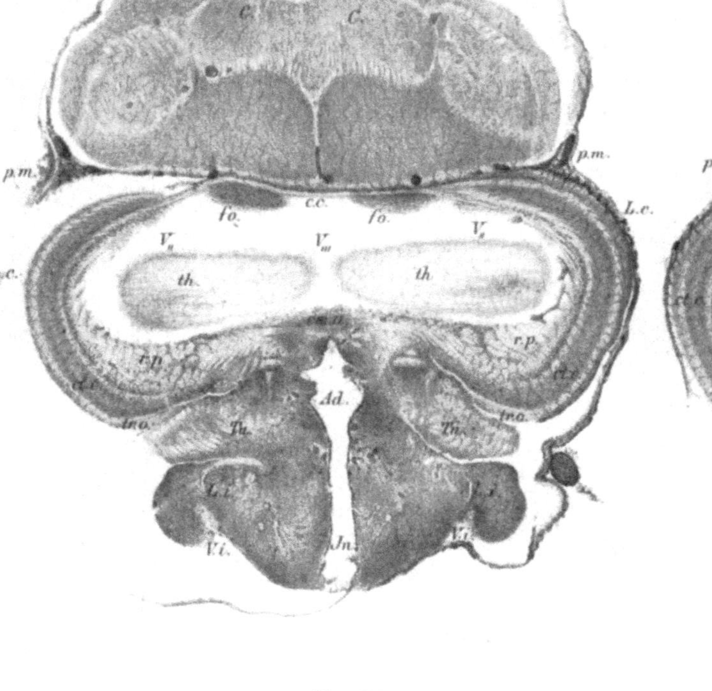

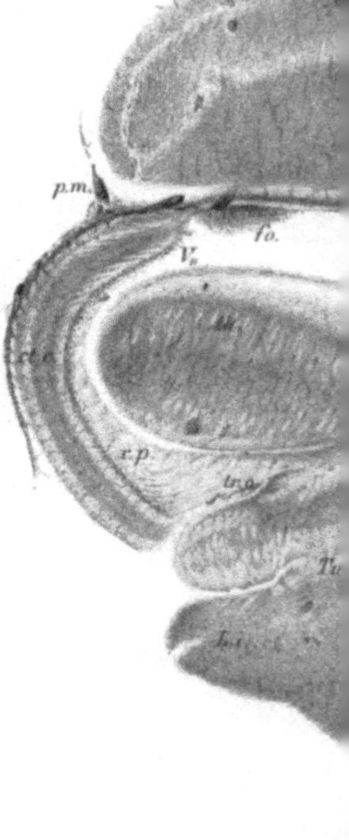

Fig. 6.

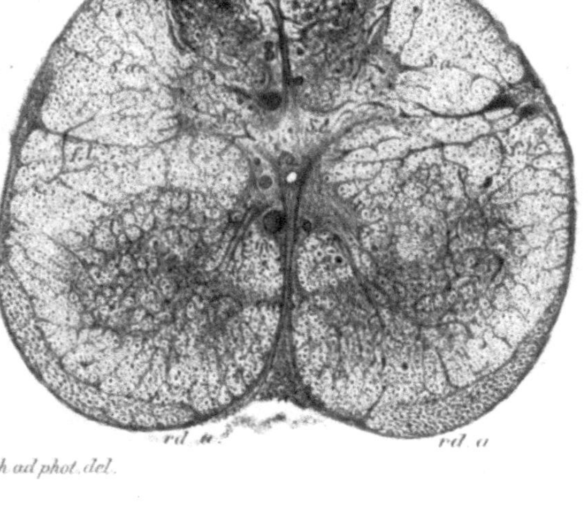

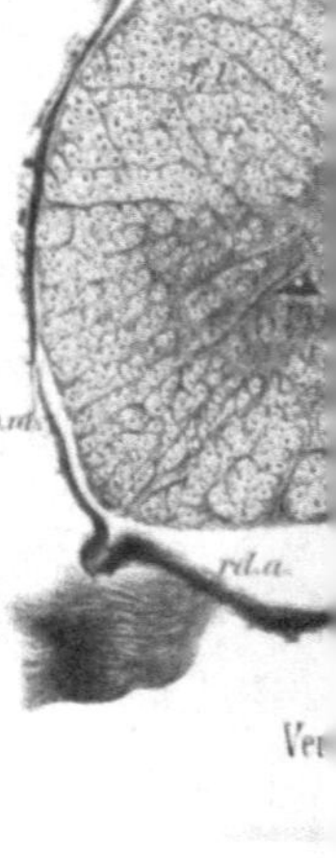

G. Fritsch ad phot. del.

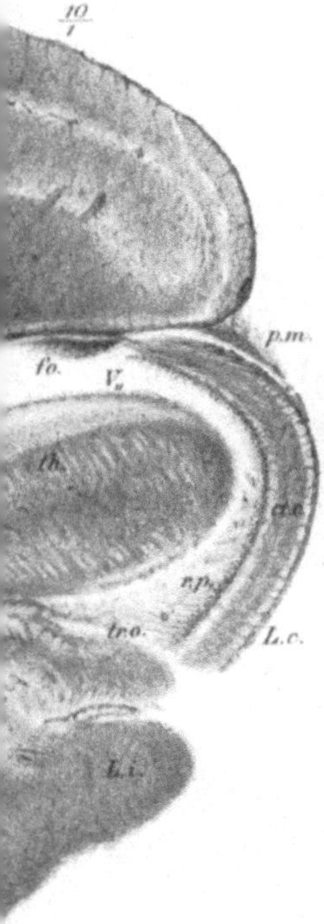

Fig. 3.

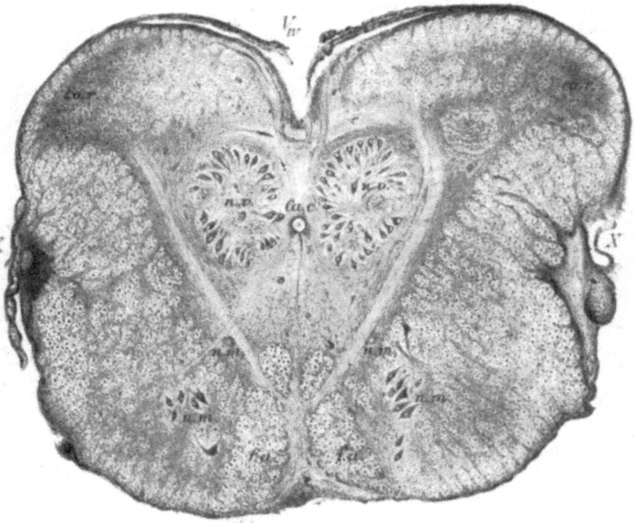

Fig. 4.

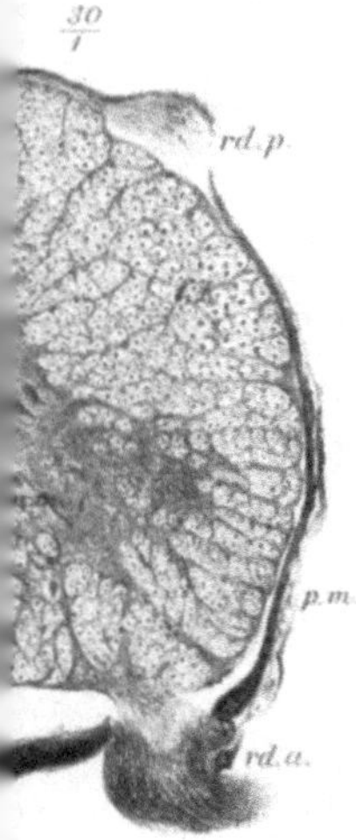

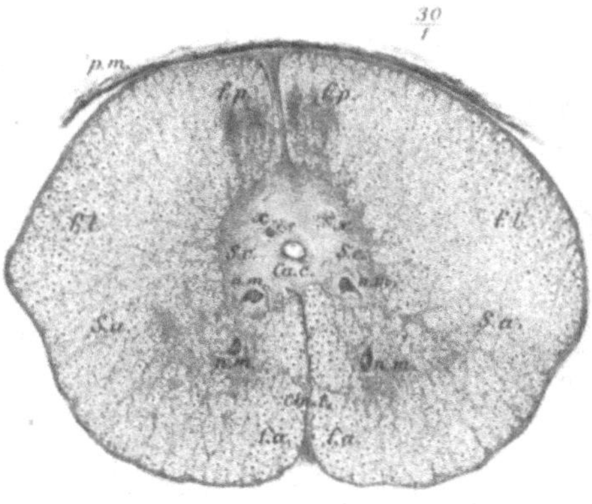

eipzig

E. Laue lith.

Fig. 7.

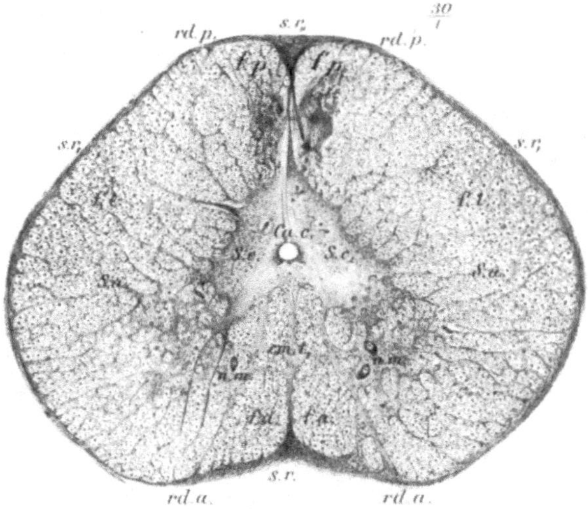

Fig. 8.

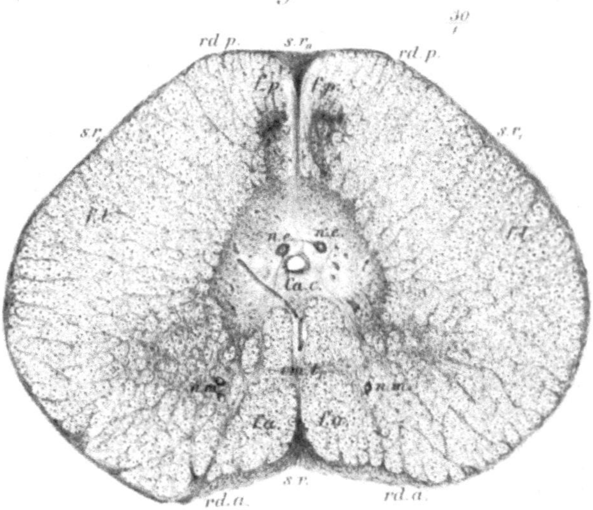

G. Fritsch ad phot. del.

Taf. V.

Fig. 9.

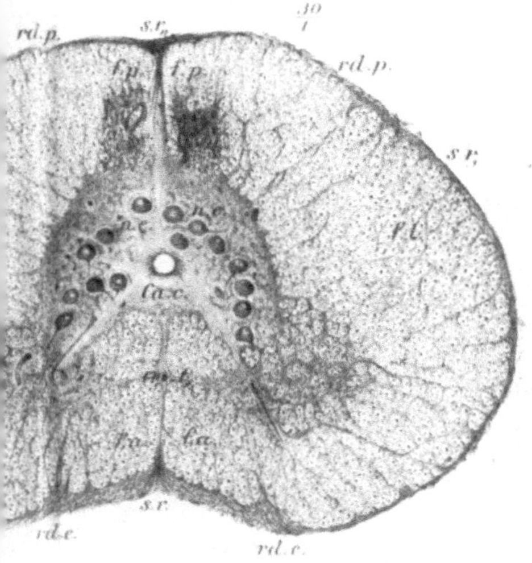

Fig. 11.

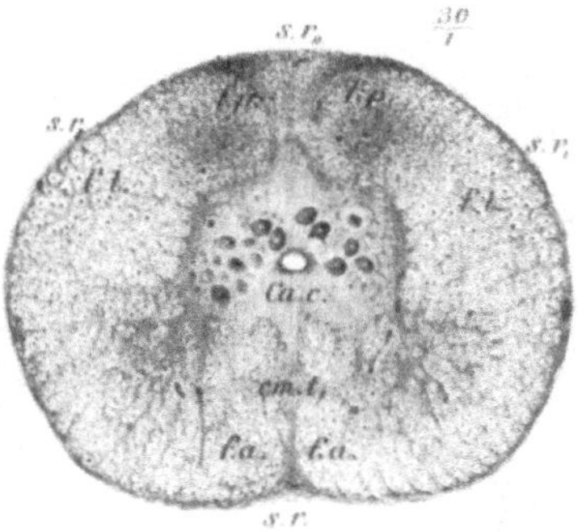

Fig. 10.

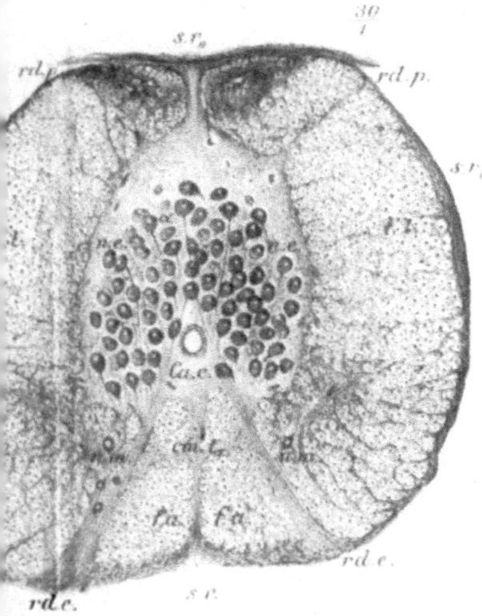

Fig. 12.

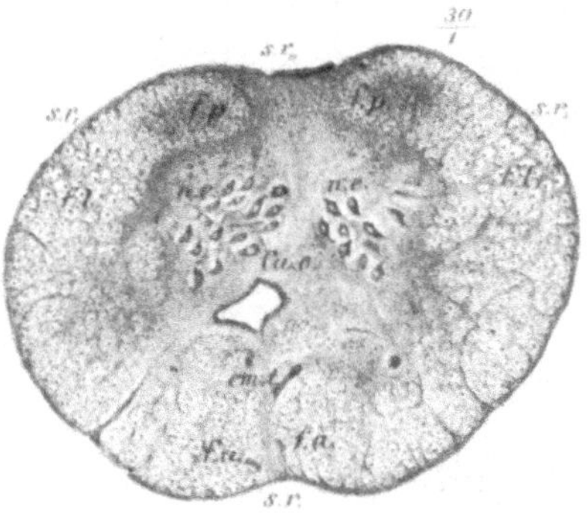

Veit & Comp. Leipzig

E. Laue lith.

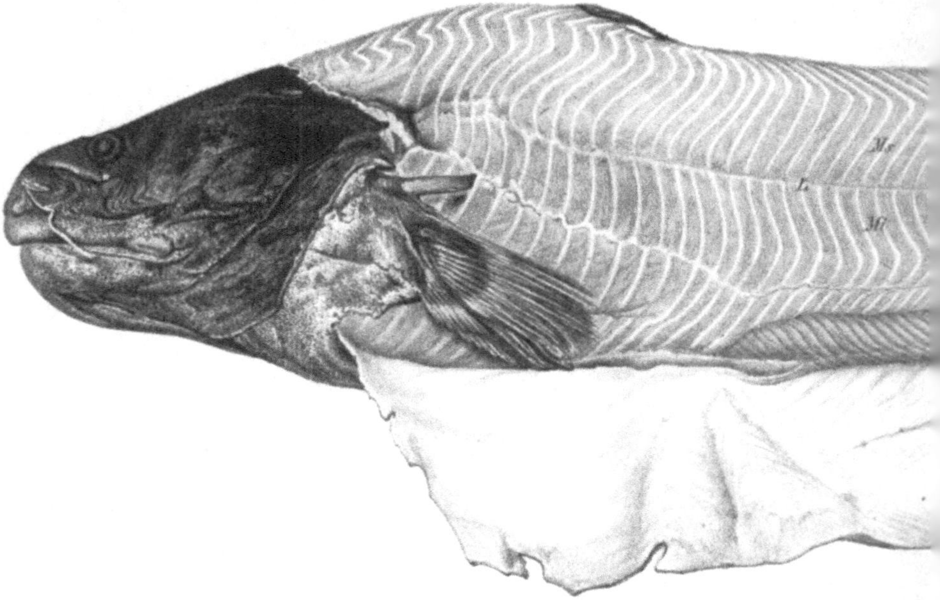

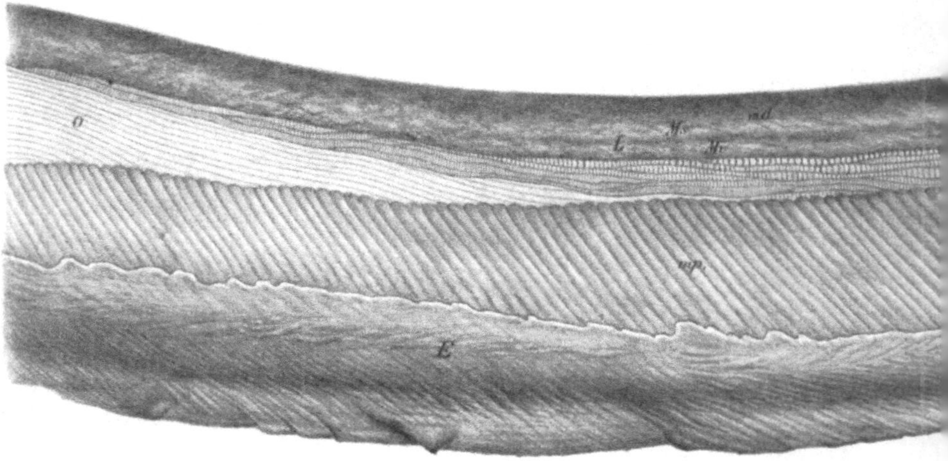

G Fritsch ad phot. del.

Ve

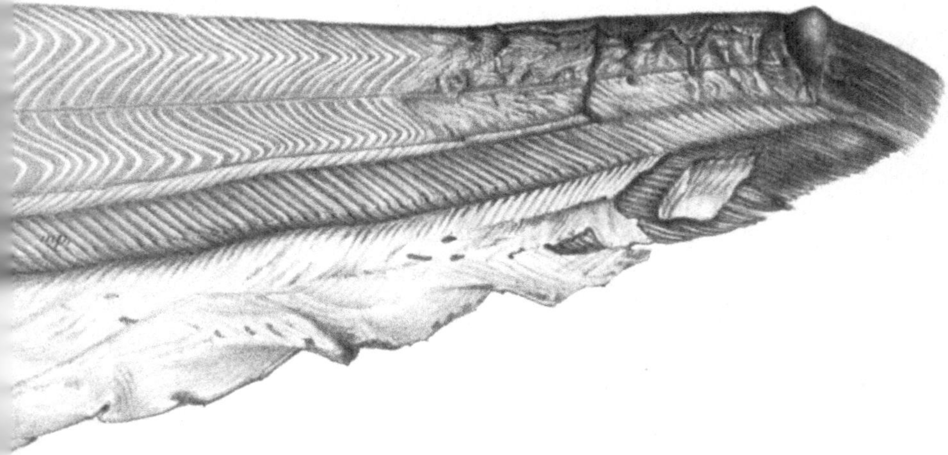

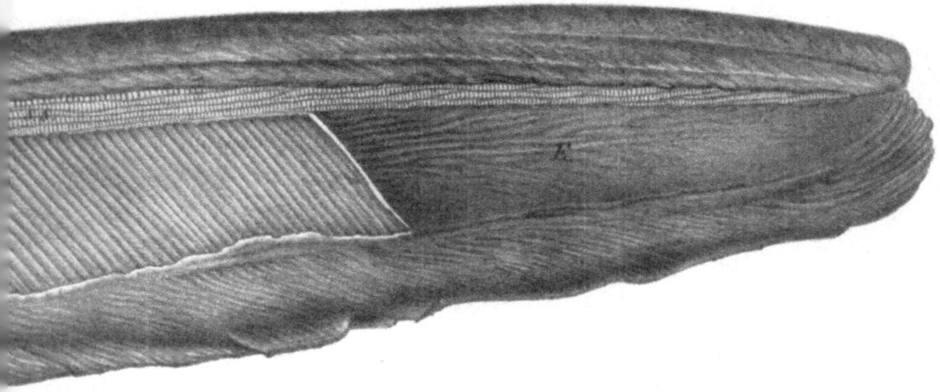

Leipzig

E. Laue lith.

Fig. 15.

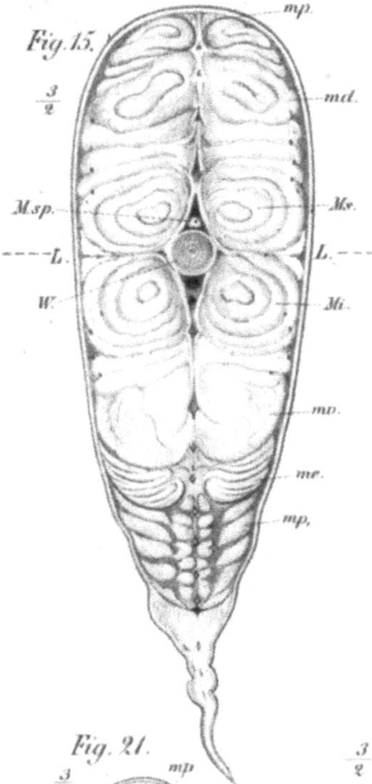

Fig. 16.

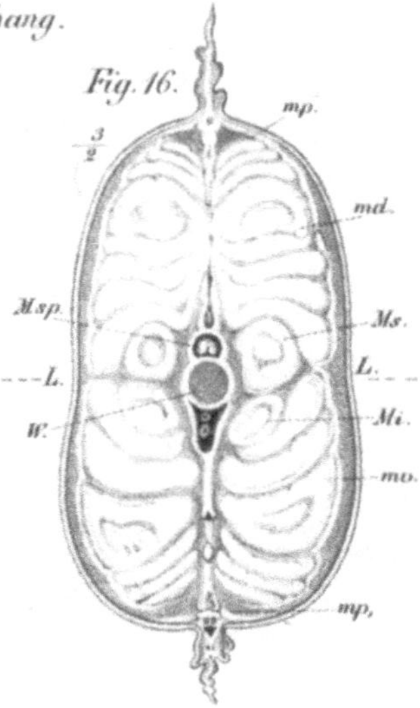

Fig. 17.

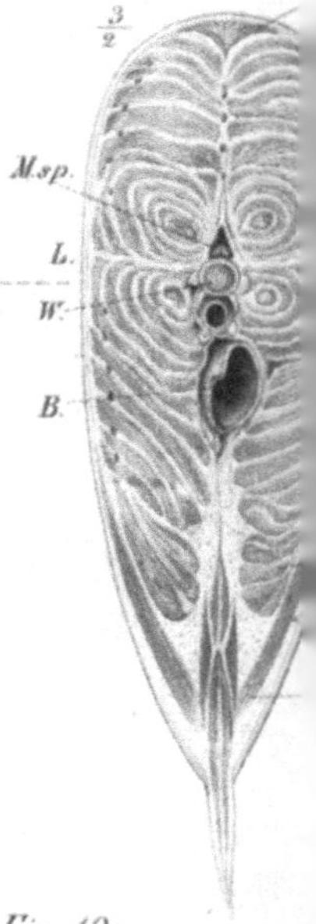

Fig. 21.

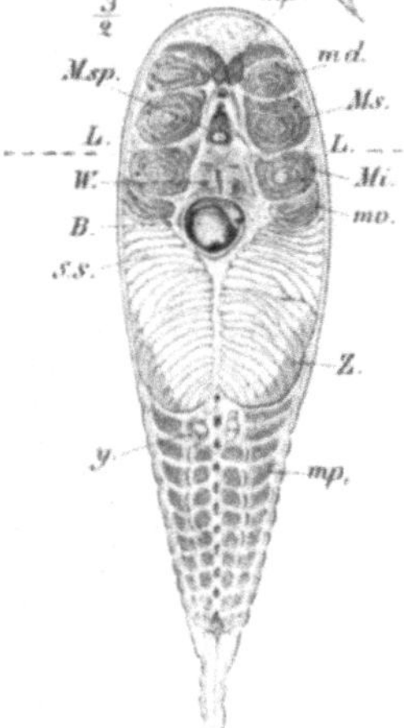

Fig. 20.

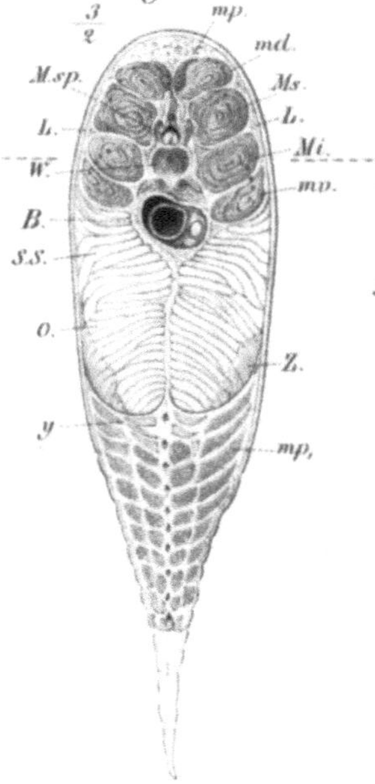

Fig. 19.

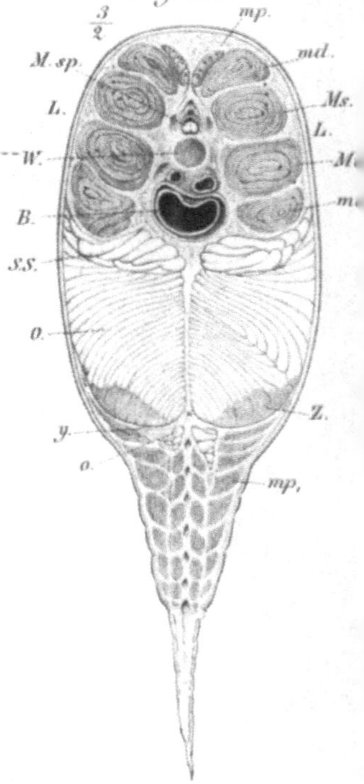

Fig. 26.

Fig. 23.

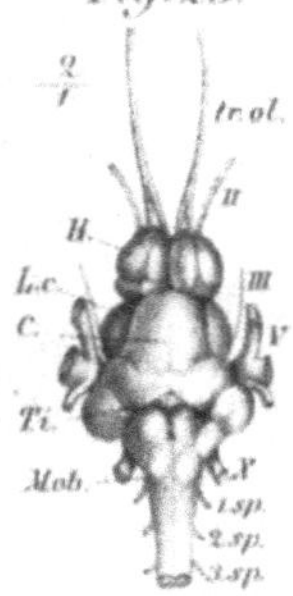

Fig. 24.

Fig. 25.

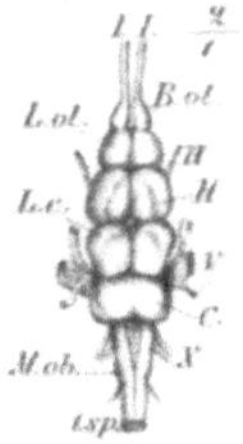

Fig. 27.

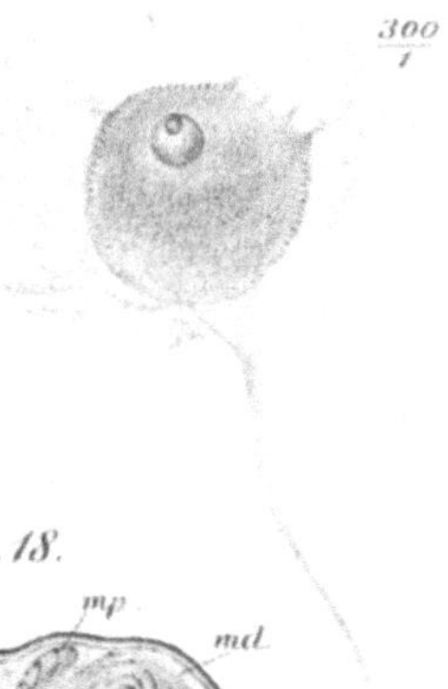

Fig. 28.

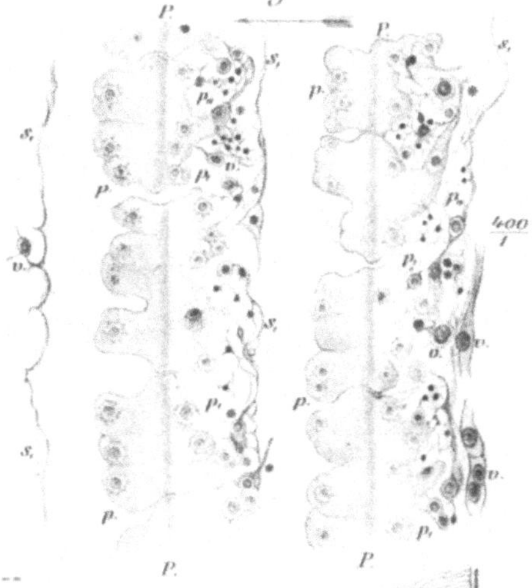

Fig. 18.

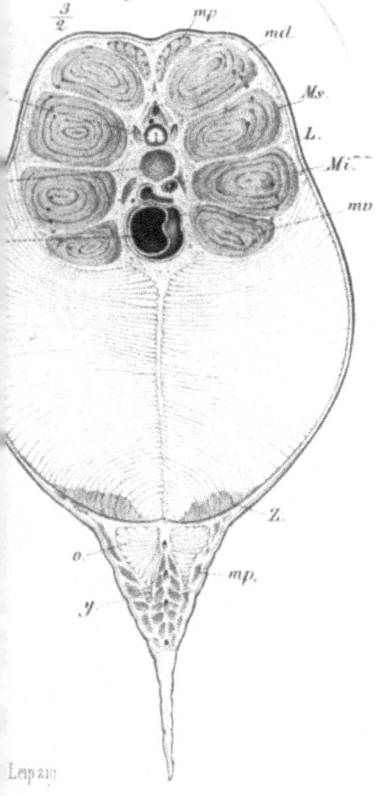

Fig. 22.

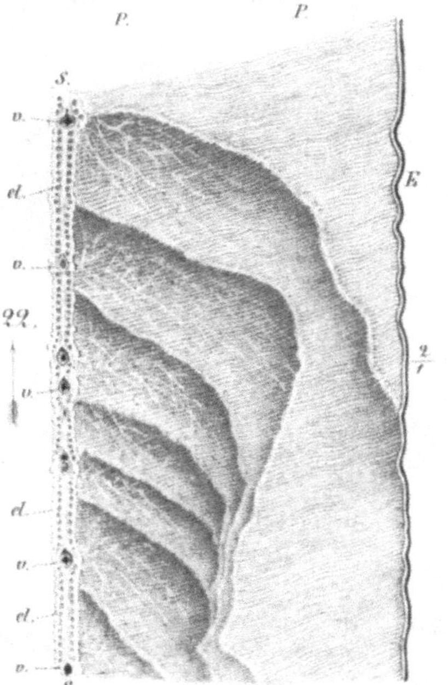

 E. Laue lith.

Fig. 29.

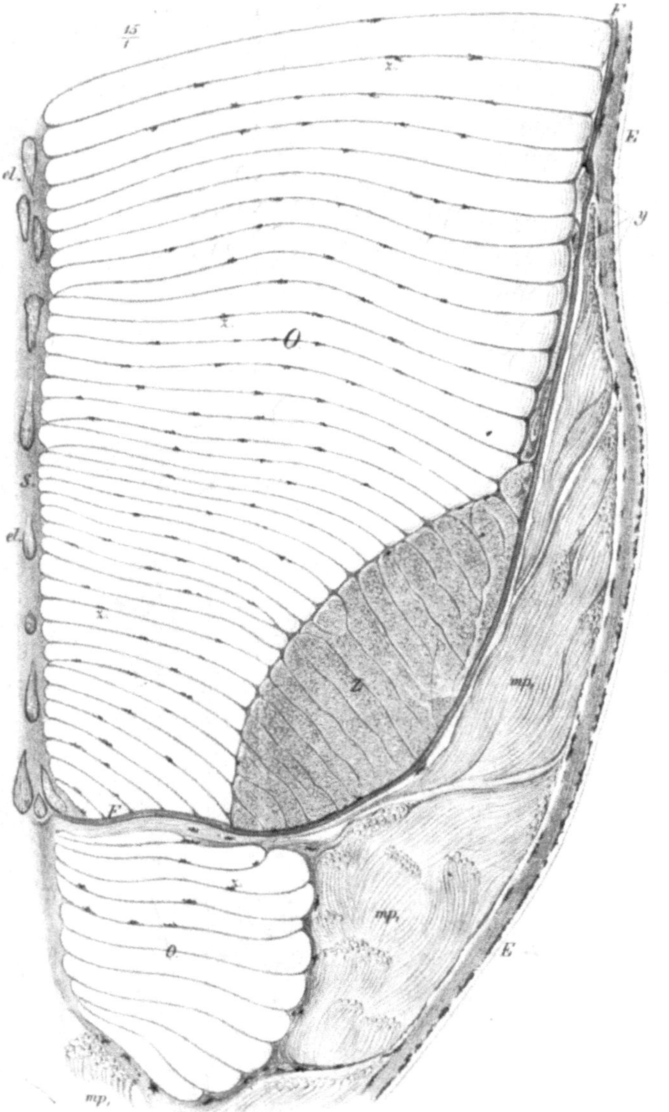

Fig. 30.

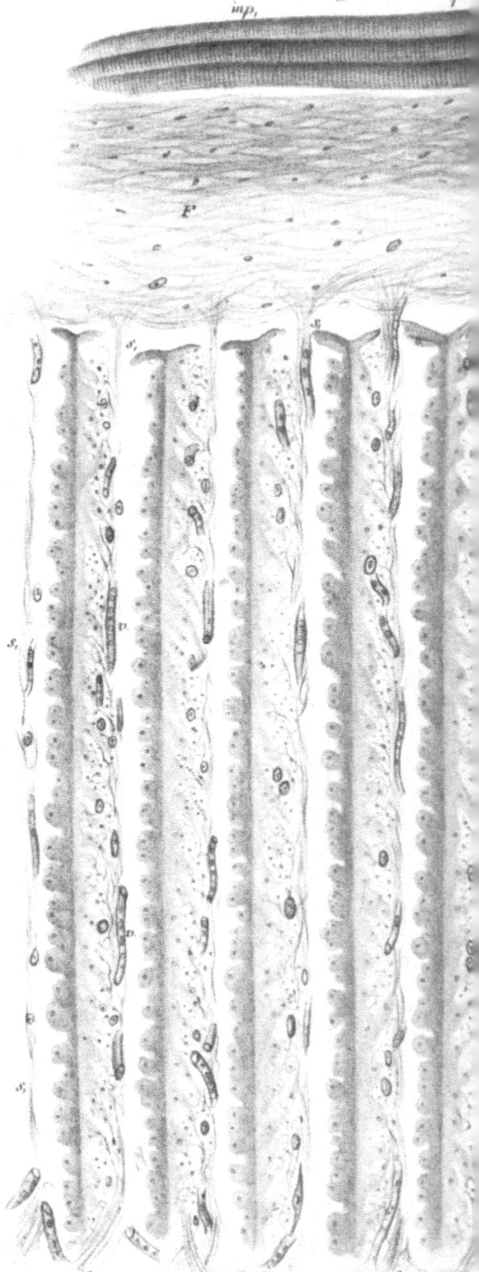

G. Fritsch ad nat. del.

Verla

Fig. 31.

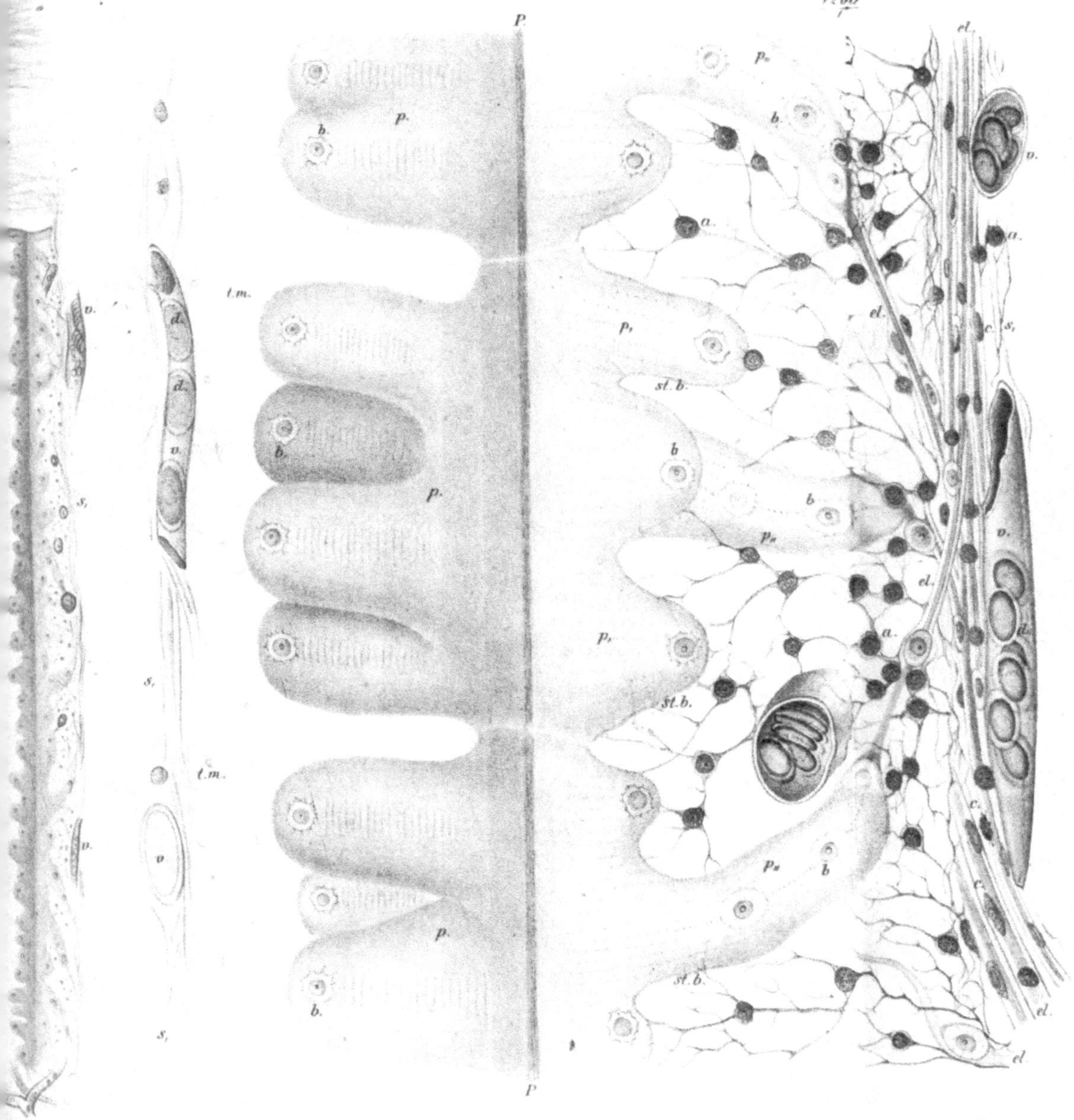

E. Laue lith.

ipzig

FSC
www.fsc.org
MIX
Papier | Fördert
gute Waldnutzung
FSC® C083411

Kolibri 360 GmbH
Ferdinand-Jühlke-Straße 7
99095 Erfurt, Deutschland
produktsicherheit@kolibri360.de